알찬 회로이론

PRINCIPLES OF ELECTRIC CIRCUITS

박건작 · 강신출 · 고재원
김선형 · 이채봉 공저

북스힐

전기, 전자, 통신을 전공하는 여러분들에게

최근 과학문명을 이끌고 있는 무선통신, 컴퓨터, 산업용 및 생활용 로봇, 최신 의료기기, 나노공학, 바이오공학 등은 전기 전자공학의 뒷받침이 없다면 그 위력을 발휘하지 못할 것입니다. 여러분이 선택한 전공은 인류에게 기대와 희열을 선사하는 주역으로서 자리매김하고 있으며 대학, 산업현장, 연구소에서 열심히 기술과 학문을 연마하고 있는 여러분들이야말로 인류의 등불입니다.

'나를 바라보고 있는 사람들이 있기에 나는 행복하다.'

이 말을 귓전에 담으면서 즐거운 마음으로 자신의 길에 정진하시길 바랍니다.

새만금 갑문에서 본 일출 – 오태영 作

서문

최근 정보통신의 발달은 우리 일상생활에서 많은 편의성과 신속성을 제공하고 있다. 여기에는 기본적으로 전기 회로 이론의 밑받침이 필수적이다. 그럼에도 불구하고 전기, 전자, 통신을 전공하는 학생들에게 회로 이론 과목이 장벽으로 느껴지는 것은 무엇보다도 개념파악이 어렵기 때문일 것이다. 각 용어의 정의를 익히기가 어렵고, 수학적인 전개에 익숙하지 않고, 이것이 무엇에 활용되는지를 잘 모르겠는데 진도만 계속 나간다면 공부에 재미를 잃게 되기 마련이다. 따라서 본 책은 아래의 사항에 주안점을 두고 집필하였다.

- 각 장의 서두에 학습목적 및 효과와 그 장의 내용을 요약하여 설명하였다.
- 개념파악에 도움이 되는 부수설명을 군데군데 삽입하였다.
- 가능하면 내용이 일관성을 갖도록 전개하였다.
- 복잡한 수식전개 시 이해에 도움이 되는 자료를 이따금 곁들였다.
- 각 장마다 익힘 문제를 충실하게 편성하였다.
- 복습을 위해 각 장마다 간추림을 엮어 놓았다.
- 수식계산에 도움이 되는 자료를 부록에 넣었다.

좋은 책이 만들어지기까지에는 많은 이들의 도움과 지적이 필요하다. 이 책의 집필에 만 6년이 소요되었지만 책 말미에 기재한 참고문헌들의 내용과 (주)북스힐 출판사 조승식 사장님의 지속된 격려에 힘입었음을 감사드리며, 부족한 부분은 독자들의 끊임없는 지적으로 채워가도록 노력하겠다. 끝으로 이 책의 편집에 애써주신 분들의 노고에 고마움을 전한다.

차례

Chapter 01 전기회로의 기초 개념 · 13

Chapter 02 전압원, 전류원, 저항 · 31

Chapter 03 저항회로 · 49

Chapter 10 라플라스 변환 · 381

Chapter 11 필터회로 · 415

Chapter 12 2포트 회로망 · 455

Chapter 01

전기회로의 기초 개념

이 장에서는 무엇을 배우는가?

'전기'의 개념과 전압, 전류, 부하의 정의 및 그 단위를 익히고 전기회로의 구성 원리를 공부한다.

학습효과

전기의 개념과 전기회로의 구성 및 특성을 제대로 이해함으로써 앞으로 전개될 학습회로의 친숙도를 높일 뿐만 아니라 학습이해에 도움이 될 수 있다.

1.1 전기란?

전기(electricity)란 무엇인가? 하고 묻는다면 어떻게 대답해야 할까 잠시 머무적거려진다. 우리 일상생활에서 전기가 끊겼다(전압), 전기가 통한다(전류), 전기를 많이 썼다(전력)는 표현에서 유추해보면 전압, 전류, 전력을 모두 '전기'라고 일컬을 수 있겠다. 하지만 우리가 흔히 느낄 수 있는 전기의 실체는 전류가 흐르면 빛(전등), 열(전열기), 소리(앰프), 영상(TV), 회전(선풍기)이 발생하므로 전기의 실체를 전류라고 말할 수 있지 않을까? 그렇다. 건전지가 내장된 손전등 또한 스위치 버튼을 누르지 않으면 램프에 빛이 발생하지 않고, 가정집의 벽 콘센트에 AC 220 V의 전원이 들어와 있어도 여기에 전기밥솥의 코드 플러그를 콘센트에 꽂고 스위치를 켜지 않으면 전기밥솥은 달궈지지 않을 것이다. 이와 같이 DC전원인 건전지나 AC전원의 전압이 우리 곁에 있다고 해도 여기에 부하(load)인 램프나 전열기가 연결되어야만 비로소 전류가 흘러서 빛 또는 열이 발생하게 된다(그림 1.1). 전압은 보이거나 느끼기 힘든 반면 전류가 발생하면 열, 빛, 회전 등으로 우리가 쉽게 확인할 수 있으므로 바로 '전류가 전기의 실체(substance)'라고 말할 수 있다.

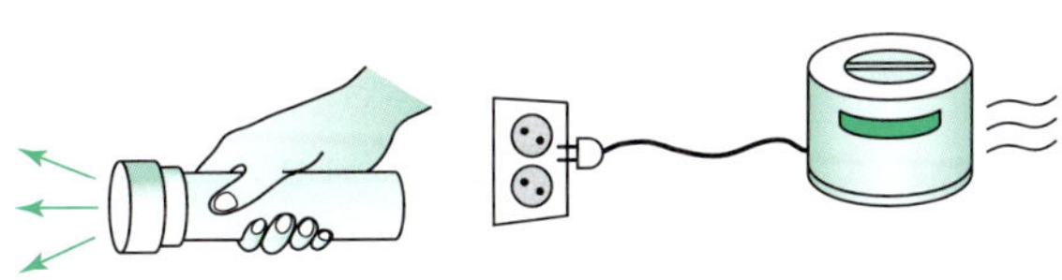

그림 1.1 전기의 빛과 열

전기의 어원과 전구

• 일렉트로의 어원

'전기'의 의미인 'electro'는 희랍어로 광물질 호박을 일컫는 단어이다. 호박을 모피로 문지르면 정전기가 생겨 종이 조각 등이 달라붙는 성질에서 유래된 단어이다.

• 전구

인류에게 어둠을 밝힌 전구(light bulb)는 미국의 T. 에디슨에 의해 1987년 발명되었으나 최초에 만들어진 것은 그림과 같이 탄화된 실을 유리구 내에 넣고 백금으로 외부 연결한 백열광을 발하는 것이었으나 그 후 탄화 실 대신 탄소로 대체되었고 다시 1910년 미국의 D. 쿨리지에 의해 텅스텐을 가는 선으로 한 필라멘트로 대체됨으로써 내구성을 강화하고 자연광에 가깝게 개량되었다.

에디슨 전구

1.2 전압, 전류, 부하의 개념 설명

(1) 전류

+ 또는 −전기를 띤 작은 입자가 전하이며 이들이 전기를 일으키는 주체이다. 간단히 물질에 대한 보어(Bohr)의 원자구조를 설명해 보기로 한다. 그림 1.2(a)는 원자번호가 2인 수소(H)의 원자구조이고, 그림 1.2(b)는 원자번호가 10인 나트륨(Na)의 원자구조이다. Na는 내부 원자핵에 묶여 있는 +전하인 양자(陽子 : proton)가 10개, 외각 궤도를 돌고 있는 −전하인 전자의 수가 10개로 서로 같은 수이므로 원자 전체적으로 중성상태가 된다. 외각 궤도는 원자핵에 제일 가까운 K, 두 번째 L, 세 번째 M, 네 번째가 N 궤도 등이 있으며 이들 궤도에 들어갈 수 있는 −전하의 수는 각각 2, 8, 18, 32이다. 수소(H)는 K궤도에 2, 나트륨(Na)은 K궤도에 2, L궤도에 8개의 전자가 돌고 있으므로, 둘 다 최외각궤도에 최대의 전자수가 채워져 있는 상태이다. 이 경우에는 원자핵 속에 들어있는 양자의 끌어당기는 힘과 자유로이 돌고 있는 전자의 힘이 균형을 이루고 있으므로 외부의 에너지에 영향을 받지 않는 단단한 결속상태이다. 그림 1.2(c)의 원자번호가 28인 니켈(Ni)도 K궤도에 2, L궤도에 8, M궤도에 18이므로 마찬가지이다. 그러나 그림 1.3의 구리(Cu)는 니켈보다 외각궤도가 하나 더 많은 K, L, M, N 구조로 총 29개의 −전하가 돌고 있으며 내부 원자핵에 +전하 29개가 묶여 있는 상태이므로 평소에는 +전하와 −전하의 수가 같으므로 중성상태이지만 외부로부터 에너지가 가해지면 최외각궤도의 −전하인 전자가 외부에너지에 의해 이탈하므로 전기적으로 +전하의 수가 −전하의 수보다 1개 많아지므로 +전기를 띄게 된다. 이를 양이온(positive ion)상태라 한다. 그림 1.3은 원자 1개에 대한 구조이지만 Cu는 수많

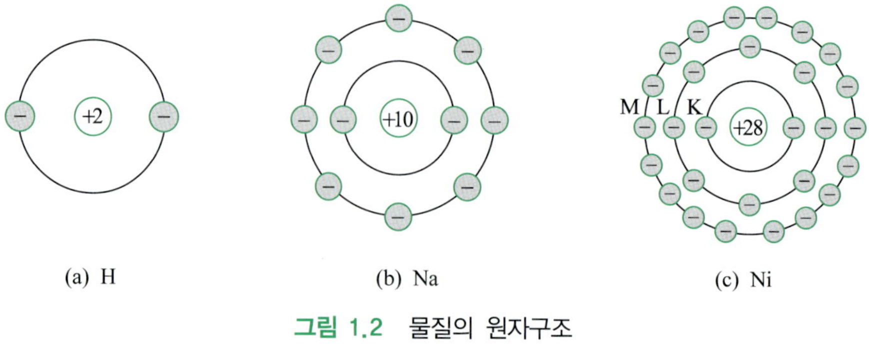

그림 1.2 물질의 원자구조

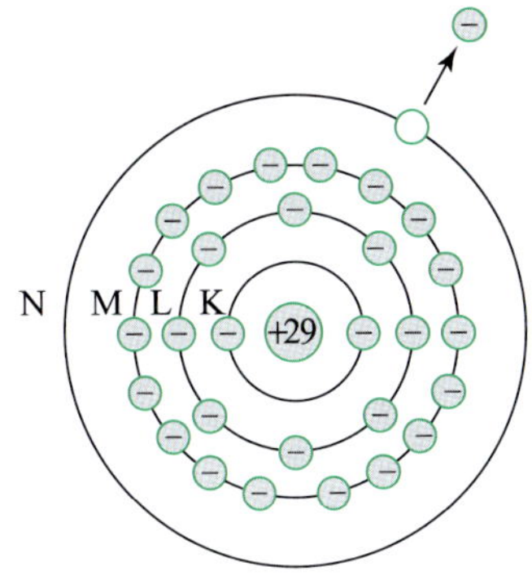

그림 1.3 Cu의 양이온상태

은 원자로 구성되어 있으므로 외부에서 빛, 열이나 전압과 같은 에너지가 가해지면 내부에서는 그림 1.4와 같이 −전하의 연속적인 이동으로 Cu원자는 −전하를 잃고 양이온(+전하)을 생성하므로 역시 연속적인 +전하의 이동이 발생한다. 그림 1.4에서 번호는 −전하의 이동순서 및 +전하인 Cu 양이온의 발생 순서를 나타내며 이동방향이 서로 반대임을 알 수 있다.

−전하를 잃으면서 발생하는 양이온(+전하)을 **정공**(正孔: hole)이라 하며 +의 빈 구멍이라는 의미이다. 이때 전자를 잃은 빈자리에 생긴 +의 전하로 원자에서 연속적으로 전자(−전하)를 잃으면서 여기저기에서 발생되므로 마치 이동하는 +전하로 간주하여 고정되어 있는 양자(陽子)와는 구별된다.

또한 그림 1.5와 같이 건전지에 도전체를 연결하였을 때 전하의 흐름을 살펴보면 −전하는 건전지의 +극으로 끌려 들어가고, +전하는 건전지의 −극으로 끌려 들어간다. 바꿔서 말하면 건전지의 +극에서는 +전하가 나와서 −극으로 끌려 들어가고, −극에서는 −전하가 나와 +극으로 끌려 들어가면서 도체에 전류가 흐른다. 여기서도 −전하와 +전하의 이

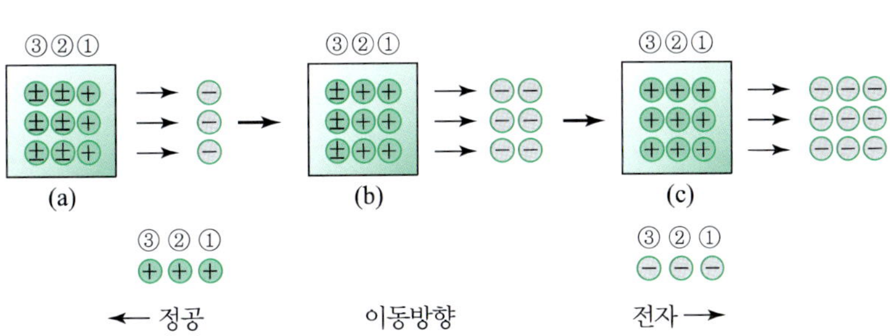

그림 1.4 Cu의 전류발생

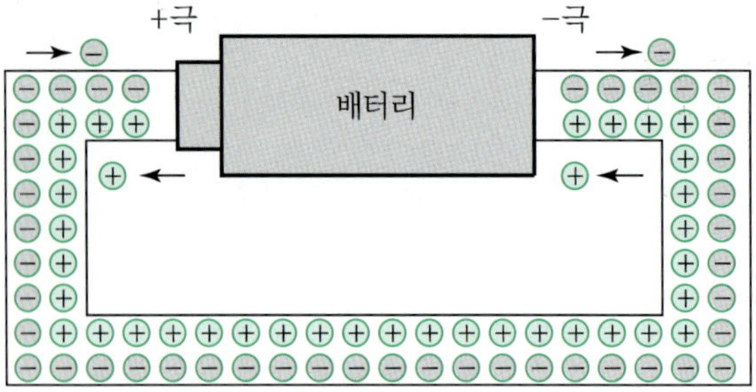

그림 1.5 배터리에서의 전하이동

동방향은 반대이다. 따라서 그림 1.4와 그림 1.5로부터 − 전하와 + 전하의 이동이 전류라고 결론지을 수 있다. 그림 1.6에서 ⊕는 + 전하(정공)를, ⊖는 − 전하(전자)를 나타내며 정공에 의한 전류의 방향과 전자에 의한 전류의 방향은 서로 반대이다. 이와 같이 전자(electron) 또는 정공(hole)의 이동이 전류이지만 일반적으로 관습상 회로도 상에서 정공의 이동을 전류의 방향으로 나타낸다.

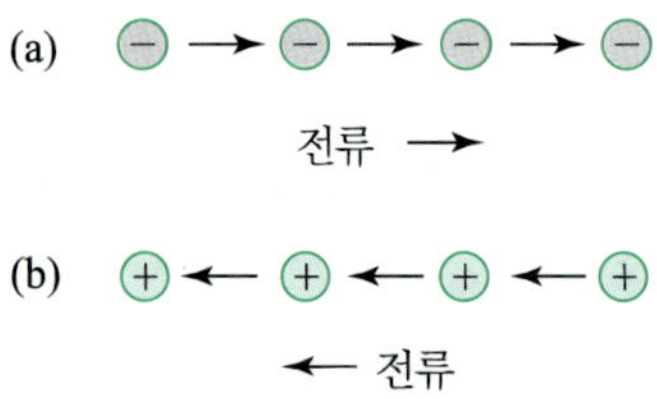

그림 1.6 전하의 이동과 전류방향

(2) 전압 또는 전압원

전하가 공급되는 근원이 전압원이다. 우리 일상생활에서 흔히 사용되는 전압원은 크게 직류전압원인 건전지와 발전소에서 공급되는 교류전압원으로 구분된다(그림 1.7).

> 전압원(voltage source)을 간단히 **전원(電源)**이라고도 한다. 넓은 의미에서의 전원은 전압원만이 아니라 전류원도 포함된다.

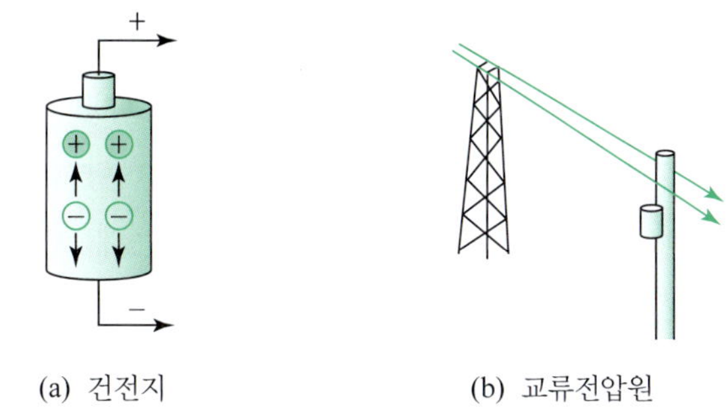

그림 1.7 직류전압원과 교류전압원

(3) 부하

전압원에 연결되는 저항체, 예컨대 전등, 전열기, 모터, 가전기기 등을 부하(load)라 하며 이들 부하가 스위치를 ON시켜 전원에 연결될 때 하나의 전기회로가 형성되며 그림 1.8과 같이 전류가 흐른다.

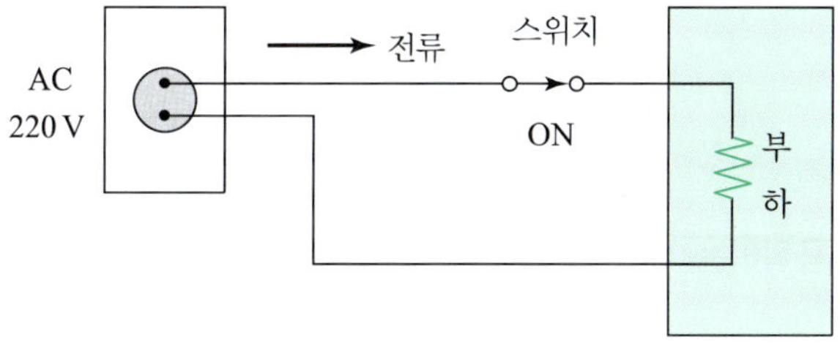

그림 1.8 부하와 전류

1.3 전압, 전류, 전력의 정의 및 단위

(1) 전압, 전류

전압이란 아래의 식과 같이 전하당 가해지는 에너지(일)를 말한다. w는 일, q는 전하량을 나타내며, 일의 단위는 줄[J], 전하량의 단위는 쿨롬[C]이다.

$$v = \frac{dw}{dq}\,[\mathrm{V}] \tag{1.1}$$

각각 분리된 +전하와 −전하는 위치 에너지를 갖는다. 따라서 이들을 움직이는 데는 에너지가 필요하다. −전하에 해당하는 전자 1개의 전하량은 -1.60×10^{-19}쿨롬(C)이다. 따라서 1쿨롬의 전하량의 크기는 전자 6.25×10^{18}개가 모인 전하량이다. 1[C]의 전하에 1[V]의 전압이 가해지면 1[J]의 에너지로 전하들을 움직이게 하는데, 바꿔 말하면 1쿨롬[C]의 전하량에 1줄(J)의 에너지가 가해질 때의 전압이 1볼트(V)이다. 또한 전하의 에너지, 즉 전압이 가해지면 전하가 이동하여 전류가 흐르며 아래의 식과 같이 시간당 흐르는 전하의 양으로 전류를 정의한다. 시간의 단위는 초(s)이다.

$$i=\frac{dq}{dt}[\mathrm{A}] \tag{1.2}$$

일반적으로 교류전압은 v, 교류전류는 i로 나타내며 대문자인 경우에는 직류전압과 직류전류를 나타내며 식 (1.1) 및 식 (1.2)의 직류 관계식은 아래와 같이 나타낸다.

$$V=\frac{dW}{dQ}[\mathrm{V}],\quad W=V\cdot Q[\mathrm{J}] \tag{1.3}$$

$$I=\frac{Q}{t}[\mathrm{A}],\quad Q=I\cdot t[\mathrm{C}] \tag{1.4}$$

익힘 문제 1.1

전자 1.3×10^{18}개를 움직이는 데 0.4[J]의 에너지가 소요되었다면 이때의 전압은 몇 [V]인가?

풀이 6.25×10^{18}개의 전자의 전하량이 1[C]이므로 $\frac{1.3\times10^{18}}{6.25\times10^{18}}\fallingdotseq 0.21[\mathrm{C}]$,

따라서 전압은 식 (1.1)에 의하여 $V=\frac{0.4}{0.21}\fallingdotseq 1.9[\mathrm{A}]$

익힘 문제 1.2

0.5[C]의 전하량에 전압 6[V]가 걸린다면 가해진 에너지는 얼마인가?

풀이 식 (1.3)에 의하여 $W=6\times0.5=3[\mathrm{J}]$

익힘 문제 1.3

3[C]의 전하량을 움직이는데 6[초]가 걸렸다면 발생한 전류의 크기는 몇 [A]인가?

풀이 식 (1.4)에 의하여 $I = \frac{3}{6} = 0.5[\text{A}]$

익힘 문제 1.4

2[C]의 전하가 이동하여 5[A]의 전류가 흐르는 데 걸리는 시간은 몇 [초]인가?

풀이 식 (1.4)에 의하여 $t = \frac{Q}{I} = \frac{2}{5} = 0.4[\text{s}]$

(2) 전력

전기에서 전력이란 단위시간에 발생 또는 소모하는 에너지를 말하며, 전압과 전류의 곱으로 아래의 식과 같다. 그 단위는 와트(W)이다.

$$p = vi[\text{W}] \tag{1.5}$$

그림 1.9에서와 같이 발전소에서 공급하는 전력을 $+p$라 하면 가정집이나 공장에서 소모하는 전력은 $-p$가 된다.

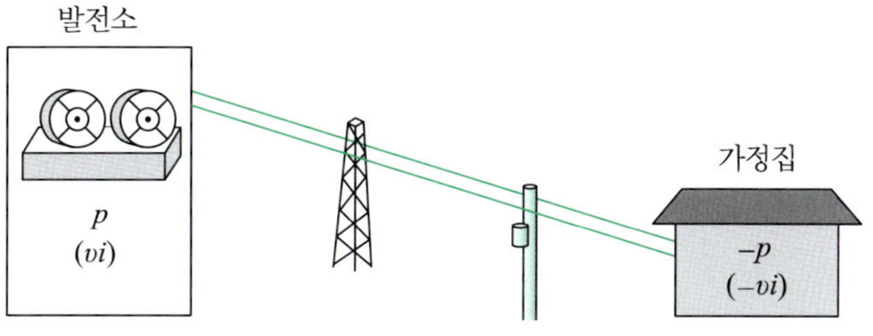

그림 1.9 공급전력과 소모전력

익힘 문제 1.5

200[V]의 전압이 가해졌을 때 부하에 0.5[A]의 전류를 흘리기 위해서 공급되어야 하는 전력의 크기는 얼마인가?

풀이 식 (1.5)에 의하여 $p = 200 \times 0.5 = 100[\text{W}]$

익힘 문제 1.6

어느 부하에 220[V]의 전압이 공급되어 15[A]의 전류가 흐른다면 소모되는 전력의 크기는 얼마인가?

풀이 소모되는 전력의 크기는 vi이므로 $p = 220 \times 15 = 3{,}300[\text{W}] = 3.3[\text{kW}]$

1.4 전기회로의 구성

하나의 전기회로가 구성된다는 것은 전류가 흐를 수 있다는 의미이다. 따라서 전류가 흐르기 위해서는 전하의 이동을 일으키게 하는 에너지가 필요하며, 이를 기전력(起電力) 또는 전압(電壓)이라 한다. 이 에너지는 앞서도 언급한 바와 같이 건전지의 직류전원, 발전소에서 공급되는 직류 또는 교류전원이며 그 밖에 태양으로부터의 빛에너지나 열에너지도 포함될 수 있지만 앞으로 회로 해석에서는 건전지와 같은 직류전원이나 발전소의 교류전원만을 전압으로 다루기로 한다. 전압에 저항체인 부하가 연결될 때 전류가 흐르게 되므로 하나의 전기회로는 그림 1.10과 같이 전압(v), 저항체(r), 전류(i)의 세 가지 기본 요소로 회로가 구성된다. 그러나 실제의 교류회로에서는 부하로서 저항뿐만이 아니라 커패시터, 인덕터 등도 포함된다. 아래의 표 1.1은 직류 및 교류회로에서의 전압, 전류, 저항의 표시 기호를 나타낸다.

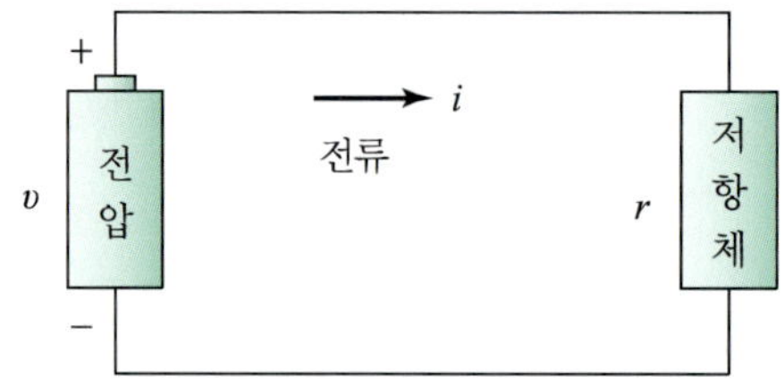

그림 1.10 기본 전기회로

표 1.1 전압, 전류, 저항의 표시 기호

구분	기호	
	직류	교류
전압	V	v
전류	I	i
저항	R	r 또는 R

(1) 단위의 승수(멱)

보통 전압, 전류, 저항, 커패시터 및 인덕터의 크기를 나타날 때 아주 크거나 아주 작은 경우가 있으므로 그 기본 단위의 앞 첨자로 아래의 표 1.2와 같은 승수 심벌을 주로 사용한다.

표 1.2 단위의 승수 심벌

심벌	명칭	읽기	승수	심벌	명칭	읽기	승수
a	atto	아토	10^{-18}	da	deca	데카	10^{1}
f	femto	펨토	10^{-15}	h	hecto	헥토	10^{2}
p	pico	피코	10^{-12}	k	kilo	킬로	10^{3}
n	nano	나노	10^{-9}	M	mega	메가	10^{6}
μ	micro	마이크로	10^{-6}	G	giga	기가	10^{9}
m	milli	밀리	10^{-3}	T	tera	테라	10^{12}
c	centi	센티	10^{-2}	P	peta	페타	10^{15}
d	deci	데시	10^{-1}	E	exa	엑사	10^{18}

• 예컨대 전압 $3{,}300[\mathrm{V}] = 3.3 \times 10^{3}[\mathrm{V}] = 3.3[\mathrm{kV}]$, 전류 $0.002[\mathrm{A}] = 2 \times 10^{-3}[\mathrm{A}] = 2[\mathrm{mA}]$이다.

1.5 전압, 전류, 전력의 방향

관례상 전류 i는 전압의 +극성에서 부하를 거쳐 전압의 −극성으로 흐른다고 정의하며 그림 1.11(a)를 i라 하면 그림 1.11(b)는 $-i$로 나타낸다.

일반적으로 공급전원의 +단자에서 부하로 들어가는 전류를 +, 나가는 전류를 −방향으로 정하며, 전압은 −단자를 기준으로 할 때 +단자는 $+v$, +단자를 기준으로 할 때 −단자는 $-v$이다. 따라서 그림 1.11(b)는 +단자 기준으로 $-v$이므로 $-i$이다. 그림 1.12(a)는 공급 및 소모 전력을 구분하는 블록도이다. 단자 1에서 단자 3으로 전류가 흐르기 때문에 A가 공급전압원, B가 소모 부하이다. 따라서 A쪽의 공급전력은 $p=vi$, B쪽에서의 소모전력은 $p=-vi$이다. 그림 1.12(b)는 같은 내용을 다른 관점에서 설명한 그림으로 단자 2 기준, 단자 1의 전압 v를 공급전압이라고 부르는 반면 단자 3 기준, 단자 4에 나타나는 전압을 전압강하(voltage drop)라 한다. 이때 단자 1에서 단자 3과 단자 3에서 단자 4의 전류가 둘 다 i인데 반하여, 단자 2 기준 단자 1의 전압은 v, 단자 3 기준 단자 4의 전압은 $-v$이므로 전력은 $p=(-v)i=-vi$가 된다.

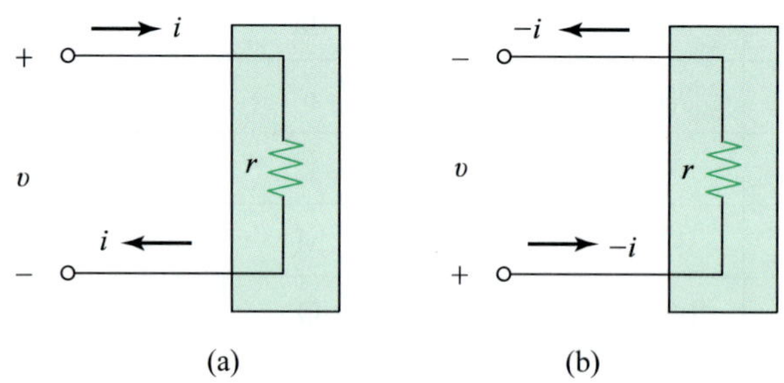

(a) (b)

그림 1.11 전류, 전압의 방향과 부호

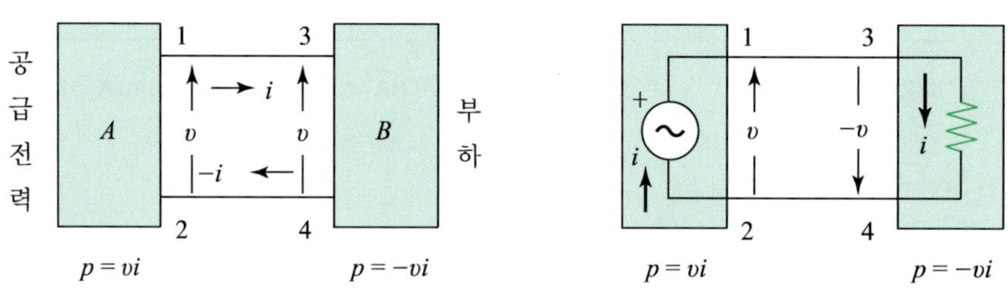

(a) (b)

그림 1.12

익힘 문제 1.7

그림 1.13에서 단자 1과 단자 2 사이에 15[V]의 전압강하가 발생하고, 단자 2에서 부하저항 쪽으로 3[A]의 전류가 흘러들어 간다.

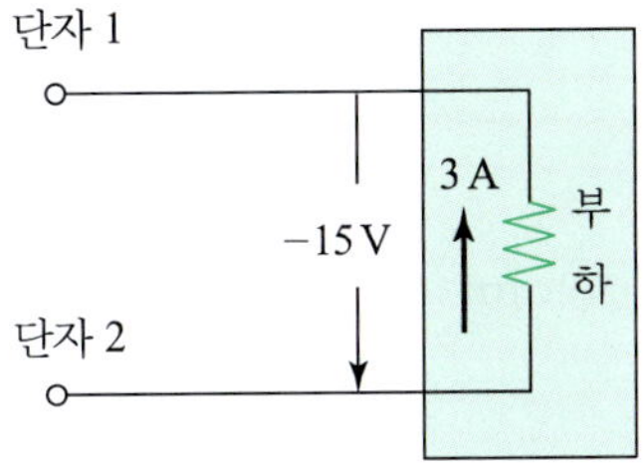

그림 1.13

(1) 전압 v와 전류 i의 값을 부호와 함께 나타내어라. 단, 전압은 단자 1을 기준으로 한다.

(2) 사각 내부의 전력은 얼마인가? 단, 소모전력은 −, 공급전력은 +로 기재한다.

풀이 (1) 단자 2에서 내부로 전류가 흘러들어 가므로 단자 2의 극성이 +이다. 따라서 단자 1은 −극성이므로 단자 1의 전압은 −15[V]이고, 전류의 방향은 단자 2에서 단자 1쪽으로 흘러들어 가는 전류이므로 +3[A]이다.

(2) 내부에서 전압강하가 나타나는 전력이므로 소모전력이고 $p = -15 \times 3 = -45$[W]이다.

Chapter 01 간추림

1. 전기란?

- 전기(electricity)의 실체(substance)는 전류이다.
- 전자의 이동이 전류이다.

2. 전압원

전하가 공급되는 근원이 전압원이며 직류전압원인 건전지와 발전소에서 공급되는 교류 전압원으로 구분된다.

3. 전압

전압이란 아래의 식과 같이 전하당 가해지는 에너지(일)를 말한다.

$$v = \frac{dw}{dq}[\mathrm{V}]$$

위의 식에서 일 w의 단위는 [J], 전하량 q의 단위는 [C]이다. 또한 1쿨롬[C]의 전하량의 크기는 전자 6.25×10^{18}개가 모인 전하량이므로 전자 1개의 전하량은 -1.60×10^{-19}[C]이다.

4. 부하

전압원에 연결되는 저항체, 예컨대 전등, 전열기, 모터, 가전기기 등을 부하(load)라 한다.

5. 전류

시간[s]당 통과하는 전하량으로 전류를 정의하며 아래의 식과 같다.

$$i = \frac{dq}{dt}[\mathrm{A}]$$

6. 전력

전력이란 단위시간에 발생 또는 소모하는 에너지를 말하며, 전압과 전류의 곱으로 아래의 식과 같다.

$$p = vi[\mathrm{W}]$$

7. 전기회로

전압원에 부하가 연결되면 하나의 전기회로가 구성된다. 즉 전기회로가 구성된다는 것은 전류가 흐를 수 있다는 의미이므로 전기회로의 3요소는 전압, 전류, 부하(저항)이다.

8. 전압, 전류, 저항의 표시기호

	전압	전류	저항
직류	V	I	R
교류	v	i	R

9. 전압, 전류, 전력의 방향

전압 : −단자를 기준으로 +단자전압은 $+v$, +단자를 기준으로 −단자전압은 $-v$

전류 : 전류 i는 전압의 +극성에서 부하를 거쳐 전압의 −극성으로 흐른다.

전력 : 공급 전원측의 전력은 $p=vi$, 부하에서의 소모 전력은 $p=-vi$

연습문제

1. 어떤 도전체에 흐르는 전류가 3[mA]일 때 1.5×10^{-3}[C]의 전하량이 도전체를 통과하는 데 걸리는 시간은 얼마인가?

2. 길이가 1[m]인 전선용 도전체가 있다. 0.04[cm^2]의 단면적에 2.5×10^{22}개의 전자가 분포되어 있다고 할 때 도전체에 흐르는 전류가 4[A]라면 전자의 통과 속도는 얼마인가? 단, 전자 1개의 전하량은 1.6×10^{-19}[C]이다.

3. 만일 전류가 0.4[A]라면 1[분]에 도전체를 통과하는 전자의 수는 얼마인가?

4. 1.5[V]의 건전지의 +극성에서 −극성으로 이동하는 전자 1개의 에너지는 몇 [J]인가?

5. 0.2[C]의 전하량을 움직이게 하는데 1.5[J]의 에너지가 소요된다면 전압은 몇 [V]인가?

6. 1.5[V]의 건전지 두 개를 50[mA]의 전류가 흐르는 부하에 연결하여 사용할 때 1시간 동안 건전지에 공급하는 에너지는 얼마인가?

7. 12[V]의 전압에 부하를 연결하여 전하가 이동하는 데 소요되는 에너지가 18[J]이라면 전하량의 크기는 얼마인가?

8. 그림 1.14에서 전류 및 전압이 아래와 같을 때, 그 전력을 계산하고 전력이 어느 쪽에서 어느 쪽으로 이동하는지를 나타내어라.

① $i=10$[A], $v=40$[V]

② $i=-30$[A], $v=20$[V]

③ $i=15$[A], $v=-60$[V]

④ $i=-20$[A], $v=-50$[V]

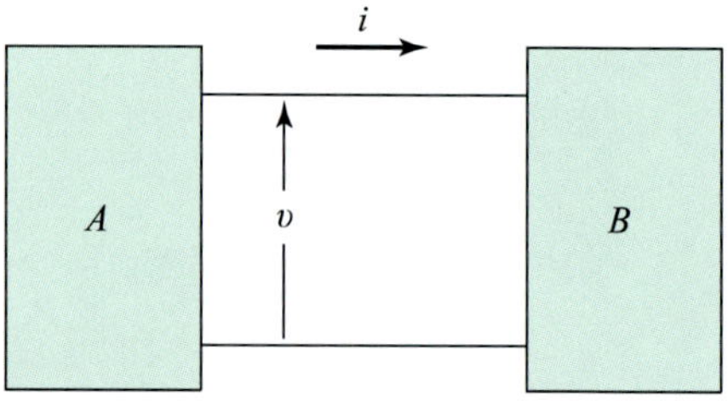

그림 1.14

9. 그림 1.15는 자동차 축전지가 방전되어 시동이 걸리지 않을 때 다른 차의 축전지의 +, − 단자에 선을 연결하여 충전하는 그림으로 $i = 45$[A]이다. 아래의 물음에 답하라.

① 어느 차가 방전이 된 차인가?

② 충전시간이 2[분] 걸렸다면 얼마의 에너지가 전달되었는가?

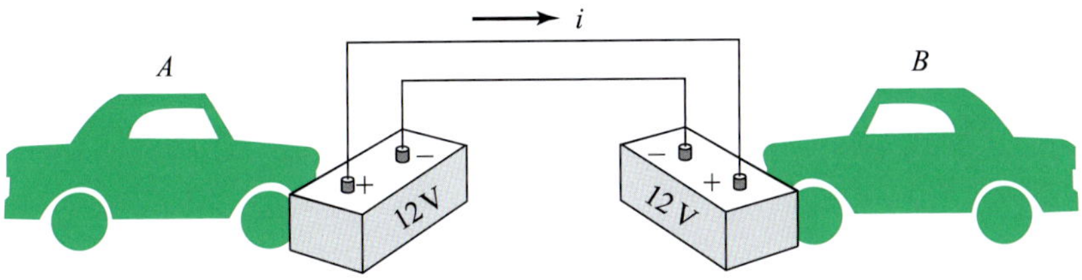

그림 1.15

10. 그림 1.16에서 부하에서 소모되는 전력은 얼마인가?

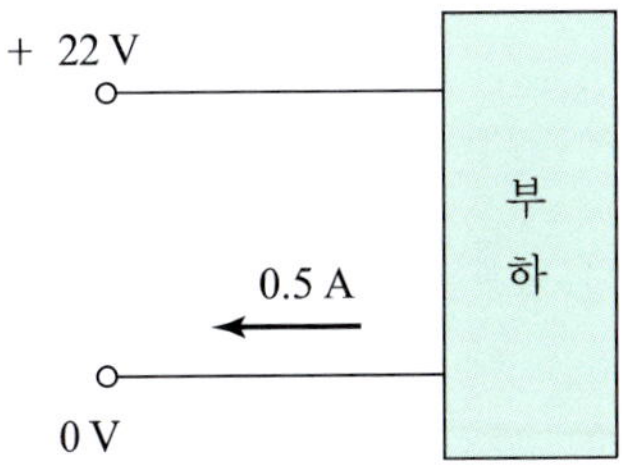

그림 1.16

Chapter 02

전압원, 전류원, 저항

이 장에서는 무엇을 배우는가?

1. 전압원, 전류원 및 정전압원, 정전류원의 개념을 익힌다.
2. 저항률의 정의와 온도에 따른 저항의 변화를 배운다.
3. 전선의 허용전류 및 안전전류에 관한 지식을 익힌다.

학습효과

회로의 에너지원인 전압원과 전류원 및 저항에 대한 지식을 익혀서 전기회로의 구성 시 사전에 필요한 지식을 준비하게 된다.

2.1 전압원과 전류원

직류(DC : Direct Current)는 전압 및 전류를 함께 나타낼 때 사용하는 용어이며, 그림 2.1과 같이 시간이 경과해도 일정한 값을 유지한다.

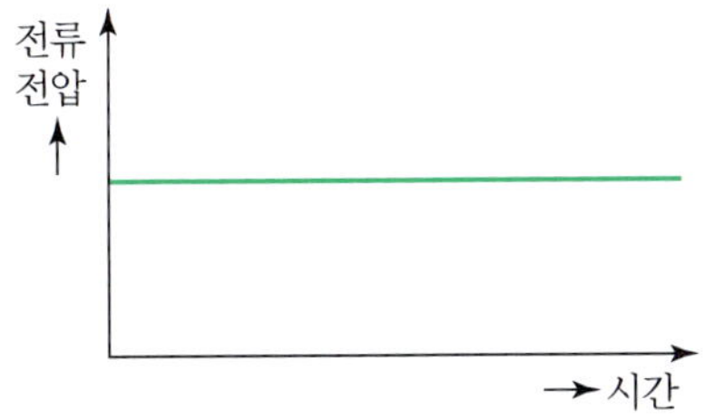

그림 2.1 직류전압 및 전류

직류전압의 공급원은 크게 화학전지와 발전기 또는 정류전원이 있다. 최근에 보급이 되고 있는 태양전지(solar cell)도 직류전압원이 될 수 있지만 충전용 전지의 개입이 없이는 저장성이 불가능하다는 단점이 있다. 화학전지는 일상생활에 많이 사용하고 있으며 그 대표적인 것으로는 그림 2.2와 같은 건전지와 축전지가 있다. 정류전원은 교류전원을 정류소자 또는 정류회로에 의해 직류전원으로 바꾼 것이다. 그림 2.3은 교류를 안정된 직류전원으로 바꿔 사용하는 직류 안정화 전원장치이다. 건전지는 하나 또는 그 이상의 동일 셀(cell)이 직렬 및 병렬조합으로 구성되어 있으며 한 개의 셀은 화학적 에너지를 전기적 에너지로 바꾸는 기본적인 전압원의 단위소자이다. 건전지의 동작원리는 산, 염기 등과 같은 물질을 용해시켜 만든 전해액이 일정 금속과 화학적인 반응에 의하여 －와 ＋의 이온을 발생시키며, 이 전해액 속에는 두 개의 전극이 담겨져 있다. 이 가운데 하나에 화학작용으로 만들어진 －전기를 띤 전자가 들러붙음으로써 전해액 속에 ＋이온을 방출시키고 자신에게는 －이

(a) 건전지 (b) 축전지

그림 2.2 화학전지

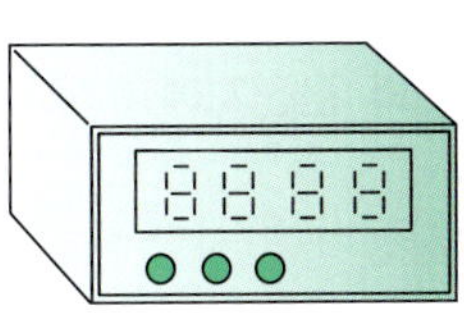

그림 2.3 직류전원장치

온이 모이는 전극이 +전극이다. 반면 화학적 반응으로 −이온을 방출시키고 자신에게는 +이온이 모이는 전극이 −전극이다. 망간전지에서는 +극의 재료로 탄소(C), −극으로 아연(Zn)을 사용하며, 2차 건전지인 연 축전지와 알칼리 축전지에서는 PbO_2와 Pb, NiO_2H와 Cd를 +극과 −극의 재료로 사용한다. 전해액으로는 $NH_4Cl \cdot ZnCl_2$, H_2SO_4 등이 사용되며, 이온을 보충해주는 감극제로 이산화망간(MnO_2)이 사용된다. 일반적으로 하나의 셀 및 직류전압 기호는 그림 2.4와 같다.

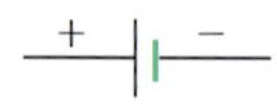

그림 2.4 직류전압의 기호

> 건전지는 1차 건전지와 2차 건전지로 구분되며, 2차 건전지는 재충전이 가능하지만 1차 건전지는 충전이 불가능하다. 2차 건전지에는 납축전지, 리튬전지, 니켈수소/니켈카드뮴전지 등이 있다.

2.2 건전지의 Ah

건전지의 규격으로 나타내는 암페어 아워(Ah : Ampere-hour)는 암페어당 몇 시간 동안 사용할 수 있느냐를 말한다. 예컨대 50[Ah]는 1[A]의 전류를 흘릴 때 50[시간] 동안 사용할 수 있음을 나타낸다. 따라서 사용수명 시간은 아래와 같다.

$$\text{사용수명 시간} = \frac{Ah}{A}[\text{시간}] \tag{2.1}$$

익힘 문제 2.1

2.5[Ah]의 건전지에 0.5[A]의 부하전류를 연속해서 흘릴 때 사용가능 시간은 얼마인가?

풀이 $\text{사용가능 시간} = \frac{2.5}{0.5} = 5[\text{시간}]$

2.3 정전압원과 정전류원

(1) 정전압원

이상적인 정전압원(constant-voltage source)은 부하의 크기에 관계없이 즉, 부하에 흐르는 전류의 크기에 관계없이 일정한 전압을 공급하는 전압원을 말한다. 실제의 전압원은 내부에 자체의 저항, 즉 내부저항이 존재하며 부하를 연결하여 전류가 흐르면 전압강하(부하전류×내부저항)가 발생하여 부하가 연결되지 않을 때($R=\infty$)의 전압에서 그 전압강하를 뺀 전압이 부하의 양단에 걸리게 된다. 예컨대 우리 일상생활에서 많이 사용하는 1.5 V의 건전지에 램프나 전기면도기 등의 부하를 연결하면 흐르는 전류의 크기에 비례하여 건전지 내부에 존재하는 저항에서 발생하는 전압강하 때문에 부하를 연결하기 전의 전압보다 그 크기가 작아진다. 그림 2.5의 경우에는 0.05[V]의 전압강하로 말미암아 부하저항에는 1.45[V]가 된다. 즉, 그림 2.5(b)에서와 같이 전압강하를 일으키는 내부저항 r이 존재한다.

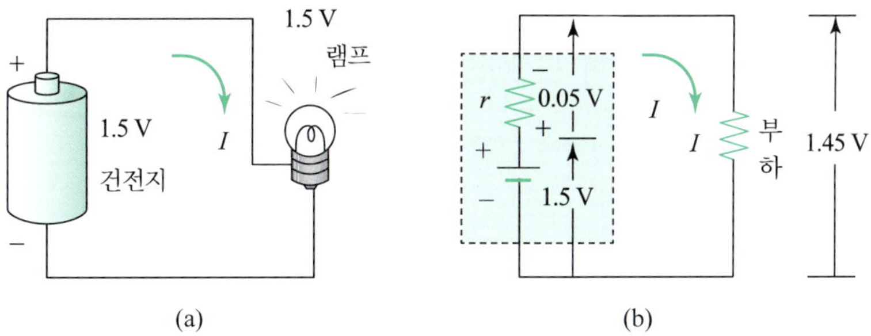

그림 2.5 건전지의 내부저항

이상적인 전압원은 내부저항이 $r=0$이어야 하지만 실제에 있어서는 내부저항이 0에 가까운 전압원을 이상적인 전압원으로 간주한다.

(2) 정전류원

한편 부하에 관계없이 일정한 전류를 흘리는 전류원을 정정류원(constant current source)이라 하며, 그 병렬저항인 내부저항이 ∞인 경우를 말한다. 그림 2.6(a)는 정전압원과 전정류원의 등가회로이며, 그림 2.6(b)는 이들의 기호를 나타낸다.

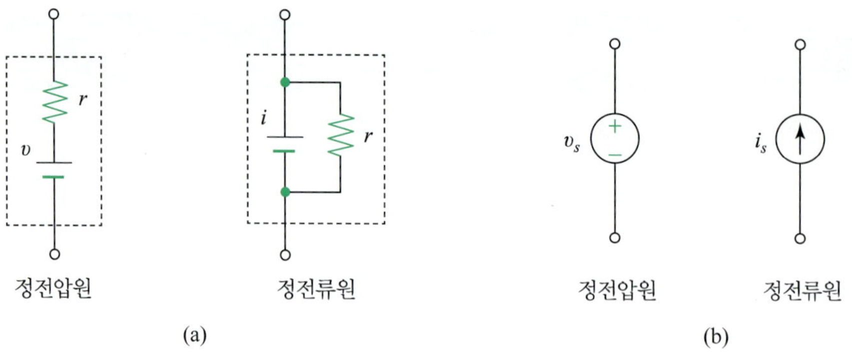

그림 2.6 정전압원과 정전류원의 내부저항

2.4 독립전원과 종속전원

건전지나 가정용으로 들어오는 교류전원은 스스로 전압을 공급할 수가 있다고 해서 독립전원(independant source)이라 한다. 반면에 독립전원에 의존하여 정해지는 전원을 종속전원(dependent source)이라 하며 이상적인 종속전원의 기호는 그림 2.7과 같다.

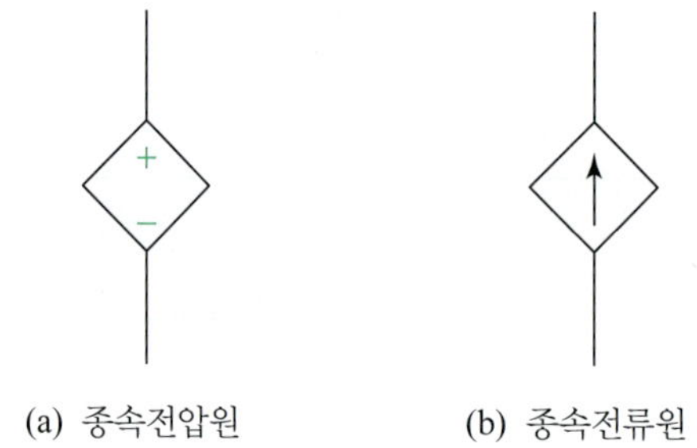

그림 2.7

일반적으로 독립전원에 의하여 구성되는 회로 내에서 회로소자에 흐르는 전류나 전압강하에 의해 전류의 몇 배 또는 전압의 몇 배로 나타낸다. 그림 2.8(a)는 전압제어형, 그림 2.8(b)는 전류제어형인 경우의 기호이며, a, b, c, d는 상수이다.

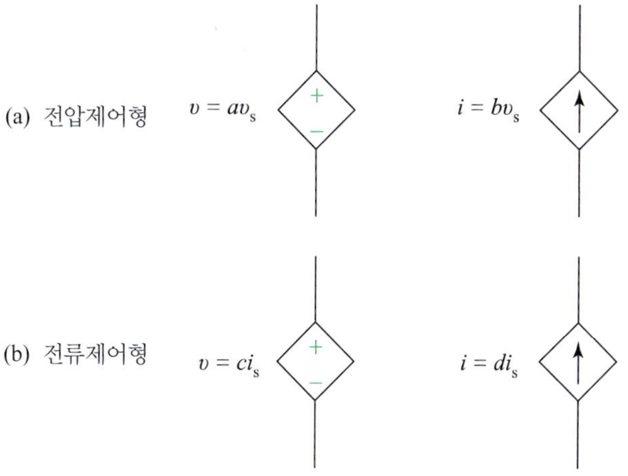

그림 2.8 전압 및 전류제어형 종속전원

종속전원의 예로서 가장 대표적인 것이 트랜지스터의 등가회로이며, 이때는 콜렉터 전류 또는 입력에 귀환되는 출력전압을 종속전원으로 표기한다.

2.5 저항률

전압원과 부하를 연결하는 선은 전기가 잘 통하는 즉, 전하의 이동이 쉬운 물질을 사용해야 한다. 우리는 이러한 물질을 도전체(conductor)라 한다. 일반적으로 전선으로 동선(copper wire)을 주로 사용한다. 전선으로 동선을 사용하는 이유는 전기가 잘 통할 뿐만 아니라 녹이 슬지 않고, 비교적 가볍고, 인장강도가 크기 때문이다. 전하의 이동이 얼마나 쉬운 물질인가를 나타내는 것이 도전율(σ : conductivity)이며, 그 단위는 [S/m]이다. 표준 연동을 기준으로 하여 주요 금속들을 백분율로 나타낸 도전율은 표 2.1과 같다. 은이 동보다 도전율이 크지만 가격이나 인장강도면에서 불리하므로 특별한 경우를 제외하고는 도전체로 사용하지 않는다. 저항률(resistivity)은 도전율의 역수이다. 따라서 저항률이 작을수록 전류를 잘 흘리고, 클수록 전류가 흐르기 어렵다. 전기회로에서는 저항체를 사용하여 전류의 크기를 조절하는 일이 많으므로 저항체의 역할이 중요하다.

표 2.1 주요 물질의 상대 도전율

금속명	상대 도전율(%)
은	106
동(표준 연동)	100
금	71.8
알루미늄	62.7
텅스텐	31.3
니켈	24.5
철	17.6
백금	16.3

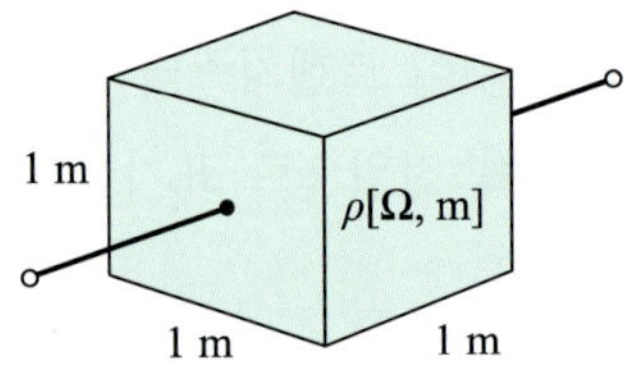

그림 2.9 저항률(ρ)의 정의

물질의 저항률은 그림 2.9와 같이 길이가 1[m], 단면적이 1[m^2]인 입방체의 저항을 말하며 단위는 [Ω · m], 기호는 ρ로 나타낸다. 표 2.2는 여러 가지 물질의 저항률을 나타낸다.

표 2.2 주요 금속의 저항률

금속명	저항률(Ω · m)
은	1.62×10^{-8}
동(표준 연동)	1.72×10^{-8}
금	2.4×10^{-8}
알루미늄	2.75×10^{-8}
텅스텐	5.5×10^{-8}
니켈	7.24×10^{-8}
철	10.0×10^{-8}
백금	10.6×10^{-8}

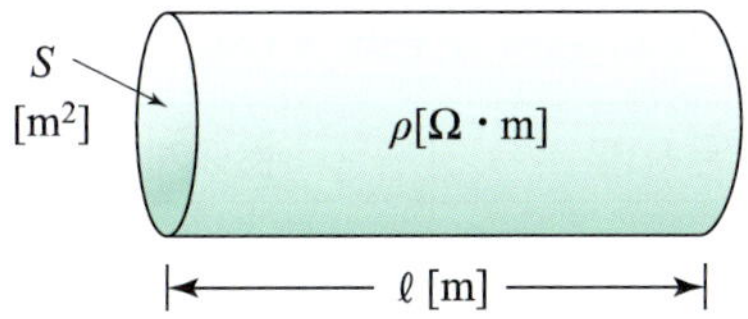

그림 2.10 저항의 크기

물질의 저항은 단면적이 크고 그 길이가 짧을수록 작아진다. 그림 2.10과 같이 저항률이 ρ이고, 단면적이 S, 길이가 l인 물질의 저항 R은 아래의 식과 같다.

$$R = \rho\frac{l}{S}[\Omega] \tag{2.2}$$

익힘 문제 2.2

반지름이 2[mm]이고, 길이가 15[cm]인 금속의 저항은 얼마인가? 단, 금속의 저항률은 $10\times10^{-8}[\Omega\cdot\mathrm{m}]$이다.

풀이 $R = \rho\frac{l}{S} = 10\times10^{-8}\times\frac{1.5\times10^{-1}}{3.14\times(2\times10^{-3})^2} = \frac{1.5\times10^{-8}}{1.256\times10^{-5}} = 1.194\times10^{-3}[\Omega]$

2.6 온도변화와 저항

일반적으로 반도체를 제외한 금속의 저항값은 0~100[°C]에서 온도가 올라가면 일정계수의 비율로 커진다. 이때의 계수를 저항의 온도계수 α라 한다. α는 저항값 1[Ω]에 대하여 온도가 1°C 올라갈 때 변하는 저항값을 말하며 주요 금속의 α는 표 2.3과 같다.

온도 t[°C]에서 T[°C]로 변할 때 변하기 전의 저항값을 R_t라 하면 변한 뒤의 저항값 R_T는 아래와 같다.

$$R_T = R_t + R_t\alpha(T-t) = R_t[1+\alpha(T-t)][\Omega] \tag{2.3}$$

표 2.3 주요 금속의 온도계수(α)

금속명	온도계수(α)
은	3.8×10^{-3}
동(표준 연동)	3.93×10^{-3}
금	3.4×10^{-3}
알루미늄	3.91×10^{-3}
텅스텐	5×10^{-3}
니켈	6×10^{-3}
철	5.5×10^{-3}
백금	3×10^{-3}

익힘 문제 2.3

20[℃]에서 동(銅)의 저항은 20[Ω]이다. 70[℃]에서 동의 저항은 얼마인가? 단, 동의 온도계수는 3.93×10^{-3}이다.

풀이 $R=20[1+3.93\times10^{-3}\times(70-20)]=20[1+0.1965]=20\times1.1965=23.93[\Omega]$

2.7 저항

(1) 저항의 종류

저항에는 탄소피막(carbon film), 탄소고체(carbon solid), 금속피막(metal film), 산화 금속피막 저항, 시멘트 및 권선저항 등의 고정저항이 있으며, 조절용으로 반고정저항 및 가변저항 등이 있다.

그림 2.11(a)의 탄소피막 저항이나 탄소고체 저항이 보편적으로 많이 사용되며 정밀도를 요하는 용도에는 금속피막이나 산화 금속피막 저항을 주로 사용한다. 비교적 전류를 많이 흘리는 용도의 전력용으로는 그림 2.11(b)와 같은 권선 형(위)과 시멘트 저항(아래)이 사용

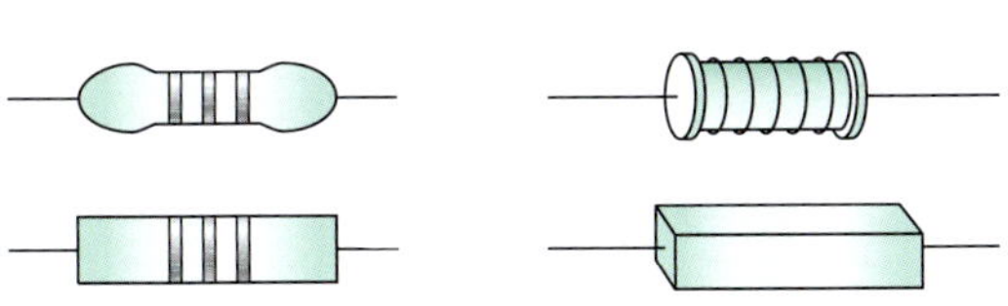

(a) (b)

그림 2.11 고정저항

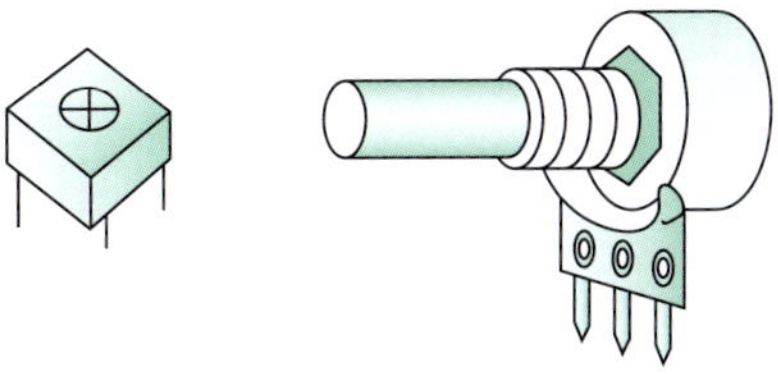

(a) (b)

그림 2.12 반고정저항

된다. 저항을 조정하는 용도로 그림 2.12와 같은 반고정저항 및 가변저항이 있다.

반고정저항은 주로 계측기나 여러 제품의 미세 조정용으로 사용하며 로킹(locking) 페인트로 움직이지 않도록 고정해 놓는 경우가 많다. 가변저항의 용도는 음향기기, TV, 계측기 등 그 용도가 다양하며, 그림 2.13(a)와 같이 ① 기준 시계방향(c.w.)으로 돌리면 ①~② 간의 저항이 커지며, 그림 2.13(b)처럼 반시계방향(c.c.w)으로 돌리면 ①~② 간의 저항이 작아진다. 단, 그림 2.13은 손잡이 축에서 본 것이다. 일반적으로 탄소피막 또는 금속피막 저항은 $\frac{1}{8}$[W], $\frac{1}{4}$[W], $\frac{1}{2}$[W], 1[W]용이 나와 있다.

권선저항이나 시멘트저항은 1[W] 이상 수[W]까지, 십[W] 이상은 주로 방열판이 부착된 제품을 사용한다.

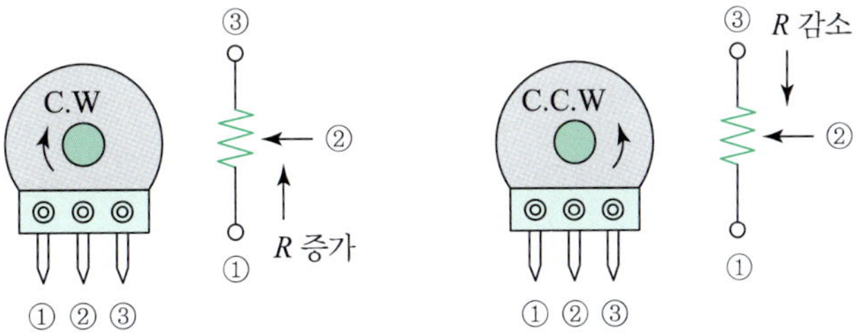

(a) (b)

그림 2.13 가변저항의 조절방향과 저항

(2) 저항의 컬러코드

일반적으로 많이 쓰이는 탄소피막 또는 금속피막 저항은 저항표면에 컬러코드가 둘러져 있다. 그림 2.14와 같이 4개의 띠(band)가 있으며 ①, ②, ③의 세 띠는 저항값을 나타내고, 띠 ④는 저항의 오차를 나타낸다.

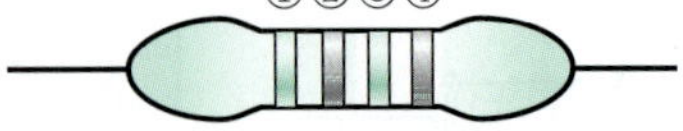

그림 2.14 저항의 컬러코드

1. 띠 ①, ②는 00에서 99까지의 수를 나타낸다. 단, 그 범위의 모든 수가 포함되지는 않는다.
2. 띠 ③은 곱해지는 10의 누승을 나타낸다. 즉 곱해지는 0의 개수를 말한다.
   단, 이 띠의 색이 흑색이면 0이 곱해지지 않고, 앞의 두 띠만으로 값이 정해지고, 금색이면 값이 1/10, 은색이면 1/100이 된다.
3. 띠 ④는 오차를 나타내며 은색이면 ±10 %, 금색이면 ±5 %, 갈색이면 ±1 %이다.

표 2.4 컬러코드

흑색	갈색	적색	등색	황색	녹색	청색	자색	회색	백색
0	1	2	3	4	5	6	7	8	9

익힘 문제 2.4

아래 5가지의 컬러코드에 대한 저항값을 구하라. 단, 순서는 ①, ②, ③, ④ 순이다.

(1) 갈색, 적색, 등색, 금색

(2) 적색, 자색, 갈색, 은색

(3) 황색, 자색, 녹색, 갈색

(4) 녹색, 청색, 금색, 은색

(5) 갈색, 녹색, 흑색, 금색

풀이 (1) 12000 → 12[kΩ] ± 5 %

(2) 270 → 270[Ω] ± 10 %

(3) 4700000 → 4.7[MΩ] ± 1 %

(4) 56 × (1/10) → 5.6[Ω] ± 10 %

(5) 15 → 15[Ω] ± 5 %

[참고] 첫째(●), 둘째(▲) 띠를 ●.▲로 놓고 갈색이면 100[Ω], 적색이면 [kΩ], 등색이면 10[kΩ], 황색이면 100[kΩ], 녹색이면 [MΩ]으로 계산하면 편리할 수 있다.
예를 들어 위의 익힘 문제 (1)인 경우 1.2하고 등색이므로 10[kΩ]를 곱하면 12[kΩ]이다.

2.8 전선의 저항과 허용전류

일반적으로 우리가 많이 사용하는 전선의 규격은 AWG(American Wire Gage)를 사용하며, 원형 동(銅)전선에 대한 AWG 치수에 대한 값은 표 2.5와 같다.

표 2.5 AWG # 동(銅)전선 허용전류(20 °C)

AWG #	지름(mm)	Ω/km at 20 °C	최대 허용전류 공기 중(A)	최대 허용전류 피복(A)
28	0.3211	212.9	1.4	0.83
26	0.4547	133.9	2.2	1.3
24	0.5106	84.22	3.5	2.1
22	0.6438	52.95	7	5
20	0.8118	33.39	11	7.5
18	1.0237	20.95	16	10
16	1.2908	13.18	22	13
14	1.6277	8.284	32	17
12	2.0525	5.210	41	23
10	2.5881	3.983	55	33
8	3.2636	3.2740	73	46
6	4.1153	1.296	101	60
4	5.1893	0.8136	135	80

by RECC 7th Ed.

Chapter 02 간추림

1. 직류전압원

- 직류(DC : Direct Current) : 전압 및 전류를 함께 나타낼 때 사용하는 용어이며 시간이 경과해도 일정한 값을 유지한다. 대표적인 직류전압으로 건전지, 축전지가 있다.
- 건전지 : 산, 염기 등과 같은 물질을 용해시켜 만든 전해액이 일정 금속과 화학적인 반응에 의하여 －와 ＋의 이온을 발생시키며, 이 전해액 속에는 두 개의 전극이 담겨져 있다. 이 가운데 하나에 화학작용으로 만들어진 －전기를 띤 전자가 들러붙음으로써 전해액 속에 ＋이온을 발생시키고 자신에게 －이온이 모이는 전극이 ＋전극이다.

2. 건전지의 Ah

암페어당 몇 시간 동안 사용할 수 있느냐를 말하며 아래의 식과 같다.

$$Ah = [\mathrm{A}] \times \text{사용시간}[\mathrm{A} \cdot \mathrm{s}],\ \text{사용수명 시간} = \frac{Ah}{A}[\text{시간}]$$

3. 정전압원

이상적인 정전압원(voltage source)은 부하의 크기에 관계없이 즉, 부하에 흐르는 전류의 크기에 관계없이 일정한 전압을 공급하는 전압원을 말한다. 내부저항이 $r = 0$인 이상적인 전압원은 존재하지 않으며 실제에 있어서는 내부저항이 0에 가까운 전압원을 이상적인 전압원으로 간주한다.

4. 정전류원

부하의 크기에 관계없이 일정한 전류를 흘리는 전류원을 정정류원이라 하며, 그 병렬저항인 내부저항이 ∞인 경우를 말한다. 역시 실제에 있어서는 내부저항이 ∞에 근접한 전류원을 이상적인 정전류원으로 간주한다.

5. 독립전원

건전지나 가정용으로 들어오는 교류전원과 같이 스스로 전압을 공급할 수 있는 전원이다.

6. 종속전원

독립전원에 의존하여 값이 정해지는 전원이다.

7. 저항률

전하의 이동이 얼마나 쉬운 물질인가를 나타내는 것이 도전율(σ : conductivity)이며, 그 역수가 저항률이다. 저항률이 작을수록 전류를 잘 흘리고, 클수록 전류가 흐르기 어렵다. 물질의 저항률은 길이가 1[m], 단면적이 1[m^2]인 입방체의 저항을 말하며 단위는 [Ω · m]이다. 물질의 저항은 단면적이 크고 그 길이가 짧을수록 작아진다. 그림 2.10과 같이 저항률이 ρ이고, 단면적이 S[m^2], 길이가 l[m]인 물질의 저항 R은 아래의 식과 같다.

$$R = \rho \frac{l}{S} [\Omega]$$

8. 저항의 온도계수

저항의 온도계수 α는 저항값 1[Ω]에 대하여 온도가 1 [°C] 올라갈 때 변하는 저항값을 말하며 온도 t[°C]에서 T[°C]로 변할 때 변하기 전의 저항값을 R_t라 하면 변한 뒤의 저항값 R_T는 아래와 같다.

$$R_T = R_t + R_t \alpha (T - t) = R_t [1 + \alpha (T - t)] [\Omega]$$

9. 저항

(1) 저항의 종류

저항에는 탄소피막(carbon film), 탄소고체(carbon solid), 금속피막(metal film), 산화금속피막 저항, 시멘트 및 권선저항 등의 고정저항이 있으며, 조절용으로 반고정저항 및 가변저항 등이 있다.

(2) 저항의 컬러코드

일반적으로 많이 쓰이는 탄소피막 또는 금속피막 저항은 저항표면에 컬러코드가 띠로 둘러져 있으며 왼쪽의 세 띠는 저항값을 4번째 띠는 오차를 나타내며 보는 법은 아래와 같다.

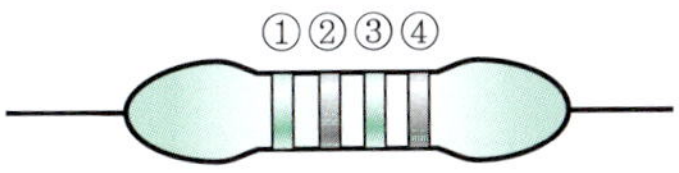

- 띠 ①, ②는 00에서 99까지의 수를 나타낸다. 단, 그 범위의 모든 수가 포함되지는 않는다.

- 띠 ③은 곱해지는 10의 누승을 나타낸다. 즉 곱해지는 0의 개수를 말한다.
  단, 이 띠의 색이 흑색이면 0이 곱해지지 않고, 앞의 두 띠만으로 값이 정해지고, 금색이면 값이 1/10, 은색이면 1/100이 된다.
- 띠 ④는 오차를 나타내며 은색이면 ±10 %, 금색이면 ±5 %, 갈색이면 ±1 %이다.
- 컬러코드의 수 값은 아래와 같다.

흑색	갈색	적색	등색	황색	녹색	청색	자색	회색	백색
0	1	2	3	4	5	6	7	8	9

연습문제

1. 60[Ah]의 축전지로 1.2[A]의 전류를 흘린다면 몇 시간 동안 사용할 수 있는가?

2. 48[시간] 동안 0.5[A]를 흘릴 수 있는 건전지의 Ah는 얼마여야 하는가?

3. 개방전압(부하를 연결하지 않을 때의 전압)이 1.5[V]인 건전지 1개에 300[mA]의 전류를 흘리는 부하를 연결하였을 때 부하 양단간의 전압이 1.475[V]라면 같은 부하에 2개의 1.5[V]의 건전지를 2개 직렬로 연결한 경우의 부하에 걸리는 전압은 얼마인가?

4. 아래의 그림 2.15와 같이 저항률(ρ)이 10.6×10^{-8}인 백금의 저항의 크기는 몇 Ω인가?

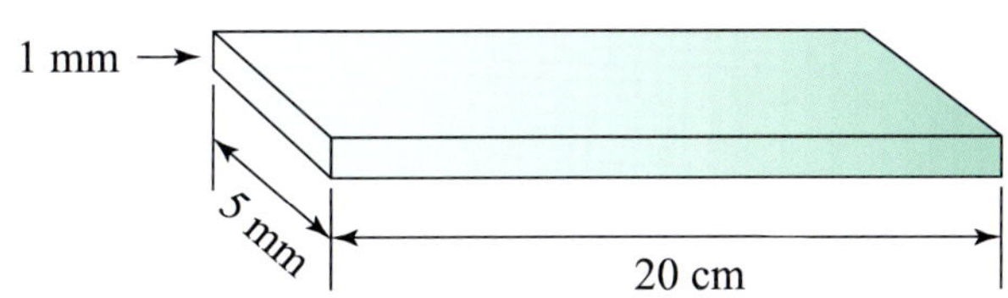

그림 2.15 저항의 크기

5. 20[°C]에서 온도계수가 4.0×10^{-3}인 금속의 저항 10[Ω]이 있다. 온도가 몇 [°C]로 올라갔을 때 저항값이 12[Ω]이 되는가?

6. 아래 두 가지의 경우에 대한 저항의 컬러코드 값을 구하라.

① 회색, 적색, 황색, 금색

② 갈색, 흑색, 흑색, 은색

Chapter

03

저항회로

이 장에서는 무엇을 배우는가?

중요한 옴의 법칙과 저항의 직 · 병렬연결 및 전압과 전류분할기 회로를 익히고 키르히호프의 전압 및 전류법칙을 이해한다.

학습효과

회로 해석에 필요한 기초 개념을 익힘으로써 앞으로 배우게 될 복잡한 회로의 해석 능력을 키울 수 있다.

3.1 저항의 연결

그림 3.1에서 (a), (b)는 같은 금속으로 단면적이 같고, 길이가 l, $2l$이라면 식 (2.2)에 의하여 각각의 저항 R_1의 크기는 $R_1 = \rho\frac{l}{S}$, $R_2 = \rho\frac{2l}{S} = 2R_1$이 되고, 그림 3.1(c)와 같이 (a), (b) 두 금속을 결합한 저항을 R_3이라 하면 길이가 $l + 2l = 3l$이 되어 $R_3 = \rho\frac{3l}{S} = 3R_1$이 됨을 알 수 있다.

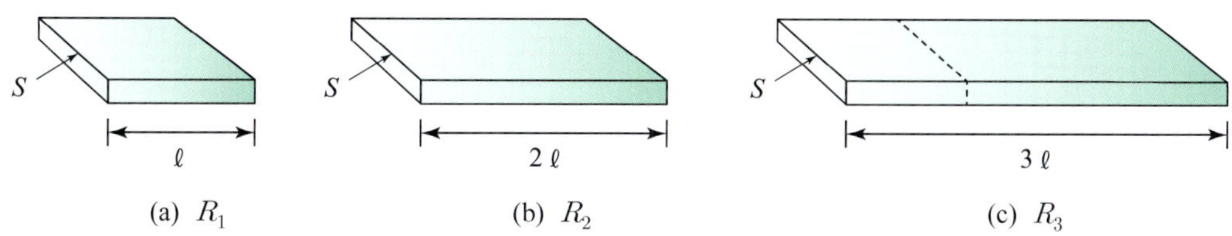

그림 3.1 저항의 크기

(1) 저항의 직렬연결

위의 그림 3.1에서 알 수 있듯이 $R_3 = R_1 + R_2$가 되어 저항체를 직렬로 연결하면 합성저항값은 각각의 저항의 합과 같게 된다. 그림 3.2(a)는 탄소피막(carbon film) 저항 2개의 직렬연결도이며 그림 3.2(b)는 연결 기호를 나타낸다.

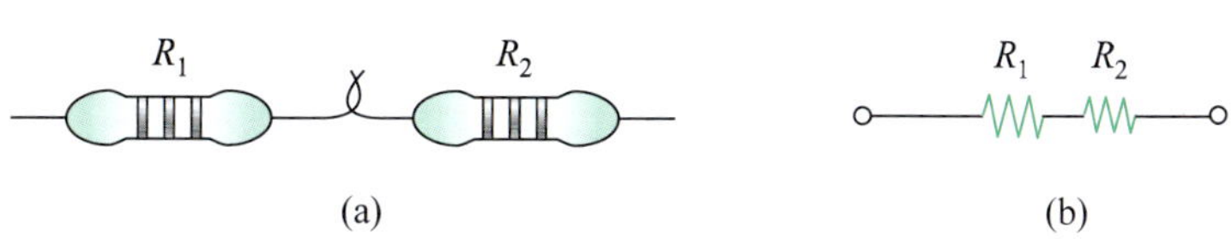

그림 3.2 저항의 직렬연결

그림 3.3과 같이 n개의 저항을 연결하면 합성저항은 식 (3.1)과 같이 나타낼 수 있다.

$$R = R_1 + R_2 + R_3 + \cdots + R_n \tag{3.1}$$

그림 3.3 직렬연결저항의 합성저항

익힘 문제 3.1

그림 3.4와 같은 저항의 직렬연결에서 합성저항의 값 R을 구하라.

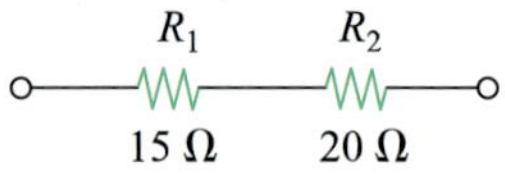

그림 3.4

풀이 $R = R_1 + R_2 = 15 + 20 = 35[\Omega]$

(2) 저항의 병렬연결

컨덕턴스(conductance) G는 얼마나 직류전류를 잘 흘리는가를 나타내는 값으로 저항 R의 역수이며, 그 단위는 [1/Ω]이다. 최근에는 그 단위를 지멘스(S : Siemens)로 쓰고 있다.

$$G = \frac{1}{R}[\text{S}] \tag{3.2}$$

그림 3.5처럼 길이가 같고, 그 단면적이 S_1, S_2일 때 컨덕턴스 G는 저항 R의 역수이므로 두 금속의 컨덕턴스 G_1, G_2는 $R_1 = \frac{\rho l}{S_1}$, $R_2 = \frac{\rho l}{S_2}$의 역수인 $G_1 = \frac{1}{R_1} = \frac{S_1}{\rho l}$, $G_2 = \frac{1}{R_2} = \frac{S_2}{\rho l}$이다. 따라서 아래의 관계식이 성립한다.

$G = \frac{1}{R} = \frac{S_1}{\rho l} + \frac{S_2}{\rho l} = \frac{1}{R_1} + \frac{1}{R_2}$로부터 R에 관해서 풀면 식 (3.3)을 얻을 수 있다.

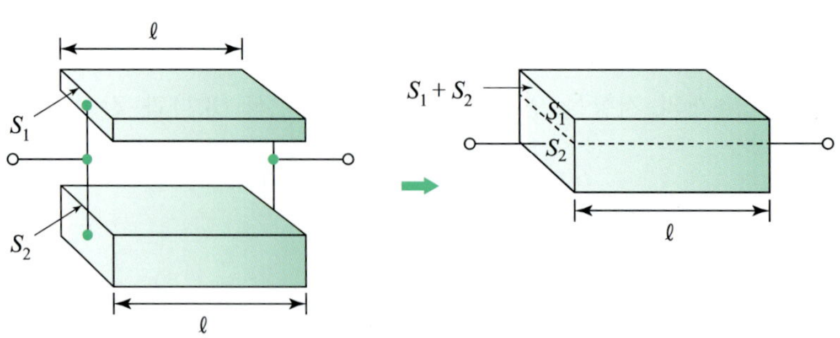

그림 3.5 저항의 병렬연결

$$R = \frac{1}{\frac{1}{R_1} + \frac{1}{R_2}} = \frac{R_1 R_2}{R_1 + R_2}[\Omega] \tag{3.3}$$

위의 식을 저항 $R_{1,}$ $R_{2,}$ $R_{3,}$ $\cdots$, R_n으로 확대하면 아래와 같다.

$$R = \frac{1}{\frac{1}{R_1} + \frac{1}{R_2} + \frac{1}{R_3} + \cdots + \frac{1}{R_n}}[\Omega] \tag{3.4}$$

익힘 문제 3.2

그림 3.6과 같은 저항의 직렬연결에서 합성저항의 값 R을 구하라.

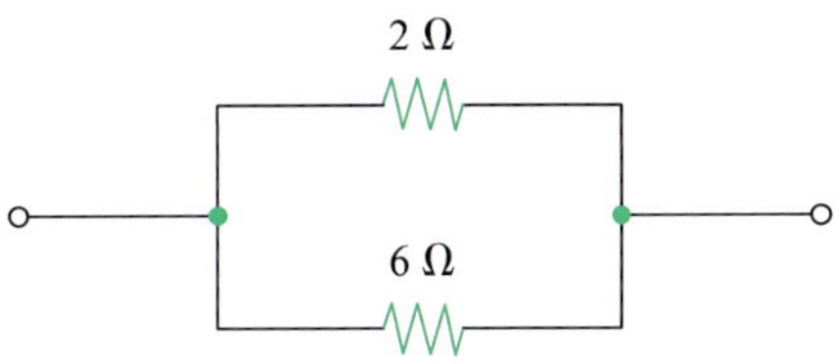

그림 3.6

풀이 $R = \frac{R_1 R_2}{R_1 + R_2} = \frac{2 \times 6}{2 + 6} = \frac{12}{8} = 1.5[\Omega]$

그림 3.6에서 병렬연결 시의 합성저항의 값은 병렬연결 저항 중 값이 작은 2[Ω]보다 작아지며, 두 저항이 같다면 합성저항의 값은 개별저항의 값의 1/2이 된다.

3.2 옴의 법칙

사람이나 차량이 달릴 때 바람의 저항이 있으면 달리기가 어렵다. 전하의 이동인 전류도 마찬가지이다. 같은 전압에서 저항률이 큰 금속을 연결하면 저항률이 낮은 금속보다 전류

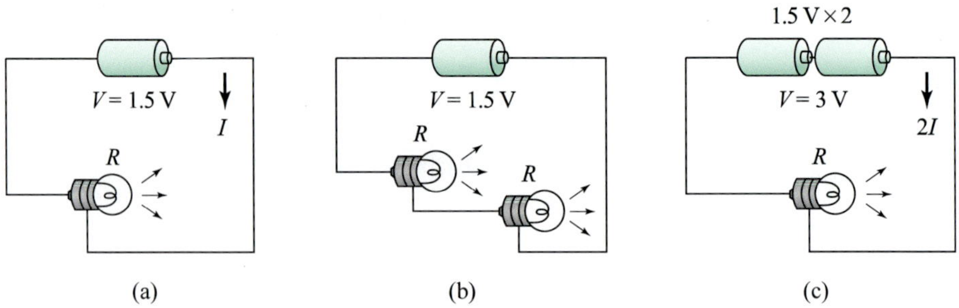

그림 3.7 전압과 램프의 밝기

가 흐르기 어렵다. 우리 주변에서의 한 가지 예로 그림 3.7(a)와 같이 1.5[V]의 건전지 1개를 연결하여 그 저항이 R인 소형 램프를 연결한 경우와 그림 3.7(b)와 같이 2개의 램프를 직렬 연결한 경우의 램프 밝기를 비교해 보면 후자가 전자보다 저항이 2배이므로 거의 2배가 어둡다는 것을 체험할 수 있다. 또한 그림 3.7(c)와 같이 1.5[V]의 건전지 2개를 직렬로 연결한다면 $V=3$[V]이므로 그림 3.7(a)보다 2배 정도가 밝아진다. 따라서 전압의 크기에 비례하여 전류도 비례하여 커진다고 예측할 수 있다. 독일의 물리학자 옴(Georg Shimon Ohm, 1798~1854)은 이미 1827년 실험에 의해 도전체에 흐르는 전류는 전압에 비례한다고 그의 논문에서 발표하였다. 그 비례정수가 컨덕턴스(G)이고, 그 역수가 R이므로 결국 전류는 가해진 전압에 비례하고 부하의 저항에 반비례한다는 것이 옴(ohm)의 법칙이다. 그 기본 식은 전류를 I, 전압을 V, 저항을 R이라 할 때 아래와 같다.

$$I=\frac{V}{R}[\mathrm{A}] \tag{3.5}$$

그 기본 식에서 유도되는 나머지 관계식은 아래와 같다.

$$R=\frac{V}{I}[\Omega] \tag{3.6}$$

$$V=IR[\mathrm{V}] \tag{3.7}$$

그림 3.8은 $V-I$ 직선으로 그 비례정수인 기울기는 컨덕턴스 $G(=1/R)$, 그림 3.9는 $I-V$ 직선으로 그 비례정수인 기울기는 저항 R임을 알 수 있다.

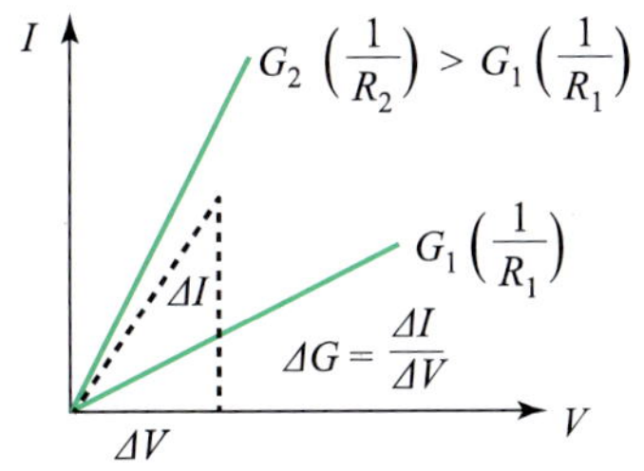

그림 3.8 $I-V$ 곡선

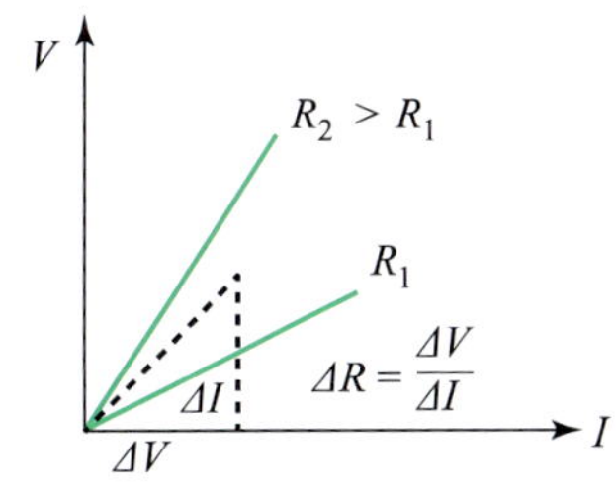

그림 3.9 $V-I$ 곡선

익힘 문제 3.3

그림 3.10의 회로에 흐르는 전류 I를 구하라.

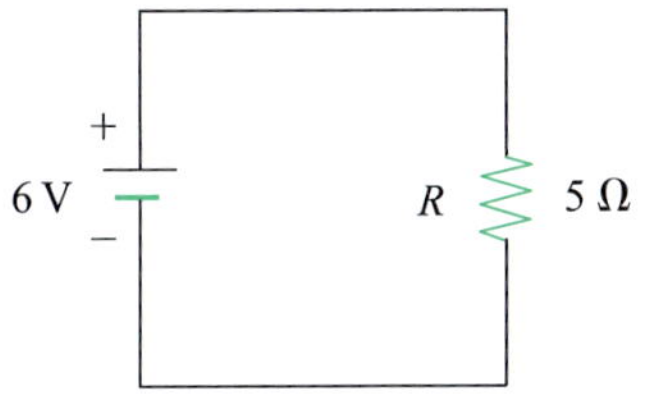

그림 3.10

풀이 $I = \frac{V}{R} = \frac{6}{5} = 1.2[\mathrm{A}]$

익힘 문제 3.4

그림 3.11의 회로에 흐르는 전류가 0.3[A]일 때 저항 R의 크기는 얼마인가?

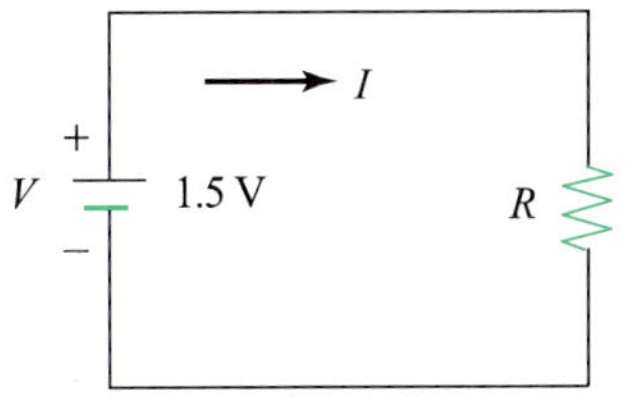

그림 3.11

풀이 $R = \frac{V}{I} = \frac{1.5}{0.3} = 5[\Omega]$

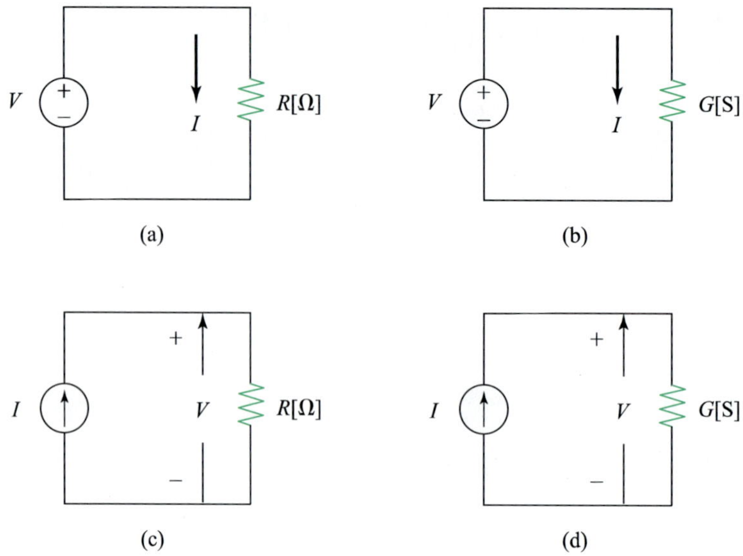

그림 3.12 R, G로 나타낸 전류와 전압회로

그림 3.12(a), (b), (c), (d)와 같이 전압원(V) 및 전류원(I), 저항(R) 및 컨덕턴스(G)로 구성된 회로에서 저항에서의 전류 I와 전압 V는 아래와 같이 나타낼 수 있다.

$$\text{그림 3.12(a)} : I = \frac{V}{R}[\text{A}], \quad \text{그림 3.12(b)} : I = VG[\text{A}]$$

$$\text{그림 3.12(c)} : V = IR[\text{V}], \quad \text{그림 3.12(d)} : V = \frac{I}{G}[\text{V}]$$

익힘 문제 3.5

그림 3.12(a), (b), (c), (d)에서 각각의 값이 아래와 같을 때 $I(a, b)$ 및 $V(c, d)$를 구하라.

(a) $V = 20[\text{V}]$, $R = 5[\Omega]$ (b) $V = 15[\text{V}]$, $G = 0.2[\text{S}]$

(c) $I = 3[\text{A}]$, $R = 0.4[\text{S}]$ (d) $I = 0.9[\text{A}]$, $G = 0.15[\text{S}]$

풀이 (a) $I = \frac{20}{5} = 4[\text{A}]$ (b) $I = 15 \times 0.2 = 3[\text{A}]$

(c) $V = 3 \times 0.4 = 1.2[\text{V}]$ (d) $V = \frac{0.9}{0.15} = 6[\text{V}]$

3.3 저항에서의 전압강하

그림 3.13(a)와 같은 전압(V_s)과 저항(R)회로에서 전압이 에너지를 제공하는 측이라면 저항은 에너지를 소모하는 측이다. $V_s - R$ 회로에 흐르는 전류가 I라면 저항측에 걸리는 전압은 식 (3.7)에 의해 $V_R = IR$이고, 이를 저항에서의 전압강하(voltage drop)라 한다. 즉, 전압 V_s가 저항 R이 연결되어 전류가 흐르게 되면서 $V_R(= IR)$만큼 소모되므로

$$V_s - V_R = V_s - IR = 0 \tag{3.8}$$

이 되고, 그 등가회로는 그림 3.13(b)와 같이 된다.

그림 3.13(a), (b)에서 $a \rightarrow b \rightarrow a$를 폐회로(closed loop)라 하고 폐회로에서 전압과 저항에서의 전압강하의 총합은 0이다. 즉 폐회로에서 공급전압과 전압강하의 부호는 서로 반대이다. 만일 전력의 관점에서 볼 때 공급전력 $P = VI$가 +라면 저항에서의 소모전력 $P_R = -P = -V_R I$가 되므로 $P_R = V_R I = (IR)I = I^2 R$로부터

$$P - P_R = VI - I^2 R = 0 \tag{3.9}$$

이 되어 질량불변의 법칙이 성립한다.

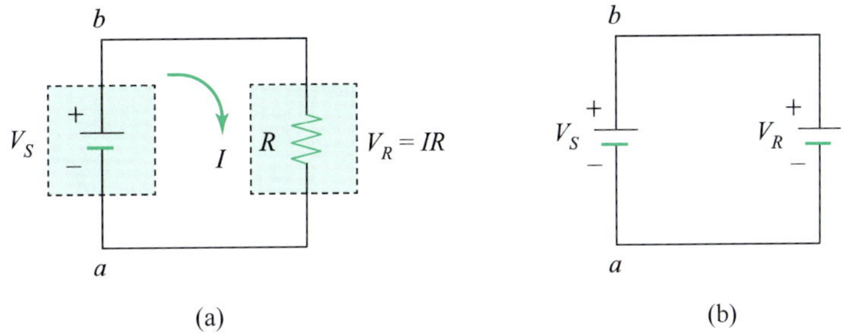

그림 3.13 $V_s - R$ 폐회로

3.4 직렬저항 회로

그림 3.14(a)는 전압원 V에 3개의 저항 R_1, R_2, R_3이 직렬로 연결된 회로이다.

직렬저항 회로에 흐르는 전류를 I라 하면 각 저항에 흐르는 전류는 I이므로 저항 R_1, R_2, R_3에서의 전압강하는 아래의 식과 같다.

$$V_1 = IR_1,\ \ V_2 = IR_2,\ \ V_3 = IR_3 \tag{3.10}$$

따라서 직렬저항 회로에서 각 저항에서의 전압강하는 회로전류(I)와 같으므로 그 저항의 크기에 비례하여 나타난다는 것을 알 수 있다. 또한 전압강하 V_1, V_2, V_3의 합은 공급전압 V와 같으므로 아래의 관계식이 얻어진다.

$$V = V_1 + V_2 + V_3 = IR_1 + IR_2 + IR_3 = I(R_1 + R_2 + R_3) \tag{3.11}$$

만일 그림 3.14(b)와 같이 합성저항이 R이라면 옴의 법칙 $V = IR$을 적용하여

$$V = IR = I(R_1 + R_2 + R_3)$$

로부터 아래와 같은 결과 식을 얻을 수 있다.

$$R = R_1 + R_2 + R_3 \tag{3.12}$$

이 식은 이미 앞에서 구한 직렬저항의 합성저항에 관한 식 (3.1)과 같음을 알 수 있다.

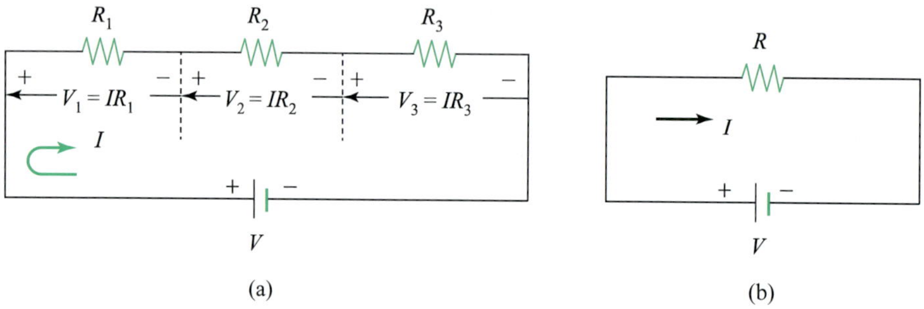

그림 3.14 직렬저항 회로

3.5 전압분할기

그림 3.15(a)는 2개의 직렬저항으로 구성된 회로이다.

R_1, R_2에서의 전압강하 $V_{R1} = IR_1$, $V_{R2} = IR_2$이므로 V_{R1}, V_{R2}의 합은 아래와 같다.

$$V_{R1} + V_{R2} = V = IR_1 + IR_2 = I(R_1 + R_2) \tag{3.13}$$

따라서 $I = V/(R_1 + R_2)$이므로 아래의 관계식이 성립한다.

$$V_{R1} = IR_1 = \frac{R_1}{R_1 + R_2} \cdot V \tag{3.14}$$

$$V_{R2} = IR_2 = \frac{R_2}{R_1 + R_2} \cdot V \tag{3.15}$$

식 (3.14), 식 (3.15)는 그림 3.15(b)와 같이 공급전압 V가 R_1, R_2에 직렬합성저항 $(R_1 + R_2)$에 대한 자기저항의 비로 분할됨을 나타낸다. 예컨대 그림 3.15(a)에서 $V = 4.5$[V], $R_1 = 1[\Omega]$, $R_2 = 2[\Omega]$이라면 $V_{R1} = \frac{1}{1+2} \times 4.5 = 1.5$[V], $V_{R2} = \frac{2}{1+2} \times 4.5 = 3$ [V]로 전압이 분할되어 나타난다. 이와 같은 회로를 전압분할 회로 또는 전압분할기 (voltage devider)라 한다.

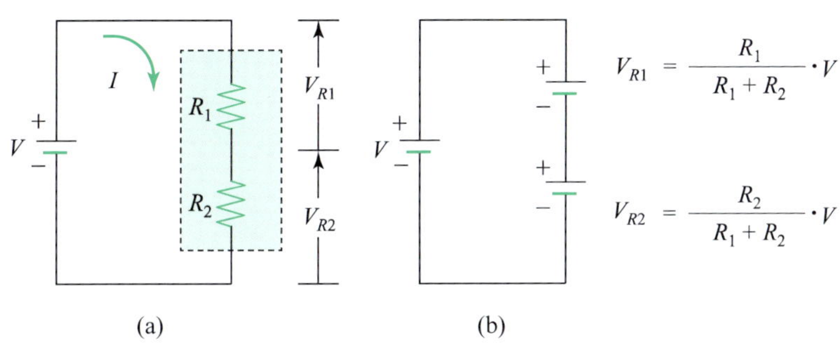

그림 3.15 전압분할 회로

익힘 문제 3.6

그림 3.16의 회로에 램프 1(LP_1)과 램프 2(LP_2)의 저항은 각각 20[Ω], 60[Ω]이라면 LP_1과 LP_2에 걸리는 전압은 각각 몇 [V]인가?

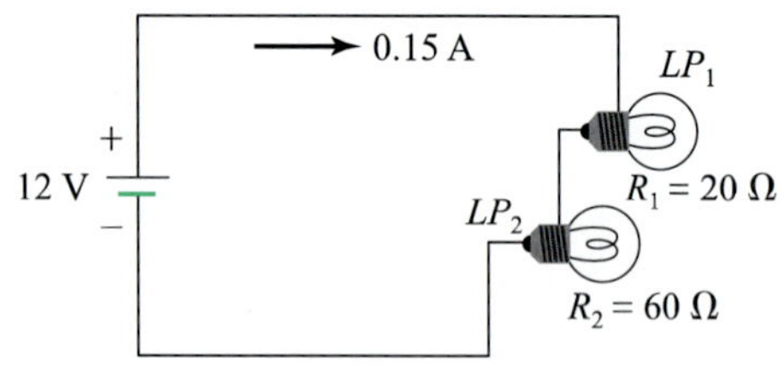

그림 3.16

풀이 LP_1, LP_2에 걸리는 전압을 각각 V_1, V_2라면

$$V_1 = \frac{20}{20+60} \times 12 = 3[\mathrm{V}],\ V_2 = \frac{60}{20+60} \times 12 = 9[\mathrm{V}]$$

익힘 문제 3.7

그림 3.17의 V_1과 V_2를 구하라.

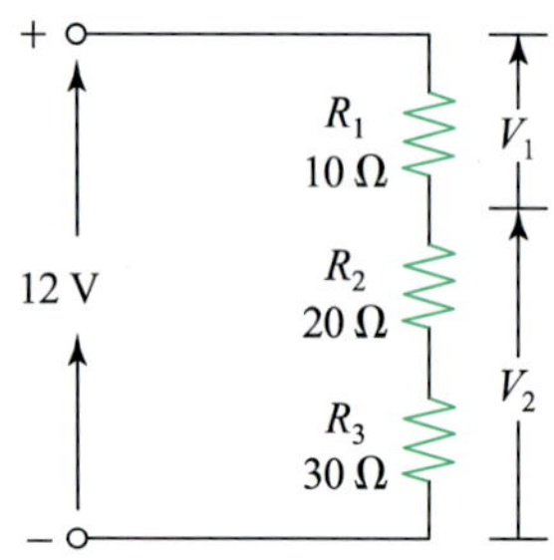

그림 3.17

풀이 $$V_1 = \frac{10}{10+20+30} \times 12 = 2[\mathrm{V}]$$

$$V_2 = \frac{20+30}{10+20+30} \times 12 = 10[\mathrm{V}]$$

3.6 키르히호프의 전압법칙

'폐회로에서 공급전압과 전압강하의 총합은 0이다.'를 키르히호프의 전압법칙(KVL : Kirchhoff's Voltage Law)이라 한다. 즉 저항에서 전압강하의 총합은 공급전압의 크기와 같다는 의미이다.

그림 3.18에서 저항 R_1, R_2, R_3, R_4에서의 전압강하 V_1, V_2, V_3, V_4는 아래와 같다.

$$V_1 = IR_1,\ V_2 = IR_2,\ V_3 = IR_3,\ V_4 = IR_4$$

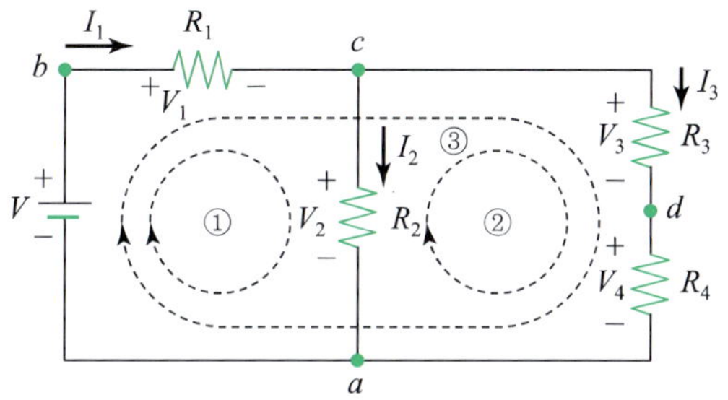

[주] 점선의 화살표는 전류의 방향을 나타냄.

그림 3.18

따라서 아래의 세 가지 폐회로(①, ②, ③)에 대하여 키르히호프의 전압법칙을 적용하면

① $a-b-c-a$: $V - V_1 - V_2 = 0$

② $a-c-d-a$: $V_2 - V_3 - V_4 = 0$

③ $a-b-c-d-a$: $V - V_1 - V_3 - V_4 = 0$

만일 그림 3.19와 같은 폐회로에서 공급전압이 2개 포함된 경우에는 $IR_1 = V_1$, $IR_2 = V_2$라 할 때 $V_a - V_1 - V_b - V_2 = 0$, $V_a - IR_1 - V_b - IR_2 = 0$이 된다.

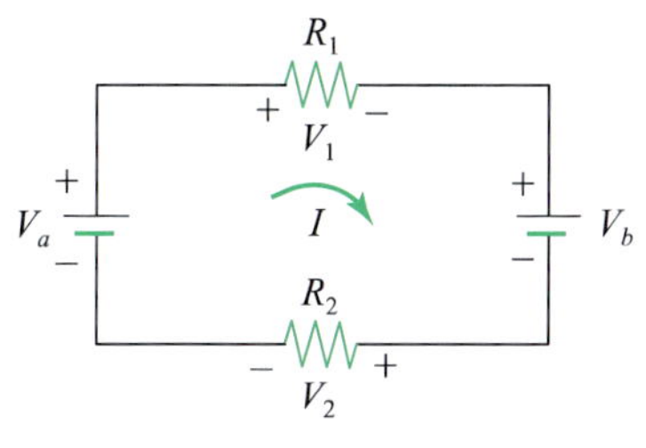

그림 3.19

한편 기전력(공급전압)의 합은 $V_a - V_b$, 저항에서의 전압강하의 합은 $IR_1 + IR_2$이므로 키르히호프의 전압법칙을 아래와 같이 정리할 수 있다.

$$V_a - V_b = IR_1 + IR_2 \tag{3.16}$$

키르히호프의 전압법칙

키르히호프의 전압법칙을 달리 설명하면 아래와 같다.
'임의의 폐회로에서의 모든 전압 및 전압강하의 합은 0이다.'

익힘 문제 3.8

그림 3.20에서 V_1과 V_2를 구하라.

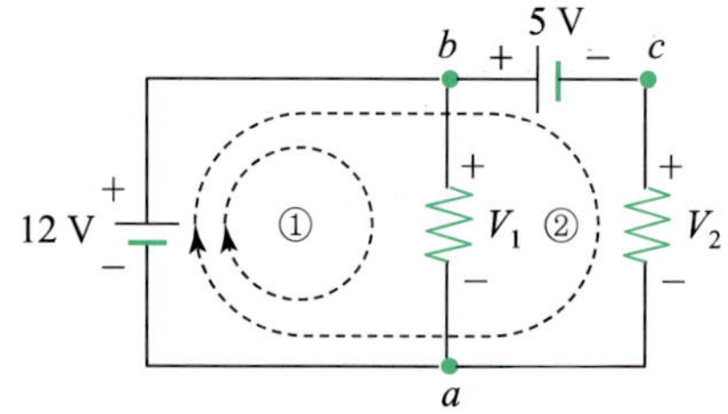

그림 3.20

풀이 폐회로 ① $(a-b-a)$에 KVL을 적용하면

$$12 - V_1 = 0 \quad \therefore V_1 = 12[\text{V}]$$

폐회로 ② $(a-b-c-a)$에 KVL을 적용하면

$$12 - 5 - V_2 = 0 \quad \therefore V_2 = 12 - 5 = 7[\text{V}]$$

3.7 병렬저항 회로

그림 3.21(a)는 저항의 병렬연결도이고 그림 3.21(b)는 그 연결기호이다.

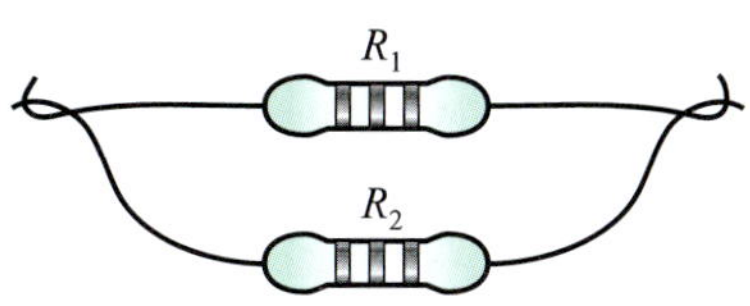

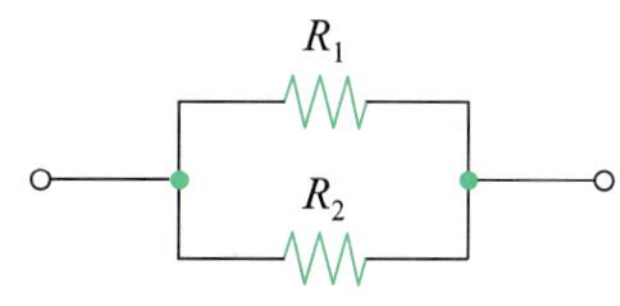

그림 3.21 저항의 병렬연결

그림 3.22는 전압 V에 2개의 저항 R_1, R_2가 병렬로 연결된 회로이다. 회로전류 I는 R_1에 흐르는 전류 I_1과 R_2에 흐르는 전류 I_2로 나누어진다.

저항 R_1, R_2의 양단에 걸리는 전압은 같은 V이므로 전류 I_1, I_2는 옴의 법칙에 의해

$$I_1 = \frac{V}{R_1}[\mathrm{A}],\ I_2 = \frac{V}{R_2}[\mathrm{A}] \tag{3.17}$$

이고, $I = I_1 + I_2$이므로 아래의 관계식을 얻을 수 있다.

$$I = \frac{V}{R_1} + \frac{V}{R_2}[\mathrm{A}] \tag{3.18}$$

그림 3.22에서 두 저항의 합성저항을 R이라 하면 $I = \frac{V}{R}$이므로 식 (3.18)에 대입하면

$$I = \frac{V}{R_1} + \frac{V}{R_2} = V\left(\frac{1}{R_1} + \frac{1}{R_2}\right) = \frac{V}{R}$$

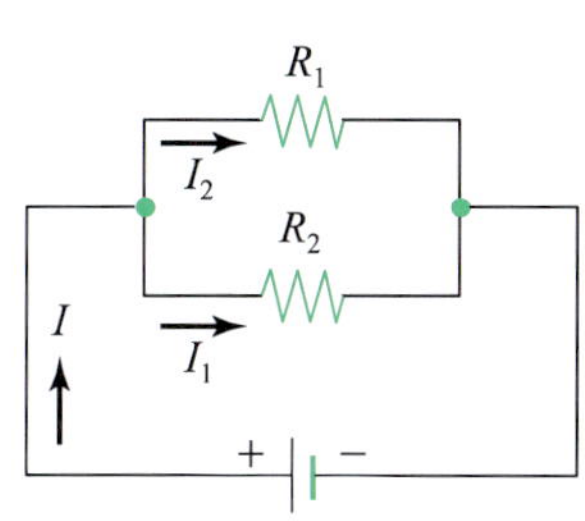

그림 3.22

로부터 아래와 같이 합성저항의 관계식을 구할 수 있다.

$$R = \frac{1}{\frac{1}{R_1} + \frac{1}{R_2}} = \frac{R_1 \cdot R_2}{R_1 + R_2}[\Omega] \tag{3.19}$$

이 식은 앞서 구한 식 (3.3)과 일치함을 알 수 있다. 또한 식 (3.18)을 전압 V에 관한 식으로 풀면 아래와 같다.

$$V = \frac{I}{\frac{1}{R_1} + \frac{1}{R_2}} = \frac{R_1 \cdot R_2}{R_1 + R_2} \cdot I[\Omega] \tag{3.20}$$

따라서 이 식을 식 (3.17)에 대입하면 아래의 전류 I_1, I_2의 관계식을 얻을 수 있다.

$$I_1 = \frac{R_2}{R_1 + R_2} \cdot I[\mathrm{A}] \tag{3.21}$$

$$I_2 = \frac{R_1}{R_1 + R_2} \cdot I[\mathrm{A}] \tag{3.22}$$

3.8 전류분할기

그림 3.23과 같이 n개의 저항이 병렬로 연결된 회로에서 병렬 합성저항을 R_T, 회로전류를 I, 저항 R_n에 흐르는 전류를 I_n이라 할 때 $V = I_n R_n$이므로

$$I = \frac{V}{R_T} = \frac{I_n R_n}{R_T}$$

의 관계식으로부터 아래와 같이 I_n을 얻을 수 있다.

$$I_n = \frac{R_T}{R_n} \cdot I[\mathrm{A}] \tag{3.23}$$

따라서 회로전류는 식 (3.23)과 같은 크기의 전류로 병렬저항으로 분기된다.

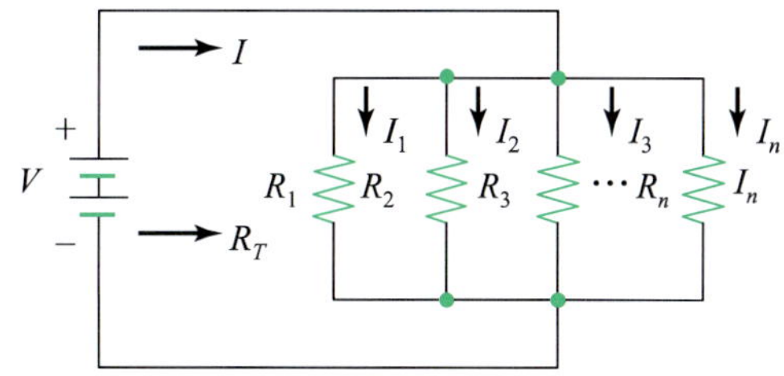

그림 3.23 병렬저항과 전류분기

그림 3.24는 2개의 저항 R_1, R_2가 병렬로 연결된 회로이다. 병렬합성저항의 값은 $R_T = (R_1 R_2)/(R_1 + R_2)$이고 $V = R_T I$이므로 전류 I_1, I_2는 식 (3.23)에 의해 아래와 같이 구해진다.

$$I_1 = \frac{V}{R_1} = \frac{\frac{R_1 R_2}{R_1 + R_2}}{R_1} \cdot I = \frac{R_2}{R_1 + R_2} \cdot I[\mathrm{A}] \tag{3.24}$$

$$I_2 = \frac{V}{R_2} = \frac{\frac{R_1 R_2}{R_1 + R_2}}{R_2} \cdot I = \frac{R_1}{R_1 + R_2} \cdot I[\mathrm{A}] \tag{3.25}$$

즉, 2개의 병렬저항 회로에서 각 저항에 흐르는 전류는 두 저항의 합에 대한 상대쪽 저항의 비로 회로전류(I)가 분할됨을 알 수 있다.

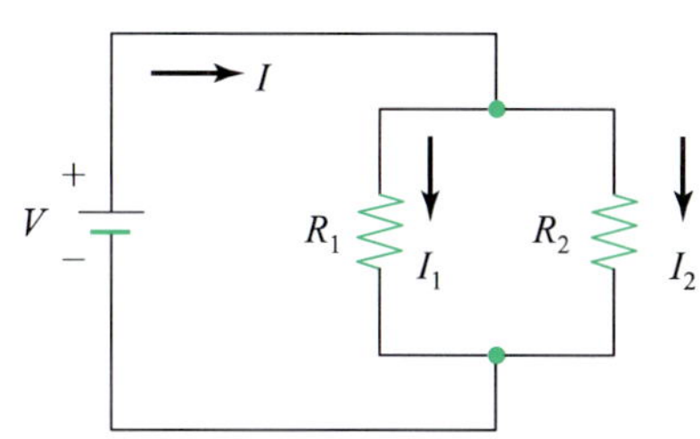

그림 3.24 전류분할 회로

익힘 문제 3.9

그림 3.25와 같이 병렬연결저항이 같을 때 하나의 저항 R에 흐르는 전류는 얼마인가?

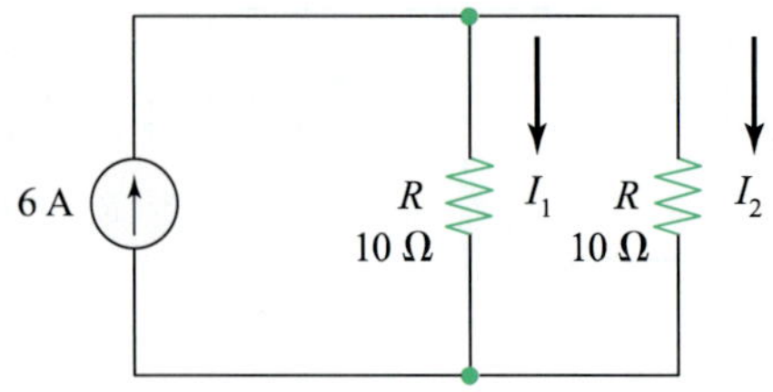

그림 3.25

풀이 식 (3.24) 또는 식 (3.25)에 $R_1 = R_2 = R$을 대입하면

$$I_1 = I_2 = \frac{10}{10+10} \times 6 = \frac{1}{2} \times 6 = 3[\mathrm{A}]$$

익힘 문제 3.10

그림 3.26과 같이 저항 3개로 구성된 회로에서 I_1, I_2, I_3을 구하라.

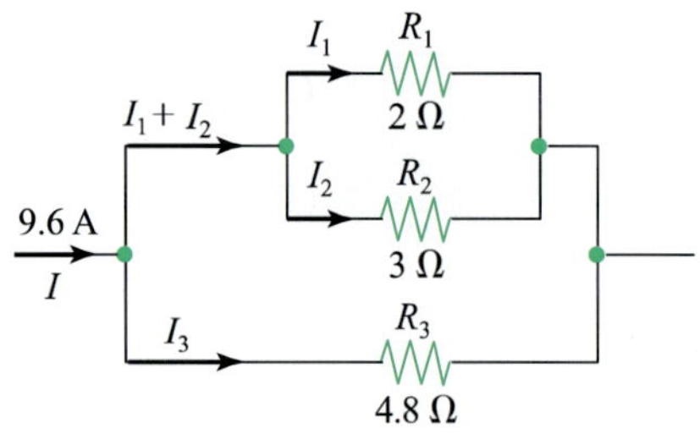

그림 3.26

풀이 R_1, R_2의 합성저항 $R_{12} = \dfrac{R_1 R_2}{R_1 + R_2} = \dfrac{2 \times 3}{2+3} = \dfrac{6}{5} = 1.2[\Omega]$

$$I_1 + I_2 = \frac{R_3}{R_{12} + R_3} \cdot I = \frac{4.8}{1.2+4.8} \times 9.6 = \frac{4.8}{6} \times 9.6 = 7.68[\mathrm{A}]$$

$$I_1 = \frac{R_2}{R_1 + R_2} \cdot (I_1 + I_2) = \frac{3}{2+3} \times 7.68 = \frac{3}{5} \times 7.68 = 4.608[\mathrm{A}]$$

$$I_2 = (I_1 + I_2) - I_1 = 7.68 - 4.608 = 3.072[\mathrm{A}]$$

$$I_3 = \frac{R_{12}}{R_{12+R_3}} \cdot I = \frac{1.2}{1.2+4.8} \times 9.6 = \frac{1.2}{6} \times 9.6 = 1.92[\mathrm{A}]$$

3.9 키르히호프의 전류법칙

그림 3.27과 같이 전류가 분기하는 점 a, b, c, d를 절점 또는 마디(node)라 한다. 마디에서의 전류의 부호를 들어오는 전류가 +, 나가는 전류가 −라고 할 때 '마디에서의 전류의 총합은 0이다.'라는 것이 키르히호프의 전류법칙(KCL : Kirchhoff's Current Law)이다.

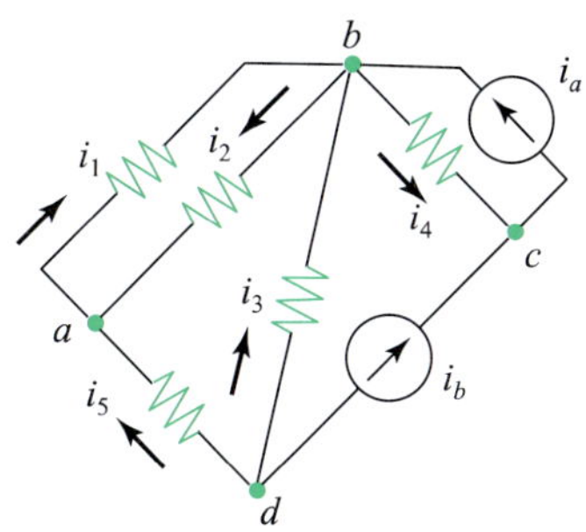

그림 3.27

그림 3.27에서 절점 a, b, c, d에 KCL을 적용하면 아래와 같다. 전류의 부호는 마디로 들어오는 것은 +, 마디에서 나가는 것은 −로 한다.

$$\text{마디 } a \ : \ i_5 - i_1 + i_2 = 0$$

$$\text{마디 } b \ : \ i_1 - i_2 + i_3 - i_4 + i_a = 0$$

$$\text{마디 } c \ : \ i_4 + i_b - i_a = 0$$

$$\text{마디 } d \ : \ -i_b - i_3 - i_5 = 0$$

들어오는(entering) 전류의 총합을 i_e, 나가는(leaving) 전류의 총합을 i_l이라 할 때 KCL의 일반적인 식은 아래와 같다.

$$i_e - i_l = 0, \ \ i_e = i_l \tag{3.26}$$

키르히호프의 전류법칙

임의의 마디(node)로 흐르는 전류의 총합은 0이다.

익힘 문제 3.11

그림 3.28에서 i_a와 i_b의 값을 구하라.

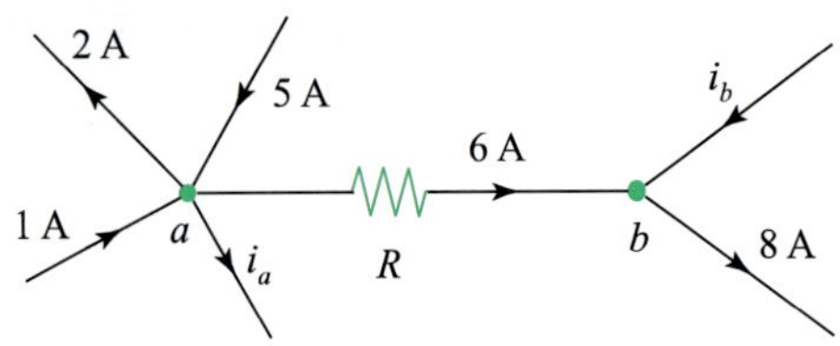

그림 3.28

풀이 (1) 마디 a에 KCL을 적용하면

$$1-2+5-6-i_a=0 \quad \therefore\ i_a=1-2+5-6=-2[\mathrm{A}]$$

(2) 마디 b에 KCL을 적용하면

$$6+i_b-8=0 \quad \therefore\ i_b=8-6=2[\mathrm{A}]$$

익힘 문제 3.12

그림 3.29에서 I_2, I_3, I_5를 구하라.

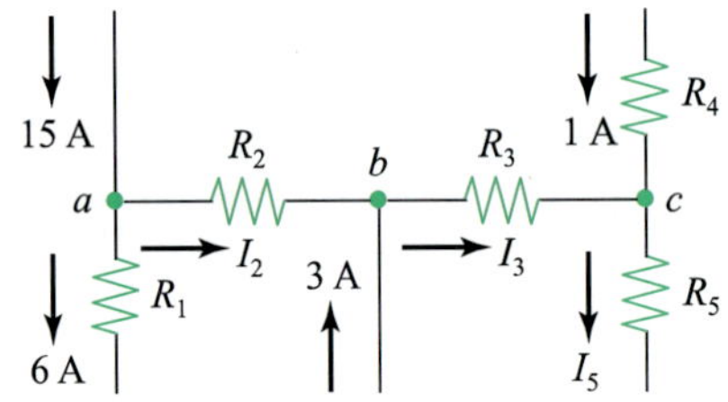

그림 3.29

풀이 마디 a에 KCL을 적용하면

$$15-6-I_2=0, \quad \therefore\ I_2=15-6=9[\mathrm{A}]$$

마디 b에 KCL을 적용하면

$I_2+3-I_3=0$, $I_2=9[\mathrm{A}]$를 대입하면 $9+3-I_3=0 \ \therefore\ I_3=9+3=12[\mathrm{A}]$

마디 c에 KCL을 적용하면

$I_3 + 1 - I_5 = 0$, $I_3 = 12[\mathrm{A}]$를 대입하면 $12 + 1 - I_5 = 0$ $\therefore I_5 = 12 + 1 = 13[\mathrm{A}]$

3.10 직·병렬저항 회로

간단한 경우로 그림 3.30과 같이 1개의 저항이 직렬, 2개의 저항이 병렬로 연결된 회로에서의 합성저항 및 회로전류는 아래와 같이 구한다.

(1) 먼저 R_2, R_3의 병렬합성저항 R_{23}을 구한다.

$$R_{23} = \frac{R_2 R_3}{R_2 + R_3}$$

(2) R_1과 R_{23}을 더하여 전체 합성저항 R을 구한다.

$$R = R_1 + R_{23}$$

(3) 회로전류 I를 구한다.

$$I = \frac{V}{R} = \frac{V}{R_1 + R_{23}}$$

(4) I_2, I_3을 구한다.

$$I_2 = \frac{R_3}{R_2 + R_3} \cdot I$$

$$I_3 = \frac{R_2}{R_2 + R_3} \cdot I$$

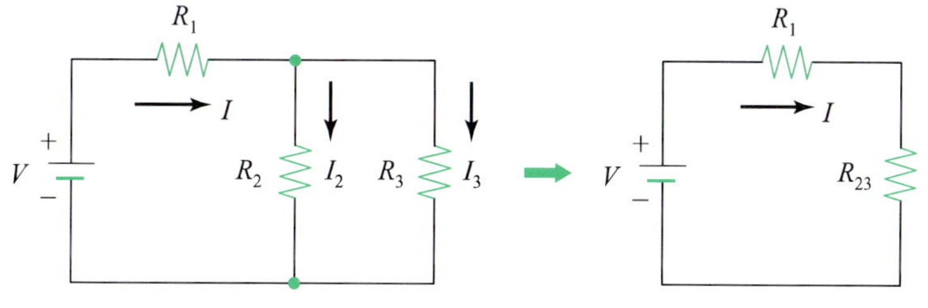

그림 3.30 직·병렬저항 회로

만일 측정 전류 및 전압 I, V, V_L을 알고 있다면 내부저항의 값은 아래의 식으로 구할 수 있다.

$$R_{\text{int}} = \frac{V - V_L}{I}[\Omega] \tag{3.28}$$

익힘 문제 3.13

그림 3.36과 같이 직류 전원장치의 개방 전압이 30[V]이고, 부하저항 9.8[Ω]을 연결했을 때 출력단의 부하전압이 29.4[V]라면 내부저항의 값은 몇 [Ω]인가?

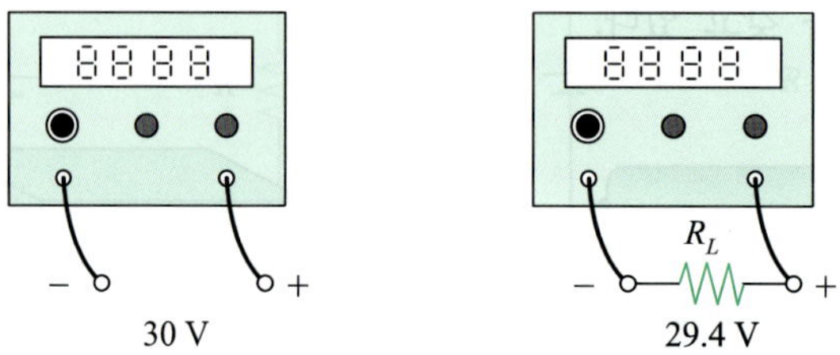

그림 3.36

풀이 전류 $I = \frac{29.4}{9.8} = 3[\text{A}]$이므로 내부저항 R_{int}는 아래와 같다.

$$R_{\text{int}} = \frac{30 - 29.4}{3} = \frac{0.6}{3} = 0.2[\Omega]$$

익힘 문제 3.14

그림 3.37에서 V_L을 구하라.

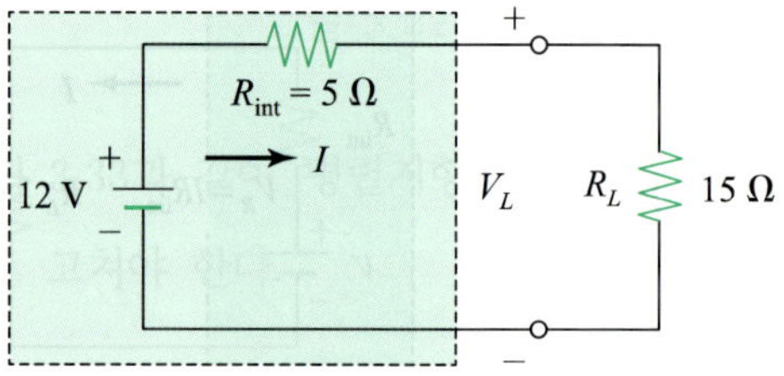

그림 3.37

풀이 회로전류 I는

$$I = \frac{12}{5+15} = \frac{12}{20} = 0.6[\mathrm{A}]$$

따라서 $V_L = IR_L = 0.6 \times 15 = 9[\mathrm{V}]$이다.

(1) 건전지의 직렬연결

그림 3.38(a)는 동일한 2개의 건전지를 직렬로 연결한 경우이다. 전압이 V, 내부저항이 r이라면 그 등가회로는 그림 3.38(b), (c)와 같다.

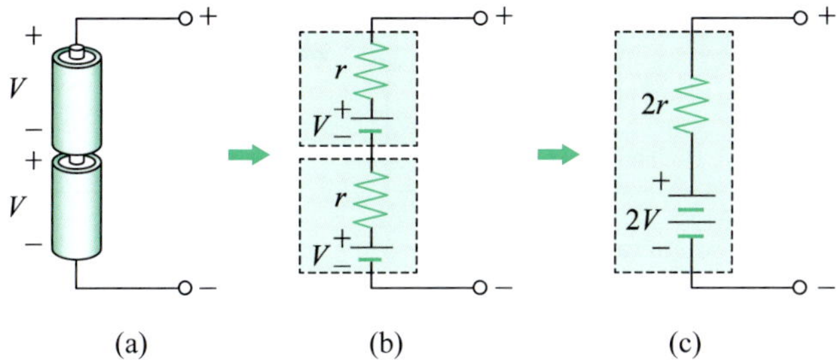

그림 3.38

전압과 내부저항은 직렬연결이므로

$$\text{합성전압 : } V + V = 2V \tag{3.29}$$

$$\text{합성내부저항 : } r + r = 2r \tag{3.30}$$

이 된다. 따라서 건전지 여러 개를 직렬로 연결하면 전체 전압은 그들의 합 전압과 전체 내부저항은 그들 내부저항의 합과 같다.

(2) 건전지의 병렬연결

동일한 2개의 건전지를 병렬로 연결한 그림 3.39(a)의 등가회로는 그림 3.39(b), (c)이다.

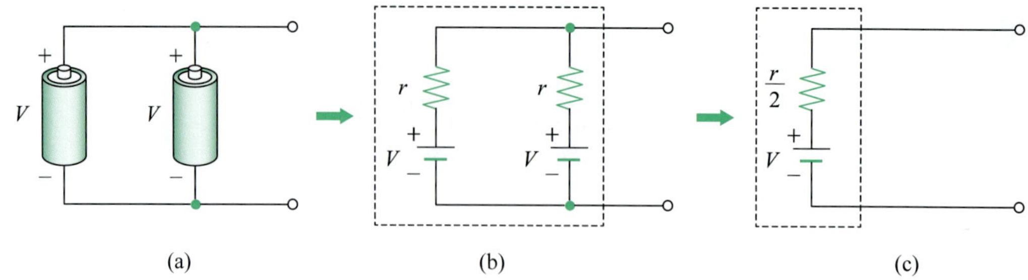

그림 3.39

그림 3.40(a)는 이를 증명하기 위하여 그림 3.39(b)에 부하저항 R_L을 연결한 회로이다.

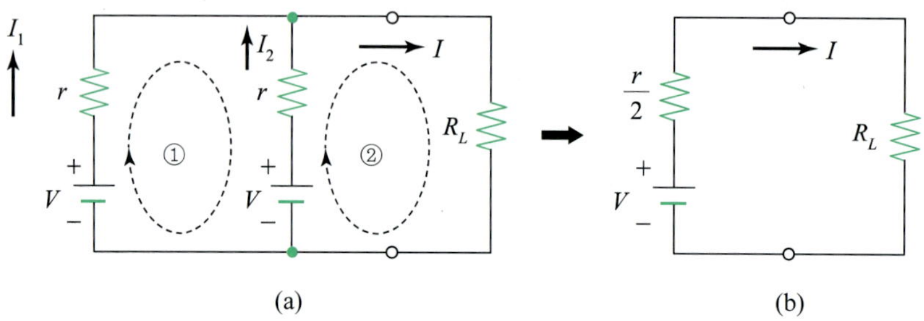

그림 3.40

폐회로 ①, ②에 키르히호프의 전류법칙(KCL)과 전압법칙(KVL)을 적용하면

$$I_1 + I_2 - I = 0 \quad \cdots\cdots (1)$$

$$\text{폐회로 ① : } V - I_1 r + I_2 r - V = 0 \quad \cdots\cdots (2)$$

$$\text{폐회로 ② : } V - I_2 r - I R_L = 0 \quad \cdots\cdots (3)$$

식 (2)로부터 $I_1 = I_2$이므로, 이를 다시 식 (1)에 대입하면

$$I = 2I_1 = 2I_2, \; I_2 = \frac{1}{2}I \quad \cdots\cdots (4)$$

식 (4)를 식 (3)에 대입하여 I에 관해 풀어 정리하면 아래의 식이 구해진다.

$$I = \frac{V}{\frac{r}{2} + R_L}[\mathrm{A}] \qquad (3.31)$$

따라서 동일한 2개의 건전지를 병렬로 연결하면 전압의 크기는 그대로이지만 내부저항이 그림 3.39(c)와 같이 $\frac{r}{2}$로 줄어든다는 것을 알 수 있다. 만일 동일한 건전지를 n개 병렬로 연결한 경우라면 그 내부저항이 $\frac{r}{n}$로 줄어들기 때문에 병렬로 많이 연결할수록 내부 전압강하가 더 줄어드는 이점이 있다.

- 건전지의 n개 직렬연결은 전압은 n배 커지는 반면, 내부저항이 n배 증가한다.
- 건전지의 n개 병렬연결은 전압은 그대로이지만 내부저항이 $1/n$로 감소한다.

익힘 문제 3.15

개방전압이 1.55[V]인 동일한 건전지 4개를 직렬로 연결하여 $I = 0.1$[A]의 전류를 흘렸을 때 그 부하전압이 $V_L = 6.1$[V]라면 건전지 1개의 내부저항은 몇 [Ω]인가?

풀이 직렬로 연결한 4개의 합성 개방전압은 $V = 1.55 \times 4 = 6.2$[V]이므로

전체 내부저항의 크기 $R = \frac{V - V_L}{I} = \frac{6.2 - 6.1}{0.1} = 1[\Omega]$,

따라서 건전지 1개의 내부저항의 값은 $r = \frac{1}{4} = 0.25[\Omega]$

익힘 문제 3.16

내부저항 $r = 0.1[\Omega]$이고, 개방전압이 1.24[V]인 충전용 건전지 4개를 병렬로 연결한 전압에 $R_L = 6.175[\Omega]$의 부하를 연결하면 부하전압 V_L은 몇 [V]로 나타나는가?

풀이 전체 내부저항의 합은 $\frac{r}{4} = \frac{0.1}{4} = 0.025[\Omega]$이므로 전체 회로저항은 $R = 0.025 + 6.175 = 6.2[\Omega]$이다.

따라서 회로전류는 $I = \frac{1.24}{6.2} = 0.2$[A] $\therefore V_L = IR_L = 0.2 \times 6.175 = 1.235$[V]

3.12 전기 안전

전기는 편리하면서도 위험을 내포하고 있다. 인체에 어느 이상의 전류가 흐르면 생명의 위험을 초래할 수도 있으므로 평소 전기를 다룰 때는 안전을 염두에 두어야 한다. 일반적으로 전류가 사람의 골격 근육을 통과하게 되면 일시적인 마비나 무의식중의 위축현상이 나타나지만 생명에 위험을 초래하지는 않는다. 그러나 뇌에 산소를 공급하는 신경과 근육에 전류가 통과하는 경우에는 문제가 심각하다. 근육의 순간적인 마비로 숨을 쉴 수 없게 만들고, 갑작스런 근육위축으로 심장의 고동을 조절해주는 신호의 붕괴를 초래할 수 있다. 이렇게 되면 뇌로 산소처리를 해주는 혈류가 멈추게 되어 응급조치가 취해지지 않으면 수분 내에 생명을 잃게 된다. 표 3.1은 전류 레벨에 따른 인체의 생리학적 반응을 나타낸다.

표 3.1 인체의 생리학적 전류 반응

생리학적 반응	전류
감지	3~5 mA
극심한 고통	35~50 mA
근육 마비	50~70 mA
심장 정지	500 mA

[참고자료] W. F. Cooper, Electrical Safety Engineering, 2d ed.(Butterworth, 1988)

그림 3.41은 인체의 전기적인 모델이며, R_N, R_A, R_T, R_L은 목, 팔, 몸통, 다리 간의 등가저항이다. 예컨대 손과 발 사이에 일정 전압이 걸려 몸통을 통과하고, 심장을 관통할 때 그 전류가 500[mA] 이상이 되면 생명을 잃게 된다.

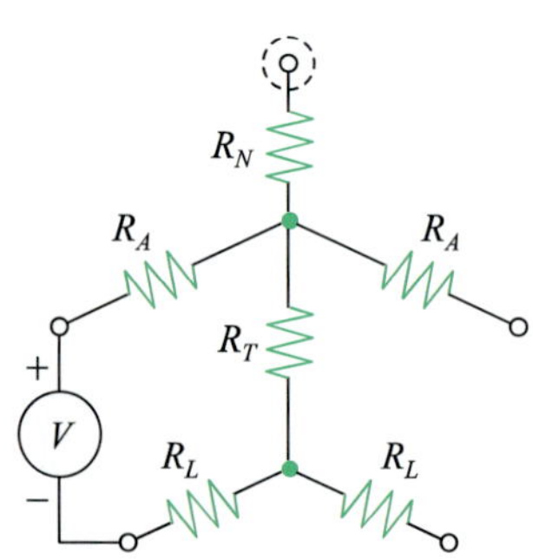

그림 3.41

Chapter 03 간추림

1. 저항의 연결

(1) 직렬연결 : 저항 R_1, R_2, R_3 $\cdots$, R_n을 직렬로 연결하면 그 합성저항은 아래와 같다.

$$R_1 + R_2 + R_3 + \cdots + R_n \, [\Omega]$$

(2) 병렬연결 : 2개의 저항 R_1, R_2를 병렬로 연결할 때의 합성저항은 아래와 같다.

$$R = \frac{1}{\frac{1}{R_1} + \frac{1}{R_2}} = \frac{R_1 R_2}{R_1 + R_2} \, [\Omega]$$

만일 n개의 병렬연결 시의 합성저항은 아래와 같다.

$$R = \frac{1}{\frac{1}{R_1} + \frac{1}{R_2} + \frac{1}{R_3} + \cdots + \frac{1}{R_n}} \, [\Omega]$$

2. 옴(Ohm)의 법칙

도전체에 흐르는 전류는 전압에 비례하고 그 저항에 반비례한다.

$$I = \frac{V}{R} \, [\mathrm{A}], \quad V = IR \, [\mathrm{V}], \quad R = \frac{V}{I} \, [\Omega]$$

3. 저항에서의 전압강하

저항 R에 전압 V가 인가되면 전류 I가 흐르고 저항 양단에는 옴의 법칙에 의해 아래와 같은 전압이 걸리며, 이를 전압강하라고 한다.

$$V_R = IR[\mathrm{V}]$$

이때 V의 부호가 $+$라면 V_R의 부호는 $-$부호를 갖는다. 따라서 $V - V_R = 0$이다.

4. 직렬저항 회로

V에 3개의 저항 R_1, R_2, R_3이 직렬로 연결된 회로에서 흐르는 전류는 아래와 같다.

$$V = IR_1 + IR_2 + IR_3 = I(R_1 + R_2 + R_3) \rightarrow I = \frac{V}{R_1 + R_2 + R_3}$$

5. 전압분할기

전압 V에 2개의 저항 R_1, R_2가 직렬로 연결된 경우에 각 저항에 걸리는 전압을 V_{R1}, V_{R2}라 하면 아래와 같다.

$$V_{R1} = \frac{R_1}{R_1 + R_2} \cdot V, \quad V_{R2} = \frac{R_2}{R_1 + R_2} \cdot V$$

6. 키르히호프의 전압법칙(KVL)

폐회로에서 공급전압과 전압강하의 총합은 0이다.

7. 병렬저항 회로

2개의 저항 R_1, R_2가 전압 V에 병렬로 연결된 경우에 회로전류가 I라 할 때 각 저항에 흐르는 전류 I_{R1}, I_{R2}는 아래의 식과 같다.

$$I_{R1} = \frac{R_2}{R_1 + R_2} \cdot I\,[\mathrm{A}], \quad I_{R2} = \frac{R_1}{R_1 + R_2} \cdot I\,[\mathrm{A}]$$

8. 키르히호프의 전류법칙(KCL)

임의의 마디(node)로 흐르는 전류의 총합은 0이다.

9. 직·병렬저항 회로

1개의 저항이 직렬, 2개의 저항이 병렬로 연결된 회로에서의 합성저항 및 회로전류는 아래와 같이 구한다.

(1) 먼저 R_2, R_3의 병렬합성저항 R_{23}을 구한다.

(2) R_1과 R_{23}을 더하여 전체 합성저항 R을 구한다.

(3) 회로전류 I를 V/R에 의해 구한다.

(4) I_2, I_3을 전류분할 식에 의해 구한다.

10. 전압원의 연결과 내부저항

(1) 동일 극성으로 2개의 전압원이 직렬로 연결된 경우는 두 전원을 합한 1개의 전압원과 같다.

(2) 극성의 방향이 서로 다른 경우에는 큰 쪽에서 작은 쪽을 뺀 전압이 등가전원이 되며, 그 부호는 큰 쪽으로 정한다.

(3) 건전지의 n개 직렬연결 시 전압은 n배 커지고 내부저항이 n배 증가한다.

(4) 건전지의 n개 병렬연결 시 전압은 그대로이지만 내부저항이 $1/n$로 감소한다.

11. 전기 안전

전기는 편리하면서도 위험을 내포하고 있다. 인체에 어느 이상의 전류가 흐르면 생명의 위험을 초래할 수도 있으므로 평소 전기를 다룰 때는 안전을 염두에 두어야 한다.

1. 그림 3.42의 전기기기 A에 흐르는 전류 i와 전압 v가 표 3.2와 같을 때 전기기기 A의 저항값과 (①), (②)의 값을 적어라.

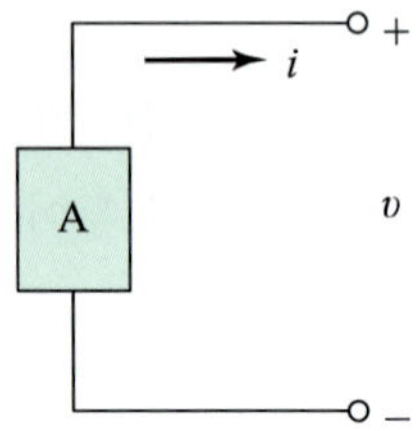

그림 3.42

표 3.2

i(mA)	v(V)
−200	−5
−300	−(①)
(②)	2.5
600	15

2. 그림 3.43과 같은 20[W] 전기인두의 전류가 0.2[A]라면 전기인두에 걸리는 전압과 전기인두의 내부저항은 얼마인가?

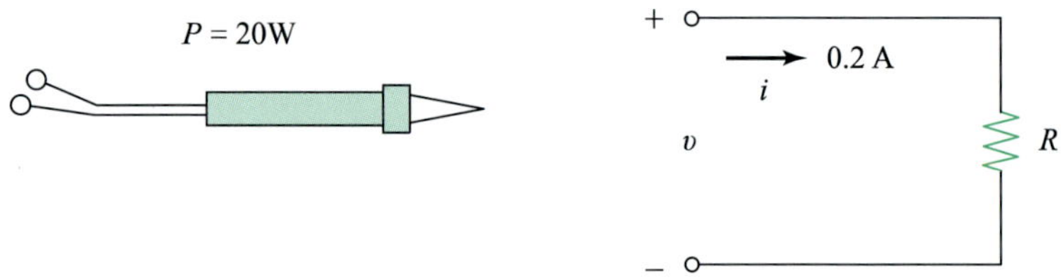

그림 3.43

3. 그림 3.44의 회로에서 아래 사항에 답하라.

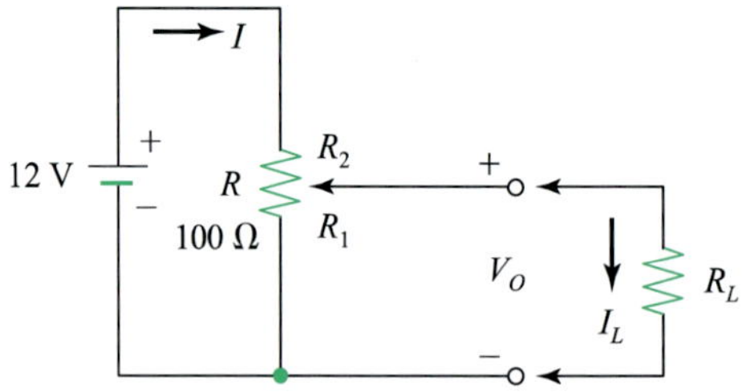

그림 3.44

① 무부하 시 회로전류 I를 구하라.

② 가변저항 $R = 100[\Omega]$을 조절하여 $V_o = 4.8[\mathrm{V}]$로 하기 위한 R_1의 값은 얼마인가?

③ ②의 조건에서에서 부하저항 $R_L = 60[\Omega]$을 연결할 때의 회로전류 I'를 구하라.

④ 이때의 R_L에 걸리는 전압 V_O'를 구하라.

⑤ 부하를 연결했을 때 I_L은 얼마인가?

4. 그림 3.45에서 i_2와 i_g를 구하라.

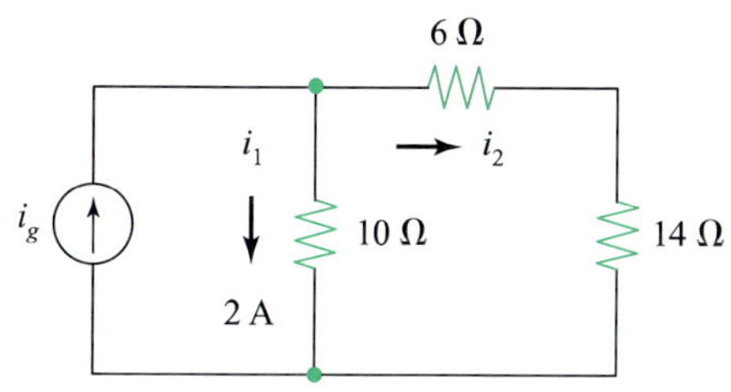

그림 3.45

5. 그림 3.46에서 $i = 15[\mathrm{A}]$일 때 i_1, i_2, i_3을 구하라.

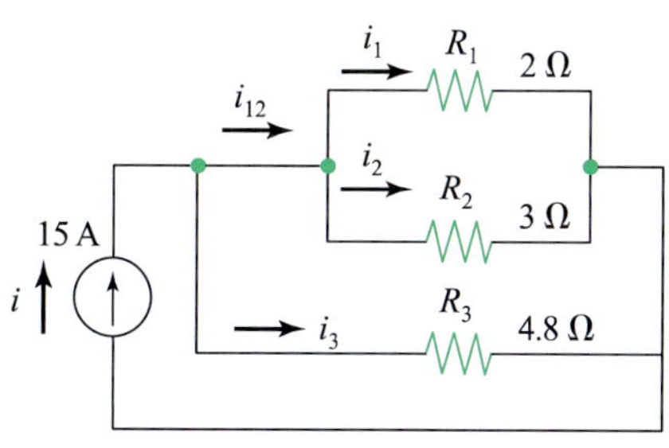

그림 3.46

6. 그림 3.47 회로에서 V_{ab}를 구하라.

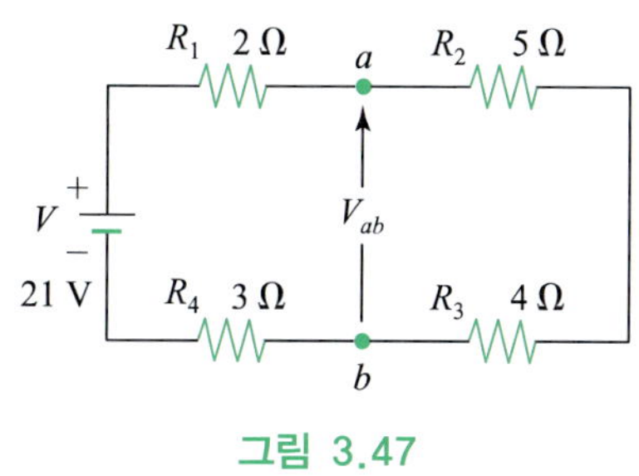

그림 3.47

7. 그림 3.48에서 30[Ω]과 5[Ω]에서의 소모전력 P를 구하라.

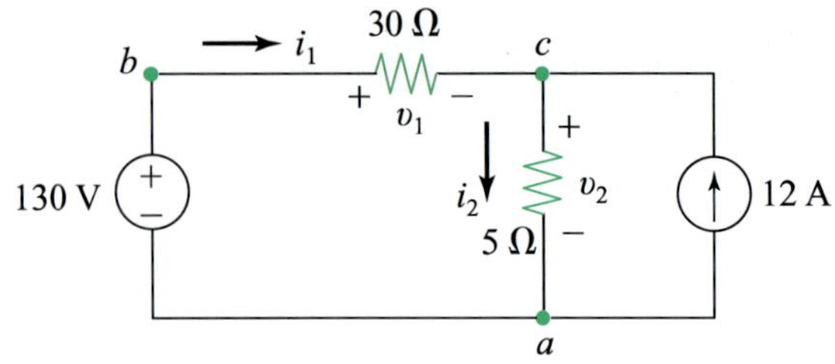

그림 3.48

8. 그림 3.49에서 $i_5 = 0.4$[A]일 때 i_1, i_2, i_3, i를 구하라.

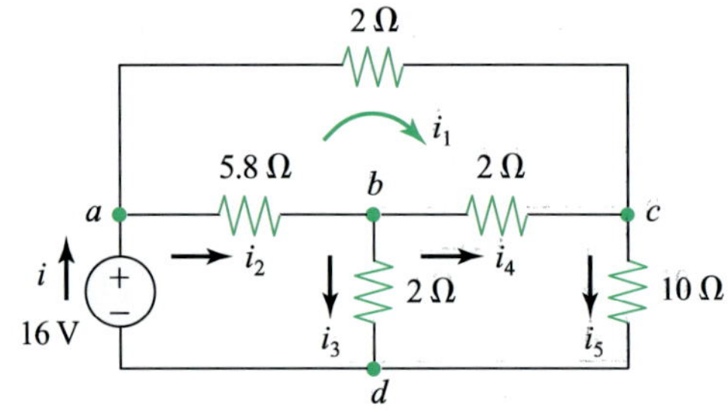

그림 3.49

9. 그림 3.50에서 $i_3 = 10$[A], $i_4 = 5$[A]일 때 i_5, i_6과 각 전압원에 의해 공급되는 전력 P_1, P_2를 구하라.

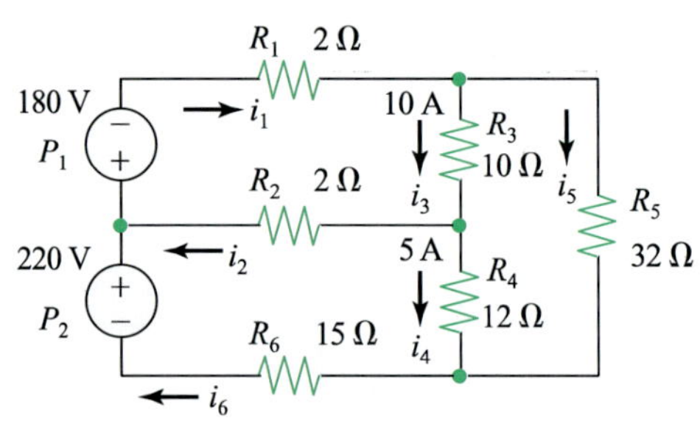

그림 3.50

10. 그림 3.51에서 $i_1 = 5[\text{A}]$, $i_2 = 3[\text{A}]$일 때 i_g와 v_g의 값을 구하라.

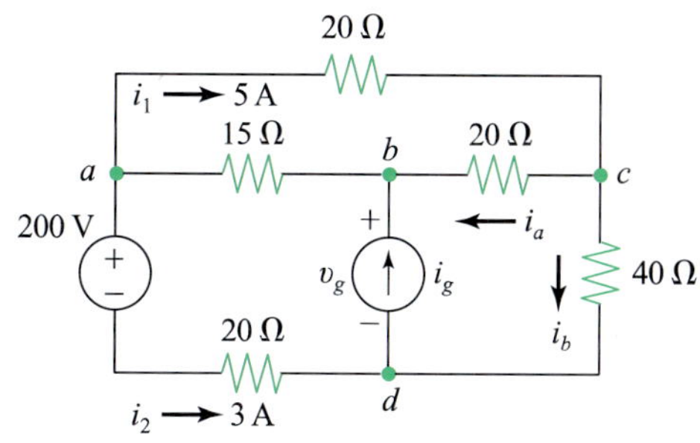

그림 3.51

11. 그림 3.52의 회로에서 $i_a = 2[\text{A}]$가 되도록 하려면 R을 얼마로 조정해야 하는가?

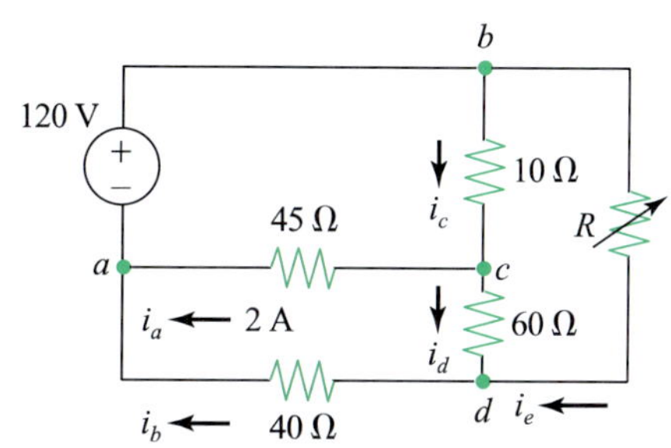

그림 3.52

12. 그림 3.53에서 $I_4 = 1[\text{A}]$, $I_5 = 2[\text{A}]$일 때 V_1과 V_2의 공급전력 P_1, P_2는 각각 몇 [W]인가?

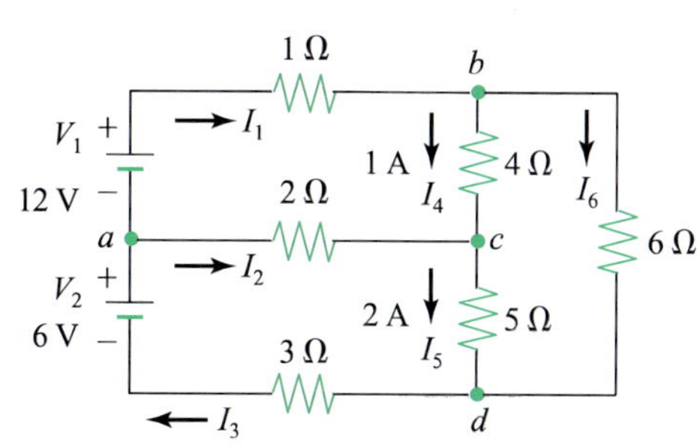

그림 3.53

13. 그림 3.54에서 v_1, i_1, i_2를 구하라.

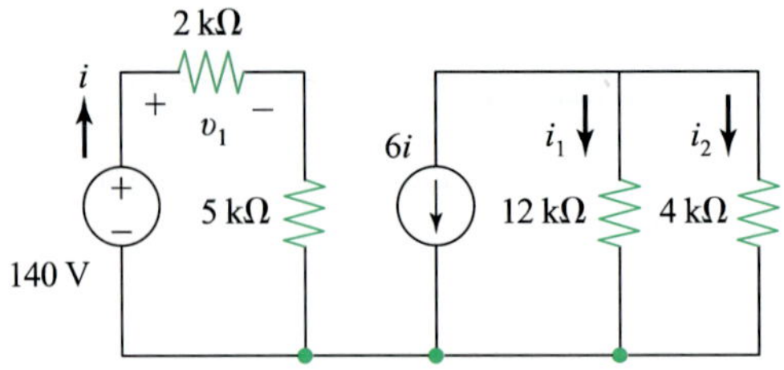

그림 3.54

14. 1.2[V]의 동일한 건전지 2개를 그림 3.55와 같이 병렬로 연결한 회로에서 아래의 물음에 답하라.

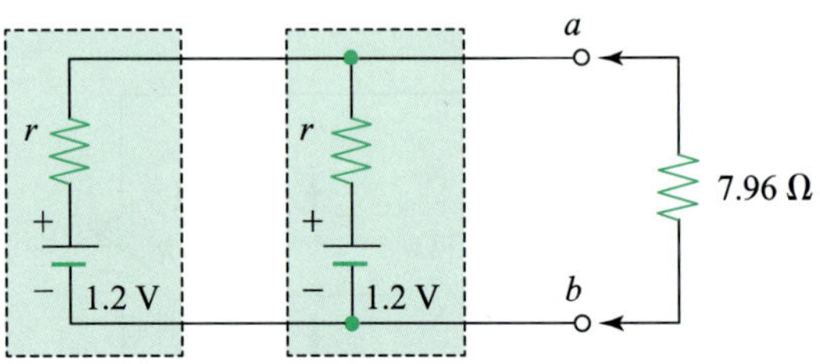

그림 3.55

① a, b양단에 7.96[Ω]의 부하저항을 연결할 때 0.15[A]의 전류가 흐른다면 내부저항 r의 값은 얼마인가?

② 임의의 부하저항 R_L을 a, b에 연결하여 0.08[A]의 전류를 흘리기 위한 R_L의 값은 얼마인가?

15. 아래의 표 3.2는 정전압원(그림 3.56)의 전류-전압특성을 나타낸 표이다. 아래의 물음에 답하라.

표 3.2

i_s[A]	0	6	12	18	26	31
v_s[V]	30	26	22	18	8	0

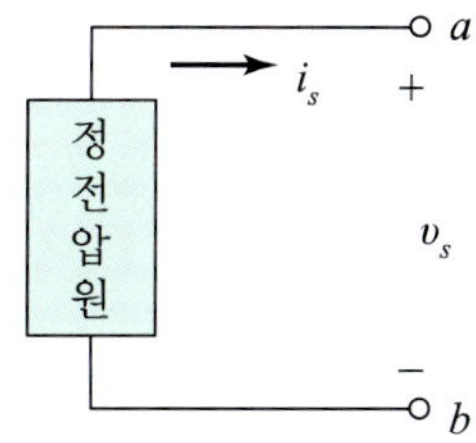

그림 3.56

① 전류(i_s) 대 전압(v_s)의 특성 그래프를 그려라.

② 직접 그린 그래프의 선형 영역($0 < i_s < 18\text{A}$)으로부터 추정한 정전압원의 등가회로에서 내부 직렬저항의 값은 몇 [Ω]인가?

③ 정전압원의 a, b양단에 부하저항 1[Ω]을 연결할 때 흐르는 전류는 얼마인가? 단, 전압은 30[V]이다.

④ 만일 a, b양단을 단락시킨다면 등가회로에서 계산한 전류는 얼마가 되는가?

⑤ ④에서 계산한 값이 표에 나타난 실제 전류와 다른 이유를 간략히 설명하라.

Chapter

04

회로 측정

이 장에서는 무엇을 배우는가?

전압, 전류, 전류의 측정회로와 연산 증폭기 계측회로를 익힌다.

학습효과

회로의 전압, 전류, 저항의 측정원리를 배움으로써 실제 회로를 다루는 기본 능력을 익히게 된다.

4.1 전압, 전류의 측정회로

전압, 전류, 저항의 측정에 가장 보편적으로 사용하는 계측기가 VOM으로서 Volt, Ohm, Ampere의 약자이며, 간단히 '테스터' 또는 '멀티미터'라 부르기도 한다. 아날로그형과 디지털형의 두 가지가 있다. 디지털형은 DMM(Digital Multi Meter)이라 부르며 간단히 그 구성도를 나타내면 그림 4.1과 같이 증폭부, A/D 변환기, 디지털 표시부로 구분된다. 선택 스위치에 따라 LED 또는 LCD 숫자 표시기로 직접 전압, 전류, 저항의 값을 나타낸다.

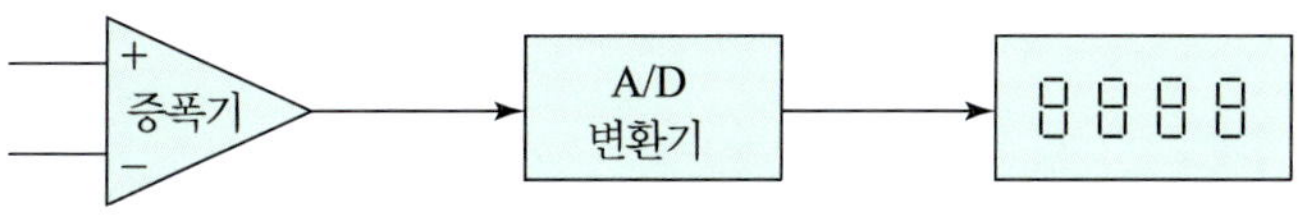

그림 4.1 DMM의 구성도

한편 아날로그 VOM은 다르송발 무브먼트(d'Arsonval movement)라 하는 미터계기의 지침의 위치로 전류나 전압 및 저항의 크기를 나타내며 그 구조는 그림 4.2(a), (b)와 같다.

미터계기는 플래밍의 왼손법칙에 의해 영구자석으로 형성되는 전자력으로 지침이 붙어 있는 가동 코일에 전류가 흐르면 그림 4.2(a)와 같이 지침이 왼쪽에서 오른쪽으로 움직이고, 그 지침의 편위에 따라 그림 4.2(b)와 같이 일정 간격의 눈금으로 전류값을 읽는 동작 원리이다.

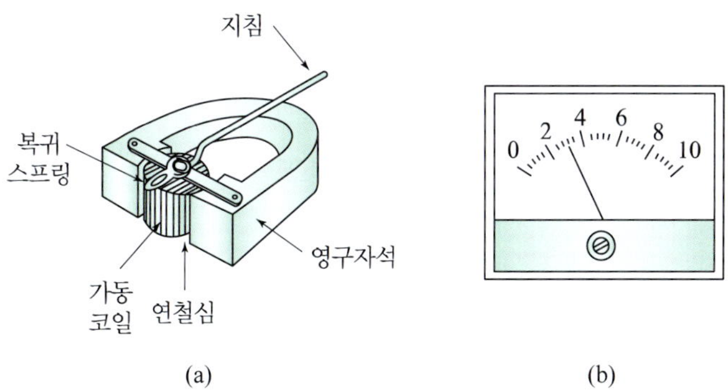

그림 4.2 미터계기의 구조

(1) 직류 전류계

미터계기는 그 감도에 따라 눈금의 최댓값을 지시하는 전류값과 내부 코일의 내부저항이 정해져 있으며, 그 등가회로는 그림 4.3(a)와 같다.

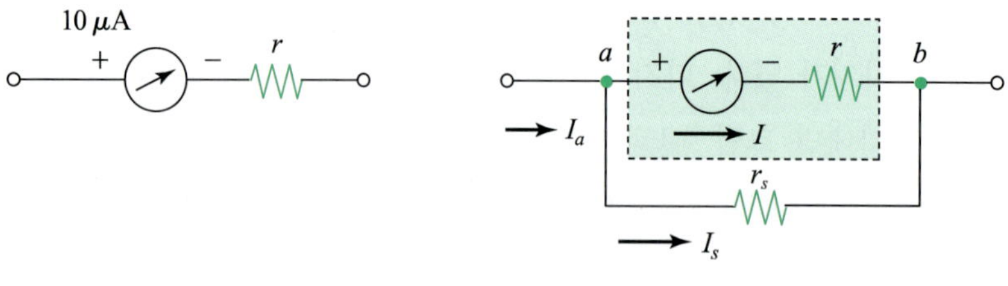

그림 4.3 미터계기의 등가회로와 분류저항

만일 지시눈금을 확대하자면 그림 4.3(b)와 같이 a, b단자에 병렬로 전류분할저항 r_s를 연결한다. 이때 미터계기의 최대 지시전류를 I라 할 때 확대전류를 I_a, r_s에 흐르는 전류를 I_s라 하면 전류 I_a는 I와 I_s로 분류되므로 앞장에서의 식 (3.21)에 의해 $I=\frac{r_s}{r+r_s}\cdot I_a$이므로 I_a는 아래의 식을 얻을 수 있다.

$$I=\frac{r_s}{r+r_s}\cdot I_a \tag{4.1}$$

만일 확대배율을 n이라 놓으면 그 식은 아래와 같다.

$$n=\frac{I_a}{I}=\frac{r+r_s}{r_s}=1+\frac{r}{r_s}[\Omega] \tag{4.2}$$

이고 식 (4.2)을 r_s에 대해 풀면 분류저항 r_s는 아래의 식과 같이 구할 수 있다.

$$r_s=\frac{r}{n-1}[\Omega] \tag{4.3}$$

만일 $n=10$, $n=100$으로 하고자 한다면 식 (4.3)으로부터 $r_s=\frac{1}{9}r$, $r_s=\frac{1}{99}r$로 선정해야 한다. 예컨대 그림 4.2(b)의 최대 눈금이 100[μA]라면 $n=100$, $n=1000$인 경우라면 최대 눈금의 수 값이 10[mA], 100[mA]로 확대된다.

익힘 문제 4.1

그림 4.3(a)의 미터계기를 사용하여 10[mA]의 직류 전류계를 만들고자 할 때 병렬분할저항의 값을 얼마로 정해야 하는가? 단, $r = 9,990[\Omega]$이다.

풀이 10[μA]를 10[mA]로 확대해야 하므로 확대배율은 $n = \frac{10\times10^{-3}}{10\times10^{-6}} = 1000$이므로 식 (4.3)에 의해 $r_s = \frac{1}{1000-1}\times9,990 = 10[\Omega]$이다.

(2) 직류 전압계

그림 4.3(a)의 직류전류 미터기는 곧 바로 전압계로 사용할 수 있다. 이때 미터계기의 내부 저항값이 1[kΩ]이라면 최대 전압은 $V = Ir = 10[\mu\text{A}]\times1[\text{k}\Omega] = 10\times10^{-6}\times1\times10^{3} = 10\times10^{-3} = 10[\text{mV}]$가 된다. 만일 이 값이 작아 눈금을 m배로 확대하고자 할 때는 그림 4.4와 같이 미터계기에 직렬로 저항 r_m을 연결하면 $Ir + Ir_m$이 되므로 확대 눈금전압 V_a는

$$V_a = V + X_m V + V_m = Ir + Ir_m = I(r + r_m) \tag{4.4}$$

이 되며 전압 확대배율을 m이라 A하면 아래의 식과 같다.

$$m = \frac{V_a}{V} = \frac{I(r+r_m)}{Ir} = \frac{r+r_m}{r} = 1 + \frac{r_m}{r}[\Omega] \tag{4.5}$$

식 (4.5)에서 r_m에 관해서 풀면 분할 저항 r_m은 아래의 식에 의해 구할 수 있다.

$$r_m = (m-1)r[\Omega] \tag{4.6}$$

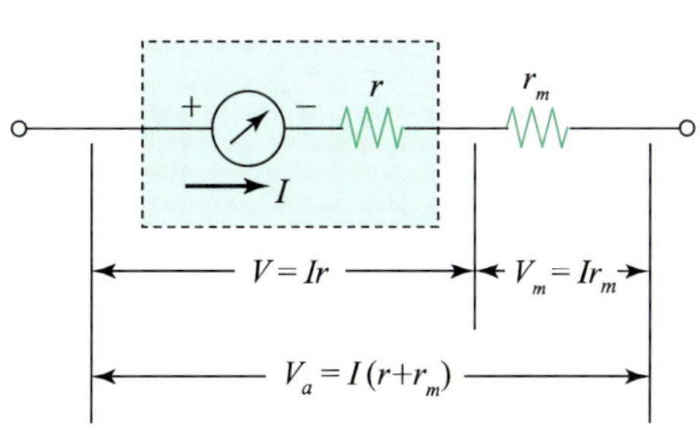

그림 4.4 직류 미터기의 전압 확대 회로

익힘 문제 4.2

최대 지시값 50[μA], 내부저항 2[kΩ]인 미터계기로 최대 눈금 10[V]의 직류 전압계를 만들자면 직렬분할저항 r_m의 값을 얼마로 정해야 하는가?

풀이 $V = 50 \times 10^{-6} \times 2 \times 10^3 = 0.1\,[\mathrm{V}]$이므로 $m = \dfrac{10}{0.1} = 100$이다. 따라서 식 (4.5)에 의해 $r_m = (100-1) \times 2 \times 10^3 = 198\,[\mathrm{k\Omega}]$이다.

한편 교류 전류계 및 교류 전압계는 정류 다이오드를 사용하여 교류전류, 교류전압을 직류전류 또는 직류전압으로 바꾸어 같은 방법으로 미터계기를 사용하여 만들 수 있다.

4.2 저항의 측정회로

저항의 크기는 옴의 법칙에 의해 전압이 일정하다면 전류에 반비례하므로 멀티 테스터에서는 전류와 반대로 눈금을 매기면, 즉 0 위치를 r, 최대 지시 눈금을 0으로 하여 저항의 값을 측정할 수 있다. 그러나 정밀한 저항의 측정에는 일반적으로 휘트스톤 브리지(Wheatstone bridge) 회로를 사용한다. 그림 4.5는 휘트스톤 브리지 회로를 나타낸다.

그 동작원리는 그림 4.5와 같이 4개의 저항을 사용하며, 건전지 V를 연결한 뒤 미터계기에 흐르는 전류가 0이 되도록 R_3을 조정하여 아래의 관계식으로 R_x를 구한다. a, b에 연결하는 미터계기는 감도가 좋은 μA급 레인지의 갈바노미터(galvanometer)를 사용한다.

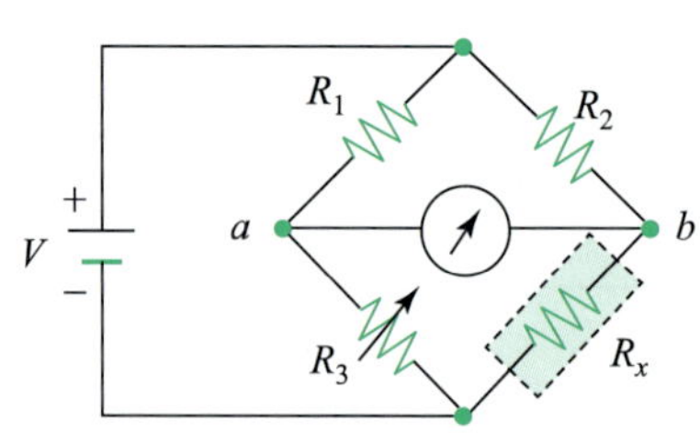

그림 4.5 휘트스톤 브리지 회로

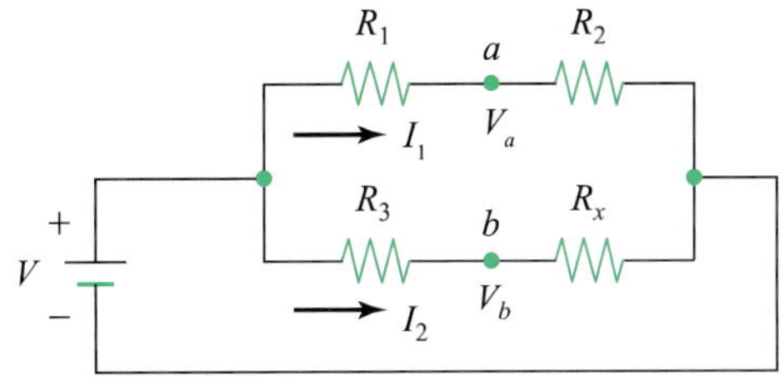

그림 4.6 휘트스톤 브리지 등가회로

R_3을 조정하여 a, b간에 흐르는 전류가 0이면 $V_a = V_b$이므로 이 경우의 등가회로는 그림 4.6과 같고 전압분배의 식에 의해 아래와 같다.

$$V_a = \frac{R_1}{R_1 + R_2} \cdot V, \quad V_b = \frac{R_3}{R_3 + R_x} \cdot V, \quad \frac{R_1}{R_1 + R_2} = \frac{R_3}{R_3 + R_x},$$

$$R_1 R_3 + R_2 R_3 = R_1 R_3 + R_1 R_x,$$

$$R_2 R_3 = R_1 R_x \tag{4.7}$$

$$\therefore \ R_x = \frac{R_2}{R_1} \cdot R_3 [\Omega] \tag{4.8}$$

식 (4.8)에서 $R_2/R_1 = 1$ 즉, $R_2 = R_1$이면 R_3의 값이 바로 R_x의 값이 된다. 실제에 있어서는 R_1, R_2를 1, 10, 100, 1000[Ω]으로 선정하여 R_2/R_1비가 1에서 1000까지 10스텝씩 변화하도록 만들어 넓은 범위의 저항값을 측정한다. 이때 R_x의 측정범위는 $1[\Omega] < R_x < 1\text{M}[\Omega]$이 된다.

익힘 문제 4.3

그림 4.5에서 $R_2/R_1 = 100$으로 놓았을 때 R_3으로 5[kΩ]의 가변저항을 사용한다면 측정할 수 있는 R_x의 범위는 얼마인가?

풀이 가변저항의 조정범위가 $0 < R_x < 5[\text{k}\Omega]$이므로 식 (4.5)에 의해 $R_x = 100 \times (0 < R_x < 5)[\text{k}\Omega] = 0 < R_x < 500[\text{k}\Omega]$이다.

4.3 전압, 전류, 저항의 측정법

임의 회로에서 전압이나 저항의 측정은 전압원이나 저항 양단에 전압계나 저항계의 프로브를 접촉하면 된다. 다만 전압계는 프로브의 +, −극성을 전원의 +, −극성과 맞추어야 되지만 경우에 따라 모를 때는 지시가 반대로 나타낼 경우(아날로그 테스터)는 극성을 다시 바꾸어서 측정한다. 단, 저항의 측정 시는 극성에 무관하다. 폐회로의 전류를 측정 시에는 폐회로의 어느 곳이든 편리한 부분의 연결을 끊고 그 사이에 전류계를 직렬로 연결한다. 이때 프로브는 전압의 +극성 쪽에 +, −극성 쪽에 연결한다. 디지털 테스터(DMM)를 사용 시에는 LED 또는 LCD 표시기에 +, −가 나타나므로 극성에 무관하게 두 프로브를 어느 경우에나 연결하기만 해도 된다. 그림 4.7은 VOM을 사용하여 간단한 회로의 전압, 저항, 전류의 측정을 나타낸 그림이다. 그림에서와 같이 폐회로의 a, b를 끊고 그 사이에 전류계를 연결한다.

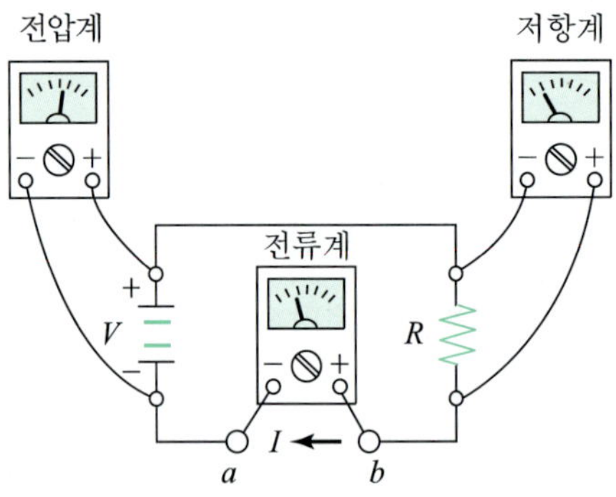

그림 4.7 VOM에 의한 전압, 전류, 저항의 측정회로

VOM의 판독 오차

1. 그림 4.7과 같이 VOM으로 전압의 측정 시 실제 측정값은 참값보다 작게 나타난다. 그 이유는 전압계 내부저항이 전원의 자체저항에 병렬로 작용하기 때문이다. 예컨대 전압원의 내부저항이 100[Ω]이고, 전압계의 내부저항이 10,000[Ω], 전원전압이 100[V]라면 그림 4.8(a)에서 측정전압은 $a-b$간에 걸리는 전압은 전압분할에 의해 아래와 같이 구해진다.

$\frac{10,000}{10,000+100} \times 100[\mathrm{V}] \fallingdotseq 99[\mathrm{V}]$로 참값보다 약 $1[\mathrm{V}]$ 작게 나타난다. 만일 그림 4.8(b)와 같이 전원에 1개의 저항($1\,\mathrm{k}\Omega = 1{,}000\,\Omega$)이 연결된 폐회로에서 저항 양단간($a-b$)의 전압을 측정하는 경우에는 전원의 내부저항 r을 감안하여 계산으로 구하면 $\frac{1,000}{1,000+100} \times 100 \fallingdotseq$ $90.91[\mathrm{V}]$가 되지만 내부저항이 $10[\mathrm{k}\Omega](=10{,}000\Omega)$인 저항계를 $a-b$간에 연결하면 R_1과 R_l의 병렬합성저항은 $\frac{10,000 \times 1,000}{10,000+1,000} \fallingdotseq 909.1[\Omega]$이 되므로 측정전압은 $\frac{909.1}{909.1+100} \times 100 \fallingdotseq 90.1[\mathrm{V}]$로 더 큰 영향을 받는다. 물론 DMM은 VOM에 비해 그 내부저항이 아주 크므로(수 MΩ) 그 영향을 훨씬 작게 받는다.

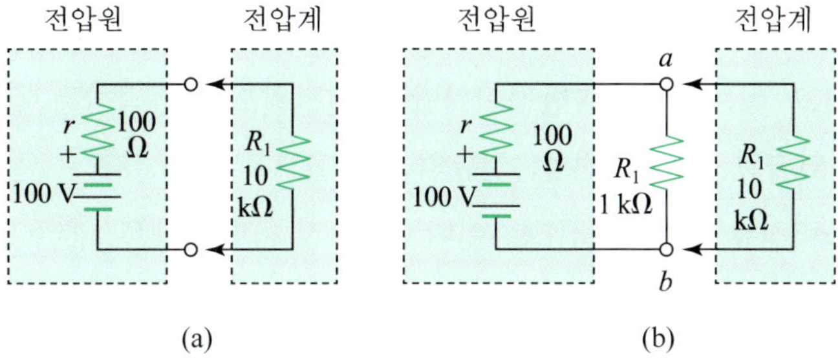

그림 4.8 VOM에 병렬 부하 효과

2. VOM은 xxxx[Ω]/V DC, xxxx[Ω]/V AC 등과 같이 볼트(V)당 내부저항의 크기를 나타내고 있다. 이러한 표기는 레인지(range)에 따라 배율저항의 크기가 변하기 때문이다. 예를 들면 20,000[Ω]/V DC인 VOM의 DC 전압 레인지 스위치를 30[V]로 놓았다면 피 측정체와 연결되는 전압계의 내부저항이 $30 \times 20{,}000[\Omega] = 600{,}000[\Omega] = 600[\mathrm{k}\Omega]$이 되는 셈이다.

4.4 연산 증폭기

연산 증폭기(Operational Amplifier)는 간단히 OP앰프라고도 하며 초기에 아날로그 컴퓨터에 사용되기도 했으며 각종 증폭, 연산, 부호변환, 스케일 등 아날로그 영역에서 계측 기능을 포함하여 다양한 기능을 수행하는 집적소자(IC)로서 그 대표적인 $\mu A741$은 1968

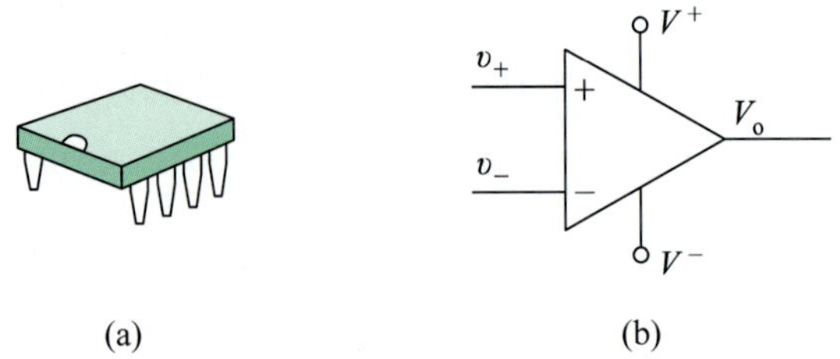

그림 4.9 OP앰프의 외관과 기호

년 페어차일드 세미컨덕터(Fairchild)사에서 출시된 이래 현재까지도 광범위하게 사용되고 있고, 그 밖에도 많은 품종의 IC가 시중에 나와 있다. 그림 4.9(a)는 DIP 패키지 외형, 그림 4.9(b)는 OP앰프의 기호이며, 비반전입력(v_+), 반전입력(v_-)과 출력(V_o), V^+, V^- 2개의 전압원을 갖고 있는 것이 일반적이지만 단일전원으로 동작하는 품종도 있다. 그림 4.10은 전압원이 연결된 경우의 전압, 전류의 방향을 나타낸다. i_+, i_-는 비반전 및 반전 입력전류, i_o는 출력전류, i_{cc}는 공급전류이며 모든 전류의 방향은 내부로 향하고 있다. 이상적인 OP앰프는 입력전압과 입력전류가 선형적(비례)인 관계가 있으며 전압 변환특성은 입력전압의 변화에 따라 출력전압이 어떻게 변화하는가를 나타내는 곡선으로 나타낸다. 그림 4.9에서 입력전압은 $v_+ - v_-$이므로 $v_+ - v_-$의 변화에 대한 출력전압 v_o의 변화의 비를 전압 증폭도라 하며, 이를 A라 하면 출력전압 v_o는

$$v_o = A(v_+ - v_-) \tag{4.9}$$

가 되며, + 및 −의 공급전압 $+V_{cc}$, $-V_{cc}$의 범위는 아래와 같아야 된다.

$$+V_{cc} < A(v_+ - v_-) \tag{4.10}$$

$$-V_{cc} > A(v_+ - v_-) \tag{4.11}$$

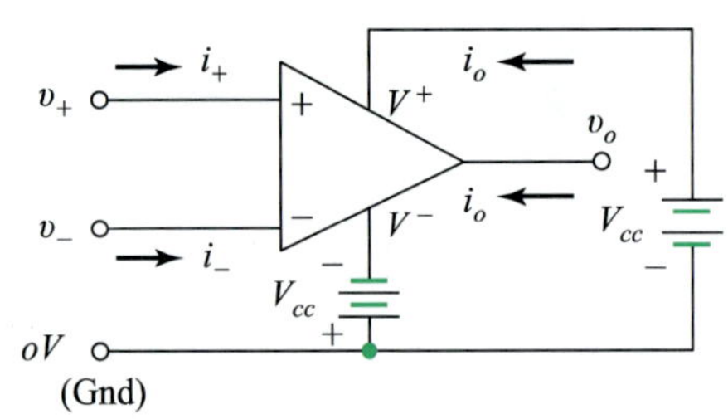

그림 4.10 이상적인 OP앰프의 기본회로

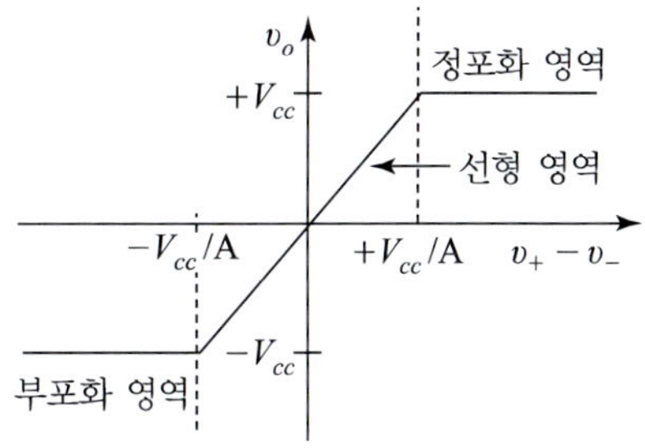

그림 4.11 OP앰프의 입·출력 변환특성

또한 출력전압이 포화(saturation)가 되지 않기 위해서는 아래와 같이 공급전압 이내의 값이 되어야만 한다.

$$-V_{cc} \leq A(v_+ - v_-) \leq +V_{cc} \tag{4.12}$$

이와 같은 전압의 변환특성을 나타낸 것이 그림 4.11이다.

OP앰프를 증폭기로 사용할 때는 반드시 그림 4.11의 선형 영역 즉, 식 (4.12)를 만족하는 범위여야 함을 염두에 둘 필요가 있다. 그림 4.10의 이상적인 OP앰프는 입력저항과 전압 증폭도가 ∞ 이다. 실제로 OP앰프의 입력저항은 수 [MΩ] 이상이다. 따라서 OP앰프를 해석할 때 입력저항을 ∞로 전제한다면 입력단자에 전류가 흐르지 않으므로 $i_+ = i_- = 0$, $v_+ - v_- = 0$으로부터

$$v_+ = v_- \tag{4.13}$$

$$v_o = A(v_+ - v_-) = 0 \tag{4.14}$$

의 관계식을 얻게 된다. 이것은 그림 4.12에서 마치 +입력단자와 −입력단자가 단락(short)된 것과 마찬가지이므로 가상단락(virtual short)이라 한다.

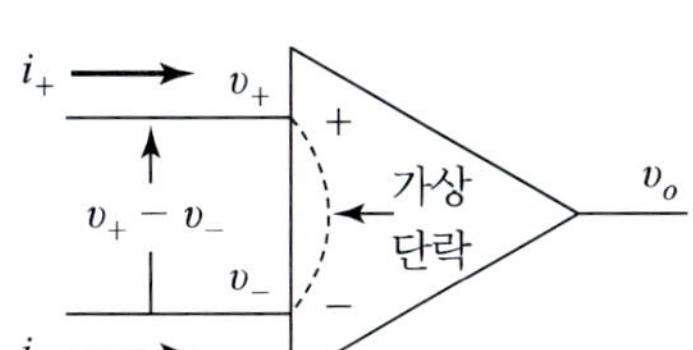

그림 4.12 OP앰프의 가상단락

(1) 반전 증폭기

그림 4.13은 +입력단자를 접지시키고, −입력단자에 귀환저항 R_f와 입력저항 R_1이 연결된 OP앰프로서 반전 증폭기 회로이다. $i_- = 0$이므로 KCL에 의해 아래의 관계식이 성립한다.

$$i_1 + i_f = 0 \quad \therefore \ i_f = -i_1 \tag{4.15}$$

−입력단자와 +입력단자가 가상단락이므로 R_f와 R_1의 교차점에서의 전압은 0[V]이다. 따라서 아래의 식을 얻을 수 있다.

$$v_i = i_1 R_1, \quad i_1 = \frac{v_i}{R_1} \tag{4.16}$$

$$v_o = i_f R_f = -i_1 R_f \tag{4.17}$$

따라서 전압 증폭도는 아래와 같이 구할 수 있다.

$$A = \frac{v_o}{v_i} = \frac{-i_1 R_f}{i_1 R_1} = -\frac{R_f}{R_1} \tag{4.18}$$

위의 식에서 전압 증폭도가 −라는 것은 입력전압의 위상이 출력단자에서 뒤집혀서, 즉 반전되어 나타남을 뜻한다. 따라서 그림 4.11 증폭 회로를 반전 증폭기(inverted amplifier)라 한다.

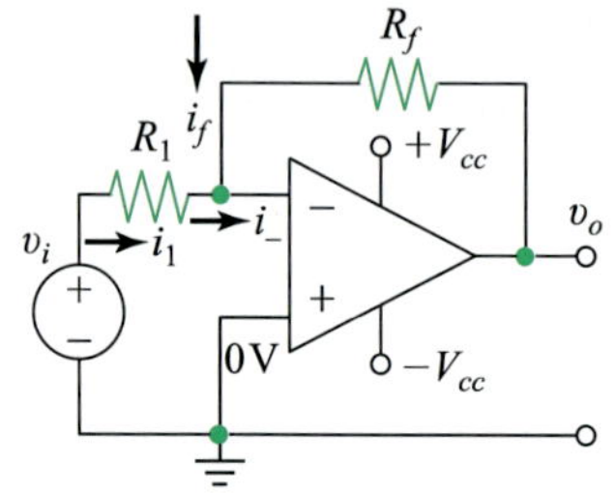

그림 4.13 OP 반전 증폭기 회로

익힘 문제 4.4

그림 4.14에서 아래의 물음에 답하라.

① $v_a = 0.5[\mathrm{V}]$, $v_b = 0[\mathrm{V}]$일 때 v_o는 얼마인가?

② $v_a = 1[\mathrm{V}]$, $v_b = 2[\mathrm{V}]$일 때 v_o는 얼마인가?

③ $v_a = 2.5[\mathrm{V}]$일 때 출력(v_o)이 포화되지 않는 v_b의 범위를 구하라.

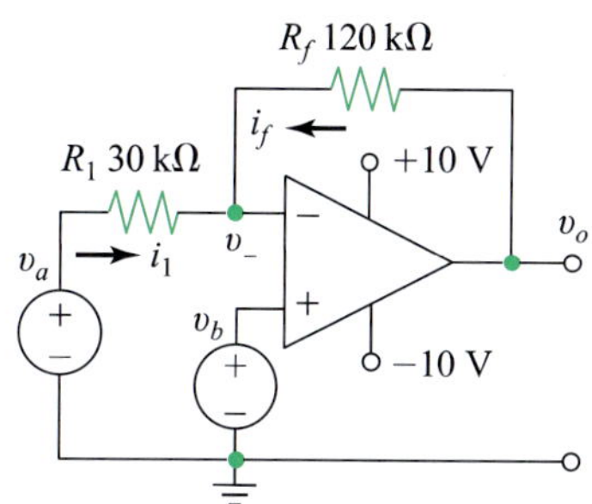

그림 4.14 OP 반전 증폭기

풀이 ① $v_b = 0$이므로 $v_i = v_a$이므로 (4.18)에 의해 $v_o = -\dfrac{R_f}{R_1} \cdot A = -\dfrac{120}{30} \times 0.5 = -2[\mathrm{V}]$

② $v_i = v_a - v_b = 1 - 2 = -1[\mathrm{V}]$이므로 $v_o = -\dfrac{R_f}{R_1}(v_a - v_b) = -\dfrac{120}{30} \times (-1) = 4[\mathrm{V}]$

③ 식 (4.15)에 의해 $i_1 = -i_f$이므로 $\dfrac{2.5 - v_b}{30} = -\dfrac{v_o - v_b}{120}$ 로부터

$$-30(v_o - v_b) = 300 - 120v_b,\ 150v_b = 300 + 30v_o,\ v_b = 2 + 0.2v_o$$

포화가 되지 않기 위해서는 $-10[\mathrm{V}] \le v_o \le 10[\mathrm{V}]$이어야 하므로

$$v_b = 2 + 0.2(-10 \le v_o \le 10),\ \therefore 0 \le v_b \le 2[\mathrm{V}]$$

(2) 가산 증폭기

그림 4.15와 같이 반전 증폭기의 입력단에 여러 개의 직렬저항을 통해 전압이 가해지면 출력단자에는 직렬저항과 귀환저항의 비가 곱해지는 전압이 가산되어 나타나는 가산 증폭기가 된다.

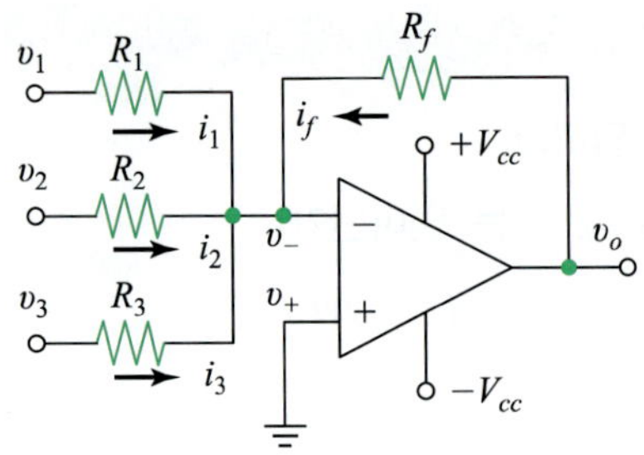

그림 4.15 OP 가산 증폭기

식 (4.15)에 의해 $i_1 + i_2 + i_3 = -i_f$이므로

$$\frac{v_1}{R_1} + \frac{v_2}{R_2} + \frac{v_3}{R_3} = -\frac{v_o}{R_f} \tag{4.19}$$

식 (4.19)를 v_o에 관한 식으로 풀면

$$v_o = -\left(\frac{R_f}{R_1}v_1 + \frac{R_f}{R_2}v_2 + \frac{R_f}{R_3}v_3\right) \tag{4.20}$$

만일 $R_1 = R_2 = R_3 = R$이라면 아래의 식이 얻어진다.

$$v_o = -\frac{R_f}{R}(v_1 + v_2 + v_3) \tag{4.21}$$

(3) 비반전 증폭기

그림 4.16은 비반전 입력단자(+)에 입력을 가하는 비반전 증폭기(noninverting amplifier) 회로이다.

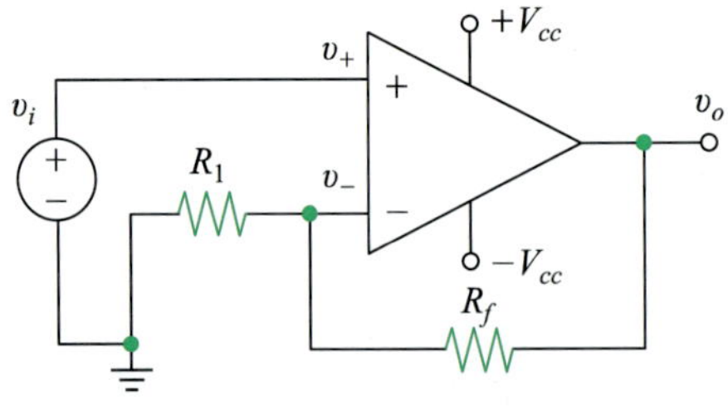

그림 4.16 OP 비반전 증폭기

가상단락에 의해 $v_i = v_+ = v_-$ 이고, 전압분배 법칙에 의해 $v_i(=v_-)$는 아래의 식과 같다.

$$v_i = \frac{R_1}{R_1 + R_f} v_o \tag{4.22}$$

따라서 출력전압 v_o는 아래와 같이 비반전 출력전압으로 나타난다.

$$v_o = \frac{R_1 + R_f}{R_1} v_i = \left(1 + \frac{R_f}{R_1}\right) v_i \tag{4.23}$$

또한 선형 영역에서 동작하기 위한 조건식은 아래와 같다.

$$\frac{R_1 + R_f}{R_1} < \left| \frac{V_{cc}}{v_i} \right| \tag{4.24}$$

익힘 문제 4.5

그림 4.17의 비반전 증폭기에서 $v_i = 20[\mathrm{mV}]$일 때의 v_o의 값과 출력파형이 포화되지 않는 R_f의 값을 구하라.

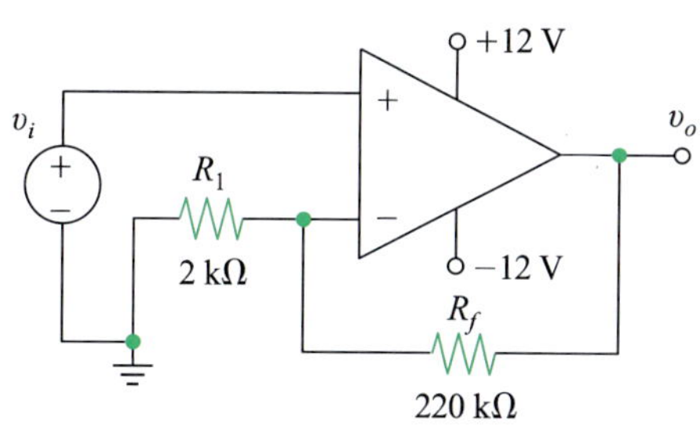

그림 4.17 비반전 증폭기

풀이 (1) $v_o = \left(1 + \frac{R_f}{R_1}\right) v_i = \left(1 + \frac{220}{2}\right)(20 \times 10^{-3}) = 2.22[\mathrm{V}]$

(2) 식 (4.24)에 의해 $1 + R_f < \left| \frac{V_{cc}}{v_i} \right|$, $R_f < \left| \frac{\pm 12}{0.02} \right| - 1$, $R_f < 600 - 1$, $R_f < 599[\Omega]$

(4) 차동 증폭기

그림 4.18은 입력전압의 차이가 증폭되어 출력에 나타나는 차동 증폭기 회로이다. 이상적인 OP앰프 동작이라면 $i_1 = -i_f$, $v_- = v_+$ 이므로 아래의 관계식이 성립한다.

$$\frac{v_+ - v_1}{R_1} = -\frac{v_+ - v_o}{R_f} \tag{4.25}$$

식 (4.25)를 v_o에 관해서 풀면

$$v_o = \frac{R_1 + R_f}{R_1} v_+ - \frac{R_f}{R_1} v_1 \tag{4.26}$$

$v_+ = \dfrac{R_3}{R_2 + R_3} v_2$ 이므로 이를 식 (4.26)에 대입하여 정리하면

$$v_o = \frac{R_1 + R_f}{R_1} \times \frac{R_3}{R_2 + R_3} v_2 - \frac{R_f}{R_1} v_1 \tag{4.27}$$

만일 저항의 값을 아래와 같이 스케일링(scaling)한 뒤 양변에 1을 더하면 우측 식이 되므로

$$\frac{R_f}{R_1} = \frac{R_3}{R_2}, \quad \frac{R_1 + R_f}{R_1} = \frac{R_2 + R_3}{R_2} \tag{4.28}$$

식 (4.28)은 아래와 같이 간략화가 된다.

$$v_o = \frac{R_f}{R_1}(v_2 - v_1) \tag{4.29}$$

즉, 출력전압은 비반전 입력과 반전 입력의 차(difference)로 나타나게 된다.

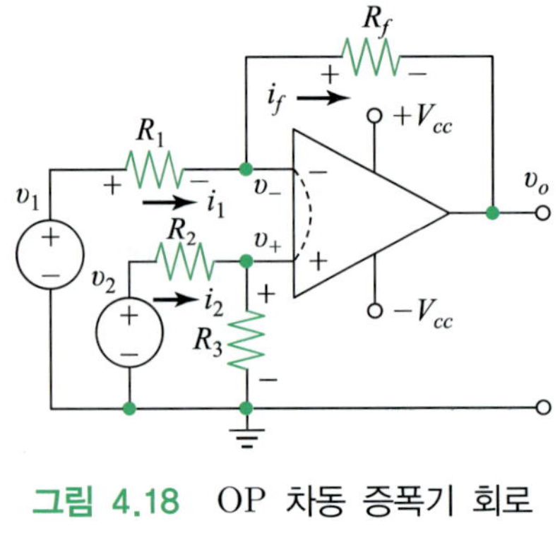

그림 4.18 OP 차동 증폭기 회로

익힘 문제 4.6

그림 4.18에서 $R_1 = 1[\text{k}\Omega]$, $R_2 = 2.2[\text{k}\Omega]$일 때 전압 증폭도가 50인 차동 증폭기로 동작하기 위한 R_f와 R_3의 값과 이때의 v_o의 값을 구하라. 단, $v_1 = 0.5[\text{mV}]$, $v_2 = 2.5[\text{mV}]$이다.

풀이 ① $\dfrac{R_f}{R_1} = \dfrac{R_3}{R_2} = 50$으로부터 $\dfrac{R_f}{1} = \dfrac{R_3}{2.2} = 50$, $\therefore R_f = 50[\text{k}\Omega]$, $R_3 = 110[\text{k}\Omega]$

② $v_o = \dfrac{R_f}{R_1}(v_2 - v_1) = \dfrac{50}{1} \times (2.5 - 0.5) = 100[\text{mV}]$

(5) 전압 폴로워

그림 4.19(a)의 비반전 증폭기 회로에서의 전압 증폭도는 아래와 같다.

$$A = 1 + \frac{R_2}{R_1}$$

그림 4.19(a)에서 R_1, R_2가 제거되고 그림 4.19(b)와 같이 반전입력과 출력단자가 연결된 경우에는 $R_1 = \infty$, $R_2 = 0$이므로 $\dfrac{R_2}{R_1} = 0$이 된다. 따라서 그림 4.19(b)의 전압 증폭도 $A = 1$이 된다. 즉 $v_i = v_o$가 된다. 이처럼 출력전압이 입력전압을 따른다고 해서 전압 폴로워(voltage follower)라 한다. 전압 폴로워는 입력 임피던스가 놓고 출력 임피던스가 낮으므로 완충 증폭기(buffer amplifier)로 긴요하게 사용된다.

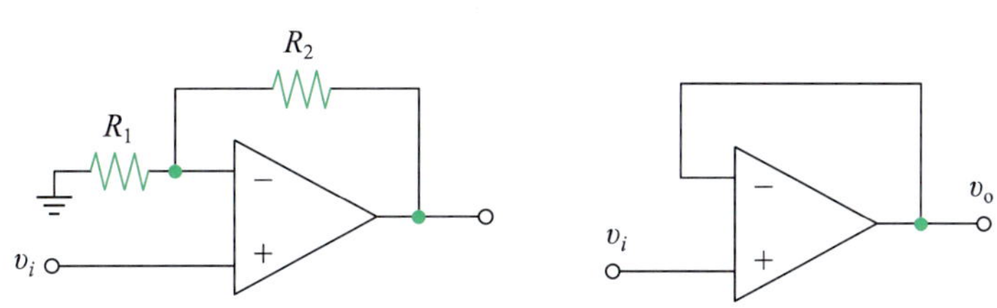

그림 4.19

4.5 연산 증폭기 계측회로

계측용 증폭기는 일반적으로 입력 임피던스가 아주 높고 미소한 전압을 잡음의 영향이 없이 증폭하여야 하므로 OP앰프를 사용한 차동 증폭회로를 주로 사용한다. 그림 4.19는 OP앰프를 이용한 이러한 목적의 기본 회로를 나타낸다. A_1, A_2는 일종의 전압 폴로워로서 버퍼 역할겸 고입력 임피던스를 제공한다. 그 출력은 R_2, R_3에 의해 정확히 매칭(matching)된 차동 증폭기 입력으로 들어간다.

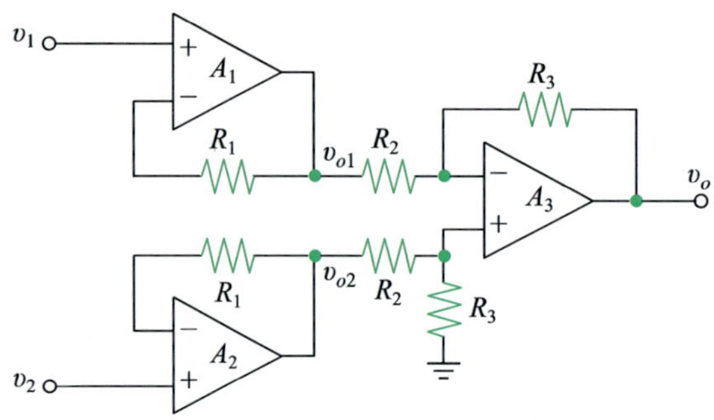

그림 4.20 OP앰프 계측회로(A)

만일 그림 4.21과 같이 A_1, A_2의 반전 입력단자 사이에 저항 R을 삽입하면 단위 이득이 아닌 더 큰 증폭도를 얻을 수 있다. A_1 및 A_2의 두 입력단자는 가상단락이고, R 양단 간의 전압 $v_1 - v_2$에 흐르는 전류 i_1은

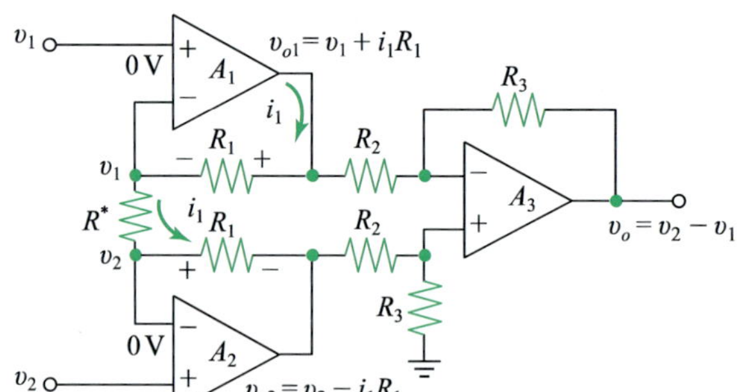

그림 4.21 OP앰프 계측회로(B)

$$i_1 = \frac{v_1 - v_2}{R} \tag{4.30}$$

또한 $v_{o1} = v_1 + i_1 R_1$이므로 식 (4.30)을 이 식에 대입하여 정리하면 다음과 같다.

$$v_{o1} = \left(1 + \frac{R_1}{R}\right)v_1 - \frac{R_1}{R}v_2 \tag{4.31}$$

$v_{o2} = v_2 - i_1 R_1$이므로 마찬가지로 식 (4.30)을 이 식에 대입하여 정리하면

$$v_{o2} = \left(1 + \frac{R_1}{R}\right)v_2 - \frac{R_1}{R}v_1 \tag{4.32}$$

A_3의 입력전압 $v_i = v_{o2} - v_{o1}$이므로 식 (4.31), 식 (4.32)를 이 식에 대입하여 정리하면

$$v_i = v_{o2} - v_{o1} = \left(1 + \frac{2R_1}{R}\right)(v_2 - v_1) \tag{4.33}$$

차동 증폭기 A_3의 출력전압 $v_o = \frac{R_3}{R_2}v_i = \frac{R_3}{R_2}(v_{o2} - v_{o1})$이므로 이 식에 식 (4.33)을 대입하면 전체 증폭회로의 출력전압 및 전압 증폭도 A는 아래와 같다.

$$v_o = \frac{R_3}{R_2}\left(1 + \frac{2R_1}{R}\right)(v_2 - v_1) \tag{4.34}$$

$$A = \frac{v_o}{v_i} = \frac{R_3}{R_2}\left(1 + \frac{2R_1}{R}\right) \tag{4.35}$$

익힘 문제 4.7

그림 4.21에서 $R = 1[\text{k}\Omega]$, $R_1 = 2[\text{k}\Omega]$, $R_2 = 10[\text{k}\Omega]$, $R_3 = 100[\text{k}\Omega]$일 때 전체 회로의 전압 증폭도는 얼마인가?

풀이 식 (4.35)로부터 $A = \frac{R_3}{R_2}\left(1 + \frac{2R_1}{R}\right) = \frac{100}{10} \times \left(1 + \frac{2 \times 2}{1}\right) = 50$

(1) 스트레인 게이지

금속이나 탄성체가 외부의 힘을 받을 때 발생하는 변형의 크기를 측정하는 계기가 스트

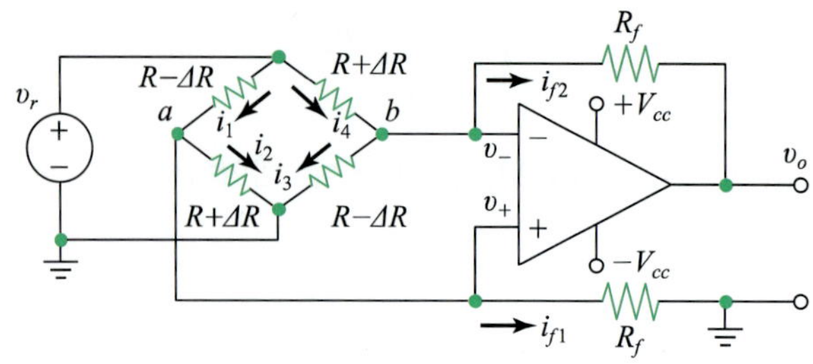

그림 4.22 스트레인 게이지 회로

레인 게이지(strain gage)이다. 변형률계 또는 응력계라고도 한다. 기계식과 전기식이 있는데 전기식의 동작원리는 금속이 응력으로 잡아당겨지면 길이가 늘어나게 되고, 눌러지면 길이가 짧아지게 된다. 이때 길이가 늘어나면 단위면적이 줄게 되고 짧아지면 늘어나게 되므로 그 저항의 변화량을 $\pm\Delta R$로 취해서 그림 4.22와 같이 휘트스톤 브리지 회로와 차동증폭기를 이용해서 전압으로 그 응력(변형률)을 측정한다. 응력에 의한 저항이 늘어난 양이 $R+\Delta R$, 줄어든 양이 $R-\Delta R$이다. b점에서 KCL을 적용하면

$$a\text{점} : i_1 = i_2 + i_{f1}, \quad \frac{v_r - v_+}{R-\Delta R} = \frac{v_+}{R+\Delta R} + \frac{v_+}{R_f} \tag{4.36}$$

$$b\text{점} : i_4 = i_3 + i_{f2}, \quad \frac{v_r - v_-}{R+\Delta R} = \frac{v_-}{R-\Delta R} + \frac{v_- - v_o}{R_f} \tag{4.37}$$

식 (4.36)을 v_+에 관해서 풀면

$$v_+ = \frac{R_f(R+\Delta R)}{2R_fR + R^2 + (\Delta R)^2} \cdot v_r \tag{4.38}$$

식 (4.37)을 v_o에 관해서 풀면

$$v_o = \frac{2R_fR + R^2 - (\Delta R)^2}{R^2 - (\Delta R)^2} \cdot v_- - \frac{R_f(R-\Delta R)}{R^2-(\Delta R)^2} \cdot v_r \tag{4.39}$$

OP앰프가 선형 영역에서 동작한다면 가상단락에 의해 $v_+ = v_-$이므로 식 (4.38)을 식 (4.39)에 대입하여 v_o에 관해 풀면

$$v_o = \frac{2R_f\Delta R}{R^2 - (\Delta R)^2} v_r \tag{4.40}$$

$R^2 \gg (\Delta R)^2$이므로 $R^2 - (\Delta R)^2 \approx R^2$으로 놓으면 식 (4.33)은 아래와 같다.

$$v_o = \frac{2R_f \Delta R}{R^2 - (\Delta R)^2} v_r \approx \frac{2R_f \Delta R}{R^2} v_r = \frac{2R_f}{R} \cdot \frac{\Delta R}{R} v_r = \frac{2R_f}{R} \cdot \delta \cdot v_r \qquad (4.41)$$

위의 식에서 $\delta = \Delta R / R$은 저항의 변화율이며 이 변화율로 상대적인 변형률을 환산한다.

1. 전압, 전류의 측정회로

전압, 전류, 저항의 측정에 가장 보편적으로 사용하는 아날로그 VOM은 지시기로 미터계기를 사용한다. 미터계기의 최대 눈금과 내부저항은 전류계나 전압계의 설계 시 매우 중요한 자료로 활용한다.

(1) 직류 전류계

아래의 그림과 같이 미터계기에 병렬로 분류 저항 r_s를 연결하면 전류를 확대하여 읽을 수 있다. 확대배율(I_a/I)을 n이라 하면 r_s의 값은 아래의 식에 의해 구한다. r은 미터계기의 내부저항이다.

$$r_s = \frac{r}{n-1}[\Omega]$$

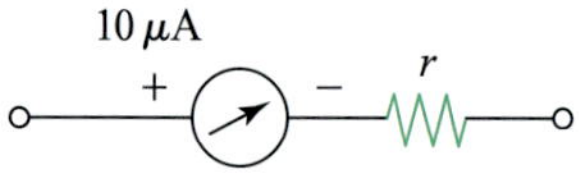

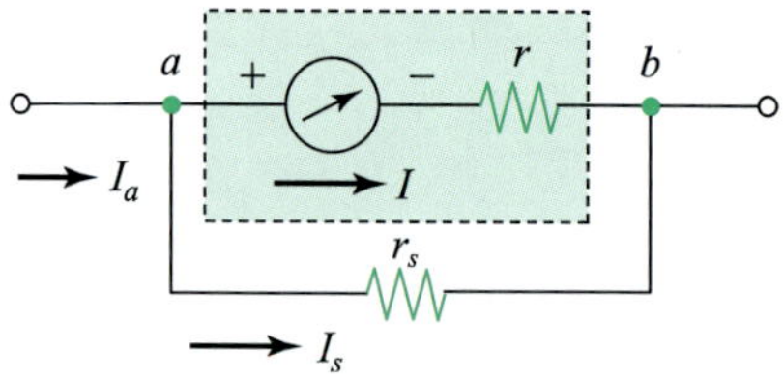

(2) 직류 전압계

아래의 그림과 같이 미터계기에 직렬로 배율저항 r_m을 연결하여 확대된 직류전압을 읽을 수 있다. 배율을 m이라 하면 r_m의 값은 아래의 식과 같다.

$$r_m = (m-1)r[\Omega]$$

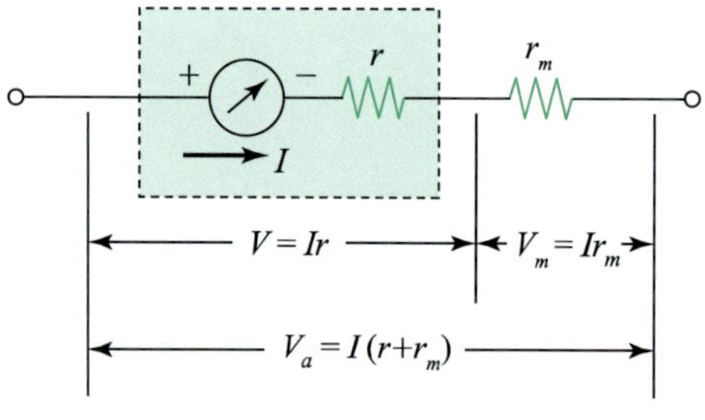

2. 저항의 측정회로

아래의 회로는 정밀하게 저항을 측정할 수 있는 휘트스톤 브리지 회로이다. R_3을 조정하여 미터계기(갈바노미터)의 눈금이 0이 될 때 미지의 R_x를 구하며 그 계산식은 아래와 같다.

$$R_x = \frac{R_2}{R_1} \cdot R_3\,[\Omega]$$

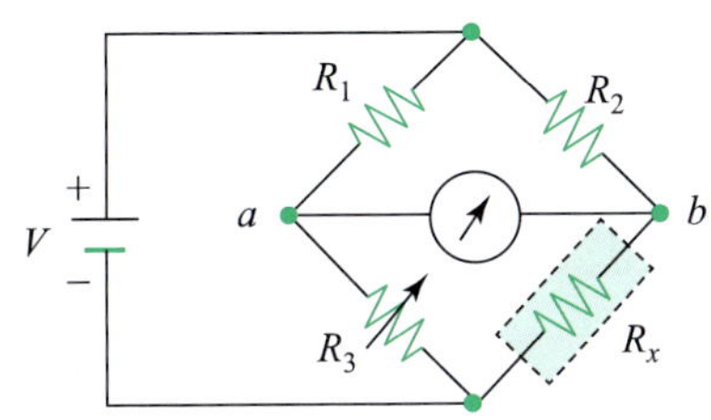

3. 전압, 전류, 저항의 측정법

임의 회로에서 전압이나 저항의 측정은 전압원이나 저항 양단에 전압계나 저항계의 프로브를 +와 −극성을 맞추어 접촉하면 된다. 폐회로의 전류를 측정 시에는 폐회로의 어느 곳이든 편리한 부분의 연결을 끊고 그 사이에 전류계를 직렬로 연결한다. 이때 프로브는 전압의 +극성 쪽에 +, −극성 쪽에 −프로브를 연결한다. 디지털 테스터(DMM)를 사용 시에는 LED 또는 LCD 표시기에 +, −가 나타나므로 극성에 무관하게 두 프로브를 어느 경우에나 연결하기만 해도 된다.

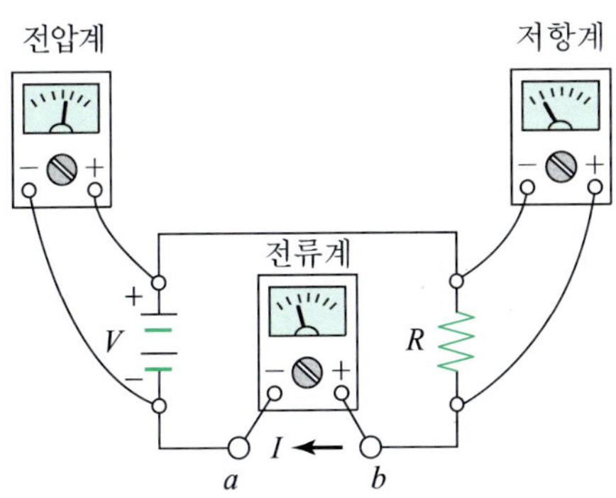

4. 연산 증폭기

연산 증폭기(Operational Amplifier)는 간단히 OP앰프라고도 하며 그 외관과 회로기호는 아래와 같다. 비반전입력(v_+), 반전입력(v_-), 출력(V_o), V^+, V^-가 있다.

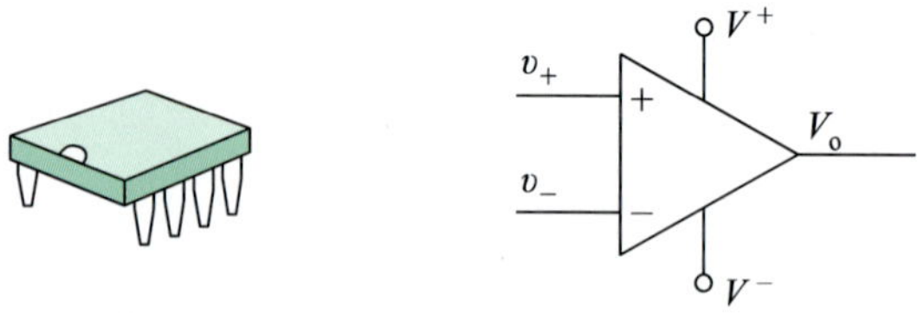

아래의 그림은 전압원이 연결된 경우의 전압, 전류의 방향을 나타낸다. i_+, i_-는 비반전 및 반전 입력전류, i_o는 출력전류, i_{cc}는 공급전류이며 모든 전류의 방향은 내부로 향하고 있다.

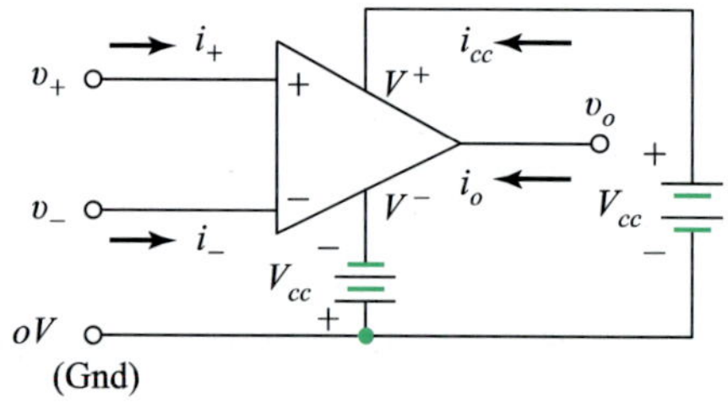

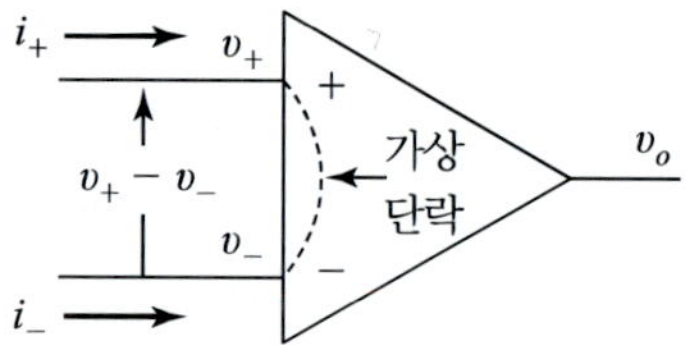

이상적인 OP앰프는 입력전압과 입력전류가 선형적(비례)인 관계가 있으며 입력 저항이 거의 무한대에 가까울 정도로 크기 때문에 + 입력단자와 − 입력단자가 단락(short)된 것과 마찬가지이므로 가상단락(virtual short)이라 한다. 위의 우측 그림에서 가상단락으로 간주하는 경우에 입력단자에 전류가 흐르지 않으므로 $i_+ = i_- = 0$, $v_+ - v_- = 0$으로부터 $v_+ = v_-$이다.

(1) 반전 증폭기

아래의 회로는 + 입력단자를 접지시키고, − 입력단자에 귀환저항 R_f와 입력저항 R_1이 연결된 OP앰프로서 반전 증폭기 회로이며 그 전압 증폭도는 아래와 같다.

$$A_v = -\frac{R_f}{R_1}$$

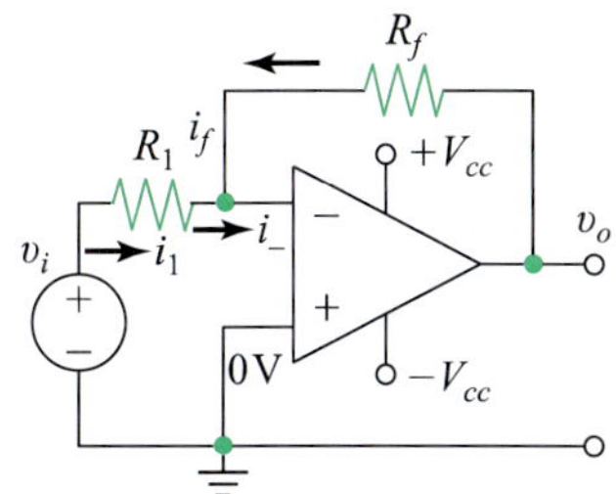

(2) 가산 증폭기

아래의 회로와 같이 반전 증폭기의 입력단에 여러 개의 직렬저항을 통해 전압이 가해지면 출력단자에는 각 입력 전압이 가산되어 나타나는 가산 증폭기 회로가 되며 그 출력전압은 아래의 식과 같이 된다.

$$v_o = -\left(\frac{R_f}{R_1}v_1 + \frac{R_f}{R_2}v_2 + \frac{R_f}{R_3}v_3\right)$$

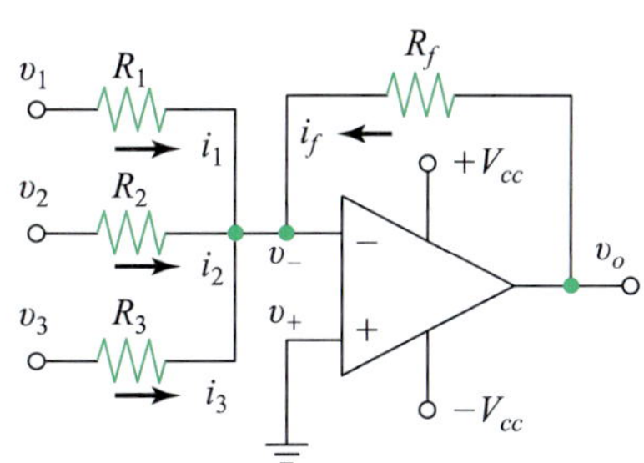

(3) 비반전 증폭기

아래의 회로는 비반전 입력단자(+)에 입력을 가하는 비반전 증폭기 회로이며 그 출력전압은 아래의 식과 같다.

$$v_o = \left(1 + \frac{R_f}{R_1}\right)v_i$$

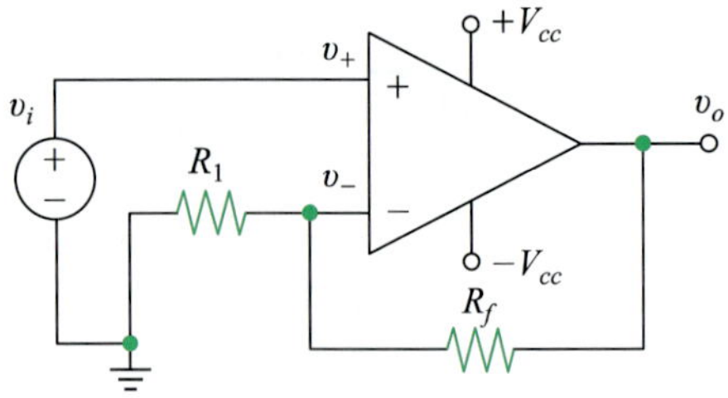

(4) 차동 증폭기

아래의 회로는 입력전압의 차이가 증폭되어 출력에 나타나는 차동 증폭기 회로이며 그 출력전압의 식은 아래와 같다.

$$v_o = \frac{R_f}{R_1}(v_2 - v_1)$$

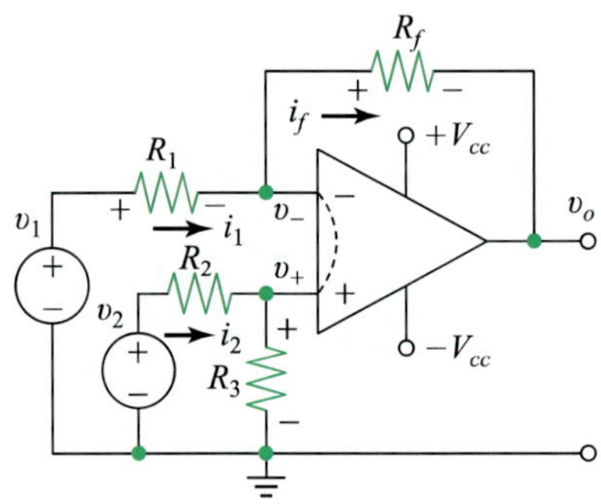

(5) 전압 폴로워

아래 그림(a)의 비반전 증폭기 회로에서 R_1, R_2가 제거되고 반전입력과 출력단자가 연결된 (b)회로를 전압 폴로워라 한다. 증폭도는 1이다. 주로 버퍼앰프로 사용된다.

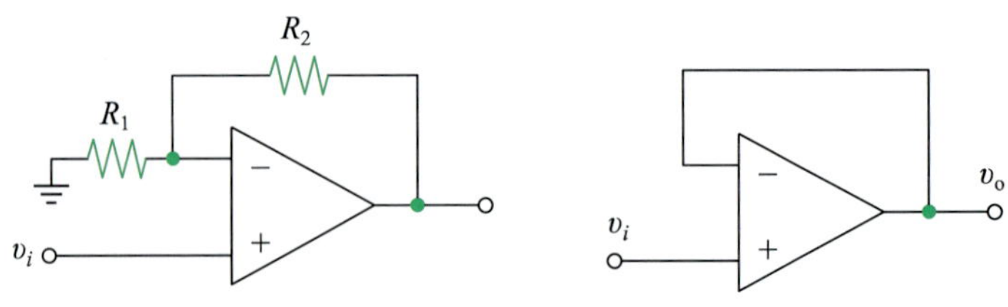

(a) (b)

5. 연산 증폭기 계측회로

(1) OP앰프 계측회로

아래의 회로는 OP앰프를 사용한 계측용 증폭기의 일반적인 회로이다. A_1, A_2는 일종의 전압 폴로워로서 버퍼 역할겸 고입력 임피던스를 제공한다. 그 출력은 R_2, R_3에 의해 정확히 매칭(matching)된 차동 증폭기 입력으로 들어간다. 그 출력전압과 증폭도는 아래의 식과 같다.

$$v_o = \frac{R_3}{R_2}\left(1+\frac{2R_1}{R}\right)(v_2-v_1), \quad A_v = \frac{v_o}{v_i} = \frac{R_3}{R_2}\left(1+\frac{2R_1}{R}\right)$$

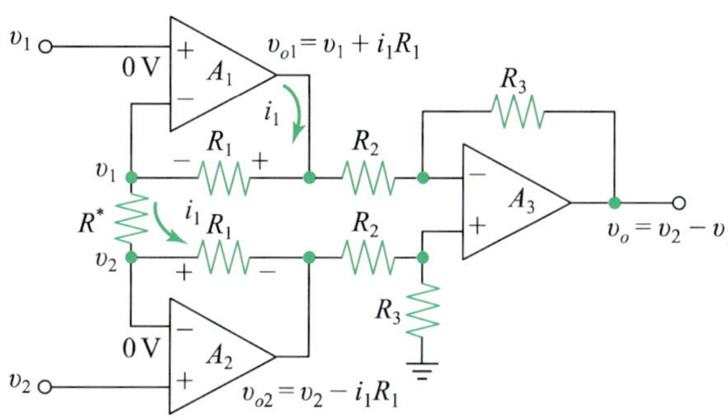

(2) 스트레인 게이지

금속이나 탄성체가 외부의 힘을 받을 때 발생하는 변형의 크기를 측정하는 계기가 스트레인 게이지(strain gage)이다. 아래의 회로는 휘트스톤 브리지 회로와 차동 증폭기를 이용해서 전압을 구하여 응력(변형률)을 환산하는 스트레인 게이지 회로이다. 그 출력전압의 식은 아래와 같다.

$$v_o = \frac{2R_f\Delta R}{R^2-(\Delta R)^2}v_r \approx \frac{2R_f\Delta R}{R^2}v_r = \frac{2R_f}{R}\cdot\frac{\Delta R}{R}v_r = \frac{2R_f}{R}\cdot\delta\cdot v_r$$

위의 식에서 $\delta = \Delta R/R$은 저항의 변화율이며 이 변화율로 상대적인 변형률을 환산한다.

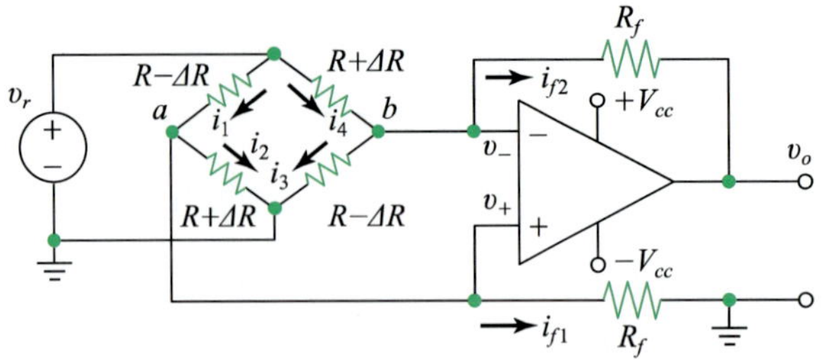
v_r
$R-\Delta R$
$R+\Delta R$
a
b
i_1
i_2
i_3
i_4
$R+\Delta R$
$R-\Delta R$
R_f
i_{f2}
$+V_{cc}$
v_-
v_+
v_o
$-V_{cc}$
i_{f1}
R_f

1. 그림 4.23과 같이 내부저항이 145[Ω], 최대 눈금이 1[mA]인 미터계기의 눈금을 30[mA]로 확장하기 위한 분류저항 r_s의 값을 구하라.

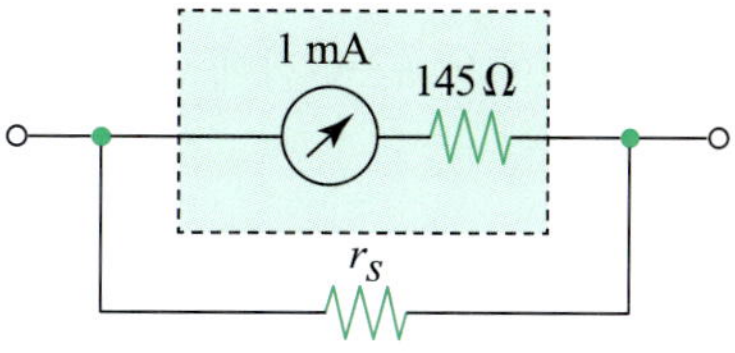

그림 4.23

2. 그림 4.24에서 $r = 1$[kΩ], 50[μA]인 미터계기의 최대 눈금을 10[V]로 확대하기 위한 r_m의 값을 구하라.

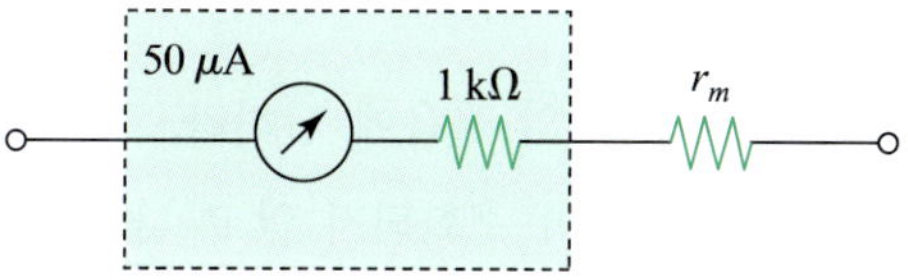

그림 4.24

3. 그림 4.25에서 회색부의 미터계기를 이용하여 1[V], 10[V], 30[V]의 3레인지 전압계를 설계하고자 할 때 R_1, R_2, R_3의 값을 구하라.

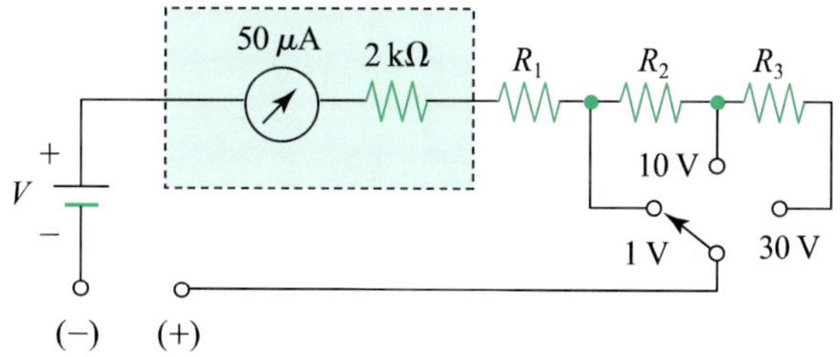

그림 4.25

4. 그림 4.26의 브리지 저항회로에서 b에서 a로 흐르는 전류($i_2 - i_3$)를 구하라.

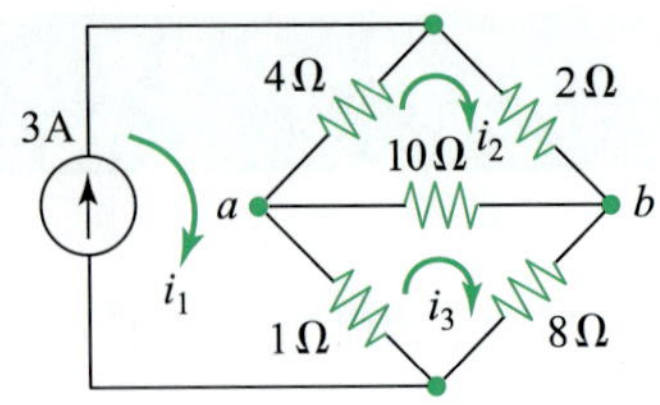

그림 4.26

5. 그림 4.27의 휘트스톤 브리지 회로에서 $a-b$간에 전류가 흐르지 않을 때의 R_x값은 얼마인가?

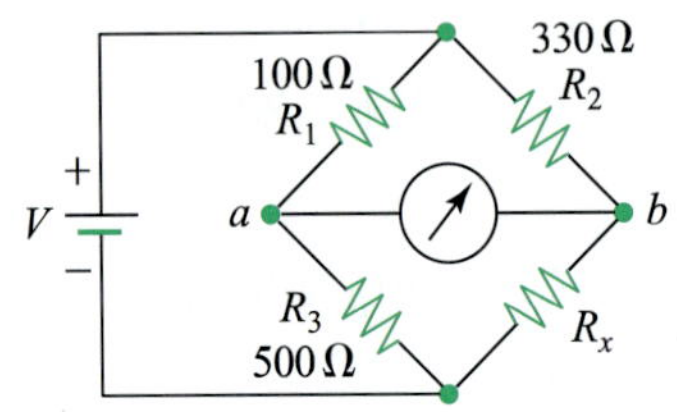

그림 4.27

6. 그림 4.28의 반전 증폭회로에서 아래의 물음에 답하라.

① 최대 입력전압이 1[V]일 때 출력이 포화되지 않고 나타나기 위한 R_f의 값을 정하라.

② 이때 정해진 R_f에서 $v_i = 4[\mathrm{mV}]$이면 v_o는 얼마인가?

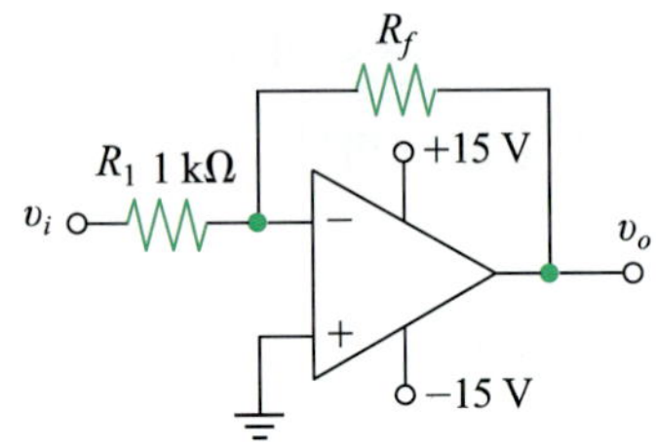

그림 4.28

7. 그림 4.29의 반전 증폭기에서 $v_1 = 0.45[\mathrm{V}]$, $v_2 = 0.3[\mathrm{V}]$일 때 아래의 물음에 답하라.

① v_o와 전압 증폭도 A를 구하라.

② $v_2 = 1[\mathrm{V}]$일 때 v_o가 포화되지 않는 v_1의 범위를 구하라.

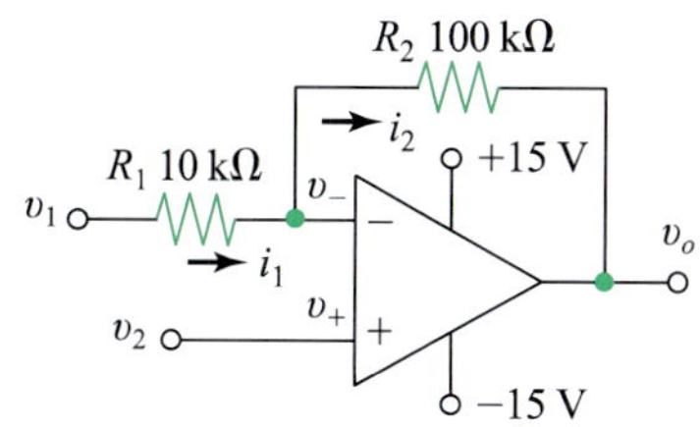

그림 4.29

8. 그림 4.30에서 $v_1=2[V]$, $v_2=1[V]$일 때 출력 v_o는 몇 [V]인가?

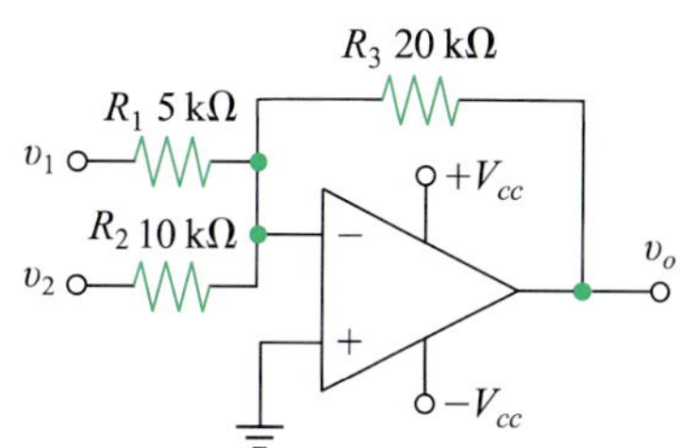

그림 4.30

9. 그림 4.31에서 i_a, v_a, v_o, i_o와 전압 증폭도 A를 구하라.

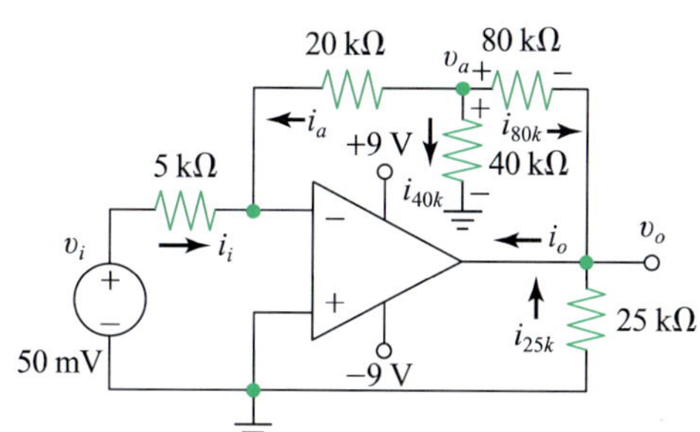

그림 4.31

10. 그림 4.32에서 출력전압이 포화되지 않는 R의 경계값과 이때의 i_o를 구하라.

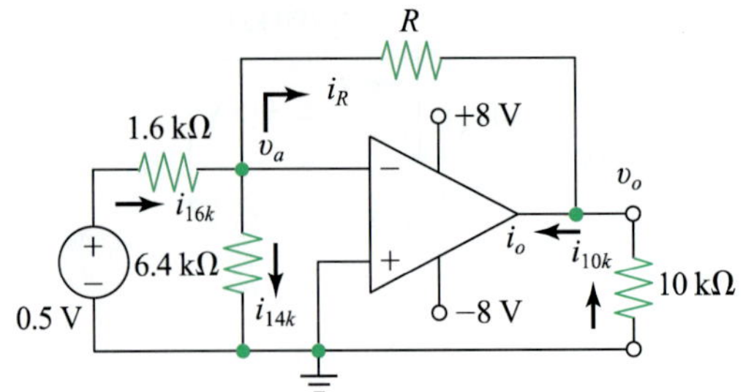

그림 4.32

11. 그림 4.33에서 아래의 물음에 답하라.

① $R_1 = 1[\text{k}\Omega]$, $R_2 = 47[\text{k}\Omega]$일 때 v_i=10[mV]이면 출력전압 v_o는 얼마인가?

② $R_1 = \infty[\text{k}\Omega]$, $R_2 = 0[\text{k}\Omega]$, 즉 R_1이 제거되고 R_2가 단락된다면 $v_o = v_i$가 됨을 증명하라.

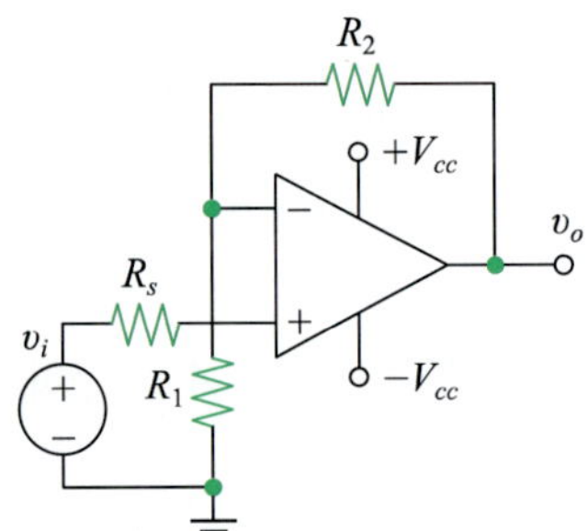

그림 4.33

12. 그림 4.34의 비반전 증폭기에서 아래의 물음에 답하라.

① v_s=30[mV]일 때 출력전압 v_o는 몇 [mV]인가?

② 출력전압이 포화되지 않는 v_s의 범위를 구하라.

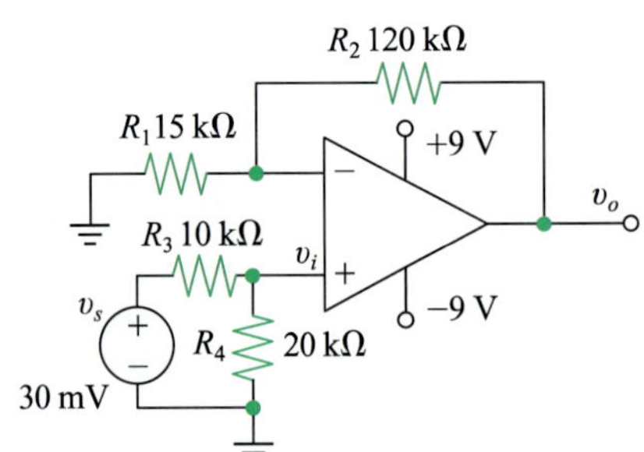

그림 4.34

13. 그림 4.35의 차동 증폭기에서 $v_1=10$[mV], $v_2=30$[mV]일 때 v_o는 몇 [V]인가?

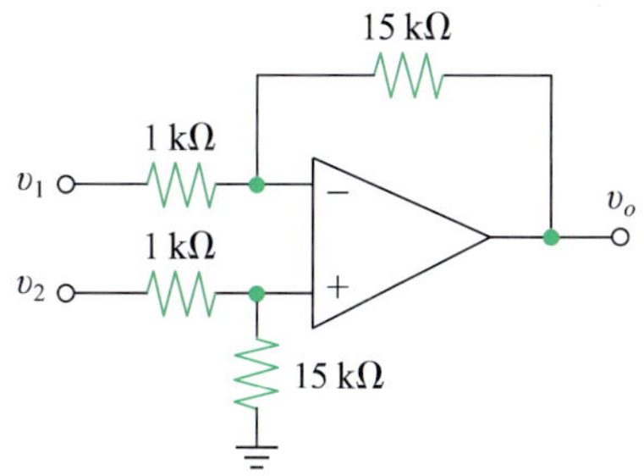

그림 4.35

14. 그림 4.36의 증폭기에서 $v_1=120$[mV], $v_2=100$[mV]일 때 i, v_{o1}, v_{o2}를 구하라.

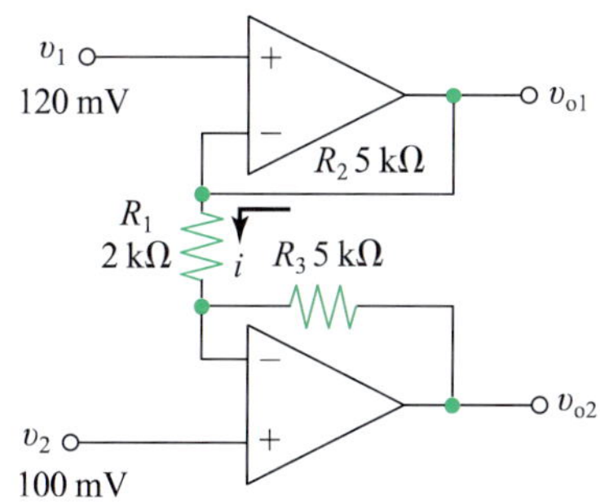

그림 4.36

15. 그림 4.37 회로에서 전압 증폭도 A가 50이 되기 위한 R_1의 값을 정하라.

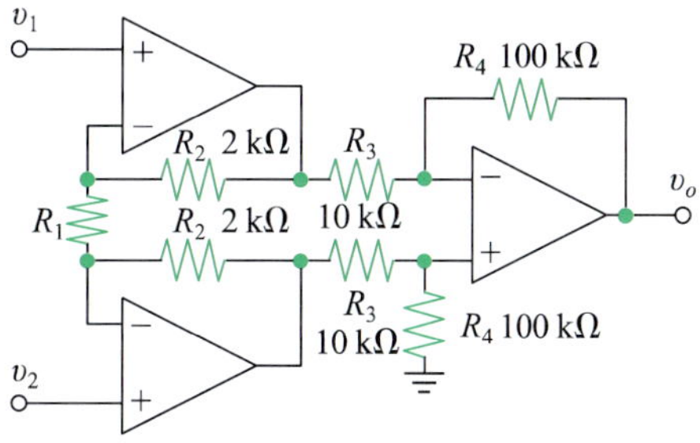

그림 4.37

16. 그림 4.38과 같은 스트레인 게이지 회로에서 $V_r = 12[\mathrm{V}]$, $R = 150[\Omega]$, 저항변화($\Delta R/R$)의 백분율이 1%일 때 아래의 물음에 답하라.

① 스트레인 게이지의 최대 길이 변화에서 출력전압이 4[V]가 되기 위한 R_f의 값을 정하라.

② 출력전압이 40[mV]로 나타날 때 저항의 변화(ΔR)는 몇 [Ω]인가?

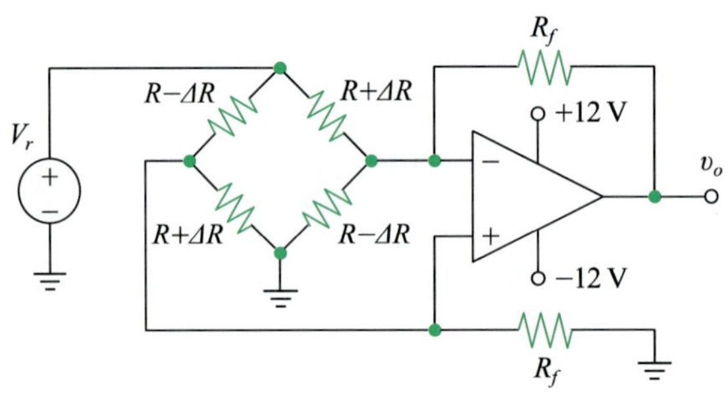

그림 4.38

Chapter 05

회로 해석법

이 장에서는 무엇을 배우는가?

여러 가지 회로 해석기법과 정리를 익히며 $\varDelta-Y$ 변환과 최대 전력전달에 대한 지식을 습득한다.

학습효과

- 각종 회로 해석법과 중요 정리를 익힘으로써 복잡한 회로 해석능력을 높일 수가 있다.
- 비교적 간단한 회로의 해석에는 옴의 법칙이나 키르히호프의 두 법칙으로 충분하지만 좀 더 복잡한 회로 해석에는 지로 해석법, 폐로 해석법, 마디 해석법이나 $\varDelta-Y$, $Y-\varDelta$ 변환 및 중첩의 원리, 테브난과 노턴의 정리, 밀만의 정리 등을 익힘으로써 회로 해석능력을 더욱 높일 수가 있다.

5.1 회로 해석 용어

지금까지는 저항1을 통해 흐르는 전류 통로가 교차하지 않는 회로를 다루었지만 그림 5.1(a)와 같이 교차하는 여러 가지 경우의 회로를 공부하기 위해 먼저 회로 해석에 자주 사용하는 용어에 대한 설명을 하기로 한다. 이들 용어에는 마디(node), 경로(path), 가지(branch), 폐회로(loop), 망(mesh) 등이 있으며 그림 5.1의 예를 들어 설명하면 아래와 같다.

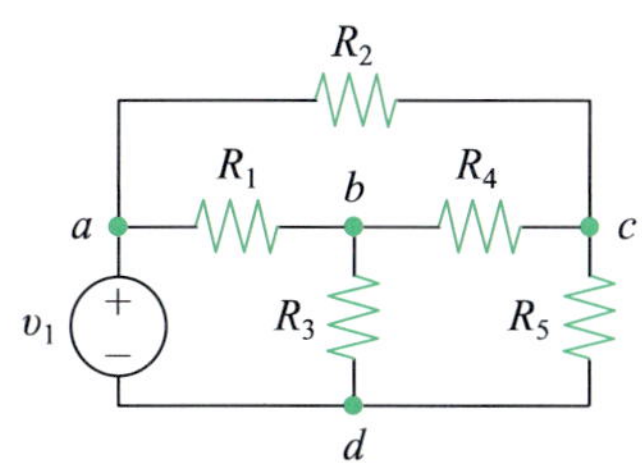

그림 5.1 회로 용어 설명도

(1) 마디

둘 또는 그 이상의 소자가 만나는 점 : a, b, c, d

[주] 셋 또는 그 이상의 소자가 만나는 점을 절점 또는 접속점이라고 하지만 보통 마디와 혼용한다.

(2) 경로

한 번 이상 포함되지 않는 인접한 기본 소자의 지나는 길을 말하며 마디와 소자로 구성되는 통로 : $a-R_2$, v_1-R_1

(3) 가지

2개의 마디를 연결하는 경로 : $a-R_1-b$, $a-R_2-c$, $b-R_4-c$, $b-R_3-d$

(4) 폐회로

가지를 통하여 만들어진 닫힌회로 : $a-R_2-c-R_4-b-R_1-a$, $a-R_1-b-R_4-c-$

$$R_5-d-v_1-a$$

[주] 폐회로에서는 시작마디와 끝마디가 일치한다.

(5) 망

망(網)은 폐회로 중 다른 폐회로를 포함하지 않는 경우의 폐회로를 말한다.

그림 5.1에서 $a-R_1-b-R_4-c-R_5-d-v_1-a$는 폐회로, $a-R_1-b-R_3-d-v_1-a$, $b-R_4-c-R_5-d-R_3-b$는 망에 속한다. 즉, 폐회로 속에 망이 들어 있다.

> 한 개 또는 여러 개의 망(mesh)이 포함된 **회로망**(network)은 수동소자나 능동소자들을 연결하는 마디들로 구성된다.

익힘 문제 5.1

그림 5.2에서 아래를 구하라.

① 마디 :

② 가지 :

③ 폐회로 :

④ 망 :

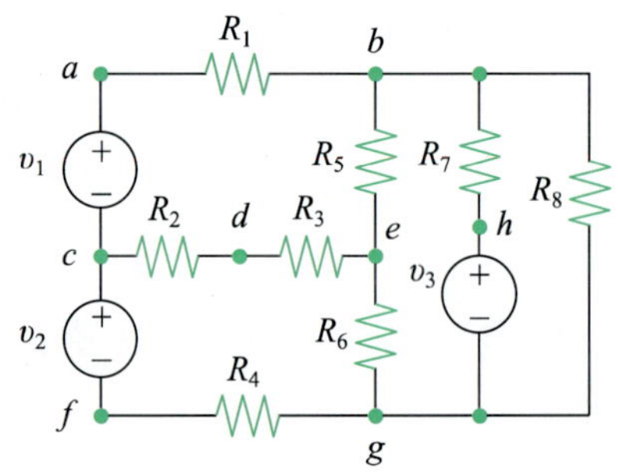

그림 5.2 마디, 가지, 폐회로, 망

풀이 ① 마디 : a, b, c, d, e, f, g

② 가지 : $a-R_1-b$, $a-v_1-c$, $c-R_2-d$, $d-R_3-e$, $b-R_5-e$, $c-v_2-f$, $f-R_4-g$, $e-R_6-g$, $b-R_7-h$, $h-v_3-g$, $b-R_8-g$

③ 폐회로 : $a-R_1-b-R_5-e-R_3-d-R_2-c-v_1-a$, $c-R_2-d-R_3-e-R_6-g-R_4-f-v_2-c$, $b-R_7-h-v_3-g-R_6-e-R_5-b$, $b-R_8-g-R_6-e-R_5-b$, $a-R_1-b-R_5-e-R_6-g-R_4-f-v_2-c-v_1-a$, $a-R_1-b-R_7-$

$h-v_3-g-R_4-f-v_2-c-v_1-a$, $a-R_1-b-R_8-g-R_4-f-v_2-c-v_1-a$

④ 망 : $a-R_1-b-R_5-e-R_3-d-R_2-c-v_1-a$, $c-R_2-d-R_3-e-R_6-g-R_4-f-v_2-c$, $b-R_7-h-v_3-g-R_6-e-R_5-b$, $b-R_8-g-v_3-h-R_7-b$

5.2 가지전류 해석법

회로 내의 각 마디에서 들어오고 나가는 가지전류를 KCL에 의한 전류방정식과 KVL에 의한 전압방정식을 작성한 뒤 이를 연립방정식으로 풀어 가지전류를 구하는 것이 가지전류 해석법이다. 일반적으로 가지전류의 방향은 시계방향으로 정하는 것이 일관성이 있으므로 혼돈할 염려가 없다. 그림 5.3의 회로에서 KCL을 적용하면 아래의 식과 같다.

$$i_1 = i_2 + i_3 \tag{5.1}$$

다음에 폐회로 $a-R_1-b-R_3-d-v_1-a$와 $b-R_2-c-v_2-d-R_3-b$에 KVL을 적용하면

$$v_1 - i_1 R_1 - i_3 R_3 = 0 \tag{5.2}$$

$$-i_2 R_2 - v_2 + i_3 R_3 = 0 \tag{5.3}$$

식 (5.1)을 식 (5.2), 식 (5.3)에 대입하여 정리한 뒤 연립방정식을 풀면 i_2, i_3을 구할 수 있고, 이를 다시 식 (5.1)에 대입하여 i_1을 구할 수 있다.

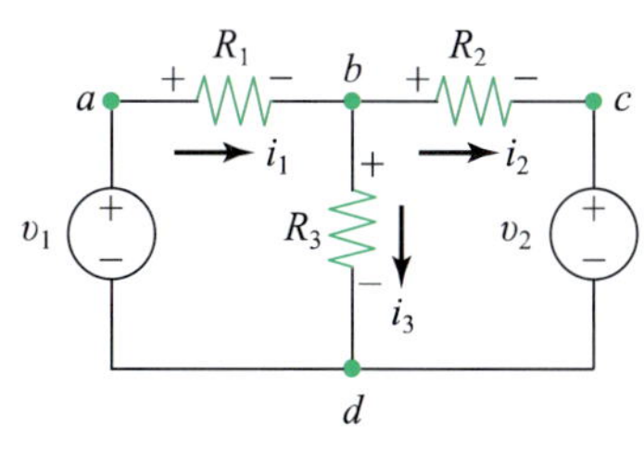

그림 5.3 가지전류 해석회로

익힘 문제 5.2

그림 5.3에서 $R_1 = 6[\Omega]$, $R_2 = 4[\Omega]$, $R_3 = 2[\Omega]$, $v_1 = 10[\text{V}]$, $v_2 = 6[\text{V}]$일 때 i_1, i_2, i_3를 구하라.

풀이 $i_1 = i_2 + i_3$ ⋯ ①, $10 - 6i_1 - 2i_3 = 0$ ⋯ ②, $-4i_2 - 6 + 2i_3 = 0$ ⋯ ③에서 ①을 ②에 대입하여 정리한 뒤 ③과 연립방정식을 풀면 $i_2 = -\dfrac{7}{11}[\text{A}]$, $i_3 = \dfrac{19}{11}[\text{A}]$, $i_1 = \dfrac{12}{11}[\text{A}]$

5.3 폐회로 전류 해석법

회로 내의 독립된 폐회로(정확히는 망)에서 폐회로 전류를 가정하고 KCL과 KVL의 전압방정식을 연립방정식으로 푸는 것이 폐회로 전류 해석법이다. 지로전류 해석법보다 미지 전류의 수가 적으므로 복잡한 회로의 경우에는 유리하다. 그림 5.3 회로에서 지로전류 i_3을 생략하고 그림 5.4와 같이 독립된 폐회로 ①과 ②에 대해서 폐회로 전류를 i_a, i_b라 하고, KCL과 KVL을 적용하여 R_3에 흐르는 가지전류를 ①에서는 $i_a - i_b$, ②에서는 $i_b - i_a$로 풀면

$$v_1 - R_1 i_a - R_3(i_a - i_b) = 0 \tag{5.4}$$

$$-R_2 i_b - v_2 - R_3(i_b - i_a) = 0 \tag{5.5}$$

식 (5.4), 식 (5.5)를 풀어 정리하면

$$(R_1 + R_3)i_a - R_3 i_b = v_1 \tag{5.6}$$

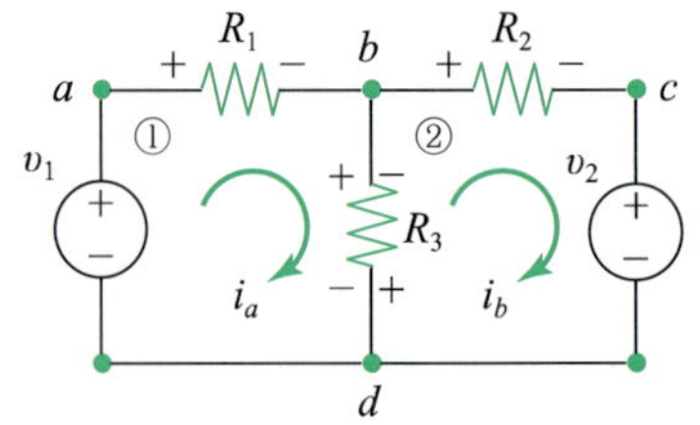

그림 5.4

$$R_3 i_a - (R_2 + R_3) i_b = v_2 \tag{5.7}$$

식 (5.6), 식 (5.7)을 연립해서 풀면 i_a, i_b를 구할 수 있다.

익힘 문제 5.3

그림 5.5에서 i_a, i_b를 구하라.

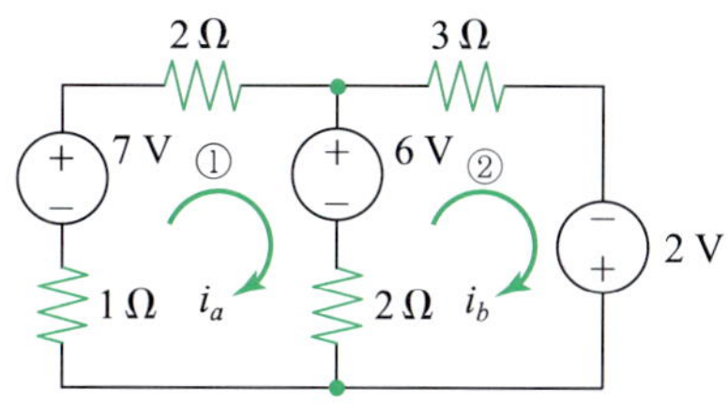

그림 5.5

풀이 폐회로 ①에 KVL을 적용하면

$$7 - 2i_a - 6 - 2(i_a - i_b) - 1 \times i_a = 0 \quad \therefore 5i_a - 2i_b = 1 \cdots\cdots (1)$$

폐회로 ②에 KVL을 적용하면

$$6 - 3i_b + 2 - 2(i_b - i_a) = 0 \quad \therefore -2i_a + 5i_b = 8 \cdots\cdots (2)$$

$(1) \times 5 - (2) \times 2$하여 i_a를 구하면 $i_a = 1[\mathrm{A}]$, 이를 (1)에 대입하여 i_b를 구하면 $i_b = 2[\mathrm{A}]$

익힘 문제 5.4

그림 5.6에서 i_a, i_b, i_c를 구하라.

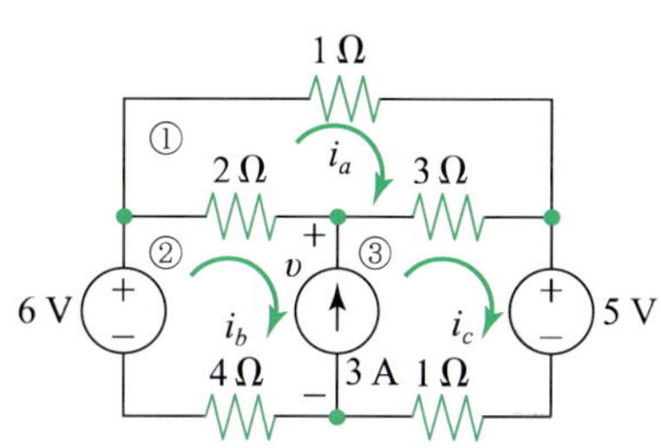

그림 5.6

풀이 폐회로 ① : $-i_a - 3(i_a - i_c) - 2(i_a - i_b) = 0$, $6i_a - 2i_b - 3i_c = 0$ ························ (1)

폐회로 ② : $6 - 2(i_b - i_a) - v - 4i_b = 0$, $6 + 2i_a - 6i_b - v = 0$ ························ (2)

폐회로 ③ : $v - 3(i_c - i_a) - 5 - i_c = 0$, $3i_a - 4i_c - 5 + v = 0$ ························ (3)

식 (2), 식 (3)을 더하여 v를 소거하면

$$1 + 5i_a - 6i_b - 4i_c = 0 \quad \cdots\cdots (4)$$

$$i_c - i_b = 3,\ i_c = 3 + i_b \quad \cdots\cdots (5)$$

이므로, 이를 식 (1), 식 (4)에 대입하여 정리하면

$$6i_a - 5i_b = 9 \quad \cdots\cdots (6)$$

$$5i_a - 10i_b = 11 \quad \cdots\cdots (7)$$

식 (6), 식 (7)을 연립방정식으로 풀면 $i_a = 1[\text{A}]$, $i_b = -\frac{3}{5}[\text{A}]$이고, i_b를 식 (4)에 대입하면 $i_c = 3 - \frac{3}{5} = \frac{12}{5}[\text{A}]$이다.

그림 5.6에서 v를 제거하는 대신에 그림 5.7과 같은 복합 폐회로 개념을 도입하면 회로 해석이 간편해질 수 있다. v가 제거되므로 점선으로 나타낸 더 큰 하나의 복합 폐회로가 생기며 KVL의 적용 시 a, b를 경계로 좌우를 독립된 폐회로로 해석하되 i_a의 방향만 반대로 적용하면 $6-(4+2)i_b-(2+3)(-i_a)-5-(3+1)i_c=0$이 되며, 이를 정리하면 아래의 식이 된다.

$$1 + 5i_a - 6i_b - 4i_c = 0 \tag{5.8}$$

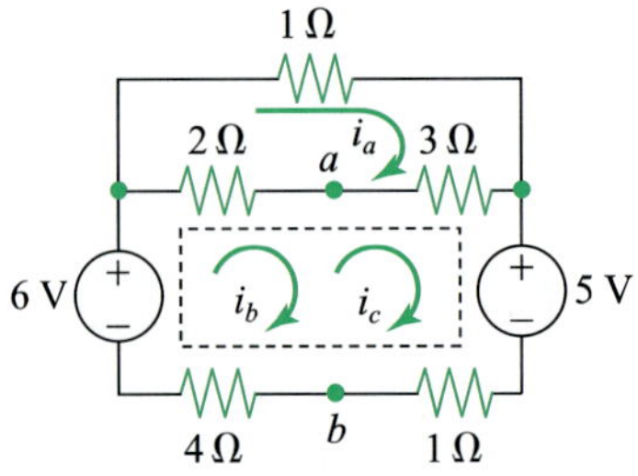

그림 5.7

이 식은 익힘문제 5.4의 v를 소거한 식 (4)와 일치한다. 이와 같이 복합폐회로의 개념은 전류원과 병렬의 전압원을 제거할 때 간편하게 사용할 수 있다. 그림 5.8은 많이 쓰이는 이미터 접지 트랜지스터 증폭기 회로의 등가회로이다. i_B는 베이스 전류, βi_B는 증폭된 콜렉터 전류를 나타낸다.

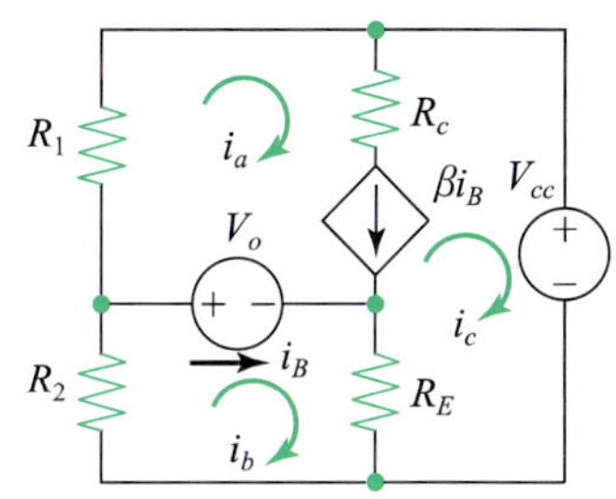

그림 5.8 C.E. TR 증폭기 등가회로

그림 5.8 회로에 복합폐회로의 개념을 도입하여 βi_B를 제거하면 그림 5.9와 같다.

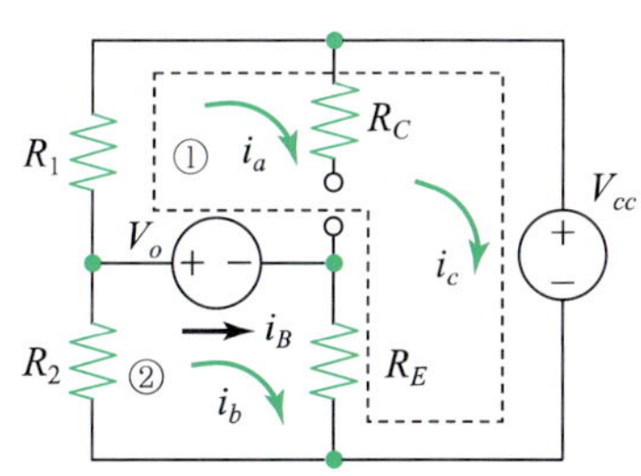

그림 5.9 βi_B 제거 TR 증폭기 등가회로

폐회로 ①, ②에 KVL을 적용하면 $-R_1 i_a - V_{CC} - R_E(i_c - i_b) + V_o = 0$ ·················· (1)

$$-R_2 i_b - V_o - R_E(i_b - i_c) = 0 \quad \cdots\cdots (2)$$

한편 그림 5.8에서 $\beta i_B = i_a - i_c$, $i_B = i_b - i_a$이므로

$$i_c = (\beta + 1)i_a - \beta i_b \quad \cdots\cdots (3)$$

식 (3)을 식 (1), 식 (2)에 대입하여 i_c를 소거하여 연립방정식으로 i_a, i_b를 구하면

$$i_a = \frac{V_o R_2 - V_{CC}(1+\beta)R_E}{R_1 R_2 + (1+\beta)R_E(R_1 + R_2)} \quad \cdots\cdots (4)$$

$$i_b = \frac{-V_o R_1 - (1+\beta) R_E V_{CC}}{R_1 R_2 + (1+\beta) R_E (R_1 + R_2)} \quad \cdots\cdots (5)$$

와 같다.

행렬식에 의한 연립방정식의 풀이 방법

[예] $12i_1 + 5i_2 = 10$

$-4i_1 + 2i_2 = -3$ ⇨ $\begin{vmatrix} 12 & 5 \\ -4 & 2 \end{vmatrix} = \begin{vmatrix} 10 \\ -3 \end{vmatrix}$

(1) Δi(좌대각선 항끼리의 곱－우대각선 항끼리의 곱)를 구한다.

$$\Delta i = (12 \times 2) - (5 \times -4) = 24 + 20 = 44$$

(2) 행 i_1 위치에 숫자 행을 위치시키고 (1)과 같이 Δi_1을 구한다.

$$\Delta i_1 = (10 \times 2) - [5 \times (-3)] = 20 + 15 = 35$$ ⇨ $\begin{vmatrix} 10 & 5 \\ -3 & 2 \end{vmatrix}$

(3) $i_1 = \Delta i_1 / \Delta i = 35/44$

(4) 행 i_2 위치에 숫자 행을 위치시키고 (1)과 같이 Δi_2를 구한다.

$$\Delta i_2 = [12 \times (-3)] - [10 \times (-4)] = -36 + 40 = 4$$ ⇨ $\begin{vmatrix} 12 & 10 \\ -4 & -3 \end{vmatrix}$

(5) $i_2 = \Delta i_2 / \Delta i = \frac{4}{44} = \frac{1}{11}$

• 3행 3열인 경우의 Δa

$$\begin{vmatrix} a_{11} & a_{12} & a_{13} \\ a_{21} & a_{22} & a_{23} \\ a_{31} & a_{32} & a_{33} \end{vmatrix} : \Delta a = (a_{11}a_{22}a_{33} + a_{12}a_{23}a_{31} + a_{13}a_{21}a_{32}) - (a_{13}a_{22}a_{31} + a_{11}a_{23}a_{32} + a_{12}a_{21}a_{33})$$

5.4 마디전압 해석법

마디전압 해석법은 회로의 마디 중 어느 한 마디를 기준점으로 삼고, 이에 대한 다른 마디전압으로 각 마디에서 KCL에 의한 전류 연립방정식으로 가지전류를 구하는 방법이다. 마디전압 해석법으로 전류를 구하는 순서는 아래와 같다.

① 기준 마디를 정한다.
② 기준 마디를 기준으로 다른 마디에서의 가지전류를 옴의 법칙을 사용하여 구한다.
③ 키르히호프의 전류법칙으로 각 마디에서의 방정식을 세운다.
④ ③에서 세워진 연립방정식을 풀어 각 마디전압을 구한다.
⑤ ②에서 구한 식으로 각 가지전류를 구한다.

그림 5.10에서 v, i 값이 정해진 경우의 마디전압 해석법으로 v_1, v_2와 i_1, i_2, i_3을 구하면

① 마디 a:

$$i_1 = \frac{v_1 - v}{R_1},\ i_2 = \frac{v_1}{R_2},\ i_3 = \frac{v_1 - v_2}{R_3} \tag{5.9}$$

$i_1 + i_2 + i_3 = 0$이므로

$$\frac{v_1 - v}{R_1} + \frac{v_1}{R_2} + \frac{v_1 - v_2}{R_3} = 0 \tag{5.10}$$

② 마디 b:

$$i_3 = \frac{v_2 - v_1}{R_3},\ i_4 = \frac{v_2}{R_4} \tag{5.11}$$

$i_3 - i_4 - i = 0$이므로

$$\frac{v_2 - v_1}{R_3} - \frac{v_2}{R_4} - i = 0 \tag{5.12}$$

식 (5.10), 식 (5.12)의 연립방정식을 풀어 v_1, v_2를 구한 뒤 식 (5.9), 식 (5.11)을 이용하여 i_1, i_2, i_3, i_4를 구한다.

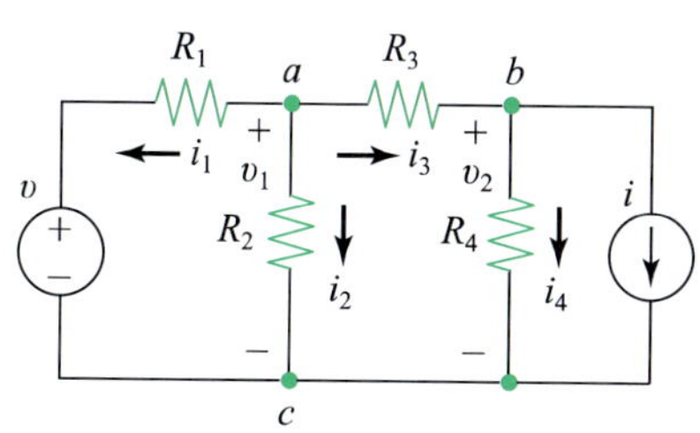

그림 5.10 마디전압 해석회로

• **종속전원이란?**

회로 내의 다른 독립전압원이나 전류원에 의존하여 결정되는 전압원이나 전류원으로 전압 제어형과 전류 제어형이 있다(괄호: 전류 제어형).

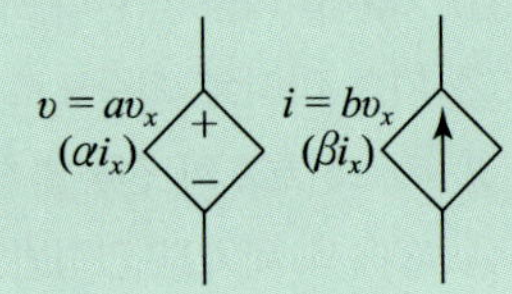

익힘 문제 5.5

그림 5.10에서 $v=10[\mathrm{V}]$, $i=3[\mathrm{A}]$, $R_1=2[\Omega]$, $R_2=1[\Omega]$, $R_3=4[\Omega]$, $R_4=2[\Omega]$일 때 v_1, v_2와 i_1, i_2, i_3, i_4를 구하라.

풀이 $\dfrac{v_1-10}{2}+\dfrac{v_1}{1}+\dfrac{v_1-v_2}{4}=0$, 풀어 정리하면

$$7v_1-v_2=20 \quad \cdots\cdots (1)$$

$\dfrac{v_2-v_1}{4}+\dfrac{v_2}{2}+3=0$, 풀어 정리하면

$$v_1-3v_2=12 \quad \cdots\cdots (2)$$

$(1)\times 3-(2)$해서 풀면 $v_1=2.4[\mathrm{V}]$, $v_2=-3.2[\mathrm{V}]$, $i_1=\dfrac{2.4-10}{2}=-3.8[\mathrm{A}]$,

$i_2=\dfrac{2.4}{1}=2.4[\mathrm{A}]$, $i_3=\dfrac{2.4-(-3.2)}{4}=1.4[\mathrm{A}]$, $i_4=\dfrac{-3.2}{2}=-1.6[\mathrm{A}]$

(1) 그림 5.11과 같이 전류 종속적인 전압원을 포함한 경우의 해석은 아래와 같다. 그림 5.11에서 마름모꼴로 나타낸 전압 $2i$가 전류종속 전압원이다.

$\dfrac{v_1-5}{4}+\dfrac{v_1}{8}+\dfrac{v_1-v_2}{2}=0$, 이 식을 풀어 정리하면

$$7v_1-4v_2=10 \quad \cdots\cdots (a)$$

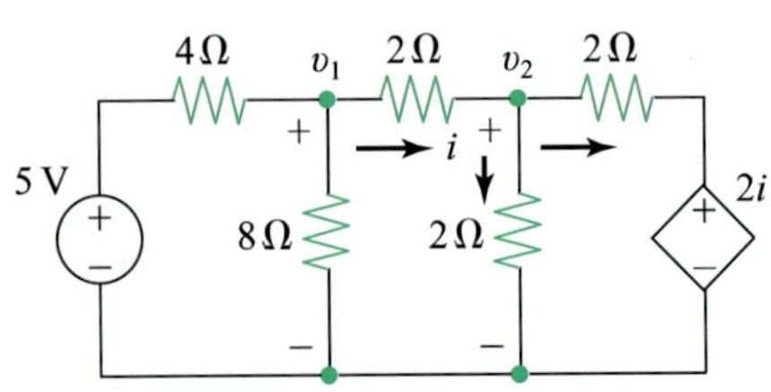

그림 5.11 전류종속 전압원 해석회로

이고, i의 관계식을 구하면

$$i = \frac{v_1 - v_2}{2} \quad \cdots\cdots (b)$$

$\frac{v_1 - v_2}{2} - \frac{v_2}{2} - \frac{v_2 - 2i}{2} = 0$, $v_1 - v_2 - v_2 - v_2 + 2i = 0$, i 대신 (b)를 대입하면

$$v_1 - v_2 - v_2 - v_2 + 2 \times \frac{v_1 - v_2}{2} = 0,\ v_1 - v_2 - v_2 - v_2 + (v_1 - v_2) = 0$$

이 식을 풀어 정리하면

$$2v_1 - 4v_2 = 0 \quad \cdots\cdots (c)$$

식 (a), 식 (c)의 연립방정식을 풀면

$$v_1 = 2[\mathrm{V}],\ v_2 = 1[\mathrm{V}],\ i = \frac{2-1}{2} = 0.5[\mathrm{A}]$$

(2) 한편 그림 5.12와 같이 절점 사이에 전류(i) 종속적인 전압원이 포함된 경우의 해석은 아래와 같다.

$v_1 = 15[\mathrm{V}]$이므로 $i = \frac{v_2 - 15}{5}$이므로 마디 ⓑ에 KCL을 적용하면

$$-\frac{v_2 - 15}{5} - \frac{v_2}{40} - i' = 0 \quad \cdots\cdots (a)$$

마디 ⓒ에 KCL을 적용하면

$$i' - \frac{v_3}{60} + 5 = 0 \quad \cdots\cdots (b)$$

식 (a), 식 (b)를 더하여 i'를 소거하면

$$-\frac{v_2 - 15}{5} - \frac{v_2}{40} - \frac{v_3}{60} + 5 = 0 \quad \cdots\cdots (c)$$

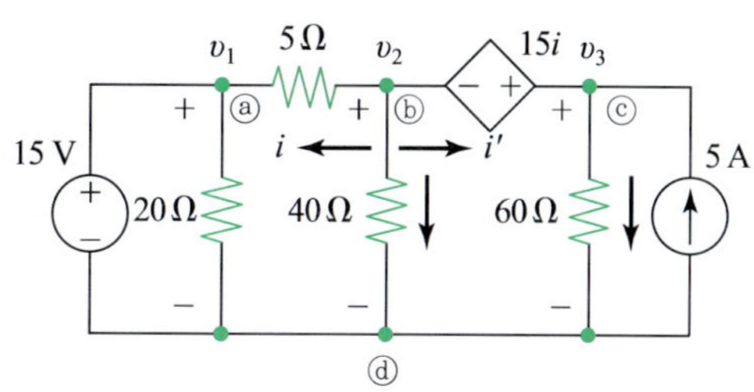

그림 5.12 종속전원 포함 회로

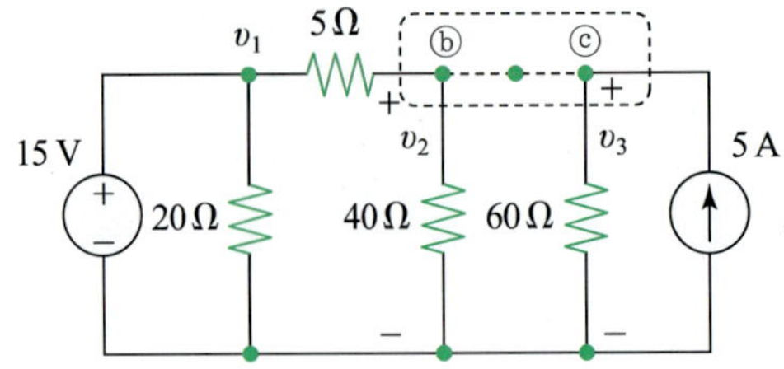

그림 5.13 복합마디 해석회로

식 (c)로부터 그림 5.12는 그림 5.13의 점선부와 같이 하나의 복합마디로 해석해도 같다는 결론을 내릴 수 있다. 이것은 앞서 그림 5.9의 복합폐회로의 개념과 유사하다. $i = \dfrac{v_2 - 15}{5}$, $v_3 = v_2 + 15i = v_2 + 15 \times \dfrac{v_2 - 15}{5} = 4v_2 - 45$이므로 복합마디 전압을 $4v_2 - 45$로 놓고 해석하기 위해 이를 식 (c)에 대입하여 정리하면

$$\frac{v_2 - 15}{5} + \frac{v_2}{40} + \frac{4v_2 - 45}{60} = 5$$

이고 이를 풀어 v_2를 구하면

$$v_2 = 30[\mathrm{V}],\ i = \frac{v_2 - 15}{5} = \frac{30 - 15}{5} = 3[\mathrm{A}],$$

$$v_3 = v_2 + 15i = 30 + 15 \times 3 = 30 + 45 = 75[\mathrm{V}]$$

(3) 그림 5.14와 같은 전압분배 바이어스 이미터접지의 트랜지스터 증폭기의 등가회로에 복합마디의 개념을 활용하여 해석해보기로 한다. 4개의 마디 중 접지인 d를 기준점으로 정했을 때 그림 5.14에서는 3개의 마디전압으로 해석해야 되지만 그림 5.15에서 $v_c = v_b - V_o$로 놓으면 2개의 마디로 해석이 가능하다.

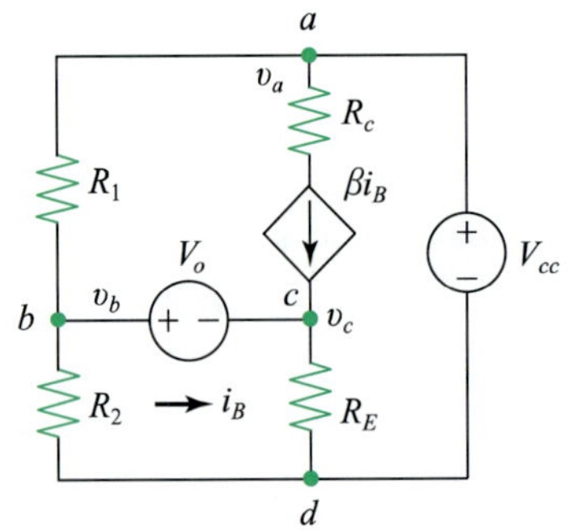

그림 5.14 C.E. TR 증폭기의 마디해석

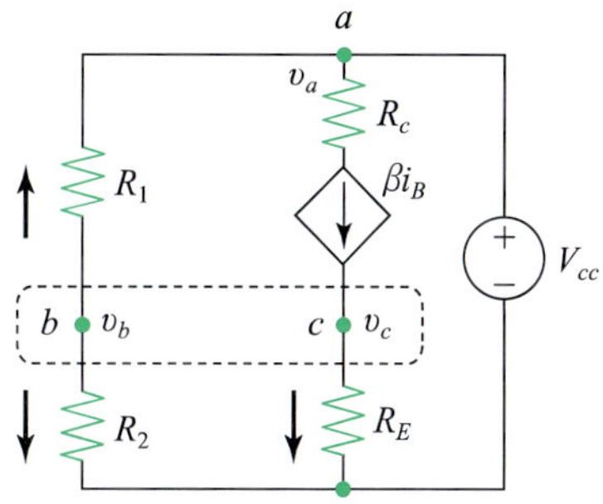

그림 5.15 그림 5.14의 복합마디 해석

그림 5.15에서 b, c 복합마디에서 KCL을 적용하면

$$-\frac{v_b - V_{CC}}{R_1} - \frac{v_b}{R_2} - \frac{v_b - V_o}{R_E} + \beta i_B = 0,\ \ \frac{v_b - V_{CC}}{R_1} + \frac{v_b}{R_2} + \frac{v_b - V_o}{R_E} - \beta i_B = 0$$

$v_c = v_b - V_o = (i_B + \beta i_B) R_E = i_B (1+\beta) R_E$를 위의 식에 대입하여 v_b에 관해 풀면

$$v_b = \frac{(1+\beta) R_2 R_E V_{CC} + R_1 R_2 V_o}{R_1 R_2 + (1+\beta)(R_1 + R_2) R_E}$$

와 같다.

5.5 중첩의 정리

회로 내에 2개 이상의 전압원 또는 전류원이 있을 때 회로의 가지전류나 마디전압은 회로의 전압원 또는 전류원을 각각 독립적으로 놓고 해석한 뒤 이들을 각각 합하여 계산해도 같다는 것이 중첩의 원리이다. 독립적이란 자기 외의 전압원은 단락(short), 전류원은 개방(open)시킨다는 의미이다. 그림 5.16(a)와 같이 1개의 전압원과 1개의 전류원이 있는 회로의 경우 중첩원리를 이용한 회로 해석 순서는 아래와 같다.

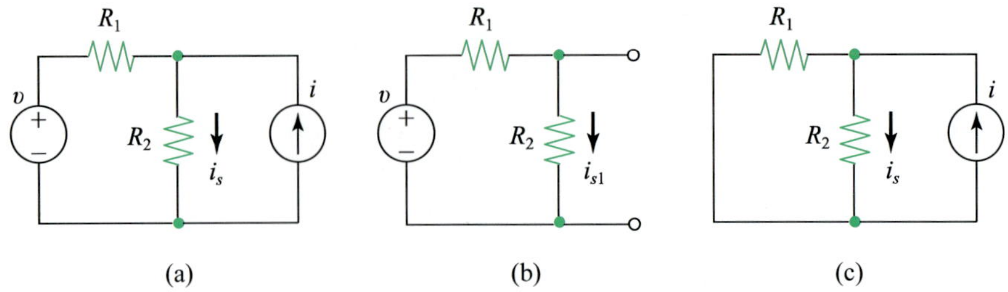

그림 5.16 중첩원리의 동작 해석회로

① 그림 5.16(b)와 같이 전류원을 제거(개방)한다.
② $R_S = R_1 + R_2$를 구한다.
③ $i_{s1} = \dfrac{v}{R_S}$에 의해 i_{s1}을 구한다.
④ 그림 5.16(c)와 같이 전압원을 단락시킨다.
⑤ $i_{s2} = \dfrac{R_1}{R_1 + R_2} \times i$에 의해 i_{s2}를 구한다.
⑥ $i_s = i_{s1} + i_{s2}$에 의해 i_s를 구한다.

설명의 편의를 위해 앞서의 익힘 문제 5.5에서 다룬 회로에 대해서 중첩의 원리를 적용하여 각 저항에 흐르는 전류를 구하여 상호 비교하고 결과가 같은지를 확인해보기로 한다. 앞서의 익힘 문제에서 구한 각 전류의 값은 아래와 같다.

$$i_1 = -3.8[\mathrm{A}],\ i_2 = 2.4[\mathrm{A}],\ i_3 = 1.4[\mathrm{A}],\ i_4 = -1.6[\mathrm{A}]$$

먼저 그림 5.17에서 전류원을 제거하면 그림 5.18과 같은 회로가 된다. 회로에서 세 저항이 만나는 마디에서의 전압을 v_1, 각 저항에 흐르는 전류를 i_1', i_2', i_3', i_4'라 하자.

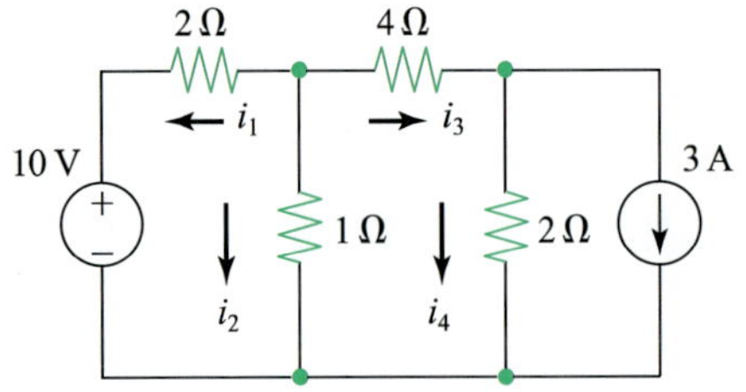

그림 5.17 익힘 문제 5.5의 회로

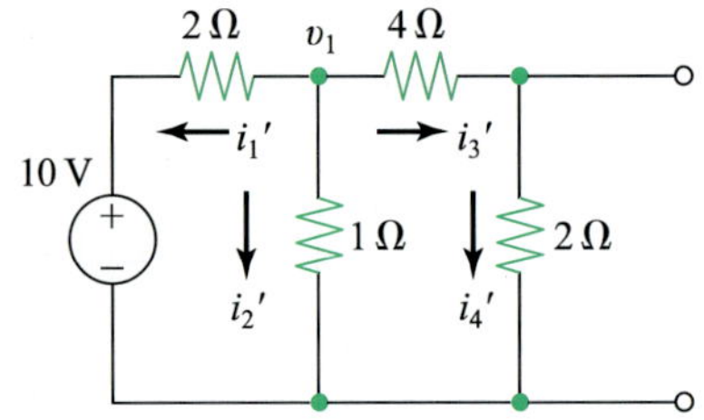

그림 5.18 전류원 제거

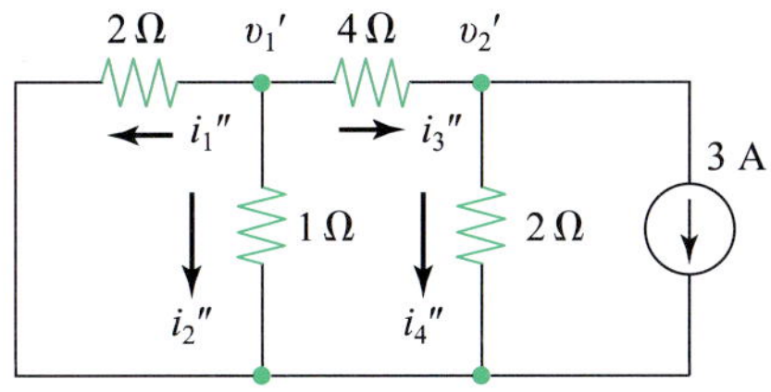

그림 5.19 전압원 단락

v_1에서 KCL을 적용하면

$$\frac{v_1-10}{2}+\frac{v_1}{1}+\frac{v_1}{6}=0,\ 3(v_1-10)+6v_1+v_1=0,\ 10v_1=30 \quad \therefore\ v_1=3[\mathrm{V}]$$

이 값을 대입하여 전류를 구하면

$$i_1'=\frac{v_1-10}{2}=\frac{3-10}{2}=-3.5[\mathrm{A}],\quad i_2'=\frac{v_1}{1}=3[\mathrm{A}],\ i_3'=i_4'=\frac{v_1}{6}=\frac{3}{6}=0.5[\mathrm{A}]$$

그림 5.19는 그림 5.17에서 전압원을 단락시킨 회로이다. 2[Ω], 1[Ω], [4Ω]이 만나는 마디에서의 전압을 v_1', [4Ω], 2[Ω]이 만나는 마디에서의 전압을 v_2'라 하고, 각 저항에 흐르는 전류를 i_1'', i_2'', i_3'', i_4''라 하자.

역시 v_1', v_2' 두 마디에서 KCL을 적용하면

$$v_1' \text{ 마디}:\ \frac{v_1'}{2}+\frac{v_1'}{1}+\frac{v_1'-v_2'}{4}=0,\ 2v_1'+4v_1'+v_1'-v_2'=0,\ 7v_1'-v_2'=0 \cdots (1)$$

$$v_2' \text{ 마디}:\ \frac{v_2'-v_1'}{4}+\frac{v_2'}{2}+3=0,\ v_2'-v_1'+2v_2'+12=0,\quad v_1'-3v_2'=12 \cdots\cdots (2)$$

식 (1), 식 (2)의 연립방정식을 풀면 $v_1'=-0.6[\mathrm{V}]$, $v_2'=-4.2[\mathrm{V}]$이다.

이 값을 대입하여 전류를 구하면

$$i_1''=\frac{v_1'}{2}=\frac{-0.6}{2}=-0.3[\mathrm{A}],\quad i_2''=\frac{v_1'}{1}=\frac{0.6}{1}=-0.6[\mathrm{A}],$$

$$i_3''=\frac{v_1'-v_2'}{4}=\frac{-0.6-(-4.2)}{4}=0.9[\mathrm{A}],\quad i_4''=\frac{v_2''}{2}=\frac{-4.2}{2}=-2.1[\mathrm{A}]$$

따라서 i_1, i_2, i_3, i_4는 중첩의 원리에 의해 아래와 같다.

$$i_1=i_1'+i_1''=-3.5+(-0.3)=-3.8[\mathrm{A}],\ i_2=i_2'+i_2''=3+(-0.6)=2.4[\mathrm{A}],$$

$$i_3 = i_3' + i_3'' = 0.5 + 0.9 = 1.4[\mathrm{A}],\ i_4 = i_4' + i_4'' = 0.5 + (-2.1) = -1.6[\mathrm{A}]$$

앞서 예제의 값과 일치함을 알 수 있다.

5.6 전압원 – 전류원 변환

폐회로 전류 해석법과 마디전압 해석법에서 전압원과 전류원이 혼합되어 있다거나 직렬 및 병렬저항이 많이 포함된 경우에는 그 해석이 다소 번거롭다. 따라서 적절하게 전압원과 전류원을 서로 변환시켜 해석하면 간편한 경우가 많다. 전압원과 전류원의 등가회로는 그림 5.20(a), (b)와 같이 전압원의 직렬저항 R은 전류원에서는 전류원과 병렬로 연결된다. 즉, 그림 5.20(a)와 그림 5.20(b)는 등가이다. 그림 5.21과 같이 a, b 양단에 부하저항 R_L을 연결했을 때 두 회로의 v_{ab}를 구해보기로 한다.

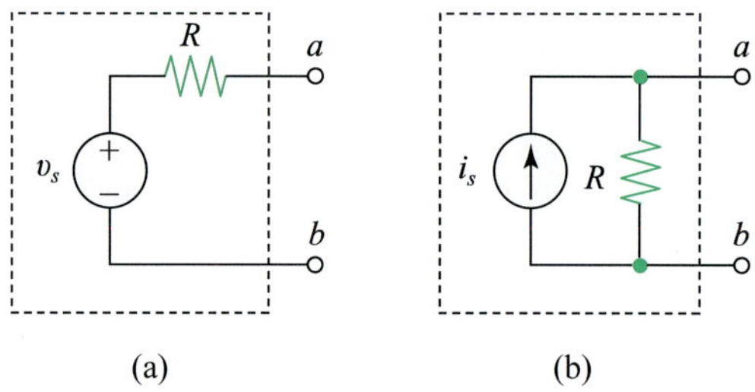

그림 5.20 전압원과 전류원의 등가회로

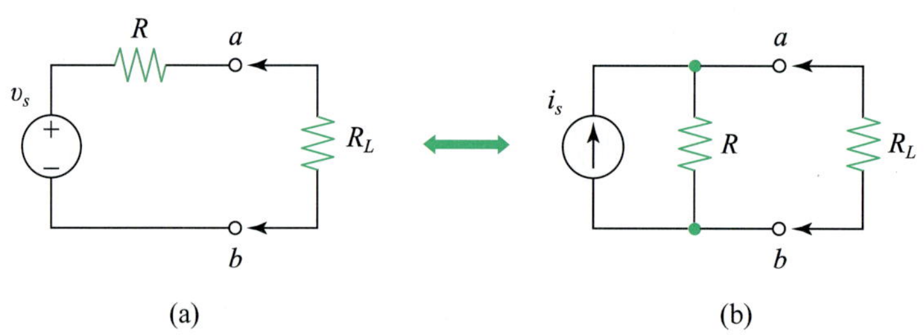

그림 5.21 전압원과 전류원의 변환회로

$$\text{그림 5.20(a)}: \ v_{ab} = \frac{R_L}{R+R_L} \cdot v_s \tag{5.13}$$

$$\text{그림 5.20(b)}: \ v_{ab} = \frac{RR_L}{R+R_L} \cdot i_s \tag{5.14}$$

두 회로가 등가이기 위해서는 (1)=(2)이어야 하므로

$$\frac{R_L}{R+R_L} \cdot v_s = \frac{RR_L}{R+R_L} \cdot i_s \tag{5.15}$$

위의 식으로부터

$$v_s = Ri_s, \ i_s = \frac{v_s}{R} \tag{5.16}$$

따라서 전압원에서 전류원으로, 전류원에서 전압원으로 변환 시의 등가회로는 그림 5.22와 같다. 그림 5.23(a)와 같은 회로를 전압원-전류원 변환에 의해 회로를 간략화한 뒤 10[V] 전압원에 흐르는 전류와 공급전력을 구해보기로 한다. 식 (5.13)을 이용하여 그림 5.23(a)의 오른쪽 전류원을 전압원으로, 다시 전압원을 전류원으로 차례로 바꾼 회로가 그림 5.23(b), (c)이고, 이를 다시 전압원으로 바꾼 것이 그림 5.20(d)이며 최종적으로 간략화한 회로가 그림 5.23(e)이다. 그림 5.23(a)의 전류원 2[A]와 병렬저항 5[Ω]이 $v_s = Ri_s = 5 \times 2 = 10[\text{V}]$와 직렬저항 5[Ω]으로 변환되어 그림 5.23(b)가 되고, 이는 다시 $R = 10[\Omega](= 3+5+2)[\Omega]$의 병렬저항과 $i_s = \frac{v_s}{R} = \frac{10}{10} = 1[\text{A}]$으로 변환되어 그림 5.23(c)가 되고, 다시 $R = 5[\Omega]\left(= \frac{10 \times 10}{10+10}\right)$의 직렬저항과 $v_s = Ri_s = 5 \times 1 = 5[\text{V}]$로 변환되어 그림 5.23(d)가 되며, 최종으로 $R = 10(= 5+5)[\Omega]$이 되므로 간략화한 회로는 그림

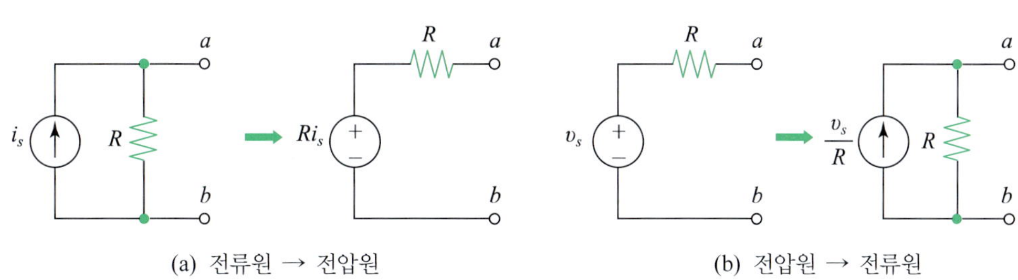

(a) 전류원 → 전압원 (b) 전압원 → 전류원

그림 5.22 전압원과 전류원의 상호 변환회로

5.23(e)이다. 따라서 옴의 법칙에 의해 $i = \frac{5}{10} = 0.5[\text{A}]$, $P = 5[\text{V}] \times 0.5[\text{A}] = 2.5[\text{W}]$가 된다.

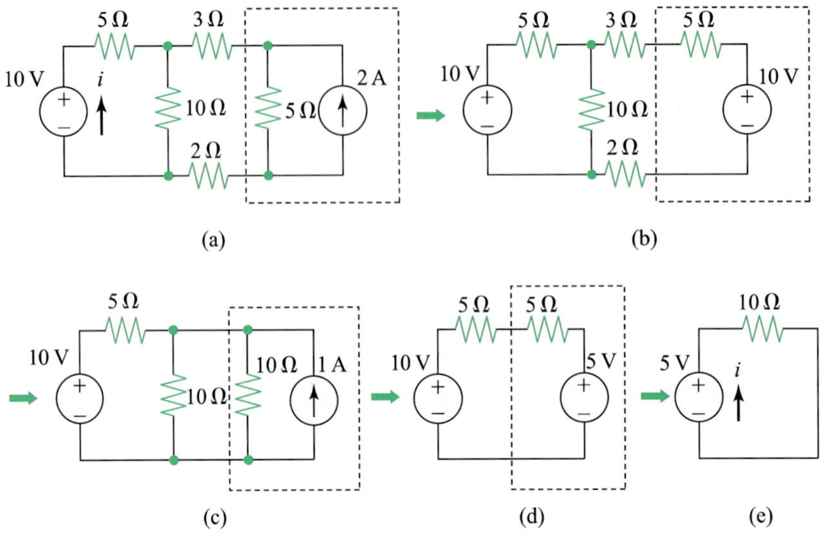

그림 5.23 전압원, 전류원의 단계적 변환

익힘 문제 5.6

그림 5.24 회로를 하나의 전류원 회로로 변환시키고 v_{ab}를 구하라.

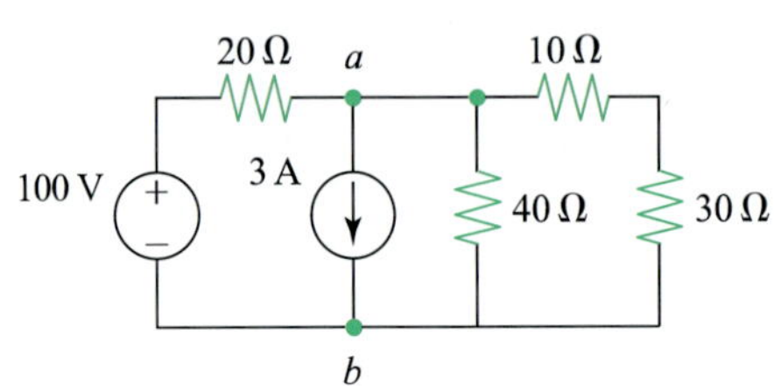

그림 5.24

풀이 그림 5.24에서 전압원을 전류원으로 변환시키면 $i = v/R = 100/20 = 5[\text{A}]$가 되며 10[Ω]과 30[Ω]이 직렬로 연결되어 있고 이들을 합한 값과 40[Ω]이 병렬로 연결되어 있으므로 이들을 하나의 병렬 합성저항(20 Ω)으로 나타내면 그림 5.25(a)와 같다.

그림 5.25(a)를 간략화하면 그림 5.25(b)와 같이 되고 $v_{ab} = 2 \times 10 = 20[\text{V}]$가 된다.

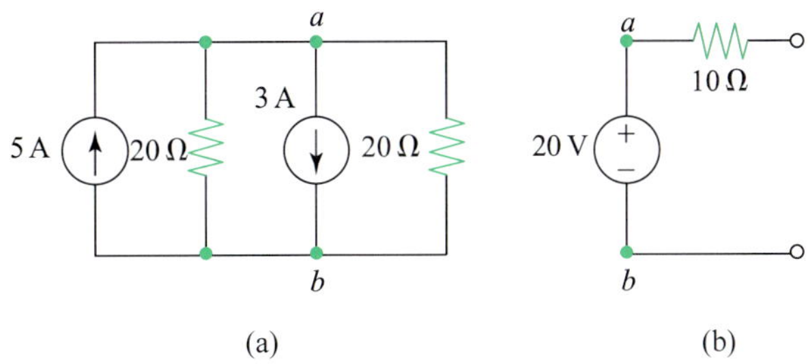

그림 5.25

5.7 테브난의 정리

그림 5.26(a)의 내부 회로망이 아무리 복잡해도 하나의 전압원과 직렬저항으로 변환하면 회로 해석이 쉬워진다는 것이 테브난의 정리이다. 예를 들어 트랜지스터 다단 증폭기를 그림 5.26(b)와 같이 등가회로로 놓는다면 부하 연결 시의 출력전압이나 출력전력 등을 쉽게 구할 수 있는 이점이 있다. 여기서 V_{TH}는 a, b단자를 개방할 때 a, b단자에 걸리는 전압을 말하며, R_{TH}는 회로망 내의 모든 전압원을 제거하고 a, b단자에서 회로망 쪽으로 본 저항을 나타낸다. 만약 a, b단자를 단락시킨다면 회로의 단락전류 i_{sc}는 아래와 같다.

$$i_{sc} = \frac{V_{TH}}{R_{TH}} [\mathrm{A}] \tag{5.17}$$

따라서 R_{TH}는 아래와 같이 개방전압에 대한 단락전류의 비로 나타낼 수 있다.

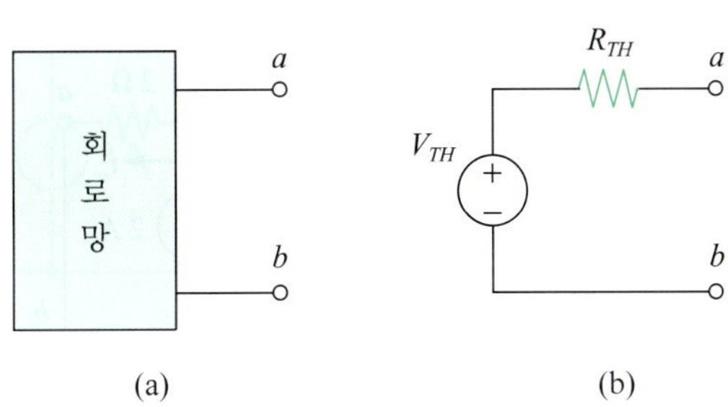

그림 5.26 테브난의 정리

$$i_{sc} = \frac{V_{TH}}{Z_{TH} + Z_L} [\Omega] \tag{5.25}$$

5.8 부하효과

그림 5.30과 같이 종속접속 증폭단에서 앞단 증폭기의 출력저항과 뒷단 종속접속 증폭기의 입력저항이 연결된 경우에 뒷단 증폭기의 입력저항 및 입력전압을 R_i, v_{i2}라 할 때 $v_{i2} = R_i/(R_o + R_i) \times v_{o1}$이므로 R_i 값에 따라 v_{i2}가 크게 영향을 받는다. 마치 R_o에 R_i가 병렬 부하처럼 작용한다고 해서 이를 부하효과(loading effect)라 한다. 이 부하효과를 덜 받기 위해서는 즉, 앞단의 출력전압이 감쇠가 없이 뒷단으로 넘어가기 위해서는 R_i, 엄밀히 말해서는 뒷단의 입력 임피던스를 아주 크게 하는 것이 바람직하다. 참고로 그림 5.30에서 R_i의 크기에 따른 v_{i2}의 크기를 나타내면 표 5.1과 같다. 부하효과를 최소화하기 위해서는 그림 5.31과 같이 입력 임피던스(저항)가 $1[\text{M}\Omega]$ 이상인 단위 이득(전압 증폭도 1)의 OP앰프를 중간에 삽입하면 해결된다. 이 증폭기를 보통 버퍼앰프(buffer amplifier)한다. 오실로스코프나 기타 일반 계측기에서도 계측기의 입력단에 이러한 버퍼앰프를 넣어 피측정 회로의 부하효과를 예방하고 있다.

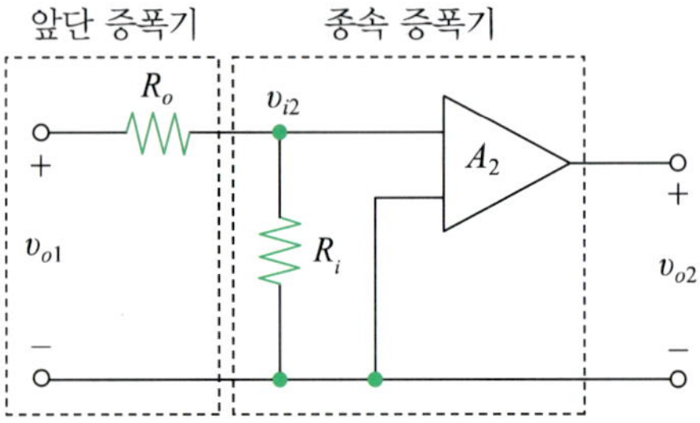

그림 5.30

표 5.1 R_i의 크기에 따른 v_{i2} 값

R_i	$1/2R_o$	R_o	$2R_o$	$4R_o$	$6R_o$	$8R_o$	$10R_o$
v_{i2}	$\frac{1}{3}v_{o1}$	$\frac{1}{2}v_{o1}$	$\frac{2}{3}$	$\frac{4}{5}v_{o1}$	$\frac{6}{7}v_{o1}$	$\frac{8}{9}v_{o1}$	$\frac{10}{11}v_{o1}$

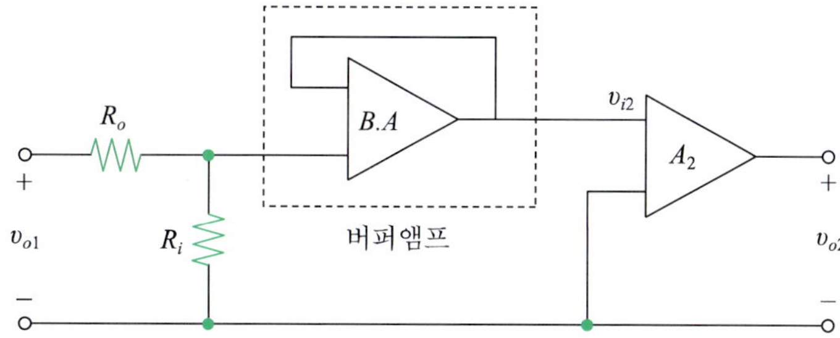

그림 5.31

버퍼앰프

그림 5.30에서 언급한 버퍼앰프는 제4장의 그림 4.16의 비반전 증폭기에서 $R_f/R_1 = 0$인 경우로 $A_v = \left(1 + \frac{R_f}{R_1}\right)$에서 $A_v = 1$이므로 단위 이득 증폭기 또는 전압 폴로워라고도 부른다.

5.9 노턴의 정리

임의의 회로망을 그림 5.32(b)와 같이 전압원 대신에 전류원으로 나타낸 것이 노턴의 정리이다. 즉, 임의의 회로망은 하나의 독립된 전류원과 여기에 병렬로 연결된 저항으로 구성된 등가회로로 바꿔 나타낼 수 있다. 테브난의 정리에서 구한 전압원을 전류원으로 변환하면 간단히 구할 수 있다. 저항 대신에 컨덕턴스 $G_N(1/R_N)$ 또는 어드미턴스 Y_N으로 전류원 i_N과 부하전류 i_{NL}을 나타내면 아래와 같다.

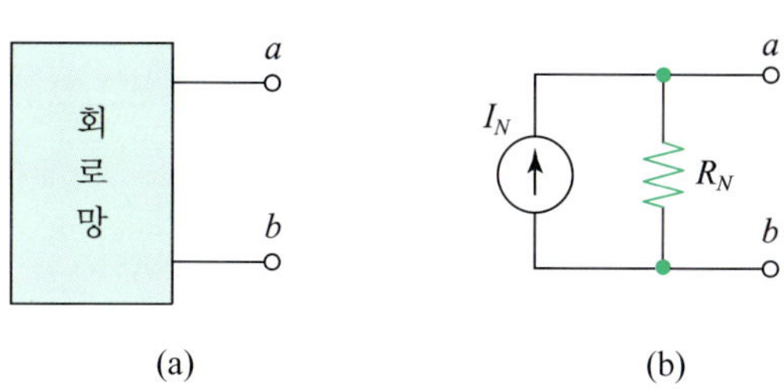

그림 5.32 노턴의 등가회로

$$i_N = \frac{V_{TH}}{R_{TH}} = G_N V_{TH}[\mathrm{A}], \quad i_N = Y_N V_{TH}[\mathrm{A}] \tag{5.26}$$

$$i_{NL} = \frac{G_L}{G_N + G_L} I_N[\mathrm{S}], \quad i_{NL} = \frac{Y_L}{Y_N + Y_L} I_N[\mathrm{S}] \tag{5.27}$$

익힘 문제 5.7

그림 5.33 회로에 대한 테브난 및 노턴의 등가회로를 그려라.

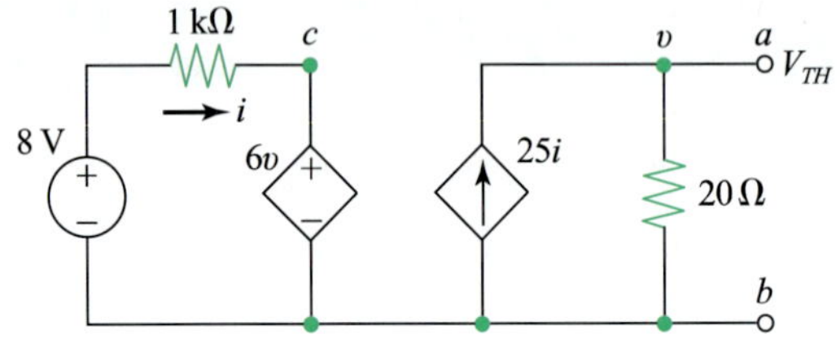

그림 5.33

풀이 $v = V_{TH}$이므로

$$V_{TH} = v = 25i \times 20 = 500i, \ i = \frac{V_{TH}}{500} \cdots\cdots (1)$$

c마디에 KCL을 적용하면

$$i = \frac{8-6v}{1000} = \frac{8-6V_{TH}}{1000} \cdots\cdots (2)$$

식 (1), 식 (2)를 연립해서 풀면

$$V_{TH} = 1[\mathrm{V}] \cdots\cdots (3)$$

a, b가 단락 시 20[Ω]이 단락되므로 단락전류 i_{sc}는

$$i_{sc} = 25i \cdots\cdots (4)$$

이고, 이때 $v = 0[\mathrm{V}]$이므로 단락 시 $i = \frac{8-6v}{1000} = \frac{8}{1000} = 8 \times 10^{-3}[\mathrm{A}]$

따라서 이 값을 식 (4)에 대입하면

$$i_{sc} = 25 \times 8 \times 10^{-3} = 200 \times 10^{-3} = 0.2[\mathrm{A}] \cdots\cdots (5)$$

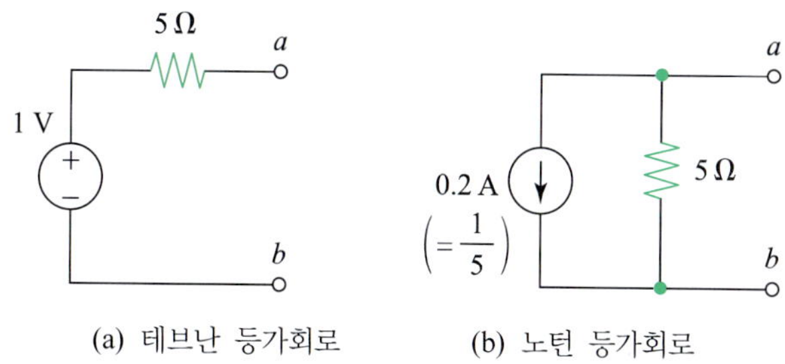

그림 5.34

$$\therefore\ R_{TH} = \frac{V_{TH}}{i_{sc}} = \frac{1}{0.2} = 5[\Omega]$$

따라서 테브난의 등가회로는 그림 5.34(a)와 같고, 이를 전류원으로 변환하면 노턴의 등가회로는 그림 5.34(b)와 같게 된다.

5.10 밀만의 정리

서로 다른 임피던스를 갖는 여러 개의 전압원이 병렬로 연결되어 있을 때 그 등가회로는 그림 5.35(c), (d)와 같이 하나의 전압원과 전류원이 된다는 것이 밀만의 정리이다. 이미 앞서 전압원-전류원 변환에서 설명한 바와 같이 모든 병렬연결 전압원을 병렬연결 전류원

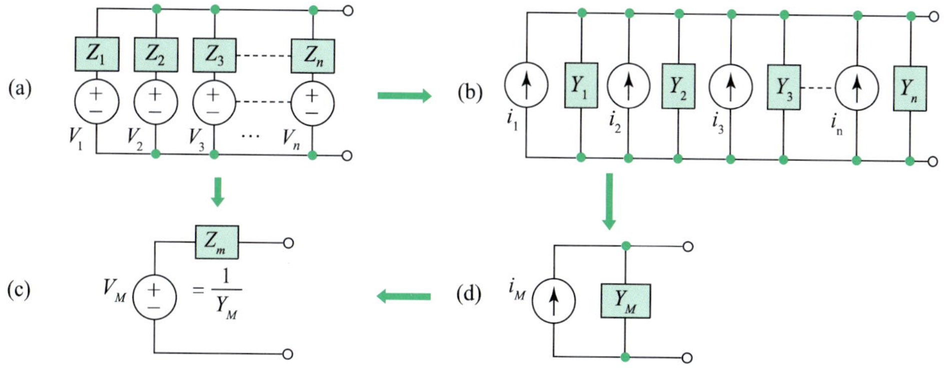

그림 5.35 밀만의 정리 설명회로

으로 바꾼 뒤 이를 합성하여 그림 5.35(d)와 같이 하나의 전류원을 만든다. 이를 다시 하나의 전압원으로 바꾼 것이 그림 5.35(c)이다.

$$V_M = \frac{\frac{V_1}{Z_1}+\frac{V_2}{Z_2}+\frac{V_3}{Z_3}+\cdots+\frac{V_n}{Z_n}}{\frac{1}{Z_1}+\frac{1}{Z_2}+\frac{1}{Z_3}+\cdots+\frac{1}{Z_n}} = \frac{Y_1V_1+Y_2V_2+Y_3V_3+\cdots+Y_nV_n}{Y_1+Y_2+Y_3+\cdots+Y_n} \tag{5.28}$$

$$\therefore\ V_M = \frac{i_1+i_2+i_3+\cdots+i_n}{Y_1+Y_2+Y_3+\cdots+Y_n} \tag{5.29}$$

식 (5.29)에서

$$i_M = i_1+i_2+i_3+\cdots+i_n \tag{5.30}$$

$$Y_M = Y_1+Y_2+Y_3+\cdots+Y_n \tag{5.31}$$

로 놓으면 그림 5.35(c)에서 V_M과 Z_M은 아래와 같이 나타낼 수 있다.

$$V_M = \frac{i_M}{Y_M} \tag{5.32}$$

$$Z_M = \frac{1}{Y_M} \tag{5.33}$$

익힘 문제 5.8

밀만의 정리를 이용하여 그림 5.36 회로를 등가 전류원 회로로 바꿀 때의 V_T, R_T와 a, b에 5[Ω]의 부하저항 R_L을 연결할 때의 부하전류 I_L을 구하라.

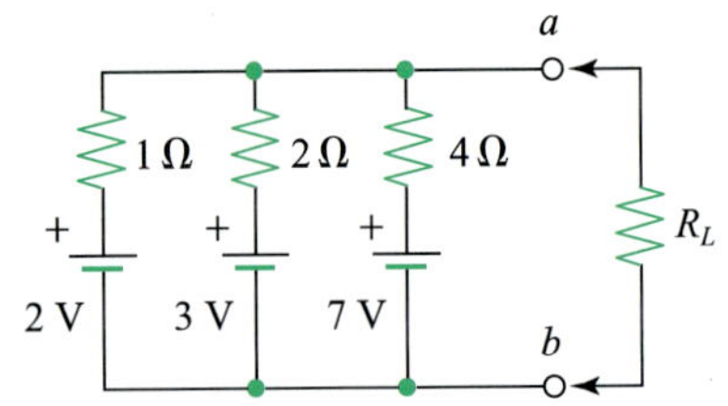

그림 5.36

풀이

$$V_T=\frac{\frac{2}{1}+\frac{3}{2}+\frac{7}{4}}{\frac{1}{1}+\frac{1}{2}+\frac{1}{4}}=\frac{21}{4}\times\frac{4}{7}=\frac{21}{7}=3[\mathrm{V}]$$

$$R_T=\frac{1}{\frac{1}{1}+\frac{1}{2}+\frac{1}{4}}=\frac{1}{\frac{7}{4}}=\frac{4}{7}[\Omega]$$

$$I_L=\frac{3}{\frac{4}{7}+5}=\frac{3}{\frac{39}{7}}=\frac{7}{13}[\mathrm{A}]$$

5.11 최대 전력전달

회로 해석에 있어서 전압원 또는 전류원에서 부하로 전력이 최대로 전달되는 것은 에너지 손실을 줄이는 관점에서 매우 중요하다. 특히 발전소로부터 선로전송, 배전의 단계에서 효율적인 전력전송은 경제적인 측면에서 더욱 그러하다. 또한 소형화 전원이 요구되는 통신 시스템이나 각종 계측 시스템에서도 최대 전력전달의 필요성이 강조되고 있는 실정이다. 최대 전력전달에서 우선 순수 저항회로에 대해서 해석하고 교류저항에 대해서도 결론만 정리하기로 한다. 그림 5.37(a)와 같은 순수 저항으로 된 회로망 시스템에 부하 R_L을 연결하는 경우를 앞서 배운 테브난의 정리에 의한 그림 5.37(b)로 변환된다고 할 때 R_L에서의 전력 p는 아래와 같다.

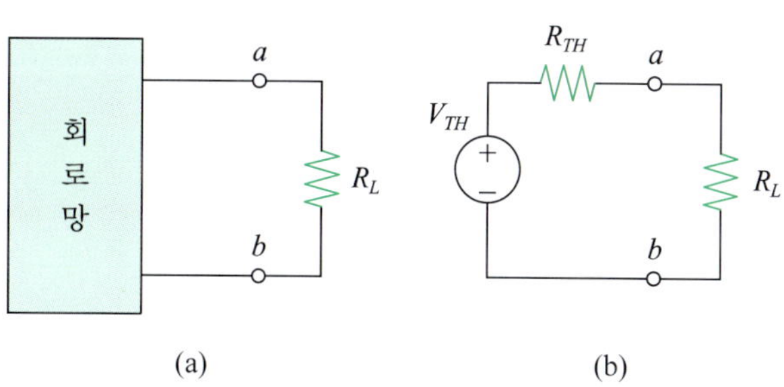

그림 5.37 부하연결 테브난 정리

$$p = i^2 R_L = \left(\frac{V_{TH}}{R_{TH} + R_L} \right)^2 R_L \tag{5.34}$$

위의 식에서 V_{TH}와 R_{TH}가 결정되어 있으므로 전력은 R_L의 함수로 볼 수 있다. 따라서 p를 R_L에 관해서 미분하면 아래와 같게 된다.

$$\frac{dp}{dR_L} = V_{TH}^2 \left[\frac{(R_{TH} + R_L)^2 - 2(R_{TH} + R_L)R_L}{(R_{TH} + R_L)^4} \right] \tag{5.35}$$

미분 값이 0일 때 p는 최대가 되므로

$$(R_{TH} + R_L)^2 = 2(R_{TH} + R_L)R_L \tag{5.36}$$

이어야 되고, 이를 풀면 아래와 같다.

$$R_{TH} = R_L \tag{5.37}$$

식 (5.37)로부터 R_L이 R_{TH}와 같을 때 부하에 최대 전력이 전달됨을 알 수 있다. 이때의 최대 전력 p_m은 식 (5.37)을 식 (5.34)에 대입하면 아래와 같다.

$$p_m = \frac{V_{TH}^2 R_L}{(2R_L)^2} = \frac{V_{TH}^2}{4R_L} \tag{5.38}$$

순수저항이 아닌 교류저항 즉, 테브난의 임피던스와 부하 임피던스가 각각 Z_{TH}, Z_L이라고 해도 $Z_{TH}=Z_L$일 때 최대 전력이 전달되며 이때의 최대 부하전력은 식 (5.38)과 같다.

익힘 문제 5.9

그림 5.38 회로에서 최대 전력 전달에 알맞은 R_L 값과 그때의 부하전력을 구하라.

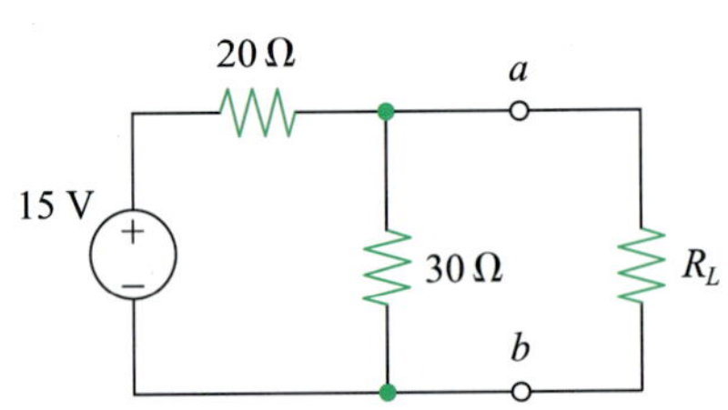

그림 5.38

풀이 테브난의 전압, 저항을 구하면

$$V_{TH} = \frac{30}{20+30} \times 15 = 9[\mathrm{V}], \ R_{TH} = \frac{20 \times 30}{20+30} = 12[\Omega]$$

따라서 $R_L = R_{TH} = 12[\Omega]$, $p_m = \frac{{V_{TH}}^2}{4R_L} = \frac{9^2}{4 \times 12} = \frac{27}{16} = 1.6875[\mathrm{W}]$이다.

5.12 $\Delta - Y$ 변환

회로망의 직·병렬 저항회로가 간단히 하나의 저항으로 대치되지 않는 복잡한 경우에 $\Delta - Y$변환을 이용하면 쉽게 해결할 수 있다. 그림 5.39(a)는 Δ형 회로라 하며, 이를 오른쪽과 같이 펼쳐 놓으면 π형 회로가 되므로 둘은 같다고 볼 수 있다. 또한 그림 5.39(b)는 Y형 회로라 칭하며, 오른쪽과 같이 놓으면 T형 회로이므로 역시 같다고 볼 수 있다. 따라서 $\Delta - Y$변환을 $\pi - T$변환이라고도 말할 수 있다. 그림 5.40(a)와 같이 Δ형 회로를 Y형 회로로 또는 Y형 회로를 Δ형 회로로 상호 변환하는 경우에 대해서 설명해 보기로 한다. 그림 5.40(b)는 쉽게 이해하는 상호 변환도이다.

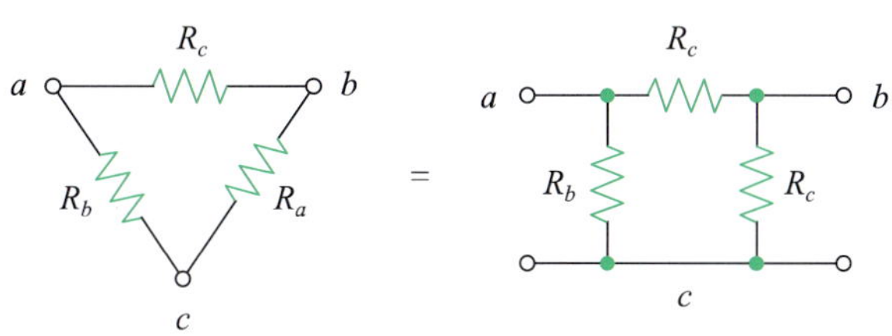

(a) Δ, π형 회로

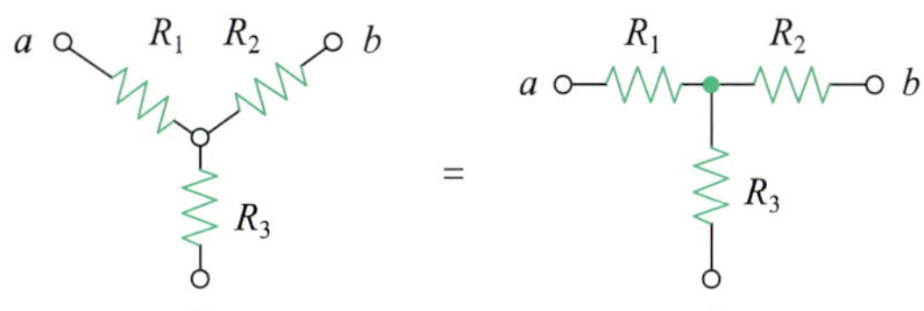

(b) Y, T형 회로

그림 5.39 Δ, Y형 회로

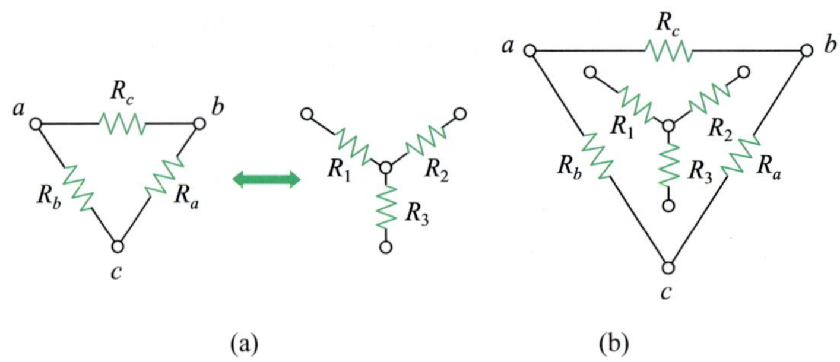

그림 5.40 $\Delta-Y$변환, $Y-\Delta$변환

두 회로가 등가이기 위해서는 $a-b$단자, $b-c$단자, $c-a$단자에서 본 저항을 R_{ab}, R_{bc}, R_{ca}라 할 때 이들이 서로 같아야 한다. Δ형 회로에서는 단자 사이에 저항이 병렬로, Y형 회로에서는 단자 사이의 저항이 직렬로 연결되어 있으므로 아래와 같은 관계식이 만들어진다.

$$R_{ab}=\frac{(R_a+R_b)R_c}{R_a+R_b+R_c}=R_1+R_2 \tag{5.39}$$

$$R_{bc}=\frac{(R_b+R_c)R_a}{R_a+R_b+R_c}=R_2+R_3 \tag{5.40}$$

$$R_{ca}=\frac{(R_c+R_a)R_b}{R_a+R_b+R_c}=R_1+R_3 \tag{5.41}$$

따라서 식 (5.39)~식 (5.41)의 관계식을 풀면 아래와 같이 Δ형 회로를 Y형 회로로 변환($\Delta-Y$)할 때의 저항끼리의 변환식을 얻을 수가 있다.

$$R_1=\frac{R_bR_c}{R_a+R_b+R_c} \tag{5.42}$$

$$R_2=\frac{R_cR_a}{R_a+R_b+R_c} \tag{5.43}$$

$$R_3=\frac{R_aR_b}{R_a+R_b+R_c} \tag{5.44}$$

반대로 Y형 회로를 Δ형 회로로 변환시키고자 할 때의 저항 관계식은 아래와 같다.

$$R_a=\frac{R_1R_2+R_2R_3+R_3R_1}{R_1} \tag{5.45}$$

$$R_b = \frac{R_1R_2 + R_2R_3 + R_3R_1}{R_2} \tag{5.46}$$

$$R_c = \frac{R_1R_2 + R_2R_3 + R_3R_1}{R_3} \tag{5.47}$$

익힘 문제 5.10

그림 5.41 회로의 저항 브리지 회로를 $\Delta - Y$변환하여 전류 I를 구하라.

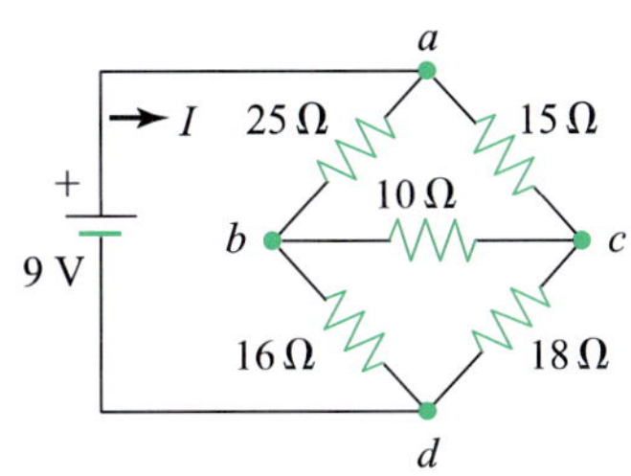

그림 5.41

풀이 저항 브리지에서 a, b, c Δ회로를 식 (5.39)~식 (5.41)에 의해 Y회로로 변환하면 그림 5.42(b)와 같다.

$$R_{ae} = \frac{25 \times 15}{10 + 15 + 25} = 7.5\,[\Omega], \quad R_{be} = \frac{25 \times 10}{10 + 15 + 25} = 5\,[\Omega],$$

$$R_{ce} = \frac{10 \times 15}{10 + 15 + 25} = 3\,[\Omega]$$

그림 5.41 회로의 a, b, c Δ회로를 Y변환회로로 고쳐 그리면 그림 5.43(a)와 같이 되며 저항 브리지 회로는 그림 5.43(b)와 같이 하나의 저항(18 Ω)으로 대치될 수 있다. 따라서 $I = \dfrac{9}{18} = 0.5\,[\Omega]$이다.

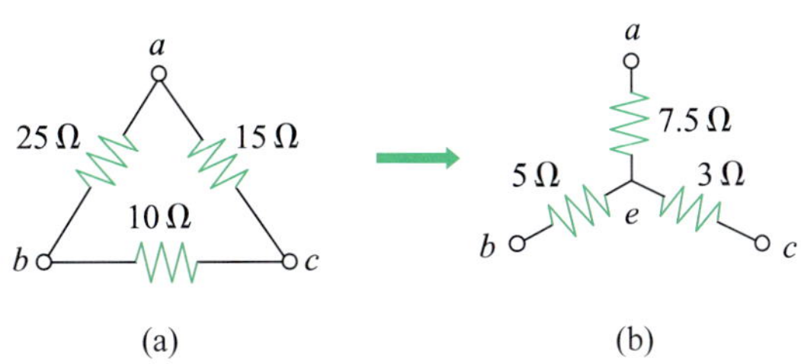

그림 5.42

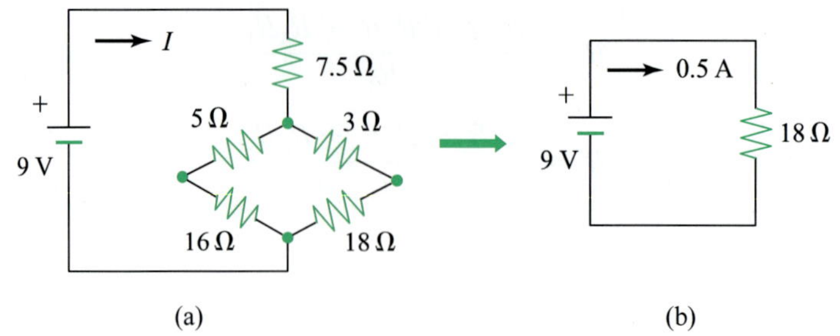

그림 5.43

1. 회로 해석 용어

(1) 마디(node) : 아래의 그림에서 둘 또는 그 이상의 소자가 만나는 점 : a, b, c, d

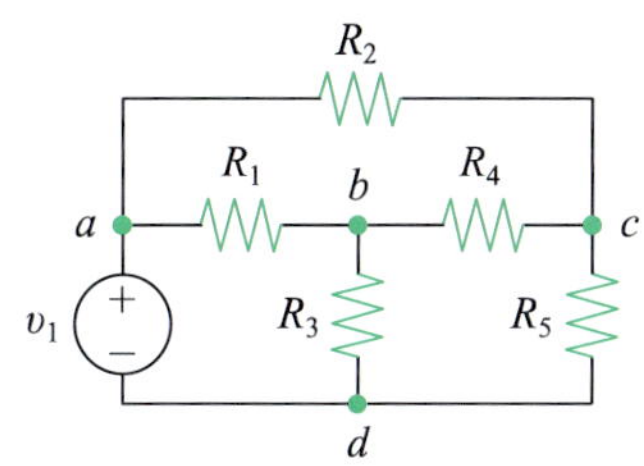

(2) 경로(path) : 한 번 이상 포함되지 않는 인접한 기본소자의 지나는 길을 말하며 마디와 소자로 구성되는 통로 → $a-R_2-c$, v_1-R_1

(3) 가지(branch) : 2개의 마디를 연결하는 경로 → $a-R_1-b$, $a-R_2-c$, $b-R_4-c$, $b-R_3-d$

(4) 폐회로(loop) : 가지를 통하여 만들어진 닫힌회로를 말하며 시작마디와 끝마디가 일치한다. → $a-R_2-c-R_4-b-R_1-a$, $a-R_1-b-R_4-c-R_5-d-v_1-a$

(5) 망(mesh) : 망(網)은 폐회로 중 다른 폐회로를 포함하지 않는 경우의 폐회로를 말한다. → $a-R_1-b-R_3-d-v_1-a$ **[주]** 폐회로 속에 망이 들어있다.

2. 가지전류 해석법

회로 내의 각 마디에서 들어오고 나가는 가지전류를 KCL에 의한 전류방정식과 KVL에 의한 전압방정식을 작성한 뒤 이를 연립방정식으로 풀어 가지전류를 구하는 것이 가지 전류 해석법이다. * 연립방정식 대신 행렬식으로 풀어도 가지전류를 구할 수 있다.

3. 폐회로 전류 해석법

회로 내의 독립된 폐회로에서 폐회로 전류를 가정하고 KCL과 KVL의 전압방정식을 작성하여 연립방정식으로 전류의 해를 구하는 것이 폐회로 전류 해석법이다.

4. 마디전압 해석법

마디전압 해석법은 회로의 마디 중 어느 한 마디를 기준점으로 삼고 이에 대한 다른 마디전압으로 각 마디에서 KCL에 의한 전류 연립방정식으로 가지전류를 구하는 방법이다.

마디전압 해석법으로 전류를 구하는 순서는 아래와 같다.

(a) 기준 마디를 정한다.

(b) 기준 마디를 기준으로 다른 마디에서의 가지전류를 옴의 법칙을 사용하여 구한다.

(c) 키르히호프의 전류법칙으로 각 마디에서의 방정식을 세운다.

(d) (c)에서 세워진 연립방정식을 풀어 각 마디전압을 구한다.

(e) (b)에서 구한 식으로 각 가지전류를 구한다.

5. 중첩의 정리

회로 내에 2개 이상의 전압원 또는 전류원이 있을 때 회로의 가지전류나 마디전압은 회로의 전압원 또는 전류원을 각각 독립적으로 놓고 해석한 뒤 이들을 각각 합하여 계산해도 같다는 것이 중첩의 원리이다. 독립적이란 자기 외의 전압원은 단락(short), 전류원은 개방(open)시킨다는 의미이다. 중첩원리를 이용한 회로 해석 순서는 아래와 같다.

(a) 아래의 중간 그림과 같이 전류원을 제거(개방)한다.

(b) $R_S = R_1 + R_2$를 구한다.

(c) $i_{s1} = \dfrac{v}{R_S}$에 의해 i_{s1}을 구한다.

(d) 아래의 그림 우측과 같이 전압원을 단락시킨다.

(e) $i_{s2} = \dfrac{R_1}{R_1 + R_2} \times i$에 의해 i_{s2}를 구한다.

(f) $i_s = i_{s1} + i_{s2}$에 의해 i_s를 구한다.

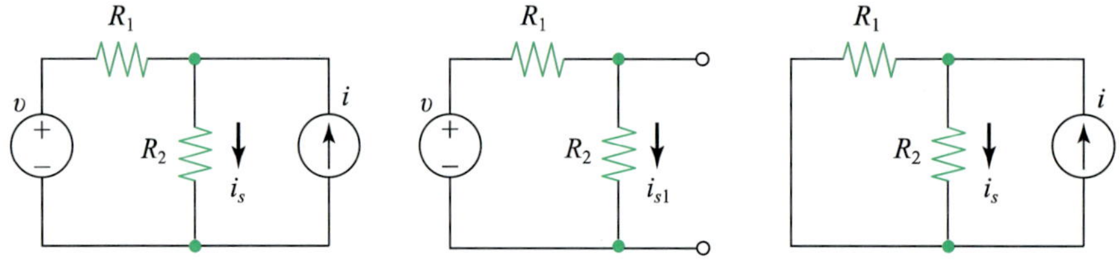

6. 전압원-전류원 변환

아래의 그림과 같이 전압원의 직렬저항 R은 전류원에서 전류원과 병렬로 연결하면 서로 등가이다. 이때 $i_s = v_s/R$이다.

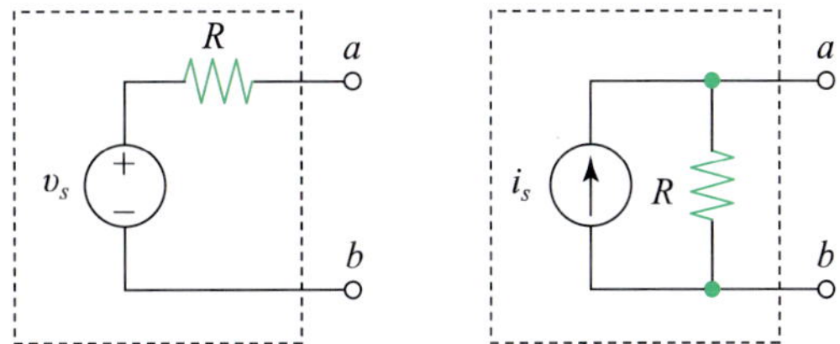

7. 테브난의 정리

모든 회로망은 아래의 그림과 같이 하나의 전압원 V_{TH}와 직렬저항 R_{TH}로 변환이 가능하다는 것이 테브난의 정리이다. 여기서 V_{TH}는 a, b단자를 개방할 때 a, b단자에 걸리는 전압을 말하며, R_{TH}는 회로망 내의 모든 전압원을 제거하고 a, b단자에서 회로망 쪽으로 본 저항을 나타낸다.

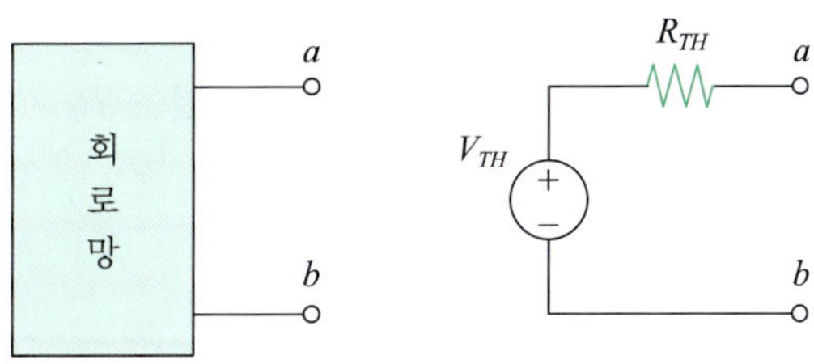

8. 부하효과

회로망의 출력단에 부하를 연결하면 회로망 전류에 영향을 주는 효과를 부하효과(loading effect)라 한다.

9. 노턴의 정리

임의의 회로망을 아래의 그림과 같이 전압원 대신에 전류원으로 나타낸 것이 노턴의 정리이다.

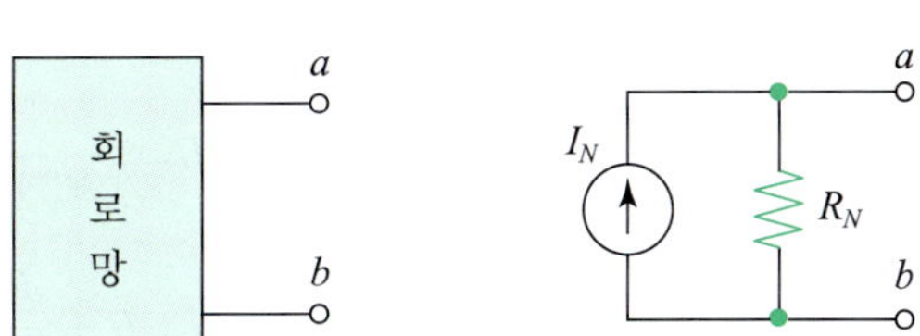

10. 밀만의 정리

서로 다른 임피던스를 갖는 여러 개의 전압원이 병렬로 연결되어 있을 때 그 등가회로는 아래의 그림과 같이 하나의 전압원과 전류원이 된다는 것이 밀만의 정리이다.

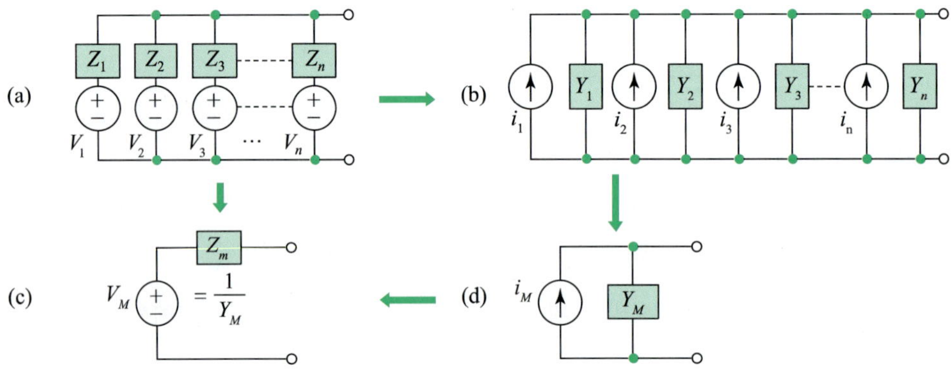

11. 최대 전력전달

테브난의 정리에 의한 회로망에서 최대 전력전달의 조건은 $R_L = R_{TH}$일 때이며 이때의 전력 p는 아래와 같다.

$$p_m = \frac{{V_{TH}}^2 R_L}{(2R_L)^2} = \frac{{V_{TH}}^2}{4R_L}$$

12. $\Delta - Y$ 변환

$\Delta - Y$, $Y - \Delta$ 변환은 아래의 그림을 참조하여 구하면 아래와 같다.

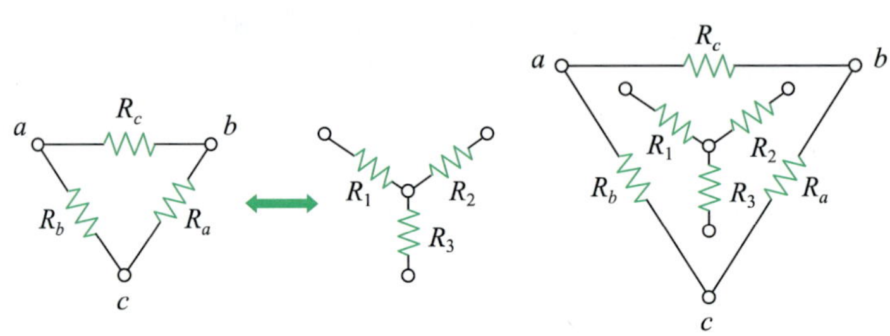

$$R_1 = \frac{R_b R_c}{R_a + R_b + R_c} \quad R_2 = \frac{R_c R_a}{R_a + R_b + R_c}, \quad R_3 = \frac{R_a R_b}{R_a + R_b + R_c}$$

$$R_a = \frac{R_1R_2 + R_2R_3 + R_3R_1}{R_1}, \quad R_b = \frac{R_1R_2 + R_2R_3 + R_3R_1}{R_2}, \quad R_c = \frac{R_1R_2 + R_2R_3 + R_3R_1}{R_3}$$

연습문제

1. 그림 5.44에서 i_1, i_2를 구하라.

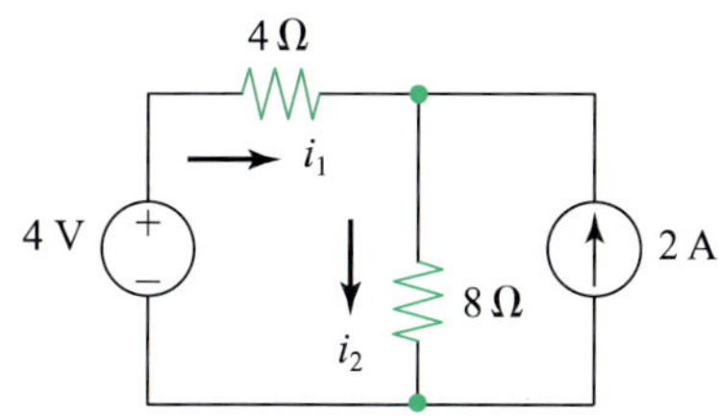

그림 5.44

2. 그림 5.45에서 i_1, i_2, i_3와 v_1, v_2를 구하라.

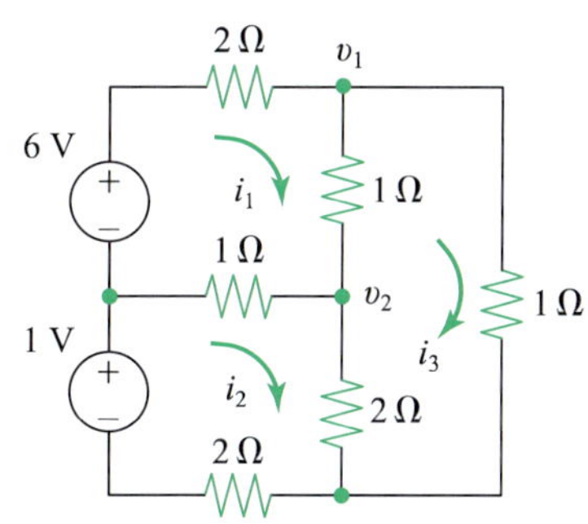

그림 5.45

3. 그림 5.46에서 i와 v_1, v_2를 구하라.

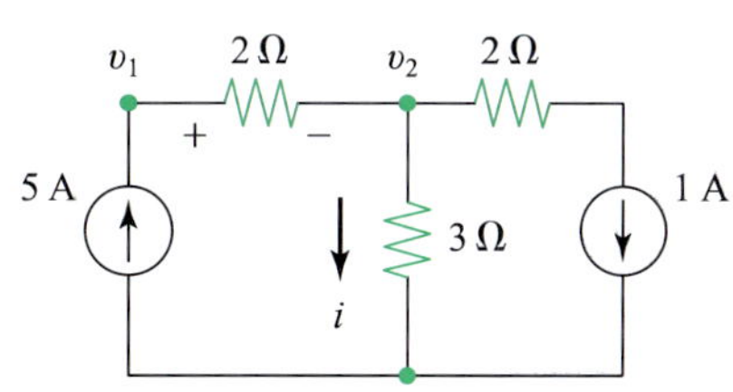

그림 5.46

4. 그림 5.47에서 v와 i_2, i_8을 구하여 2[Ω] 및 8[Ω]에서의 소모전력 p_2 및 p_8을 구하라.

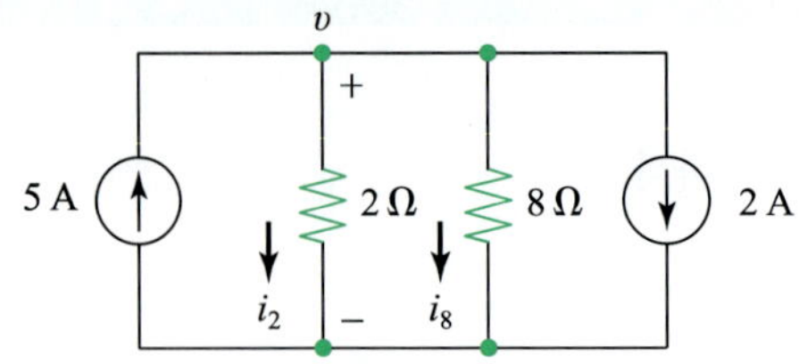

그림 5.47

5. 그림 5.48에서 폐회로 해석법을 이용하여 I_1, I_2를 구하라.

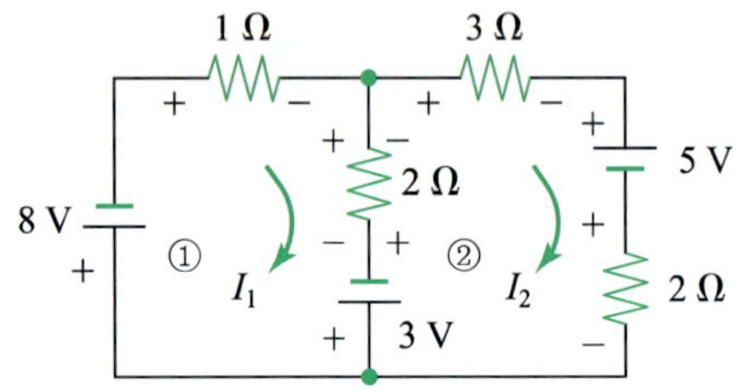

그림 5.48

6. 그림 5.49에서 마디 해석법을 이용하여 v_1, v_2를 구하고, 2[Ω]에서의 소모전력을 구하라.

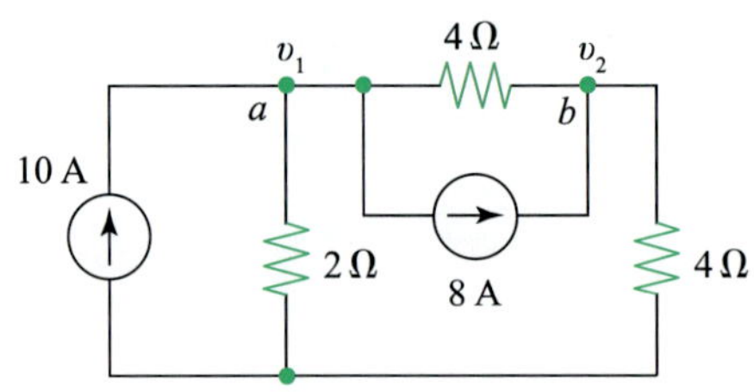

그림 5.49

7. 그림 5.50에서 마디 전압법을 사용하여 전압 v'를 구하라.

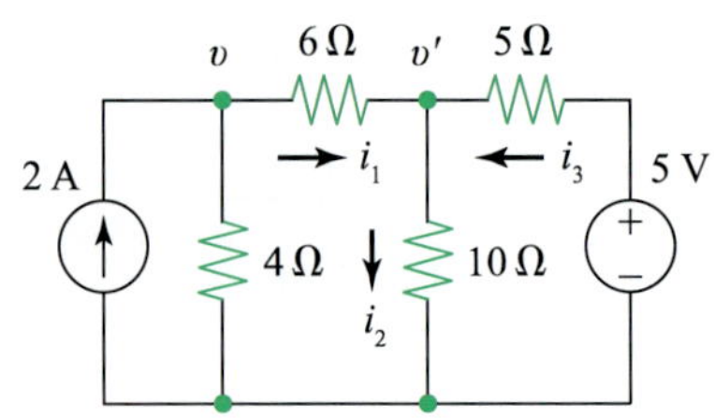

그림 5.50

8. 그림 5.51의 $20i_d$의 종속적 전압원에서의 공급전력을 구하라.

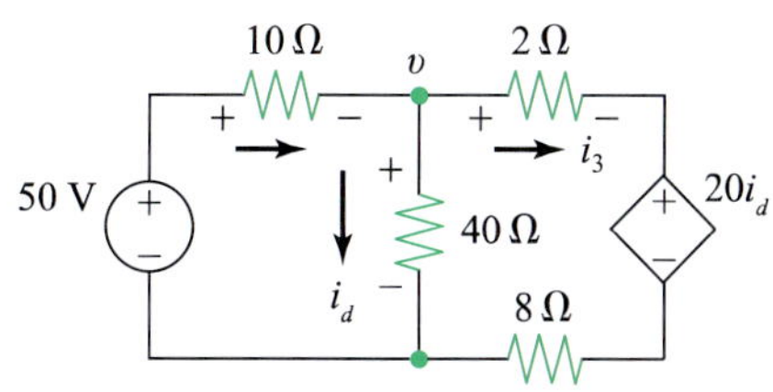

그림 5.51

9. 그림 5.52에서 폐회로 해석법을 사용하여 지로전류 i_1을 구하여 전압원에서의 공급전력을 계산하라.

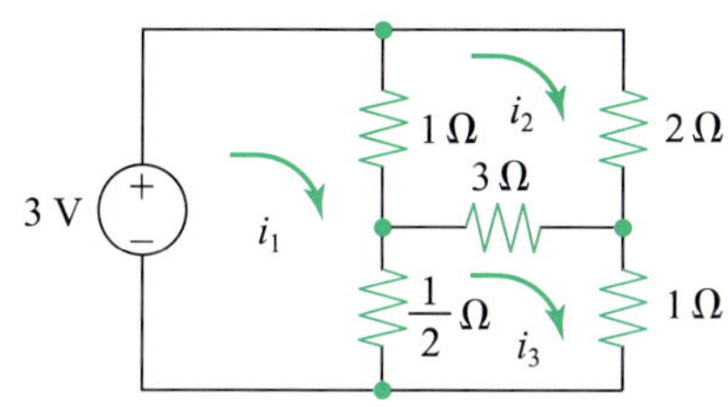

그림 5.52

10. 그림 5.53을 $\Delta - Y$변환에 의해 전압원에서의 공급전력을 구하라.

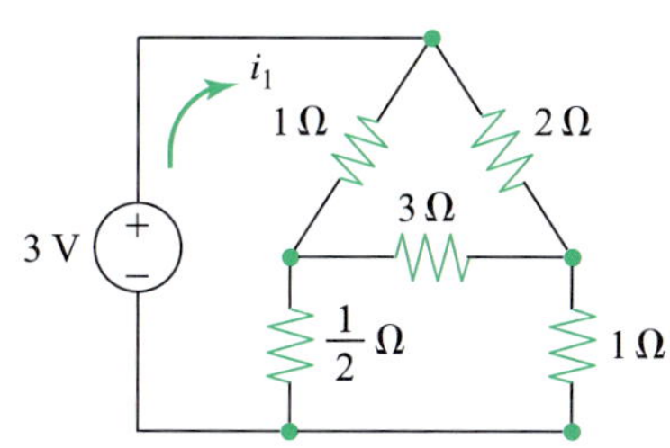

그림 5.53

11. 그림 5.54에서 i_1, i_2를 중첩의 원리를 이용하여 구하라.

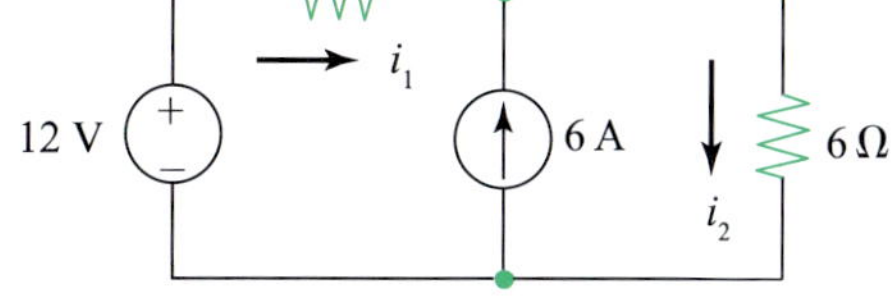

그림 5.54

12. 그림 5.55와 같은 전압원을 전류원으로 변환하여 a, b단자에 10[Ω]의 부하를 연결했을 때 흐르는 부하전류를 계산하라.

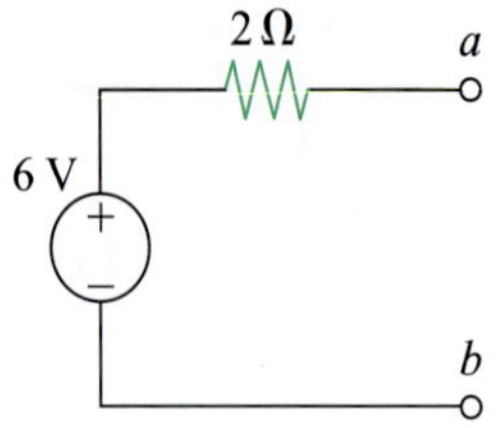

그림 5.55

13. 그림 5.56의 회로에서 전류원을 전압원으로 변환하여 a, b단자에 5[Ω]의 부하저항을 연결한 경우에 부하에 걸리는 전압을 계산하라.

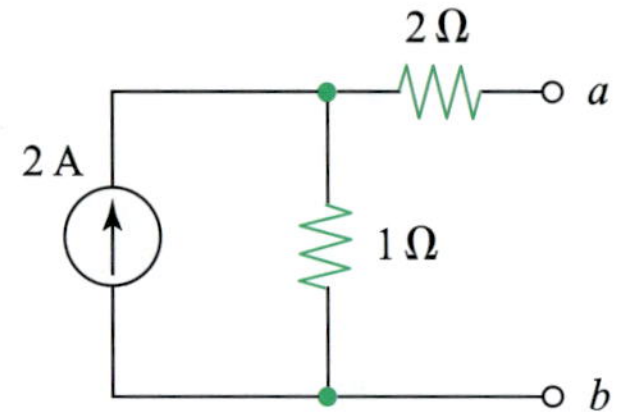

그림 5.56

14. 그림 5.57 회로를 1개의 전압원과 1개의 저항으로 등가 변환하라.

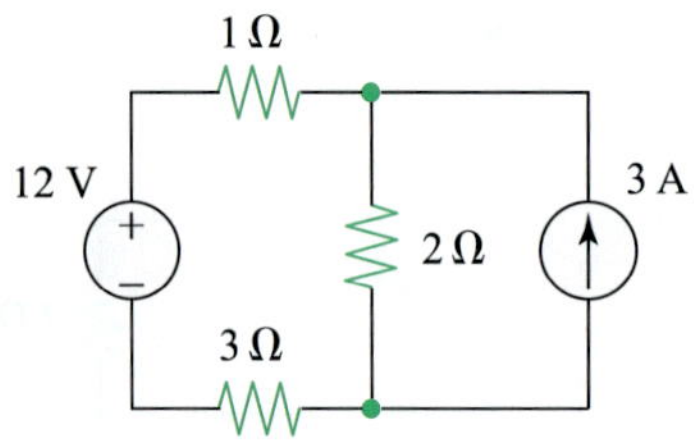

그림 5.57

15. 그림 5.58의 전류원을 전압원으로 변환하여 i를 구하라.

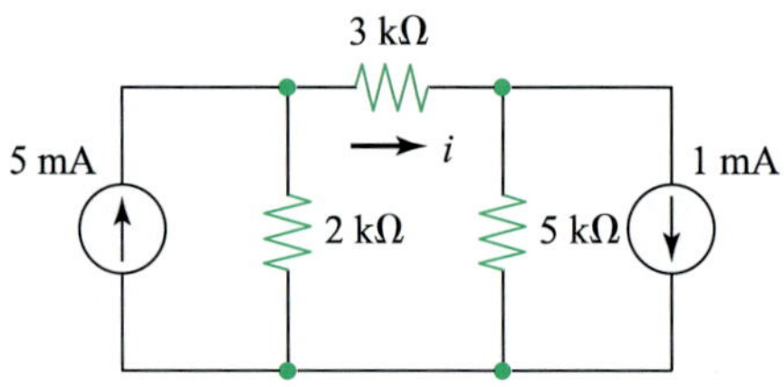

그림 5.58

16. 그림 5.59를 테브난의 등가회로로 고쳐서 10[Ω]의 부하저항을 걸었을 때 부하에 걸리는 전압을 구하라.

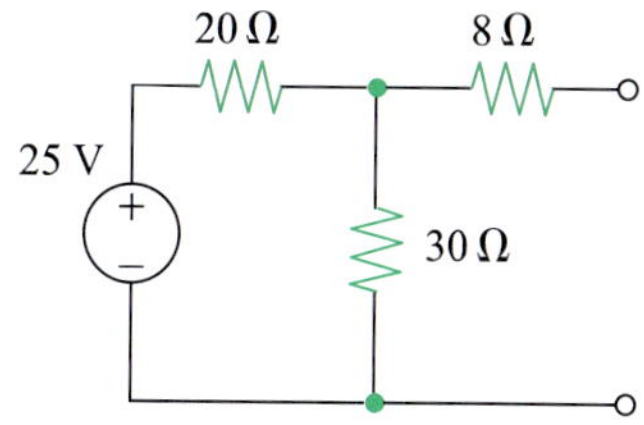

그림 5.59

17. 그림 5.60을 테브난의 정리와 전류원-전압원 변환을 이용하여 a, b단자에 40[Ω]의 저항을 연결했을 때의 부하전류를 구하라.

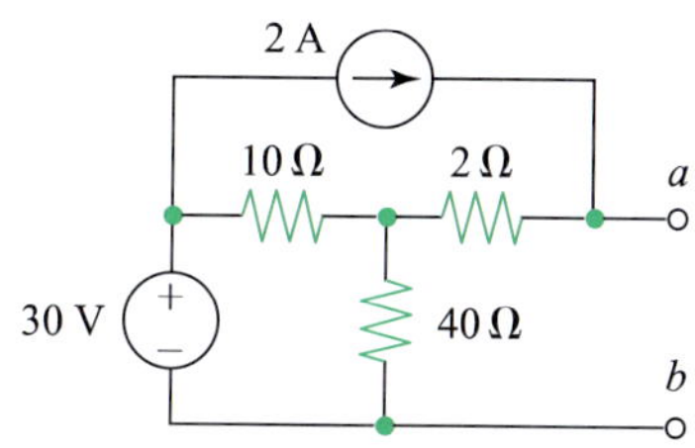

그림 5.60

18. 그림 5.61에서 a, b단자의 개방전압과 단락전류를 구하여 테브난의 직렬저항값을 구하라.

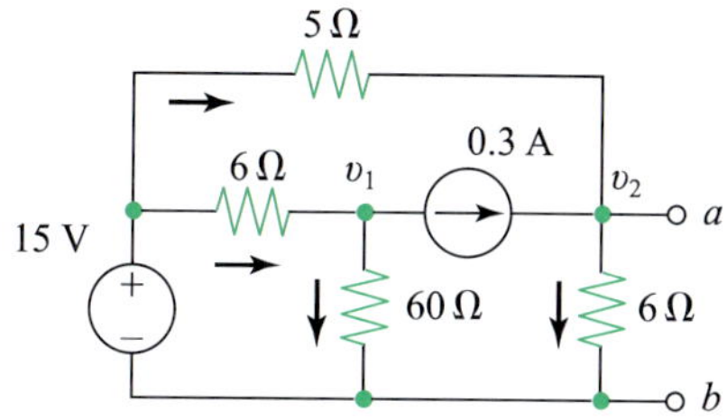

그림 5.61

19. 그림 5.62 회로에 대한 테브난의 등가회로를 구하라.

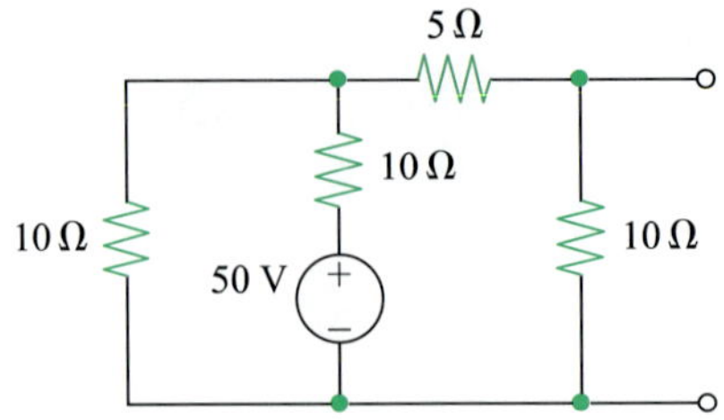

그림 5.62

20. 그림 5.63의 회로에서 25[Ω]저항에서의 소모전력이 225[W]가 되도록 조절할 때의 R_o값을 구하라.

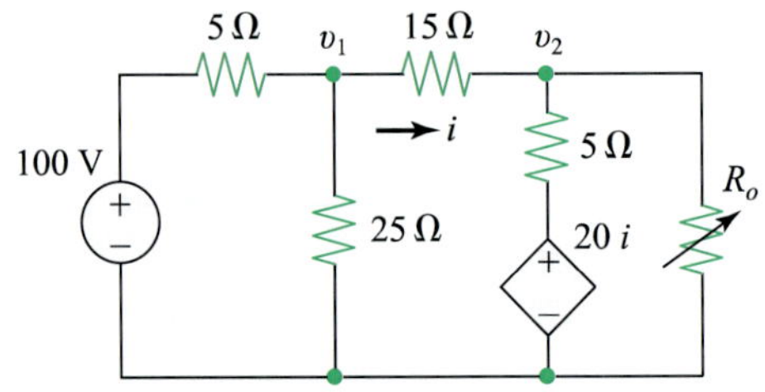

그림 5.63

21. 그림 5.64 회로에 대한 테브난의 등가회로에 해당하는 전압 v_{TH}와 저항 R_{TH}를 구하라.

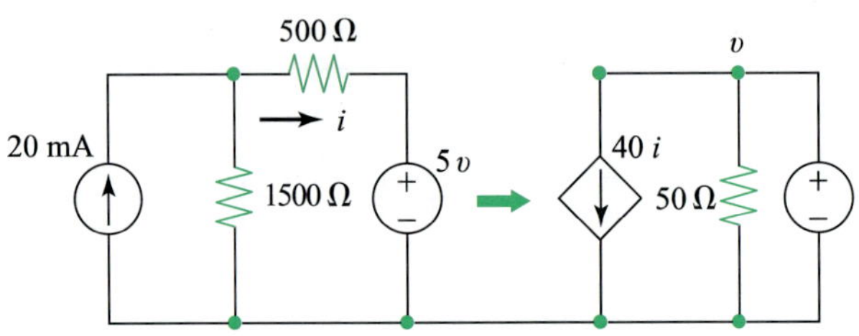

그림 5.64

22. 그림 5.65 회로를 노턴의 등가회로로 변화하라.

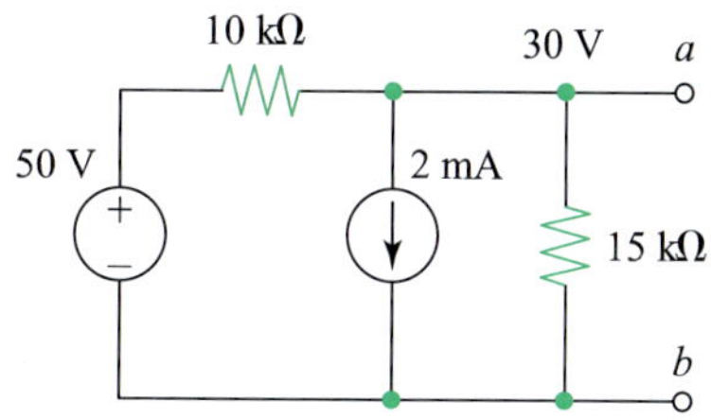

그림 5.65

23. 그림 5.66 회로에 대한 노턴의 등가회로를 구하라.

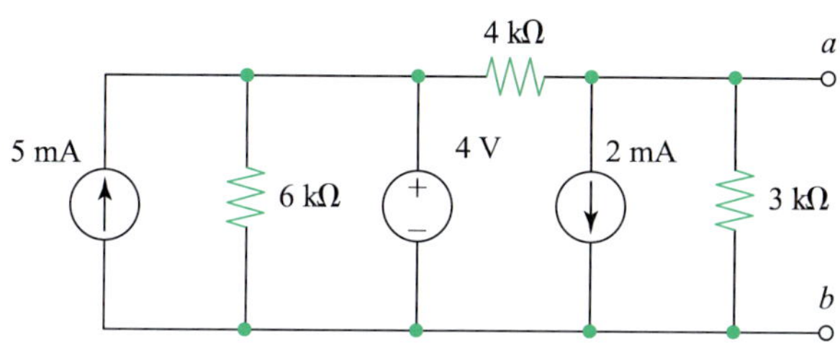

그림 5.66

24. 그림 5.67 회로에서 a, b단자 간의 전압을 측정하기 위해 내부저항이 40[kΩ]인 볼트미터를 연결했을 때의 전압을 계산하고, 연결 전보다 몇 [V]가 떨어지는가를 계산해 보아라.

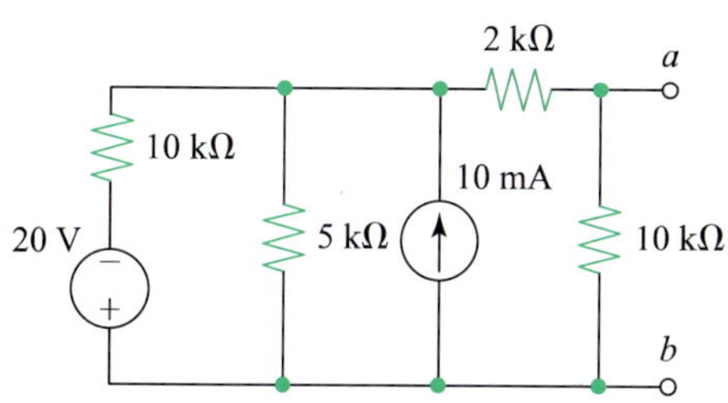

그림 5.67

25. 그림 5.68에서 d를 기준점으로 절점 b의 전압을 측정하고자 볼트미터를 연결했을 때의 전압이 3[V]라면 볼트미터의 내부저항은 얼마인가?

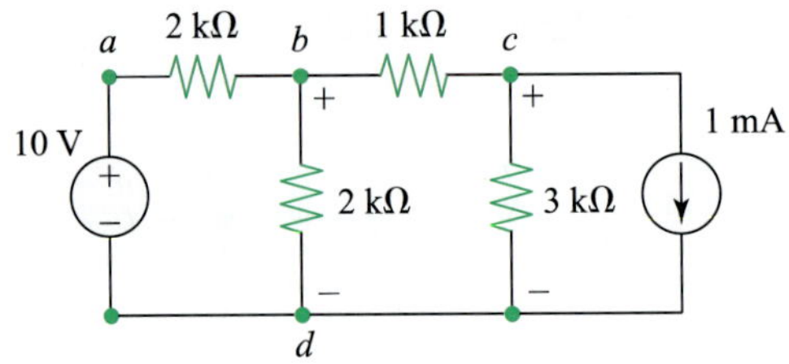

그림 5.68

26. 그림 5.69에서 전압원-전류원 변환을 이용하여 R_L에 최대 전력이 전달되는 저항값을 구하라.

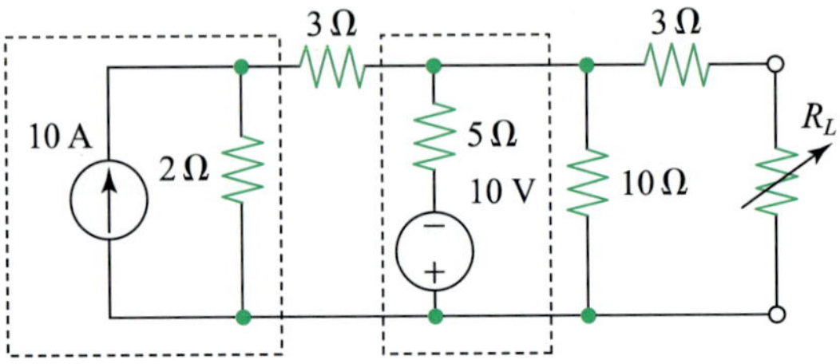

그림 5.69

27. 그림 5.70의 a, b단자의 부하(R_L)에 최대 전력이 전달되는 저항값을 구하라.

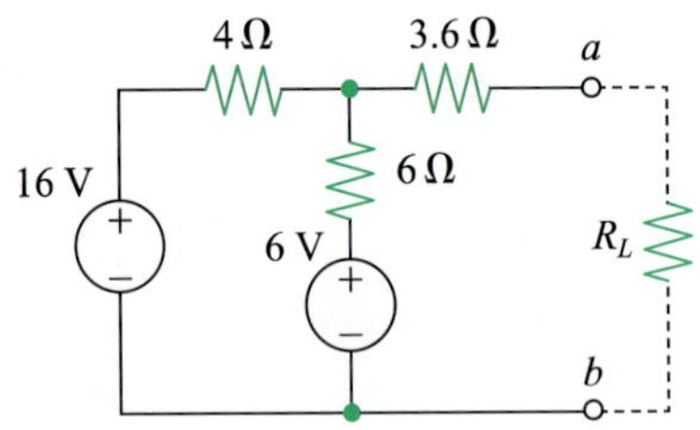

그림 5.70

28. 그림 5.71 회로의 점선부분을 $\Delta - Y$변환하여 저항 0.4[Ω]에서의 소모전력을 구하라.

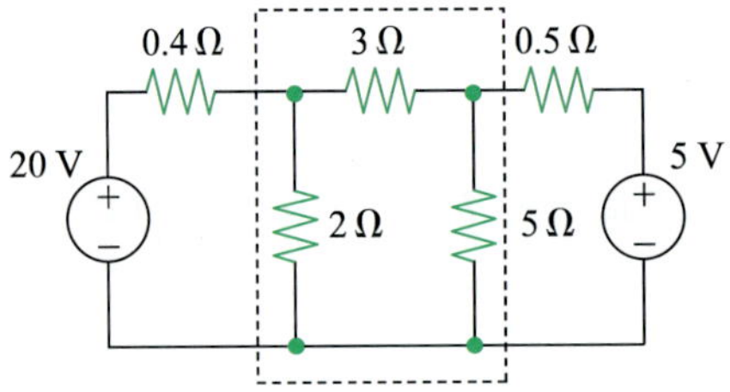

그림 5.71

29. 그림 5.72 회로 내부의 Y 저항회로를 Δ 저항회로로 바꾼 뒤 $2[\Omega]$에 흐르는 전류 i를 구하라.

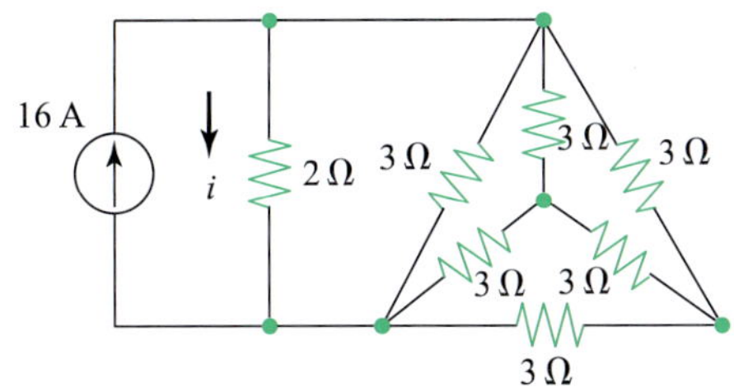

그림 5.72

30. 그림 5.73 회로에서 저항회로의 $\Delta - Y$변환에 의해 i를 구하라.

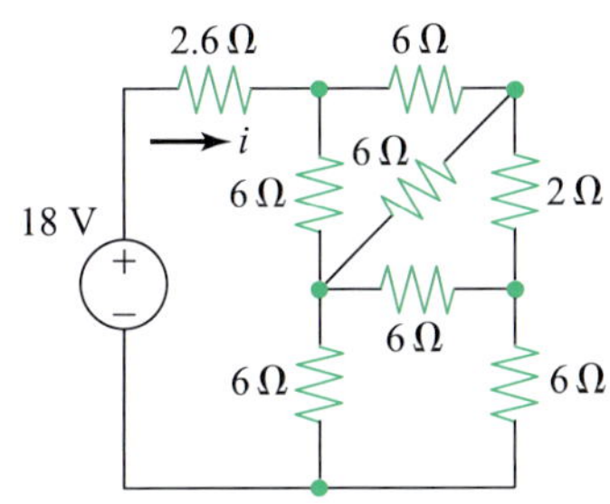

그림 5.73

Chapter 06

교류회로의 기초

이 장에서는 무엇을 배우는가?

정현파 교류의 개념, 기본 용어, 인덕터와 커패시터의 교류 특성, 변압기의 원리와 특성을 배우고 앞으로 정현파 교류해석에 필요한 복소수와 페이저의 작성법을 익힌다.

학습효과

정현파 교류해석에 필요한 기초지식을 충분히 습득하게 된다.

6.1 교류와 정현파

지금까지는 주로 직류(Direct Current : DC) 회로에 관한 설명이었지만 이 장에서는 교류(Alternating Current : AC) 회로에 대한 기초 개념을 다루기로 한다. 그림 6.1은 직류전류(DC)와 교류전류(AC) 회로를 설명하는 그림이다. 그림 6.1(a)는 한 방향으로 일정한 전류가 흐르는 직류회로이다. 반면에 그림 6.1(b)는 ⓐ점과 ⓑ점을 교대로 붙였다가 떨어짐을 반복하면 +6[V], −6[V]에 연결되므로 양 방향으로 번갈아 전류가 흐르는 교류전류 회로가 된다.

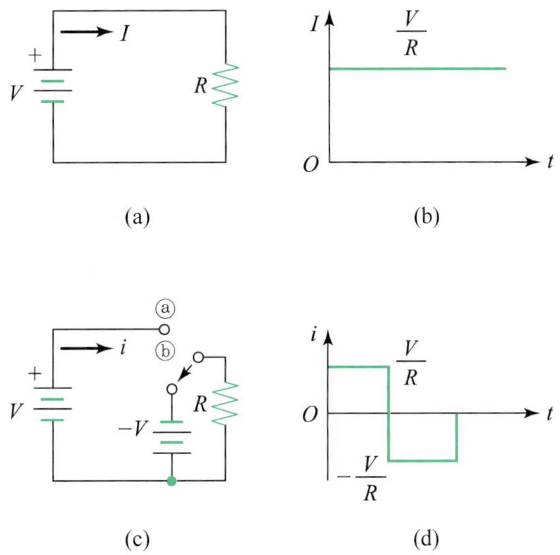

그림 6.1 DC와 AC

또 다른 교류파형으로는 그림 6.2와 같은 삼각파형과 정현파(正弦波 : sine wave)가 있으며 정현파는 대표적인 교류로서 앞으로 회로 해석에 주로 사용된다.

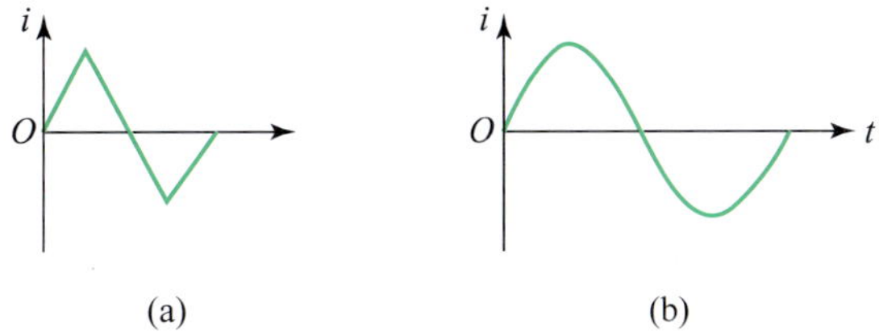

그림 6.2 교류파형

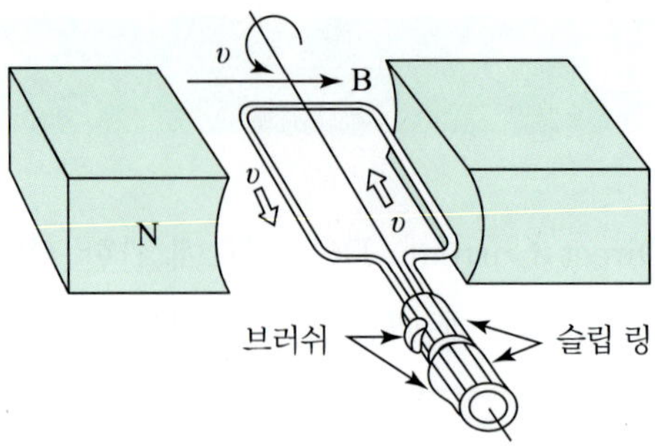

그림 6.3

그림 6.3과 같이 N극과 S극 사이의 균등자계 속에서 코일을 일정속도 v[m/s]로 회전시키면 코일 양단에 정현파 교류전압이 발생한다. 자계 속의 자속밀도를 B[T], 코일의 길이를 l이라 하면 발생하는 기전력(전압)의 크기는 아래의 식과 같다. 여기서 θ는 그림 6.4(a)와 같이 자계 속에서 자계의 방향과 이룬 각도를 말한다.

$$\text{기전력} = Blv\sin\theta \tag{6.1}$$

위의 식에서 Blv는 일정하므로 결국 기전력은 $\sin\theta$에 의해 결정되므로 사인파형(sine wave)의 전압을 얻게 된다. 그림 6.5는 코일이 균등자계 속을 1회전할 때 발생되는 기전력의 크기를 Y축, 코일의 각도 θ를 x축으로 나타낸 곡선이다. sin 0°, sin 180°에서 0[V], sin 90°에서 +최댓값, sin 270°에서 −최댓값이 된다. 식 (6.1)에서의 Blv가 최댓값이며, 이를 V_m이라 놓으면 정현파 전압 v는 아래의 식으로 나타낼 수 있다. 교류 발전기에서 나오는 전압을 정현파(正弦波) 또는 사인파(sine wave)라고 부르는 이유는 식 (6.2)에서와 같이 유도전압의 크기가 전압을 발생시키는 원운동에서 회전의 사인각(sine angle)에 비례하는 때문이다.

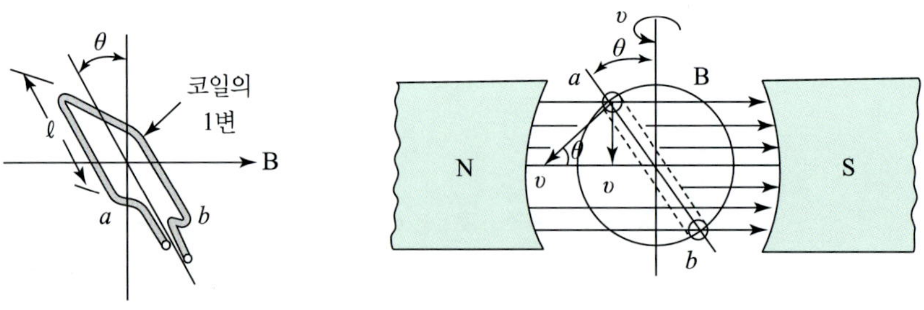

그림 6.4

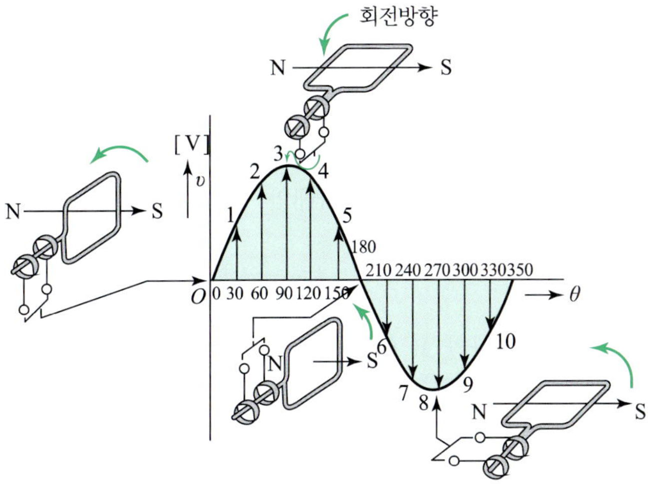

그림 6.5

$$v = V_m \sin\theta \tag{6.2}$$

그림 6.6은 용어 설명을 위해 식 (6.2)의 정현파 교류전압 그래프를 다시 나타낸 것이다. $+V_m$, $-V_m$을 +최댓값, −최댓값이라고 부르는 한편 그 이외의 θ에 따라 값이 변하는 v_1, v_2을 순시값이라 부른다. 최솟값인 0[V]에서 시작해서 +최댓값에 이르고, 다시 0[V]에 이른 뒤 −최댓값에 이르고, 다시 0[V] 돌아온다. 이를 1사이클(cycle) 또는 1주기라 부른다.

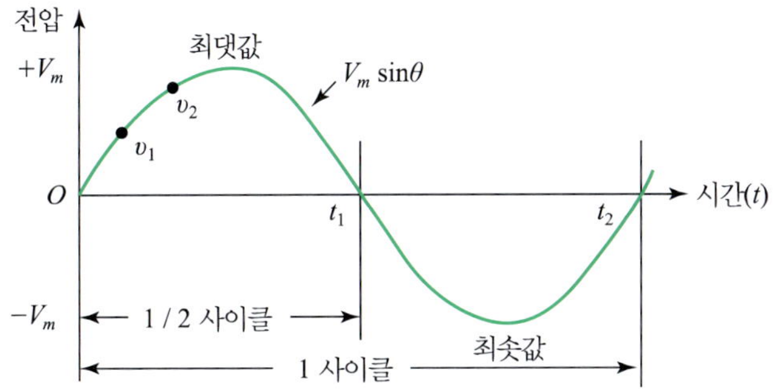

그림 6.6

(1) 주기와 주파수

정현파에서 주기는 T로 나타내며 그 단위는 초[s]이다. 주파수(frequency)는 1초에 나타나는 사이클의 수를 말하며 그 단위는 헬쯔(Heltz : Hz)이다. 보통 f로 나타낸다. 주기 T는 주파수의 역(逆)이며 그 상호 관계식은 아래와 같다.

$$T = \frac{1}{f}[\mathrm{s}],\ f = \frac{1}{T}[\mathrm{Hz}] \tag{6.3}$$

주파수와 주기는 그 크기에 따라 표 6.1과 같이 그 기본단위 Hz와 s앞에 첨자를 붙인다.

표 6.1 주파수와 주기의 단위 첨자

주파수 : f	주기 : T
$1[\mathrm{kHz}] = 1{,}000[\mathrm{Hz}] = 1 \times 10^3[\mathrm{Hz}]$	$1[\mathrm{ms}] = 1 \times 10^{-3}[\mathrm{s}]$
$1[\mathrm{MHz}] = 1{,}000{,}000[\mathrm{Hz}] = 1 \times 10^6[\mathrm{Hz}]$	$1[\mu\mathrm{s}] = 1 \times 10^{-6}[\mathrm{s}]$
$1[\mathrm{GHz}] = 1{,}000{,}000{,}000[\mathrm{Hz}] = 1 \times 10^9[\mathrm{Hz}]$	$1[\mathrm{ns}] = 1 \times 10^{-9}[\mathrm{s}]$

알고가기 : 파장이란?

주기의 변화를 거리에 대해서 생각할 때 1사이클에 포함되는 거리를 **파장**(wave length)이라 하며 λ로 표시한다. 라디오 전파는 공기 중의 공간을 통해 이동되며, 이동속도는 3×10^{10}[cm/s]이다. 파장은 속도를 주파수로 나눈 값으로 아래와 같이 표시된다.

$$\lambda = \frac{3 \times 10^8}{f}[\mathrm{m}] \tag{6.4}$$

익힘 문제 6.1

그림 6.7에서 파형의 주파수를 구하라.

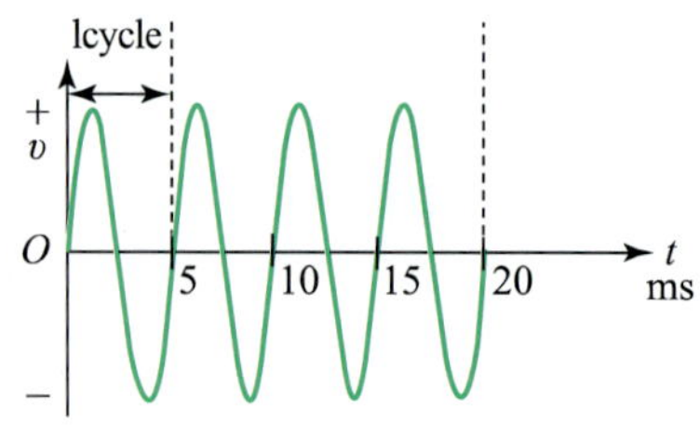

그림 6.7 주파수

풀이 주기 $T=5[\text{ms}]$이므로 주파수 $f=\dfrac{1}{T}=\dfrac{1}{5\times10^{-3}}=200[\text{Hz}]$이다.

(2) 호도법(弧度法)

앞으로 다룰 정현파 교류전압 $v=V_m\sin\theta$에서 θ에 따라 그 값이 변하기 때문에 이 각도가 매우 중요하다. 그러나 일반적으로 교류해석에서 각도 θ보다 라디안(rad)이라는 표기를 더 많이 사용되므로 먼저 이에 대한 이해가 필요하다. 라디안은 θ 대신 그림 6.8과 같이 반경 $r=1$인 단위원에서 $0°\sim360°$의 각도를 원둘레의 길이로 표시한 것이며, 이를 호도법이라 하고 단위는 (rad)이다. $r=1$이므로 한 바퀴(360°)의 원둘레의 길이가 2π이므로 180°인 경우는 π[rad]이다. 따라서 각도 θ[°]를 라디안[rad]로 바꾸는 식은 아래와 같다.

$$\theta[°]=\pi\times\frac{\theta}{180}[\text{rad}] \tag{6.5}$$

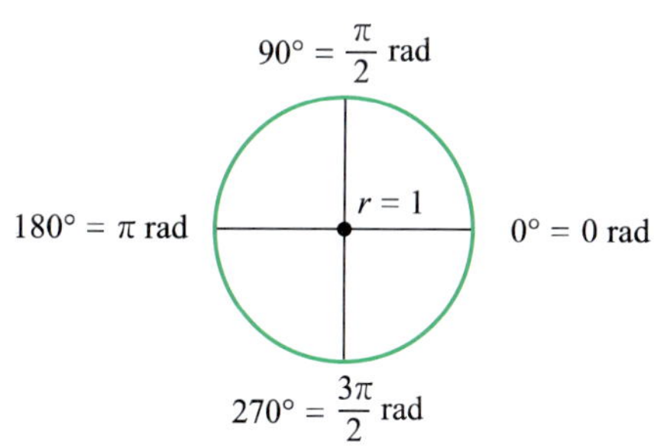

그림 6.8 라디안

익힘 문제 6.2

각도 270°를 라디안으로 바꾼 값은 얼마인가?

풀이 식 (6.5)로부터 $\pi\times\dfrac{270}{180}=\dfrac{3\pi}{2}[\text{rad}]$이다.

(3) 라디안과 정현파

그림 6.9는 라디안과 정현파의 상관도이다. 각도의 그림 6.9(a)와 같이 진행방향이 반시

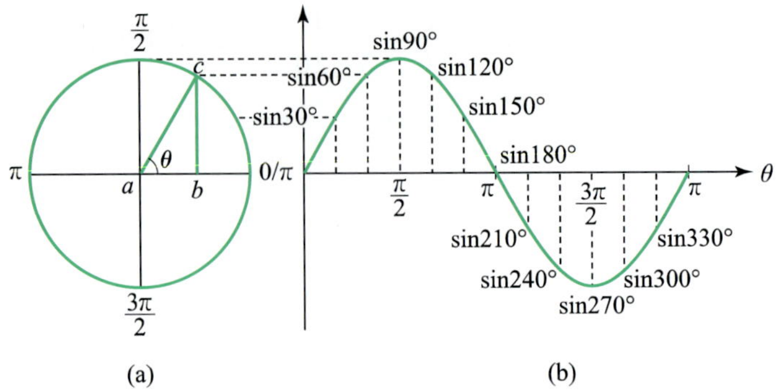

그림 6.9 라디안과 정현파

계방향으로 θ일 때 $\sin\theta$는 아래와 같으므로 $\sin\theta = bc/ac$, $bc = ac\ \sin\theta$가 되고 회전각에 따른 bc의 궤적을 그래프로 나타내면 그림 6.9(b)가 된다. 반경 r은 일정하고 교류 발전기에서 V_m은 최대 전압을 가리키고 $\sin\theta$는 회전각에 따른 전압의 비율을 나타낸다.

표 6.2는 각도, 라디안에 따른 $\sin\theta$의 값을 나타낸다.

표 6.2 θ, rad, $\sin\theta$

각도(°)	라디안(rad)	$\sin\theta$	각도(°)	라디안(rad)	$\sin\theta$
0	0	0	210	$\frac{7\pi}{6}$	$\frac{1}{2}$
30	$\frac{\pi}{6}$	$\frac{1}{2}$	225	$\frac{5\pi}{4}$	$\frac{1}{\sqrt{2}}$
45	$\frac{\pi}{4}$	$\frac{1}{\sqrt{2}}$	240	$\frac{4\pi}{3}$	$\frac{\sqrt{3}}{2}$
60	$\frac{\pi}{3}$	$\frac{\sqrt{3}}{2}$	**270**	$\frac{3\pi}{2}$	1
90	$\frac{\pi}{2}$	1	300	$\frac{5\pi}{3}$	$-\frac{1}{2}$
120	$\frac{2\pi}{3}$	$-\frac{1}{2}$	315	$\frac{7\pi}{4}$	$-\frac{1}{\sqrt{2}}$
135	$\frac{3\pi}{4}$	$-\frac{1}{\sqrt{2}}$	330	$\frac{11\pi}{6}$	$\frac{\sqrt{3}}{2}$
150	$\frac{5\pi}{6}$	$-\frac{\sqrt{3}}{2}$	**360**	2π	0
180	π	0			

(4) 각속도

앞서의 교류 발전기에서 코일의 이동속도를 각도의 속도로 나타낼 때 이를 각속도라 한다. 즉, 코일의 각속도는 θ/s 이며 1초[s]당 속도는 θ[°/s]이다. 만일 코일이 1초에 한 바퀴 이동할 때의 각속도는 360[°/s]이고, 이를 라디안으로 나타낸다면 2π[rad/s]가 된다. 따라서 주파수 f라면 1초에 f회이므로 각속도는 $2\pi f$[rad/s]가 되며, 이를 편의상 ω로 바꿔서 나타낸다.

$$\omega = 2\pi f\,[\mathrm{rad/s}] \tag{6.6}$$

주파수 f에서의 이동각도는 1초당 θf[s] 또는 $2\pi f$[rad]이므로 t[s] 후의 이동속도는 $\theta f t$[s] 즉, $2\pi f t$[rad]이다. 따라서 식 (6.2)의 정현파 전압식은 아래와 같이 고쳐 쓸 수 있다.

$$v = V_m \sin 2\pi f t\,[\mathrm{rad/s}] = V_m \sin \omega t\,[\mathrm{rad/s}] \tag{6.7}$$

일반적인 정현파 교류전압과 전류의 기호는 그림 6.10과 같다. 여기서 교류전압원의 표시는 그림 6.8처럼 원 안에 정현파 표시가 들어있다.

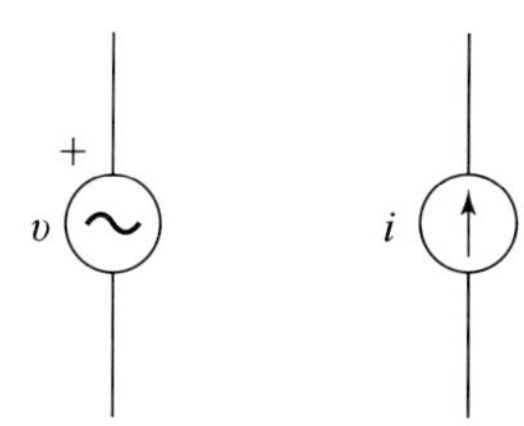

(a) 전압 (b) 전류

그림 6.10

6.2 정현파의 전압값과 전류값

그림 6.11처럼 교류전압의 정현파가 부하저항 양단에 연결되면 회로에 흐르는 전류 역시 정현파가 된다. 이때도 직류회로에서와 같이 옴의 법칙이 적용되므로 $i = \dfrac{v}{r}$가 된다.

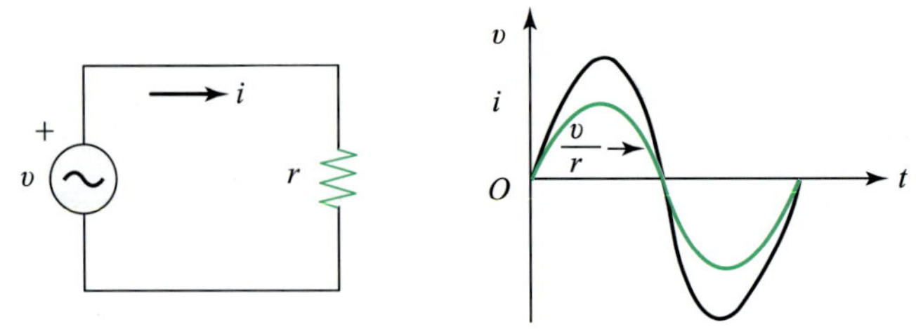

그림 6.11 교류전압과 교류전류

(1) 순시값과 최댓값

교류전압 v는 아래와 같은 식으로 표현된다.

$$v = V_m \sin 2\pi f t = V_m \sin \omega t \, [\mathrm{V}] \tag{6.8}$$

$I_m = \dfrac{V_m}{r}$로 놓으면 교류전류 i는 아래와 같으며 전압과 전류의 파형은 그림 6.11(b)와 같다.

$$i = I_m \sin 2\pi f t = I_m \sin \omega t \, [\mathrm{A}] \tag{6.9}$$

- **순시값** : 식 (6.8), 식 (6.9)에서 시간에 따라 변하는 전압 및 전류의 값 → v_1, v_2, i_1, i_2
- **최댓값**(maximum value) 또는 **피크값**(peak value) : 순시값 가운데 가장 큰 값 → V_m, I_m
- **피크 투 피크값**(peak to peak value) : 파형의 +최댓값과 −최댓값, 즉 산과 골 사이의 값을 말하며 V_{pp}, I_{pp}로 나타낸다. 따라서 $V_{pp} = 2V_m$, $I_{pp} = 2I_m$이다.

(2) 평균값

정현파 교류전압의 파형은 정(正) 사이클, 부(負) 사이클이 대칭이므로 1주기 값을 평균하면 0이 된다. 따라서 평균값은 정의 반주기의 모든 순시 값의 합을 반주기(π)로 나눈 값이다. 그림 6.12의 회색부분으로 나타낸 평균치는 등가 직류전압값을 뜻한다.

정현파 교류전압의 평균값 V_{av}, I_{av}는 아래의 식과 같다.

$$V_{av} = \frac{2V_m}{\pi} \fallingdotseq 0.637\, V_m \, [\mathrm{V}] \tag{6.10}$$

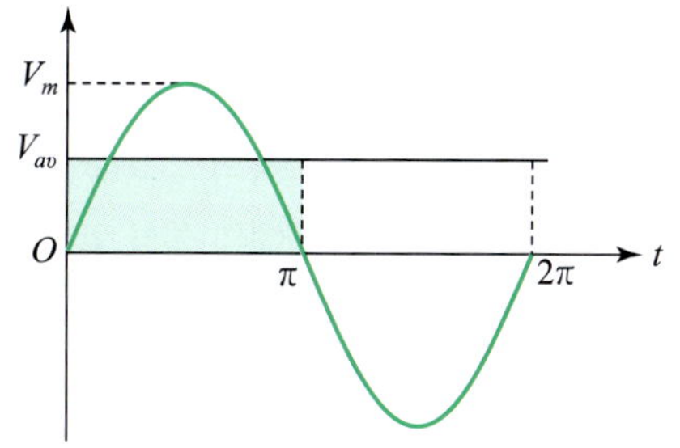

그림 6.12 평균값

$$I_{av} = \frac{2I_m}{\pi} \fallingdotseq 0.637 I_m\,[\mathrm{A}] \tag{6.11}$$

(3) 실효값

정현파 전압이나 전류값을 가장 보편적으로 나타내는 실효값 V_{rms}는 45°($\pi/4$ rad)에서의 값으로서 아래의 식과 같이 나타낸다.

$$V_{\mathrm{rms}} = \frac{V_m}{\sqrt{2}} \div 0.707\, V_m\,[\mathrm{V}] \tag{6.12}$$

$$I_{\mathrm{rms}} = \frac{I_m}{\sqrt{2}} \fallingdotseq 707 I_m\,[\mathrm{A}] \tag{6.13}$$

모든 각에서의 순시전류의 제곱의 평균값의 제곱근을 구한 값이라고 해서 순시값을 rms(root means squre)라고도 부른다. 그림 6.13은 이 값을 계산하는 파형을 나타낸다. 그 결과는 아래와 같다.

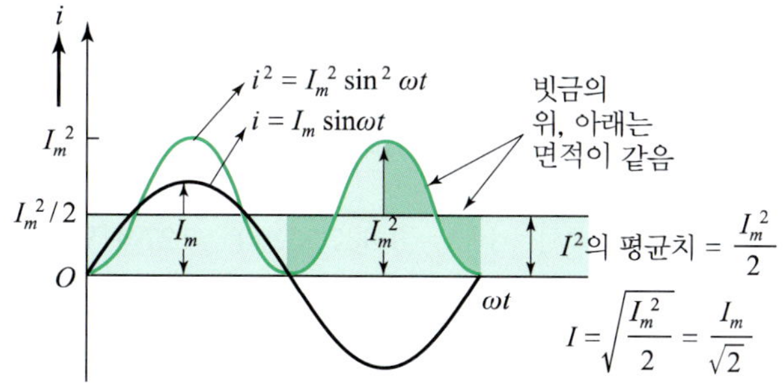

그림 6.13 실효값의 계산파형

알고가기 : 직류 같은 교류

'직류가 하는 것과 동등한 일을 하는 교류의 값'을 교류의 실효값이라고도 말한다.
예를 들면 직류전압(DC) 100[V]로 용기에 담긴 20[°C]의 물을 25[°C]로 5[°C] 높이는 데 10[분]이 걸렸는데, 교류전압(AC) 100[V]도 같은 조건에서 같은 일을 하는 데 걸리는 시간 역시 10[분]이 걸렸다면 이 전압이 교류의 실효값이다. 그러나 따지고 보면 이 교류 전압의 최댓값은 $\sqrt{2}$ 배인 AC 141[V]이다. 즉, DC 100V ≈ AC 실효값 100V ≈ AC 최댓값 141 V이다.

익힘 문제 6.3

그림 6.14에서 최댓값 V_m, 피크 투 피크값 V_{pp}, 평균값 V_{av}, 순시값 v_1, v_2, v_3을 구하라.

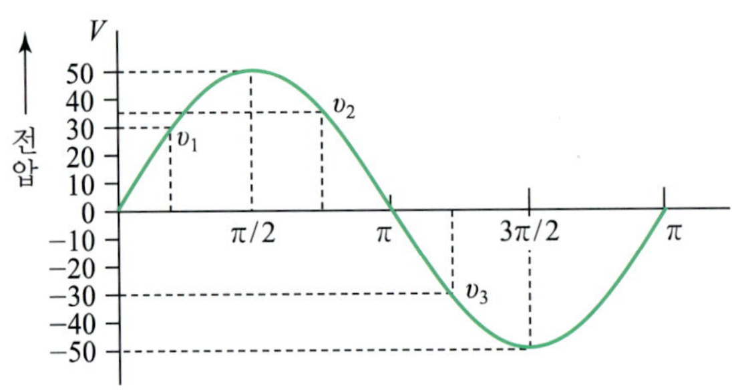

그림 6.14

풀이 $V_m = 50[\text{V}]$, $V_{pp} = 2V_m = 2 \times 50 = 100[\text{V}]$,
$V_{av} = 0.637V_m = 0.637 \times 50 = 31.85[\text{V}]$, $v_1 = 30[\text{V}]$, $v_2 = 35[\text{V}]$, $v_3 = -30[\text{V}]$

익힘 문제 6.4

정현파 전압의 실효값이 200[V]이면 최댓값과 평균값은 얼마인가?

풀이 $V_m = 1.414 \times 200 = 282.8[\text{V}]$, $V_{av} = 0.637 \times 200 = 127.4[\text{V}]$

정현파 전압이나 전류의 파형을 관찰하면서 그 주기 또는 주파수나 전압 및 전류의 크기를 측정할 수 있는 대표적인 장비가 오실로스코프이다. 최근에는 디지털스토지스코프도 사용되고 있지만, 다소 고가이므로 그림 6.15(a)와 같은 보편적인 2채널 오실로스코프의 사

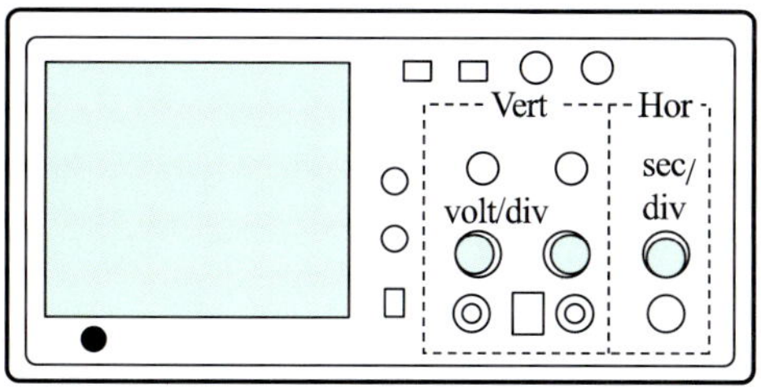

(a) 외관

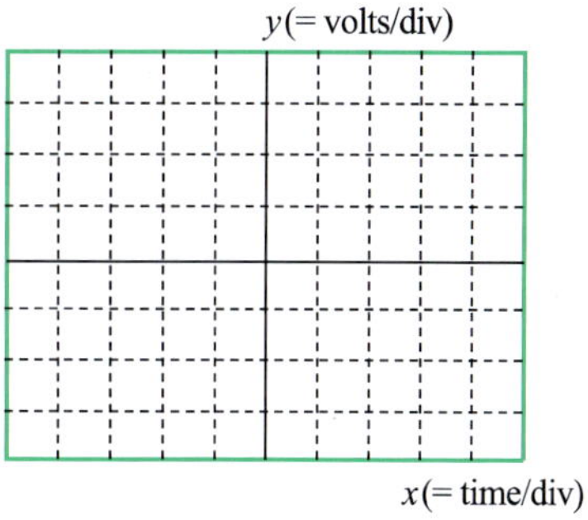

(b) 표시화면

그림 6.15 오실로스코프

용법을 간단히 설명한다. 일단 전원을 켜고, 밝기(intensity)나 초점(focus)을 맞추고 동기(sync)를 맞춘 다음에 A채널 또는 B채널을 선택한 상태에서의 주기 또는 전압 및 전류의 측정순서는 아래와 같다.

그림 6.15(a), (b)의 오실로스코프와 표시화면에서

1. 수직부의 volts/div 조절 손잡이 스위치를 돌려가면서 측정 정현파 파형이 위·아래가 잘리지 않고 나타나는 위치에 맞추고 그 스위치의 단위와 수직눈금을 읽는다.
   [예] 5 V, 3칸.
2. 수평부의 time/div 조절 손잡이 스위치를 돌려가면서 측정 정현파 파형의 사이클을 헤아릴 수 있는 정도의 위치에 맞추고, 그 위치의 단위와 1사이클의 수평눈금 간격을 읽는다. [예] 2 ms, 2칸(전체 눈금 10개 사이에 5 사이클)
3. 읽은 데이터로 그 크기와 주파수를 계산한다.
   [예]의 데이터로 계산한다면 전압의 $V_m = 5[\mathrm{V}] \times 3 = 15[\mathrm{V}]$, 주기 $T = 2[\mathrm{ms}] \times 2 = 4[\mathrm{ms}] = 4 \times 10^{-3}[\mathrm{s}]$이므로 주파수는

$$f = \frac{1}{T} = \frac{1}{4 \times 10^{-3}} = 250[\mathrm{Hz}]$$

이다.

익힘 문제 6.5

그림 6.16에서 정현파 전압의 주파수와 실효값을 구하라. 단, vert/div는 1 V, sec/div는 ms 위치에 있다.

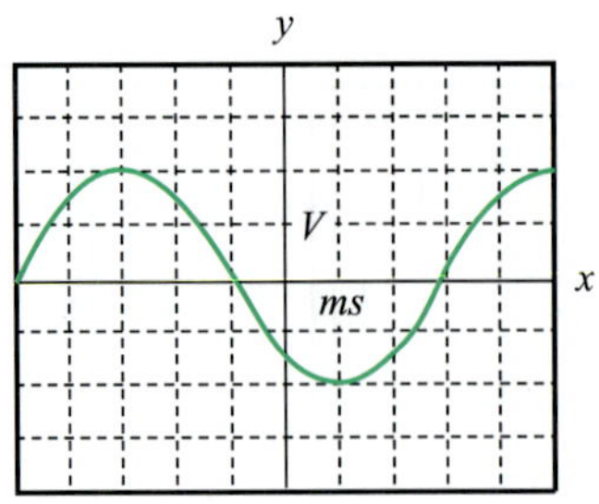

그림 6.16

풀이 y축에서 정현파 전압의 최댓값은 위 · 아래가 2칸이므로 $V_m = 1[\mathrm{V}] \times 2 = 2[\mathrm{V}]$, 따라서 $V_{\mathrm{rms}} = 2 \times 0.707 \fallingdotseq 1.414[\mathrm{V}]$, x축에서 1사이클의 주기는 8칸이므로

$$T = 8 \times 10^{-3}[\mathrm{s}] \quad \therefore f = \frac{1}{T} = \frac{1}{8 \times 10^{-3}} = 125[\mathrm{Hz}]$$

6.3 위상각

그림 6.17에서 A는 전압의 출발점이 0, B는 + 최댓값에서 출발한 정현파이다. 파형 B가 파형 A보다 90° 앞서서 최댓값이 나타난다. 이때 B와 A 사이의 차이가 나는 각도 90°를 위상각(位相角 : phase angle) 또는 위상차(位相差)라 한다. 90°는 $\pi/2$[rad]이므로 파형 A와 파형 B를 정현파 식으로 표현하면 아래와 같다.

$$\text{파형 A: } V_m \sin\omega t[\mathrm{V}] \tag{6.14}$$

$$\text{파형 B: } V_m \sin\left(\omega t + \frac{\pi}{2}\right)[\mathrm{V}] \tag{6.15}$$

위의 식 (6.15)에서 $t = 0$으로 놓으면 $\omega t = 0$이므로 $V_m \sin\frac{\pi}{2} = V_m \times 1 = V_m$이 되어 시작점에서 + 최댓값이 됨을 알 수 있다. 일반적으로 $\sin(\omega t + \phi)$는 $\sin \omega t$에 비해 위상이 ϕ[rad]만큼 앞선다는 것을 이해할 필요가 있다. 반대로 $\sin(\omega t - \phi)$는 $\sin \omega t$에 비해 위상이 ϕ[rad]만큼 뒤진다. 여기서 $\sin(\omega t + \pi/2) = \cos\omega t$이므로 파형 B는 여현파(cosine wave)이다.

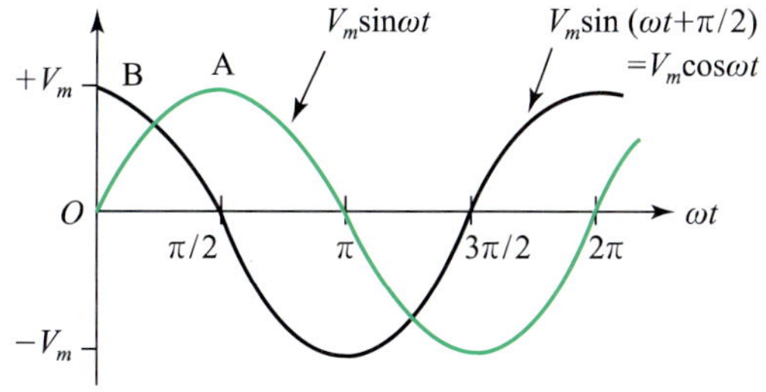

그림 6.17 두 파형의 $\frac{\pi}{2}$ 위상차

교류를 전원으로 한 L이나 C회로에서 전압과 전류 사이에는 위상차가 생기며 $\sin\omega t$에 $+\phi$ 또는 $-\phi$가 ωt에 첨가된다. $+\phi$가 붙는 경우에는 그림 6.18(a)와 같이 전류의 위상이 전압보다 빠른 경우이고, $-\phi$가 붙는 경우에는 그림 6.18(b)와 같이 전류의 위상이 전압보다 느린 경우이다.

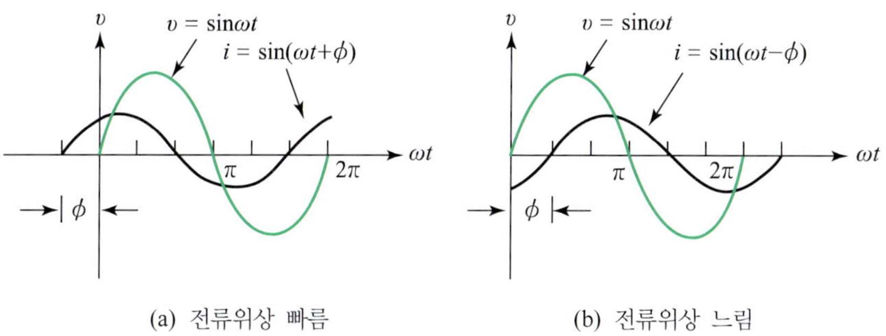

그림 6.18 전압과 전류의 위상차

그림 6.19(a)는 전압 또는 전류의 크기만 다를 뿐 위상이 같은 동상(同相)이다. 그림 6.19(b)는 180°(π)의 위상차를 갖는 경우이며 역위상(逆位相) 파형이라 한다.

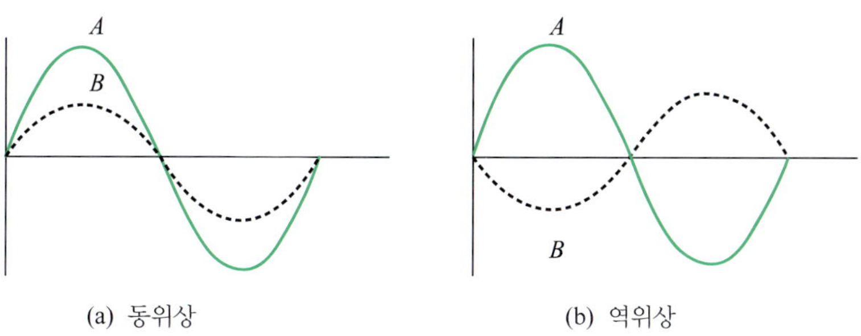

그림 6.19 동위상과 역위상

익힘 문제 6.6

전압과 전류의 식이 아래와 같을 때 전압에 비해 전류의 위상은 얼마만큼 빠른가. 또는 늦은가?

$$v = V_m \sin\left(\omega t - \frac{\pi}{2}\right)[\mathrm{V}]$$

$$i = I_m \sin\left(\omega t + \frac{\pi}{2}\right)[\mathrm{A}]$$

풀이 $\frac{\pi}{2} - \left(-\frac{\pi}{2}\right) = \pi$만큼 전류 i가 위상이 빠르다.

6.4 인덕터

(1) 자기유도

그림 6.20과 같이 코일에 전류를 흘리면 코일 안을 관통하는 자속(磁束)이 발생한다. 이때 전류를 증감(Δi)시키면 코일 내의 자속도 변화하므로 전자유도(電磁誘導)에 의해 코일 내에서는 자속의 변화를 방해하는 방향으로 기전력(起電力)이 발생한다. 이러한 현상을 자기유도(self induction)라 한다. 발생하는 기전력 v는 아래의 식과 같이 코일을 관통하는 자속의 시간적 변화($\Delta\phi/\Delta t$)와 코일의 권수(n)의 곱에 비례한다.

$$v = -n\frac{\Delta\phi}{\Delta t}[\mathrm{V}] \tag{6.16}$$

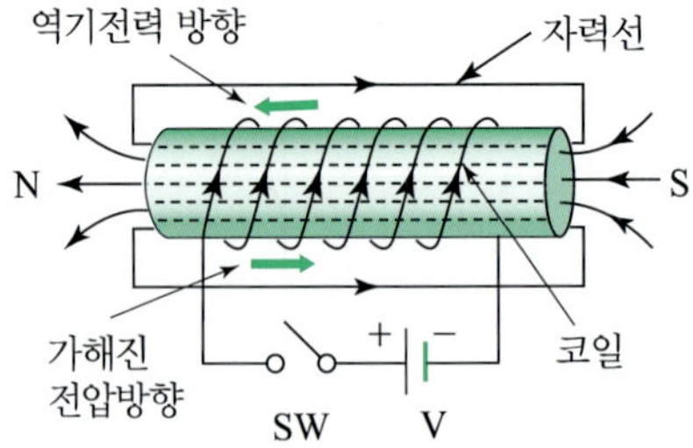

그림 6.20 자기유도

위의 식에서 부호 $-$는 전류의 흐름에 의해 발생하는 자속의 방향에 반대인 자속의 방향이라는 자속의 관성법칙을 의미하는 렌츠의 법칙(Lenz's Law)에 의해 붙여진 것이다. 총 자속($n\phi$)은 전류의 변화이므로 아래와 같이 바꿔 쓸 수가 있다.

$$v = -L\frac{\Delta I}{\Delta t} = -L\frac{di}{dt}[\mathrm{V}] \tag{6.17}$$

위의 식에서 비례정수 L을 자기 인덕턴스(self inductance)라 하며 그 단위는 헨리(H)이다. 식 (6.17)로부터 1초간에 1[A]의 전류변화가 있었을 때 1[V]의 유도 기전력을 일으키는 코일의 자기 인덕턴스를 1[H]라고 정의한다. 식 (6.17)에서 부호를 생략하고 양변에 dt를 곱해주면

$$v\,dt = L\frac{di}{dt}dt = L\,di \tag{6.18}$$

식 (6.18)의 양변의 좌우를 바꾸어 놓고 편의상 아래와 같이 적분하면

$$L\int_{i(t_0)}^{i(t)} dx = \int_{t_0}^{t} v\,d\tau \tag{6.19}$$

이를 풀어 $i(t)$에 관한 식으로 정리하면

$$i(t) = \frac{1}{L}\int_{t_0}^{t} v\,d\tau + i(t_0) \tag{6.20}$$

여기서 $i(t)$는 시간에 관한 함수이고 $i(t_0)$는 $t=0$에서의 전류값이므로 아래와 같다

$$i(t) = \frac{1}{L}\int_{t_0}^{t} v\,d\tau + i(0) \tag{6.21}$$

익힘 문제 6.7

코일에 흐르는 전류가 2초간에 0[A]에서 4[A]로 변화하였을 때 0.5[V]의 유도 기전력이 발생하였다면 코일의 자기 인덕턴스는 얼마인가?

풀이 식 (6.17)로부터 $L = -\frac{\Delta t}{\Delta I}\times v = -\frac{2}{4-0}\times(-0.5) = 0.25[\mathrm{H}]$

익힘 문제 6.8

그림 6.21의 코일(인덕터)회로에서 전류원이 $t < 0$에서 $i = 0[\mathrm{A}]$, $t \geq 0$에서 $i = 20te^{-10t}[\mathrm{A}]$ 일 때 아래의 질문에 답하라.

① 시간의 변화에 따른 전류파형을 스케치하여라.

② 전류가 최대로 되는 시간(t)은 몇 초(s) 후인가?

③ 인덕터(100 mH)에 걸리는 전압의 식을 나타내어라.

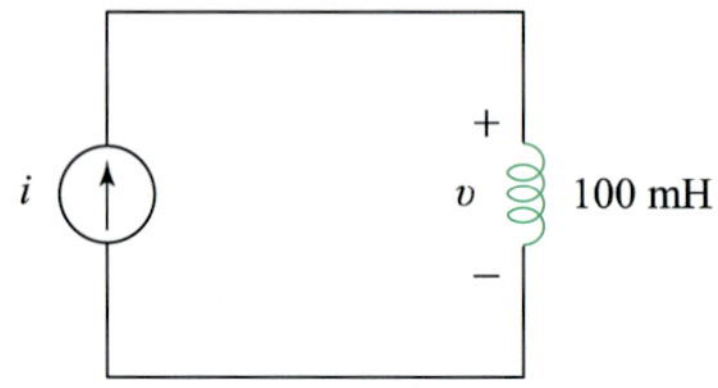

그림 6.21

풀이 ① 그림 6.22와 같다.

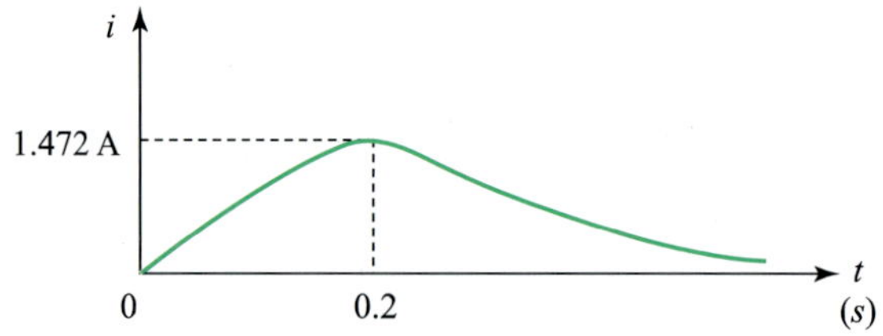

그림 6.22

② $t = 0$에서 $i = 0$, 즉 $i(0) = 0$이고, $t \geq 0$에서는 식 (6.21)에 $v(t)$를 대입하여 풀면

$$i(t) = \frac{1}{100 \times 10^{-3}} \int_0^t 20\tau e^{-10\tau} d\tau + 0 = 200\left[\frac{-e^{-10\tau}}{100}(10\tau + 1)\right]_0^t$$
$$= 2(1 - 10te^{-10t} - e^{-10t})[\mathrm{A}]$$

유도 기전력을 일으키는 코일을 인덕터(inductor)라 한다. 그림 6.23에서와 같이 코일은 도선을 여러 차례 감아서 만들어진다. 인덕턴스를 증가시키기 위해 그림 6.23과 같이 코일은 내부에 투자율이 높은 코어를 집어넣는 경우가 많다.

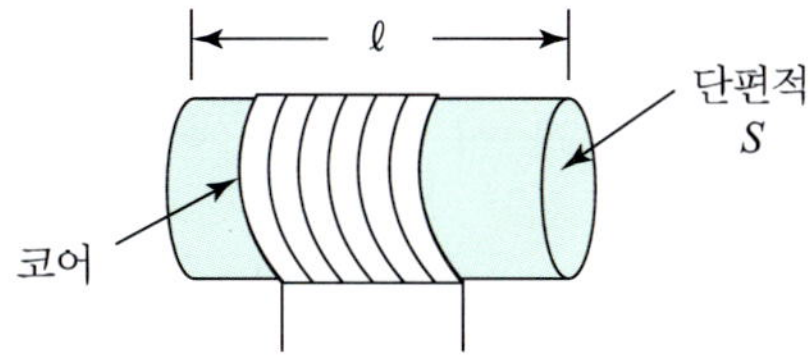

그림 6.23 인덕터 코일

그림 6.23에서 코일의 자기 인덕턴스 L은 아래의 식과 같이 코어의 투자율 μ와 그 단면적 S 및 권선수(n)의 제곱에 비례하고 그 길이에 반비례한다.

$$L = \frac{n^2 \mu S}{l} [\mathrm{H}] \tag{6.22}$$

그림 6.24(a)는 자기 인덕턴스의 기호를 나타내며, 그림 6.24(b)는 철심코어인 경우의 기호이다.

그림 6.24 인덕터의 표시기호

인덕터의 종류는 여러 가지이며 용도에 따라 다양한 제품이 시중에 나와 있다.

(2) 인덕터의 직렬연결

그림 6.25(a)는 교류전원에 인덕턴스 L_1, L_2, L_3을 직렬로 연결한 회로이다.

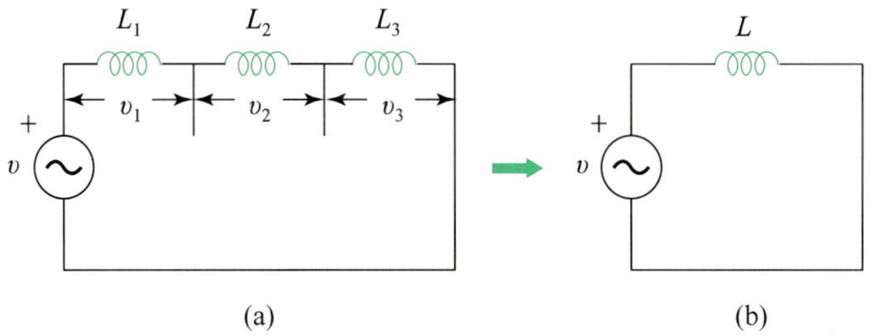

그림 6.25 인덕턴스의 직렬연결

그림 6.25(a)에서 각 인덕턴스에 유도되는 기전력을 v_1, v_2, v_3이라면, 전압 관계식은 키르히호프의 전압법칙 $v = v_1 + v_2 + v_3$과 식 (6.17)을 이용하면

$$v = -L\frac{di}{dt} = -L_1\frac{di}{dt} - L_2\frac{di}{dt} - L_3\frac{di}{dt} = -(L_1 + L_2 + L_3)\frac{di}{dt}$$

로부터 아래의 식이 구해진다.

$$L = L_1 + L_2 + L_3 \tag{6.23}$$

위의 결과로부터 코일을 직렬로 연결하면 합성 인덕턴스는 개별 인덕턴스의 합이 된다는 것을 알 수 있으며, 이것은 저항의 직렬접속과 같은 결과이다.

(3) 인덕터의 병렬연결

그림 6.26(a)는 3개의 인덕턴스 L_1, L_2, L_3을 병렬로 연결한 교류회로이다.

식 (6.21)에서 편의상 $i(0) = 0$으로 놓고 그림 6.26에 이 식을 적용하면

$$i(t) = \frac{1}{L}\int_{t_0}^{t} v\,d\tau = \frac{1}{L_1}\int_{t_0}^{t} v\,d\tau + \frac{1}{L_2}\int_{t_0}^{t} v\,d\tau + \frac{1}{L_3}\int_{t_0}^{t} v\,d\tau$$

로부터 아래의 관계식이 얻어진다.

$$\frac{1}{L} = \frac{1}{L_1} + \frac{1}{L_2} + \frac{1}{L_3} \tag{6.24}$$

$$L = \frac{1}{\dfrac{1}{L_1} + \dfrac{1}{L_2} + \dfrac{1}{L_3}} \tag{6.25}$$

위의 결과로부터 인덕턴스의 병렬접속 시 합성 인덕턴스는 저항의 병렬접속과 같음을 알 수 있다.

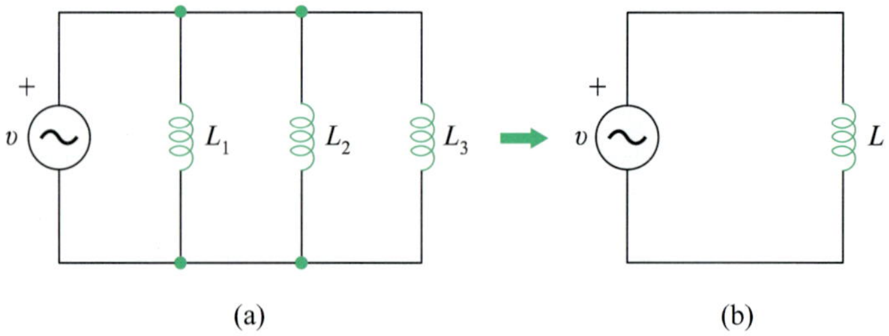

그림 6.26 인덕턴스의 병렬연결

익힘 문제 6.9

그림 6.25에서 $L_1 = 2[\mathrm{mH}]$, $L_2 = 3[\mathrm{mH}]$, $L_3 = 5[\mathrm{mH}]$이면 L은 얼마인가?

풀이 식 (6.23)에 의해 $L = 2 + 3 + 5 = 10[\mathrm{mH}]$이다.

익힘 문제 6.10

그림 6.26에서 $L_1 = 2[\mathrm{mH}]$, $L_2 = 8[\mathrm{mH}]$, $L_3 = 4[\mathrm{mH}]$이면 L은 얼마인가?

풀이 식 (6.25)에 의해 L은 아래와 같다.

$$L = \frac{1}{\frac{1}{2} + \frac{1}{8} + \frac{1}{4}} = \frac{8}{7}[\mathrm{mH}]$$

(4) 인덕터의 전력과 에너지

인덕터에 전압이 가해지고 전류가 흐르면 인덕터의 자계 내에 에너지가 저장된다. 그림 6.27은 인덕터에 교류전류 i가 흘렀을 때 인덕터에 유도되는 전압이 v이면 전력은 $p = vi$이고 그 전력파형을 나타낸다(회색부). 전력파형의 정(+) 사이클에서는 전력이 인덕터에 유입되지만 부(−) 사이클에서는 인덕터로부터 유출됨을 알 수 있다. 즉 정현파 전류가 인덕터에 흐르면 에너지가 저장되었다가 방출됨을 반복한다는 의미이다. 인덕터에 교류전압을 연결한 경우에 흐르는 전류와 전압은 시간에 따라 변하므로 $i(t)$와 $v(t)$로 설명해야 하지만 편의상 v, i로 표기한다. 다시 전력의 식을 적으면 아래와 같다.

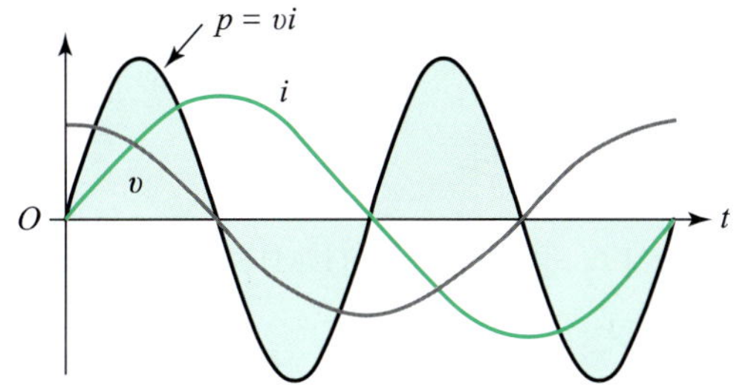

그림 6.27 인덕터의 전력파형

$$p = vi\,[\mathrm{W}] \tag{6.26}$$

위의 식에 $v = L\dfrac{di}{dt}$를 대입하면

$$p = Li\frac{di}{dt}\,[\mathrm{W}] \tag{6.27}$$

유입되는 에너지 w는 전력에 대하여 적분을 취하면 되므로

$$w = \int_0^t Li\frac{di}{dt}dt = \int_0^i Li\,di = \frac{1}{2}Li^2\,[\mathrm{J}] \tag{6.28}$$

익힘 문제 6.11

인덕터에 흐르는 전류가 그림 6.28과 같을 때 인덕터에 유입되는 전력의 식 및 2초 동안 인덕터에 축적되는 에너지는 얼마인가? 단, $L = 0.4\,[\mathrm{H}]$이다.

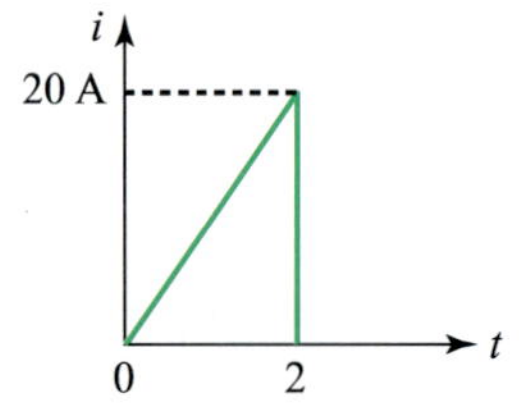

그림 6.28 인덕터의 전류파형

풀이 $0 < t \le 2$에서 전류의 식은 $i = 10t\,[\mathrm{A}]$이고,

전압 $v = L\dfrac{di}{dt}$에 의해 $v = 0.4 \times \dfrac{20}{2} = 4\,[\mathrm{V}]$이므로 $p = vi = 4 \times 10t = 40t$,

$w(t) = \displaystyle\int_0^2 40t\,dt = 40 \times \frac{2^2}{2} = 80\,[\mathrm{J}]$ 또는 $w = 1/2 \times 0.4 \times (20)^2 = 80\,[\mathrm{J}]$

인덕터의 주요한 용도는 아래와 같다.

1. **각종 필터** : 고주파 노이즈 필터, 전자파(EMI) 필터, 낙뇌 필터, 정류전압 필터
2. **변압기** : 전압의 강압 또는 승압
3. **동조회로** : LC 공진회로
4. 솔레노이드, 릴레이

(5) 상호 인덕턴스

1) 상호유도와 유도 기전력

앞에서는 자계와 연계된 인덕터의 단일회로를 다루었지만, 그림 6.29와 같이 2개의 코일이 인접된 상태에서 한 쪽 코일에 스위치(SW)를 닫아서 1차 코일에 순간적으로 전류를 흘리면(i_1) 2차 코일에 반작용 자속이 역방향으로 관통하면서 전류(i_2)가 흐르게 되어 부하(R)에 전압이 발생한다. 이와 같이 결합된 코일에 서로 전류가 흐르면서 상대측 코일에 유도전류를 흘리는 현상을 상호유도(相互誘導)라 한다. 지금 1차 코일에 흐르는 전류가 dt [초]에 dI[A]만큼 변화해서 2차 코일에 관통하는 자속이 $d\phi$[wb]만큼 변화했다면 2차 코일에 유도되는 기전력 v_2는 아래와 같다.

$$v_2 = -n_2 \frac{d\phi}{dt} [\mathrm{V}] \tag{6.29}$$

위의 식에서 n_2는 2차 코일의 권수이다. 자속의 변화에 따라 전류 또한 비례해서 변하므로 상호유도에 의한 기전력 v_m은 di/dt에 비례하며 이때의 비례정수를 M이라 한다.

$$v_m = -M \frac{di}{dt} [\mathrm{V}] \tag{6.30}$$

위의 식에서 M을 상호 인덕턴스(mutual inductance)라 하며, 상호 인덕턴스는 코일의 결합 형태, 권수에 의해 결정되며 그 단위는 자기 인덕턴스와 같이 [H]이다. $v_2 = v_m$이므로 식 (6.29)와 식 (6.30)으로부터 $n_2 d\phi = M di$가 되므로 1차 코일에 i_1[A]의 전류가 흐르고 2차 코일을 관통하는 자속이 ϕ라면 아래의 관계식이 얻어진다.

$$n_2 \phi = M i_1 \tag{6.31}$$

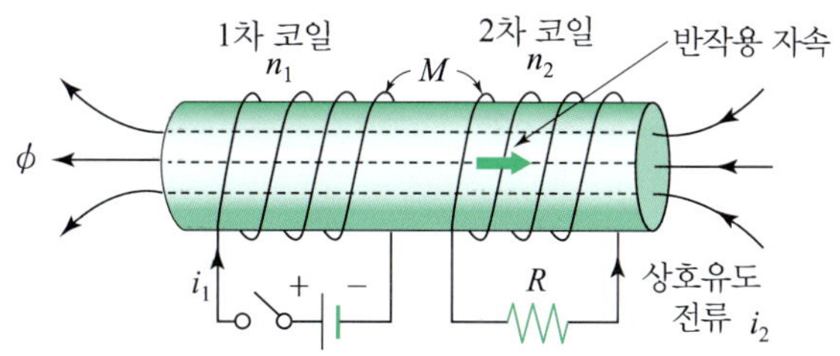

그림 6.29 상호 인덕턴스

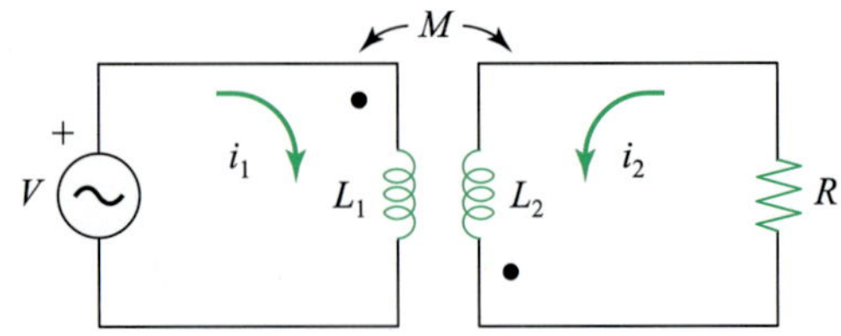

그림 6.30 상호 인덕턴스 회로

$$M = \frac{n_2 \phi}{i_1} \tag{6.32}$$

그림 6.29의 상호 유도회로를 그림 6.30과 같이 표시할 때 코일 L_1에 자기 유도되는 전압이 $L(di_1/dt)$라면 반작용 자속에 의해 발생되는 상호 유도전압은 $M(di_2/dt)$가 된다.

그림 6.30에서 코일의 극성표시로 도트(●)를 사용하고 있다. 그림 6.31은 이에 대해서 좀 더 자세히 설명한 그림이다. 그림 6.31(a)는 1차 코일과 2차 코일 모두가 밖에서 안쪽으로 감겨 있기 때문에 그림 6.31(c)처럼 유입, 유출전류 i_1, i_2쪽 코일방향에 도트를 찍는다. 그러나 그림 6.31(b)는 1차와 2차 코일의 권선방향이 서로 반대이므로 자속방향이 반대가 된다. 따라서 그림 6.31(d)처럼 i_2쪽은 i_1쪽과는 반대로 L_2아래쪽에 도트를 찍는다. 그림 6.30은 그림 6.25(b), (d)에 해당한다.

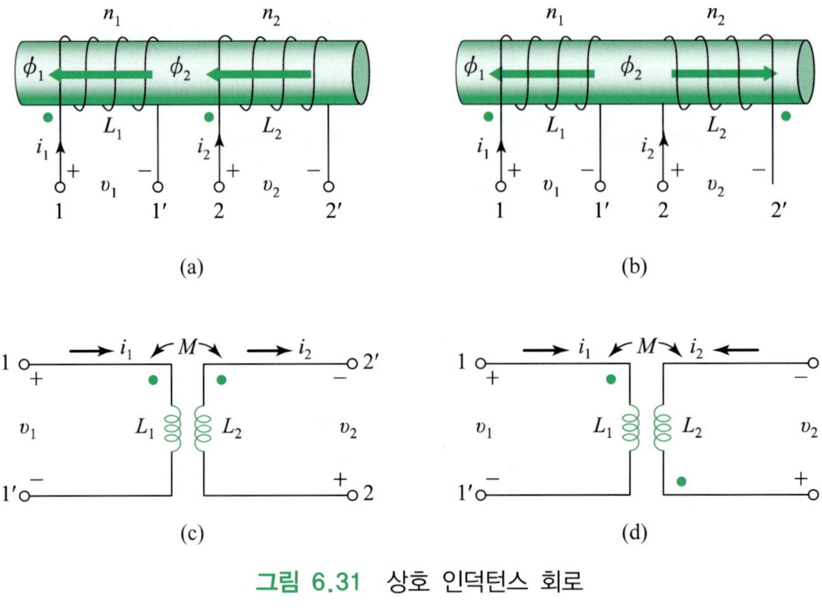

그림 6.31 상호 인덕턴스 회로

익힘 문제 6.12

같은 철심에 1차와 2차 코일이 감겨져 있을 때 1차 코일의 전류가 5초간에 0[A]에서 8[A]로 증가한다. 그때 2차 코일에 발생하는 상호 유도 기전력은 얼마인가? 단, $M=50[\mathrm{mH}]$이다.

풀이 식 (6.30)으로부터

$$v_m = -M\frac{di}{dt} = -50\times10^{-3}\times\frac{8-0}{5} = 80\times10^{-3} = -80[\mathrm{mV}]$$

2) 철심 자계결합 회로

앞서의 설명을 철심 자계결합 상호 인덕턴스에 확대해서 설명해 보기로 한다. 그림 6.32는 변압기에 사용되는 철심 위에 1차 코일측에 교류전압 v_1을 가했을 때 1차 코일 및 2차 코일에 발생하는 자속을 나타내고 있다. n_1, n_2는 1차와 2차측 코일의 권수이다. ϕ_{11}은 1차 전류 i_1에 의해 1차 코일에 발생되는 자속이고, ϕ_{21}은 1차 코일의 전류에 의해 생기는 2차 코일의 쇄교 자속이다. 따라서 1차 코일에서 발생되는 총 자속 ϕ_1은 아래와 같다.

$$\phi_1 = \phi_{11} + \phi_{21} \tag{6.33}$$

또한 그림 6.33은 그림 6.31과는 반대로 2차 코일측에 교류전압 v_2를 가했을 때의 회로이며, ϕ_{22}는 2차 전류에 의해 2차 코일에 발생되는 자속성분이고, ϕ_{12}는 2차 코일의 상호 유도로 1차 코일측에 발생되는 자속성분이다. 따라서 2차 코일에 발생되는 총 자속 ϕ_2는 이들의 합으로 아래와 같다.

$$\phi_2 = \phi_{22} + \phi_{12} \tag{6.34}$$

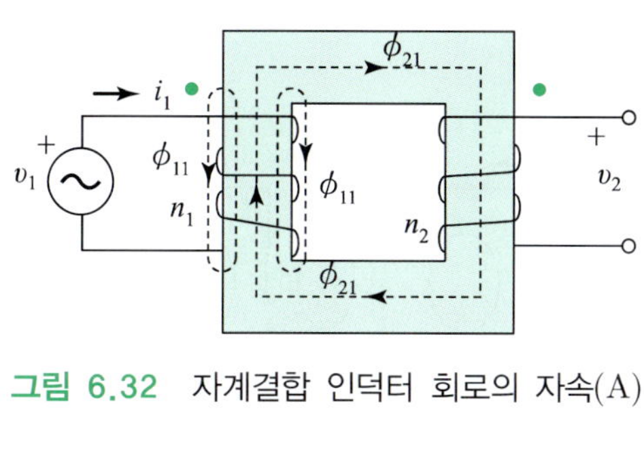

그림 6.32 자계결합 인덕터 회로의 자속(A)

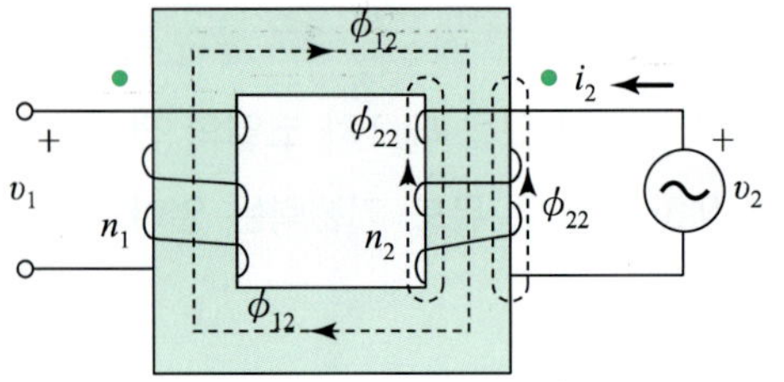

그림 6.33 자계결합 인덕터 회로의 자속(B)

1차 및 2차 코일에서 발생하는 전체 자속을 λ_1, λ_2라 하면 이들은 자기유도 자속 ϕ_{11}, ϕ_{22} 성분과 상호유도 자속 성분 ϕ_{21}, ϕ_{12}의 합 또는 차로 구성된다. 그림 6.34 회로의 예를 들면 1차와 2차 자속의 방향이 다른 경우이므로 아래와 같다.

$$\lambda_1 = n_1\phi_{11} + n_1\phi_{21} - n_1\phi_{12} = n_1\phi_1 - n_1\phi_{12} \tag{6.35}$$

$$\lambda_2 = n_2\phi_{22} + n_2\phi_{12} - n_2\phi_{21} = n_2\phi_2 - n_2\phi_{21} \tag{6.36}$$

그림 6.34에서 $v_1 = d\lambda_1/dt$, $v_2 = v_2/dt$이므로 식 (6.35), 식 (6.36)을 대입하면

$$v_1 = \frac{d(n_1\phi_1)}{dt} - \frac{d(n_1\phi_{12})}{dt} \tag{6.37}$$

$$v_2 = \frac{d(n_2\phi_2)}{dt} - \frac{d(n_2\phi_{21})}{dt} \tag{6.38}$$

위의 두 식에서 $d(n_1\phi_1)/dt$, $d(n_2\phi_2)/dt$는 1, 2차 코일의 자기 인덕턴스에 의한 전압성분이므로 각각 $(L_1 di_1)/dt$, $(L_2 di_2)/dt$와 같다. 따라서 아래의 관계식을 얻는다.

$$\frac{d(n_1\phi_1)}{dt} = \frac{L_1 di_1}{dt}, \quad n_1\phi_1 = L_1 i_1 \quad \therefore L_1 = \frac{n_1\phi_1}{i_1} \tag{6.39}$$

$$\frac{d(n_2\phi_2)}{dt} = \frac{L_2 di_2}{dt}, \quad n_2\phi_2 = L_2 i_2 \quad \therefore L_2 = \frac{n_2\phi_2}{i_2} \tag{6.40}$$

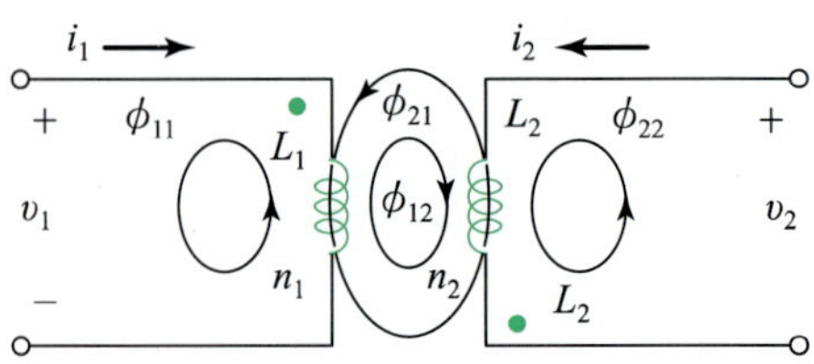

그림 6.34 자계결합 회로와 자속

또한 $(n_1\phi_{12})/dt$, $(dn_2\phi_{21})/dt$는 1, 2차 코일의 상호 인덕턴스에 의한 전압성분이므로 전자의 상호 인덕턴스를 M_{12}, 후자를 M_{21}이라 하면 아래의 관계식을 얻을 수 있다.

$$\frac{d(n_1\phi_{12})}{dt} = M_{12}\frac{di_2}{dt},\ n_1\phi_{12} = M_{12}i_2 \quad \therefore M_{12} = \frac{n_1\phi_{12}}{i_2} \tag{6.41}$$

$$\frac{d(n_2\phi_{21})}{dt} = M_{21}\frac{di_1}{dt},\ n_2\phi_{21} = M_{21}i_1 \quad \therefore M_{21} = \frac{n_2\phi_{21}}{i_1} \tag{6.42}$$

식 (6.37), 식 (6.38)은 아래와 같이 고쳐 쓸 수 있다.

$$v_1 = L_1\frac{di_1}{dt} - M_{12}\frac{di_2}{dt} \tag{6.43}$$

$$v_2 = L_2\frac{di_2}{dt} - M_{21}\frac{di_1}{dt} \tag{6.44}$$

만일 그림 6.31(a), (c)와 같이 1, 2차 코일의 자속방향이 같을 경우에는 위의 식에서 상호유도 전압성분이 더해지는 식이 된다. 유도결합 인덕터 회로에서 ϕ_1, ϕ_2는 ϕ_{12}, ϕ_{21}보다 같거나 크므로 아래의 관계식이 성립한다.

$$\frac{n_1\phi_{12}}{i_1} \times \frac{n_2\phi_{21}}{i_2} \le \frac{n_1\phi_1}{i_1} \times \frac{n_2\phi_2}{i_2} \tag{6.45}$$

따라서 위의 식을 고쳐 쓰면

$$(M_{12} \cdot M_{21}) \le (L_1 \cdot L_2) \tag{6.46}$$

만일 회로가 선형적 결합이라면 $M_{12} = M_{21} = M$이므로

$$M^2 \le (L_1 \cdot L_2),\ M \le \sqrt{L_1 L_2} \tag{6.47}$$

가 되고, 결합계수 k는 아래와 같이 정의하므로

$$k = \frac{M}{\sqrt{L_1 L_2}} \tag{6.48}$$

일반적으로 $0 \le k \le 1$이며 $k=0$이면, 전혀 전자적 결합이 안 된 상태이고, $k=1$이면 이상적으로 완전한 전자적 결합상태라고 볼 수 있다.

익힘 문제 6.13

그림 6.34에서 $t=1[\mathrm{s}]$에서 5[s]간에 $i_1=12[\mathrm{mA}]$, $i_2=20[\mathrm{mA}]$로 변했다면 v_1, v_2는 얼마인가? 단, $L_1=25[\mathrm{mH}]$, $L_2=15[\mathrm{mH}]$, $M_{12}=M_{21}=10[\mathrm{mH}]$, 초기의 $i_1=i_2=0[\mathrm{mA}]$이다.

풀이 식 (6.43), 식 (6.44)에 의해

$$v_1=(25\times 10^{-3})\times\frac{12-0}{5-1}-(10\times 10^{-3})\times\frac{20-0}{5-1}=(75-50)\times 10^{-3}=25[\mathrm{mV}]$$

$$v_2=(15\times 10^{-3})\times\frac{20-0}{5-1}-(10\times 10^{-3})\times\frac{12-0}{5-1}=60-30=30[\mathrm{mV}]$$

익힘 문제 6.14

유도 결합회로에서 $L_1=20[\mathrm{mH}]$, $L_2=80[\mathrm{mH}]$, $M_{12}=M_{21}=M=30[\mathrm{mH}]$일 때 결합계수 k는 얼마인가?

풀이 식 (6.48)에 의해 $k=\dfrac{30}{\sqrt{20\times 80}}=\dfrac{30}{40}=0.75$

3) 결합회로에서 코일의 연결

그림 6.35와 같이 유도 결합회로에서 1차측과 2차측 코일의 연결방식에 따라 상호 인덕턴스에 의한 전압성분이 빼지거나 더해진다. 그림 6.35(a)는 빼지는 경우이고, 그림 6.35(b)는 더해지는 경우이다. 1차와 2차측 전류가 모두 i이고, 상호 인덕턴스가 $M_{12}=M_{21}=M$이라면 그림 6.35(a)의 경우에는 식 (6.43)에 의해

$$v_1=L_1\frac{di}{dt}-M\frac{di}{dt} \tag{6.49}$$

$$v_2=L_2\frac{di}{dt}-M\frac{di}{dt} \tag{6.50}$$

가 된다. 따라서 단자 a와 단자 b간의 전압 v_{ab}는 아래와 같다.

$$v_{ab}=L_1\frac{di}{dt}-M\frac{di}{dt}+\left(L_2\frac{di}{dt}-M\frac{di}{dt}\right)=(L_1+L_2-2M)\frac{di}{dt} \tag{6.51}$$

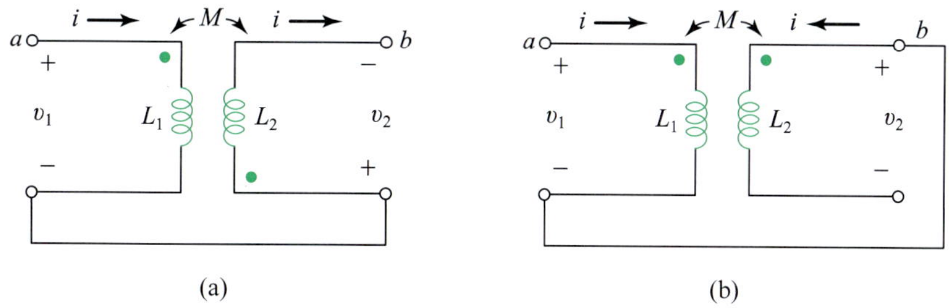

그림 6.35 유도결합 인덕터 연결 회로

위의 식으로부터 합성 등가 인덕턴스 L_E는 아래의 식과 같다.

$$L_E = L_1 + L_2 - 2M \tag{6.52}$$

한편 그림 6.35(b)와 같은 직렬연결 회로에서는

$$v_1 = L_1\frac{di}{dt} + M\frac{di}{dt} \tag{6.53}$$

$$v_2 = L_2\frac{di}{dt} + M\frac{di}{dt} \tag{6.54}$$

이 되며 단자 a와 단자 b간의 전압 v_{ab}는 아래와 같다.

$$v_{ab} = L_1\frac{di}{dt} + M\frac{di}{dt} + \left(L_2\frac{di}{dt} + M\frac{di}{dt}\right) = (L_1 + L_2 + 2M)\frac{di}{dt} \tag{6.55}$$

위의 식으로부터 합성 등가 인덕턴스 L_E는 아래의 식과 같다.

$$L_E = L_1 + L_2 + 2M \tag{6.56}$$

익힘 문제 6.15

그림 6.34(a)와 그림 6.34(b)에서 $L_1 = 5[\text{H}]$, $L_2 = 6[\text{H}]$, $M = 1[\text{H}]$이고, $di/dt = 2$일 때 각각의 v_{ab}와 L_E를 구하라.

풀이 그림 6.34(a) : $v_{ab} = \{5 + 6 - (2\times 1)\}\times 2 = 9\times 2 = 18[\text{V}]$,

$L_E = 5 + 6 - (2\times 1) = 11 - 2 = 9[\text{H}]$

그림 6.34(b) : $v_{ab} = \{5 + 6 + (2\times 1)\}\times 2 = 13\times 2 = 26[\text{V}]$,

$L_E = 5 + 6 + (2\times 1) = 11 + 2 = 13[\text{H}]$

6.5 변압기

변압기(transformer)는 자계결합의 상호유도를 이용한 대표적인 장치로서 전력 및 통신용으로 많이 쓰인다. 통신회로에서 변압기는 임피던스 정합(matching) 및 직류신호 제거에 주로 쓰이고, 전력회로에서는 송전, 배전 전력소모에서의 전압레벨을 올리거나 낮추는 데 이용된다.

(1) 변압기의 동작원리

변압기의 동작원리는 그림 6.36(a)와 같이 동일 철심 위에 1차와 2차 두 개의 코일을 감은 상태에서 권수 n_1인 1차 코일에 교류전압 v_1을 가해주면 그 교류전류에 대응해서 권수 n_2인 2차측 코일의 자속변화로 유도전류가 흘러 램프 부하(R)에 유도 기전력 v_2가 발생된다. 그림 6.36(b)는 변압기의 등가회로이다. 1차 및 2차 코일의 권수를 n_1, n_2, 자속을 ϕ라고 할 때 1차 및 2차측 전압 v_1, v_2는

$$v_1 = -n_1\frac{d\phi}{dt},\ v_2 = -n_2\frac{d\phi}{dt}$$

가 된다. 따라서 1차측과 2차측의 전압비, 즉 변압비(變壓比)는 아래와 같이 유도된다.

$$\frac{v_2}{v_1} = \frac{-(n_2 d\phi/dt)}{-(n_1 d\phi/dt)} = \frac{n_2}{n_1}$$

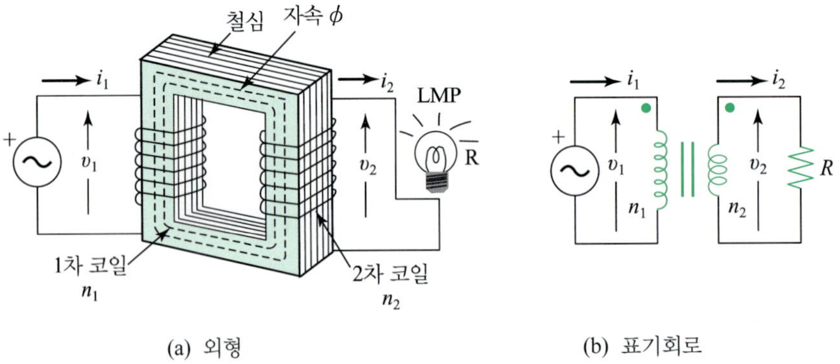

그림 6.36 변압기

$$\therefore\ v_2 = \frac{n_2}{n_1} \cdot v_1 \tag{6.57}$$

위의 식으로부터 알 수 있는 것은 $n_1 < n_2$이면 승압(昇壓) 변압기, $n_1 < n_2$이면 강압(降壓) 변압기가 된다. 만일 변압기의 손실이 없다면 1차측 전력과 2차측 전력이 같으므로 $v_1 i_1 = v_2 i_2$이 된다. 따라서 1차측과 2차측의 전류비는 변압비의 역수가 됨을 알 수 있다.

$$\therefore\ \frac{i_2}{i_1} = \frac{v_1}{v_2} \tag{6.58}$$

(2) 선형 변압기의 회로 해석

주로 통신회로에서 사용되는 선형 변압기에 대해서 좀 더 상세하게 회로 해석해 보기로 한다. 일반적으로 변압기는 2개의 코일이 자계결합이 잘 되도록 하나의 코어(core)에 감겨져 있다. 그림 6.37은 전압원과 부하에 연결되어 있는 변압기의 교류 등가회로를 나타낸다. 보통 전원 쪽의 권선을 1차 코일, 부하 쪽에 연결된 권선을 2차 코일이라 하며 1차와 2차 전류를 i_1, i_2 대신 I_1, I_2로 나타낸다.

[주] 전압 또한 $v_1 = V_1$, $v_2 = V_2$로 경우에 따라 혼용한다.

그림 6.37에서 표기된 문자의 설명은 아래와 같다.

R_1: 1차 코일의 저항

R_2: 2차 코일의 저항

L_1: 1차 코일의 인덕턴스

L_2: 2차 코일의 인덕턴스

M: 상호 인덕턴스

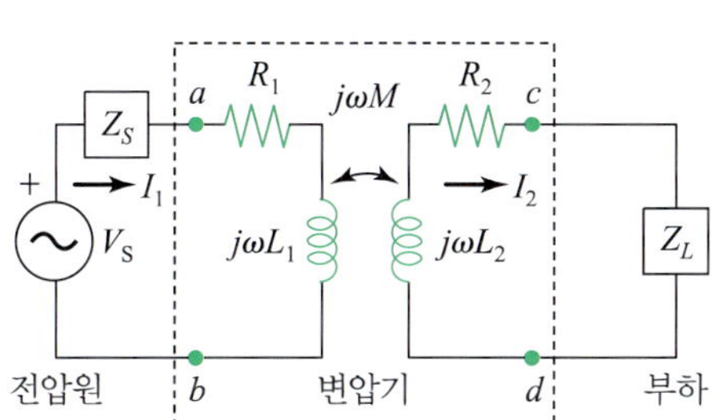

그림 6.37 변압기의 교류 등가회로

정현파 교류전압원을 $\boldsymbol{V}_s$, 전압원의 내부 임피던스를 $\boldsymbol{Z}_s$, 변압기의 2차 코일측에 연결되는 부하 임피던스를 $\boldsymbol{Z}_L$이라 하고, 변압기의 1차 및 2차측 전류를 각각 $\boldsymbol{I}_1$, $\boldsymbol{I}_2$라 한다.

변압기의 회로 해석은 회로 변수 $\boldsymbol{V}_s$, $\boldsymbol{Z}_s$, R_1, R_2, L_1, L_2, M, $\boldsymbol{Z}_L$, ω의 함수로 $\boldsymbol{I}_1$, $\boldsymbol{I}_2$를 구하는 것이며, 또한 a, b에서 변압기 쪽으로의 임피던스도 구해본다. 이제 $\boldsymbol{I}_1$, $\boldsymbol{I}_2$를 구하기 위해 1차 및 2차 폐회로에 KVL을 적용하면 아래와 같은 2개의 식이 만들어진다.

$$\boldsymbol{V}_s = (\boldsymbol{Z}_s + R_1 + j\omega L_1)\boldsymbol{I}_1 - j\omega M\boldsymbol{I}_2 \tag{6.59}$$

$$0 = (R_2 + j\omega L_2 + Z_L)\boldsymbol{I}_2 - j\omega M\boldsymbol{I}_1 \tag{6.60}$$

위의 식에서 편의상 괄호 안의 합을 아래와 같이 정의하기로 한다.

$$\boldsymbol{Z}_{11} = \boldsymbol{Z}_s + R_1 + j\omega L_1 \tag{6.61a}$$

$$\boldsymbol{Z}_{22} = R_2 + j\omega L_2 + \boldsymbol{Z}_L \tag{6.61b}$$

Z_{11}, Z_{22}는 각각 변압기의 1차 권선 및 2차 권선에 포함된 전체 임피던스를 나타낸다. 식 (6.61a), 식 (6.61b)를 식 (6.59), 식 (6.60)에 대입하여 다시 쓰면 아래와 같고,

$$\boldsymbol{V}_s = Z_{11}\boldsymbol{I}_1 - j\omega M\boldsymbol{I}_2 \tag{6.62}$$

$$0 = Z_{22}\boldsymbol{I}_2 - j\omega M\boldsymbol{I}_1 \tag{6.63}$$

위의 두 연립방정식을 풀어 그 해를 구하면 $\boldsymbol{I}_1$, $\boldsymbol{I}_2$는 아래와 같다.

$$\boldsymbol{I}_1 = \frac{\boldsymbol{Z}_{22}}{\boldsymbol{Z}_{11}\boldsymbol{Z}_{22} + \omega^2 M^2}\boldsymbol{V}_s\,[\mathrm{A}] \tag{6.64}$$

$$\boldsymbol{I}_2 = \frac{j\omega M}{\boldsymbol{Z}_{11}\boldsymbol{Z}_{22} + \omega^2 M^2}\boldsymbol{V}_s = \frac{j\omega M}{\boldsymbol{Z}_{22}}\boldsymbol{I}_1\,[\mathrm{A}] \tag{6.65}$$

내부 임피던스 $\boldsymbol{Z}_{\text{int}}$는 $\boldsymbol{V}_s/\boldsymbol{I}_1$이며 아래와 같이 계산된다.

$$\boldsymbol{Z}_{\text{int}} = \boldsymbol{V}_s/\boldsymbol{I}_1 = \frac{\boldsymbol{Z}_{11}\boldsymbol{Z}_{22} + \omega^2 M^2}{\boldsymbol{Z}_{22}} = \boldsymbol{Z}_{11} + \frac{\omega^2 M^2}{\boldsymbol{Z}_{22}}[\Omega] \tag{6.66}$$

전압원 단자(a, b)에서의 임피던스 $\boldsymbol{Z}_{ab}$는 $\boldsymbol{Z}_{\text{int}} - \boldsymbol{Z}_s$이므로 아래와 같다.

$$\boldsymbol{Z}_{ab} = \boldsymbol{Z}_{11} + \frac{\omega^2 M^2}{\boldsymbol{Z}_{22}} - \boldsymbol{Z}_s = R_1 + j\omega L_1 + \frac{\omega^2 M^2}{R_2 + j\omega L_2 + \boldsymbol{Z}_L}[\Omega] \tag{6.67}$$

여기서 주목할 점은 임피던스 $\boldsymbol{Z}_{ab}$는 변압기의 자계극성과는 무관하다는 점이다. 그 이유

는 식 (6.67)과 같이 상호 인덕턴스 값이 제곱 형태로 계산되기 때문에 $+M$, $-M$에 관계 없이 M^2의 부호는 같기 때문이다. $\boldsymbol{Z}_{ab}$임피던스가 중요한 것은 전압원측에서 부하 임피던스에 얼마나 영향을 주는가를 나타내기 때문이다. 만일 변압기가 없다면 부하는 직접 전압원측에 연결될 것이나 변압기를 거치게 되면 전압원측은 식 (6.67)의 세 번째 항에서와 같이 $\boldsymbol{Z}_L$의 수정된 형태인 부하 임피던스 때문에 전압원측과 부하 사이에 그 영향이 완충된다.

(3) 변압기의 반사 임피던스

식 (6.67)에서 셋째 항 분수식 성분을 반사(reflected) 임피던스 $\boldsymbol{Z}r$이라 한다. 그 이유는 변압기의 1차측으로 전달 및 반영되는 부하 임피던스와 2차 코일의 등가 임피던스이기 때문이다. 반사 임피던스는 순전히 두 코일 간의 결합으로 발생하는 상호 인덕턴스 성분에 의한 것이다. 상호 인덕턴스 $M=0$이면 $\boldsymbol{Z}r$ 또한 0이다. 따라서 $\boldsymbol{Z}_{ab}$는 1차 코일의 자체 임피던스 성분뿐이므로 줄어든다. 반사 임피던스 설명을 좀 더 자세히 하기 위해 부하 임피던스를 아래와 같이 직각좌표, 즉 복소수 표현으로 고쳐 쓰기로 한다.

$$\boldsymbol{Z}_L = R_L + jX_L[\Omega] \tag{6.68}$$

식 (6.67)의 셋째 항에서 Z_L 대신 위의 식을 대입하여 분모 유리화하여 $\boldsymbol{Z}r$을 고쳐 쓰면

$$\begin{aligned}\boldsymbol{Z}r &= \frac{\omega^2 M^2}{R_2 + R_L + j(\omega L_2 + X_L)} \\ &= \frac{\omega^2 M^2[(R_2 + R_L) - j(\omega L_2 + X_L)]}{(R_2 + R_L)^2 + (\omega L_2 + X_L)^2}\end{aligned}$$

식 (6.68)에서 X_L은 유도 리액턴스이면 +, 용량 리액턴스이면 −이므로 위의 식을 아래와 같이 다시 고쳐 쓸 수 있다.

$$\boldsymbol{Z}r = \frac{\omega^2 M^2}{|\boldsymbol{Z}_{22}|^2}[(R_2 + R_L) - j(\omega L_2 + X_L)] \tag{6.69}$$

식 (6.61b)에 식 (6.68)을 대입하여 $\boldsymbol{Z}_{22}$를 복소수 표현으로 고쳐 쓰면

$$\boldsymbol{Z}_{22} = R_2 + R_L + j(\omega L_2 + X_L) \tag{6.70}$$

가 되며 식 (6.69)와 비교해 살펴보면 반사 임피던스 식 (6.69)는 식 (6.70)의 2차 회로의 자

체 임피던스의 허수부 부호만 바뀌어 스케일 계수 $(\omega^2 M^2)/|\boldsymbol{Z}_{22}|^2$로 곱한 값이 1차측으로 반영됨을 알 수 있다. 이와 같이 2차 권선측의 공액(부호 바뀐) 복소수 임피던스에 스케일 계수가 붙어 1차 권선측으로 반영된다는 점이 선형(linear) 변압기의 특성이라고 볼 수 있다.

(4) 이상적인 변압기

이상적인 변압기란 권수가 n_1회, n_2회인 자계적으로 결합되어 있는 2개의 코일로 구성되어 있으며 이상적인 변압기의 세 가지 조건은 아래와 같다.

1. 결합계수가 1이어야 한다($k=1$).
2. 각 코일의 자기 인덕턴스가 무한대(∞)이어야 한다.
3. 코일의 저항, 철손, 와류손실이 없어야 한다.

6.6 커패시터

그림 6.38과 같이 두 개의 도체 극판을 절연체 사이에 마주 보게 만든 전하 축전기를 커패시터(capacitor) 또는 콘덴서(condenser)라 한다. 두 극판 사이에 삽입한 절연체를 유전체라고 부른다. 두 극판에 리드 선을 통해 전지로부터 +전하 및 −전하가 공급된다면 두 극판에는 +전하 또는 −전하가 많이 모이게 되는데, 이런 현상을 전하가 축적된다고 해서 축전현상(蓄電現狀)이라고 한다. 이때 두 극판에 모이는 전하의 양(量)을 정전용량 또는 커패시턴스(capacitance)라 하며, 그 단위는 패럿[F]이다.

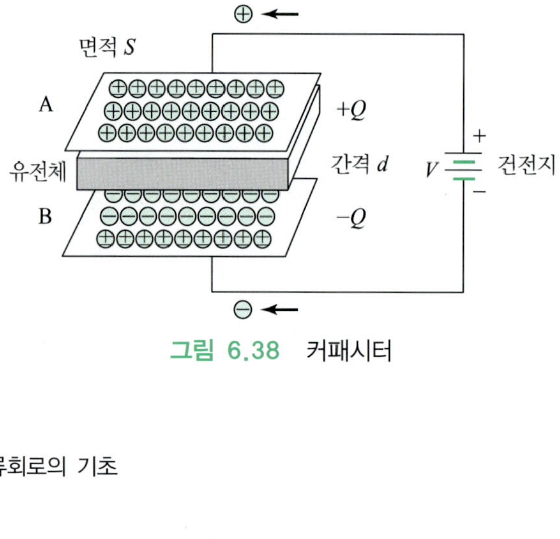

그림 6.38 커패시터

극판 A와 극판 B에 축적되는 전하의 양(量)은 극판 면적이 넓으면 넓을수록 더 많아지므로 정전용량은 극판의 면적에 비례한다. 또한 유전체를 사이에 두고 극판 A의 +전하와 극판 B의 −전하는 서로 인력이 작용하여 전지로부터 더 많은 전하를 보충 받으려고 할 것이다. 또한 이 정전인력은 위에서 언급한 바와 같이 거리가 가까우면 더 커지므로 극판 간격에 반비례한다. 유전체는 유전율이 클수록 전하를 더 많이 모을 수 있으므로 정전용량은 유전율에 비례한다. 따라서 정전용량 C의 관계식은 극판면적 S, 극판간격 d, 유전율 ϵ일 때 아래와 같다.

$$C = \epsilon \frac{S}{d} [\mathrm{F}] \tag{6.71}$$

또한 축적되는 전하의 양 Q는 공급전압 V에 비례하므로 아래와 같은 2개의 관계식이 만들어진다.

$$Q = CV [\mathrm{C}] \tag{6.72}$$

$$C = \frac{Q}{V} [\mathrm{F}] \tag{6.73}$$

위의 식으로부터 1[V]당 축적되는 전하의 양(Q)이 1[C]일 때의 정전용량이 1[F]이다.

정전용량(C)의 미소 단위

$1[\mu\mathrm{F}] = 1/1{,}000{,}000[\mathrm{F}] = 10^{-6}[\mathrm{F}]$

$1[\mathrm{nF}] = 1/1{,}000{,}000{,}000[\mathrm{F}] = 10^{-9}[\mathrm{F}]$

$1[\mathrm{pF}] = 1/1{,}000{,}000{,}000{,}000[\mathrm{F}] = 10^{-12}[\mathrm{F}]$

비유전율이란?

공기 중의 유전율 $\epsilon_o = 8.854 \times 10^{-12} [\mathrm{F/m}]$

매질의 유전율을 ϵ라 할 때 비유전율 ϵ_r의 정의와 ϵ의 관계식은 아래와 같다.

비유전율 : $\epsilon_r = \dfrac{\epsilon}{\epsilon_o}$, $\epsilon = \epsilon_r \epsilon_o = 8.854 \times 10^{-12} \epsilon_r$

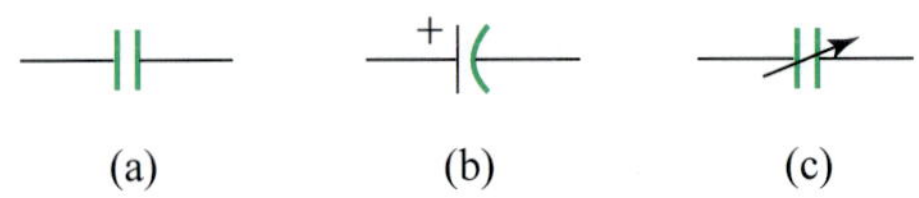

그림 6.39 커패시터의 기호

위의 그림 6.39는 커패시터의 기호를 나타낸다. 그림 6.39(a)는 일반 커패시터, 그림 6.39(b)는 전해 커패시터, 그림 6.39(c)는 가변 커패시터를 나타낸다. 커패시터의 종류는 여러 가지가 있으나 세라믹, 마일라, 전해 커패시터 등이 많이 쓰인다.

(a) 세라믹 (b) 전해 (c) 마일라

그림 6.40 커패시터의 종류

그림 6.40은 이들의 외형을 나타내며 세라믹은 주로 고주파용으로 쓰이고 그 용량은 수 pF에서 0.1 [μF]까지가 있다. 전해 커패시터는 +, −의 극성이 있으며 리드선이 긴 쪽이 +이다. 일반적으로 전해 커패시터는 교류를 직류로 만드는 필터회로에 자주 쓰이며 저주파 증폭기의 결합 콘덴서나 바이패스용으로 쓰인다. 마일라 커패시터는 폴리에스테르 커패시터라고도 하며 용량은 1000 pF에서 2.2 μF까지가 있다. 전해 커패시터는 그 용량과 정격전압이 표면에 표시되어 있지만 세라믹이나 마일라 커패시터는 103 J, 222 K 등으로 표기된 경우가 많다. 이 경우 세 자리 숫자는 정전용량, 뒤의 알파벳은 오차를 표시하며 아래의 표 6.3을 참조한다.

표 6.3 커패시터의 정전용량과 오차

표기	정전용량	표기	오차
101	$10\times10^1 = 100[\text{pF}]$	M	±20 %
152	$15\times10^2 = 1{,}500[\text{pF}] = 0.0015[\mu\text{F}]$	K	±10 %
473	$47\times10^3 = 47{,}000[\text{pF}] = 0.047[\mu\text{F}]$	J	±5 %
684	$68\times10^4 = 680{,}000[\text{pF}] = 0.68[\mu\text{F}]$	F	±1 %

익힘 문제 6.16

커패시터의 금속판 면적이 $4[\text{cm}^2]$이고, 극판 간격이 2[mm]이다. 삽입한 유전체의 비유전율이 2.4라면 정전용량은 얼마가 되는가? 단, 진공의 유전율은 $8.854\times10^{-12}[\text{F/m}]$이다.

풀이 사용한 유전체의 유전율 : $\epsilon = 2.4\times8.854\times10^{-12}[\text{F/m}]$이므로

정전용량 $C=\epsilon\times\dfrac{S}{d}=2.4\times8.854\times10^{-12}\times\dfrac{4\times10^{-4}}{2\times10^{-3}}\fallingdotseq 4.25\times10^{-12}=4.25[\text{pF}]$

익힘 문제 6.17

두 금속판 사이에 2[V]의 전압이 걸렸을 때 총 전하량이 6[C]이라면 정전용량은 몇 [F]인가?

풀이

$$C=\frac{Q}{V}=\frac{6}{2}=3[\text{F}]$$

익힘 문제 6.18

커패시터 양단에 $v=4t[\text{V}]$인 전압이 가해질 때의 전류 및 전력을 구하라. 단, $0<t\le 2$, $C=0.8[\text{mH}]$이다.

풀이 $i=C\dfrac{dv}{dt}=0.8\times10^{-3}\times\dfrac{d(4t)}{dt}=0.8\times10^{-3}\times4=3.2\times10^{-3}=3.2[\text{mA}]$

$p=vi=4t\times3.2=12.8t[\text{W}]$, $t=2$에서는 $p=12.8\times2=25.6[\text{W}]$

(1) 커패시터의 직렬연결

직렬로 연결된 세 커패시터의 양단간에 전압 V를 가해준 때의 전하 및 각 전압은 그림 6.41과 같다. 따라서 식 (6.72)에 의하여 $V=Q/C$이므로 C_1, C_2, C_3 커패시터 양간에 걸리는 전압을 V_1, V_2라면 아래와 같은 관계식이 구해진다.

$$V=\frac{Q}{C}=V_1+V_2+V_3=\frac{Q}{C_1}+\frac{Q}{C_2}+\frac{Q}{C_3}=\left(\frac{1}{C_1}+\frac{1}{C_2}+\frac{1}{C_3}\right)Q$$

$$\therefore\ \frac{1}{C}=\frac{1}{C_1}+\frac{1}{C_2}+\frac{1}{C_3}$$

$$C = \frac{1}{\frac{1}{C_1} + \frac{1}{C_2} + \frac{1}{C_3}} [\mathrm{F}] \tag{6.74}$$

따라서 그림 6.41(a)에서의 C_1, C_2, C_3를 1개의 C로 정리한 회로는 그림 6.41(b)와 같이 하나의 합성용량이 되고, C 값은 식 (6.74)처럼 저항의 병렬연결 형태이다.

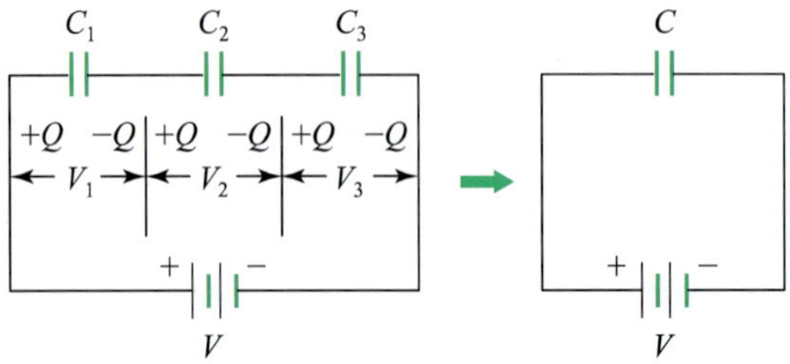

그림 6.41 커패시터의 직렬접속

익힘 문제 6.19

커패시터 20[μF], 30[μF], 60[μF]가 직렬로 연결되었을 때의 합성용량은 얼마인가?

풀이 $C = \frac{1}{\frac{1}{20} + \frac{1}{30} + \frac{1}{60}} = \frac{1}{\frac{1}{10}} = 10[\mu\mathrm{F}]$

(2) 직렬연결 커패시터에서의 전압분배

그림 6.42(a)에서와 같이 2개의 커패시터가 직류 전원에 연결된 경우에 C_1과 C_2의 합성용량을 구하면

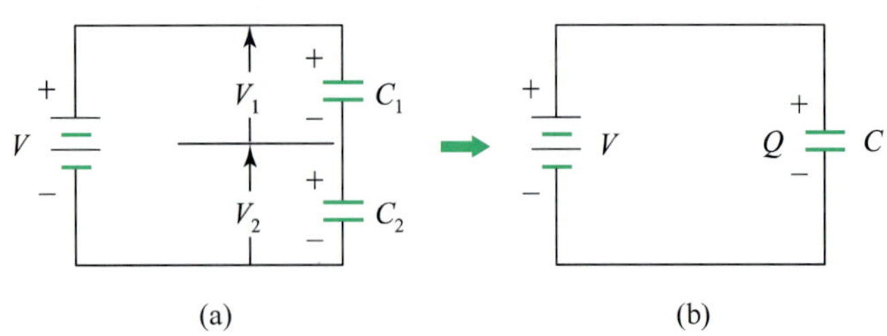

그림 6.42 두 커패시터의 직렬연결과 전압분배

$$C = \frac{1}{1/C_1 + 1/C_2} = \frac{C_1 C_2}{C_1 + C_2} [\mathrm{F}] \tag{6.75}$$

$Q = CV$이므로 그림 6.42(b)와 같은 등가회로가 된다.

$$Q = \frac{C_1 C_2}{C_1 + C_2} \cdot V \tag{6.76}$$

$$V_1 = \frac{Q}{C_1} = \frac{1}{C_1} \cdot \frac{C_1 C_2}{C_1 + C_2} \cdot V = \frac{C_2}{C_1 + C_2} \cdot V \tag{6.77}$$

$$V_2 = \frac{Q}{C_2} = \frac{1}{C_2} \cdot \frac{C_1 C_2}{C_1 + C_2} \cdot V = \frac{C_1}{C_1 + C_2} \cdot V [\mathrm{V}] \tag{6.78}$$

익힘 문제 6.20

그림 6.42(a)에서 $C_1(=2\mu\mathrm{F})$과 $C_2(=3\mu\mathrm{F})$가 직렬로 연결된 회로에서 전체 합성용량과 C_1, C_2에 걸리는 전압 V_1과 V_2는 몇 [V]인가? 단, $V = 15[\mathrm{V}]$이다.

풀이 $C = \frac{C_1 C_2}{C_1 + C_2} = \frac{2 \times 3}{2+3} = \frac{6}{5} = 1.2[\mu\mathrm{F}]$

$$V_1 = \frac{C_2}{C_1 + C_2} V = \frac{3}{2+3} \times 15 = 9[\mathrm{V}]$$

$$V_2 = \frac{C_1}{C_1 + C_2} V = \frac{2}{2+3} \times 15 = 6[\mathrm{V}]$$

(3) 커패시터의 병렬연결

그림 6.43은 2개의 커패시터를 병렬로 연결한 회로이다. C_1의 전하량을 Q_1, C_2의 전하량을 Q_2라 하면 $Q = CV$에 의하여 Q_1, Q_2의 관계식은 아래와 같다.

$$Q_1 = C_1 V, \; Q_2 = C_2 V$$

$Q = Q_1 + Q_2$이므로 아래의 식이 구해진다.

$$Q = CV = C_1 V + C_2 V = (C_1 + C_2) V$$

따라서 합성 정전용량 C는 아래와 같다.

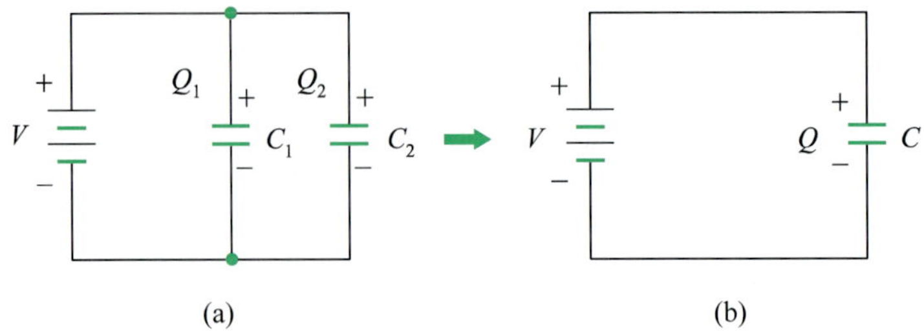

그림 6.43 커패시터의 병렬연결 회로

$$C = C_1 + C_2 [\mathrm{F}] \tag{6.79}$$

병렬연결 커패시터의 합성용량은 저항의 직렬연결 합성저항과 같은 형태이다.

[주] 전해 커패시터는 극성이 있으므로 병렬연결 시에는 같은 극끼리 연결해야 하고, 직렬연결 시에는 전지의 연결과 같이 +와 −, −와 +끼리 연결해야 한다.

익힘 문제 6.21

그림 6.43에서 $C_1 = 22[\mu\mathrm{F}]$, $C_2 = 33[\mu\mathrm{F}]$일 때 전체 합성용량은 얼마인가?

풀이 $C = C_1 + C_2 = 22 + 33 = 55[\mu\mathrm{F}]$

(4) 커패시터의 전력과 에너지

그림 6.44와 같이 커패시터 양단에 직류전압이 가해져 커패시터가 충전된 경우에는 유전체 내부에 존재하는 전계에 에너지를 저장한다. 그러나 방전되는 경우에는 축적된 에너지가 전압원으로 유출된다. 그림 6.44는 정현파 교류전압이 커패시터에 인가되었을 때의 전력파형을 나타낸다. 회색부의 정(+) 사이클에서는 전력이 유입, 부(−) 사이클에서는 전력이 유출됨을 알 수 있다. 커패시터의 에너지 관계식을 구하기 위해 교류전압 v가 인가되었을 경우에 전하량의 시간당 변화가 전류 i이므로 아래의 관계식이 만들어진다.

$$\frac{dQ}{dt} = i = C\frac{dv}{dt} \tag{6.80}$$

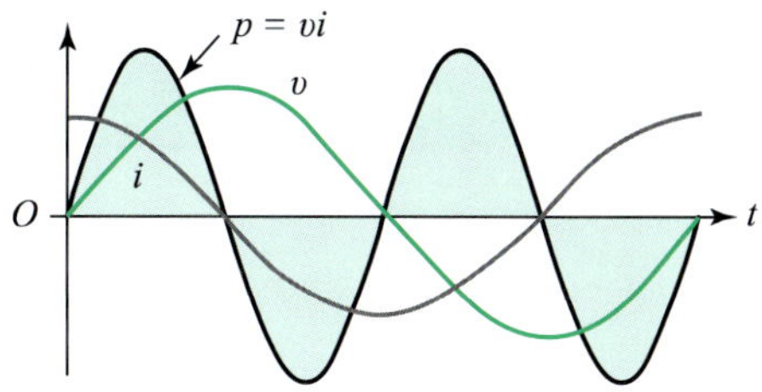

그림 6.44 커패시터의 전력파형

위의 식으로부터

$$i\,dt = C dv \tag{6.81}$$

$$dv = \frac{1}{C} i\,dt \tag{6.82}$$

$$v = \frac{1}{C}\int_0^t i\,dt + v(0) \tag{6.83}$$

따라서 $p = vi$이므로 이 식에 식 (6.83)을 대입하면

$$p = \left[\frac{1}{C}\int_0^t i\,dt + v(0)\right] i \tag{6.84}$$

C에 축적되는 에너지를 w라 할 때 $p = \dfrac{dw}{dt}$로부터 $dw = p\,dt = v\,i\,dt$이고, $i\,dt = C dv$이므로

$$dw = C\,v\,dv \tag{6.85}$$

위의 식에 적분을 취하면

$$w = C\int_0^v v\,dv = \frac{1}{2} C v^2 \,[\mathrm{J}] \tag{6.86}$$

6.7 복소수

(1) 복소수 표현

수학에서 $i^2 = -1$을 만족시키는 수 i를 허수(虛數)라 한다. 복소수의 의미는 실수와 허수를 함께 포함시킨 수를 말한다. 전기공학에서의 허수 표기는 i 대신 j로 한다. 일반적으로 복소수 $\boldsymbol{A}$는 아래와 같이 실수부 a와 허수부 jb의 합으로 나타낸다.

$$\boldsymbol{A} = a + jb \tag{6.87}$$

그림 6.45(a)는 수평축을 실수축, 수직축을 허수축으로 나타낸 복소평면이며 식 (6.87)의 복소수 $\boldsymbol{A}$는 그림 6.45(b)와 같이 실수축 a와 허수축 jb를 잇는 대각선이 된다.

$\boldsymbol{A}$와 실수축과의 각도가 θ일 때 a, b, $\boldsymbol{A}$를 삼각함수로 나타내면 아래와 같다.

$$a = \cos\theta,\ \ jb = j\sin\theta,\ \ \boldsymbol{A} = A\cos\theta + jA\sin\theta \tag{6.88}$$

또한 각도 θ는 아래와 같이 나타낼 수 있다.

$$\theta = \tan^{-1}\frac{b}{a} \tag{6.89}$$

(2) 회전 연산자 j

그림 6.46(a)는 실수부 a만 있는 복소평면에서 j를 차례로 곱한 결과를 나타낸다.

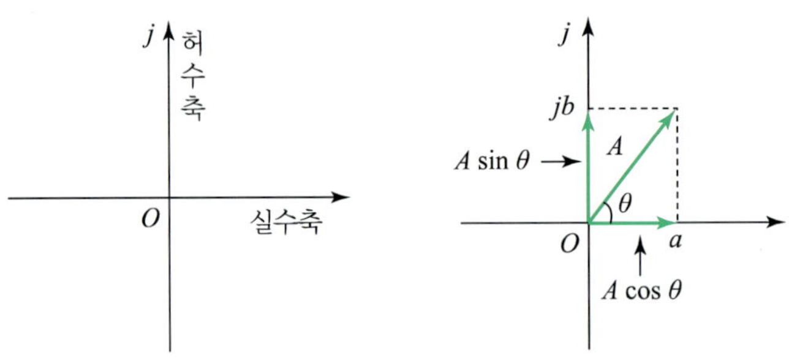

(a) (b)

그림 6.45 복소수 평면

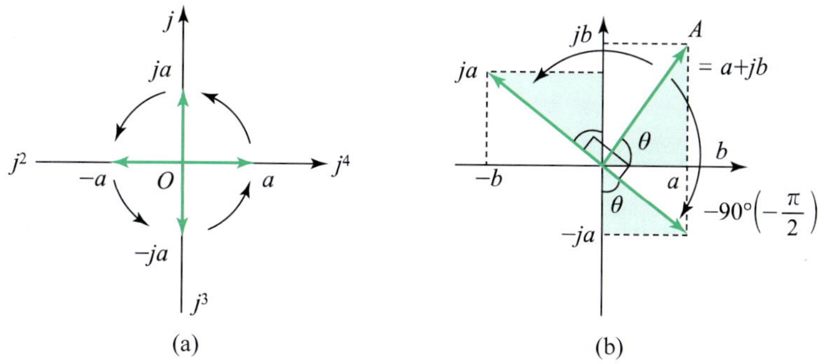

그림 6.46 회전 연산자

이를 수식적으로 계산하여 a의 회전상태와 원상태와 비교해 보면 아래와 같다.

> $\times \boldsymbol{j} \rightarrow a\times j = \boldsymbol{ja}$: 90° 좌회전, $\times \boldsymbol{j}\times \boldsymbol{j} \rightarrow ja\times j = j^2 a = (-1)a = \boldsymbol{-a}$: 180° 좌회전,
> $\times \boldsymbol{j}\times \boldsymbol{j}\times \boldsymbol{j} \rightarrow (-a)\times j = \boldsymbol{-ja}$: 270° 좌회전, $\times \boldsymbol{j}\times \boldsymbol{j}\times \boldsymbol{j}\times \boldsymbol{j} \rightarrow (-ja)\times j = -j^2 a = 1\times a = \boldsymbol{a}$: 360° 좌회전

위의 결과에서 알 수 있는 것은 j를 한 번 곱해줄 때 마다 a는 $90°(\pi/2)$씩 반시계방향으로 회전한다는 사실이다. 따라서 곱해주는 j를 회전 연산자라 부른다. 그림 6.46(b)에서 $\boldsymbol{A}(=a+jb)$에 j를 곱하면 $j(a+jb) = ja + j^2 b = -b + ja$가 됨을 알 수 있다. 또한 $-j$를 곱하면 $-j(a+jb) = b - ja$가 된다.

(3) 복소수의 연산

- **덧셈과 뺄셈**

$A = a + jb$, $B = c + jd$일 때 실수는 실수끼리, 허수는 허수끼리 더하거나 뺀다.

$A + B = a + jb + c + jd = (a+c) + j(b+d)$,

$A - B = a + jb - (c + jd) = (a-c) + j(b-d)$

- **곱셈**

$A\times B = (a+jb)\times(c+jd) = ac + jad + jbc + j^2 bd = ac - bd + j(ad+bc)$

- **나눗셈**

① $\dfrac{a+jb}{c} = \dfrac{a}{c} + j\dfrac{b}{a}$

② $A \div B = \dfrac{a+jb}{c+jd} = \dfrac{(a+jb)(c-jd)}{(c+jd)(c-jd)} = \dfrac{ac+bd+j(bc-ad)}{c^2+d^2}$

익힘 문제 6.22

$A=2-j5$, $B=4+j3$일 때 $A+B$, $A-B$를 계산하라.

풀이 $A+B=2-j5+4+j3=(2+4)+j(3-5)=6-j2$

$A-B=2-j5-(4+j3)=(2-4)-j(5+3)=-2-j8$

익힘 문제 6.23

$A=1+j2$, $B=3-j4$일 때 $A\times B$, $A\div B$를 계산하라.

풀이 $(1+j2)\times(3-j4)=3-j4+j6-j^2 8=3+8+j(6-4)=11+j2$

$$(1+j2)\div(3-j4)=\frac{1+j2}{3-j4}=\frac{(1+j2)(3+j4)}{(3-j4)(3+j4)}=\frac{3-8+j(4+6)}{3^2+4^2}=\frac{-5+j10}{15}$$

$$=-\frac{5}{15}+j\frac{10}{15}=-\frac{1}{3}+j\frac{2}{3}$$

(4) 복소수에 의한 정현파 교류해석

다음의 제7장에서 다루겠지만 교류해석에서는 저항만 존재하는 경우에 임피던스가 R로만 구성되지만 인덕터나 커패시터가 포함된 경우에는 허수부 jX가 추가되므로 임피던스 $\boldsymbol{Z}$는 아래와 같다.

[주] 임피던스는 교류저항에 해당하며 뒤에 자세히 설명되어 있다.

$$\boldsymbol{Z}=R+jX \tag{6.90}$$

그림 6.47(a)와 같이 복소평면상에서 Z의 크기(대각선의 길이) Z와 각도 θ는 아래와 같다.

[주] $\boldsymbol{Z}$는 각도를 갖는 복소수, Z는 단지 크기만 갖는 스칼라량으로 서로 구분된다.

$$Z=\sqrt{R^2+X^2}, \quad \theta=\tan^{-1}\frac{X}{R} \tag{6.91}$$

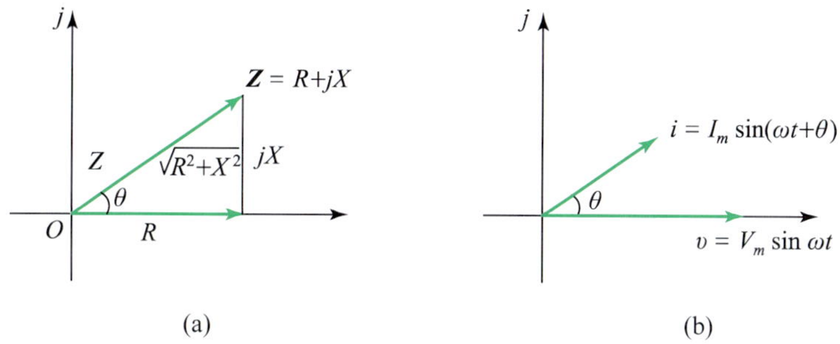

그림 6.47

정현파 교류전압 $v = V_m \sin\omega t$에 임피던스 $\boldsymbol{Z}$가 연결된 회로의 전류 i는 옴의 법칙에 의해

$$i = v/\boldsymbol{Z} = (V_m \sin\omega t)/\boldsymbol{Z} \tag{6.92}$$

위의 식에서 $\boldsymbol{Z}$는 크기 Z와 각도 θ로 구성되므로 i 또한 크기 $I_m = V_m/Z = V_m/\left(\sqrt{R^2+X^2}\right)$, 각도 $\tan^{-1}\dfrac{X}{R}$인 복소수로 나타낼 수 있다. i의 표현식은 아래와 같고 이를 복소평면에 나타내면 그림 6.47(b)와 같다.

$$i = V_m/Z\sin\omega t = V_m/\left(\sqrt{R^2+X^2}\right)\sin\omega t = I_m \sin\omega t \tag{6.93}$$

6.8 페이저

(1) 페이저도

복소수로 정현파 교류를 해석할 때 전압이나 전류의 크기와 그 위상각으로 나타내는 개념과 마찬가지로 페이저 또한 정현파 함수의 크기와 위상각을 아래와 같이 간단히 나타낸다.

$$A\angle\theta° \tag{6.94}$$

페이저의 개념은 아래와 같은 오일러의 정리(Euler's identy)에 근거를 두고 있다.

$$\text{오일러의 항등식 : } e^{\pm j\theta} = \cos\theta \pm j\sin\theta \tag{6.95a}$$

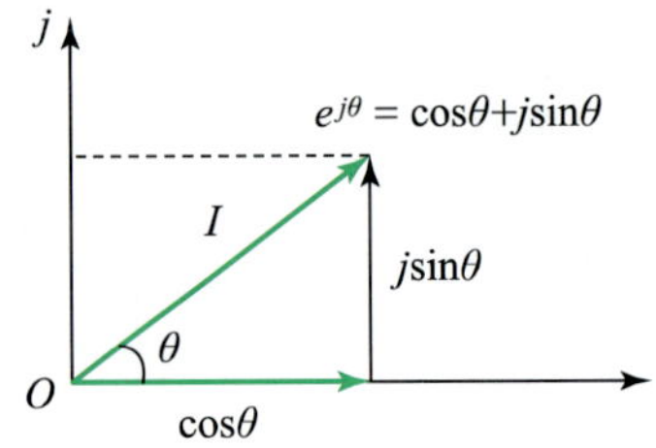

그림 6.48 $e^{j\theta}$의 복소수 표현

$$\cos\theta = \frac{e^{j\theta} + e^{-j\theta}}{2} \tag{6.95b}$$

$$\sin\theta = \frac{e^{j\theta} - e^{-j\theta}}{2} \tag{6.95c}$$

위의 식 (6.95a)로 정현파 교류전압 및 전류의 정보를 나타낼 수 있으며 이해를 돕기 위해 $e^{j\theta}$를 복소수로 나타내면 그림 6.48과 같다. 따라서 복소수인 식 (6.87)과 연계시키면 아래의 관계식이 성립한다.

$$a \pm jb = e^{\pm j\theta} = \cos\theta \pm j\sin\theta \tag{6.96}$$

식 (6.96)에 A를 곱해주면

$$A(a \pm jb) = Ae^{\pm j\theta} = A(\cos\theta \pm j\sin\theta) \tag{6.97}$$

위의 식 (6.97)에서 +인 경우를 복소평면에 나타내면 그림 7.5와 같다.

$A(a+jb) = Ae^{j\theta}$를 그 크기(A)와 편각(θ)으로 정보를 아래와 같이 페이저로 나타낼 수 있다.

$$Ae^{j\theta} = A\angle\theta \tag{6.98}$$

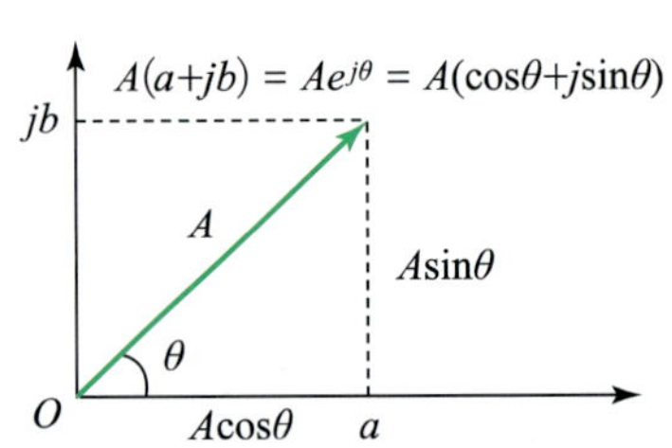

그림 6.49 $A\angle\theta$

만일 교류전압의 최댓값을 V_m 이라면

$$V_m e^{j\phi} = V_m(\cos\phi + j\sin\phi) = V_m\cos\phi + jV_m\sin\phi \tag{6.99}$$

위의 식에서 실수부 $\boldsymbol{V}_R = V_m\cos\phi$, 허수부 $\boldsymbol{V}_I = V_m\sin\phi$로 놓으면 복소수 표기는 아래와 같다.

$$V_m e^{j\phi} = V_R + V_I \tag{6.100}$$

$\phi = 0$이라면 $\cos 0° = 1$, $\sin 0° = 0$이므로 $V_m e^{j0} = V_m$이 되고 페이저로 나타내면 아래와 같다.

$$V_m \angle 0° \tag{6.101}$$

따라서 아래와 같은 정현파 교류전압의 예를 든다면

$$v = V_m\sin(\omega t + \phi) \tag{6.102}$$

의 경우에 V_m은 진폭, ϕ는 위상을 나타내므로 페이저 표기는 아래와 같다.

$$V_m \angle \phi \tag{6.103}$$

그림 6.50은 정현파 교류전압의 파형과 페이저의 관계를 설명한 그림이다.

교류전압이 정현파가 아니고 여현파 $v = V_m\cos(\omega t + \phi)$라고 할 때는 실수부를 $\boldsymbol{V}_R$, 허수부 값을 $\boldsymbol{V}_I$라고 하면

$$\boldsymbol{V}_R = V_m\cos\phi,\ \ \boldsymbol{V}_I = V_m\sin\phi \tag{6.104}$$

전압의 최댓값 V_m과 위상각 ϕ는 아래와 같다.

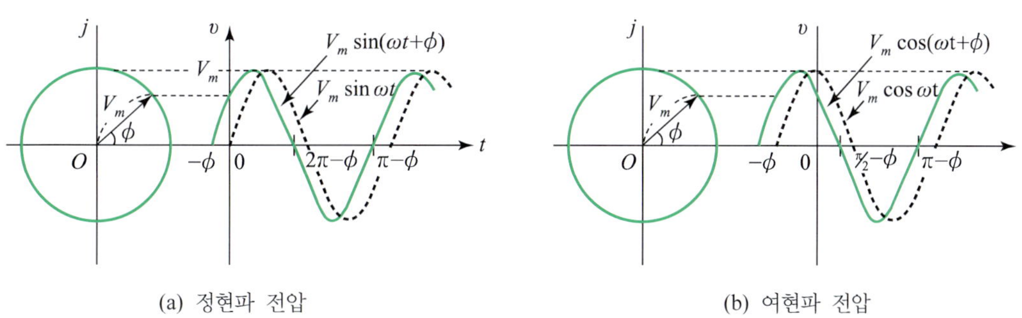

그림 6.50 정현파, 여현파 전압파형과 페이저

$$V_m = \sqrt{V_R^2 + V_I^2}\,,\ \ \phi = \tan^{-1}\frac{V_I}{V_R} \tag{6.105}$$

따라서 $v = V_m \cos(\omega t + \phi)$의 페이저도는 그림 6.50(a), (b)의 좌측과 같고 페이저 표기는 아래와 같다.

$$v = V_m \angle \phi \tag{6.106}$$

만일 실효값으로 표기할 경우는 $V_{\rm rms} = V_m / \sqrt{2}$ 이므로 이때의 표현식은 아래와 같다.

$$v = \frac{V_m}{\sqrt{2}} \angle \theta \tag{6.107}$$

[주] $V_{\rm rms}$를 V, V_1, V_2로 표기하기도 한다.

(2) 페이저의 덧셈

동일 주파수의 정현파 교류전압 v_1, v_2가 아래와 같고 이들이 그림 6.51과 같이 직렬로 연결되어 있다고 가정하고 풀어보기로 한다. 이때는 페이저의 덧셈의 예이다.

$$v_1 = \sqrt{2}\, V_1 \sin(\omega t + \theta_1) \tag{6.108}$$

$$v_2 = \sqrt{2}\, V_2 \sin(\omega t + \theta_2) \tag{6.109}$$

식 (6.108), 식 (6.109)의 페이저 표현은 각각 아래와 같다.

$$V_1 \angle \theta_1 \tag{6.110}$$

$$V_2 \angle \theta_2 \tag{6.111}$$

합성전압을 구하기 위해 각각의 전압을 더하면

$$v = v_1 + v_2 = V_1 \angle \theta_1 + V_2 \angle \theta_2 = V_1(\cos\theta_1 + j\sin\theta_1)\, V_2(\cos\theta_2 + j\sin\theta_2)$$

$$\therefore\ v = (V_1\cos\theta_1 + V_2\cos\theta_2) + j(V_1\sin\theta_1\, V_2\sin\theta_2) \tag{6.112}$$

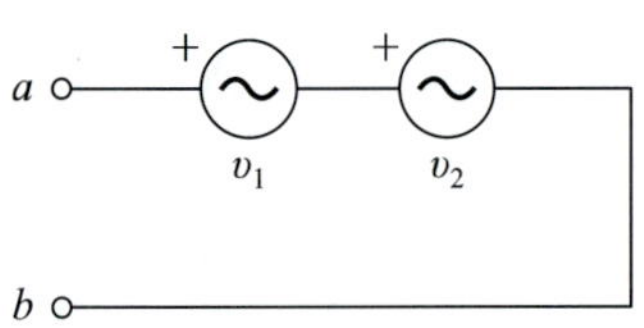

그림 6.51 정현파 교류전압의 직렬연결

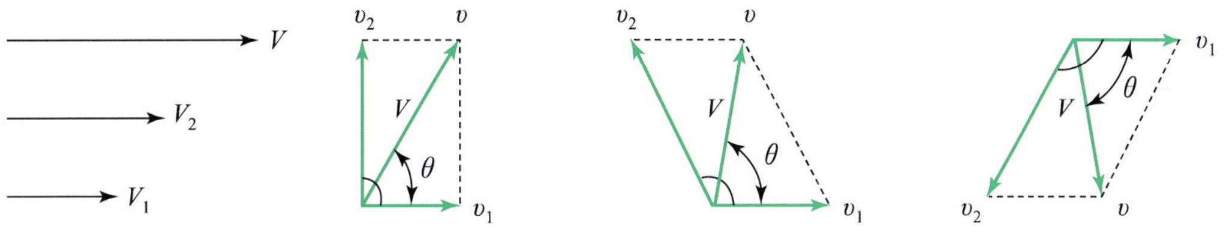

(a) $\theta = 0°$ (b) $\theta = 90°$ (c) $\theta = 120°$ (d) $\theta = 240°$

그림 6.52 V_1, V_2의 합

위의 식에서 $\boldsymbol{V}_R = V_1\cos\theta_1 + V_2\cos\theta_2$, $\boldsymbol{V}_I = V_1\sin\theta_1 + V_2\sin\theta_2$로 놓으면 가산결과는

$$v_1 + v_2 = V_R + j\,V_I \tag{6.113}$$

가 된다. 위의 식에서 V, ϕ는 아래와 같다.

$$V = \sqrt{V_R^2 + V_I^2} \tag{6.114}$$

$$\phi = \tan^{-1}\frac{V_I}{V_R} \tag{6.115}$$

따라서 $v_1 + v_2$의 페이저 계산 결과는 아래와 같이 고쳐 쓸 수가 있다.

$$V\angle\phi \tag{6.116}$$

위의 결과로부터 유념할 점은 $V \neq V_{m1} + V_{m2}$, $\phi \neq \phi_1 + \phi_2$이라는 것이다. 페이저도로 직접 $\boldsymbol{V}_1$, $\boldsymbol{V}_2$의 덧셈의 결과를 얻어 보기로 한다. 그림 6.52(a)는 $\boldsymbol{V}_1$, $\boldsymbol{V}_2$ 모두 $\theta = 0°$인 경우이다. 이때는 크기만 합하면 되므로 위상각 ϕ는 발생하지 않는다. 그러나 θ가 각각 90°, 120°, 240°인 두 페이저의 합에 대한 결과 페이저도는 그림 6.52(b), (c), (d)이다. 덧셈 시의 크기(대각선) V와 ϕ는 각각 다르다는 것을 발견할 수 있다. 확인한 바와 같이 $\theta = 0°$인 경우를 제외하고는 앞서의 설명처럼 모두 ϕ는 $0 + \theta$가 아니다.

(3) 페이저의 곱셈과 나눗셈

1) 기준전압이 $V_1\angle 0°$인 경우

먼저 지수함수의 곱셈, 나눗셈과 페이저의 곱셈, 나눗셈을 연관시켜 보기로 한다.

$\boldsymbol{A} = Ae^{j\theta_1} \rightarrow A\angle\theta_1$, $\boldsymbol{B} = Be^{j\theta_2} \rightarrow B\angle\theta_2$에서

• $\boldsymbol{A} \times \boldsymbol{B} : Ae^{j\theta_1} \times Be^{j\theta_2} = ABe^{j(\theta_1 + \theta 2)} \;\rightarrow\; AB\angle\,\theta_1 + \theta_2$ (6.117)

• $\boldsymbol{A} \div \boldsymbol{B} : \dfrac{A\,e^{j\theta_1}}{Be^{j\theta_2}} = \dfrac{A}{B}e^{j(\theta_1 - \theta_2)} \qquad \rightarrow\; \dfrac{A}{B}\angle\,\theta_1 - \theta_2$ (6.118)

이 성립된다는 점을 염두에 두고 페이저의 곱셈 및 나눗셈의 연산에 들어가기로 한다.

먼저 한쪽의 기준전압이 $\boldsymbol{V}_1 = V_1\angle\,0°$인 경우에 한해서 검토해보기로 하자.

• $\boldsymbol{V}_2 = V_2\angle\,\theta$라 하고, 이 둘을 복소수로 그 크기와 각도를 나타내면 아래와 같고

$V_1 = a,\;\; V_2 = b + jc \;\rightarrow\; V_1 = a,\;\; \theta_1 = \tan^{-1}0° = 0,\;\; V_2 = \sqrt{b^2 + c^2},\;\; \theta_2 = \tan^{-1}\dfrac{c}{b}$

• 곱셈의 경우에는

$\boldsymbol{V}_1 \times \boldsymbol{V}_2 = a(b + jc) = ab + jac, \quad V = \sqrt{(ab)^2 + (ac)^2} = a\sqrt{b^2 + c^2}, \quad \theta = \tan^{-1}\dfrac{ac}{ab} =$

$\tan^{-1}\dfrac{c}{b}$가 된다. 여기서 $V = a \times a\sqrt{b^2 + c^2} = V_1 \times V_2,\;\; \theta = 0 + \tan^{-1}\dfrac{c}{b} = \theta_1 + \theta_2$이

므로 $V = V_1 \times V_2,\;\; \theta = \theta_1 + \theta_2 = 0 + \theta_2 = \theta_2 \qquad \therefore\; (V_1 \times V_2)\angle\,\theta_2$

• 마찬가지로 $\boldsymbol{V}_1 = V_1\angle\,0°$에서 나눗셈인 경우에는

$$\boldsymbol{V}_1 \div \boldsymbol{V}_2 = \frac{a}{b + jc} = \frac{a(b - jc)}{(b + jc)(b - jc)} = \frac{ab - jac}{b^2 + c^2} = \frac{ab}{b^2 + c^2} - j\frac{ac}{b^2 + c^2}$$

에서 V와 θ를 구하면

$$V = \sqrt{\left(\frac{ab}{b^2 + c^2}\right)^2 + \left(\frac{ac}{b^2 + c^2}\right)^2} = \sqrt{\frac{a^2(b^2 + b^2)}{(b^2 + c^2)^2}} = \frac{a}{\sqrt{b^2 + c^2}},$$

$$\theta = \tan^{-1} - \frac{ac(b^2 + c^2)}{ab(b^2 + c^2)} = \tan^{-1} - \frac{c}{b}$$

이므로 연산 결과는 아래와 같다.

$$V = \frac{V_1}{V_2},\;\; \theta = 0 - \theta_2 = -\theta_2 \qquad \therefore\; \left(\frac{V_1}{V_2}\right)\angle - \theta_2$$

익힘 문제 6.24

$\boldsymbol{V}_1 = 1 + j\sqrt{3},\;\; \boldsymbol{V}_2 = \sqrt{3} + j1$일 때 복소수 및 페이저로 $\boldsymbol{V}_1 \div \boldsymbol{V}_2$을 구하라.

풀이 ① $\boldsymbol{V}_1/\boldsymbol{V}_2=\dfrac{1+j\sqrt{3}}{\sqrt{3}+j1}=\dfrac{(1+j\sqrt{3})(\sqrt{3}-j1)}{(\sqrt{3}+j1)(\sqrt{3}-j1)}=\dfrac{2\sqrt{3}+j2}{3+1}=\dfrac{\sqrt{3}}{2}+j\dfrac{1}{2}$,

$$V_1/V_2=\sqrt{\left(\frac{\sqrt{3}}{2}\right)^2+\left(\frac{1}{2}\right)^2}=1[\mathrm{V}],\ \theta=\tan^{-1}\frac{1/2}{\sqrt{3}/2}=\tan^{-1}\frac{1}{\sqrt{3}}=30°$$

② $V_1=\sqrt{1^2+(\sqrt{3})^2}=2[\mathrm{V}],\ \theta_1=\tan^{-1}\dfrac{\sqrt{3}}{1}=60°,\ V_2=\sqrt{(\sqrt{3})^2+1^2}=2[\mathrm{V}]$,

$$\theta_2=\tan^{-1}\frac{1}{\sqrt{3}}=30° \quad \therefore\ \boldsymbol{V}_1/\boldsymbol{V}_2=\frac{2\angle 60°}{2\angle 30°}=1\angle(60°-30°)=1\angle 30°$$

참고로 지금까지 설명한 복소수, 페이저, 지수함수, 삼각함수에 의한 교류전압 또는 전류의 일반적인 표현법을 요약 정리하면 표 6.4와 같다.

표 6.4 여러 가지 교류 전압, 전류의 표현법

구분	v, i의 표현	크기	위상각
복소수	$a+jb$	$\sqrt{a^2+b^2}$	$\theta=\tan^{-1}\dfrac{b}{a}$
페이저	$\boldsymbol{A}\angle\phi$	$A=\sqrt{a^2+b^2}$	
지수함수	$\boldsymbol{A}e^{j\phi}$	$A=\sqrt{a^2+b^2}$	
삼각함수	$A(\cos\phi+j\sin\phi)$	$\sqrt{\cos^2\phi+\sin^2\phi}$	$\theta=\tan^{-1}\dfrac{\sin\phi}{\cos\phi}$

또한 전압, 전류는 정현파(sine wave) 또는 여현파(cosine wave) 두 가지 형태로 해석하는 경우가 많으므로 자주 사용할 삼각함수의 관계식을 정리하면 아래와 같다.

주요 삼각함수 관계식

$$\sin\left(\omega t+\frac{\pi}{2}\right)=\cos\omega t \tag{6.119}$$

$$\cos\left(\omega t-\frac{\pi}{2}\right)=\sin\omega t \tag{6.120}$$

$$\cos(90°-\theta)=\sin\theta \tag{6.121}$$

$$\sin(90° - \theta) = \cos\theta \tag{6.122}$$

$$\sin(\alpha \pm \beta) = \sin\alpha\cos\beta \pm \cos\alpha\sin\beta \tag{6.123}$$

$$\cos(\alpha \pm \beta) = \cos\alpha\cos\beta \mp \sin\alpha\sin\beta \tag{6.124}$$

주요 각도에서의 삼각함수의 값은 표 6.5와 같다.

표 6.5

θ	0°	30°	45°	60°	90°	120°	135°	150°	180°
$\sin\theta$	0	$\frac{1}{2}$	$\frac{1}{\sqrt{2}}$	$\frac{\sqrt{3}}{2}$	1	$\frac{\sqrt{3}}{2}$	$\frac{1}{\sqrt{2}}$	$\frac{1}{2}$	0
$\cos\theta$	1	$\frac{\sqrt{3}}{2}$	$\frac{1}{\sqrt{2}}$	$\frac{1}{2}$	0	$-\frac{1}{2}$	$-\frac{1}{\sqrt{2}}$	$-\frac{\sqrt{3}}{2}$	-1
$\tan\theta$	0	$\frac{1}{\sqrt{3}}$	1	$\sqrt{3}$	∞	$-\sqrt{3}$	-1	$-\frac{1}{\sqrt{3}}$	0

익힘 문제 6.25

전압 $v_1 = 10\sqrt{2}\sin\omega t$, $v_2 = 10\sqrt{2}\sin(\omega t + 90°)$이다. 두 전압이 직렬로 그림 6.51과 같이 직렬로 연결되었을 때의 합성전압 v를 실효치 페이저로 나타내어라.

풀이 $v = v_1 + v_2 = 10\sqrt{2}(\cos 0° + j\sin 0°) + (\cos 90° + j\sin 90°) = 10\sqrt{2}(1+j)$

$V = 10\sqrt{2}\sqrt{1^2 + 1^2} = 10\sqrt{2}$, $\theta = \tan^{-1}1 = 45°$이므로 페이저는

$\therefore\ 10\sqrt{2}\angle 45°$

익힘 문제 6.26

정현파 교류전압이 $\boldsymbol{V}_1 = 100\angle 0°$, $\boldsymbol{V}_2 = 50\angle 30°$일 때 $\boldsymbol{V}_1 \div \boldsymbol{V}_2$를 계산하라.

풀이 $\boldsymbol{V} = \dfrac{\boldsymbol{V}_1}{\boldsymbol{V}_2} = \dfrac{100\angle 0°}{50\angle 30°} = 2\angle 0° - 30° = 2\angle -30°$

1. 교류(AC)와 정현파

아래의 왼쪽 그림과 같이 교류 발전기의 원리는 N극과 S극 사이의 균등자계 속에서 코일을 일정속도 v[m/s]로 회전시키면 코일 양단에 정현파 교류전압(v)이 발생한다. 자계 속의 자속밀도를 B[T], 코일의 길이를 l이라 하면 발생하는 전압의 크기는 아래의 식과 같다. 여기서 θ는 자계 속에서 자계의 방향과 이룬 각도를 말한다.

$$v = \mathrm{B}\, lv \sin\theta$$

위의 식에서 B lv는 일정하므로 결국 기전력은 $\sin\theta$에 의한 사인파형(sine wave)의 전압을 얻게 된다.

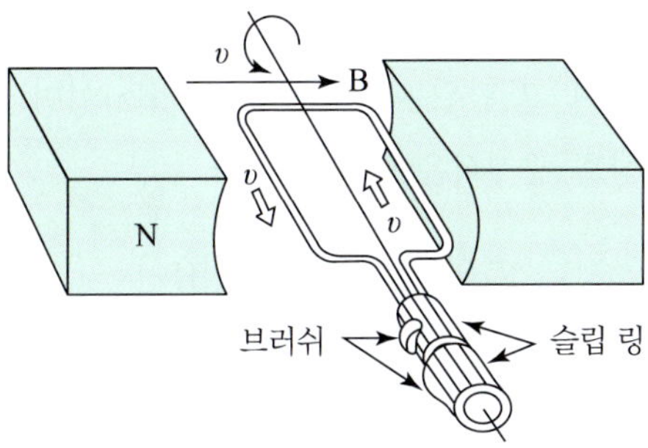

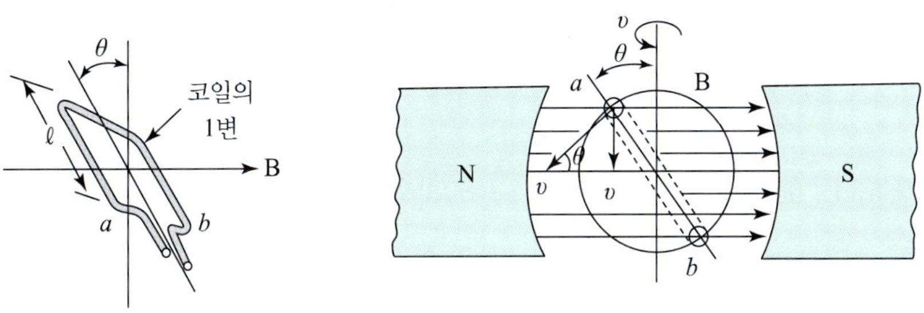

다시 말해서 교류 발전기에서 나오는 전압을 정현파(正弦波)는 발전기 코일의 원운동에서 유도전압의 크기가 회전의 사인각(sine angle) θ에 비례하는 때문이다. 교류 발전기에서 발생하는 아래 그림의 정현파 파형에서와 같이 최대 전압은 V_m이므로 교류전압 아래와 같은 식으로 나타낸다.

$$v = V_m \sin\theta$$

아래의 그림에서 시간 0에서 t_2까지를 정현파의 1사이클(cycle) 또는 1주기라 한다.

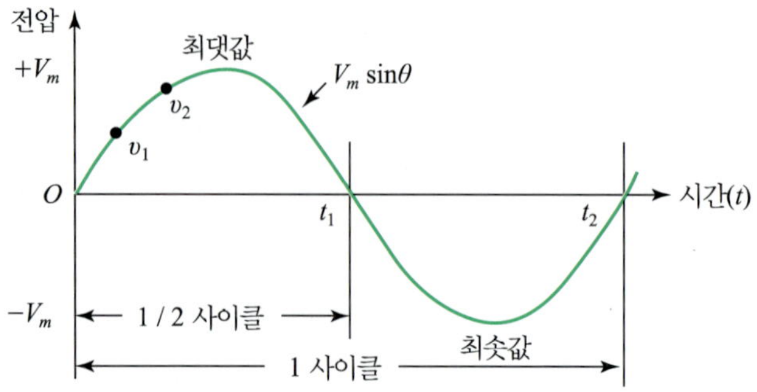

(1) 주기와 주파수

정현파에서 주기는 T로 나타내며 그 단위는 초[s]이다. 주파수(frequency)는 1초에 나타나는 사이클의 수를 말하며 그 단위는 헬쯔(Heltz : Hz)이며 f로 나타낸다. 주기 T는 주파수의 역(逆)이며 그 상호 관계식은 아래와 같다.

$$T = \frac{1}{f}[\mathrm{s}],\ f = \frac{1}{T}[\mathrm{Hz}]$$

(2) 호도법

반경 $r = 1$인 단위원에서는 0°～360°의 각도를 원둘레의 길이로 표시한 것을 호도법(弧度法)이라 하며 단위는 (rad)이다. $r = 1$이므로 한 바퀴(360°)의 원둘레의 길이가 2π이므로

180° → π[rad], 90° → $\pi/2$[rad], 60° → $\pi/3$[rad], 45° → $\pi/4$[rad], 30° → $\pi/3$[rad]

이다. 각도 θ[°]를 라디안[rad]로 바꾸는 식은 아래와 같다.

$$\theta[°] = \pi \times \frac{\theta}{180}[\mathrm{rad}]$$

(3) 라디안과 정현파

아래의 그림은 라디안과 정현파의 상관도이다. 각도의 진행방향이 반시계방향으로 θ인 때 $\sin\theta$는 아래와 같으므로 $\sin\theta = bc/ac$, $bc = ac\sin\theta$가 되고 회전각에 따른 bc의 궤적을 그래프로 나타낸 것이 오른쪽 정현파이다. 회전각 $\theta(\pi/2)$에서 전압은 최대이다.

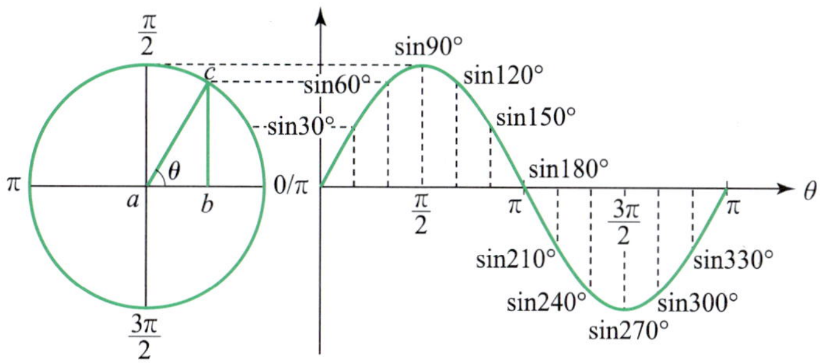

(a) (b)

(4) 각속도

교류 발전기에서 코일의 이동속도를 각도의 속도로 나타낼 때 이를 각속도라 한다. 즉 코일의 각속도는 2π[rad/s]가 된다. 따라서 주파수 f라면 1초에 f회이므로 각속도는 $2\pi f$ [rad/s]가 되며 이를 편의상 ω로 바꿔서 나타낸다.

$$\omega = 2\pi f[\text{rad/s}]$$

주파수 f에서의 이동각도는 1초당 θf[s] 또는 $2\pi f$[rad]이므로 t[s] 후의 이동속도는 θft[s] 즉, $2\pi ft$[rad]이다. 따라서 정현파 전압식은 아래와 같이 고쳐 쓸 수 있다.

$$v = V_m \sin 2\pi ft[\text{rad/s}] = V_m \sin\omega t[\text{rad/s}]$$

일반적인 정현파 교류전압과 전류의 기호는 아래와 같이 나타낸다.

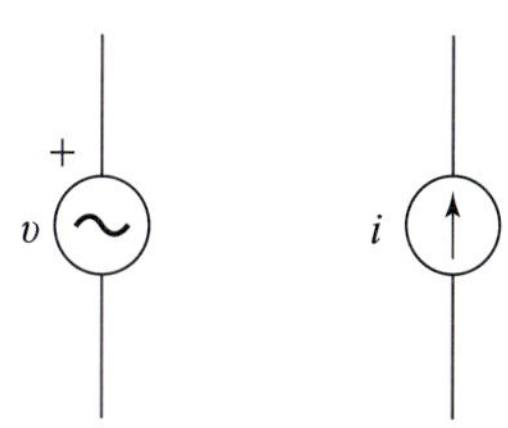

(a) 전압 (b) 전류

2. 정현파의 전압값과 전류값

(1) 순시값과 최댓값 : 교류전압 v는 아래와 같은 식으로 표현될 때

$$v = V_m \sin 2\pi ft = V_m \sin\omega t[\text{V}]$$

식에서 v를 순시값, V_m을 최댓값이라 한다. 또한 $2V_m$을 피크 투 피크값 V_{pp}라 한다. 전류의 최댓값 및 피크 투 피크값은 I_m, I_{pp}이다.

(2) **평균값** : 정현파 교류전압에서의 평균값 V_{av}는 정의 반주기의 모든 순시값의 합을 반주기(π)로 나눈 값으로 아래와 같다.

$$V_{av} = \frac{2V_m}{\pi} \fallingdotseq 0.637\,V_m\,[\mathrm{V}]$$

(3) **실효값** : 정현파 전압의 실효값 V_{rms}는 45°($\pi/4\mathrm{rad}$)에서의 값으로서 아래의 식과 같다.

$$V_{\mathrm{rms}} = \frac{V_m}{\sqrt{2}} \doteqdot 0.707\,V_m$$

3. 위상각

아래의 그림에서 A는 전압의 출발점이 0, B는 +최댓값에서 출발한 정현파이다. 파형 B가 파형 A보다 90° 앞서서 최댓값이 나타난다. 이때 B와 A 사이의 차이가 나는 각도 90°를 위상각 또는 위상차라 한다. 90°는 $\pi/2[\mathrm{rad}]$이므로 파형 A와 파형 B를 정현파 식으로 표현하면 아래와 같다.

$$\text{파형 A : } V_m\sin\omega t[\mathrm{V}], \quad \text{파형 B : } V_m\sin\left(\omega t + \frac{\pi}{2}\right)[\mathrm{V}]$$

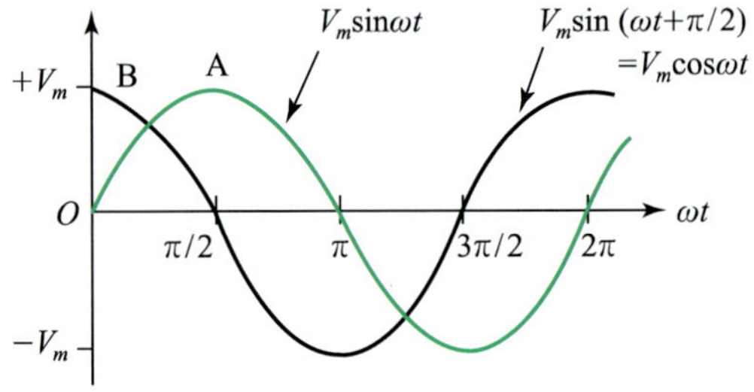

아래의 파형에서는 전압과 전류 사이에는 ϕ의 위상차가 생기며 전류 i가 전압 v보다 ϕ만큼 위상이 늦으므로 $\sin\omega t$에 $-\phi$가 ωt에 첨가되어 $\sin(\omega t-\phi)$가 된다.

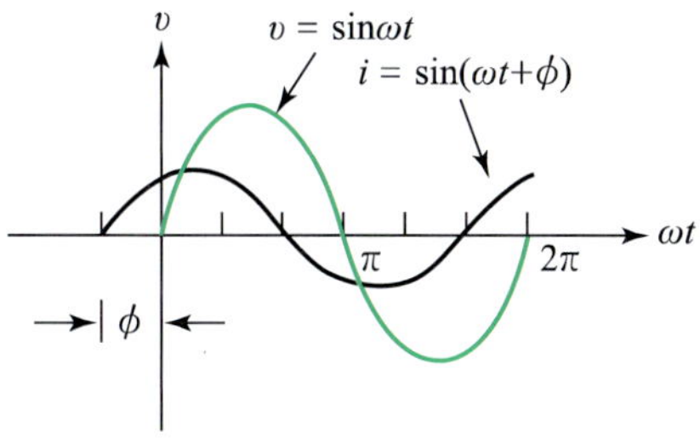

(a) 전류위상 빠름

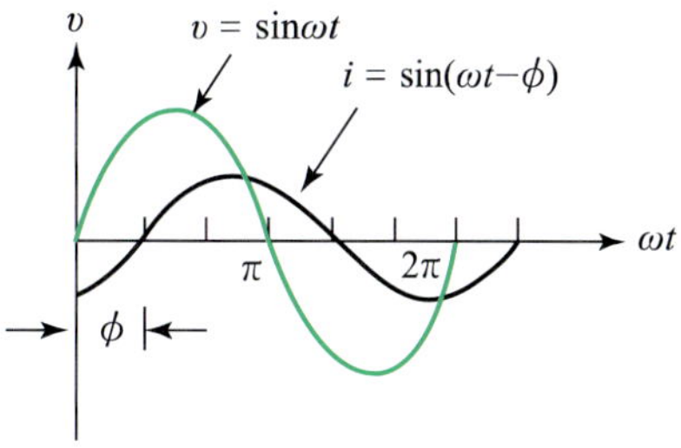

(b) 전류위상 느림

4. 인덕터

(1) 자기유도

코일에 전류를 흘리면 코일 안을 관통하는 자속이 발생한다. 이때 전류를 증감(Δi)시키면 코일 내의 자속도 변화하므로 전자유도(電磁誘導)에 의해 코일 내에서는 자속의 변화를 방해하는 방향으로 기전력(起電力)이 발생한다. 이러한 현상을 자기유도(self induction)라 하며 자속을 ϕ, 코일의 권수를 n이라 하면 전압 v는

$$v = -n\frac{\Delta\phi}{\Delta t}[\mathrm{V}]$$

이 된다. 총 자속($n\phi$)은 전류의 변화이므로 아래와 같이 바꿔 쓸 수가 있다.

$$v = -L\frac{\Delta I}{\Delta t} = -L\frac{di}{dt}[\mathrm{V}]$$

위의 식에서 비례정수 L을 자기 인덕턴스(self inductance)라 하며 그 단위는 헨리(H)이다. 식으로부터 1초간에 1[A]의 전류변화가 있었을 때 1[V]의 유도 기전력을 일으키는 코일의 자기 인덕턴스를 1[H]라고 정의한다. v를 적분하여 i의 유도식을 구할 수 있다.

자기 인덕턴스의 기호는 아래와 같다. (b)는 철심코어인 경우의 기호이다.

(a)

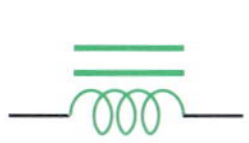

(b)

(2) 인덕터의 직렬연결

인덕터의 직렬연결은 저항의 직렬연결과 같이 합성 인덕턴스는 개별 인덕턴스의 합이 된다.

$$L = L_1 + L_2 + L_3$$

(3) 인덕터의 병렬연결

인덕터의 병렬연결은 저항의 병렬연결과 마찬가지로 합성 인덕턴스는 아래와 같다.

$$L = \frac{1}{\frac{1}{L_1} + \frac{1}{L_2} + \frac{1}{L_3}}$$

(4) 인덕터의 전력과 에너지

인덕터에 전압이 가해지고 전류가 흐르면 인덕터의 자계 내에 에너지가 저장된다. 인덕터에 교류전류 i가 흘렀을 때 인덕터에 유도되는 전압이 v이면 전력은 $p = vi$이고 정(+) 사이클에서는 전력이 인덕터에 유입되지만 부(−) 사이클에서는 인덕터로부터 유출된다. 인덕터에 유입되는 에너지 w는 아래와 같다.

$$w = \frac{1}{2} Li^2 [\mathrm{J}]$$

(5) 상호유도와 유도 기전력

아래의 그림과 같이 2개의 코일이 인접된 상태에서 한 쪽 코일에 SW를 닫아서 1차 코일에 순간적으로 전류를 흘리면(i_1) 2차 코일에 반작용 자속(ϕ)이 역방향으로 관통하면서 전류(i_2)가 흐르게 되어 부하(R)에 전압이 발생한다. 이와 같이 결합된 코일에 서로 전류가 흐르면서 상대측 코일에 유도전류를 흘리는 현상을 상호유도라 하며 유도전압 v_2는 아래와 같다.

$$v_2 = -n_2 \frac{d\phi}{dt} [\mathrm{V}]$$

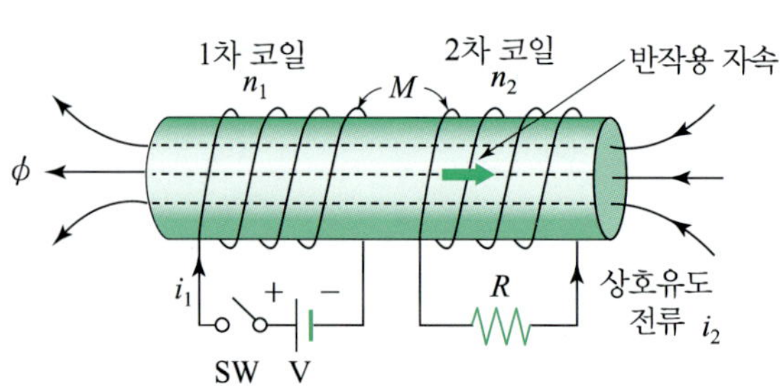

n_2는 2차 코일의 권수이다. 자속의 변화에 따라 전류 또한 비례해서 변하므로 상호 유도에 의한 기전력 v_m은 di/dt에 비례하며 이때의 비례정수를 M이라 한다.

$$v_m = -M\frac{di}{dt}[\text{V}]$$

위의 식에서 M을 상호 인덕턴스(mutual inductance)라 하며, 상호 인덕턴스는 코일의 결합 형태, 권수에 의해 결정되며 그 단위는 자기 인덕턴스와 같이 [H]이다.

아래의 그림과 같이 상호 유도회로를 표시할 때 코일 L_1에 자기 유도되는 전압이 $L(di_1/dt)$라면 반작용 자속에 의해 발생되는 상호 유도전압을 v_{m1}, 반대로 L_2에 자기 유도되는 전압($L(di_2/dt)$이고 회로가 선형적 결합이라면 이때 발생되는 상호 유도전압을 v_{m2}라면 아래와 같다.

$$v_{m1} = M\frac{di_2}{dt},\ v_{m2} = M\frac{di_1}{dt}$$

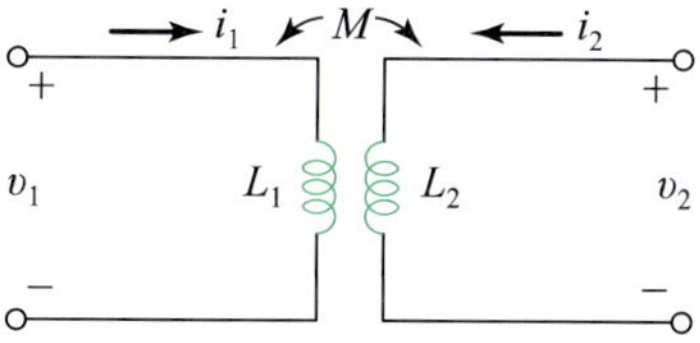

1, 2차 코일 사이의 전자적 결합상태의 밀(密)하고 소(疎)하는가의 표시계수를 결합계수 k라 하며 완전히 밀한 결합상태이면 $k=1$, 전혀 결합이 안 되어 있는 결합상태이면 $k=0$이다. 일반적인 관계식은 아래와 같다.

$$M = k\sqrt{L_1L_2},\ k = \frac{M}{\sqrt{L_1L_2}}$$

5. 변압기

(1) 변압기의 동작원리

변압기의 동작원리는 동일 철심 위에 1차와 2차 두 개의 코일을 감은 상태에서 권수 n_1인 1차 코일에 교류전압 v_1을 가해주면 그 교류전류에 대응해서 권수 n_2인 2차측 코일의 자속변화로 유도 기전력 v_2가 발생된다. 1차 및 2차 코일의 권수를 n_1, n_2라 하면

$$v_2 = \frac{n_2}{n_1} \cdot v_1, \quad \frac{i_2}{i_1} = \frac{v_1}{v_2}$$

의 전압, 전류 관계식이 성립한다.

(2) 이상적인 변압기

- 결합계수가 1이어야 한다($k = 1$).
- 각 코일의 자기 인덕턴스가 무한대(∞)이어야 한다.
- 코일의 저항, 철손, 와류손실이 없어야 한다.

6. 커패시터

아래의 그림과 같이 두 개의 도체 극판을 절연체 사이에 마주 보게 만든 전하 축전기를 커패시터(capacitor) 또는 콘덴서(condenser)라고 한다. 두 극판에 리드 선을 통해 전지로부터 +전하 및 −전하가 공급되면 두 극판에는 +전하 또는 −전하가 많이 모이게 되는데 이런 현상을 축전현상(蓄電現狀)이라고 한다. 이때 두 극판에 모이는 전하의 양을 정전용량 또는 커패시턴스(capacitance)라 하며, 그 단위는 패럿[F]이다.

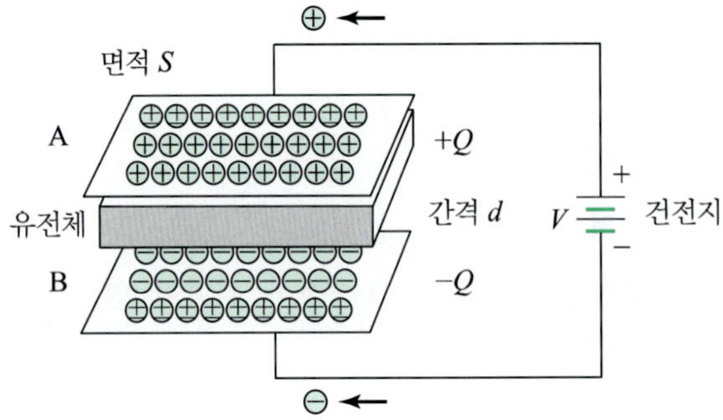

정전용량 C의 관계식은 극판면적 S, 극판간격 d, 유전율 ϵ일 때 아래와 같다.

$$C = \epsilon \frac{S}{d} [\mathrm{F}]$$

축적되는 전하의 양 Q는 공급전압 V에 비례하므로 아래와 같은 관계식이 만들어진다.

$$Q = CV [\mathrm{C}], \quad C = \frac{Q}{V} [\mathrm{F}]$$

아래의 기호(a)는 일반 커패시터, (b)는 전해 커패시터, (c)는 가변 커패시터를 나타낸다.

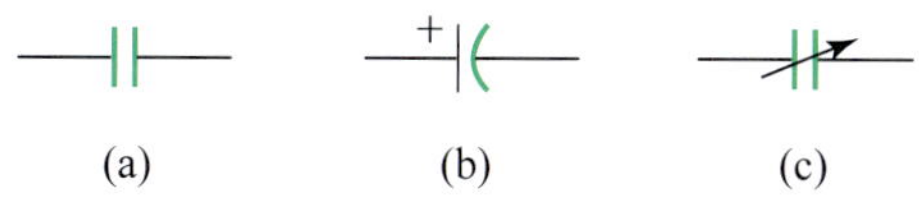

(1) 커패시터의 직렬연결

직렬로 연결된 세 커패시터의 합성 정전용량은 아래의 식과 같다.

$$C = \frac{1}{\frac{1}{C_1} + \frac{1}{C_2} + \frac{1}{C_3}} [\mathrm{F}]$$

(2) 직렬연결 커패시터에서의 전압분배

그림과 같이 직류전원 V에 C_1, C_2가 직렬로 연결된 경우에 각각의 전압은

$$V_1 = \frac{C_2}{C_1 + C_2} \cdot V, \quad V_2 = \frac{C_1}{C_1 + C_2} \cdot V [\mathrm{V}]$$

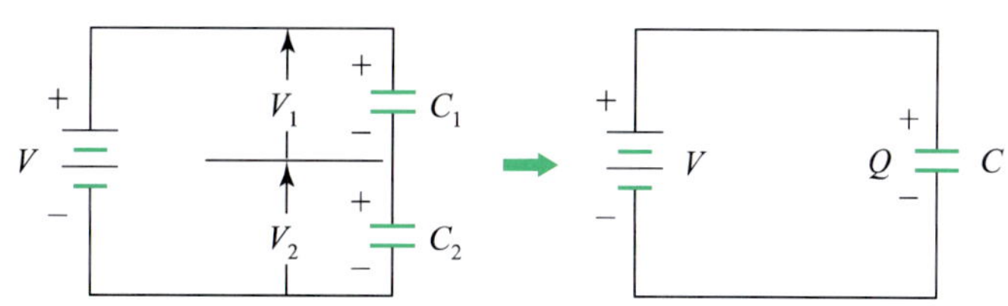

(3) 커패시터의 병렬연결

2개의 커패시터를 병렬로 연결한 경우의 합성 정전용량은 아래와 같다.

$$C = C_1 + C_2 [\mathrm{F}]$$

(4) 커패시터의 전력과 에너지

커패시터 양단에 직류전압이 가해져 커패시터가 충전된 경우에는 유전체 내부에 존재하는 전계에 에너지 w를 저장하며 그 크기는 아래와 같다.

$$w = \frac{1}{2} C v^2 [\mathrm{J}]$$

7. 복소수

(1) 복소수 표현

복소수 $\boldsymbol{A}$는 아래와 같이 실수부 a와 허수부 jb의 합으로 나타낸다.

$$\boldsymbol{A} = a + jb$$

아래의 그림은 수평축을 실수축, 수직축을 허수축으로 나타낸 복소평면이며 위의 식을 나타낸 것이다. 복소평면 상에서 복소수 $\boldsymbol{A}$는 그림에서와 같이 실수축 a와 허수축 jb를 잇는 대각선이 된다.

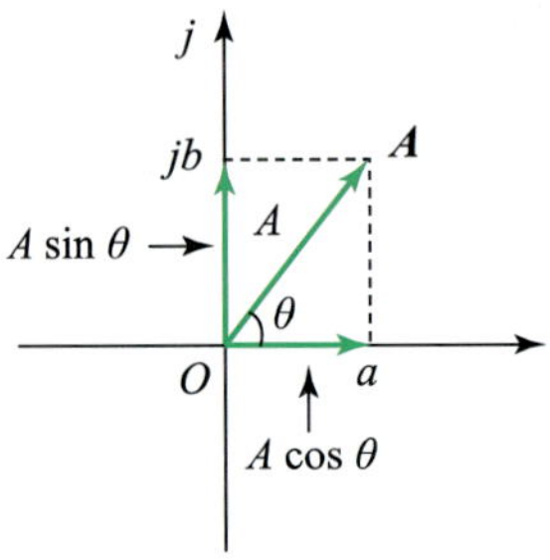

A와 실수축과의 각도가 θ일 때 a, b, A를 각각 삼각함수로 나타내면 아래와 같다.

$$a = A\cos\theta,\ jb = jA\sin\theta,\ \boldsymbol{A} = A\cos\theta + jA\sin\theta$$

각도 $\theta = \tan^{-1}(a/b)$이다.

(2) 회전 연산자 j

복소평면에서 j를 차례로 곱한 결과는 아래와 같다.

$\times j \rightarrow a \times j = ja : 90°$ 좌회전, $\times j \times j \rightarrow ja \times j = j^2 a = (-1)a = -a : 180°$ 좌회전,

$\times j \times j \times j \rightarrow (-a) \times j = -ja : 270°$ 좌회전,

$\times j \times j \times j \times j \rightarrow (-ja) \times j = -j^2 a = 1 \times a = a : 360°$ 좌회전

위의 수식적 계산을 아래 그림(a)에서 a의 회전상태와 비교해 보면 j를 곱할 때마다 반시계방향으로 90°씩 회전한다는 것을 알 수 있다. 따라서 곱해주는 j를 회전 연산자라고 한다.

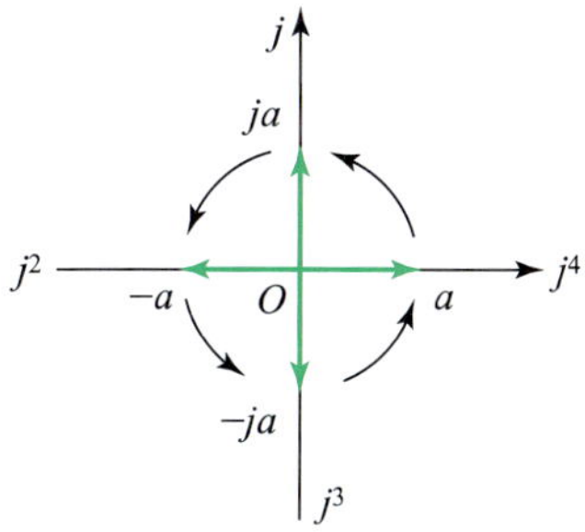

(a)

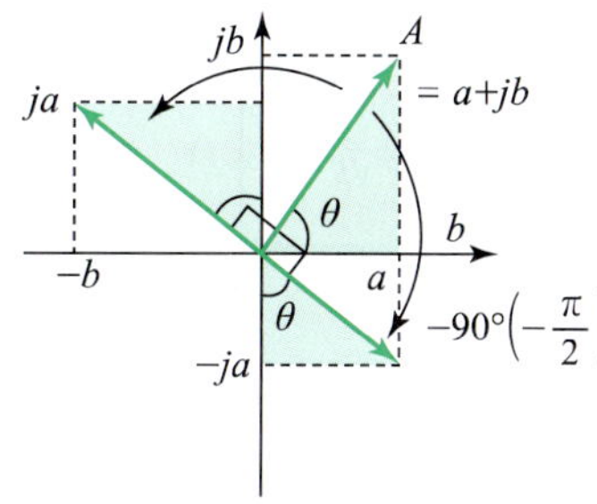

(b)

위의 그림(b)에서 $A(=a+jb)$에 j를 곱하면 $j(a+jb)=ja-j^2b=-b+ja$가 된다.

(3) 복소수의 연산

(a) 덧셈과 뺄셈 : 실수는 실수끼리, 허수는 허수끼리 더하거나 뺀다.

$A=a+jb,\ B=c+jd$일 때

$A+B=a+jb+c+jd=(a+c)+j(b+d),$

$A-B=a+jb-(c+jd)=(a-c)+j(b-d)$

(b) 곱셈 : $A\times B=(a+jb)\times(c+jd)=ac+jad+jbc+j^2bd=ac-bd+j(ad+bc)$

(c) 나눗셈 : (가) $\dfrac{a+jb}{c}=\dfrac{a}{c}+j\dfrac{b}{a}$

(나) $A\div B=\dfrac{a+jb}{c+jd}=\dfrac{(a+jb)(c-jd)}{(c+jd)(c-jd)}=\dfrac{ac+bd+j(bc-ad)}{c^2-d^2}$

(4) 복소수에 의한 정현파 교류해석

교류회로에서 임피던스는 $\boldsymbol{Z}=R+jX$이다. 그 복소수 표시는 아래의 그림과 같다.

$$Z=\sqrt{R^2+X^2},\ \theta=\tan^{-1}\frac{X}{R}$$

전압은 옴의 법칙에 의해 $\boldsymbol{I}=\boldsymbol{V}/\boldsymbol{Z}$에 의해 그 크기와 각도 ϕ가 결정되면 우측 그림과 같이 복소수 표현이 가능하다.

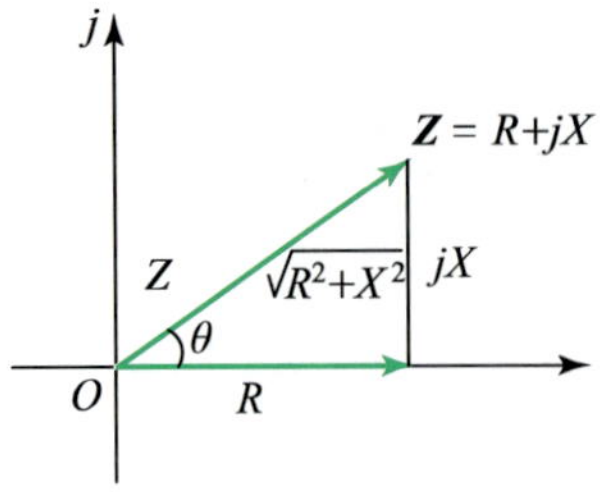

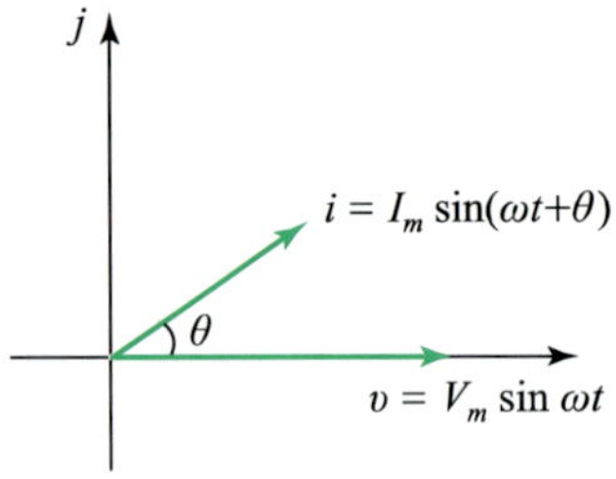

8. 페이저

(1) 페이저도와 페이저

오일러의 항등식에 의해 : $a \pm jb = e^{\pm j\theta} = \cos\theta \pm j\sin\theta$

$$A(a \pm jb) = Ae^{\pm j\theta} = A(\cos\theta \pm j\sin\theta)$$

위의 식에서 $+$인 경우를 복소평면에 아래의 그림과 같다.

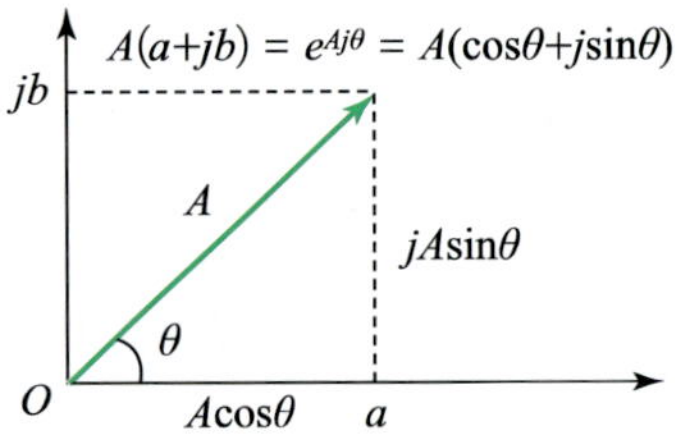

$A(a+jb) = Ae^{j\theta}$를 그 크기(A)와 편각(θ)으로 정보의 아래와 같은 표현이 페이저이다.

$$Ae^{j\theta} = A\angle\theta$$

만일 교류전압의 최대치가 V_m이라면

$$V_m e^{j\phi} = V_m(\cos\phi + j\sin\phi) = V_m\cos\phi + jV_m\sin\phi \rightarrow V_m\angle\phi$$

(2) 페이저의 덧셈 : 페이저도로 직접 $\boldsymbol{V}_1$, $\boldsymbol{V}_2$의 덧셈

아래의 (a)는 $\boldsymbol{V}_1(v_1)$, $\boldsymbol{V}_2(v_2)$이 모두 $\theta = 0°$인 경우이다. 이때는 크기만 합하면 되므로 위상각 ϕ는 발생하지 않는다. 그러나 θ가 각각 90°, 120°, 240°인 두 페이저의 합에 대한 결과 페이저도는 아래의 그림 6.52(b), (c), (d)이다. 덧셈 시의 크기(대각선) V와 ϕ는 각각 다르다.

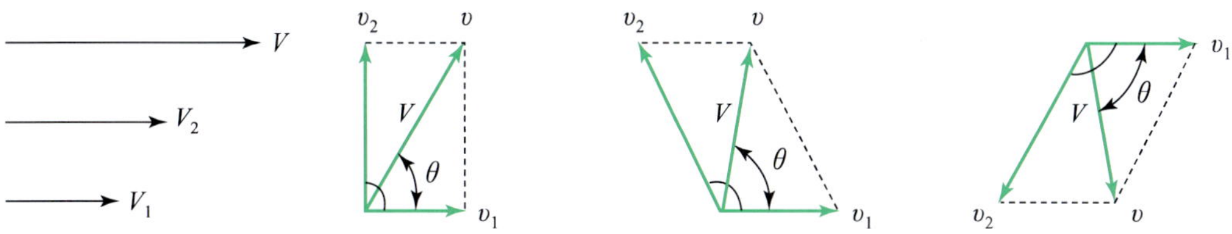

(a) $\theta = 0°$ (b) $\theta = 90°$ (c) $\theta = 120°$ (d) $\theta = 240°$

$\theta = 0°$인 경우를 제외하고는 앞서의 설명처럼 모두 ϕ는 $0+\theta$가 아니다.

(3) 페이저의 곱셈과 나눗셈

- $A \times B$: $Ae^{j\theta_1} \times Be^{j\theta_2} = ABe^{j(\theta_1+\theta_2)} \rightarrow AB\angle\theta_1+\theta_2$
- $A \div B$: $\dfrac{Ae^{j\theta_1}}{Be^{j\theta_2}} = \dfrac{A}{B}e^{j(\theta_1-\theta_2)} \rightarrow \dfrac{A}{B}\angle\theta_1-\theta_2$

교류전류의 표현

구분	v, i의 표현	크기	위상각
복소수	$a+jb$	$\sqrt{a^2+b^2}$	$\theta = \tan^{-1}\dfrac{b}{a}$
페이저	$\boldsymbol{A}\angle\phi$	$A = \sqrt{a^2+b^2}$	
지수함수	$\boldsymbol{A}e^{j\phi}$	$A = \sqrt{a^2+b^2}$	
삼각함수	$\boldsymbol{A}(\cos\phi + j\sin\phi)$	$\sqrt{\cos^2\phi+\sin^2\phi}$	$\theta = \tan^{-1}\dfrac{\sin\phi}{\cos\phi}$

연습문제

1. 호도법에서 75°는 몇 [rad]인가?

2. 호도법에서 $\frac{\pi}{5}$[rad]은 몇[°]인가?

3. AC 220[V]의 최댓값(V_m)와 평균값(V_{av})은 얼마인가?

4. 그림 6.53에서 전류의 실효치는 얼마인가?

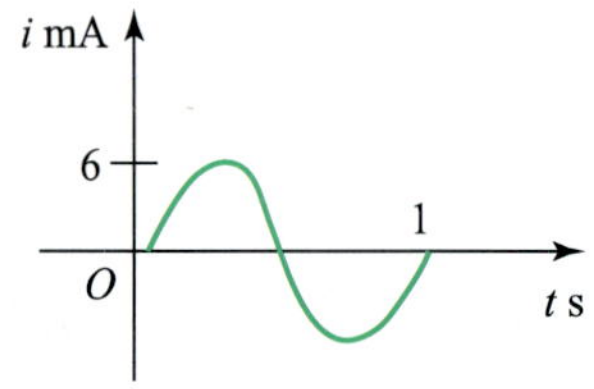

그림 6.53 정현파 전류파형

5. 그림 6.54와 같은 펄스 전압파형에서 실효값은 몇 [V]인가?

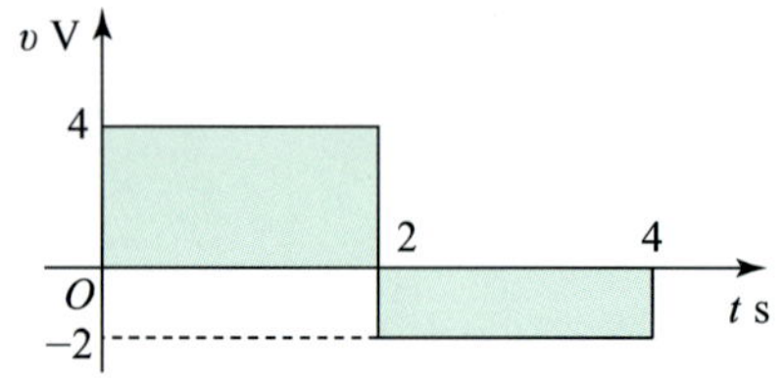

그림 6.54 펄스 전압파형

6. 오실로스코프로 관측한 정현파 교류전압의 첨두값(V_{pp})가 50[V]일 때 최댓값(V_m), 실효값(V_{rms}), 평균값(V_{av})은 몇 [V]인가?

7. 그림 6.55에서 전압의 주파수는 얼마인가?

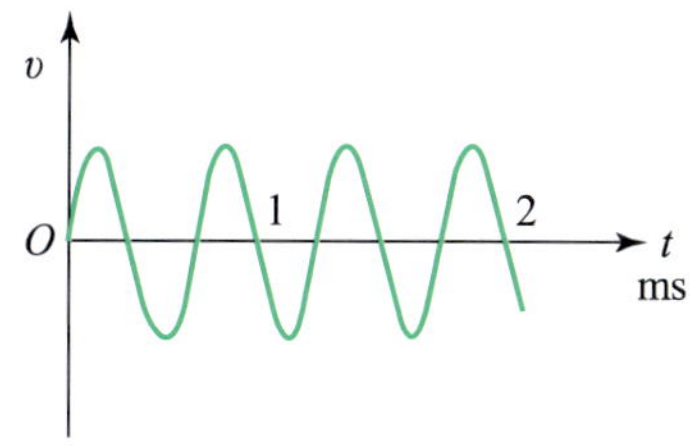

그림 6.55 전압파형

8. 1[s]에 60회전하는 발전기에서 출력되는 정현파 전압의 표현식을 써라. 단, 초기값은 0[V]이고, 최대 전압은 220[V]이다.

9. 코일에 초[s]당 2[wb]의 자속이 변하여 40[V]의 역 기전력이 발생하였다면 코일의 권수는 몇 회인가?

10. 코일에 흐르는 전류가 2[s] 사이에 8[A]가 변했다면 발생한 유도 기전력은 얼마인가? 단, 코일의 자기 인덕턴스 $L = 50[\mathrm{mH}]$이다.

11. 그림 6.56에서 i_1, i_2의 초기 전류는 각각 $3[\mathrm{A}]$, $-5[\mathrm{A}]$이고, 가해지는 전압은 $t \geq 0$에서 $-30e^{-5t}[\mathrm{mV}]$이다. 아래의 물음에 답하라.

① 병렬 등가 인덕턴스는 얼마인가?
② 등가 인덕터 회로의 초기 전류값 $i(t)$는 얼마인가?
③ 등가 인덕터 회로의 $i(t)$는 얼마인가?
④ $i_1(t)$, $i_2(t)$의 식을 구하라.

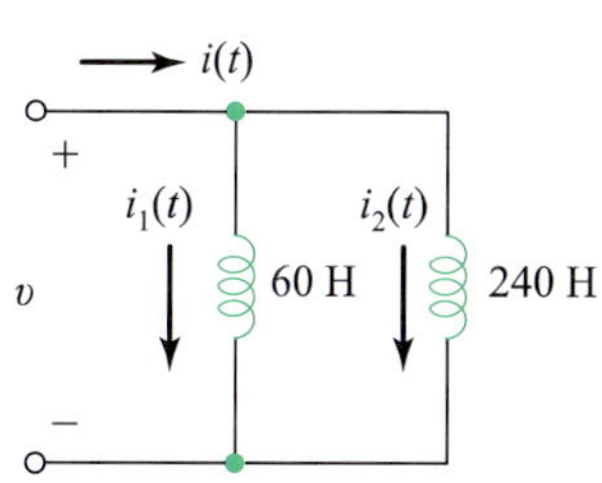

그림 6.56 병렬 인덕터 회로

12. $L = 4[\mathrm{mH}]$인 직렬 인덕터 회로에 공급되는 전압이 그림 6.57과 같을 때 인덕터 양단에 걸리는 전압파형을 그려라.

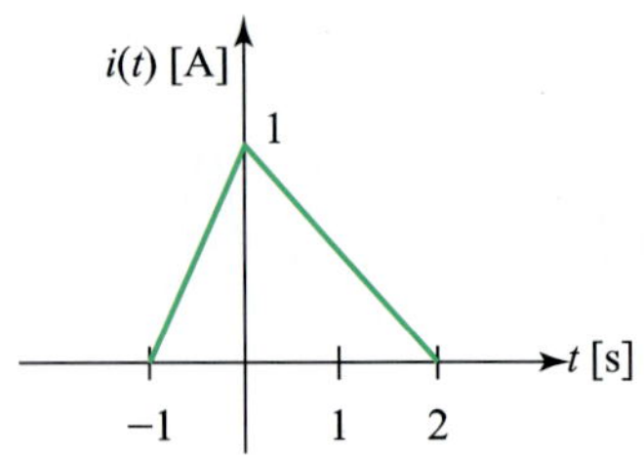

그림 6.57 인덕터 회로의 전류파형

13. 그림 6.58의 등가 임피던스가 25[H]라면 L_3은 몇 [H]인가?

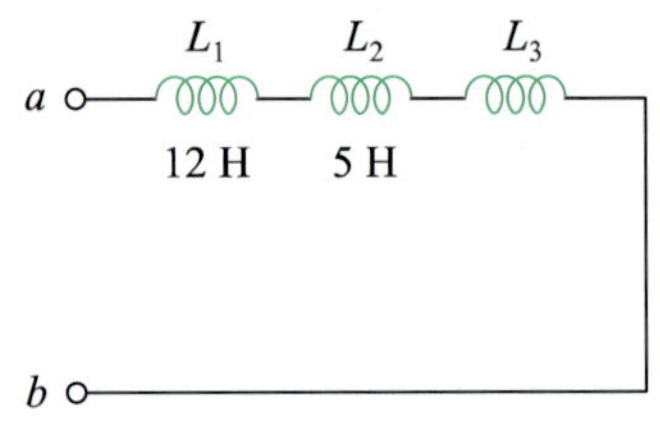

그림 6.58 직렬연결 인덕터 회로

14. 인덕턴스가 같은 4개의 인덕터를 병렬로 연결시켜 등가 인덕턴스가 2[mH]가 되기 위한 개별 인덕턴스의 값은 얼마인가?

15. 그림 6.59(a)에서의 등가 인덕턴스를 구하고 그림 6.59(b)의 전압이 a, b단자 간에 가해졌을 때 $t \geq 0$에서 i값을 구하라. 단, $t \leq 0$에서의 $i = 0$이다.

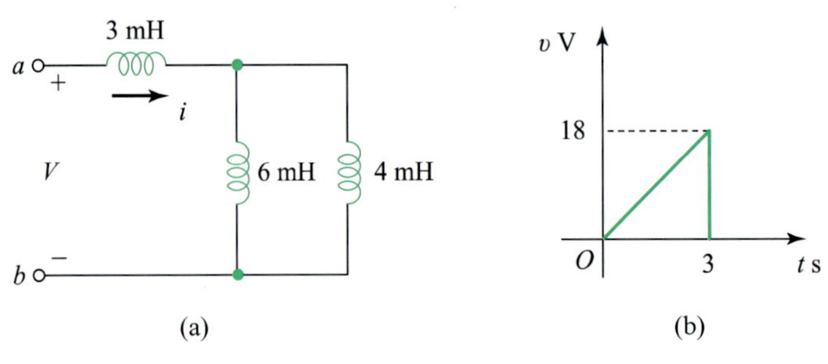

그림 6.59 직·병렬연결 인덕터 회로

16. 자기 인덕턴스가 2[mH]인 코일에 $f = 50$[Hz]인 교류전류 $i = 50\sin 100\pi t$[A]의 전류를 흘렸을 때 인덕턴스에 걸리는 전압 v를 구하라.

17. 그림 6.60과 같은 파형의 교류전류가 $L = 4[\mathrm{H}]$인 코일에 5초 동안 흘렸을 때 코일에 축적되는 에너지를 구하라.

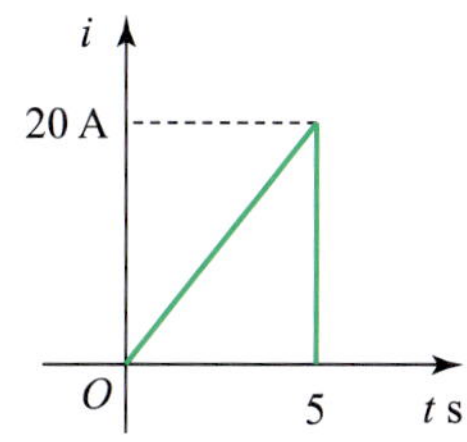

그림 6.60 전류파형

18. $C_1 = 14[\mu\mathrm{F}]$, $C_2 = 16[\mu\mathrm{F}]$의 두 커패시터를 병렬로 연결한 경우와 직렬로 연결한 경우의 등가 커패시스턴스 C_p, C_s를 구하라.

19. 그림 6.61의 커패시터 회로에서 $C_1 = 5[\mu\mathrm{F}]$일 때 $v = 12[\mathrm{V}]$에서 C_2에 걸리는 전압이 8[V]가 되기 위한 C_2의 커패시스턴스는 몇 $[\mu\mathrm{F}]$인가?

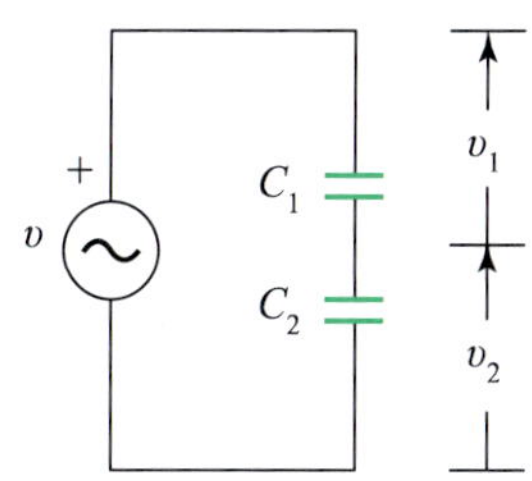

그림 6.61

20. 커패시터 양단간의 전압이 그림 6.62와 같을 때 $0 \le t \le 5$에서 커패시터에 유입되는 전력 $p(t)$, 축적되는 에너지 $w(t)$의 식을 구하고 $t = 3[\mathrm{s}]$에서의 에너지 값을 구하라. 단, $C = 100[\mu\mathrm{F}]$이다.

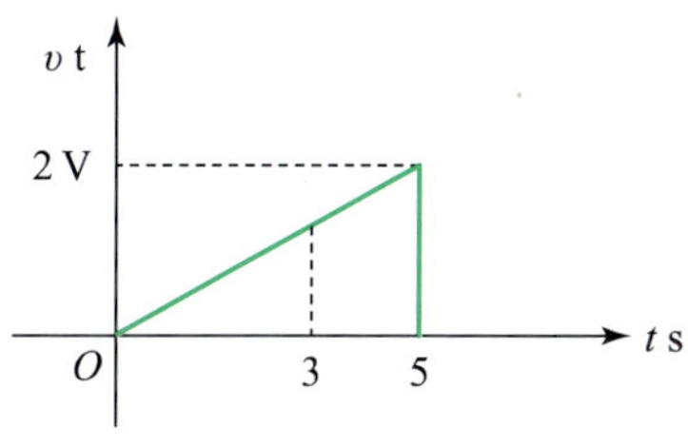

그림 6.62

21. 유도결합 코일회로에서 1차 코일의 전류가 매초 4[A]의 비율로 변할 때 2차 코일의 양단에 발생하는 기전력은 몇 [V]인가? 단, $M = 2.5$[H]이다.

22. 그림 6.63에서 $i_1 = 10$[A], 1차 및 2차 코일의 권수가 각각 $n_1 = 10$[회], $n_2 = 20$[회]일 때 2차 코일의 쇄교 자속이 6[wb]라면 상호 인덕턴스 M은 몇 [H]인가?

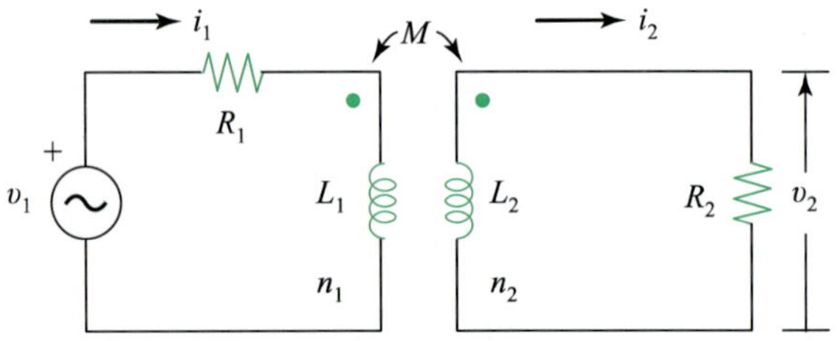

그림 6.63 상호 유도결합 회로

23. 위의 문제에서 2차측 유도 기전력(v_2)이 -24[V]라면 1차측 코일의 초당 전류변화량은 몇 [V]인가?

24. 그림 6.63에서 1차측 회로의 전압방정식을 작성해 보아라.

25. 권수 $n = 60$[회], 자기 인덕턴스 $L = 20$[mH]인 코일에 $i = 15$[A]의 전류가 흐를 때 코일에 발생하는 자속은 얼마인가?

26. 그림 6.64에서 $n_1 = 40$[회], $n_2 = 60$[회], $i_1 = 10$[A], $i_2 = 20$[A]일 때 L_1, L_2, M_{12}, M_{21}을 계산하라. 단, $\phi_{11} = 2$[wb], $\phi_{22} = 5$[wb], $\phi_{12} = 3$[wb], $\phi_{21} = 1$[wb]이다.

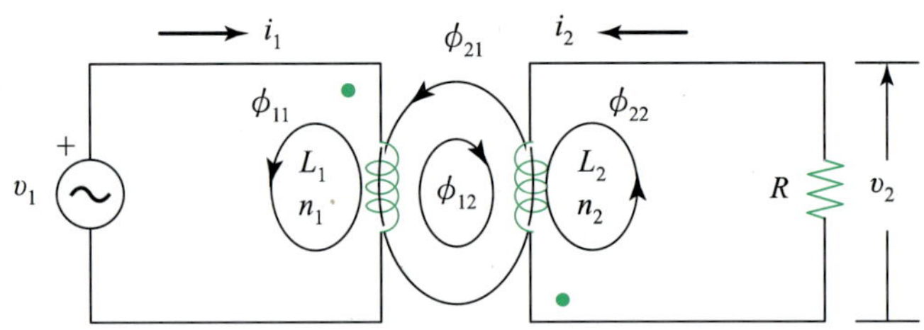

그림 6.64 상호 유도결합 회로의 자속

27. 그림 6.64에서 1차 및 2차 코일의 전류가 각각 매초 2[mA], 5[mA] 변화할 때 v_1 및 v_2를 구하라. 단, 자기 유도 및 상호 인덕턴스는 위에서 구한 값을 활용이다.

28. 그림 6.65에서 스위치(SW)가 열려 있을 때 축적에너지는 0이다. 아래의 질문에 답하라.

① $L_1 = 4[\mathrm{H}]$, $L_2 = 16[\mathrm{H}]$, $M = 2[\mathrm{H}]$, $R = 32[\Omega]$일 때 i_2회로의 전압방정식을 구하라.

② $t \geq 0$에서 $i_1 = 8 - 8e^{-t}[\mathrm{A}]$이면 위에서 구한 식으로부터 $i_2 = e^{-t} - e^{-2t}$가 됨을 증명하라.

③ 위에서 구한 식을 이용하여 v_1의 식을 구하라.

④ v_1의 초기값은 얼마인가?

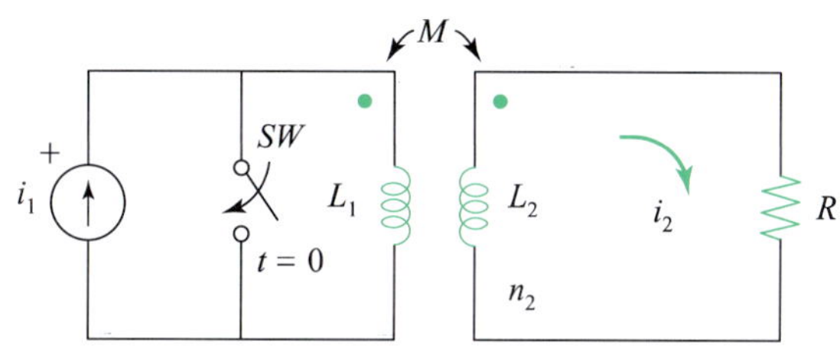

그림 6.65 유도결합 회로

29. 그림 6.66과 같이 동일 철심 위에 2개의 코일이 감겨 있을 때 상호 인덕턴스 M은 얼마인가? 단, $L_1 = 20[\mathrm{mH}]$, $L_2 = 80[\mathrm{mH}]$, 결합계수 $k = 0.6$이다.

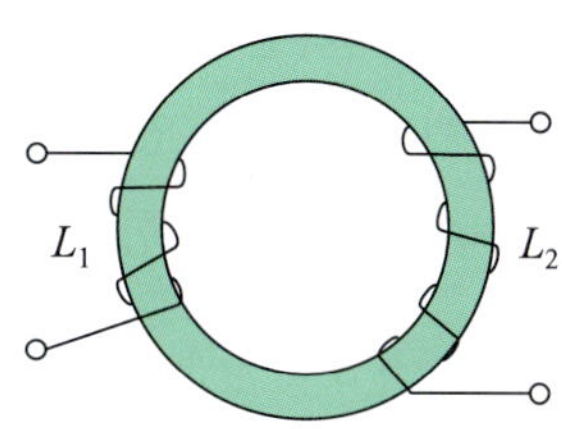

그림 6.66 유도결합 회로

30. 그림 6.67에서 $L_1 = 20[\mathrm{mH}]$, $L_2 = 5[\mathrm{mH}]$, $k = 0.8$일 때 상호 인덕턴스 M과 코일의 합성 인덕턴스 L_E 및 코일에 축적되는 에너지 w를 계산하라. 단, $i = 12[\mathrm{A}]$이다.

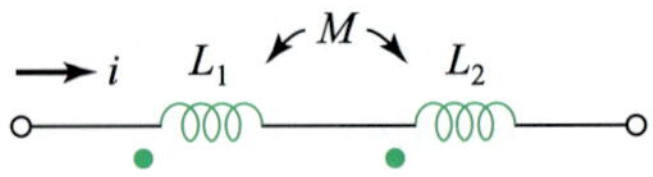

그림 6.67 유도결합 코일

31. 1차 코일의 권수가 110[회]인 변압기에 220[V]의 전압이 가해질 때 2차 코일에서 16[V]의 전압을 얻고자 할 때 2차 코일의 권수는 몇 회로해야 되는가?

32. 권선비가 $n_1 : n_2 = 6 : 1$인 변압기에서 2차 부하전류가 150[mA]일 때 1차 전류는 얼마인가?

33. 그림 6.68의 이상적 변압기에서 1차측 연결 전압이 $100\cos 2000t\,[\text{V}]$이고, $a-b$단자에 부하($R_L + jX_{L2}$)를 연결했을 때 흐르는 전류 i_1, i_2를 구하라. 단, 권수비는 $n_2/n_1 = 1/10$이다.

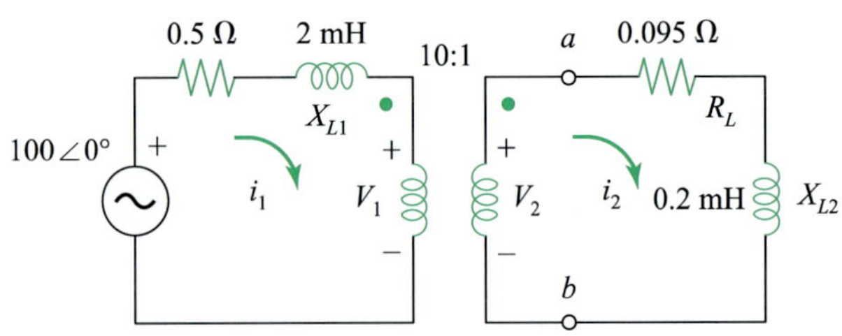

그림 6.68

34. 그림 6.69의 변압기 회로는 점선으로 나타낸 바와 같이 내부 저항이 있는 전원부와 저항 및 인덕턴스가 직렬로 포함된 부하가 연결되어 있다. 변압기 회로의 반사 임피던스와 1차 및 2차 전류를 구하라. 단, $\omega = 800\,[\text{rad/s}]$, 결합계수 $k = 0.5$이다.

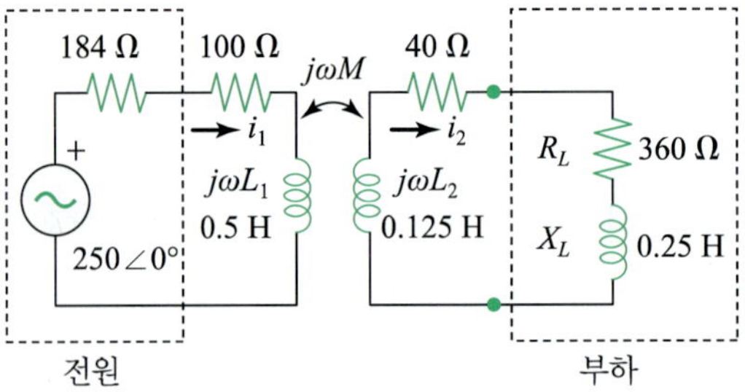

그림 6.69

35. 복소수 $\boldsymbol{A} = 3 - j5$, $\boldsymbol{B} = 2 + j$일 때 $\boldsymbol{A} + \boldsymbol{B}$, $\boldsymbol{A} - \boldsymbol{B}$, $\boldsymbol{A} \times \boldsymbol{B}$, $\boldsymbol{A} \div \boldsymbol{B}$를 계산하라.

36. 복소수 $12 - j5$를 페이저로 변환하라.

37. 페이저 전압 $\boldsymbol{V} = 3\sqrt{2} \angle 45°$를 복소수로 고쳐라.

38. 페이저 전압 $\boldsymbol{V} = 100 \angle 0° [\mathrm{V}]$, $\boldsymbol{Z} = 3 + j4 [\Omega]$일 때 페이저 전류 $\boldsymbol{I}$를 구하라.

39. $\boldsymbol{I}_1 = 60 \angle \tan^{-1}\sqrt{3}$, $\boldsymbol{I}_2 = 20 \angle \tan^{-1}\dfrac{1}{\sqrt{3}}$ 일 때, $\boldsymbol{I}_1 - \boldsymbol{I}_2$를 복소수 및 페이저로 구하라.

40. 그림 6.70에서 $\boldsymbol{V} = 20 \angle 0°$이고, $\boldsymbol{I} = 2 \angle 30°$일 때 C 값은 얼마인가? 단, $\omega = 1000$, $X_C = 1/\omega C$이다.

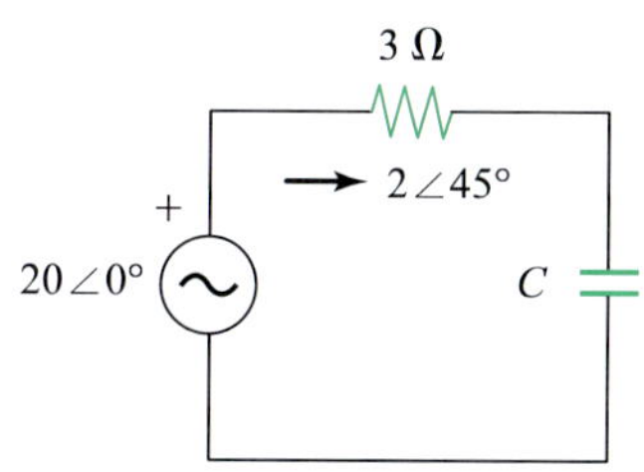

그림 6.70 $R - C$ 교류회로

Chapter 07

정상상태 교류의 해석

이 장에서는 무엇을 배우는가?

정현파 전원에 의한 주파수 영역에서의 R, L, C 직렬 및 병렬 교류회로의 해석과 여기에 필요한 해석기법들을 예제 위주로 공부한다.

학습효과

정상상태의 교류해석에 기본이 되는 주요 이론들을 체계적으로 습득할 수 있다. 정현파 교류는 우리 일상생활에서 발전, 송전, 변전이나 가전생활 등에서 중요한 역할을 하고 있다. 정현파 교류회로의 정확한 이해야말로 각종 비정현파 해석에도 충분히 도움이 될 뿐만 아니라 각종 전기회로 시스템의 간략화 설계에 도움을 줄 수 있다.

7.1 수동소자의 주파수 해석

정현파 교류회로를 R, L, C로 구성되는 회로 시스템을 체계적으로 해석하기 위해서는 먼저 개별 R, L, C 수동소자의 주파수 특성을 이해하고 이들의 페이저 전류와 페이저 전압 간의 관계식을 만든다. 그런 후 이들을 활용하여 키르히호프의 법칙을 사용하여 전류 또는 전압 페이저를 구해야 한다. 주파수 특성이란 정현파(또는 여현파) 교류 전압, 전류의 식에 포함된 $\omega t(2\pi f t)$에서 주파수 f의 관점에서 그 크기와 위상이 어떻게 변화하는가를 유도된 페이저로 관찰함을 의미한다.

(1) 저항(R)의 $V-I$ 주파수 특성

그림 7.1과 같이 저항 단자에 시간에 따라 변하는 정현파(sine) 또는 여현파(cosine) 교류전류가 흐르면 전압강하가 발생한다. 만일 전압 v_s를 인가해서 흐르는 전류가 $i = \boldsymbol{I} = I_m \sin\omega t$라면 저항에 걸리는 전압은 v는 아래와 같다.

$$v = \boldsymbol{V} = Ri = R(I_m \sin\omega t) = RI_m \sin\omega t [\mathrm{V}] \tag{7.1}$$

식 (7.1)에서 I_m은 전류의 최댓값이고 $RI_m = V_m$이다. 또한 θ는 전류의 위상각이다. 따라서 식 (7.1)을 간추리면 아래의 세 식이 된다.

$$V_m = RI_m, \ I_m = \frac{V_m}{R} \tag{7.2}$$

$$v = V_m \sin\omega t, \ i = \frac{V_m}{R}\sin\omega t \tag{7.3}$$

$$V = RI \tag{7.4}$$

식 (7.2)에서 R에 걸리는 전압은 저항에 전류를 곱한 형태로 나타남을 알 수 있다.

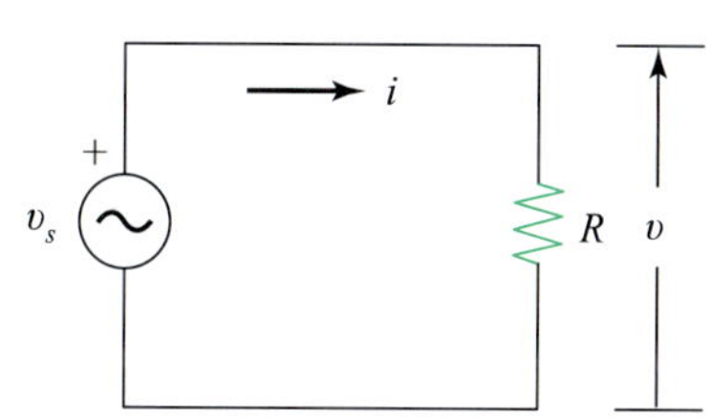

그림 7.1 R 교류회로

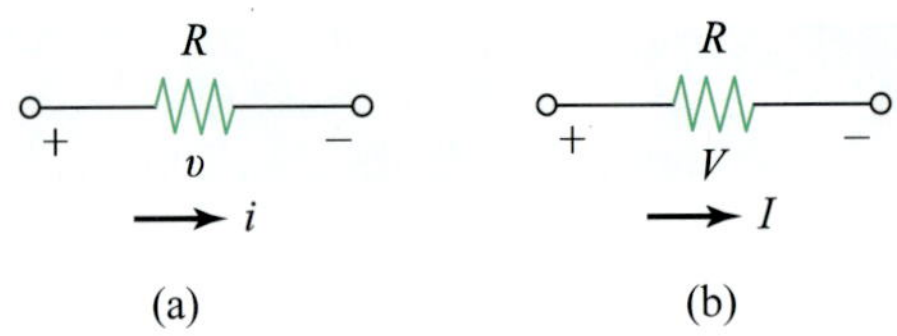

그림 7.2 주파수 특성 저항 등가회로

V, I가 전압 또는 전류의 크기만을 의미한다면 진한 알파벳 대문자 $\boldsymbol{V}$, $\boldsymbol{I}$는 그 크기는 물론 방향이나 위상각까지 포함하는 벡터나 페이저이므로 구분할 필요가 있다.

앞으로 주파수 특성의 해석 시 전압과 전류의 표기는 식 (7.4)에서와 같이 진한 대문자 $\boldsymbol{V}$, $\boldsymbol{I}$로 사용한다. 따라서 그림 7.2(a)가 지금까지 설명해온 교류전압, 교류전류에서의 저항 표기라면 그림 7.2(b)는 주파수 영역에서의 저항 등가회로를 의미한다.

식 (7.3)으로부터 $\boldsymbol{V}$, $\boldsymbol{I}$의 위상이 같음(위상차 $= 0°$)을 알 수 있다. 따라서 $V = RI_m e^{0°}$이므로 전압 페이저로 고쳐 쓰면 아래와 같다.

$$\boldsymbol{V} = RI_m \angle 0° \tag{7.5}$$

그림 7.3은 i, v의 파형을 그린 것으로 전류 i와 전압 v 사이에 위상 차이가 없음을 나타낸다. 식 (7.2)로부터 전압의 최댓값은 전류 최댓값의 R배이다.

R 회로의 주파수 특성

- 전압의 크기는 전류의 R배이다. → $\boldsymbol{V} = R\boldsymbol{I}$
- 전압과 전류 사이에는 위상차가 없다.

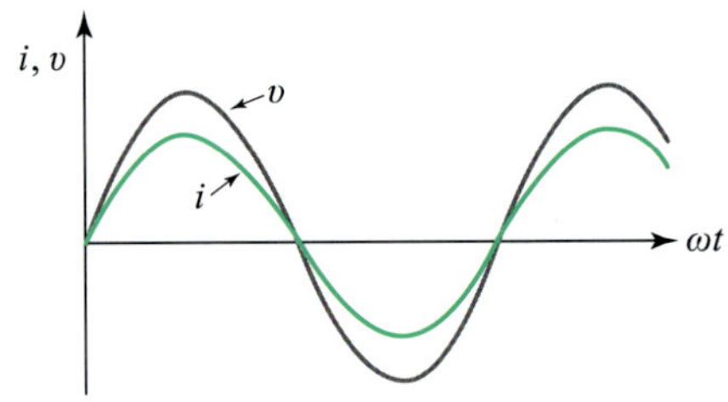

그림 7.3 R 양단에서의 i, v 파형

(2) 인덕터(L)의 $V-I$ 주파수 특성

그림 7.4와 같이 인덕터 양단에 나타나는 전류 페이저와 전압 페이저의 관계를 알아보기로 한다.

$i = I_m \cos(\omega t + \theta)$의 전류를 흘렸을 때 L양단에 나타나는 전압 v는 아래와 같다.

$$v = L\frac{di}{dt} = L\frac{d}{dt}\{I_m \cos(\omega t + \theta_i)\} = -\omega L I_m \sin(\omega t + \theta_i) \tag{7.6}$$

식 (7.6)에서 $-$부호는 그림 7.4처럼 v_L이 역기전력이기 때문이다.

식 (7.6)을 여현(cosine)함수로 바꿔 나타내면 아래와 같은 식이 된다.

$$v = -\omega L I_m \cos(\omega t + \theta_i - 90°) \tag{7.7}$$

식 (7.7)을 페이저 형식의 지수표현으로 다시 고쳐 쓰면 아래와 같다.

$$v = -\omega L I_m e^{j(\theta_i - 90°)} \tag{7.8}$$

위의 식에서 지수부분을 분해하면

$$v = -\omega L I_m e^{j\theta_i} e^{-j90°} \tag{7.9}$$

가 되고 $e^{-j90°} = \cos 90° - j\sin 90° = 0 - j1 = -j$이므로

$$v = j\omega L I_m e^{j\theta_i} = j\omega L \boldsymbol{I} \tag{7.10}$$

이 된다. 따라서 교류회로에서 인덕터의 등가회로는 그림 7.5로 나타낼 수 있다. 저항만의 회로에서 $v = R\boldsymbol{I}$이므로 위의 식에서 $j\omega L$은 인덕터의 저항성분에 해당한다. 여기서 j를 제외한 ωL을 유도 리액턴스(reactance)라 하며 X_L로 나타낸다.

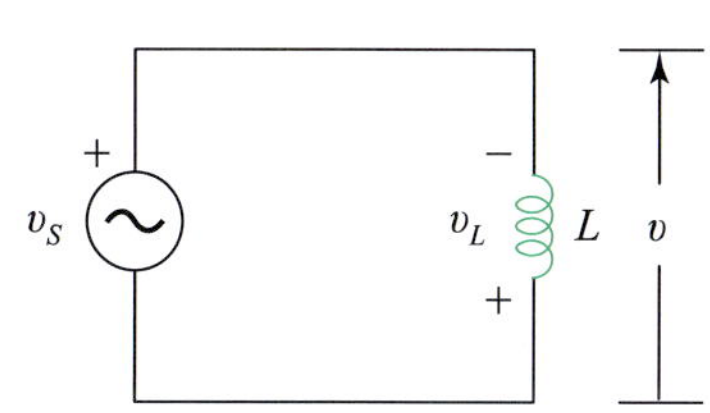

그림 7.4 L 교류회로

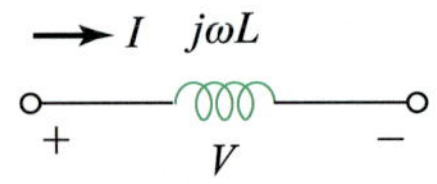

그림 7.5 인덕터의 교류 등가회로

$$\text{유도 리액턴스 : } X_L = \omega L = 2\pi f L \tag{7.11}$$

위의 식에서 알 수 있는 것은 L이 일정한 경우에 이 값은 주파수가 커질수록 커진다는 점이다. 식 (7.10)을 X_L로 고쳐 다시 쓰면 아래의 식이 된다.

$$v = \boldsymbol{V} = jX_L\boldsymbol{I} \tag{7.12}$$

전류에 j를 곱한 값이 전압이 되므로 전압이 전류보다 위상이 90°가 앞선다는 것을 식 (7.12)가 나타내고 있다. 끝으로 전압과 전류의 식을 페이저로 나타내면 아래와 같다.

$$\boldsymbol{V} = X_L I_m \angle \theta_i + 90° \tag{7.13}$$

결과 식에서와 같이 인덕터 양단에 걸리는 전압의 크기는 전류의 크기에 X_L을 곱한 값이며 전압의 위상이 전압보다 90°($\pi/2$) 빠르다. 그림 7.6은 인덕터에서의 v, i 파형을 나타낸다. 편의상 $i = \sin\omega t$로 나타내었으며, 이때 $v = \cos\omega t = \sin(\omega t + 90°)$이다.

L회로의 주파수 특성

- 전압의 크기는 전류의 $\omega L(2\pi f L)$배이다. → $\boldsymbol{V} = \omega L \boldsymbol{I}$
- 전압이 전류보다 위상이 90° 빠르다. → $\boldsymbol{V} = I \angle 90°$

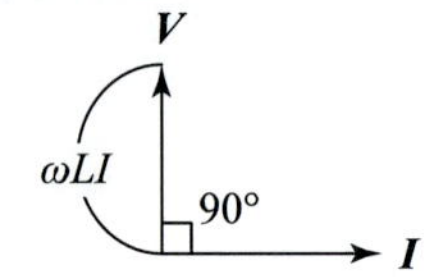

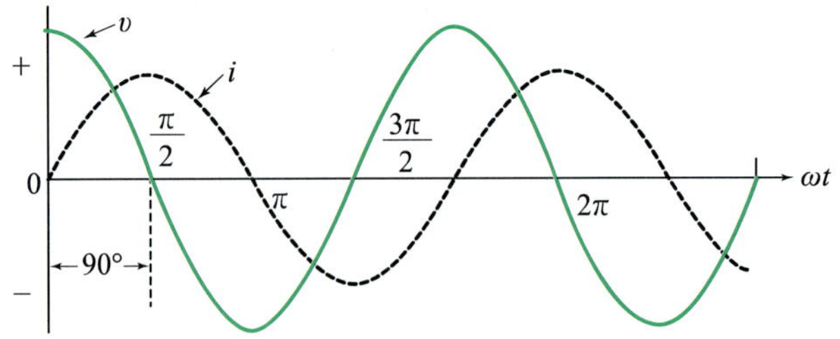

그림 7.6 L 양단에서의 v, i 파형

(3) 커패시터의 $V-I$ 주파수 특성

그림 7.7과 같이 정전용량이 C가 연결된 회로에서 v, i의 주파수 특성을 구해보기로 한다.

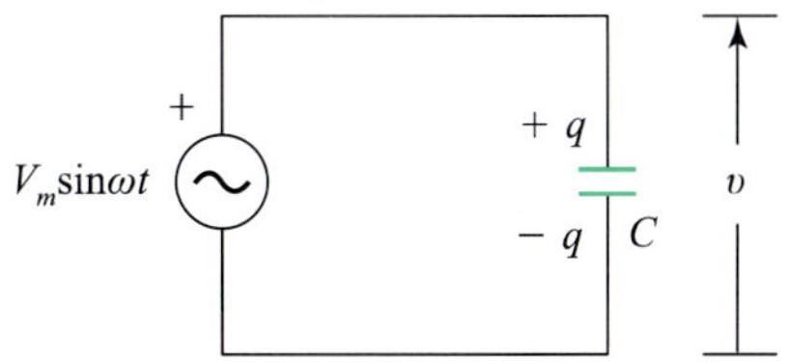

그림 7.7 커패시터 교류회로

커패시터 양단에 전압 $v = V_m \sin\omega t$를 C에 인가했을 때 유도되는 전류 i는 $q = Cv$이므로 양변에 미분을 취하면 아래의 식과 같이 된다.

$$i = \frac{dq}{dt} = C\frac{dv}{dt} = C\frac{d(V_m \sin\omega t)}{dt} = \omega C V_m \cos\omega t = \omega C V_m \sin(\omega t + 90°)$$

$$i = \omega C V_m \sin(\omega t + 90°) = \omega C I_m v \tag{7.14}$$

앞서 인덕터 회로 해석과는 반대로 전류가 전압보다 위상이 90° 앞선다. 바꿔 말하면 전압의 위상이 90° 전류보다 늦다. 그림 7.8은 이를 나타낸다.

위의 식 (7.14)로부터

$$I_m = \omega C V_m,\ \boldsymbol{I} = j\omega C \boldsymbol{V} \tag{7.15}$$

이므로 V_m, $\boldsymbol{V}$에 관한 식으로 고치면

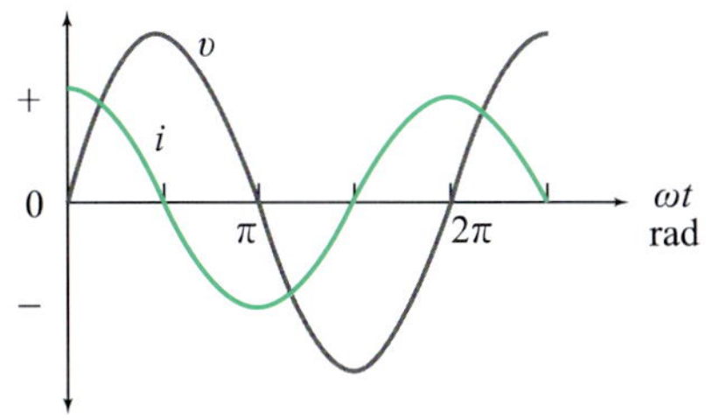

그림 7.8 커패시터 양단에서의 v, i 파형

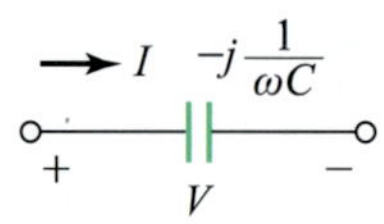

그림 7.9 커패시터의 교류 등가회로

$$V_m = \frac{1}{\omega C} I_m, \ \ \boldsymbol{V} = \frac{1}{j\omega C}\boldsymbol{I} = -j\frac{1}{\omega C}\boldsymbol{I} = -jX_C\boldsymbol{I} \tag{7.16}$$

가 되어 $\frac{1}{\omega C}$이 커패시터의 교류 등가저항인 용량 리액턴스가 되며, 이를 X_C라 한다. 그 단위는 역시 옴[Ω]이다. 식 (7.16)으로부터 주파수 영역에서의 C의 등가저항은 그림 7.9와 같다. 용량 리액턴스를 주파수로 고쳐 나타낸 식은 아래와 같으며 X_C는 주파수가 증가할수록 그 값은 감소한다.

$$X_C = \frac{1}{\omega C} = \frac{1}{2\pi f C}[\Omega] \tag{7.17}$$

$\boldsymbol{V}$ 기준 $\boldsymbol{I}$의 표현식 식 (7.15)를 페이저도로 그리면 그림 7.10(a)와 같지만 반대로 $\boldsymbol{I}$ 기준 $\boldsymbol{V}$의 표현식 식 (7.16)에 대한 페이저는 그림 7.10(b)와 같고 그 표현식은 다음 식과 같다.

$$i = \omega C V_m \angle 90° = I_m \angle 90°, \ \ v = \frac{1}{\omega C} I_m = V_m \angle -90° \tag{7.18}$$

C회로의 주파수 특성

- 전류의 크기는 전압의 ωC배이다. → $\boldsymbol{I} = \omega C \boldsymbol{V}$
- 전류가 전압보다 위상이 90° 빠르다. → $\boldsymbol{I} = V\angle 90°$

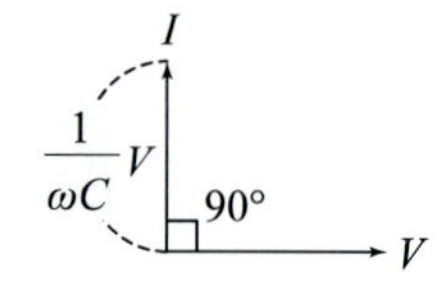

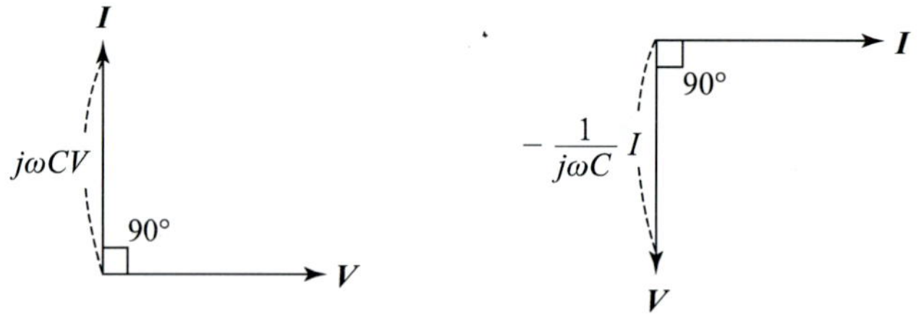

(a) (b)

그림 7.10 커패시터 회로의 페이저도

(4) 임피던스와 리액턴스

인덕턴스와 커패시터 회로에서 저항 R에 대응하는 리액턴스 X_L과 X_C를 임피던스(Impedance)라 하며 $\boldsymbol{Z}$로 표기한다. 전압을 $\boldsymbol{V}$, 전류를 $\boldsymbol{I}$라 하면 교류회로에서는 아래와 같다.

$$\boldsymbol{V} = \boldsymbol{I}Z\,[\mathrm{V}] \;\rightarrow\; \boldsymbol{Z} = \frac{\boldsymbol{V}}{\boldsymbol{I}} \quad {}^*\boldsymbol{Z}=\text{전압 페이저/전류 페이저} \tag{7.19}$$

복소수 임피던스는 인덕터의 경우에 $j\omega L$, 커패시터는 $-j\dfrac{1}{\omega C}$로 표기한다. 이미 앞장의 복소수에서도 언급한 바와 같이 j는 90°, $-j$는 $-90°$의 방향을 나타내므로 저항, 인덕터, 커패시터의 임피던스 $\boldsymbol{Z}_R$, $\boldsymbol{Z}_L$, $\boldsymbol{Z}_C$ 및 교류전압 $\boldsymbol{V}_R$, $\boldsymbol{V}_L$, $\boldsymbol{V}_C$의 표현식을 페이저와 복소수 j표현법으로 정리하면 아래와 같다.

$$\boldsymbol{Z}_R = R\angle 0° = R[\Omega] \tag{7.20}$$

$$\boldsymbol{Z}_L = \omega L\angle 90° = X_L\angle 90° = j\omega L[\Omega] \tag{7.21}$$

$$\boldsymbol{Z}_C = \frac{1}{\omega C}\angle -90° = X_C\angle -90° = -j\frac{1}{\omega C}[\Omega] \tag{7.22}$$

$$\boldsymbol{V}_R = RI\angle 0° \tag{7.23}$$

$$\boldsymbol{V}_L = \omega LI\angle 90° = j\omega LI \tag{7.24}$$

$$\boldsymbol{V}_C = \frac{1}{\omega C}I\angle -90° = \frac{1}{j\omega C}\boldsymbol{I} \tag{7.25}$$

j는 위상이 90° 앞서고, $-j$는 위상이 90° 뒤진다는 것을 상기하자. → $jX_L: +90°$, $-jX_C: -90°$

$$\frac{1}{j\omega C} = -j\frac{1}{\omega C} \;:\; \quad \because \frac{1}{j\omega C}\times\frac{j}{j} = \frac{j}{-\omega C} = -j\frac{1}{\omega C}$$

이들 임피던스 $\boldsymbol{Z}_R$, $\boldsymbol{Z}_L$, $\boldsymbol{Z}_C$의 페이저도는 그림 7.11과 같다.

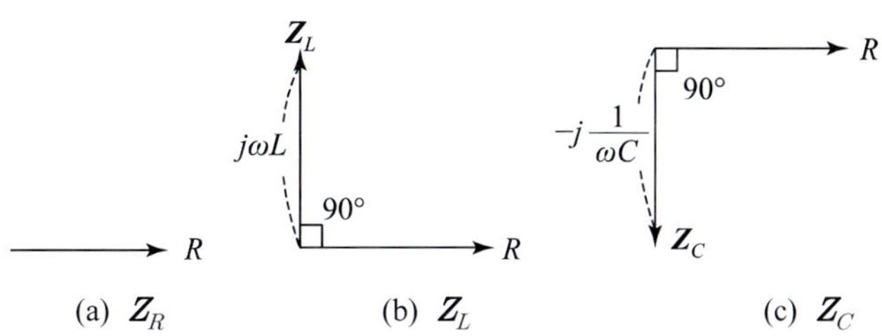

그림 7.11 $\boldsymbol{Z}_R$, $\boldsymbol{Z}_L$, $\boldsymbol{Z}_C$의 페이저도

주파수 영역에서 임피던스는 시간 영역에서의 R, L, C의 저항과 유사한 양(量)이라고 볼 수 있다. R, L, C소자에 대한 임피던스와 리액턴스의 값을 정리하면 표 7.1과 같다.

표 7.1 수동소자의 임피던스와 리액턴스

회로소자	리액턴스[Ω]	임피던스[Ω]
저항	−	R
인덕터	$\omega L = X_L$	$j\omega L = jX_L$
커패시터	$1/\omega C = X_C$	$-jX_C$

익힘 문제 7.1

$L = 10[\text{mH}]$인 코일에 전류 $i = 50\cos(2{,}000t + 60°)[\text{mA}]$를 흘릴 때 $\boldsymbol{X}_L$, $\boldsymbol{Z}_L$, 전압 v의 페이저 및 삼각함수 표현식을 구하라.

풀이 $\omega = 2{,}000$, $X_L = \omega L = 2{,}000 \times 10 \times 10^{-3} = 20[\Omega]$, $\boldsymbol{Z}_L = jX_L = j20[\Omega]$, $\theta = 60°$,

$V_m = I_m X_L = 50 \times 10^{-3} \times 20 = 1[\text{V}]$이므로 $v = V\angle 60° + 90° = 1\angle 150°[\text{V}]$,

$v = V_m\cos(\omega t + 60° + 90°) = \cos(\omega t + 150°)$

익힘 문제 7.2

$C = 100[\mu\text{F}]$인 커패시터에 전압 $v = 20\cos(\omega t + 45°)[\text{V}]$가 인가될 때 흐르는 전류를 페이저 및 삼각함수로 구하라. 단, $f = 159.24[\text{Hz}]$이다.

풀이 $\omega = 2\pi f = 2 \times 3.14 \times 159.24 \fallingdotseq 1000$, $X_C = 1/\omega C = 1/(1000 \times 100 \times 10^{-6}) = 10[\Omega]$,

$I_m = \dfrac{V_m}{X_C} = \dfrac{20}{10} = 2[\text{A}]$, $\theta_i - 90° = 45° - 90° = -45°$이므로 $i = 2\angle -45°[\text{A}]$,

$i = 2\cos(\omega t - 45°)$

(5) 어드미턴스와 서셉턴스

임피던스 $\boldsymbol{Z}$의 역수를 어드미턴스(admittance) $\boldsymbol{Y}$라 하며 예전에는 [℧]를 단위로 사용하였으나 현재는 지멘스(S)를 단위로 사용한다. 어드미턴스의 식은 아래와 같다.

$$\boldsymbol{Y} = \frac{1}{\boldsymbol{Z}} = \frac{1}{Z}\angle -\theta = Y\angle\phi = Y\cos\phi + jY\sin\phi\,[\mathrm{S}] \tag{7.26}$$

식 (7.26)에서 $\phi = -\theta$이다. 식 (7.26)을 복소수로 어드미턴스를 나타내면 아래와 같다.

$$\boldsymbol{Y} = G + jB\,[\mathrm{S}] \tag{7.27}$$

위의 식에서 G는 어드미턴스의 실수성분으로 컨덕턴스(conductance)이며 전류의 전도도(傳導度)를 나타낸다. B는 어드미턴스의 허수성분으로 서셉턴스(susceptance)이다. 저항, 인덕터, 커패시터의 어드미턴스의 정의 식은 아래와 같다.

$$\boldsymbol{Y}_R = \frac{\boldsymbol{I}}{\boldsymbol{V}_R} = \frac{1}{R} = G\,[\mathrm{S}] \tag{7.28}$$

$$\boldsymbol{Y}_L = \frac{\boldsymbol{I}}{\boldsymbol{V}_L} = \frac{1}{j\omega L} = -j\frac{1}{\omega L}\,[\mathrm{S}] \tag{7.29}$$

$$\boldsymbol{Y}_C = \frac{\boldsymbol{I}}{\boldsymbol{V}_C} = j\omega C\,[\mathrm{S}] \tag{7.30}$$

식 (7.29), 식 (7.30)에서 유도성 서셉턴스 B_L과 용량성 서셉턴스 B_C는 아래와 같다.

$$B_L = \frac{1}{\omega L} = \frac{1}{X_L}\,[\mathrm{S}] \tag{7.31}$$

$$B_C = \omega C = \frac{1}{X_C}\,[\mathrm{S}] \tag{7.32}$$

식 (7.27)을 페이저로 나타내기 위해 $Y = \sqrt{G^2 + B^2}$, $\phi = \tan^{-1}\frac{B}{G}$로 놓으면

$$\boldsymbol{Y} = 1/\boldsymbol{Z} = 1/Z\angle -\theta = Y\angle\phi\,[\mathrm{S}] \tag{7.33}$$

가 된다. 위의 식에서 어드미턴스 $\boldsymbol{Y}$는 임피던스의 역수이다. 어드미턴스각 ϕ는 임피던스각 θ와 $-$반대부호를 갖는다. 또한 식 (7.31), 식 (7.32)의 서셉턴스는 인덕터, 커패시터 각각 단독일 때의 값이지만 저항과 직렬로 연결된 때는 다르다. 이 경우의 어드미턴스를 복소수로 나타내면

$$\boldsymbol{Y} = \frac{1}{\boldsymbol{Z}} = \frac{1}{R + jX} = \frac{R - jX}{(R + jX)(R - jX)} = \frac{R}{R^2 + X^2} - j\frac{X}{R^2 + X^2}\,[\mathrm{S}] \tag{7.34}$$

이 되므로 어드미턴스의 컨덕턴스(실수부)와 서셉턴스(허수부)는 아래와 같다.

풀이 두 인덕턴스의 합성 리액턴스는 $\dfrac{j2 \times j3}{j2 + j3} = j1.2$이므로

$$\boldsymbol{Z} = 1.2 + j1.2,\ Z = \sqrt{1.2^2 + 1.2^2} \fallingdotseq 1.7[\Omega],\ \theta = \tan^{-1}\frac{1.2}{1.2} = 45°,$$

$$i = \frac{v}{\boldsymbol{Z}} = \frac{50\angle 60°}{1.7\angle 45°} = 29.4\angle 60° - 45° \fallingdotseq 29.4\angle 15°$$

지금까지의 R, L, C 교류회로의 차이점을 요약 정리하면 표 7.2와 같다.

표 7.2 R, L, C 교류회로의 간추림

회로구성	저항(R)회로	인덕터(L)회로	커패시터(C)회로
회로도	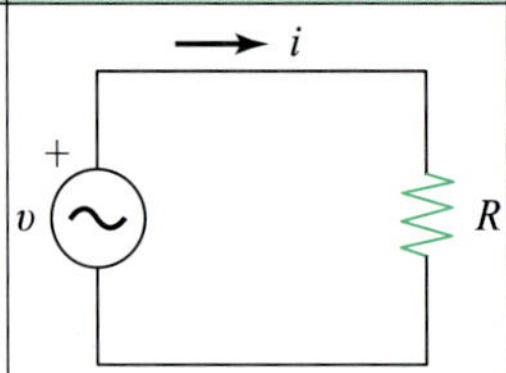	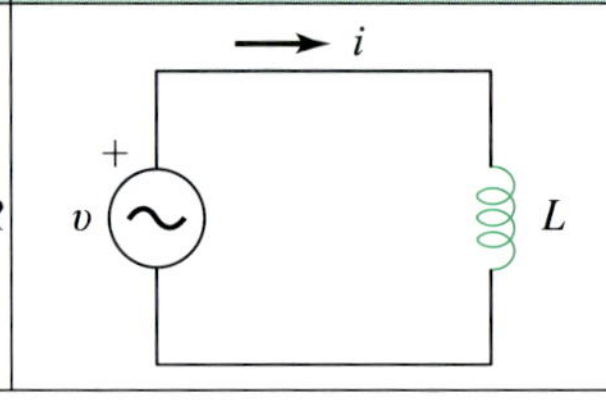	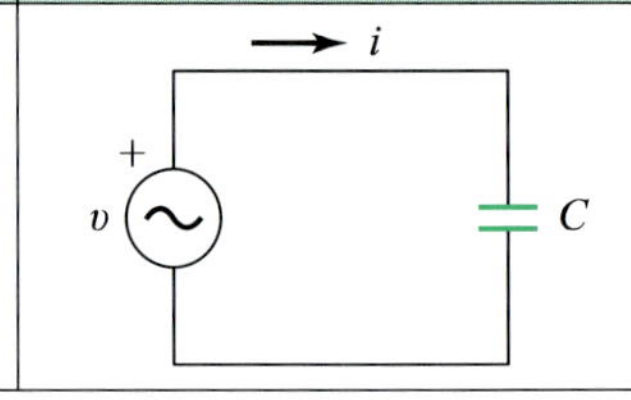
전원 전압	$v = \sqrt{2}\,V\sin\omega t[\mathrm{V}]$		
임피던스[Ω]	$Z = R[\Omega]$	$Z = X_L = 2\pi f L[\Omega]$	$Z = X_C = \dfrac{1}{2\pi f C}[\Omega]$
전류 계산식	$I = \dfrac{\boldsymbol{V}}{R}[\mathrm{A}]$	$I = \dfrac{\boldsymbol{V}}{X_L} = \dfrac{\boldsymbol{V}}{2\pi f L}[\mathrm{A}]$	$I = \dfrac{\boldsymbol{V}}{X_C} = 2\pi f C\boldsymbol{V}[\mathrm{A}]$
전압, 전류의 파형	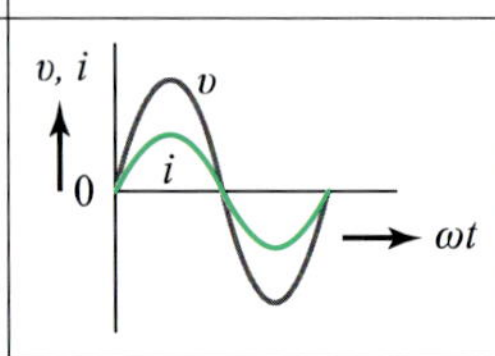	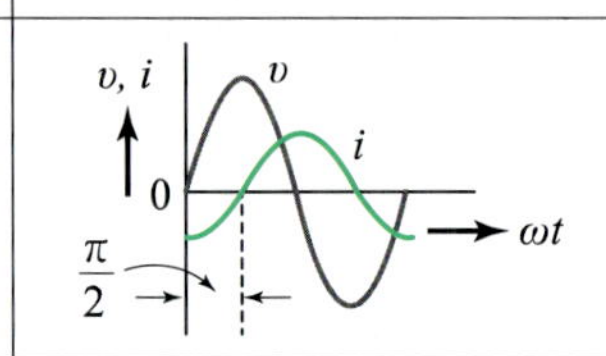	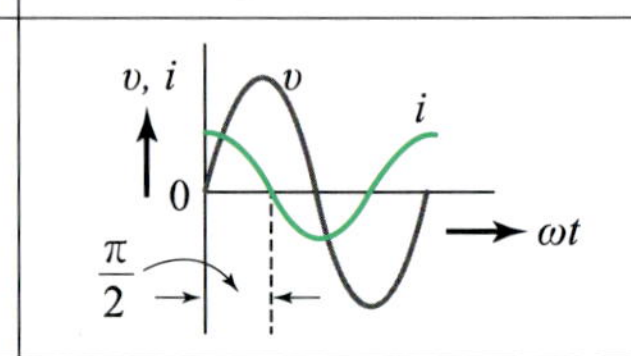
전압, 전류의 페이저도	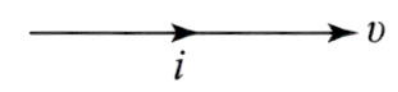	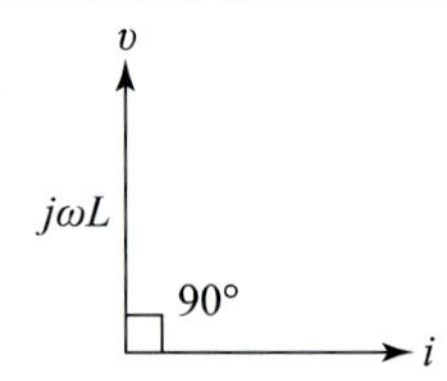	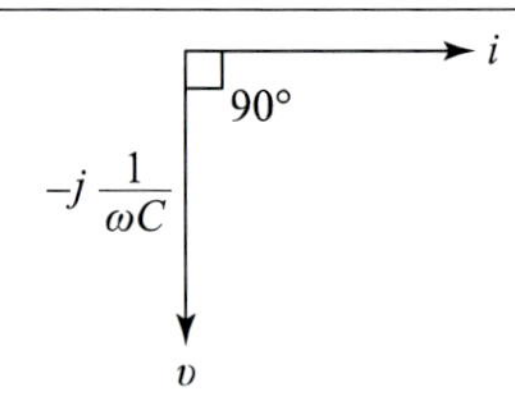
위상(전압기준)	동상(同相)	늦다	빠르다

7.2 R−L 직렬 교류회로

그림 7.15는 저항 R과 인덕터 L을 정현파 교류전원 $v = V_m \sin\omega t$와 직렬로 연결한 회로이다.

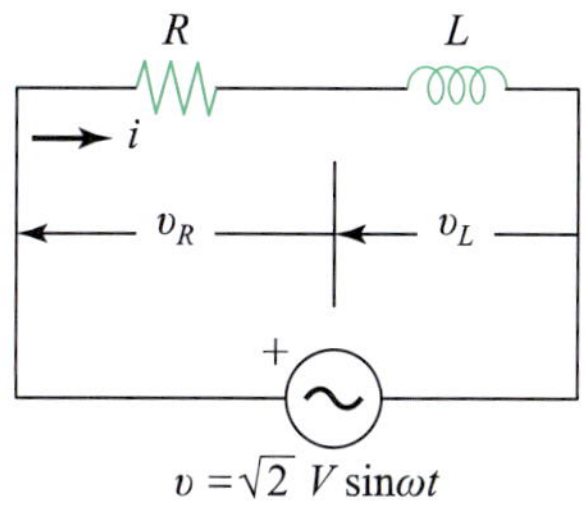

그림 7.15 $R-L$ 직렬 교류회로

저항과 인덕터에 흐르는 전류가 같으므로 R, L의 양단전압을 각각 V_R, V_L이라 하면

$$v_R = Ri,\ v_L = j\omega Li = jX_L i\,[\mathrm{V}] \tag{7.41}$$

이므로 아래의 관계식을 얻는다.

$$v = v_R + v_L = Ri + jX_L i = (R + jX_L)i\,[\mathrm{V}] \tag{7.42}$$

$$\boldsymbol{Z} = R + j\omega L\,[\Omega] \tag{7.43}$$

$$Z = \sqrt{R^2 + X_L^2}\,[\Omega],\ \theta = \tan^{-1}\frac{X_L}{R}\,[°] \tag{7.44}$$

$$\boldsymbol{Z} = Z\angle\theta\,[°] \tag{7.45}$$

$$V = \sqrt{v_R^2 + v_L^2}\,[\mathrm{V}],\ \theta_v = \tan^{-1}(v_L/v_R) \tag{7.46}$$

식 (7.46)에서 V는 실효값으로 $V_m = \sqrt{2}\,V$, $V = V_m/\sqrt{2}$ 이다. 식 (7.44), 식 (7.46)으로부터 R, L회로의 임피던스 벡터와 전압 페이저도는 그림 7.16과 같다.

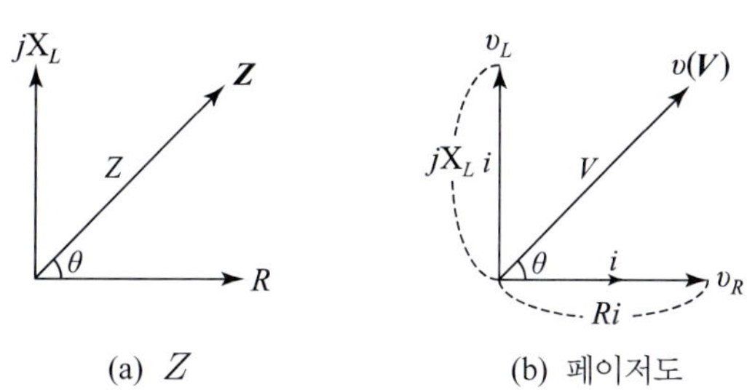

그림 7.16 $R-L$ 직렬 교류회로의 Z와 페이저

페이저도로 알 수 있듯이 전류는 전압보다 $\theta°$ 늦다. 따라서 R, L 직렬회로에서의 전류는 $I_m = \sqrt{2}I$로 놓을 때 아래와 같은 정현파로 나타낼 수 있으며

$$i = \boldsymbol{I} = \sqrt{2}\,I\sin(\omega t - \theta) \tag{7.47}$$

전류 페이저는 아래와 같다.

$$\boldsymbol{I} = \frac{\boldsymbol{V}}{\boldsymbol{Z}} = \frac{V\angle 0°}{Z\angle\theta} = V/Z\angle -\theta\,[\mathrm{A}] \tag{7.48}$$

또한 저항 R에서의 전압강하 v_R은 아래와 같다.

$$v_R = \sqrt{2}\,RI\sin(\omega t - \theta) = V_m\sin(\omega t - \theta) \tag{7.49}$$

인덕터 L에서의 전압 v_L은 전류 i보다 위상이 90° 빠르므로 아래와 같다.

$$v_L = \sqrt{2}\,V\sin(\omega t - \theta + 90°) \tag{7.50}$$

$R-L$ 직렬회로의 해석순서를 요약하면 아래와 같다.

1. R을 구한다. (2개 이상인 경우에 합성저항)
2. $X_L(=2\pi fL)$을 구한다.
3. 임피던스 $Z(=\sqrt{R^2+X_L^2})$를 구한다.
4. $\boldsymbol{I}(=\boldsymbol{V}/\boldsymbol{Z})$를 구한다.
5. $v_R(=\boldsymbol{I}R)$, $v_L(=IX_L)$을 구한다.
6. $V(=\sqrt{v_R^2+v_L^2})$를 구한다.
7. 위상각 $\theta[=\tan^{-1}(X_L/R)]$를 구한다.
8. i 및 v를 페이저도, 정현파로 표현한다.

익힘 문제 7.6

그림 7.15에서 $V_m = 80[\mathrm{V}]$, 주파수는 $60[\mathrm{Hz}]$이고, 초기 위상차=0°인 정현파 전압이 회로에 가해졌을 때 임피던스의 크기 Z, 임피던스각 θ, 전류 i의 페이저 및 정현파 식을 구하라. 단, $R=20[\Omega]$, $L=92[\mathrm{mH}]$이다.

풀이 $\omega = 2\pi f = 2\times 3.14\times 60 = 376.8$, $X_L = \omega L = 376.8\times 92\times 10^{-3} \fallingdotseq 34.67[\Omega]$

(1) $Z = \sqrt{R^2 + X_L^2} = \sqrt{20^2 + 34.67^2} ≒ 40[\Omega]$, $\theta = \tan^{-1}\frac{34,67}{20} ≒ \tan^{-1}1.733 ≒ 60°$

(2) $I_m = \frac{V}{Z} = \frac{80}{40} = 2[\mathrm{A}]$, $i = \frac{80\angle 0°}{40\angle 60°} = 2\angle -60°$, $i = 2\sin(376.8t - 60°)$

7.3 R−C 직렬 교류회로

그림 7.17은 저항 R과 커패시터 C를 직렬로 연결하고, 교류전류 $i = \sqrt{2}I\sin\omega t$가 흐르는 회로이다. 커패시터의 리액턴스는 X_C이므로 저항의 양단전압을 v_R, 커패시터의 양단전압 v_C라 할 때 v는 아래와 같다.

$$v = v_R + v_C = Ri + \boldsymbol{Z}_C i = (R + Z_C)i \tag{7.51}$$

$\boldsymbol{Z}_C = jX_C = -j1/\omega C$ 이므로 식 (7.51)로부터 임피던스와 전압은 아래와 같다.

$$\boldsymbol{Z} = R - jX_C = R - j\frac{1}{\omega C} = [\Omega] \tag{7.52}$$

$$Z = \sqrt{R^2 + X_C^2},\ \theta = \tan^{-1}\left(-\frac{X_c}{R}\right)[\Omega] \tag{7.53}$$

$$\boldsymbol{Z} = Z\angle\theta[\Omega] \tag{7.54}$$

$$\boldsymbol{V} = \boldsymbol{ZI}[\mathrm{V}] \tag{7.55}$$

$$v = \boldsymbol{V} = \sqrt{2}\,V\sin(\omega t - \theta)[\mathrm{V}] \tag{7.56}$$

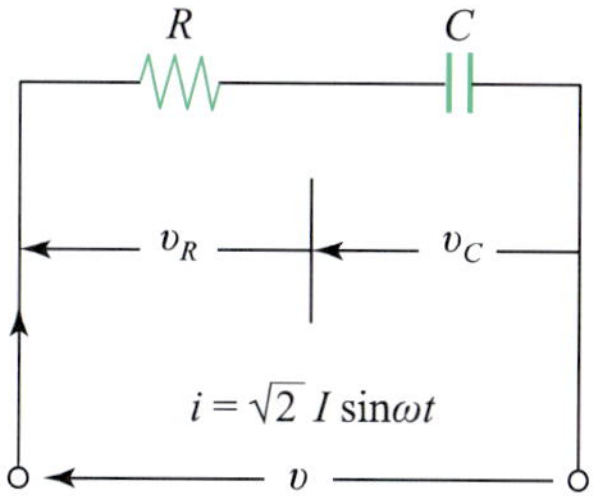

그림 7.17 $R-C$ 직렬 교류회로

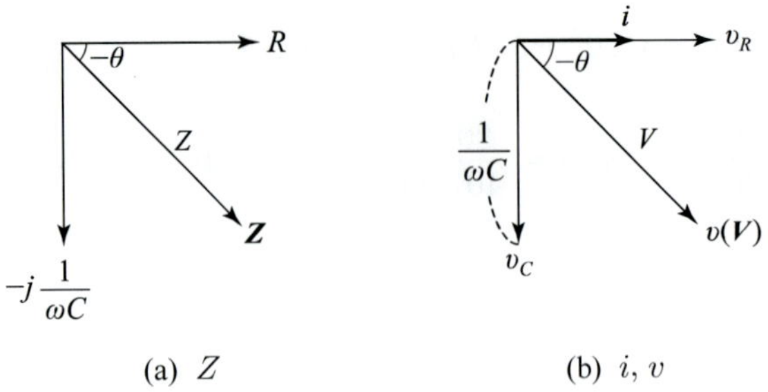

그림 7.18 $R-C$ 직렬 교류회로의 Z 및 v의 페이저도

식 (7.52)에서 X_C의 연산자가 $-j$이므로 θ 또한 $-$값이다. 따라서 임피던스 및 전압의 페이저도는 그림 7.18과 같다. 저항의 단자전압 v_R과 전류 i_R은 동상이지만 전류 i를 기준으로 해서 전압 v는 위상이 θ만큼 늦다. 그림 7.18(b)에서 보는 바와 같이 커패시터 단자전압 v_C는 전류 i보다 90° 늦다. $R-C$ 직렬회로의 해석 순서는 아래와 같다.

1. R을 구한다. (2개 이상인 경우에 합성저항)
2. $X_C[=1/(2\pi fL)]$를 구한다.
3. 임피던스 $Z(=\sqrt{R^2+X_C^2})$를 구한다.
4. $v_R(=\boldsymbol{RI})$, $v_C(=X_C\boldsymbol{I})$를 구한다.
5. $V=\sqrt{v_R^2+v_C^2}$를 구한다.
6. $\boldsymbol{I}(=\boldsymbol{V}/\boldsymbol{Z})$를 구한다.
7. 위상각 $\theta[=\tan^{-1}(X_C/R)]$를 구한다.
8. i, v를 페이저도, 정현파 식으로 표현한다.

익힘 문제 7.7

그림 7.17의 R, C 교류 직렬회로에서 $i=7.07\sin 314t[\mathrm{A}]$일 때 R, C에 각각 걸리는 전압의 페이저와 정현파 식을 구하라. 단, $R=2[\Omega]$, $C=1.6[\mathrm{mF}]$, $f=50[\mathrm{Hz}]$이다.

풀이 $\omega=314$이므로 $X_C=\dfrac{1}{\omega C}=\dfrac{1}{314\times1.6\times10^{-3}}\fallingdotseq 2[\Omega]$

$$\boldsymbol{Z}=2-j2,\ Z=\sqrt{2^2+2^2}=2\sqrt{2}[\Omega],\ \phi=\tan^{-1}\left(\frac{-2}{2}\right)=-45°,\ 2\sqrt{2}\angle-45°,$$

$I = \dfrac{7.07}{\sqrt{2}} = 5[\mathrm{A}]$이므로 $\boldsymbol{V}_R = R\boldsymbol{I} = 2 \times 5 = 10[\mathrm{V}]$, $\boldsymbol{V}_C = jXI = (2 \times 5)\angle -90° =$ $10\angle -90°[\mathrm{V}]$, $v_R = 10\sqrt{2}\,\sin 314t$, $v_C = 10\sqrt{2}\,\sin(314t - 90°)$

7.4 R−L 병렬 교류회로

그림 7.19는 저항 R과 인덕터 L이 병렬로 연결된 교류회로이다. 공급 교류전류 $i = \sqrt{2}\,I\sin\omega t$이고 R, L에 흐르는 전류를 각각 i_R, i_L이라 할 때 병렬회로이므로 어드미턴스를 이용해 회로를 해석한다.

$$i = \sqrt{2}\,I\sin\omega t = \sqrt{2}\,I\angle 0°[A] \tag{7.57}$$

$G = 1/R$, $B_L = 1/\omega L$, $\boldsymbol{Y}_L = \dfrac{1}{jB_L} = \dfrac{1}{j(1/\omega L)} = -j\omega L$이므로

$$i = i_R + i_L = Gv - j\frac{1}{\omega L}v = \left(G - j\frac{1}{\omega L}\right)v[\mathrm{A}] \tag{7.58}$$

$$\boldsymbol{Y} = G - jB_L = G - j\frac{1}{\omega L} = Y\angle\phi[\mathrm{S}] \tag{7.59}$$

$$Y = \sqrt{G^2 + (1/\omega L)^2}\,[\mathrm{S}] \tag{7.60}$$

$$\theta = \tan^{-1}\left(-\frac{1/\omega L}{G}\right) = \tan^{-1}\left(-\frac{R}{\omega L}\right)[°] \tag{7.61}$$

따라서 전압의 페이저 표현식은 아래와 같다.

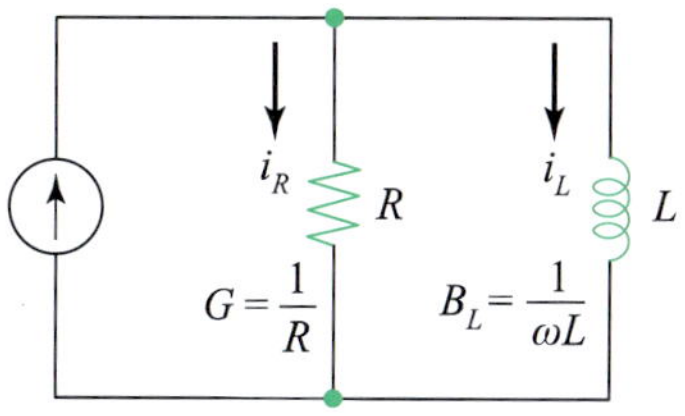

그림 7.19 $R-L$ 병렬 교류회로

$$v = i/\boldsymbol{Y} = \frac{I\angle 0°}{Y\angle\theta} = \frac{I}{Y}\angle -\theta[\mathrm{V}] \tag{7.62}$$

위의 식에서 유념할 사항은 식 (7.61)에서 θ는 $-$값이므로 식 (7.62)에서의 $-\theta$는 $+$값이 된다. 페이저 설명 시 다소 혼돈을 초래할 염려가 있으므로 편의상 $-\theta = \phi$로 놓으면 식 (7.62)는 아래와 같이 고쳐 쓸 수 있다.

$$v = \frac{I}{Y}\angle\phi[\mathrm{V}] \tag{7.63}$$

따라서 전압 v는 전류 i보다 위상이 $\phi(= -\theta)$만큼 빠르므로 전압의 정현파 표현식은 아래와 같다.

$$v = \sqrt{2}\,V\sin(\omega t + \phi)[\mathrm{V}] \tag{7.64}$$

R에 흐르는 전류는 v와 동상이고 $i_R = Gv$이므로 아래와 같다.

$$i_R = \sqrt{2}\,GV\sin(\omega t + \phi)[\mathrm{A}] \tag{7.65}$$

또한 인덕터에 흐르는 전류는 $i_L = \boldsymbol{Y}_L v = \dfrac{1}{\omega L}v$이므로 i_L의 페이저는 아래와 같다.

$$i_L = \frac{1}{\omega L}\angle -90° \times V\angle\phi = \frac{\boldsymbol{V}}{\omega L}\angle -90° + \phi = I\angle -90° + \phi[\mathrm{A}] \tag{7.66}$$

따라서 i_L의 정현파 표현식은 아래와 같다.

$$i_L = \frac{\sqrt{2}\,V}{\omega L}\sin(\omega t - 90° + \phi)[\mathrm{A}] \tag{7.67}$$

어드미턴스 벡터와 전압, 전류의 관계를 나타내는 페이저도는 그림 7.20과 같다.

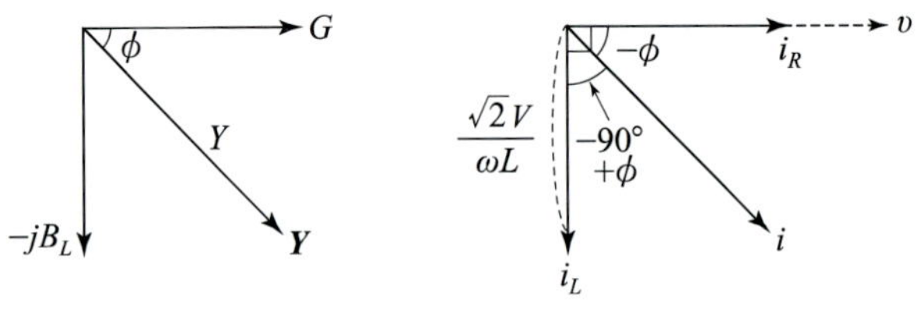

그림 7.20 $R-L$ 병렬 교류회로의 벡터 및 페이저도

7.5 $R-C$ 병렬 교류회로

그림 7.21과 같은 $R-C$ 교류 병렬회로의 해석도 어드미턴스를 이용하는 것이 편리하다. 만일 공급 교류전류 $i=\sqrt{2}I\sin\omega t$이고 R, C 양단에 걸리는 전압이 v, 각각에 흐르는 전류가 i_R, i_C 라고 하면 i의 페이저는 아래와 같고

$$i = \sqrt{2}\,I\angle 0°[\text{A}] \tag{7.68}$$

$G=1/R$, $B_C=\omega C$이므로

$$i = i_R + i_C = Gv + j\omega Cv = (G + j\omega C)v[\text{A}] \tag{7.69}$$

$$\boldsymbol{Y} = G + jB_C = G + j\omega C = Y\angle\phi[\text{S}] \tag{7.70}$$

$$Y = \sqrt{G^2 + (\omega C)^2}[\text{S}],\ \phi = \tan^{-1}\frac{\omega C}{G} = \tan^{-1}\omega RC[°] \tag{7.71}$$

위의 식에서 ωC는 +의 값이므로 ϕ의 부호는 +이다. 식 (7.68)~식 (7.71)로부터 전압 v는

$$v = \frac{i}{\boldsymbol{Y}} = \frac{\sqrt{2}\,I\angle 0°}{Y\angle\phi} = \frac{\sqrt{2}\,I}{Y}\angle -\phi[\text{V}] \tag{7.72}$$

이 되며, $V_m = (\sqrt{2}\,I)/Y = \sqrt{2}\,V$이므로 전압의 정현파 표현식은 아래와 같다.

$$v = \sqrt{2}\,V\sin(\omega t - \phi)[\text{V}] \tag{7.73}$$

따라서 R에 흐르는 전류는 $i_R = Gv$이므로 아래와 같다.

$$i_R = \sqrt{2}\,GV\sin(\omega t - \phi)[\text{A}] \tag{7.74}$$

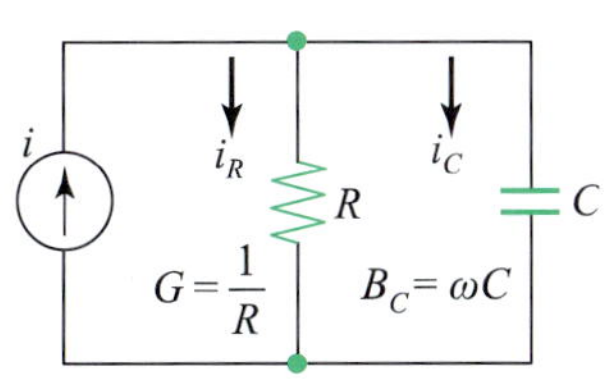

그림 7.21 $R-C$ 병렬 교류회로

또한 커패시터에 흐르는 전류는 $i_C = \boldsymbol{Y}_C v = \omega C v$이므로 아래와 같고

$$i_C = \omega C \angle 90° \times V \angle -\phi = \omega CV \angle 90° - \phi = I \angle 90° - \phi [\mathrm{A}] \tag{7.75}$$

따라서 i_C의 정현파 표현식은 아래와 같다.

$$i_C = \sqrt{2}\,\omega CV \sin(\omega t + 90° - \phi)[\mathrm{A}] \tag{7.76}$$

그림 7.22는 어드미턴스 벡터와 전압, 전류의 관계를 나타내는 페이저도이다. 일반적으로 이러한 경우를 직렬공진이라 한다.

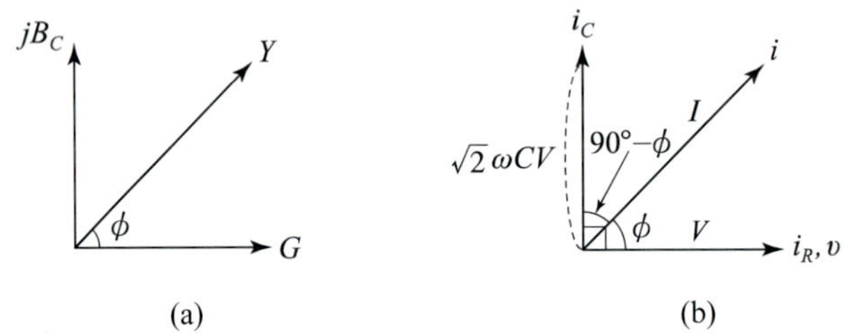

그림 7.22 $R-C$ 병렬 교류회로의 벡터 및 페이저도

익힘 문제 7.8

그림 7.21의 $R-C$ 교류 병렬회로에서 $i = 20\sin\omega t[\mathrm{A}]$일 때 $R-C$ 양단간에 걸리는 전압 v를 구하라. 단, $G = 5[\mathrm{S}]$, $B_C = 8.66[\mathrm{S}]$이다.

풀이 $\boldsymbol{Y} = G + j\omega C = G + jB_C = 5 + j8.66$, $Y = \sqrt{5^2 + 8.66^2} \fallingdotseq 10[\mathrm{S}]$,

$\phi = \tan^{-1}\dfrac{8.66}{5} = 60°$

$V_m = \dfrac{I_m}{Y} = \dfrac{20}{10} = 2[\mathrm{V}]$이므로 $v = V_m \sin(\omega t - \phi) = 2\sin(\omega t - 60°)$이다.

7.6 R-L-C 직렬 교류회로

그림 7.23은 저항, 인덕터, 커패시터가 교류전원 v와 직렬로 연결된 $R-L-C$ 교류회로이다.

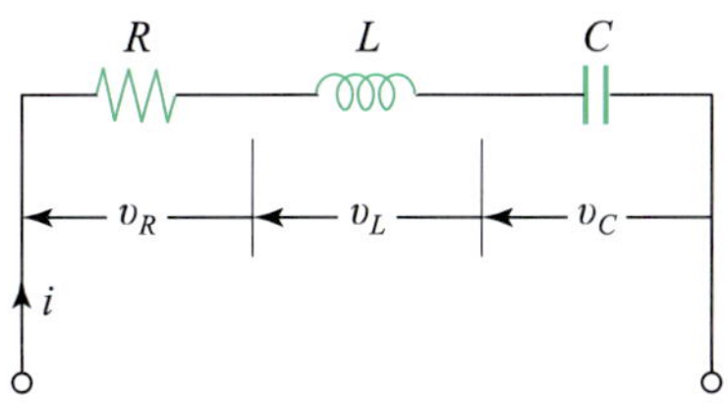

그림 7.23 $R-L-C$ 직렬 교류회로

저항 R의 단자전압 v_R, 인덕터의 단자전압 v_L, 커패시터의 단자전압 v_C는 지금까지의 직렬 연결회로와 마찬가지로

$$v = v_R + v_L + v_C\,[\mathrm{V}] \tag{7.77}$$

이 되며 $X = X_L + X_C$, $X_L = \omega L$, $X_C = -1/\omega C$ 이므로 합성 임피던스는 아래와 같다.

$$\boldsymbol{Z} = R + jX_L + jX_C = R + j(X_L + X_C) = R + j\left(\omega L - \frac{1}{\omega C}\right)[\Omega] \tag{7.78}$$

$$Z = \sqrt{R^2 + \left(\omega L - \frac{1}{\omega C}\right)^2}\,[\Omega],\ \ \phi = \tan^{-1}\frac{\omega L - 1/\omega C}{R}\,[^\circ] \tag{7.79}$$

가 된다. 그러나 리액턴스 $X_L - |X_C|$의 크기에 따라 v_L과 v_C의 합성 벡터 또한 변하므로 간단하지 않다. 따라서 리액턴스의 크기가 (1) $X_L = |X_C|$, (2) $X_L > |X_C|$, (3) $X_L < |X_C|$의 세 가지인 경우로 구분해서 해석할 필요가 있다.

(1) $X_L = |X_C|$인 경우

v_R과 v_L, v_C의 저항과 복소수 임피던스는 그림 7.24와 같다. $\boldsymbol{Z} = R + jX$에서 $X_L - |X_C| = 0$이므로

$$Z = \sqrt{R^2 + (X_L - |X_C|)^2} = R\,[\Omega] \tag{7.80}$$

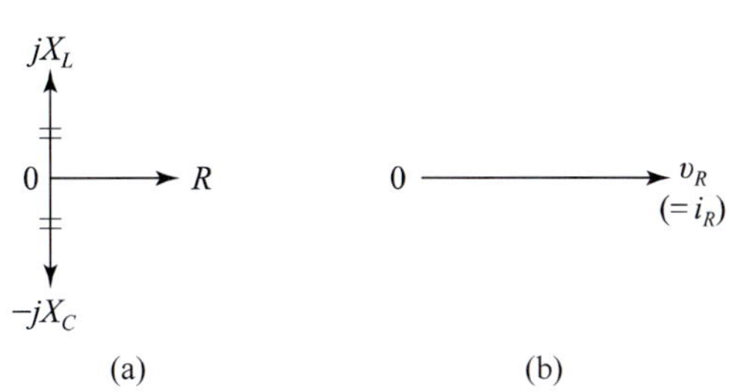

그림 7.24 $X_L = |X_C|$인 경우의 $\boldsymbol{Z}$, v

이 되어 저항 성분만 남게 된다. 따라서 회로 전체의 전압은

$$v = v_R = Ri\,[\mathrm{V}] \tag{7.81}$$

이 된다. 일반적으로 이러한 경우를 직렬공진이라 한다.

(2) $X_L > |X_C|$인 경우

전류 i를 기준으로 하면 v_R은 i와 동상이고, v_L은 전류 i보다 $90°(\pi/2)$ 빠르고, 반대로 v_C는 $90°(\pi/2)$ 늦다. 따라서 X_L과 X_C는 방향이 정반대로 크기가 다르므로 그 차이 X는

$$X = X_L - |X_C|\,[\Omega] \tag{7.82}$$

가 된다. 따라서 X_L이 큰 경우에는 그림 7.25와 같이 유도성 리액턴스로 나타난다.

직렬회로이므로 합성 임피던스는

$$\boldsymbol{Z} = R + j\left(\omega L - \frac{1}{\omega C}\right)[\Omega] \tag{7.83}$$

$$Z = \sqrt{R^2 + (\omega L - 1/\omega C)^2}\,[\Omega], \quad \phi = \tan^{-1}\frac{(\omega L - 1/\omega C)}{R}\,[°] \tag{7.84}$$

$$\therefore\ \boldsymbol{Z} = Z\angle\phi\,[\Omega] \tag{7.85}$$

만일 그림 7.23의 직렬회로에서 가해지는 교류 정현파 전압이

$$v = \sqrt{2}\,V\sin\omega t\,[\mathrm{V}] \tag{7.86}$$

이라면 $I_m = V_m/Z$이므로

$$i = v/\boldsymbol{Z} = \frac{V_m\angle 0°}{Z\angle\phi} = \angle -\phi = \frac{V_m}{Z}\angle -\phi\,[\mathrm{A}] \tag{7.87}$$

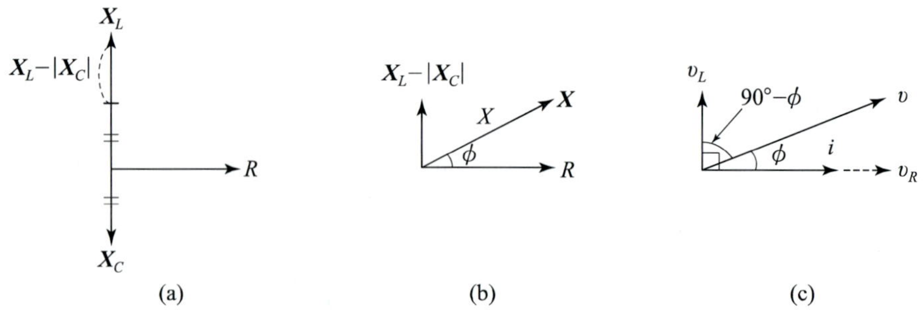

그림 7.25 $X_L > |X_C|$인 경우의 X

가 되며 전류의 정현파 표현식은 아래와 같이 전류 i는 전압 v보다 위상이 ϕ만큼 늦다.

$$i = \sqrt{2}\, I \sin(\omega t - \phi)[\mathrm{A}] \tag{7.88}$$

(3) $X_L < |X_C|$인 경우

앞서의 경우와는 반대로 $|X_C|$가 X_L보다 크고 방향이 서로 반대이므로 X는 아래와 같다.

$$X = |X_C| - X_L[\Omega]$$

따라서 $|X_C|$가 X_L보다 큰 경우에는 용량성 리액턴스로 나타난다. 합성 임피던스는

$$\boldsymbol{Z} = R + jX = R + j(|X_C| - X_L) = R + j(1/\omega C - \omega L)[\Omega] \tag{7.89}$$

$$Z = \sqrt{R^2 + (|X_C| - X_L)^2}[\Omega],\ \phi = \tan^{-1}\frac{X}{R} = \tan^{-1}\frac{(1/\omega C - \omega L)}{R}[°] \tag{7.90}$$

$$\boldsymbol{Z} = Z\angle -\phi \tag{7.91}$$

이 되며, 그 임피던스 페이저도는 그림 7.26과 같다.

교류전류의 최댓값은 $I_m = V_m / Z$이므로

$$i = v/\boldsymbol{Z} = \frac{V_m \angle 0°}{Z\angle -\phi} = \frac{V_m}{Z}\angle \phi = I_m \angle \phi[\mathrm{A}] \tag{7.92}$$

가 되며 $v = \sqrt{2}\, V \sin wt$일 때 전류의 정현파 표현식은 아래와 같이 i는 v보다 위상이 ϕ 만큼 빠르다.

$$i = \frac{V_m}{Z}\sin(\omega t + \phi)[\mathrm{A}] \tag{7.93}$$

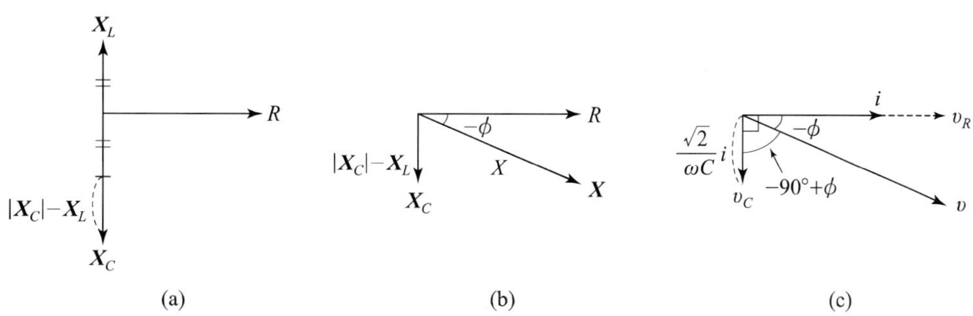

그림 7.26 $X_L < |X_C|$인 경우의 $R-L-C$ 벡터

단, 위의 두 식에서 ϕ는 식 (7.85)에서 구한 값이므로 $X_L > |X_C|$에서 구한 식 (7.88)과는 다른 값임을 유념할 필요가 있다. 이상의 결과를 종합해서 R, L, C 직렬회로에 정현파 입력전압을 가했을 때 저항, 인덕턴스, 커패시터 양단간의 전압 v_R, v_L, v_C는 아래와 같다.

$$v_R = \sqrt{2}\,I\sin(\omega t + \phi)[\mathrm{V}] \tag{7.94}$$

$$v_L = \sqrt{2}\,\omega L I\sin(\omega t + 90° - \phi)[\mathrm{V}] \tag{7.95}$$

$$v_C = \sqrt{2}\,I/(\omega C)\sin(\omega t - 90° + \phi)[\mathrm{V}] \tag{7.96}$$

익힘 문제 7.9

그림 7.23의 R, L, C 교류 직렬회로에 $v = 70.7\sin 314t$의 전압이 가해질 때 임피던스와 교류 전류의 실효값 및 전류의 식을 구하라. 단, $R = 23[\Omega]$, $L = 200[\mathrm{mH}]$, $C = 80[\mu\mathrm{F}]$이다.

풀이 $\omega = 314$이므로 $X_L = \omega L = 314 \times 200 \times 10^{-3} = 62.8[\Omega]$,

$$X_C = \frac{1}{\omega C} = \frac{1}{314 \times 80 \times 10^{-6}} \fallingdotseq 39.8[\Omega],\quad X = X_L - X_C = 62.8 - 39.8 = 23[\Omega],$$

$$\therefore\ \boldsymbol{Z} = 23 + j23,\ Z = \sqrt{23^2 + 23^2} \fallingdotseq 32.5[\Omega],\ \phi = \tan^{-1}\frac{23}{23} = 45°,$$

$$I_m = V_m/\boldsymbol{Z} = \frac{70.7\angle 0°}{32.5\angle 45°} \fallingdotseq 2.18\angle -45°[\mathrm{A}] \qquad \therefore\ i = 2.18\sin(\omega t - 45°)[\mathrm{A}]$$

7.7 R-L-C 병렬 교류회로

그림 7.27과 같이 R, L, C가 병렬로 연결되어 있고, 여기에 정현파 교류전류 $i = \sqrt{2}\,I\sin\omega t$의 정현파가 흐를 때의 복소수 어드미턴스와 전압 v, 전류 i_R, i_L, i_C를 구해 보기로 한다.

$\boldsymbol{Y}_R = G = \frac{1}{R}$, $\boldsymbol{Y}_L = -j\frac{1}{\omega L}$, $\boldsymbol{Y}_C = j\omega C$이므로 합성 어드미턴스는

$$\boldsymbol{Y} = G + j\omega C - j\frac{1}{\omega L} = G + j\left(\omega C - \frac{1}{\omega L}\right) = G + j(B_C - B_L) = G + jB = Y\angle\phi[\mathrm{V}] \tag{7.97}$$

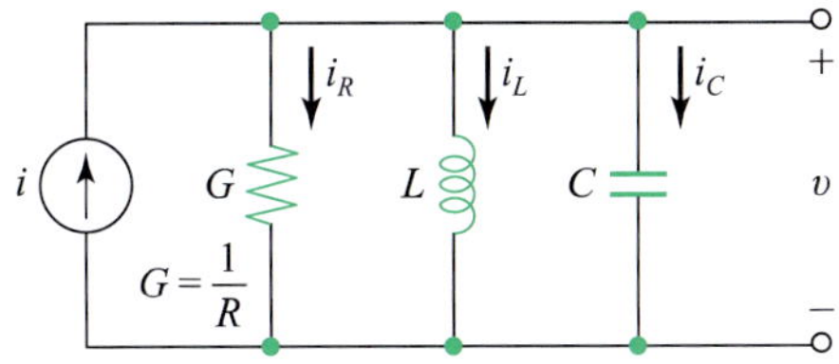

그림 7.27 $R-L-C$ 병렬 교류회로

$$B=\omega C-\frac{1}{\omega L}[\mathrm{V}] \tag{7.98}$$

$$Y=\sqrt{G^2+B^2}[\mathrm{S}],\ \phi=\tan^{-1}\frac{B}{G}[°] \tag{7.99}$$

이 된다. $B=0$이면, 즉 $B_C=|B_L|$이면 서셉턴스(B) 성분이 없으므로 컨덕턴스만 존재하는 회로가 된다. 일반적으로 $B=0$인 경우를 병렬공진이라 한다. $B>0$이면, 즉 $B_C>|B_L|$이면 용량성 어드미턴스, $B<0$이면, 즉 $B_C<|B_L|$이면 유도성 어드미턴스가 되며 식 (7.90)~식 (7.99)로부터 그 복소수 평면도는 그림 7.28(a), (b)와 같다. 병렬회로의 양단에 걸리는 전압의 표현식은 아래와 같다.

$$v=\frac{i}{\boldsymbol{Y}}=\frac{I\angle 0°}{Y\angle\phi}=\frac{I}{Y}\angle-\phi=V\angle-\phi[\mathrm{V}] \tag{7.100}$$

위의 식에서 $|\boldsymbol{B}_L|=\boldsymbol{B}_C$, 즉 $\boldsymbol{B}=0$인 경우의 $\boldsymbol{V}=\frac{\boldsymbol{I}}{\boldsymbol{Y}}=\frac{\boldsymbol{I}}{\boldsymbol{G}}$이며, $|\boldsymbol{B}_L|\neq\boldsymbol{B}_C$인 경우에는 $\boldsymbol{V}=\frac{\boldsymbol{I}}{\boldsymbol{Y}}=\frac{\boldsymbol{I}}{\left(\sqrt{G^2+B^2}\right)}$이다. 따라서 병렬회로 양단에 걸리는 전압은 아래와 같다.

$$v=\sqrt{2}\,V\sin(\omega t-\phi)[\mathrm{V}] \tag{7.101}$$

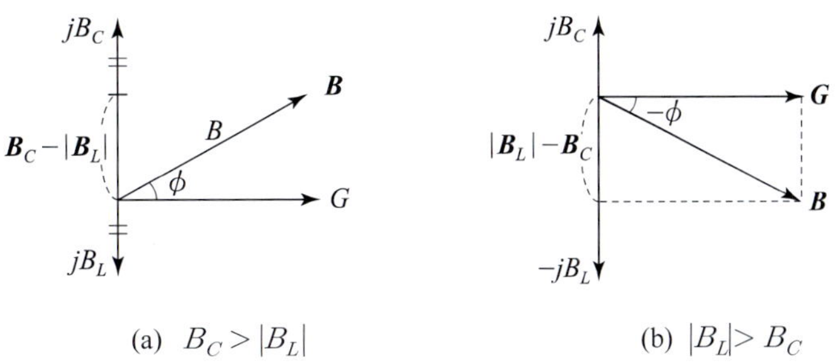

그림 7.28 $R-L-C$ 병렬 교류회로 페이저도

또한 저항단으로 흐르는 전류 i_R은 아래와 같다.

$$i_R = G\boldsymbol{V} = GV\angle\phi[\mathrm{A}] \tag{7.102}$$

$\boldsymbol{I}_R = G\boldsymbol{V}$이므로 전류의 정현파 표현식은 아래와 같다.

$$i_R = \sqrt{2}\,GV\sin(\omega t-\phi) = \sqrt{2}\,I_R\sin(\omega t-\phi)[\mathrm{A}] \tag{7.103}$$

커패시터 쪽으로 흐르는 전류는

$$i_C = \boldsymbol{Y}_C v = \omega C\angle 90° \times V\angle -\phi = \omega CV\angle 90° - \phi[\mathrm{V}] \tag{7.104}$$

이 되며 정현파 표현식은 아래와 같다.

$$i_C = \sqrt{2}\,I_C\sin(\omega t + 90° - \phi)[\mathrm{V}] \tag{7.105}$$

위의 식에서 $I_C = \omega CV$이다. 인덕터에 흐르는 전류는

$$i_L = \boldsymbol{Y}_L v = \frac{1}{\omega L}\angle -90° \times V\angle -\phi = \frac{V}{\omega L}\angle -90° - \phi[\mathrm{V}] \tag{7.106}$$

$I_L = \dfrac{V}{\omega L}$로 놓으면 전류의 정현파 표현식은 아래와 같다.

$$i_L = \sqrt{2}\,I_L\sin(\omega t - 90° - \phi)[\mathrm{V}] \tag{7.107}$$

익힘 문제 7.10

그림 7.27의 $R-L-C$ 병렬 정현파 교류회로에서 $G=1[\mathrm{S}]$, $B_L=2[\mathrm{S}]$, $B_C=3[\mathrm{S}]$일 때 합성 어드미턴스 Y를 구하고, $v=10\sqrt{2}\angle 30^o$일 때 전류 i의 페이저를 구하라.

풀이 $\boldsymbol{Y} = G - jB_L + jB_C = 1 - j2 + j3 = 1 + j$, $Y = \sqrt{1^2+1^2} = \sqrt{2}[\mathrm{S}]$,

$\phi = \tan^{-1}\dfrac{1}{1} = 45°$ $\quad\therefore\ \boldsymbol{Y} = \sqrt{2}\angle 45°$

$i = \boldsymbol{Y}v = \sqrt{2}\angle 45° \times 10\sqrt{2}\angle 30° = 20\angle 75°$

익힘 문제 7.11

그림 7.27의 R, L, C 교류 병렬회로에 $i = 60\sqrt{2}\sin 376.8t$의 전류가 흐를 때 전체 어드미턴스와 교류전압의 실효값 및 전압의 정현파 표현식을 구하라. 단, $G = 0.1[\mathrm{S}]$, $L = 10[\mathrm{mH}]$, $C = 1000[\mu\mathrm{F}]$이다.

풀이 $\omega = 376.8$, $B_C = \omega C = 376.8 \times 1000 \times 10^{-6} \fallingdotseq 0.377$, $B_L = -1/\omega L = -1/(376.8 \times 10 \times 10^{-3}) \fallingdotseq -0.265$, $B = B_C + B_L = 0.377 - 0.265 \fallingdotseq 0.11[\mathrm{S}]$, $\boldsymbol{Y} = G + jB = 0.1 + j0.11$. 따라서 $Y = \sqrt{G^2 + B^2} = \sqrt{0.1^2 + 0.11^2} \fallingdotseq 0.15[\mathrm{S}]$, $\phi = \tan^{-1}\dfrac{0.11}{0.1} \fallingdotseq 47.7°$.

$\therefore\ \boldsymbol{Y} = 0.15\angle 47.7°$ $I = 60$, $\boldsymbol{V} = \boldsymbol{I}/\boldsymbol{Y} = \dfrac{60\angle 0°}{0.15\angle 47.7°} \fallingdotseq 400\angle -47.7°$,

$\therefore\ v = 400\sqrt{2}\sin(90° - 47.7°) = 400\sqrt{2}\angle 42.3°$

같은 결과가 나올까?

2개의 $R-L$, $R-C$, $L-C$ 소자의 병렬 어드미턴스 계산 시

(1) 2개의 병렬 임피던스를 구한 뒤 이의 역수를 취한다.

(2) 개별 어드미턴스를 계산해서 이들을 합한다.

[예] $X_L = 2[\Omega]$, $X_C = 3[\Omega]$

(1) $\boldsymbol{Z} = \dfrac{j2 \times j3}{j2 + j3} = \dfrac{-6}{j5}$, $\boldsymbol{Y} = \dfrac{1}{Z} = -\dfrac{j5}{6}$

(2) $\boldsymbol{Y}_{L1} = \dfrac{1}{j2}$, $Y_{L2} = \dfrac{1}{j3}$, $\boldsymbol{Y} = \dfrac{1}{j2} + \dfrac{1}{j3} = \dfrac{j3 + j2}{j2 \cdot j3} = \dfrac{j5}{-6}$

(1)과 (2)의 결과는 같다.

지금까지 다뤄 온 R, L, C의 직렬 및 병렬 교류회로의 임피던스, 벡터도, 위상각 등을 간추려보면 표 7.3과 같다.

표 7.3 R, L, C 교류회로 간추림

회로구성	회로도	임피던스[Ω]	벡터도	v, i의 위상각[°]
$R-L$ 직렬	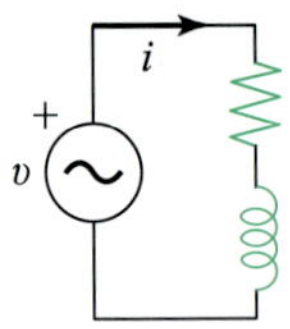	$\boldsymbol{Z}=R+j\omega L$ $Z=\sqrt{R^2+(\omega L)^2}$	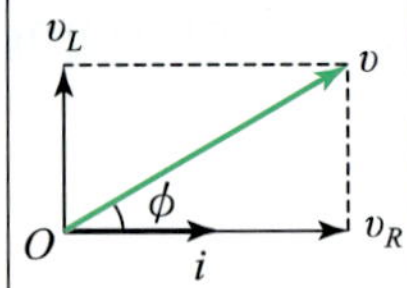	$\phi=\tan^{-1}\dfrac{\omega L}{R}$
$R-C$ 직렬	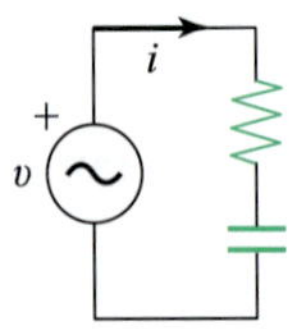	$\boldsymbol{Z}=R-j\dfrac{1}{\omega C}$ $Z=\sqrt{R^2+\left(\dfrac{1}{\omega C}\right)^2}$	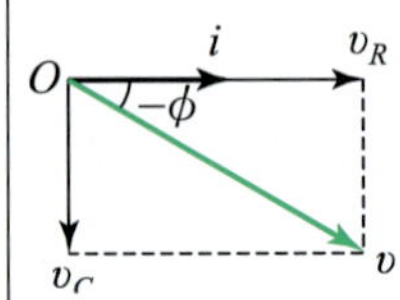	$\phi=\tan^{-1}\dfrac{1}{R\omega C}$
$R-L-C$ 직렬	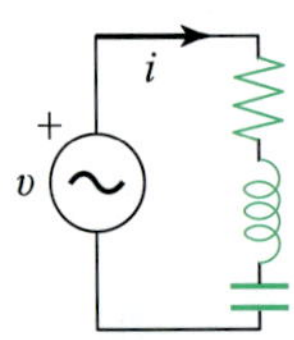	$\boldsymbol{Z}=R+j\left(\omega L-\dfrac{1}{\omega C}\right)$ $Z=\sqrt{R^2+\left(\omega L-\dfrac{1}{\omega C}\right)^2}$	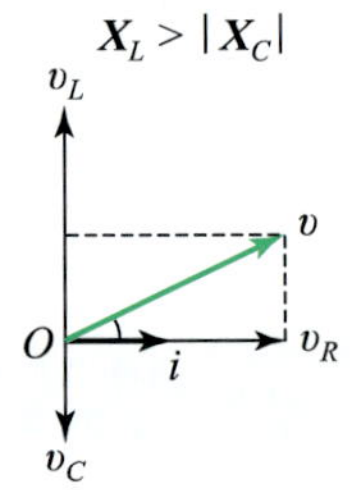	$\phi=\tan^{-1}\dfrac{\boldsymbol{X}}{R}$ $X=\boldsymbol{X}_L-\lvert\boldsymbol{X}_C\rvert$
$R-L$ 병렬	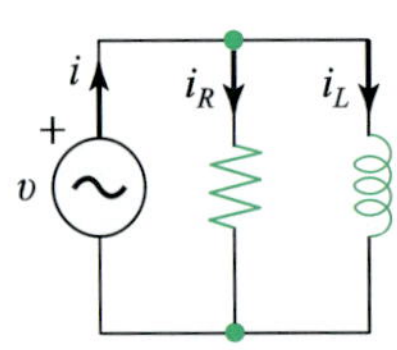	$\boldsymbol{Z}=\dfrac{v}{i}$, $\boldsymbol{Z}=\dfrac{\boldsymbol{V}}{\boldsymbol{I}}$ $I=\sqrt{I_R^2+I_L^2}$	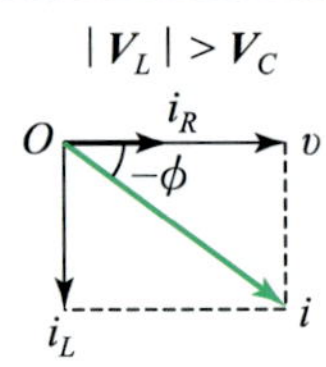	$\phi=\tan^{-1}\left(-\dfrac{R}{X_L}\right)$
$R-C$ 병렬	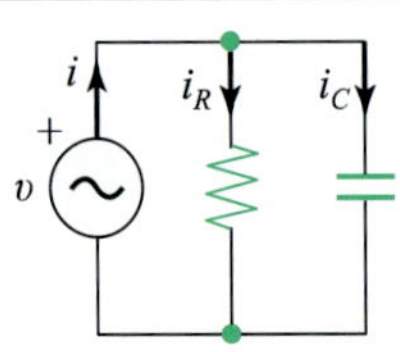	$\boldsymbol{Z}=\dfrac{v}{i}$, $\boldsymbol{Z}=\dfrac{\boldsymbol{V}}{\boldsymbol{I}}$ $I=\sqrt{I_R^2+I_C^2}$	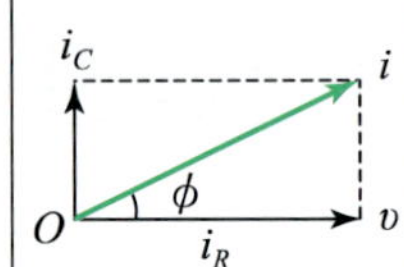	$\phi=\tan^{-1}\omega RC$
$R-L-C$ 병렬	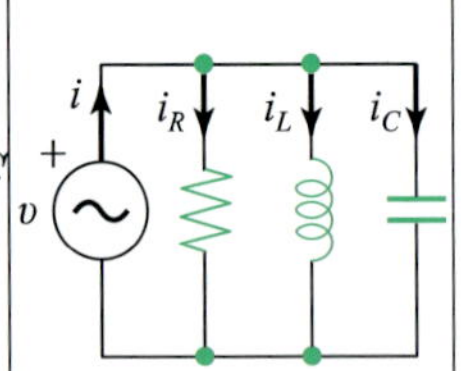	$\boldsymbol{Z}=\dfrac{v}{i}$, $\boldsymbol{Z}=\dfrac{\boldsymbol{V}}{\boldsymbol{I}}$ $I=\sqrt{I_R^2+(I_L-I_C)}$	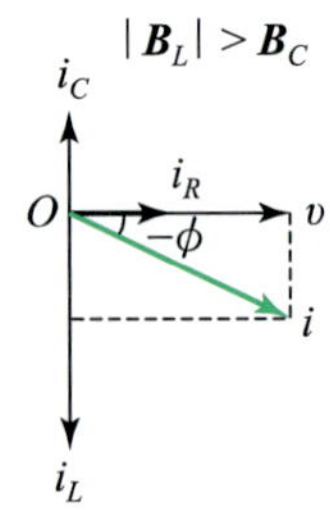	$\phi=\tan^{-1}\dfrac{\boldsymbol{B}_C}{R}$ $\boldsymbol{B}=\lvert\boldsymbol{B}_C\rvert-\boldsymbol{B}_L$

7.8 공진

공진현상은 유도성 리액턴스와 용량성 리액턴스가 일치할 때 일어나는 현상으로 직렬공진과 병렬공진이 있다.

(1) 직렬공진

$R-L-C$ 직렬회로에서의 임피던스는 $\boldsymbol{Z}=R+j(X_L-X_C)$이고, 그 크기 Z는 아래와 같다.

$$Z=\sqrt{R^2+(X_L-X_C)^2}$$

위의 식에서 X_L, X_C가 존재하면 저항값에 이들 리액턴스 성분이 추가되므로 임피던스는 증가되며, 그 값은 합성 리액턴스는 X_L-X_C에 따라 결정된다. $X_L=X_C$인 경우에는 $X_L-X_C=0$이 되므로 저항만이 전류에 관여하게 된다. 이때 교류회로의 임피던스는 최소가 되며 회로전류는 최대가 된다. 이와 같이 $R-L-C$ 직렬회로에서 $X_L=X_C$인 상태를 직렬공진이라 한다. 그림 7.29(a)는 직렬공진 회로를 표시하고, 그림 7.29(b)는 주파수에 대한 X_L과 X_C의 특성을 표시하고 있으며, 그 특성을 요약하면 아래와 같다.

- 낮은 주파수: X_C가 우세 → 리액턴스는 용량성 임피던스
- 높은 주파수: X_L이 우세 → 리액턴스는 유도성 임피던스
- 경계점(f_0): $X_L=X_C$ → 직렬공진. * f_o = 공진 주파수

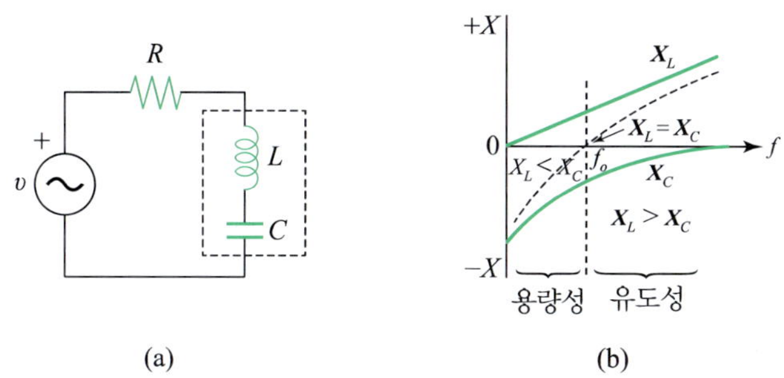

그림 7.29 직렬공진 회로

1) 직렬공진 주파수

직렬공진에서의 공진 주파수를 구해보자. 공진 주파수를 f_o라 하면

$$X_L = \omega L = 2\pi f L 2\pi f_o L, \ X_C = \frac{1}{\omega C} = \frac{1}{2\pi f C}$$

유도성 리액턴스와 용량성 리액턴스가 같으므로

$$X_L = X_C, \ 2\pi f_o L = \frac{1}{2\pi f_o C}$$

위의 식 좌·우변에 각각 f_o를 곱해주면

$$2\pi f_o^2 L = \frac{f_o}{2\pi f_o C} = \frac{1}{2\pi C}$$

양변을 각각 $2\pi f L$로 나눠주면

$$\frac{2\pi f_o^2 L}{2\pi L} = \frac{1}{2\pi C} \times \frac{1}{2\pi L} \rightarrow f_o^2 = \frac{1}{4\pi^2 LC}$$

$$\therefore f_o = \frac{1}{2\pi\sqrt{LC}}[\text{Hz}] \quad (7.108)$$

2) 직렬공진의 주파수 특성

직렬공진의 주파수 특성은 그림 7.29(b)를 보면 알 수 있듯이 f_o에서는 $X_L = X_C$이므로 임피던스는 저항뿐이지만 f_o 아래쪽이나 위쪽에서 임피던스는 저항 R에 $X = X_L - X_C$가 추가되므로 R일 때에 비해 임피던스가 증가하므로 전류(V/Z)가 감소하게 된다. 다시 말해서 그림 7.30과 같이 임피던스의 크기가 R뿐인 f_o에서 전류는 최대가 되고, 그 양쪽으로 멀리 갈수록 리액턴스 성분 $X(= X_L - X_C)$가 커지므로 전류는 점점 감소하게 된다.

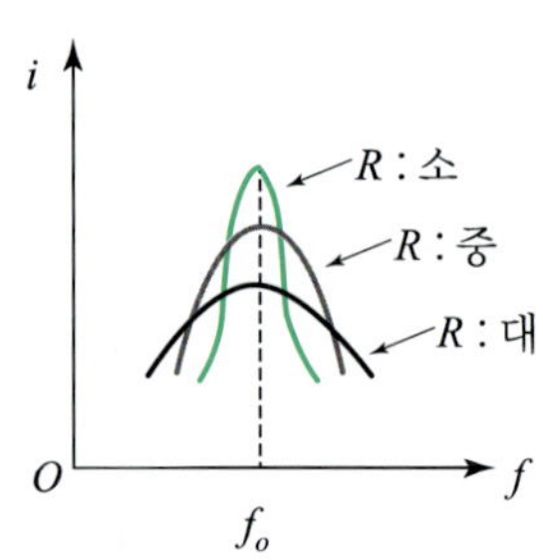

그림 7.30 직렬공진의 전류-주파수 특성

그림 7.30에서 주파수에 따른 전류의 특성곡선에서 저항값 R이 작을 때 예리한 곡선이 된다는 것은 f_0 위, 아래 주파수에 비해 f_0쪽이 훨씬 전류가 많이 흐른다는 것을 의미하고 이 경우를 선택성이 높다고 말한다. 반면 R 값이 커지면 전류 특성곡선이 완만해지므로 f_0쪽 전류와 그 주변 주파수 사이의 전류차가 그다지 크지 않게 되며 선택성은 떨어진다.

3) 직렬공진의 양호도

위에서 주파수 선택성에 대해서 잠깐 설명하였지만 이 선택도를 표시하는 계수를 직렬공진의 양호도 또는 인덕터인 경우 단순히 코일의 Q라고 말한다. 양호도의 정의는 공진 시의 전압 V에 대한 인덕터 또는 커패시터 전압(V_L, V_C)의 비(比)이며 아래의 식과 같다.

[주] Q=(무효전력)/(유효전력)으로 정의하기도 한다.

$$\text{인덕터} : \; Q_L = \boldsymbol{V}_L / \boldsymbol{V} = \frac{\omega LI}{RI} = \frac{\omega L}{R}$$

$$\text{커패시터} : \; Q_C = \boldsymbol{V}_C / \boldsymbol{V} = \frac{(1/\omega C)I}{RI} = \frac{1}{\omega RC}$$

여기서 $\boldsymbol{X}_L = \boldsymbol{X}_C$, 즉 $\omega L = \dfrac{1}{\omega C}$이므로 $Q_L = Q_C = Q$가 되어 양호도는 아래와 같다.

$$Q = \frac{\omega L}{R} = \frac{1}{R\omega C} \tag{7.109}$$

Q의 정의로부터 공진 시에 인덕터나 커패시터의 양단에 걸리는 전압은 인가전압의 Q배가 됨을 기억할 필요가 있다. Q가 크다는 것은 주파수 선택도가 높다는 것을 의미한다.

익힘 문제 7.12

$R-L-C$ 직렬공진 회로에서 $R=10[\Omega]$, $L=4[\text{mH}]$, $C=10[\mu\text{F}]$일 때 공진 주파수 f_o와 코일의 양호도(Q_L)를 구하라.

풀이 $f_o = \dfrac{1}{2\pi\sqrt{LC}} = \dfrac{1}{6.28\times\sqrt{4\times10^{-3}\times10\times10^{-6}}} = \dfrac{1}{6.28\times2\times10^{-4}} = \dfrac{10^4}{12.56}$

$\fallingdotseq 796[\text{Hz}]$

$Q_L = \dfrac{\omega L}{R} = \dfrac{2\pi f_o L}{R} = \dfrac{6.28\times796\times4\times10^{-3}}{10} \fallingdotseq 2$

(2) 병렬공진

그림 7.31(a)는 병렬공진 회로로서 인덕터 L과 커패시터 C가 병렬로 연결된 회로이다. 이들 회로소자에 흐르는 전류 i_L, i_C는 아래와 같다.

$$i_L = \frac{v}{j\omega L} = -j\frac{v}{\omega L} = -j\frac{v}{X_L}$$

$$i_C = j\omega Cv = jX_C v$$

병렬회로에서 $X_L = X_C$이면 그림 7.31(b)와 같이 i_L과 i_C가 크기가 같고, 방향이 반대이므로 서로 상쇄되어 회로전류는 0이 된다. 회로전류가 0이 된다는 것은 회로 임피던스가 최대가 됨을 의미한다. 이와 같이 $L-C$ 병렬회로에서 $X_L = X_C$ 이면 회로 임피던스는 최대가 되고 회로전류는 최소가 되며, 이를 병렬공진이라 한다.

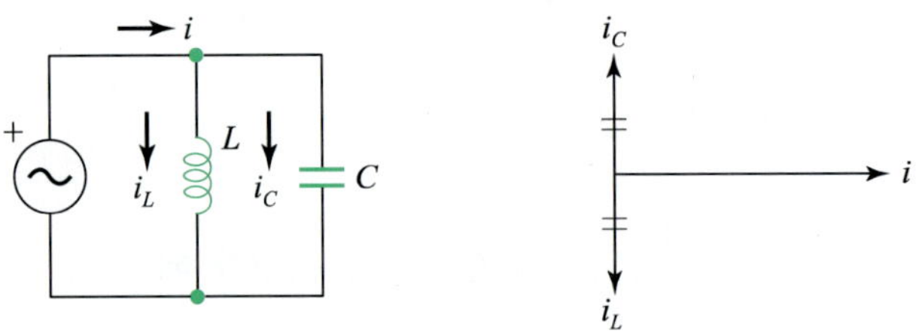

(a) (b)

그림 7.31 병렬공진 회로

그러나 실제의 회로에서는 인덕터(코일)에 직렬로 내부저항이 포함되므로 그림 7.32와 같이 인덕턴스에 L과 저항 R을 직렬로 연결한 회로를 해석하기로 한다.

L과 C를 흐르는 전류 i_L과 i_C는 아래와 같이 표시된다.

$$i_L = \frac{v}{R + j\omega L},\ i_C = j\omega Cv$$

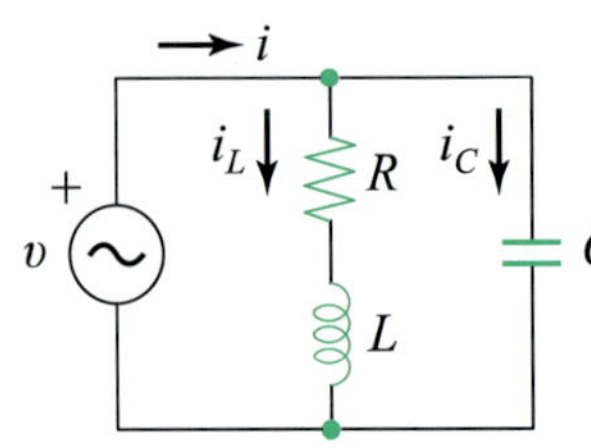

그림 7.32 직렬 R 포함 $L-C$ 병렬회로

회로전류는 위의 두 전류를 합한 것이므로 아래와 같다.

$$i = i_L + i_C = \left(\frac{1}{R+j\omega L} + j\omega C\right)v = \left\{\frac{1+j\omega C(R+j\omega L)}{R+j\omega L}\right\}v$$

위의 식에서 분자, 분모에 $R-j\omega L$을 곱해서 실수부와 허수부로 정리하여 고쳐 쓰면 아래의 식이 구해진다.

$$i = \left\{\frac{R}{R^2+\omega^2 L^2} + j\left(\omega C - \frac{\omega L}{R^2+\omega^2 L^2}\right)\right\}[\mathrm{A}] \tag{7.110}$$

1) 병렬공진 주파수

병렬공진에서 $X_L = X_C$이므로 식 (7.110)의 허수 항을 0으로 놓으면 아래와 같다.

$$\omega C = \frac{\omega L}{R^2+\omega^2 L^2}$$

위의 식을 정리해서 ω에 관해서 풀면 아래와 같다.

$$\omega L = \omega C(R^2+\omega^2 L^2),\ L = C(R^2+\omega^2 L^2),\ \omega^2 L^2 C = L - R^2 C,$$

$$\omega^2 = \frac{L-R^2 C}{L^2 C} = \frac{1}{LC} - \frac{R^2}{L^2},\quad \omega = 2\pi f = \sqrt{\frac{1}{LC} - \frac{R^2}{L^2}}$$

위의 식에서 주파수 f를 공진 주파수 f_o로 바꿔서 정리하면 아래와 같다.

$$f_o = \frac{1}{2\pi}\sqrt{\frac{1}{LC} - \frac{R^2}{L^2}}[\mathrm{Hz}] \tag{7.111}$$

만일에 코일의 저항이 0[Ω]에 가깝다면 위의 식은 아래와 같이 쓸 수 있다.

$$f_o = \frac{1}{2\pi}\sqrt{\frac{1}{LC}} = \frac{1}{2\pi\sqrt{LC}}[\mathrm{Hz}] \tag{7.112}$$

2) 병렬공진 회로의 임피던스

병렬공진 시에는 식 (7.110)에서 허수부가 0이므로 실수부만 남게 되므로 아래의 관계식이 된다.

$$i = \left(\frac{R}{R^2+\omega^2 L^2}\right)v$$

양변을 i로 나누면

$$1=\left(\frac{R}{R^2+\omega^2L^2}\right)\frac{v}{i}$$

이 되고 이 식으로부터 임피던스를 구하면 아래와 같은 식을 얻을 수 있다.

$$\boldsymbol{Z}=\frac{v}{i}=\frac{R^2+\omega^2L^2}{R}[\Omega] \tag{7.113}$$

실제로 코일의 저항은 작으므로 $\omega L \gg R$이 성립하는 경우에 분자를 ω^2L^2로 고쳐 쓰면

$$\boldsymbol{Z}=\frac{\omega^2L^2}{R}=\frac{(2\pi f)^2L^2}{R}[\Omega] \tag{7.114}$$

위의 식에 병렬공진 주파수 식 (7.111)을 대입하면

$$\boldsymbol{Z}=\frac{1}{R}\left\{\left(2\pi\times\frac{1}{2\pi\sqrt{LC}}\right)^2\right\}L^2=\frac{1}{R}\left(\frac{1}{LC}\right)L^2$$

$$\therefore\ \boldsymbol{Z}=\frac{L}{RC} \tag{7.115}$$

병렬공진 회로에서 공진 시 임피던스 값이 L/RC이 되며, 이때 임피던스는 최대가 되므로 회로전류는 최소가 된다. 그림 7.33은 병렬공진 시의 임피던스와 전류를 주파수에 대한 곡선으로 나타낸다.

3) 병렬공진 시의 양호도(Q)

병렬공진 시의 Q란 공진 시 회로전류 I에 대한 인덕터 및 커패시터 전류 $\boldsymbol{I}_L$, $\boldsymbol{I}_C$의 비를 말한다. 병렬공진 시 회로전류는 $\boldsymbol{I}=\boldsymbol{V}/\boldsymbol{Z}$이므로 식 (7.115)를 대입하면

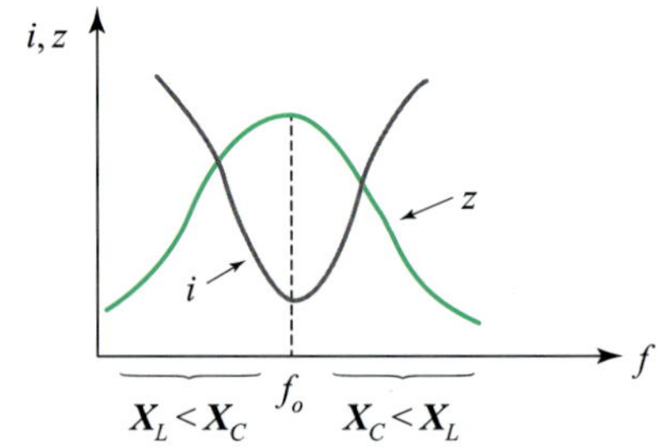

그림 7.33 병렬공진의 특성

$$I = \frac{\boldsymbol{V}}{\boldsymbol{Z}} = \frac{RC}{L}V,\ \boldsymbol{I}_L = \frac{\boldsymbol{V}}{\omega_o L},\ \boldsymbol{I}_C = \omega_o C\boldsymbol{V}$$

$$Q_L = \frac{\boldsymbol{I}_L}{\boldsymbol{I}} = \frac{(\boldsymbol{V}/\omega_o L)}{(RC/L)\boldsymbol{V}} = \frac{1}{\omega_o RC} \tag{7.116}$$

$$Q_C = \frac{\boldsymbol{I}_C}{\boldsymbol{I}} = \frac{\omega_o C\boldsymbol{V}}{(RC/L)\boldsymbol{V}} = \frac{\omega_o L}{R} \tag{7.117}$$

병렬공진 시 $X_L = X_C$이므로 $\omega_o L = \frac{1}{\omega_o C}$을 대입하면 Q_L과 Q_C는 서로 같게 된다.

$$Q = Q_L = Q_C$$

병렬공진 시의 Q는 I_L/I, I_C/I로 정의되었으므로 병렬공진이 발생하면 L과 C에 흐르는 전류는 회로전류의 Q배만큼 확대된다. 직렬공진 시 전압확대인 점과 구별할 필요가 있다. 표 7.4는 직렬공진과 병렬공진을 간추린 내용이다.

표 7.4 직렬공진과 병렬공진의 주요 관계식

구분	공진 임피던스	전류	전압	공진 주파수	양호도(Q)
직렬공진	$\boldsymbol{Z} = R$	$\boldsymbol{I} = \frac{\boldsymbol{V}}{R}$	$\boldsymbol{V}_L = \omega L\boldsymbol{I}$ $\boldsymbol{V}_C = \frac{I}{\omega C}$	$f_o = \frac{1}{2\pi\sqrt{LC}}$	$Q_L = \frac{\omega_o L}{R}$ $Q_C = \frac{1}{R\omega_o C}$
병렬공진	$\boldsymbol{Z} = \frac{L}{RC}$	$i_L = \frac{v}{R + j\omega C}$ $i_C = j\omega C v$	–	$f_o = \frac{1}{2\pi\sqrt{LC}}$	$Q_L = Q_C = \frac{1}{R\omega_o C}$ $= \frac{\omega_o L}{R}$

익힘 문제 7.13

그림 7.32의 R, L, C 병렬공진 회로에서 $R = 5[\Omega]$, $L = 5[\text{mH}]$일 때 공진 주파수가 $1[\text{kHz}]$가 되기 위한 C값은 얼마이며, 이때의 Q는 얼마인가?

풀이 $f_o = \frac{1}{2\pi\sqrt{LC}}$, $f_o^2 = \frac{1}{4\pi^2 LC}$

$$C = \frac{1}{4\pi^2 f_o^2 L} = \frac{1}{4 \times 3.14^2 \times (10^3)^2 \times 5 \times 10^{-3}} \fallingdotseq 5.1[\mu\text{F}]$$

$$Q = \frac{\omega_o L}{R} = \frac{2\pi f_o L}{R} = \frac{2 \times 3.14 \times 10^3 \times 5 \times 10^{-3}}{5} = 6.28$$

7.9 교류회로의 전력

교류회로는 전압과 전류가 수시로 변화하기 때문에 순시전압과 순시전류의 곱으로 교류전력을 표시한다. 따라서 일반적으로 교류전력이란 순시전력의 한 주기 동안의 값을 평균한 값으로 정한다. 그림 7.34와 같이 저항 소자와 리액턴스 소자로 구성된 교류회로에서 전원전압이 아래와 같다고 할 때

$$v = \sqrt{2}\, V \sin\omega t$$

전류는 아래와 같이 θ만큼 위상차를 갖는다.

$$i = \sqrt{2}\, I \sin(\omega t + \theta)$$

위의 식에서 $\theta = 0$이면, R만의 교류회로, $\theta < 0$이면 $R-L$ 또는 $R-L-C$ 유도성, $\theta > 0$이면 $R-C$ 또는 $R-L-C$ 용량성 교류회로인 경우이다. 이들 교류회로에서의 순시전력 P는 아래와 같다.

$$P = vi = \sqrt{2}\, V \sin\omega t \times \sqrt{2}\, I \sin(\omega t + \theta) = 2VI \sin\omega t \cdot \sin(\omega t + \theta)[\text{W}] \quad (7.118)$$

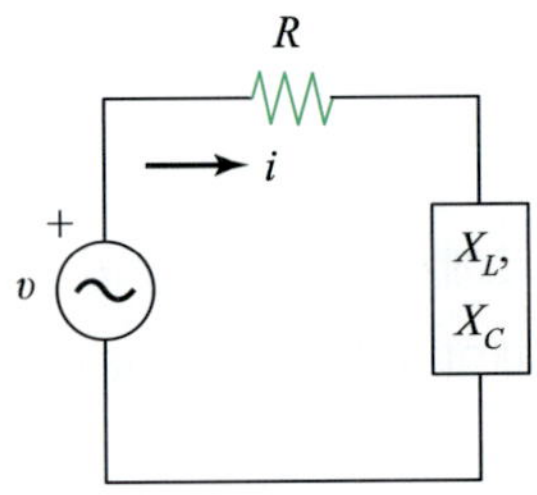

그림 7.34 교류전력

위의 식에 $\sin\alpha \times \sin\beta = \frac{1}{2}\{\cos(\alpha-\beta) - \cos(\alpha+\beta)\}$의 삼각함수 공식과 $\alpha = \omega t$, $\beta = \omega t + \theta$를 적용하면

$$p = VI\{\cos(\omega t - \omega t + \theta) - \cos(\omega t + \cos\omega t - \theta)\} = VI\{\cos\theta - \cos(2\omega t - \theta)\}[\mathrm{W}] \quad (7.119)$$

위의 식에서 $\cos(2\omega t - \theta)$항은 시간에 따라 변하는 정현파이므로 1주기 동안의 평균치는 0이지만 $\cos\theta$항은 시간에 관계없이 일정하므로 전체의 평균치는 $VI\cos\theta$이다. 따라서 그림 7.34 회로의 교류전력 P는 아래와 같이 정리할 수 있다.

$$P = VI\cos\theta[\mathrm{W}] \quad (7.120)$$

이 식은 인덕터나 커패시터 포함회로 모두 같게 적용된다. 교류전력 P는 순시전력의 평균값, 즉 평균전력을 말하며 일반적으로 1주기 동안의 전력 평균값으로 정의된다. P를 소비전력이라고도 말한다.

(1) 역률

식 (7.120)에서 $\cos\theta$를 역률(power factor) pf라 한다. $\cos\theta$에 의하여 소비전력의 값은 0에서 최대치(VI)까지 변한다. 최대 전력 VI가 얼마의 크기가 되느냐를 $\cos\theta$가 결정하므로 이 또한 θ를 역률각(力率角)이라 한다. 역률 pf는 부하에서 소비되는 전력량의 척도라고 볼 수 있으며, 0~1까지의 소수점이 붙은 수치로 표시하는 것이 일반적이다.

$$\text{역률} : \mathrm{pf} = \cos\theta \quad (7.121)$$

- 역률 = 1 : 부하에 흐르는 전류와 부하에 걸리는 전압의 위상차가 0° 를 의미($X_L = 0$)하며 가장 쓸모 있는 전력(유효전력)을 발생하는 경우이다.
- 역률 = 0 : 리액턴스만 있고, 전류와 전압의 위상차가 90° 인 경우를 의미($R = 0$)하며 이때는 부하에서 전혀 유효전력을 발생하지 않는다.

(2) 저항, 인덕터, 커패시터에서의 회로 전력

저항 R만의 회로에 전압 v를 가하여 전류 i가 흐르는 경우이다. 전압과 전류의 위상이 같으므로 역률각 $\theta = 0$이다. 따라서 $\cos 0° = 1$이므로 전력은 식 (7.120)에 의하여

$$R\ 회로\ :\ P = VI\cos\theta = VI \times 1 = VI\,[\mathrm{W}] \tag{7.122}$$

인덕터 또는 커패시터만의 회로인 경우에는 전압 v와 전류 i의 위상차가 $\pm\pi/2\,[\mathrm{rad}]$이므로 역률각 또한 $\theta = \pm(\pi/2)$이므로 $\cos(\pm\pi/2) = 0$이다. 따라서 전력 P는 아래와 같다.

$$L, C\ 회로\ :\ P = VI\cos\theta = VI\cos(\pm\pi/2) = VI \times 0 = 0\,[\mathrm{W}] \tag{7.123}$$

계산 결과로 알 수 있듯이 인덕터나 커패시터만의 회로에서는 전력소모가 없다.

(3) $R-L-C$ 직렬회로의 전력

그림 7.35는 전압 v, 전류 i인 $R-L-C$ 직렬회로이다. 편의상 $X_C > X_L$이라고 가정하며 R, L, C에 각각 걸리는 전압은 v_R, v_L, v_C 이다. 그림 7.36(a)는 전류 i를 기준으로 한 전압 v의 페이저도이며 $v_X = v_C - v_L$이다. $X_C > X_L$이므로 $X = X_C - X_L$, $\boldsymbol{Z} = R - jX$에서 $\theta = \tan^{-1}\dfrac{-X}{R}$가 되므로 θ의 각도는 $-$가 된다. 그림 7.36(a)과 같이 v_R 기준으로 θ 각도를 이루는 v_R과 v_C의 대각선이 v이다. 이를 θ 각도만큼 좌회전시켜서 v 기준으로 바꾼 것이 그림 7.36(b)이다. $v_R = Ri$이므로 i와 v_R은 동일 선상에 있고 i의 크기 $\boldsymbol{I}$는 V/R이다. 이제 $R-L-C$ 직렬교류 회로의 전력을 해석하기 위해 앞에서의 식 (7.120) $P = VI\cos\theta$와 연계시켜 보기로 하자.

그림 7.36(b)에서 스칼라량인 I에 역시 스칼라량인 V를 곱한 값이 VI이므로 그림 7.36(c)의 페이저도가 만들어질 수 있다. 여기서 실수축 성분인 $VI\cos\theta$를 유효전력, 허수축 성분인 $VI\sin\theta$을 무효전력이라 하고, VI는 피상전력이라 한다. 유효전력을 P, 무효전력을 P_q, 피상전력을 P라 표기하고, 그 단위는 각각 [W], [var], [VA]이다.

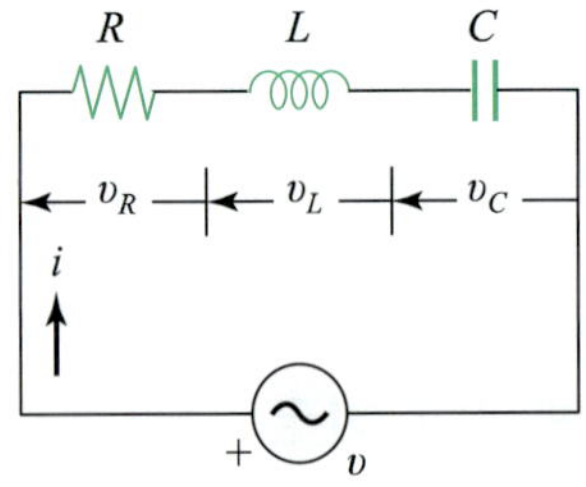

그림 7.35 $R-L-C$ 직렬회로

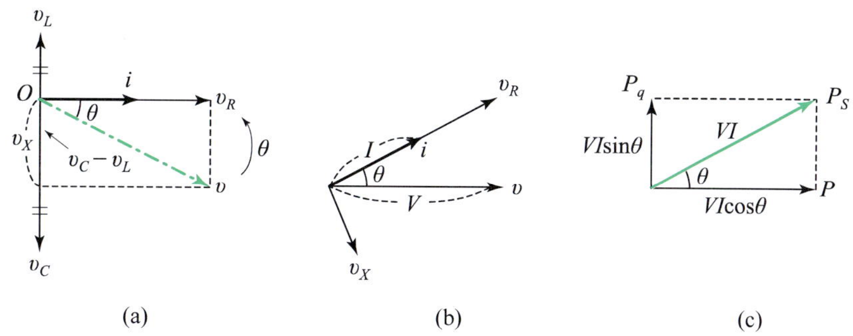

그림 7.36 $i,\ v,\ P$ 페이저도

$$\text{유효전력}\ :\ P = VI\cos\theta\,[\mathrm{W}] \tag{7.124}$$

$$\text{무효전력}\ :\ P_q = VI\sin\theta\,[\mathrm{var}] \tag{7.125}$$

$$\text{피상전력}\ :\ P_s = VI\,[\mathrm{VA}] \tag{7.126}$$

피상전력 P_q의 크기는 그림 7.36(c)에서 아래의 식으로 구할 수 있다.

$$\text{피상전력}\ :\ P_s = \sqrt{P^2 + P_q^2}\,[\mathrm{VA}] \tag{7.127}$$

유효전력은 앞서 말한 평균전력과 같으며 실제 저항에서 소모되는 전력을 말한다. 만일 저항만으로 구성된 교류회로에서는 공급되는 에너지(전력)가 모두 저항에서 소모되는 반면 인덕터나 커패시터만으로 구성된 회로에서는 앞장의 인덕터와 커패시터의 전력에서 설명한 바와 같이 반주기는 에너지가 공급되고 반주기는 에너지를 되돌려주기 때문에 전체적으로 소모전력은 0이므로 무효전력이 된다. 알기 쉽게 말한다면 에너지 공급효과가 나타나는 것이 유효전력이고 에너지가 공급효과가 없는 것이 무효전력이다. 유효전력이 최대가 되는 경우는 식 (7.120)에서 $\cos\theta = 1$이 되는 경우로 $\theta = 0°$일 때이다. 즉, 순저항 성분만 존재하는 교류회로일 때이다. 반대로 최소가 되는 경우는 $\cos\theta = 0$이 되는 경우로 $\theta = 90°$일 때로 리액턴스 X만 존재할 때이다. 저항과 X성분이 포함된 $R-L-C$ 회로에서는 $0 < \cos\theta < 1$이 되므로 유효전력과 무효전력이 같이 발생된다.

토막 상식

피상전력(皮相電力)은 겉보기전력이라고도 한다. 식 (7.126)에서와 같이 유효전력에서 $\cos\theta$가 제거된 경우이다. 달리 말하면 역률($\cos\theta$)이 1이 되는 경우로 순저항만인 교류회로의 전력과 같다. 즉 이 전력은 이상적인 값에 불과하며 실제에 있어서 이 전력이 공급된다고 해도 사용 부하가 순수 저항만이 아닌 리액터 성분에서 무효전력이 발생하므로 피상전력의 80 %~90 %의 전력만 효과적으로 사용되는 셈이다. 일반적으로 피상전력은 산업용 전기기기나 가정에서 사용되는 가전기기에 몇 [V]의 전압조건에서 몇[A]의 전류를 흘려 줄 수 있는가를 둘의 곱한 형태로 전력용량을 표시하는 데 이용된다.

익힘 문제 7.14

그림 7.35에서 $v=20\sqrt{2}\sin\omega t$, $R=10[\Omega]$, $X_L=8[\Omega]$, $X_C=3[\Omega]$ 일 때 피상전력 P_S, 유효전력 P_h, 무효전력 P_v를 구하라.

풀이 $Z=\sqrt{R^2+(X_L-X_C)^2}=\sqrt{10^2+(8-3)^2}=\sqrt{125}\fallingdotseq 11.18[\Omega]$, $V=20[\mathrm{V}]$이므로

$$I=\frac{V}{Z}=\frac{20}{11.18}\fallingdotseq 1.79[\mathrm{A}],\ \cos\theta=\frac{R}{Z}=\frac{10}{11.18}\fallingdotseq 0.89,\ \sin\theta=\frac{X_L-X_C}{Z}=\frac{8-3}{11.18}=$$

$$\frac{5}{11.18}\fallingdotseq 0.45, P_S=VI=20\times 1.79=35.8[\mathrm{VA}], P=VI\cos\theta=35.8\times 0.89\fallingdotseq 31.8[\mathrm{W}],$$

$$P_q=VI\sin\theta=35.8\times 0.45\fallingdotseq 16.1[\mathrm{var}]$$

7.10 키르히호프의 전압법칙

이미 제3장에서 직류회로에 대한 키르히호프의 전압 및 전류법칙을 공부했으나 이 절에서는 교류회로에 대한 키르히호프의 전압법칙(KVL)에 대해서 간단히 설명하기로 한다. 폐회로 전압 $v_1 \sim v_n$으로 이루어진 교류회로에 대해서 검토해보기로 한다. 정상상태의 교류전압 $V_m\cos(\omega t+\theta_i)$로 가정할 때 키르히호프의 전압법칙(KVL)은

$$v_1+v_2+\cdots+v_n=0 \tag{7.128}$$

이 된다. 이를 여현파 식으로 나타내면 아래와 같다.

$$V_{m1}\cos(\omega t+\theta_1)+V_{m2}\cos(\omega t+\theta_2)+\cdots+V_{mn}\cos(\omega t+\theta_n)=0 \tag{7.129}$$

위의 식을 다시 오일러의 정리를 사용해 바꿔 쓰면

$$V_{m1}e^{j\omega t}e^{j\theta_1}+V_{m2}e^{j\omega t}e^{j\theta_2}+\cdots+V_{mn}e^{j\omega t}e^{j\theta_n}=0 \tag{7.130}$$

이 되며 이를 정리하면

$$\left\{V_{m1}e^{j\theta_1}+V_{m2}e^{j\theta_2}+\cdots+V_{mn}e^{j\theta_n}\right\}e^{j\omega t}=0 \tag{7.131}$$

$\boldsymbol{V}=V_m e^{j\theta}$이므로 식 (7.131)을 고쳐 쓰면 아래와 같은 결과식을 얻는다.

$$\boldsymbol{V}_1+\boldsymbol{V}_2+\cdots+\boldsymbol{V}_n=0 \tag{7.132}$$

이 식이 정상상태의 교류회로에서 KVL이며 이를 근거로 페이저 표현으로 바꿔 쓸 수 있다. 달리 말한다면 식 (7.128)이 시간 영역에서의 여현파 전압 표현이라면 식 (7.132)는 주파수 영역에서의 등가 표현이 된다.

7.11 직렬, 병렬 교류회로

(1) 직렬연결 회로

그림 7.37과 같이 직렬로 연결된 경우에는 먼저 합성 임피던스를 구한 뒤 V_{ab}를 임피던스로 나누면 페이저 전류 I를 구할 수 있다.

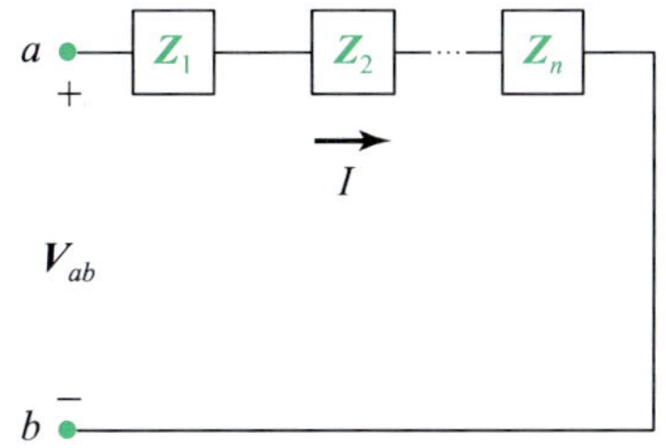

그림 7.37 직렬연결 회로

$$Z_{ab} = Z_1 + Z_2 + Z_3\,[\Omega] \tag{7.133}$$

$$I = V_{ab} / Z_{ab}\,[\mathrm{A}] \tag{7.134}$$

(2) 병렬연결 회로

그림 7.38과 같이 병렬로 연결된 경우에는 임피던스로 구하면 다소 복잡하므로 어드미턴스로 회로를 해석하는 것이 편리하다. $I = YV$이므로 먼저 임피던스를 구하여 그 역수로 합성 어드미턴스를 구한 뒤 V_{ab}와 어드미턴스를 곱하면 페이저 전류 I를 구할 수 있다.

$$Y_{ab} = Y_1 + Y_2 + Y_3\,[\mathrm{S}] \tag{7.135}$$

$$I = Y_{ab} V_{ab} \tag{7.136}$$

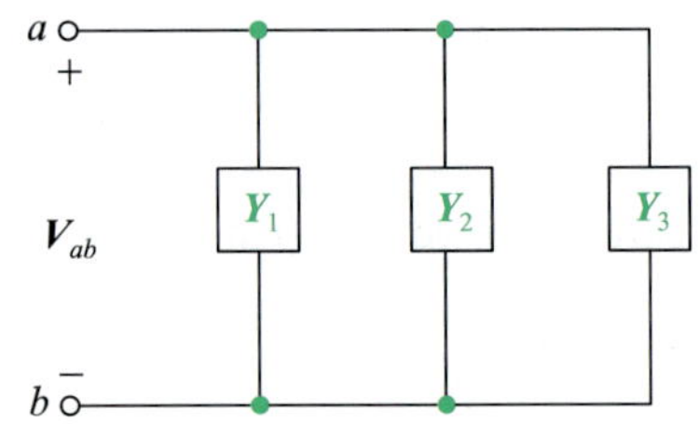

그림 7.38 병렬연결 회로

(3) 직 · 병렬연결 회로

같은 저항, 인덕터, 커패시터가 직 · 병렬로 연결된 경우는 제3장에서 배운 바와 같이 합성 저항, 합성 인덕턴스나 합성 정전용량을 구하여 임피던스를 계산하면 된다. 하지만 서로 혼재된 직 · 병렬의 경우에는 아래의 순서로 구한다.

1. R 및 L과 C의 $X_L(2\pi f)$, $X_C(1/2\pi f C)$를 구한다.
2. X_L에는 j, X_C에는 $-j$를 붙인 뒤 이들의 합성값 jX를 계산한다.
3. 합성 임피던스 $Z = R + jX$를 구한다.
4. 임피던스의 크기($Z = \sqrt{R^2 + X^2}$) 및 각도($\theta = \tan^{-1}\dfrac{X}{R}$)를 구한다.
5. 전류는 $I = V/Z = \dfrac{V\angle\phi_v}{Z\angle\theta} = \dfrac{V}{Z}\angle\phi_v - \theta$, 전압은 $V = ZI = ZI\angle\phi_i - \theta$에 의해 구한다. 여기서 ϕ_v, ϕ_i는 전압 및 전류의 위상각이다.

익힘 문제 7.15

그림 7.39와 같은 교류 직렬회로에서 $v = 100\cos(1{,}000t + 60^o)$[V]일 때 합성 임피던스와 전류 I를 구하라.

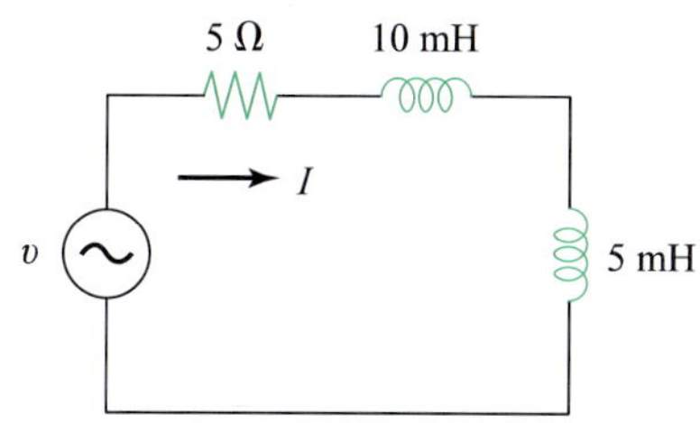

그림 7.39

풀이 ① 합성 인덕턴스를 구하여 저항과의 합성 임피던스와 θ를 계산한다.

$L = (10+5)\times 10^{-3}$[H], $\omega = 1{,}000$이므로 $X_L = \omega L = 1{,}000 \times 15 \times 10^{-3} = 15[\Omega]$

$\therefore \boldsymbol{Z}_{ab} = 5 + j15,\ Z = \sqrt{5^2 + 15^2} = \sqrt{250} \fallingdotseq 15.8[\Omega],\ \theta = \tan^{-1}\dfrac{X_L}{R} = \tan^{-1}\left(\dfrac{15}{5}\right)$

$\fallingdotseq 71.6^\circ,\ Z_{ab} = 15.8\angle 71.6^\circ$

② 주어진 전압과 구한 임피던스로 전류를 구한다.

$$\therefore \boldsymbol{I} = \frac{\boldsymbol{V}_{ab}}{\boldsymbol{Z}_{ab}} = \frac{V\angle 60^\circ}{Z\angle 71.6^\circ} = \frac{100\angle 60^\circ}{15.8\angle 71.6^\circ} \fallingdotseq 6.3\angle -11.6^\circ$$

익힘 문제 7.16

그림 7.40과 같은 교류 병렬회로에서 $v = 50\cos 2{,}000t$[V]일 때 합성 어드미턴스와 전류 $\boldsymbol{I}$를 페이저로 구하라.

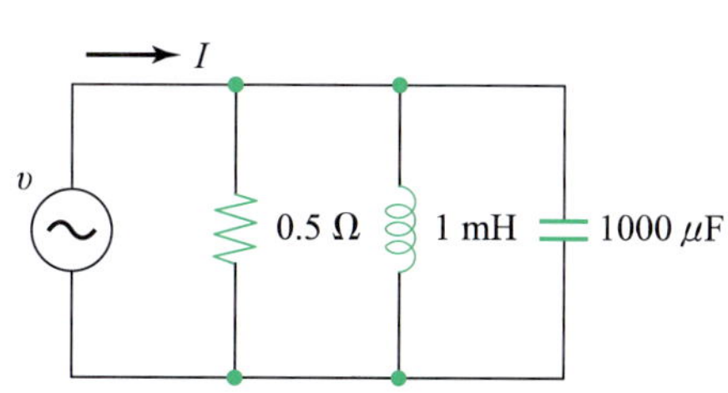

그림 7.40

풀이 ① L, C가 모두 병렬연결이므로 임피던스의 역수인 어드미턴스를 구한다.

$$\boldsymbol{Y}_R = \frac{1}{R} = \frac{1}{0.5} = 2[\mathrm{S}],\ \boldsymbol{Y}_L = \frac{1}{j\omega L} = -j\frac{1}{\omega L} = -j\frac{1}{2{,}000\times 1\times 10^{-3}} = -j0.5[\mathrm{S}]$$

$$\boldsymbol{Y}_C = j\omega C = j(2{,}000\times 1{,}000\times 10^{-6}) = 2[\mathrm{S}] \quad \therefore\ \boldsymbol{Y} = 2 - j0.5 + j2 = 2 - j1.5$$

$$Y = \sqrt{2^2 + 1.5^2} = 2.5[\mathrm{S}],\ \theta = \tan^{-1}\left(\frac{-1.5}{2}\right) \fallingdotseq -36.9°$$

② 주어진 전압($V = 50\angle 0°$)과 구한 어드미턴스를 곱하여($\boldsymbol{V}\times\boldsymbol{Y}$)$\boldsymbol{I}$를 구한다.

$$\boldsymbol{I} = \boldsymbol{V}\boldsymbol{Y} = (50\angle 0°)\times(2.5\angle -36.9°) = (50\times 2.5)\angle(0° - 36.9°)$$
$$= 125\angle -36.9°[\mathrm{A}]$$

7.12 임피던스의 $\Delta - Y$, $Y - \Delta$ 변환

이미 제5장의 5.12에서 저항에 대한 $\Delta - Y$변환식 (5.42) ~ (5.44)와 마찬가지로 그림 7.41의 바깥 Δ회로의 임피던스를 안쪽 Y회로의 임피던스로 변환하는 식은 아래와 같다.

$$Z_1 = \frac{Z_b Z_c}{Z_a + Z_b + Z_c} \tag{7.137}$$

$$Z_2 = \frac{Z_c Z_a}{Z_a + Z_b + Z_c} \tag{7.138}$$

$$Z_3 = \frac{Z_a Z_b}{Z_a + Z_b + Z_c} \tag{7.139}$$

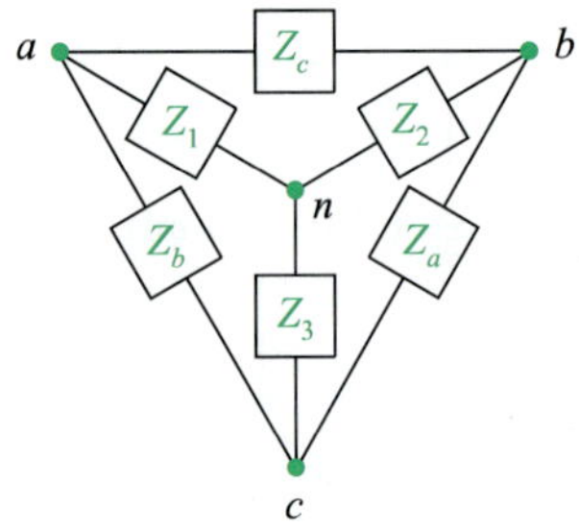

그림 7.41 $\Delta - Y$변환

반대로 안쪽 Y회로의 임피던스를 바깥 Δ회로의 임피던스로 변환하는 식은 아래와 같다.

$$Z_a = \frac{Z_1Z_2 + Z_2Z_3 + Z_3Z_1}{Z_1} \tag{7.140}$$

$$Z_b = \frac{Z_1Z_2 + Z_2Z_3 + Z_3Z_1}{Z_2} \tag{7.141}$$

$$Z_c = \frac{Z_1Z_2 + Z_2Z_3 + Z_3Z_1}{Z_3} \tag{7.142}$$

익힘 문제 7.17

그림 7.42와 같은 교류 직·병렬회로에서 $\Delta - Y$변환을 활용하여 전류 I를 구하라.

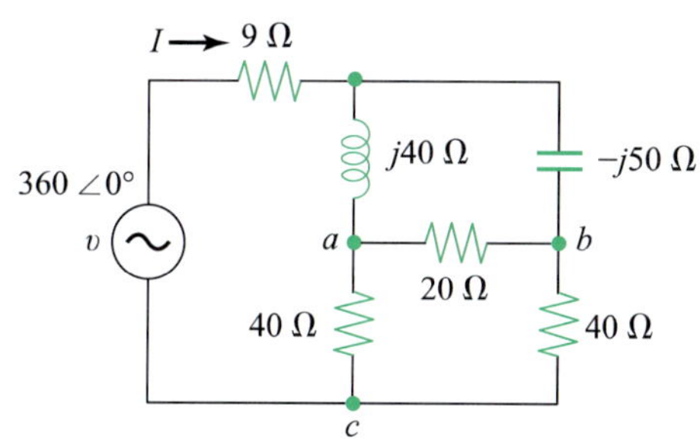

그림 7.42 교류 직·병렬회로

풀이 그림 7.42에서 Δ회로(abc)를 먼저 Y회로로 변환하면

$$R_1 = \frac{40 \times 20}{20 + 40 + 40} = 8[\Omega],\ R_2 = \frac{40 \times 20}{20 + 40 + 40} = 8[\Omega],\ R_3 = \frac{40 \times 40}{20 + 40 + 40} = 16[\Omega]$$

이므로 그림 7.43과 같이 되며

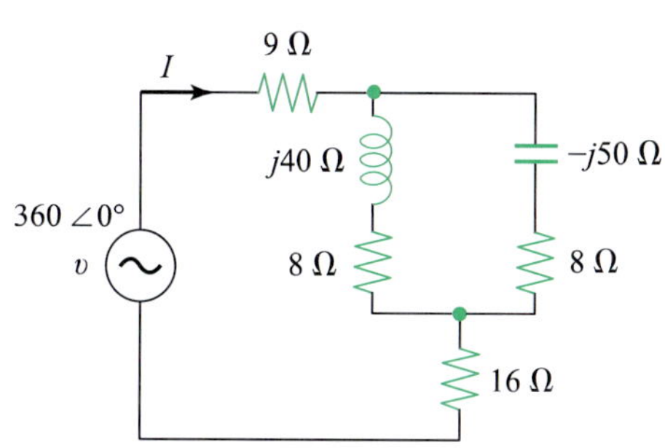

그림 7.43 $\Delta - Y$변환 교류 직·병렬회로

$(8+j40)$과 $(8-j50)$을 병렬로 계산하면

$$\frac{(8+j40)(8-j50)}{8+j40+8-j50}=\frac{2064-j80}{16-j10}=\frac{33824}{356}-j\frac{19360}{356}≒95-j54.4$$

가 되므로 다시 간략화된 등가회로는 그림 7.44와 같다.

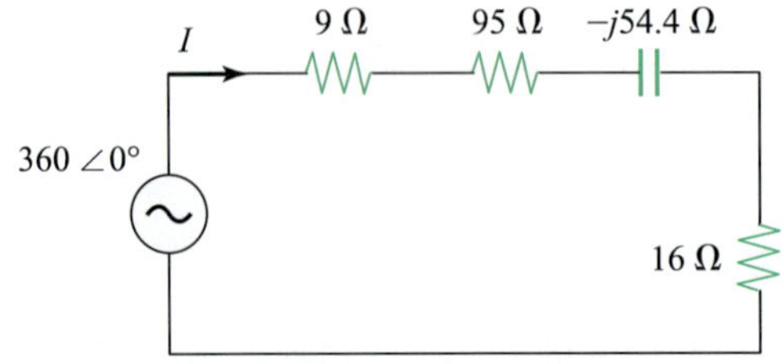

그림 7.44 간략화 등가회로

따라서 전체 임피던스는 $\boldsymbol{Z}=9+95-j54.4+16=120-j54.4$, $Z=\sqrt{120^2+54.4^2}$ $≒131.8[\Omega]$, $\theta=\tan^{-1}\left(\frac{-54.4}{120}\right)≒-24.4°$ $\quad\therefore \boldsymbol{I}=\frac{360\angle 0°}{131.8\angle -24.4°}≒2.73\angle 24.4°$

7.13 전압원, 전류원의 변환

전압원-전류원 변환과 테브난 및 노턴의 정리는 이미 제5장의 5.6~5.9에서 다루었으나 직류와 저항에서의 경우였으므로 이 절에서는 교류와 임피던스의 개념으로 서로 묶어서 예제를 통해 다시 설명해 보기로 한다. 그림 7.45(a), (b)는 독립적이나 비독립적인 주파수 영역에서의 테브난 및 노턴의 등가회로를 나타낸다. 저항 대신 임피던스로 표기된 점이 다르다. 임의의 회로망을 하나의 전압원 V_{TH}와 하나의 임피던스 Z_{TH}로 대치시킨 등가회로가 그림 7.45(a)이다. 단자 a, b를 단락시켰을 때 흐르는 전류를 I_{TH}라 하면

$$\boldsymbol{I}_{TH}=\frac{\boldsymbol{V}_{TH}}{\boldsymbol{Z}_{TH}}[\mathrm{A}],\ \boldsymbol{Z}_{TH}=\frac{\boldsymbol{V}_{TH}}{\boldsymbol{I}_{TH}}[\Omega] \tag{7.143}$$

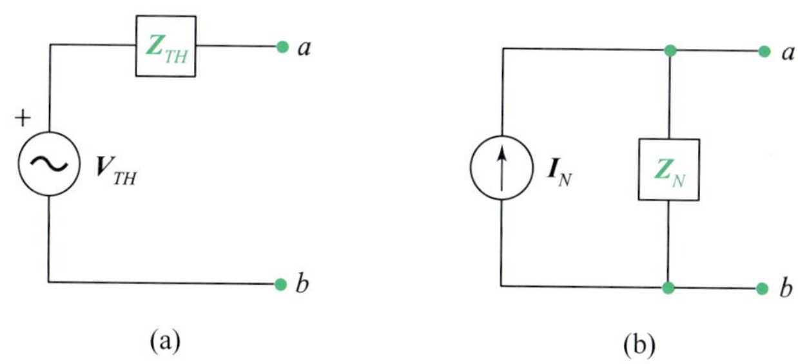

그림 7.45 교류 테브난 및 노턴 등가회로

이 되고 a, b단자에 임피던스 부하 Z_L이 연결된다면 흐르는 부하전류 I_L은 아래와 같다.

$$I_L = \frac{V_{TH}}{Z_{TH} + Z_L} [\mathrm{A}] \tag{7.144}$$

또한 그림 7.45(b)의 노턴 등가회로에서 I_N과 Z_N은

$$I_N = \frac{V_{TH}}{Z_N} = Y_N V_{TH} [\mathrm{A}], \quad Y_N = \frac{1}{Z_N} = \frac{I_N}{V_{TH}} [\mathrm{S}] \tag{7.145}$$

이 되고, a, b단자에 어드미턴스 부하 Y_L이 연결될 때 부하전압 V_L은 아래와 같다.

$$V_L = \frac{I_N}{Y_N + Y_L} [\mathrm{V}] \tag{7.146}$$

익힘 문제 7.18

그림 7.46과 같은 교류 직·병렬회로에서 테브난 및 노턴의 정리를 이용하여 페이저 전압 V_0를 구하라.

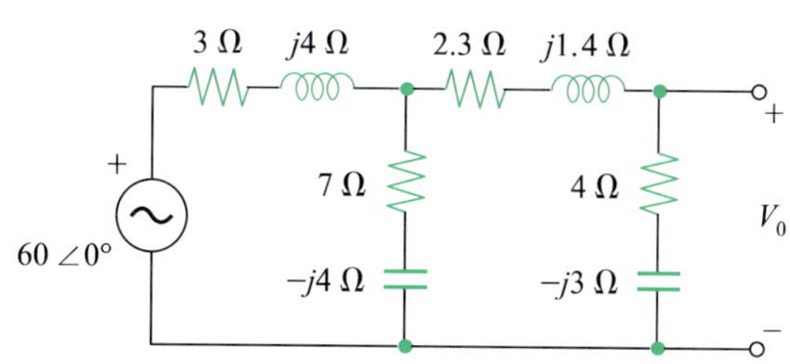

그림 7.46 교류 직·병렬회로

풀이 먼저 전압원-전류원 변환(테브난 정리)한 뒤 다시 전류원-전압원 변환(노턴 정리)을 통해 출력전류 I_0를 구하여 부하 임피던스와 곱해서 출력전압 V_0를 구하는 순서를 밟는다.

① 입력전압을 전류원으로 변환하면 전류는

$$\frac{60}{3+j4}=\frac{60(3-j4)}{(3+j4)(3-j4)}=\frac{180}{25}-j\frac{240}{25}=7.2-j9.6$$

이 되므로 노턴 등가회로로 고치면 그림 7.47과 같이 된다.

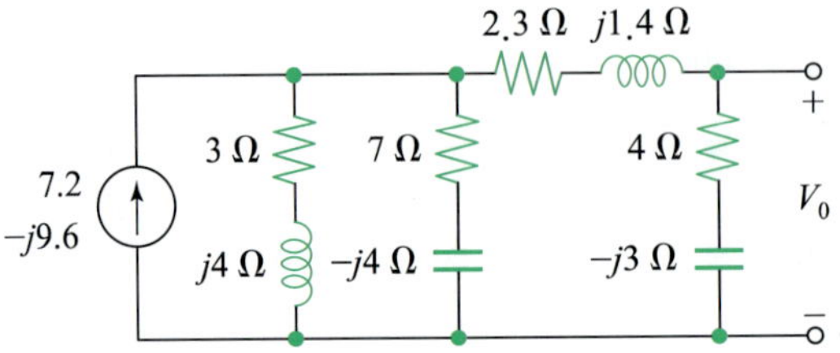

그림 7.47

② 다시 전류원을 전압원으로 변환하기 위해 병렬 임피던스 $(3+j4)$와 $(7-j4)$의 합성 임피던스를 구하면 $\boldsymbol{Y}=\dfrac{(3+j4)(7-j4)}{3+j4+7-j4}=\dfrac{37}{10}+j\dfrac{16}{10}=3.7+j1.6$이 되므로 $\boldsymbol{V}=\boldsymbol{IY}=(7.2-j9.6)(3.7+j1.6)=42-j24$가 된다. 따라서 그림 7.48와 같은 등가회로로 변환된다.

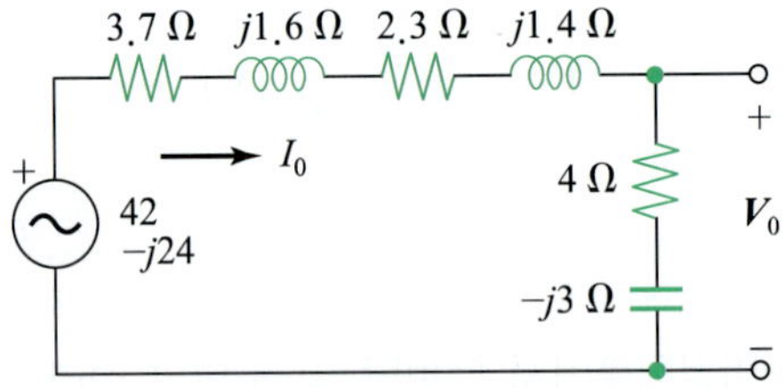

그림 7.48

그림 7.48에서 전체 임피던스 $\boldsymbol{Z}$를 구하면 $\boldsymbol{Z}=3.7+j1.6+2.3+j1.4+4-j3=10[\Omega]$이 되므로 출력전류 $\boldsymbol{I}_0$와 출력전압 $\boldsymbol{V}_0$는 다음과 같이 구해진다.

$$\boldsymbol{I}_0=\frac{42-j24}{Z}=\frac{42-j24}{10}=4.2-j2.4[\mathrm{A}]$$

$$\boldsymbol{V}_0=(4.2-j2.4)(4-j3)=9.6-j22.2[\mathrm{V}]$$

$V_0=\sqrt{9.6^2+22.2^2}\fallingdotseq 24.2,\ \theta=\tan^{-1}\dfrac{22.2}{9.6}=\tan^{-1}2.312\fallingdotseq 66.6°$이므로, 따라서 페이저 출력전압은 $\boldsymbol{V}_0=24.2\angle 66.6°$가 된다.

7.14 폐회로 전류 해석

이미 제5장의 5.3에서 다룬 것과 마찬가지이지만 정현파 교류회로에서는 저항 대신 임피던스로 해석하는 것만 다르다고 볼 수 있다. 예제를 통해 회로를 해석해 보기로 한다.

익힘 문제 7.19

그림 7.49의 교류 직·병렬회로에서 V_1, V_2, V_3의 복소수 값을 구하라.

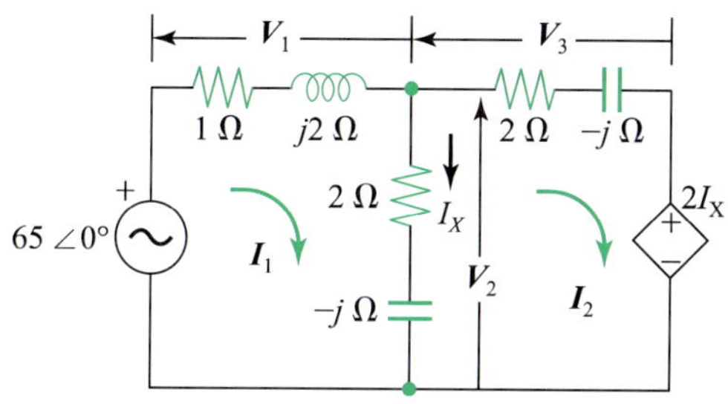

그림 7.49 교류 직·병렬회로

풀이 $I_X = I_1 = I_2$이므로 I_1 폐회로와 I_2 폐회로에 각각 KVL을 적용하여 식을 작성하면 아래와 같다.

$$65 = (1+j2)I_1 + (2-j)(I_1 - I_2) \quad \cdots ①$$

$$0 = (2-j)(I_2 - I_1) + (2-j)I_2 + 2(I_1 - I_2) \quad \cdots ②$$

식 ①, ②를 정리하면

$$65 = (3+j)I_1 - (2-j)I_2 \quad \cdots ③$$

$$0 = jI_1 + (2-j2)I_2 \quad \cdots ④$$

④를 풀면 $I_1 = (2+j2)I_2 \quad \cdots ⑤$

⑤ → ③해서 풀면 $I_2 = \dfrac{65}{2+j9} = \dfrac{130-j585}{85} = \dfrac{26-j117}{17} \fallingdotseq 1.5 - j6.9 \quad \cdots ⑥$

⑥ → ⑤해서 풀면 $I_1 = \dfrac{65(2+j2)}{2+j9} = \dfrac{286-j182}{17} \fallingdotseq 16.8 - j10.7$

$$\boldsymbol{V}_1 = \boldsymbol{I}_1(1+j2) = \frac{286-j182}{17} \times (1+j2) = \frac{650+j390}{17} \fallingdotseq 38.2+j22.9$$

$$\boldsymbol{V}_2 = (\boldsymbol{I}_1 - \boldsymbol{I}_2)(2-j) = \left(\frac{286-j182}{17} - \frac{26-j117}{17}\right)(2-j) = \frac{455-j390}{17} = 26.8+j22.9$$

$$\boldsymbol{V}_3 = \boldsymbol{I}_2(2-j) = \frac{26-j117}{17} \times (2-j) = \frac{52-j117}{17} \fallingdotseq 3.1-j6.9$$

7.15 마디전압 회로 해석

마디전압 회로 해석은 역시 제5장에서 다루었으나 정현파 교류회로에서 복소수 임피던스를 사용하여 다시 한 번 예제를 들어 설명해보기로 한다.

익힘 문제 7.20

그림 7.50의 교류 직·병렬회로에서 마디전압 회로 해석법을 이용하여 $\boldsymbol{I}_1$, $\boldsymbol{I}_2$, $\boldsymbol{I}_3$을 페이저로 구하라.

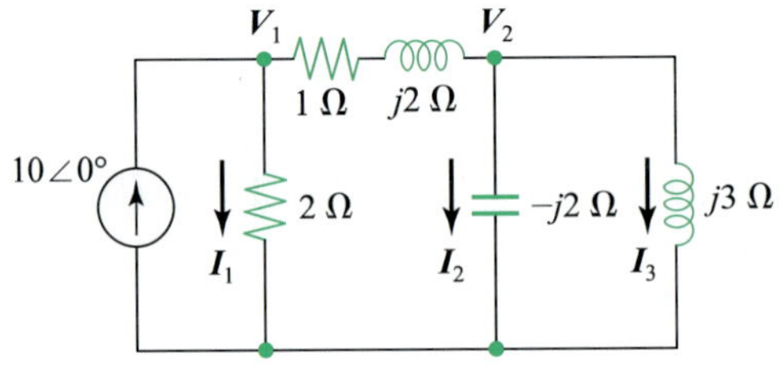

그림 7.50 교류 직·병렬회로

풀이 절점 $\boldsymbol{V}_1$, $\boldsymbol{V}_2$에서 KCL을 적용하면 아래와 같은 2개의 방정식을 얻는다.

$$10 = \frac{\boldsymbol{V}_1}{2} + \frac{\boldsymbol{V}_1 - \boldsymbol{V}_2}{1+j2} \quad \cdots\cdots ①$$

$$\frac{\boldsymbol{V}_1 - \boldsymbol{V}_2}{1+j2} = \frac{j}{6}\boldsymbol{V}_2 \quad \cdots\cdots ②$$

[주] $\left(-\frac{1}{j2} + \frac{1}{j3}\right)\boldsymbol{V}_2 = \frac{j}{6}\boldsymbol{V}_2$

식 ②를 식 ①에 대입하면

$$10 = \frac{V_1}{2} + \frac{j}{6}\boldsymbol{V}_2 = \frac{3V_1}{6} + \frac{j}{6}\boldsymbol{V}_2 \quad \cdots\cdots ③$$

식 ③×6 : $60 = 3\boldsymbol{V}_1 + j\boldsymbol{V}_2$ ⋯⋯ ④

식 ②×6(1+j2)하여 정리하면 : $0 = 6\boldsymbol{V}_1 - (4+j)\boldsymbol{V}_2$ ⋯⋯ ⑤

식 ④×2 식 ⑤ : $120 = (4+j3)\boldsymbol{V}_2$

$$\boldsymbol{V}_2 = \frac{120}{4+j3} = 19.2 - j14.4[\mathrm{V}] \quad \cdots\cdots ⑥$$

식 ⑥을 식 ④에 대입하여 $\boldsymbol{V}_1$에 관해서 풀면

$$\boldsymbol{V}_1 = 15.2 - j6.4[\mathrm{V}] \quad \cdots\cdots ⑦$$

$$\boldsymbol{I}_1 = \frac{15.2 - j6.4}{2} = 7.6 - j3.2[\mathrm{A}]$$

$$\boldsymbol{I}_2 = \frac{19.2 - j14.4}{-j2} = 7.2 + j9.6[\mathrm{A}]$$

$$\boldsymbol{I}_3 = \frac{19.2 - j14.4}{j3} = -4.8 - j6.4[\mathrm{A}]$$

Chapter 07 간추림

1. 수동소자의 주파수 해석

정현파 교류회로를 R, L, C로 구성되는 회로 시스템을 체계적으로 해석하기 위해서는 먼저 개별 R, L, C 수동소자의 주파수 특성을 이해하고 이들의 페이저 전류와 페이저 전압 간의 관계식을 만든 뒤 이들을 활용하여 키르히호프의 법칙을 사용하여 전류 또는 전압 페이저를 구해야 한다. 주파수 특성이란 정현파 교류 전압, 전류의 식에 포함된 $\omega t(2\pi f t)$에서 주파수 f의 관점에서 그 크기와 위상이 어떻게 변화하는가를 유도된 페이저로 관찰함을 의미한다.

(1) 저항(R)의 $V-I$ 주파수 특성 :
- 전류와 전압 간에 위상차가 없다. → $\boldsymbol{V} = RI_m \angle 0°$
- 전압의 크기는 전류의 R배이다. → $\boldsymbol{V} = RI$

(2) 인덕터(L)의 $V-I$ 주파수 특성 :
- 전압이 전류보다 위상이 90° 빠르다. → $V = I\angle 90°$
- 전압의 크기는 전류의 $\omega L(2\pi f L)$배이다. → $V = \omega LI$

(3) 커패시터의 $V-I$ 주파수 특성 :
- 전류가 전압보다 위상이 90° 빠르다. → $I = V\angle 90°$
- 전류의 크기는 전압의 $1/\omega C$배이다. → $I = (1/\omega C)V$

2. 임피던스와 리액턴스

- 인덕턴스와 커패시터 회로에서 R에 대응하는 주파수 특성의 교류 저항 X_L과 X_C를 리액턴스라 하며 $X_L = 2\pi f L = \omega L$, $X_C = 1/2\pi f C = 1/\omega C$이다.
- 저항, 인덕터, 커패시터가 포함된 정현파 교류회로에서 주파수 특성의 저항성분을 임피던스 $\boldsymbol{Z}$라 하며 각각 아래와 같다.

(a) $R-L$ 회로 → $\boldsymbol{Z} = R + jX_L$

(b) $R-C$ 회로 → $\boldsymbol{Z} = R - jX_C$

(c) $R-L-C$ 회로 → $\boldsymbol{Z} = R + jX_L - jX_C = R + j(X_L - X_C) = R + jX$

(d) 임피던스 $\boldsymbol{Z}_R$, $\boldsymbol{Z}_L$, $\boldsymbol{Z}_C$의 페이저도는 다음 그림과 같다.

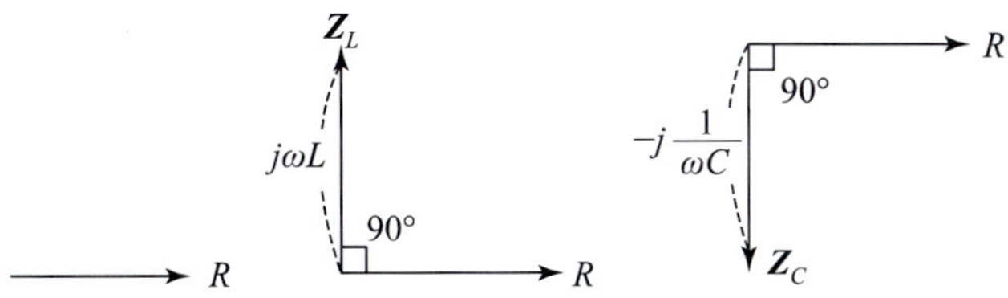

(a) R　　(b) L　　(c) C

임피던스 페이저 : $\boldsymbol{Z}$=전압 페이저/전류 페이저

$\boldsymbol{Z}$=에 의한 정현파 교류회로의 주파수 특성 전압, 전류 관계식은 아래와 같다.

$$\boldsymbol{V} = \boldsymbol{IZ}\,[\mathrm{V}],\ \boldsymbol{Z} = \boldsymbol{V}/\boldsymbol{I}$$

3. 어드미턴스와 서셉턴스

(a) 어드미턴스(admittance) $\boldsymbol{Y}$의 정의 : 임피던스 $\boldsymbol{Z}$의 역수이며 그 단위는 지멘스(S)이다. 어드미턴스의 식은 아래와 같다.

$$\boldsymbol{Y} = \frac{1}{\boldsymbol{Z}} = \frac{1}{Z}\angle -\theta = Y\angle\phi = Y\cos\phi + j\,Y\sin\phi\,[\mathrm{S}]$$

(b) 복소수로 어드미턴스를 나타내면 아래와 같다.

$$\boldsymbol{Y} = G + j\,B\,[\mathrm{S}]$$

위의 식에서 G : 컨덕턴스(conductance), B : 서셉턴스(susceptance)

(c) R, L, C에 대한 어드미턴스의 식은 아래와 같다.

$$\boldsymbol{Y}_R = \frac{I}{V_R} = \frac{1}{R} = G\,[\mathrm{S}],\quad \boldsymbol{Y}_L = \frac{I}{V_L} = \frac{1}{j\omega L} = -j\frac{1}{\omega L}[\mathrm{S}],\quad \boldsymbol{Y}_C = \frac{I}{V_C} = j\omega C[\mathrm{S}]$$

(d) 유도성 서셉턴스 $\boldsymbol{B}_L$과 용량성 서셉턴스 $\boldsymbol{B}_C$는 아래와 같다.

$$\boldsymbol{B}_L = -\frac{1}{\omega L} = -\frac{1}{\boldsymbol{X}_L}[\mathrm{S}],\quad \boldsymbol{B}_C = \omega C = -\frac{1}{\boldsymbol{X}_C}[\mathrm{S}]$$

R, L, C 정현파 교류회로의 간추림

회로구성	저항(R)회로	인덕터(L)회로	커패시터(C)회로
회로도	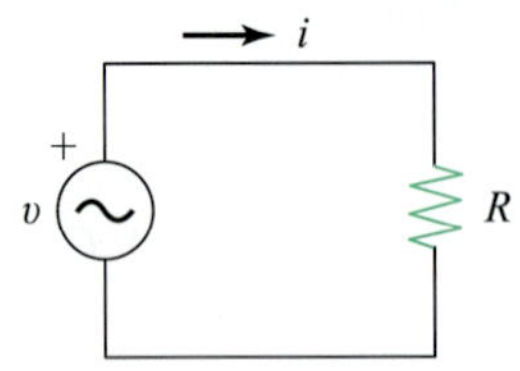	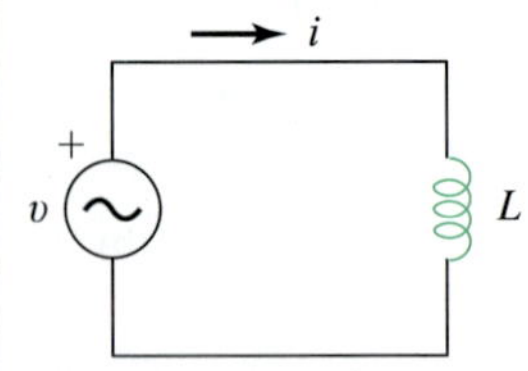	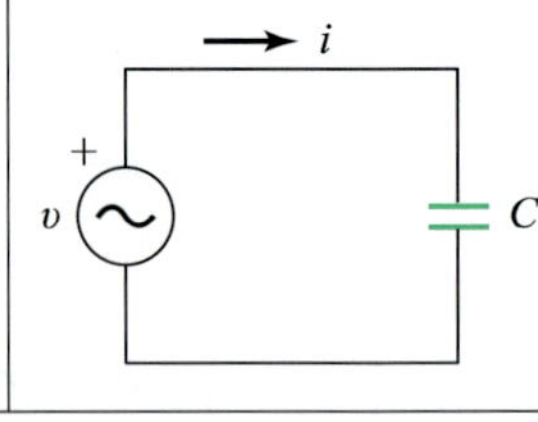
전원 전압	$v=\sqrt{2}\,V\sin\omega t$[V]		
임피던스[Ω]	$Z=R$[Ω]	$Z=X_L=2\pi fL$[Ω]	$Z=X_C=\dfrac{1}{2\pi fC}$[Ω]
전류 계산식	$I=\dfrac{\boldsymbol{V}}{R}$[A]	$I=\dfrac{\boldsymbol{V}}{X_L}=\dfrac{\boldsymbol{V}}{2\pi fL}$[A]	$I=\dfrac{\boldsymbol{V}}{X_C}=2\pi fC\boldsymbol{V}$[A]
전압, 전류의 파형	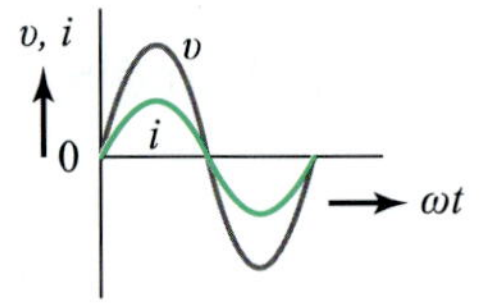	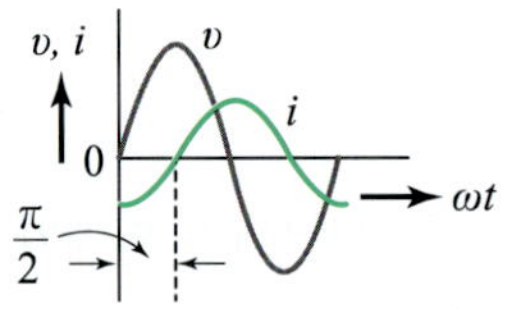	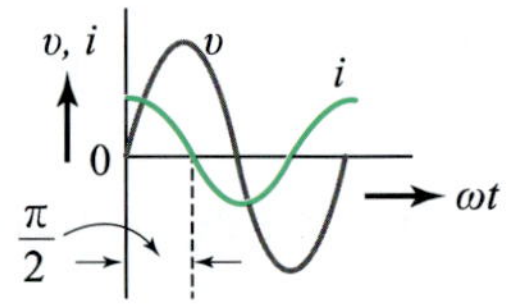
전압, 전류의 페이저도	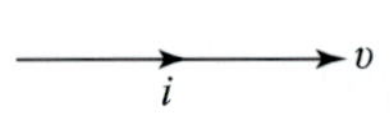	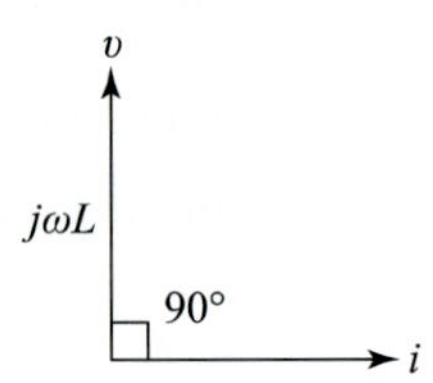	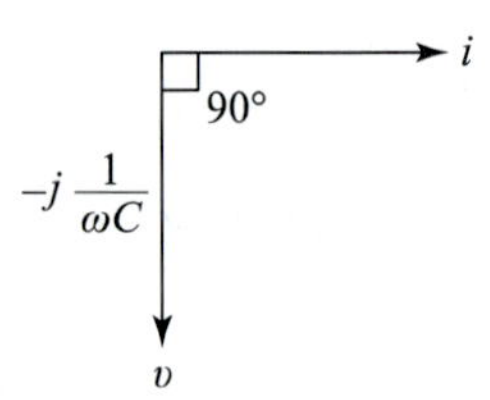
위상(전압기준)	동상(同相)	늦다	빠르다

4. $R-L$, $R-C$, $R-L-C$ 교류회로의 간추림

회로구성	회로도	임피던스[Ω]	벡터도	v, i의 위상각[°]
$R-L$ 직렬	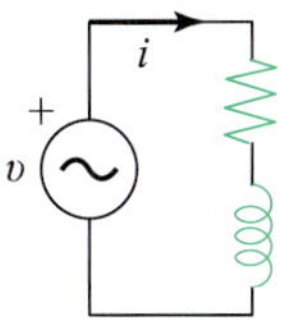	$\boldsymbol{Z}=R+j\omega L$ $Z=\sqrt{R^2+(\omega L)^2}$	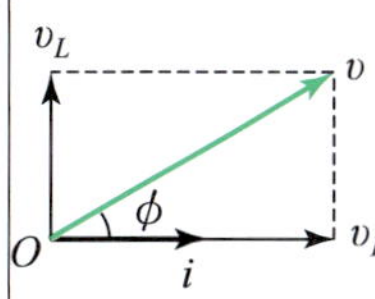	$\phi=\tan^{-1}\frac{\omega L}{R}$
$R-C$ 직렬	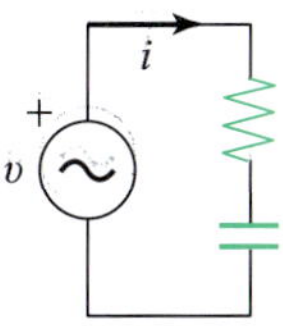	$\boldsymbol{Z}=R-j\frac{1}{\omega C}$ $Z=\sqrt{R^2+\left(\frac{1}{\omega C}\right)^2}$	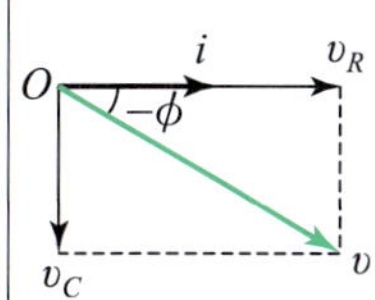	$\phi=\tan^{-1}\frac{1}{R\omega C}$
$R-L-C$ 직렬	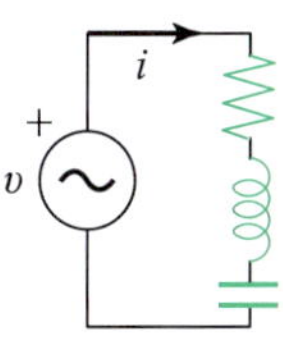	$\boldsymbol{Z}=R+j\left(\omega L-\frac{1}{\omega C}\right)$ $Z=\sqrt{R^2+\left(\omega L-\frac{1}{\omega C}\right)^2}$	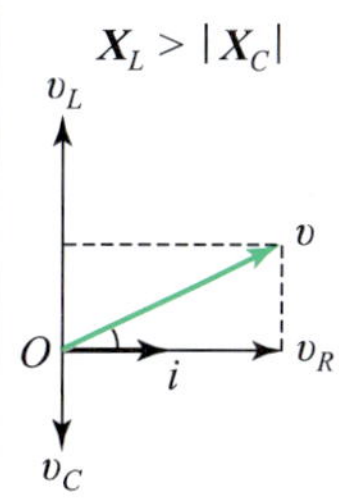	$\phi=\tan^{-1}\frac{\boldsymbol{X}}{R}$ $\boldsymbol{X}=\boldsymbol{X}_L-\lvert\boldsymbol{X}_C\rvert$
$R-L$ 병렬	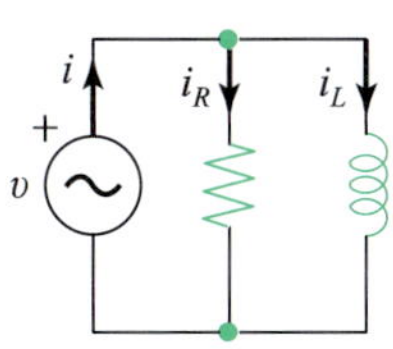	$\boldsymbol{Z}=\frac{v}{i}$, $\boldsymbol{Z}=\frac{\boldsymbol{V}}{\boldsymbol{I}}$ $I=\sqrt{I_R^2+I_L^2}$	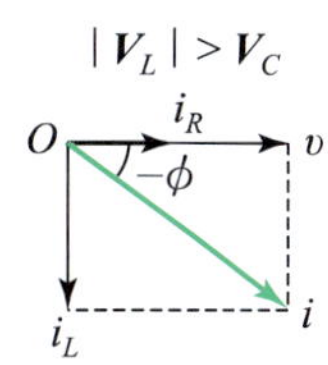	$\phi=\tan^{-1}\left(-\frac{R}{X_L}\right)$
$R-C$ 병렬	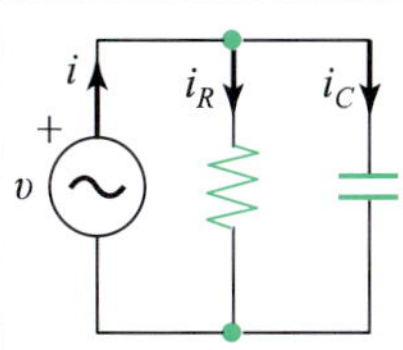	$\boldsymbol{Z}=\frac{v}{i}$, $\boldsymbol{Z}=\frac{\boldsymbol{V}}{\boldsymbol{I}}$ $I=\sqrt{I_R^2+I_C^2}$	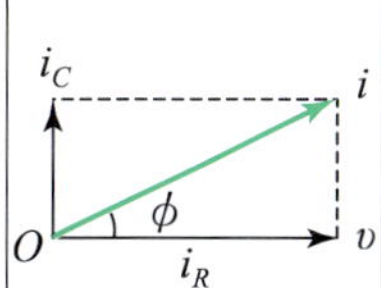	$\phi=\tan^{-1}\omega RC$
$R-L-C$ 병렬	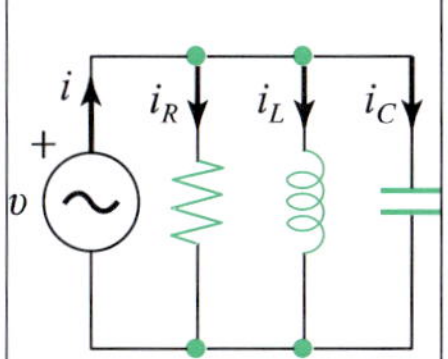	$\boldsymbol{Z}=\frac{v}{i}$, $\boldsymbol{Z}=\frac{\boldsymbol{V}}{\boldsymbol{I}}$ $I=\sqrt{I_R^2+(I_L-I_C)}$	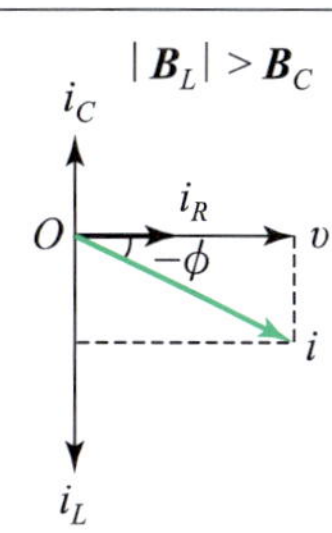	$\phi=\tan^{-1}\frac{\boldsymbol{B}_C}{R}$ $\boldsymbol{B}=\lvert\boldsymbol{B}_C\rvert-\boldsymbol{B}_L$

5. 직렬공진과 병렬공진의 주요 관계식

구분	공진 임피던스	전류	전압	공진 주파수	양호도(Q)
직렬 공진	$\boldsymbol{Z}=R$	$\boldsymbol{I}=\dfrac{\boldsymbol{V}}{R}$	$\boldsymbol{V}_L=\omega L\boldsymbol{I}$ $\boldsymbol{V}_C=\dfrac{\boldsymbol{I}}{\omega C}$	$f_o=\dfrac{1}{2\pi\sqrt{LC}}$	$Q_L=\dfrac{\omega_o L}{R}$ $Q_C=\dfrac{1}{R\omega_o C}$
병렬 공진	$\boldsymbol{Z}=\dfrac{L}{RC}$	$i_L=\dfrac{v}{R+j\omega C}$ $i_C=j\omega Cv$	–	$f_o=\dfrac{1}{2\pi\sqrt{LC}}$	$Q_L=Q_C=\dfrac{1}{R\omega_o C}$ $=\dfrac{\omega_o L}{R}$

6. 교류회로의 전력

(1) 교류전력 : 순시전력의 한 주기 동안의 값을 평균한 값이다.

(2) $R-L-C$ 직렬회로의 전력에 대한 페이저도는 아래와 같다.

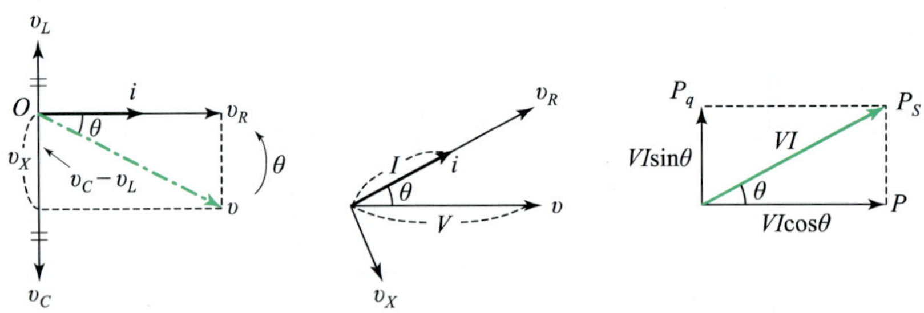

(a) (b) (c)

(3) 역률(power factor : pf) → $\cos\theta$

- 역률 $=1$: 부하에 흐르는 전류와 부하에 걸리는 전압의 위상차가 $0°$를 의미($X_L=0$)하며 가장 쓸모 있는 전력(유효전력)을 발생하는 경우이다.
- 역률 $=0$: 리액턴스만 있고, 전류와 전압의 위상차가 $90°$인 경우를 의미($R=0$)하며 이때는 부하에서 전혀 유효전력을 발생하지 않는다.

(4) 유효전력, 무효전력, 피상전력

- 유효전력 → $P=VI\cos\theta\,[\mathrm{W}]$: 평균전력을 말하며 실제 저항에서 소모되는 전력이다.

• 무효전력 → $P_q = VI\sin\theta$[var] : 소모 전력이 0인 전력이다.

• 피상전력 → $P_s = VI[VA]$: 겉보기 전력으로 단순한 표시전력이다.

7. 키르히호프의 전압법칙(KVL)

폐회로 전압 $v_1 \sim v_n$으로 이루어진 교류회로에서 키르히호프의 전압법칙(KVL)은

$$v_1 + v_2 + \cdots + v_n = 0 \quad \rightarrow \quad \boldsymbol{V}_1 + \boldsymbol{V}_2 + \cdots + \boldsymbol{V}_n = 0$$

좌측의 시간 영역의 식에서 우측의 주파수 영역에서의 식으로 바꾸어 해석한다.

8. 직렬, 병렬교류 회로

(1) 직렬연결 회로

– 먼저 합성 임피던스를 구한 뒤 → $\boldsymbol{Z}_{ab} = \boldsymbol{Z}_1 + \boldsymbol{Z}_2 + \boldsymbol{Z}_3[\Omega]$

– $\boldsymbol{V}_{ab}$를 임피던스로 나누어 페이저 전류 $\boldsymbol{I}$를 구한다. → $\boldsymbol{I} = \boldsymbol{V}_{ab}/\boldsymbol{Z}_{ab}[A]$

(2) 병렬연결 회로

– 합성 어드미턴스로 구한 뒤 → $\boldsymbol{Y}_{ab} = \boldsymbol{Y}_1 + \boldsymbol{Y}_2 + \boldsymbol{Y}_3[S]$

– $\boldsymbol{V}_{ab}$와 어드미턴스를 곱하여 전류 $\boldsymbol{I}$를 구한다. → $\boldsymbol{I} = \boldsymbol{Y}_{ab}\boldsymbol{V}_{ab}$

(3) 직병렬연결 회로

직・병렬연결 회로의 경우에는 아래의 순서로 구한다.

(a) R 및 L과 C의 $X_L(2\pi f)$, $\boldsymbol{X}_C(1/2\pi f C)$를 구한다.

(b) $\boldsymbol{X}_L$에는 j, $\boldsymbol{X}_C$에는 $-j$를 붙인 뒤 이들의 합성 값 jX를 계산한다.

(c) 합성 임피던스 $\boldsymbol{Z} = R + jX$를 구한다.

(d) 임피던스의 크기($Z = \sqrt{R^2 + X^2}$) 및 각도($\theta = \tan^{-1}\dfrac{\boldsymbol{X}}{R}$)를 구한다.

(e) 전류는 $\boldsymbol{I} = \boldsymbol{V}/\boldsymbol{Z} = \dfrac{V\angle\phi_v}{Z\angle\theta} = \dfrac{V}{Z}\angle\phi_v - \theta$, 전압은 $\boldsymbol{V} = \boldsymbol{ZI} = ZI\angle\phi_i - \theta$에 의해 구한다. 여기서 ϕ_v, ϕ_i는 전압 및 전류의 위상각이다.

9. 임피던스의 $\Delta - Y$, $Y - \Delta$ 변환

저항에 대한 $\Delta - Y$ 변환식과 마찬가지로 아래 그림의 바깥 Δ회로의 임피던스를 안쪽 Y회로의 임피던스로, 안쪽을 바깥쪽으로 변환하는 식은 아래와 같다.

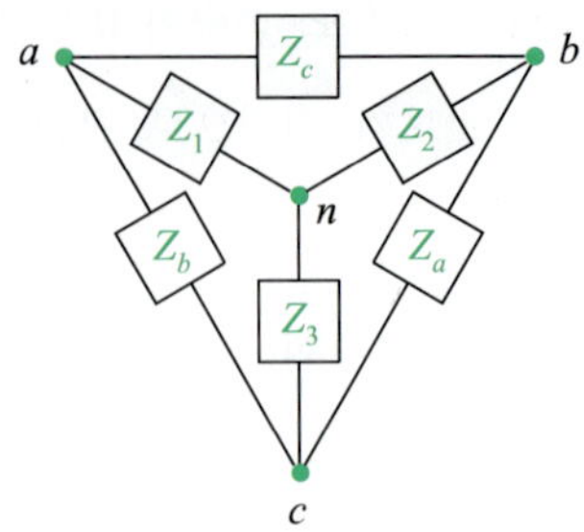

$$\Delta - Y \rightarrow Z_1 = \frac{Z_b Z_c}{Z_a + Z_b + Z_c}, \quad Z_2 = \frac{Z_c Z_a}{Z_a + Z_b + Z_c}, \quad Z_3 = \frac{Z_a Z_b}{Z_a + Z_b + Z_c}$$

$$Y - \Delta \rightarrow Z_a = \frac{Z_1 Z_2 + Z_2 Z_3 + Z_3 Z_1}{Z_1}, \quad Z_b = \frac{Z_1 Z_2 + Z_2 Z_3 + Z_3 Z_1}{Z_2},$$

$$Z_c = \frac{Z_1 Z_2 + Z_2 Z_3 + Z_3 Z_1}{Z_3}$$

10. 전압원, 전류원의 변환

$\boldsymbol{V}_{Th}$와 직렬 임피던스 $\boldsymbol{Z}_{Th}$에서 등가 $\boldsymbol{I}_N$, 병렬 $\boldsymbol{Z}_N$의 노턴 등가회로로 바꾼다.

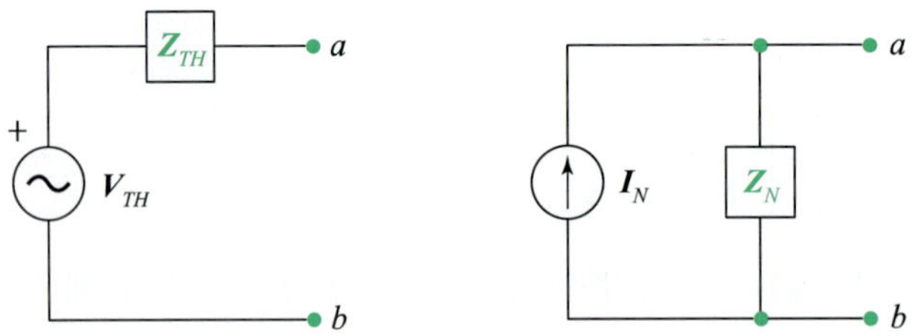

$$\boldsymbol{I}_N = \frac{\boldsymbol{V}_{TH}}{\boldsymbol{Z}_N} = \boldsymbol{Y}_N \boldsymbol{V}_{TH}[\mathrm{A}], \quad \boldsymbol{Y}_N = \frac{1}{\boldsymbol{Z}_N} = \frac{\boldsymbol{I}_N}{\boldsymbol{V}_{TH}}[\mathrm{S}]$$

11. 폐회로 전류 해석

이미 제5장의 5.3에서 다룬 것과 마찬가지이며 다만 정현파 교류회로에서는 저항 대신 임피던스로 해석하는 것만 다르다고 볼 수 있다.

12. 마디전압 회로 해석

마디전압 회로 해석은 역시 제5장에서 다루었으나 정현파 교류회로에서 복소수 임피던스를 사용하여 해석한다.

연습문제

1. 인덕터만의 교류회로에서 $L=5$[mH]이고, $f=1{,}000$[Hz]에서의 리액턴스는 얼마인가?

2. 주파수 200[Hz]에서 커패시턴스 5[μF]의 리액턴스는 얼마인지 계산하라.

3. 50[mH]인 코일 인덕터에 $v=314\sqrt{2}\sin 100\pi t$의 전압이 가해질 때의 리액턴스와 전류 i의 크기를 계산하라.

4. $C=50$[μF]의 커패시터에 주파수가 500[Hz], 최댓값이 63.7[V]이고 위상각이 0°인 정현파 전압을 가했을 때 흐르는 전류의 최댓값을 구하라.

5. $R-L$ 직렬회로에서 $R=40$[Ω], $X_L=47.68$[Ω]일 때 임피던스를 복소수 형태로 표시하고, 복소평면에 임피던스의 크기와 임피던스각을 나타내어라.

6. $R-C$ 직렬교류 회로에서 $R=100$[Ω], $C=4$[μF], $f=500$[Hz]일 때 전체 임피던스의 크기와 위상각을 구하라.

7. 저항과 인덕터가 직렬로 연결된 교류회로에서 전압(실효치) 벡터가 그림 7.51과 같을 때 회로전압의 실효값과 위상각 θ를 구하라.

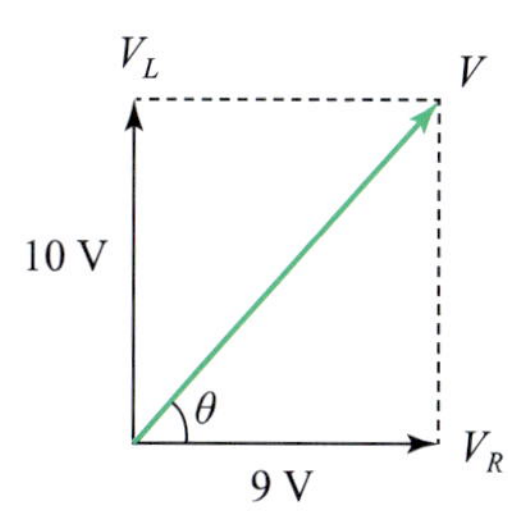

그림 7.51

8. $R-L$ 직렬교류 회로에서 전원전압 $v=47.5\sin\omega t$일 때의 전체 임피던스와 전류의 정현파 식을 구하라. 단, $R=9$[Ω], $L=9.55$[mH], $f=50$[Hz]이다.

9. $R-C$ 회로에서 25[Ω]의 저항에 직렬로 0.5[μF]의 커패시터를 연결하여 10[KHz]에서 동작시킬 때 합성 임피던스의 크기는 몇[Ω]인가?

10. 저항 10[Ω], 커패시턴스 240[μF]의 직렬회로에서 주파수 100[Hz]의 교류전압 60[V]가 가해질 때 임피던스의 크기와 전류의 크기를 구하라.

11. 그림 7.52와 같은 $R-L$ 병렬회로에서 $R=0.2$[Ω], $L=2.5$[mH]일 때 어드미턴스와 어드미턴스각을 구하라. 단, f는 50[Hz]이다.

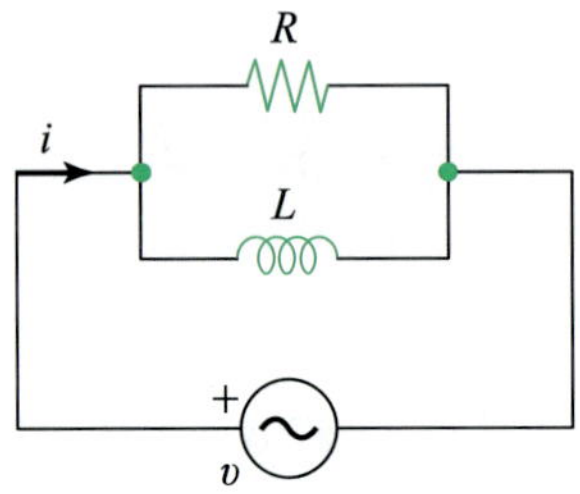

그림 7.52

12. $R-C$ 병렬회로에서 $G=6$[S]일 때 어드미턴스각이 60°가 되기 위한 B_C의 값은 얼마인가?

13. 1[Ω]의 저항에 유도성 리액턴스 0.5[Ω]과 용량성 리액턴스 1/3[Ω]이 병렬로 연결된 회로에서 어드미턴스를 구하라.

14. $R=50$[Ω], $X=23.3$[Ω]일 때 임피던스의 크기 $\boldsymbol{Z}$와 위상각 θ를 구하라.

15. $R-L-C$ 직렬회로에서 $R=100$[Ω], $\boldsymbol{X}_L=250$[Ω], $\boldsymbol{X}_C=150$[Ω]이고 $v=282.8\sin(314t+30°)$일 때 임피던스의 크기와 전류의 실효값 및 정현파 식을 구하라.

16. $R=30$[Ω], $\boldsymbol{X}_L=40$[Ω], $\boldsymbol{X}_C=80$[Ω]이 직렬연결이고, 교류전압 $v=150\sin\omega t$[V]가 가해질 때

① 회로의 임피던스를 구하라.

② 회로전류의 식을 구하라.

③ 전압과 전류의 위상을 벡터로 그려라.

17. $R = 15[\Omega]$, $\boldsymbol{X}_L = 25[\Omega]$, $\boldsymbol{X}_C = 30[\Omega]$ 인 $R-L-C$ 직렬회로에서 복소수 임피던스 $\boldsymbol{Z}$와 위상각 θ를 구한 뒤 그 벡터를 그려라.

18. $R-L-C$ 병렬회로에서 $f = 50[\text{Hz}]$일 때 $R = 15[\Omega]$, $L = 40[\text{mH}]$, $C = 160[\mu\text{F}]$일 때 전체 어드미턴스를 복소수로 구하라.

19. 아래 그림 7.53의 $R-L-C$ 병렬회로를 복소수를 이용하여 등가인 직렬회로로 변환하여라.

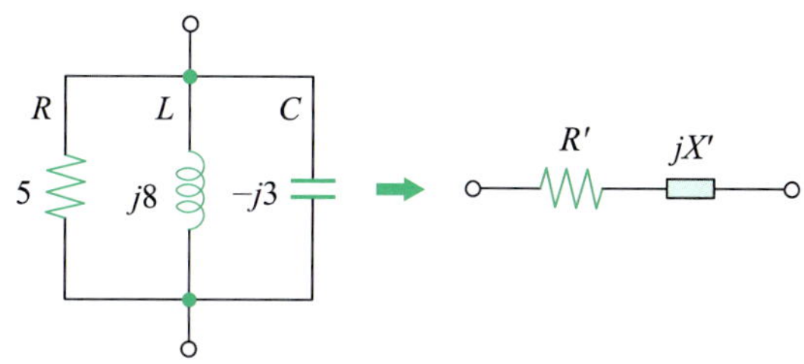

그림 7.53

20. 그림 7.54와 같은 $R-L-C$ 병렬회로에서 합성 어드미턴스를 구하라. 단, $f = 100[\text{Hz}]$이다.

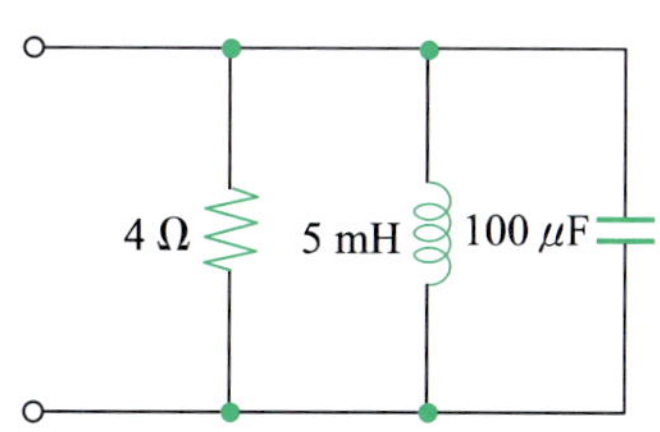

그림 7.54

21. 그림 7.55과 같이 $R-L$ 직렬에 R이 병렬로 연결된 회로의 복소 어드미턴스의 크기와 어드미턴스각을 구하라.

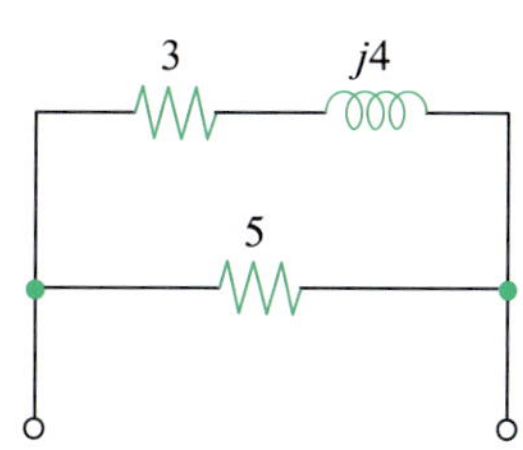

그림 7.55

22. 저항이 포함된 임의의 교류회로에 주파수가 100[Hz]이고, 최댓값 60[V]의 교류전압을 가했을 때 전류는 전압보다 60° 위상이 늦은 경우의 전체 복소수 임피던스와 전류의 식을 구하라. 단, $R = 10[\Omega]$, $\tan 60° = \sqrt{3}$ 이다.

23. 그림 7.56의 $R-L$ 직 · 병렬회로에서 $\boldsymbol{V} = 52\angle 0°[\mathrm{V}]$일 때 임피던스의 크기와 위상각, I_m을 구하라.

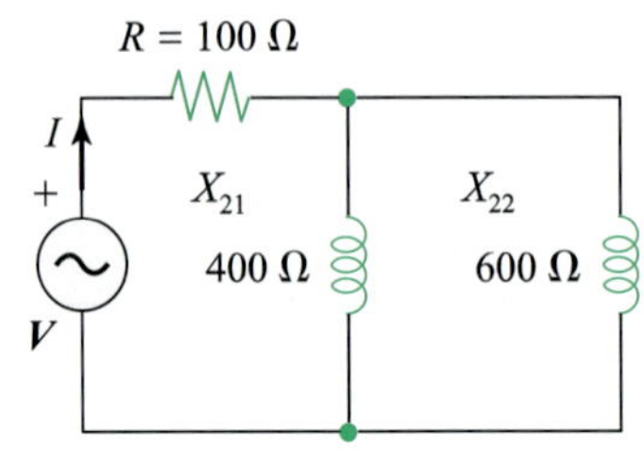

그림 7.56

24. $R = 4[\Omega]$, $L = 6[\mathrm{mH}]$, $C = 1000[\mu\mathrm{F}]$인 $R-L-C$ 병렬 교류회로에 $v = 91.2\sin 200\pi t[\mathrm{V}]$가 가해졌을 때 전류의 정현파 식을 구하라.

25. 그림 7.57에서 어드미턴스를 활용해서 $\boldsymbol{I}$ 값을 구하라.

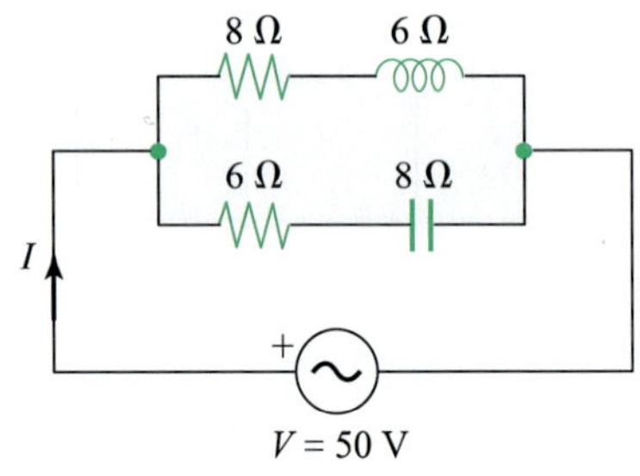

그림 7.57

26. 4[mH]의 인덕터와 12.1[μF]의 커패시터가 직렬로 연결된 상태에서 공진이 발생한다면 공진 주파수는 얼마가 되는가?

27. $R-L-C$ 직렬 교류회로에서 $L = 10[\mathrm{mH}]$, $R = 10[\Omega]$일 때 $f = 1{,}000[\mathrm{Hz}]$에서 공진이 일어나기 위한 C값과 이때의 Q값을 구하라.

28. 그림 7.58의 병렬 공진회로에서 $R = 10[\Omega]$, $L = 20[\text{mH}]$, $C = 100[\mu\text{F}]$, $\boldsymbol{V} = 20\angle 0°[\text{V}]$ 일 때 공진 주파수 f_o와 전류 $\boldsymbol{I}$를 구하라.

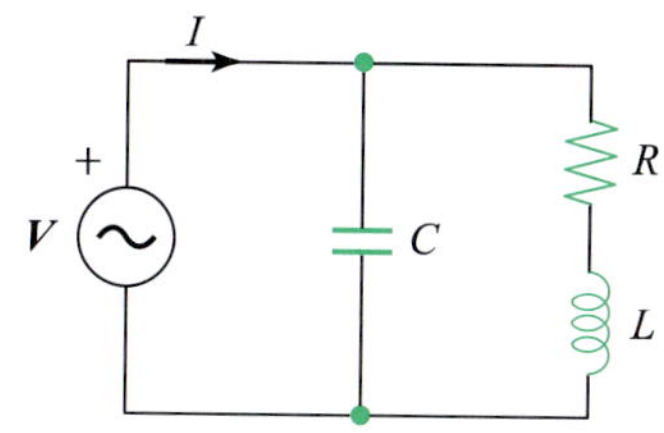

그림 7.58

29. 20[Ω] 저항에 최대치 282.8[V]인 정현파 전압이 가해졌을 때 저항에서 소비되는 유효전력은 몇 [W]인가?

30. 그림 7.59에서 역률, 회로전류, 피상전력, 유효전력, 무효전력을 구하라. 단, $\boldsymbol{V} = 12.65\angle 0°[\text{V}]$이다.

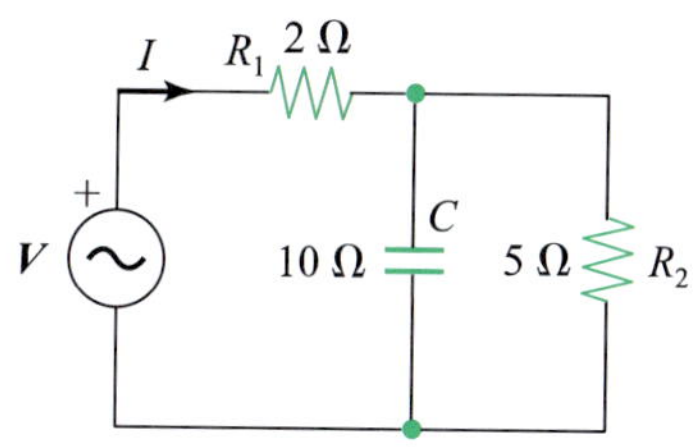

그림 7.59

31. 그림 7.60의 회로에서 역률(pf)과 유효전력(P)를 구하라.

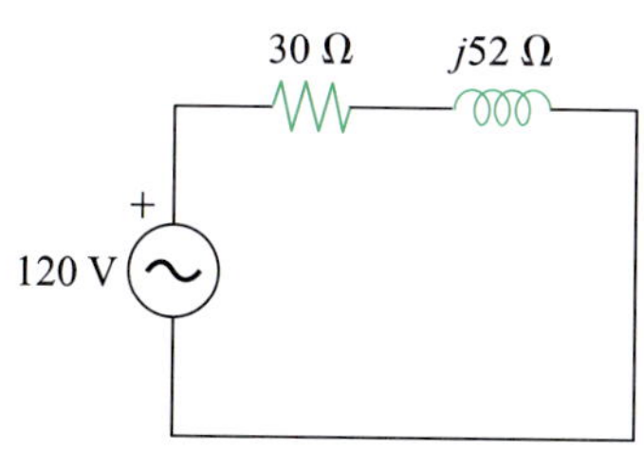

그림 7.60

32. 그림 7.61에서 전류원이 $i = 10\angle 0°$일 때 전류 $\boldsymbol{I}_1$, $\boldsymbol{I}_2$, $\boldsymbol{I}_3$를 구하라.

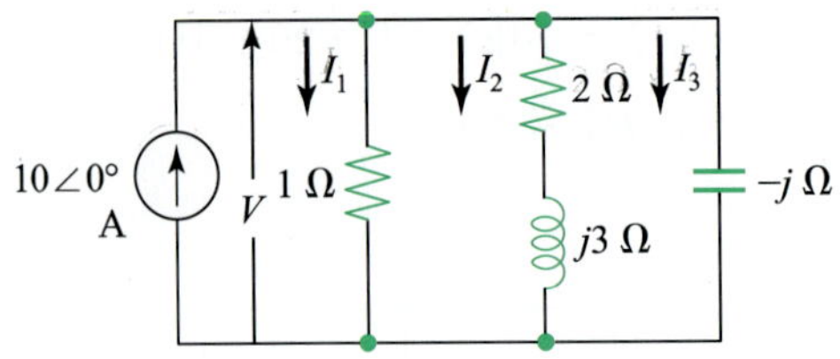

그림 7.61 직·병렬 교류회로

33. 그림 7.62에서 $\Delta - Y$변환을 이용해서 회로를 간략화한 뒤 $\boldsymbol{I}$를 구하라.

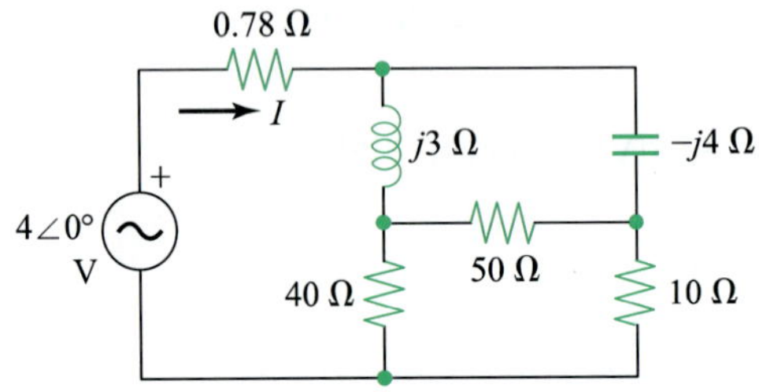

그림 7.62 $\Delta - Y$변환

34. 그림 7.63에서 테브난의 전압원으로 변환하고, V를 구하라.

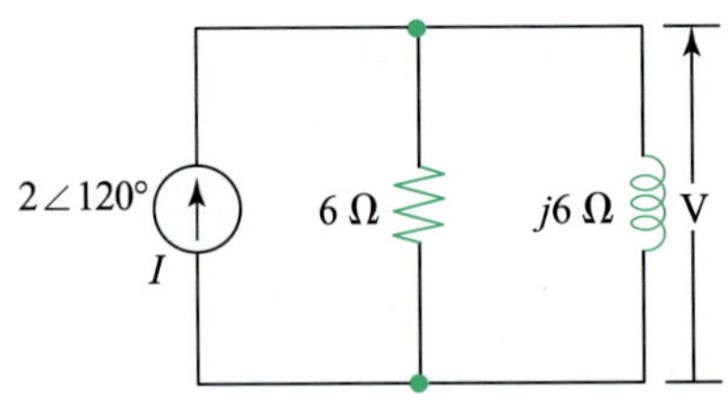

그림 7.63 전압원 변환

35. 그림 7.64에서 a, b단자에서 본 테브난의 임피던스와 전압을 구하라.

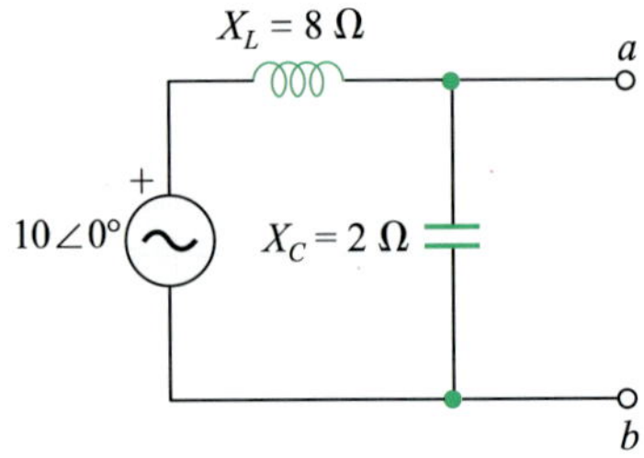

그림 7.64

36. 그림 7.65에서 $\boldsymbol{Z}_{TH}$와 $\boldsymbol{V}_{TH}$를 구하라.

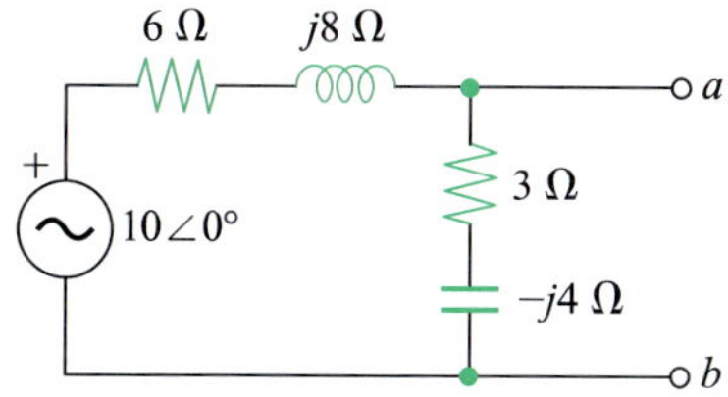

그림 7.65

37. 그림 7.66에서 폐회로 해석법을 이용하여 $\boldsymbol{I}_1$, $\boldsymbol{I}_2$를 구하라.

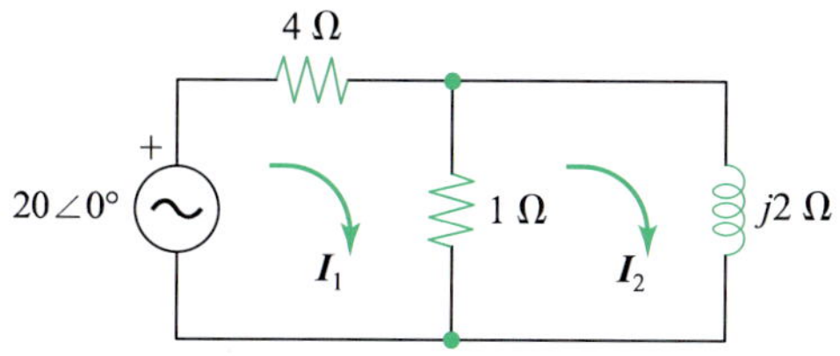

그림 7.66

38. 그림 7.67에서 폐회로 해석법을 이용하여 i_1, i_2를 복소수로 구하라.

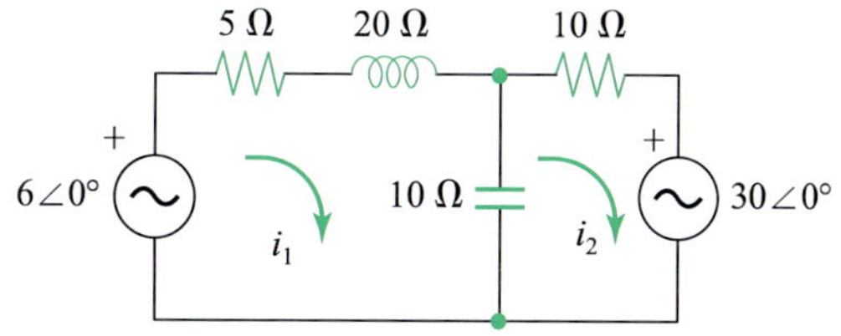

그림 7.67

39. 그림 7.68에서 마디전압 해석법을 이용하여 i_1, i_2를 구하라.

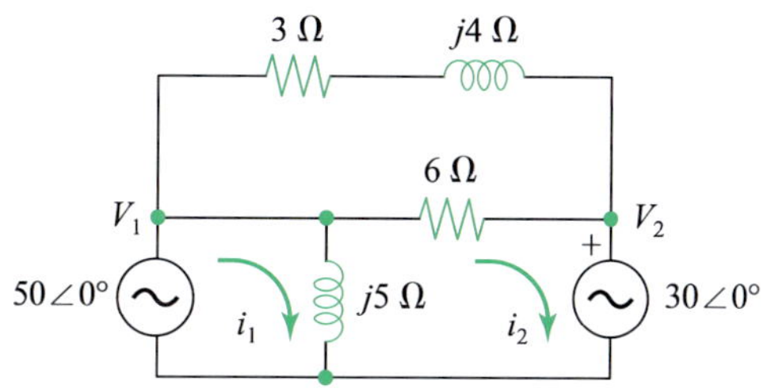

그림 7.68

Chapter 08

과도현상

이 장에서는 무엇을 배우는가?

$R-L$, $R-C$, $L-C$ 회로의 과도현상 시 전압, 전류에 대한 방정식을 구하고 이들 회로의 특성을 공부한다.

학습효과

$R-L$, $R-C$, $L-C$ 회로의 과도현상 및 충전 및 방전현상과 미적분 회로의 원리를 이해할 수 있다.

앞장에서는 전류나 전압이 시간의 변화에 주기적으로 어떠한 상태를 안정되게 유지하는 정상상태(steady-state)의 R, L, C 회로를 다루었으나 이 장에서는 급격히 순간적으로 변하는 전류원이나 전압원이 R, L, C 회로에 가해질 때 정상상태에 도달하기 전까지 발생하는 과도현상(transient phenomenon)에 대해서 공부하기로 한다.

8.1 $R-L$ 회로

(1) 전압 인가 시

그림 8.1의 $R-L$ 회로에서 초기에 열려 있던 스위치를 닫았을 때의 전류를 i라 하면 KVL에 의하여 회로의 전압방정식은 아래와 같다.

$$L\frac{di}{dt}+Ri=V \tag{8.1}$$

식 (8.1)의 미분방정식으로부터 구해지는 전류는 정상상태의 성분 i_s와 과도상태의 성분 i_t의 합으로 구성되므로 아래와 같이 나타낼 수 있다.

$$i=i_s+i_t \tag{8.2}$$

정상상태의 전류는 di/dt성분이 없으므로 즉, L이 단락상태라고 간주하면 식 (8.1)에서 $Ri_s=V$로부터 아래와 같다.

$$i_s=\frac{V}{R} \tag{8.3}$$

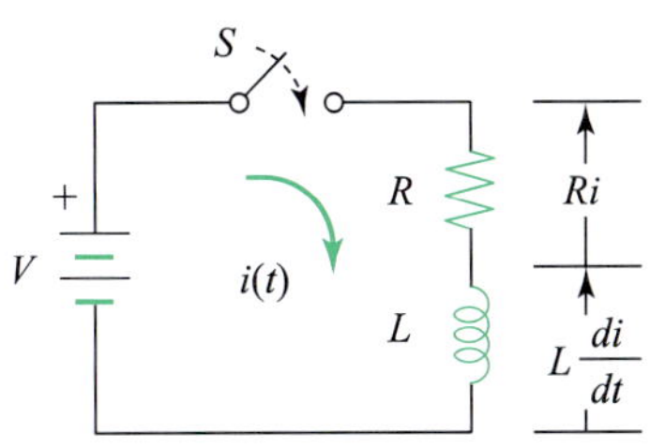

그림 8.1 $R-L$ 회로

한편 과도상태는 $t=0$에서 출발하므로 식 (8.1)에서 우변을 0으로 놓고 i_t를 구해본다.

$$L\frac{di_t}{dt}+Ri_t=0 \tag{8.4}$$

양변에 dt를 곱한 뒤 변수분리하면 아래와 같고

$$\frac{1}{i_t}di_t=-\frac{R}{L}dt$$

이 식의 양변에 적분을 취하면

$$\int_{i_t(t_0)}^{i_t(t)}\frac{1}{i_t}dt=-\frac{R}{L}\int_{t_0}^{t}dt$$

위의 식을 풀면 $i_t(t_0)=i_t(0)$, $t_0=0$이므로 아래와 같다.

$$\ln\frac{i_t(t)}{i_t(0)}=-\frac{R}{L}t \tag{8.5}$$

자연대수의 정의에 의해 고쳐 쓰면 아래와 같은 결과를 얻는다.

$$i_t(t)=i_t(0)e^{-(R/L)t}[\mathrm{A}] \tag{8.6}$$

식 (8.3)과 식 (8.6)을 식 (8.2)에 대입하면 아래와 같다.

$$i=\frac{V}{R}+i_t(0)e^{-(R/L)t}[\mathrm{A}] \tag{8.7}$$

위의 식에서 초기조건 $t=0$일 때 $i=0$을 대입하여 풀면 $e^{-(R/L)t}=1$이 되므로

$$0=\frac{V}{R}+i_t(0) \quad \therefore\ i_t(0)=-\frac{V}{R}$$

로서 이를 다시 식 (8.7)에 대입하여 정리하면 아래의 결과를 얻을 수 있다.

$$i=\frac{V}{R}\{1-e^{-(R/L)t}\}[\mathrm{A}] \tag{8.8}$$

그림 8.2는 식 (8.7)의 시간에 따른 i의 변화곡선을 나타낸다. 제2의 정상상태에 도달하면 전류의 값은 V/R가 된다. 식 (8.8)에서 R/L의 역수를 시정수(time constant) τ라 하며 그 단위는 [s]이다.

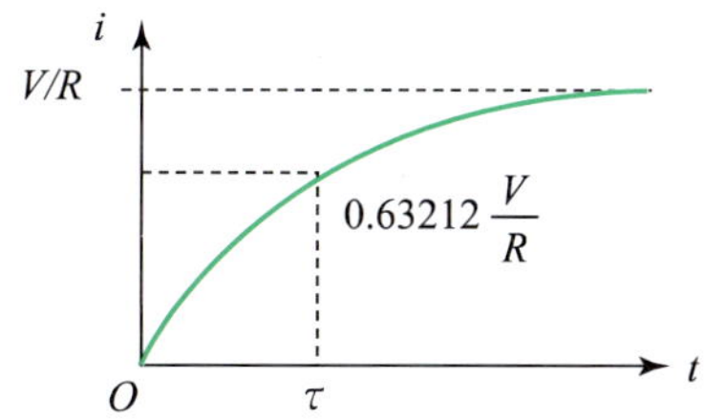

그림 8.2 V 인가 시 i 특성곡선

$$\tau = \frac{L}{R}[\mathrm{s}] \tag{8.9}$$

따라서 시정수를 대입하여 식 (8.8)을 바꿔 쓰면 아래와 같다.

$$i = \frac{V}{R}(1 - e^{-t/\tau})[\mathrm{A}] \tag{8.10}$$

위의 식으로부터 시정수가 커질수록, 즉 지수 항($e^{-t/\tau}$)이 작아질수록 전류값은 커짐을 알 수 있다. 그림 8.1의 $R-L$회로에서 스위치를 닫은 뒤 시간이 시정수만큼($t=\tau$) 지나면 최종 정상상태의 전류(V/R)의 63.212 %에 도달하며 $t=5\tau$ 에서 거의 최댓값에 도달한다. 표 8.1은 시정수에 따른 i값을 백분율로 나타낸 것이다. 아울러 저항 및 인덕터의 전압 v_R, v_L은 아래와 같이 나타낼 수 있다.

$$v_R = Ri = V(1 - e^{-t/\tau})[\mathrm{V}] \tag{8.11}$$

$$v_L = L\frac{di}{dt} = Ve^{-t/\tau}[\mathrm{V}] \tag{8.12}$$

표 8.1 시정수와 i값의 백분율

t[s]	$e^{-t/\tau}$	i(백분율)[%]	t[s]	$e^{-t/\tau}$	i(백분율)[%]
τ	3.6788×10^{-1}	63.212	6τ	2.4788×10^{-3}	99.752
2τ	1.3534×10^{-1}	86.466	7τ	9.1188×10^{-4}	99.909
3τ	4.9787×10^{-2}	95.021	8τ	3.3546×10^{-4}	99.967
4τ	1.8316×10^{-2}	98.168	9τ	1.2341×10^{-5}	99.988
5τ	6.7379×10^{-3}	99.326	10τ	4.5400×10^{-5}	99.996

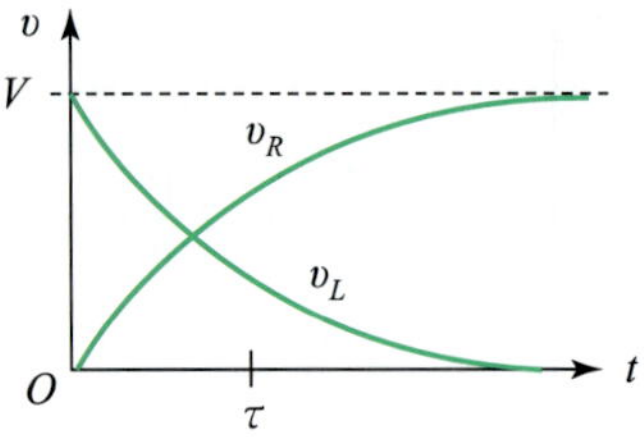

그림 8.3 $R-L$ v_R, v_L(V인가 시) 특성곡선

그림 8.3은 $R-L$ 회로에 전압 인가 시 v_R, v_L의 특성곡선이다. 저항에 나타나는 전압은 시간이 경과할수록 최댓값 V에 가까워져 가며, 이를 충전현상이라 한다. 반면 인덕터 전압은 시간이 흐를수록 전압이 떨어져 최종적으로 0[V]가 되므로 방전현상이 일어난다.

(2) 전압 제거 시

다음에는 그림 8.4와 같이 $R-L$ 회로에 전류가 흐르는 상태(스위치 S_1:ON)에서 S_2를 닫는 동시에 S_1을 열 때의 과도전류 i의 식을 구해보기로 한다. 스위치 S_1을 여는 순간 전압원이 제거되므로 회로방정식은 KVL을 적용하면 아래와 같다.

$$L\frac{di}{dt}+Ri=0 \tag{8.13}$$

식 (8.13)을 변수 분리하여 고쳐 쓰면

$$\frac{1}{i}di=-\frac{R}{L}dt \tag{8.14}$$

위의 식에서 양변에 적분을 취하면

$$\int_{i(t_0)}^{i(t)}\frac{1}{i}di=-\frac{R}{L}\int_{t_0}^{t}dt \tag{8.15}$$

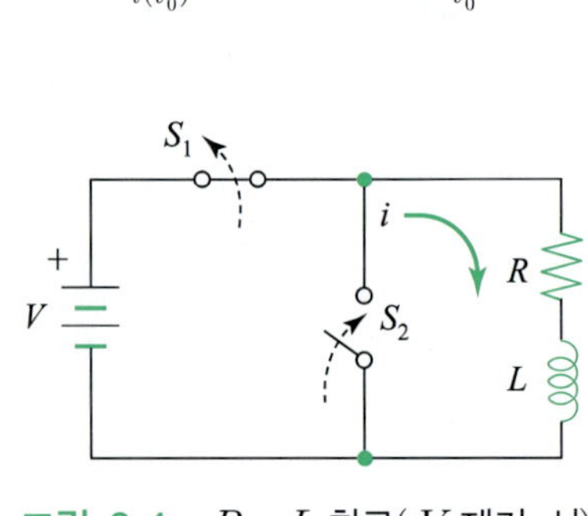

그림 8.4 $R-L$ 회로(V 제거 시)

가 되고 이를 풀면 $i(t_0) = i(0)$, $t_0 = 0^+$ 이므로

$$\ln\frac{i(t)}{i(0)} = -\frac{R}{L}t \tag{8.16}$$

$$\therefore\ i(t) = i(0)e^{-(R/L)t}[\mathrm{A}] \tag{8.17}$$

S_2를 닫기 전 초기 정상상태의 전류 $i(0) = V/R$이므로 편의상 $i(t) = i$로 적으면 아래와 같다.

$$i = \frac{V}{R}e^{-(R/L)t}[\mathrm{A}] \tag{8.18}$$

위의 식에서 R/L을 $1/\tau$(시정수의 역수)로 고쳐 쓰면 아래와 같은 결과를 얻는다.

$$i = \frac{V}{R}e^{-t/\tau}[\mathrm{A}] \tag{8.19}$$

그림 8.5는 식 (8.18)의 특성곡선을 나타낸다. 그림 8.5에서 보는 것처럼 S_2를 닫은 뒤 시정수(τ)만큼 시간이 경과하면 전류는 초기 정상전류(V/R)의 36.788 %로 감소한다.

저항에 걸리는 전압은 식 (8.18)에 R을 곱하면 아래와 같다.

$$v_R = iR = Ve^{-(R/L)t}[\mathrm{V}] \tag{8.20}$$

인덕터에 걸리는 전압은

$$v_L = L\frac{di}{dt} = L\frac{d}{dt}\left\{\frac{V}{R}e^{-(R/L)t}\right\} = L\frac{V}{R}\left(-\frac{R}{L}\right)e^{-(R/L)t} = -Ve^{-(R/L)t}[\mathrm{V}] \tag{8.21}$$

또한 저항에서 방출하는 전력의 식은 아래와 같은 형식으로 나타낼 수 있다.

$$p = vi,\ p = i^2R,\ p = \frac{v^2}{R} \tag{8.22}$$

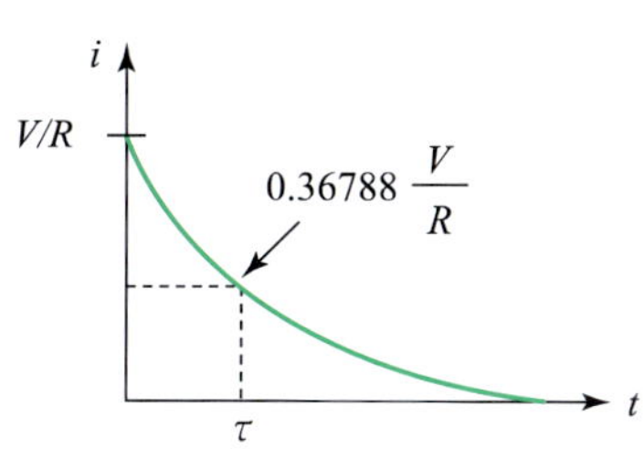

그림 8.5 $R-L$ 회로(V제거 시)특성곡선

식 (8.22)에 식 (8.19)를 대입하면

$$p = i^2 R = \left(\frac{V}{R}\right)^2 R e^{-2(R/L)t} = \frac{V^2}{R} e^{-2(R/L)t} [\mathrm{W}], \ t \geq 0^+ \tag{8.23}$$

S_1이 열린 동안 저항에서 방출되는 에너지 w는 아래와 같이 계산된다.

$$w = \int_0^\infty p\,dx = \int_0^\infty \frac{V^2}{R} e^{-2(R/L)t} dx = \frac{1}{2}\left(\frac{V}{R}\right)^2 [\mathrm{J}] = \frac{1}{2} L I^2 [\mathrm{J}] \tag{8.24}$$

익힘 문제 8.1

그림 8.6의 $R-L$ 직렬회로에서 스위치 S를 닫았을 때 과도전류의 식과 L에 축적되는 에너지를 구하라.

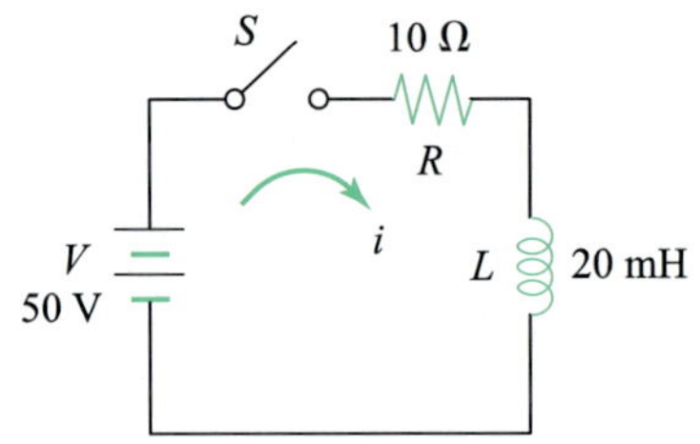

그림 8.6 R-L 회로

풀이 $i = \frac{V}{R} e^{-\frac{R}{L}t} = \frac{50}{10} e^{-\frac{10}{20 \times 10^{-3}}} = 5e^{-500t} [\mathrm{A}]$, $t = 0$을 대입하면 $I_0 = 5[\mathrm{A}]$

$w_L = \frac{1}{2} L I_0^2 = \frac{1}{2} \times 20 \times 10^{-3} \times 5^2 = 0.5[\mathrm{J}]$

(3) $R-L$ 미분 및 적분회로

그림 8.7의 $R-L$ 직렬회로에서 L에서 출력전압을 취하면 입력전압의 미분형태, R에서 출력전압을 취하면 입력전압의 적분형태가 된다.

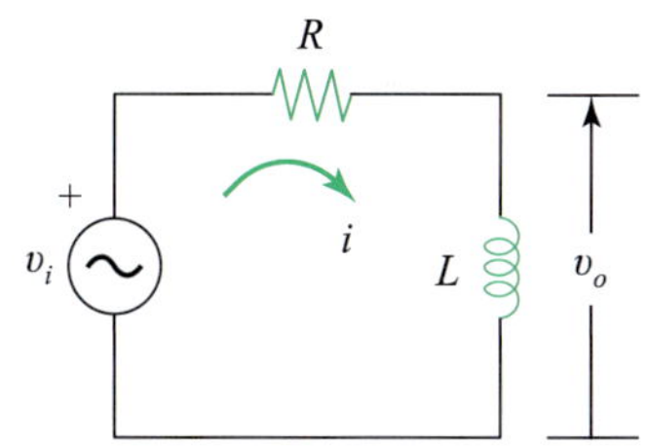

그림 8.7 $R-L$미분회로

먼저 그림 8.7의 교류회로에서 KVL을 적용하면

$$v_i = Ri + L\frac{di}{dt} \tag{8.25}$$

이 되며 $R-L$회로의 시정수 $\tau(=L/R)$가 아주 작은 경우에는 $L(di/dt) \ll Ri$가 되어 근사적으로 입력전압은 아래의 식과 같이 된다.

$$v_i \fallingdotseq Ri,\ i = \frac{v_i}{R} \tag{8.26}$$

따라서 출력전압은 아래의 식과 같이 구해진다.

$$v_o = L\frac{di}{dt} = L\frac{d}{dt}\left(\frac{1}{R}v_i\right) = \frac{L}{R}\frac{dv_i}{dt} \tag{8.27}$$

위의 식으로부터 출력전압은 입력전압의 미분형태로 나타남을 알 수 있다. 그림 8.8의 $R-L$회로에서 KVL을 적용하면 앞서의 식 (8.26)과 같다. 여기서 시정수 $\tau(=L/R)$가 아주 큰 경우에는 $L(di/dt) \gg Ri$가 되어 근사식은 아래와 같이 된다.

$$v_i \fallingdotseq L\frac{di}{dt},\ di = \frac{1}{L}dt \tag{8.28}$$

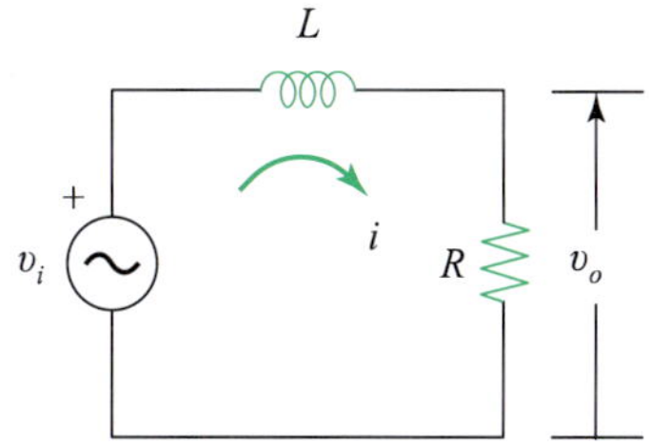

그림 8.8 $R-L$ 적분회로

식 (8.28)에서 양변에 적분을 취하면

$$i = \frac{1}{L}\int_0^t v_i\,dt \tag{8.29}$$

이 되며 출력전압은 아래와 같이 된다.

$$v_o = Ri = \frac{R}{L}\int_0^t v_i\,dt \tag{8.30}$$

위의 식으로부터 출력전압은 입력전압의 적분형태가 됨을 알 수 있다.

8.2 $R-C$ 회로

(1) 전압 인가 시

그림 8.9의 $R-C$ 회로에서 순간적으로 스위치 S를 닫은 과도상태일 때 저항 R에 걸리는 전압을 v_R, 커패시터 C에 걸리는 전압을 v_C라 한다. C의 전하를 q라 하면

$$v_C = \frac{q}{C},\ i = \frac{dq}{dt} \tag{8.31}$$

이고, $v_R = Ri = R\dfrac{dq}{dt}$ 이므로

$$v_R + v_C = R\frac{dq}{dt} + \frac{q}{C} = V \tag{8.32}$$

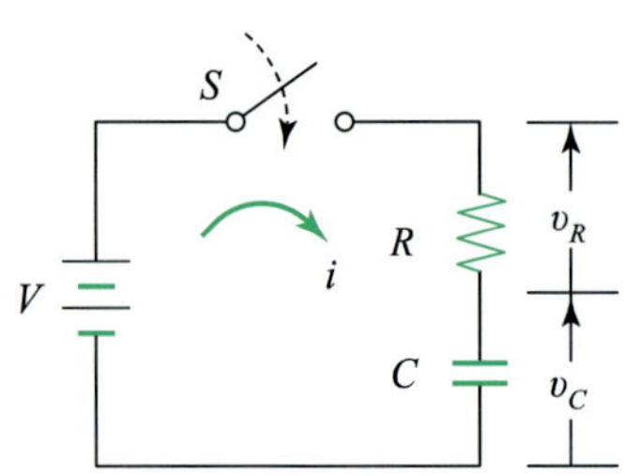

그림 8.9 $R-C$ 회로(V : ON)

그림 8.9의 회로에 KVL을 적용하면 q에 대한 미분방정식이 만들어진다. q는 정상상태가 되는 $t=\infty$에서 CV가 되므로, 이를 q_s로 놓으면

$$q_s = CV \tag{8.33}$$

이다. 한편 과도상태의 q_t는 $t=0^+$에서 출발하므로 식 (8.32)에서 우변을 0으로 놓으면

$$R\frac{dq_t}{dt} + \frac{q_t}{C} = 0 \tag{8.34}$$

이 되며, 이 방정식의 해는 $R-L$회로에서처럼 다시 전개하면

$$R\frac{dq_t}{dt} = -\frac{q_t}{C} \rightarrow RCdq_t = -q_t dt \rightarrow \frac{1}{q_t}dq_t = -\frac{1}{RC}dt \tag{8.35}$$

가 되며 이를 적분하여 풀면 아래와 같다.

$$\ln\frac{q_t(t)}{q_t(0)} = -\frac{1}{RC}t \rightarrow q_t(t) = q_t = q_t(0)e^{-(1/RC)t}\,[\mathrm{C}] \tag{8.36}$$

따라서 q에 대한 일반해는

$$q = q_s + q_t = CV + q_t(0)e^{-(1/RC)t}\,[\mathrm{C}] \tag{8.37}$$

위의 식에서 $q_t(0)$는 초기조건에서 $q=0$이므로 이를 위의 식에 대입하여 풀면

$$0 = CV + q_t(0)\times 1 = CV + q_t(0) \rightarrow q_t(0) = -CV \tag{8.38}$$

다시 위의 식을 식 (8.36)에 대입하여 정리하면 아래의 결과를 얻는다.

$$q = CV - CVe^{-(1/RC)t} = CV(1-e^{-(1/RC)t})[\mathrm{C}] \tag{8.39}$$

결국 회로에 흐르는 전류 i는 아래와 같이 구해진다.

$$i = \frac{dq}{dt} = \frac{d}{dt}\{CV(1-e^{-(1/RC)t})\} = \frac{V}{R}e^{-(1/RC)t}\,[\mathrm{A}] \tag{8.40}$$

따라서 v_R, v_C는 아래와 같이 구해지며 그 특성곡선은 그림 8.10과 같다.

$$v_R = Ri = Ve^{-(1/RC)t}\,[\mathrm{V}] \tag{8.41}$$

$$v_C = \frac{q}{C} = V\{1-e^{-(1/RC)t}\}[\mathrm{V}] \tag{8.42}$$

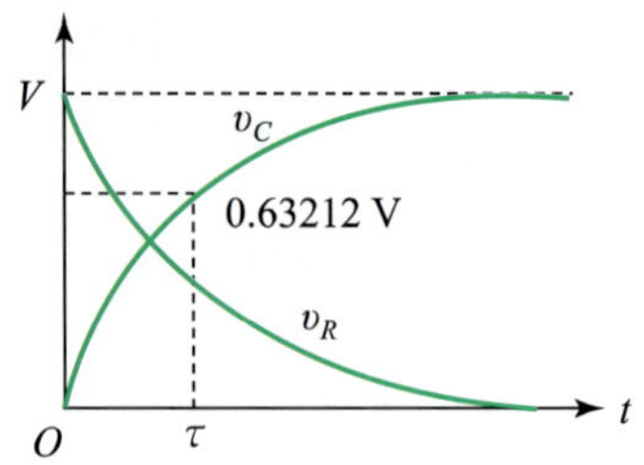

그림 8.10 $R-C$ 회로(V : ON) 특성곡선

$R-C$ 회로의 시정수는 아래와 같다. 그 단위는 역시 [s]이다.

$$\tau = RC[\text{s}] \tag{8.43}$$

$t=\infty$ 에서 C에 걸리는 전압은 $V[\text{V}]$에 도달하며 $t=\tau$에서 0.63212[V]가 된다. 저항 R에서 방출하는 전력과 전체 에너지는 아래와 같이 계산된다.

$$p = Ri^2 = R\left\{\frac{V}{R}e^{-(1/RC)t}\right\}^2 = \frac{V^2}{R}e^{-2(1/RC)t}[\text{W}],\ t \geq 0^+ \tag{8.44}$$

$$w = \int_0^\infty p\,dt = \int_0^\infty \frac{V^2}{R}e^{-2(1/RC)t}dt = \frac{1}{2}CV^2[\text{J}] \tag{8.45}$$

익힘 문제 8.2

그림 8.11의 $R-C$ 직렬회로에서 스위치 S를 a위치에서 b위치로 순간적으로 바꾸었을 때의 전류 i와 저항에서 방출되는 전력 및 전체 에너지를 구하라.

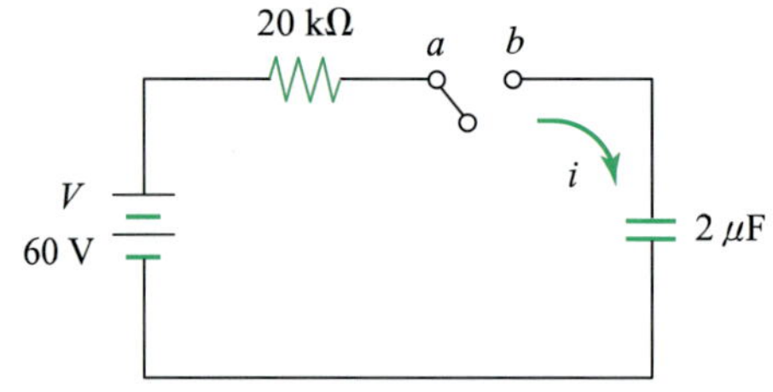

그림 8.11 $R-C$회로

풀이 $i = \frac{V}{R}e^{-(1/RC)t} = \frac{60}{20\times10^3}e^{-\frac{1}{20\times10^3\times2\times10^{-6}}t} = (3\times10^{-3})e^{-25t} = 3e^{-25t}[\text{mA}]$

$$p = \frac{60^2}{20 \times 10^3} \times 9 \times e^{-50t} = 0.18e^{-50t}[\text{W}]$$

$$w = \frac{1}{2}CV^2 = \frac{1}{2} \times 2 \times 10^{-6} \times (60)^2 = 3.6 \times 10^{-3} = 3.6[\text{mJ}]$$

(2) 전압 제거 시

그림 8.12는 평소 전압 V가 연결되었다가 순간적으로 끊기면서 $R-C$ 폐회로로 바뀌는 회로를 나타낸다. S_1을 열면서 동시에 S_2를 닫는 순간 커패시터 C에 축적되어 있던 에너지는 저항 R로 방출된다. 다시 말해서 전압 원이 끊기는 과도현상에 돌입하면서 커패시터에 V로 충전되었던 정상상태의 전압이 점점 감소하기 시작한다. 이를 커패시터의 방전현상이라 한다. 이때의 $R-C$ 폐회로에서 R, C에 걸리는 전압을 v라 하고 KVL을 적용하면, 아래와 같은 방정식이 된다.

$$C\frac{dv}{dt} + \frac{v}{R} = 0 \tag{8.46}$$

앞에서와 같이 식 (8.46)의 미분방정식을 풀면

$$v = Ve^{-(1/RC)t}[\text{V}] \tag{8.47}$$

시정수 $\tau(=RC)$로 고쳐 쓰면 아래와 같다.

$$v = Ve^{-t/\tau}[\text{V}], \ t \ge 0 \tag{8.48}$$

그림 8.13은 $R-C$ 회로에서 방전 시의 전압 특성곡선을 나타낸다. $t=\tau$에서 전압의 크기는 0.36788[V]로 감소한다. 구해진 전압으로 아래와 같이 전류, 전력을 구할 수 있다.

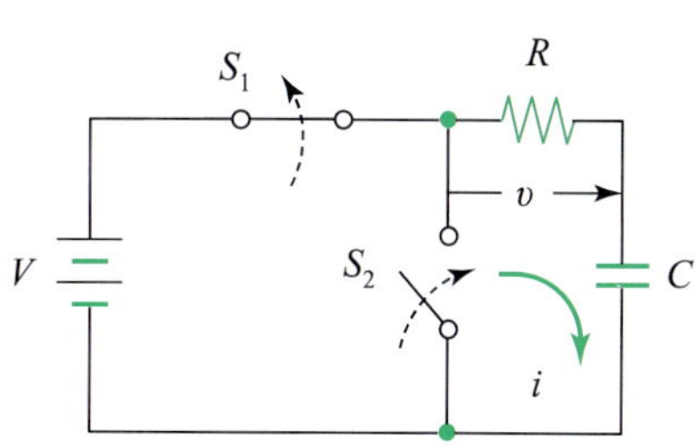

그림 8.12 $R-C$회로(V : OFF)

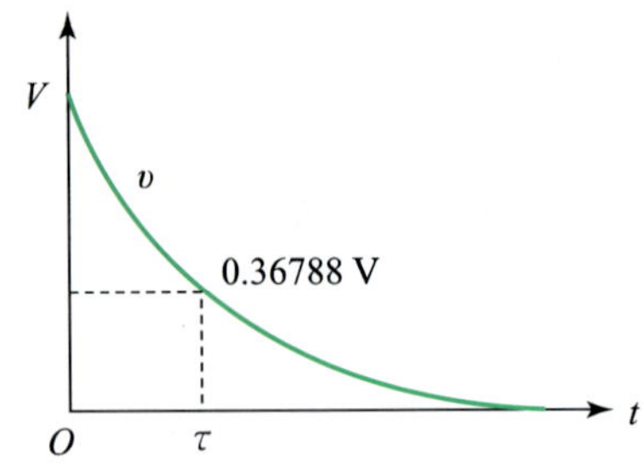

그림 8.13 $R-C$회로(V : OFF) 전압 특성곡선

$$i = \frac{v}{R} = \frac{V}{R} e^{-(1/RC)t} [\mathrm{A}],\ t \geq 0^{+} \tag{8.49}$$

$$p = vi = \frac{V^2}{R} e^{-2(1/RC)t} [\mathrm{W}],\ t \geq 0^{+} \tag{8.50}$$

$$w = \int_0^t p\,dx = \int_0^t e^{-2(1/RC)t} = \frac{1}{2} CV^2 \{1 - e^{-2(1/RC)t}\} [\mathrm{J}],\ t \geq 0 \tag{8.51}$$

위의 식에서 $t = \infty$인 경우 즉, 정상상태에 도달한 경우의 전력 소모량은 아래와 같다.

$$w = \frac{1}{2} CV^2 [\mathrm{J}] \tag{8.52}$$

참고로 $R-L$, $R-C$ 회로의 시정수 관계식을 정리하면 표 8.2와 같다.

표 8.2 $R-L$, $R-C$ 회로의 시정수

회로	시정수(τ)
$R-L$ 회로	$\frac{L}{R}$[s]
$R-C$ 회로	RC[s]

익힘 문제 8.3

그림 8.14의 $R-C$ 방전회로에서 스위치 S를 a위치에서 b위치로 순간적으로 바꾸었을 때 아래의 사항을 구하라.

① $t \geq 0$에서의 v_C

② $t \geq 0^{+}$에서의 v_0

③ $t \geq 0^+$ 에서의 i

④ 저항에서의 전체 소모 에너지

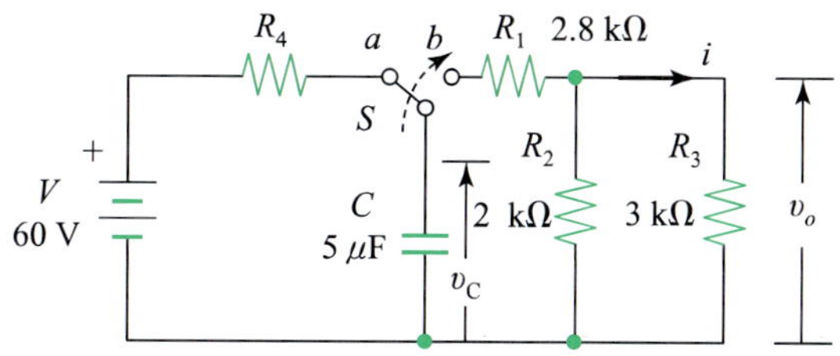

그림 8.14 $R-C$ 방전회로

풀이 ① R_1, R_2, R_3의 합성저항은 $R = 2.8 + (2 \times 3)/(2+3) = 4[\text{k}\Omega]$이므로

$$v_C = Ve^{-\frac{1}{RC}t} = 60 \times e^{-\frac{1}{4 \times 10^3 \times 5 \times 10^{-6}}t} = 60e^{-50t}[\text{V}]$$

② R_2, R_3의 병렬 합성저항은 $(2 \times 3)/(2+3) = 1.2[\text{k}\Omega]$이므로

$$v_o = \frac{1.2}{4} \times v_C = \frac{1.2}{4} \times 60e^{-50t} = 18e^{-50t}[\text{V}]$$

③ $i = \dfrac{v_o}{R_3} = \dfrac{1}{3 \times 10^3} \times 18e^{-50t} = 6 \times 10^{-3}e^{-50t} = 6e^{-50t}[\text{mA}]$

④ $p = \dfrac{1}{2}CV^2 = \dfrac{1}{2} \times 5 \times 10^{-6} \times 60^2 = 9 \times 10^{-3} = 9[\text{mJ}]$

(3) $R-C$ 미분 및 적분회로

1) 미분회로

그림 8.15의 $R-C$ 직렬회로에 KVL을 적용하면 아래와 같다.

$$v_i = \frac{1}{C}\int i\,dt + Ri \tag{8.53}$$

식 (8.53)에서 시정수 RC가 아주 작은 경우 상대적으로 Ri항을 무시할 수 있으므로

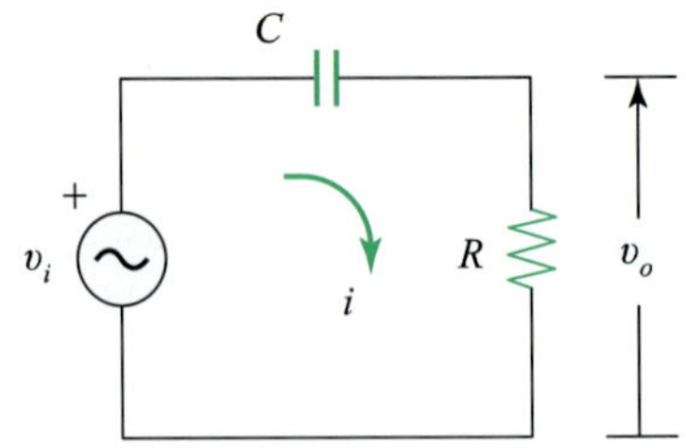

그림 8.15 $R-C$ 미분회로

$$v_i = \frac{1}{C}\int i\,dt \rightarrow dv_i = \frac{1}{C} i\,dt \rightarrow i = C\frac{dv_i}{dt} \tag{8.54}$$

가 되며 저항에서의 출력전압은 아래와 같이 구해진다.

$$v_o = Ri = RC\frac{dv_i}{dt} \tag{8.55}$$

따라서 출력전압은 입력전압의 미분형태로 나타나는 미분회로가 된다. 만일 그림 8.15의 미분회로에 그림 8.16(a)와 같은 계단형의 펄스(pulse)전압이 입력측에 인가되었다면 그 파형은 그림 8.16(b)와 같이 나타난다. 마치 $t_1 \rightarrow a$는 앞서 그림 8.9에서 스위치에 의해 직류전압 V가 인가되는 경우와 같고, $b \rightarrow t_2$는 V가 제거되는 경우와 같다. 식 (8.55)에서처럼 출력전압은 입력전압 v_i의 시간에 대한 미분형태이며 $t_1 \rightarrow a$에서는 식 (8.42)와 같고, $b \rightarrow t_2$에서는 식 (8.47)과 같다. 출력파형은 식 (8.42), 식 (8.47)에서 알 수 있듯이 시정수 τ에 좌우된다. 그림 8.16(b)는 펄스폭 $t_W > 5\tau$인 경우이고, 그림 8.16(c)는 $t_W \gg 5\tau$인 경우로 아주 예리한 임펄스(impulse)형 파형이 된다.

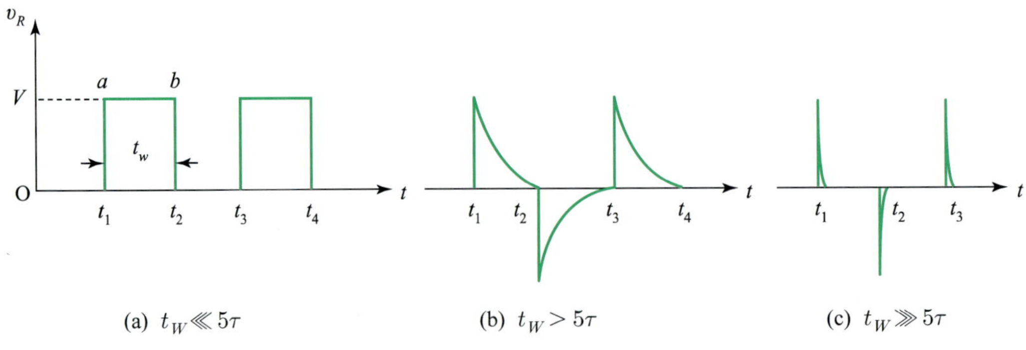

그림 8.16 $R-C$ 미분파형($t_W \ll 5\tau$)

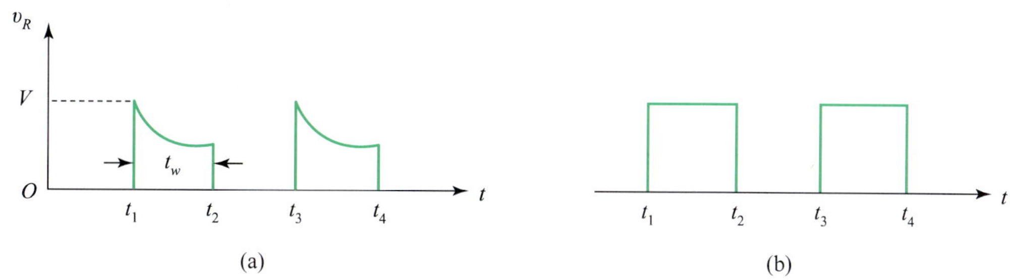

그림 8.17 $R-C$ 미분파형

만일 펄스폭이 시정수 5τ보다 작은 경우는 그림 8.17(a)처럼 곡선부가 완만하지만 훨씬 더 작아진다면 그림 8.17(b)처럼 그 출력파형은 구형파(矩形波) 모양을 거의 유지한다. 다시 말해서 t_W가 상대적으로 작다는 것은 주기가 짧다는 것으로 주파수가 높은 경우이다. 이때는 입력파형이 그대로 출력측에 나타난다는 의미이다. 그림 8.15의 $R-C$ 미분회로는 뒤의 제10장에서 다룰 고주파통과 필터에 사용된다.

2) 적분회로

다음에 그림 8.18과 같은 회로에 KVL을 적용하면 식 (8.53)과 같은 방정식이 되지만 시정수 RC가 아주 큰 경우에는 상대적으로 첫째 항을 무시할 수 있으므로 아래와 같다.

$$v_i = Ri \tag{8.56}$$

식 (8.56)을 고쳐 쓰면

$$i = \frac{1}{R}v_i \tag{8.57}$$

이 되고, 커패시터 C에서의 출력전압은 아래와 같이 구해진다.

$$v_o = \frac{1}{C}\int_0^t i\,dt = \frac{1}{C}\int_0^t \frac{1}{R}v_i\,dt = \frac{1}{RC}\int_0^t v_i\,dt \tag{8.58}$$

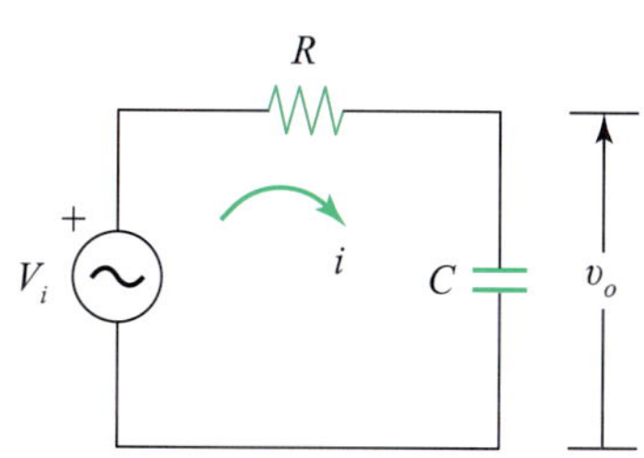

그림 8.18 $R-C$ 적분회로

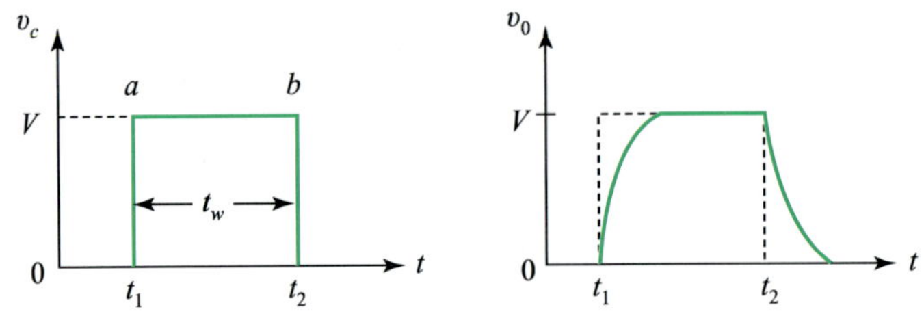

그림 8.19 $R-C$ 적분회로

이 되어 출력전압이 입력전압의 적분형태로 나타나므로 그림 8.18은 적분회로가 된다. 그림 8.18의 적분회로는 앞서의 식 (8.42) 및 그림 8.10의 충전곡선처럼 그 출력전압은 시간이 경과하면 지수함수적으로 증가하여 5τ 이상이 되면 최댓값에 도달한다. 따라서 입력측에 그림 8.19(a)와 같이 하나의 계단형 구형파를 인가하면 입력파형의 $t_1 \rightarrow a$에서 식 (8.42)처럼 지수함수적으로 증가하여 그림 8.19(b)처럼 최댓값 V에 도달하며 $b \rightarrow t_2$에서는 방전형태의 식 (8.41)에 의해 지수함수적으로 감소한다. 곡선의 완만도는 시정수 τ에 의해 정해지며, 만일 펄스폭이 시정수보다 무한대(∞)로 크다면 주파수가 낮은 경우이며 이때는 그 출력전압의 파형은 입력상태를 거의 그대로 유지하므로 저역 주파수통과 필터로 사용된다.

익힘 문제 8.4

그림 8.15의 $R-C$ 미분회로에 그림 8.20과 같은 입력전압이 가해질 때 $0^+ \leq t \leq 1$[s]에서의 출력식을 구하라.

풀이 그림 8.20에서 기울기가 $a/1 = a$이고, $v_i = at$이므로 $v_o = \dfrac{d(at)}{dt} = a$[V]이다.

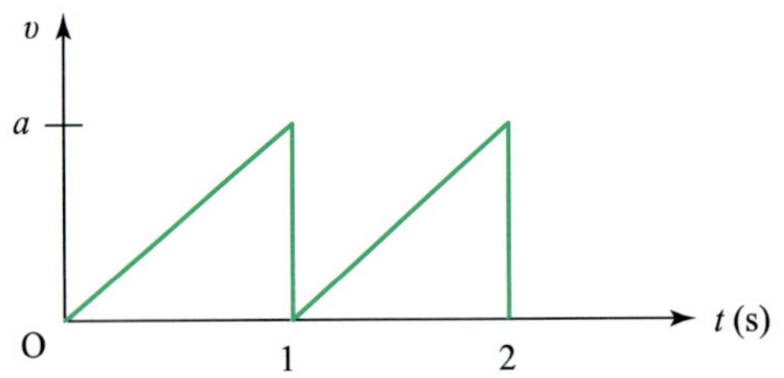

그림 8.20

8.3 L-C 회로

(1) 전압 인가 시

그림 8.21의 $L-C$ 직렬회로에서 스위치를 닫으면 커패시터 C에 전압이 충전되기 시작하며 충전전류를 i라 하면 아래의 방정식이 성립한다.

$$L\frac{di}{dt}+\frac{1}{C}\int i\,dt=V \tag{8.59}$$

C에 축적되는 전하를 q라고 할 때 $i=dq/dt$이므로 아래와 같이 고쳐 쓸 수 있다.

$$L\frac{d}{dt}\left(\frac{dq}{dt}\right)+\frac{1}{C}\int\frac{dq}{dt}dt=V \rightarrow L\frac{d^2q}{dt^2}+\frac{q}{C}=V \tag{8.60}$$

위의 미분방정식에서 q는 정상상태 q_s와 과도상태 q_t의 합이므로 아래와 같다.

$$q=q_s+q_t \tag{8.61}$$

정상상태의 q_s는 $t=\infty$에서의 값 CV[C]이므로 과도상태의 q_t는 식 (8.60)에서 우변을 0으로 놓았을 때의 값이므로 아래와 같다.

$$L\frac{d^2q_t}{dt^2}+\frac{q_t}{C}=0 \tag{8.62}$$

$q_t=Ae^{at}$로 놓고, 이 식을 식 (8.62)에 대입하여 정리하면

$$\left(La^2+\frac{1}{C}\right)Ae^{at}=0 \tag{8.63}$$

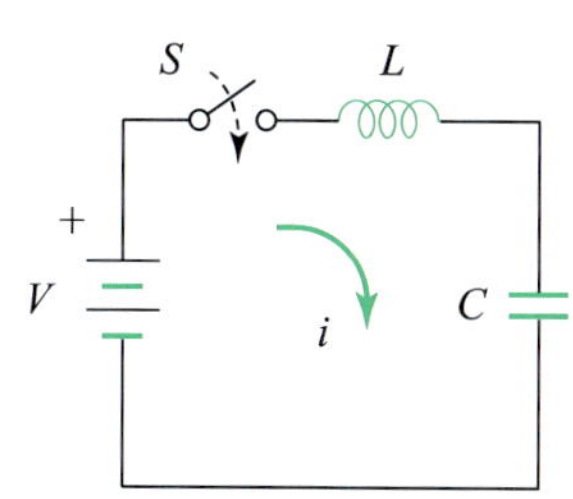

그림 8.21 $L-C$회로(S : ON)

이 되며 식 (8.63)이 성립하기 위해서

$$\left(La^2 + \frac{1}{C}\right) = 0 \rightarrow a^2 = -\frac{1}{LC} \tag{8.64}$$

로 놓고, 그 해를 구하면

$$a = \pm j\frac{1}{\sqrt{LC}} \tag{8.65}$$

이 되므로 q_t는 아래와 같이 구해진다.

$$q_t = Ae^{j(1/\sqrt{LC})t} + Be^{-j(1/\sqrt{LC})t}[\mathrm{C}] \tag{8.66}$$

위의 식을 삼각함수로 바꿔 쓰면 아래와 같다.

$$\begin{aligned} q_t &= A\{\cos(1/\sqrt{LC})t + j\sin(1/\sqrt{LC})t\} + B\{\cos(1/\sqrt{LC})t - j\sin(1/\sqrt{LC})t\} \\ &= (A+B)\cos(1/\sqrt{LC})t + j(A-B)\sin(1/\sqrt{LC})t \end{aligned} \tag{8.67}$$

식 (8.67)에서 $A_1 = A + B$, $B_1 = j(A - B)$로 놓으면 아래와 같이 고쳐 쓸 수 있다.

$$q_t = A_1\cos(1/\sqrt{LC})t + B_1\sin(1/\sqrt{LC})t \tag{8.68}$$

위의 식에서 $1/\sqrt{LC}$를 ω_o라 하면

$$\omega_o = \frac{1}{\sqrt{LC}} \tag{8.69}$$

이고, 이를 식 (8.68)에 대입하면 아래와 같이 간략한 식이 된다.

$$q_t = A_1\cos\omega_o t + B_1\sin\omega_o t[\mathrm{C}] \tag{8.70}$$

위의 식을 식 (8.61)에 대입하면 q는 아래와 같이 된다.

$$q = q_s + q_t = CV + A_1\cos\omega_o t + B_1\sin\omega_o t[\mathrm{C}] \tag{8.71}$$

따라서 회로전류는 아래와 같다.

$$i = \frac{dq}{dt} = -\omega_o A_1\sin\omega_o t + \omega_o B_1\cos\omega_o t \tag{8.72}$$

초기조건이 $t = 0$, $i = 0$이라 하고 이를 식 (8.70), 식 (8.71)에 대입하면

$$CV + A_1 = 0 \rightarrow A_1 = -CV \tag{8.73}$$

$$\omega_o B_1 = 0 \rightarrow B_1 = 0 \tag{8.74}$$

$$q = CV - \omega_o CV\cos\omega_o t = CV(1-\cos\omega_o t) \tag{8.75}$$

가 되므로, 이를 식 (8.72)에 대입하면 아래의 결과를 얻을 수 있다.

$$i = \omega_o CV\sin\omega_o t \tag{8.76}$$

위의 식으로부터 전류 i는 각속도 $\omega_o(=1/\sqrt{LC})$의 정현파임을 알 수 있다. L 및 C에 걸리는 전압 v_L, v_C는 아래와 같다.

$$v_L = L\frac{di}{dt} = \omega_o^2 LCV\cos\omega_o t = \frac{1}{LC}\times LCV\cos\omega_o t = V\cos\omega_o t[\mathrm{V}] \tag{8.77}$$

$$v_C = \frac{q}{C} = \frac{CV(1-\cos\omega_o t)}{C} = V(1-\cos\omega_o t) \tag{8.78}$$

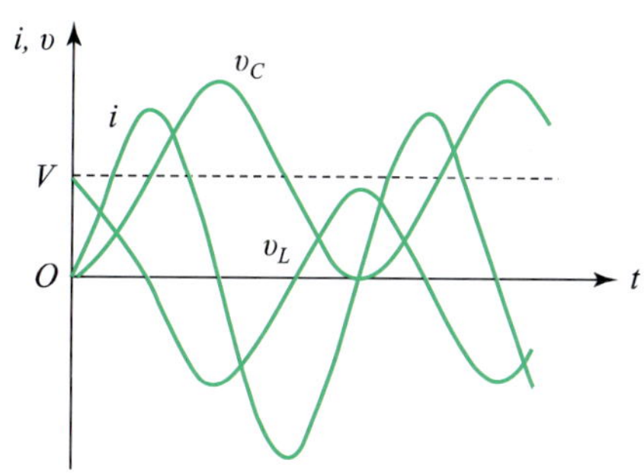

그림 8.22 $L-C$ 회로의 i, v 특성

그림 8.22는 $L-C$ 충전회로의 i, v_L, v_L의 파형을 나타낸다.

(2) 전압 제거 시

그림 8.23의 $L-C$ 회로에서 a위치에 있던 스위치를 b위치로 바꾸면 C에 충전되어 있던 전압이 R을 통해 방전이 되며 초기의 $t=0$에서 정상상태의 $q_s = CV$이지만 과도상태에서는 아래의 회로방정식이 성립한다.

$$L\frac{d^2 q_t}{dt} + \frac{q_t}{C} = 0 \tag{8.79}$$

앞에서와 마찬가지로 이 방정식의 해를 구하면

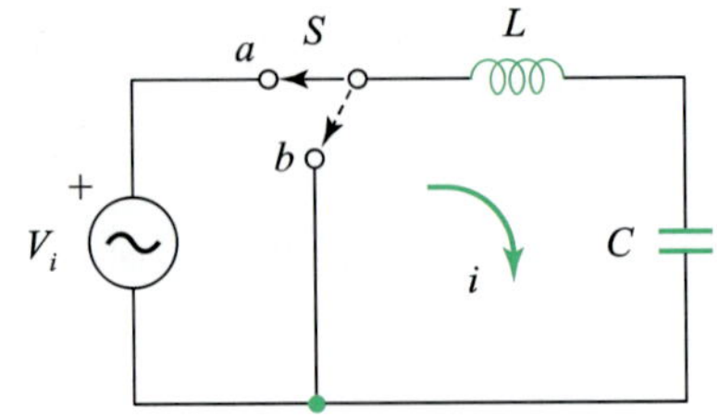

그림 8.23 $L-C$ 회로(S : OFF)

$$q_t = A_1 \cos\omega_o t + B_1 \sin\omega_o t[\text{C}] \tag{8.80}$$

가 되므로 이를 $q_s(=CV)$와 합하면 q는 아래와 같은 식이 된다.

$$q = CV + A_1 \cos\omega_o t + B_1 \sin\omega_o t[\text{C}] \tag{8.81}$$

따라서 전류 i는 아래와 같다.

$$i = dq/dt = -\omega_o A_1 \sin\omega_o t + \omega_o B_1 \cos\omega_o t \tag{8.82}$$

초기조건 $t=0$에서 $q=CV$, $i=0$이므로 이를 식 (8.81), 식 (8.82)에 대입하면

$$A_1 = CV,\ B_1 = 0$$

이므로 아래의 결과를 얻는다.

$$q = CV + \cos\omega_o t \tag{8.83}$$

$$i = -\omega_o CV \sin\omega_o t[\text{A}] \tag{8.84}$$

앞에서의 충전 시 전류와 부호가 반대이다.

익힘 문제 8.5

그림 8.23의 방전회로에서 $L=40[\text{mH}]$, $C=900[\mu\text{F}]$이고, $V=20[\text{V}]$일 때 회로전류 i를 구하라.

풀이 $\omega_o = \dfrac{1}{\sqrt{LC}} = \dfrac{1}{\sqrt{40\times10^{-3}\times900\times10^{-6}}} \fallingdotseq 167[\text{rad}]$이므로

$i = -\omega_o V \sin\omega_o t = 167\times20\sin167t = 3{,}340\sin167t[\text{A}]$

1. R-L 회로

(1) 전압 인가 시

아래 그림의 $R-L$ 직렬회로에서 초기에 열려 있던 스위치를 닫았을 때의 전류 i는 아래의 식이 된다.

$$i=\frac{V}{R}(1-e^{-(R/L)t})=\frac{V}{R}(1-e^{-t/\tau})[\mathrm{A}]$$

위의 식에서 $\tau=\frac{L}{R}$을 시정수라고 하며 그 단위는 [s]이다.

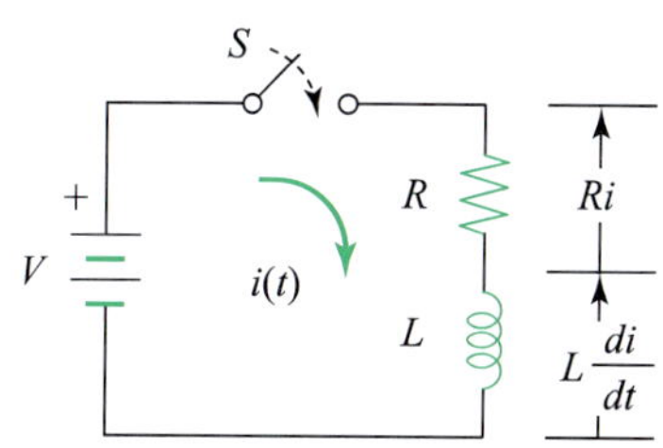

$L-R$ 직렬회로에서 R에 걸리는 전압과 L에 걸리는 전압은 아래의 식과 같다.

$$v_R=Ri=V(1-e^{-t/\tau})[\mathrm{V}],\quad v_L=L\frac{di}{dt}=Ve^{-(R/L)t}[\mathrm{V}]$$

아래의 그림은 $R-L$회로에 전압 인가 시 v_R, v_L의 특성곡선으로 저항에 나타나는 전압은 시간이 경과할수록 최댓값 V에 가까워져 가며 이를 충전현상이라 한다. 반면 인덕터 전압은 시간이 흐를수록 전압이 떨어져 최종적으로 0[V]가 되므로 방전현상이 일어난다.

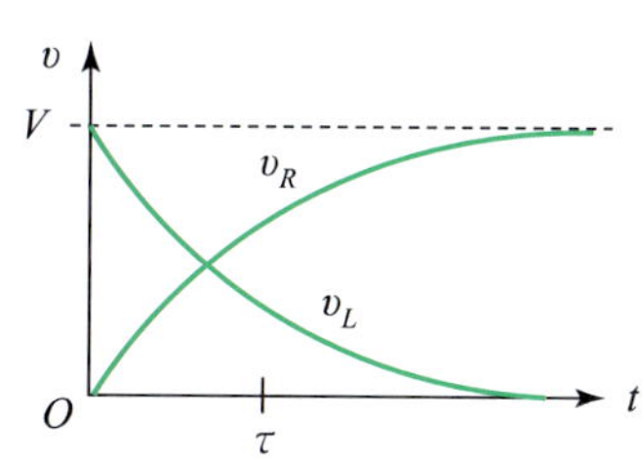

$t=\tau[s]$에서 충전 시에는 0.63212V가 되며, 방전 시에는 0.63788V가 된다.

(2) 전압 제거 시

아래의 그림과 같이 $R-L$ 회로에 전류가 흐르는 상태(스위치 S_1 : ON)에서 S_2를 닫는 동시에 S_1을 열 때의 과도전류 i를 구하면 그 결과 식은 아래와 같다.

$$i = \frac{V}{R} e^{-t/\tau} [\mathrm{A}]$$

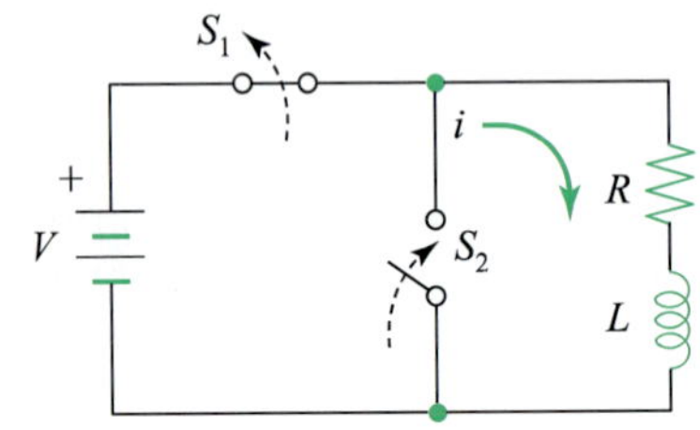

아래의 그림은 위의 식에 대한 특성곡선을 나타낸다. S_2를 닫은 뒤 시정수(τ)만큼 시간이 경과하면 전류는 초기 정상전류(V/R)의 36.788 %로 감소한다.

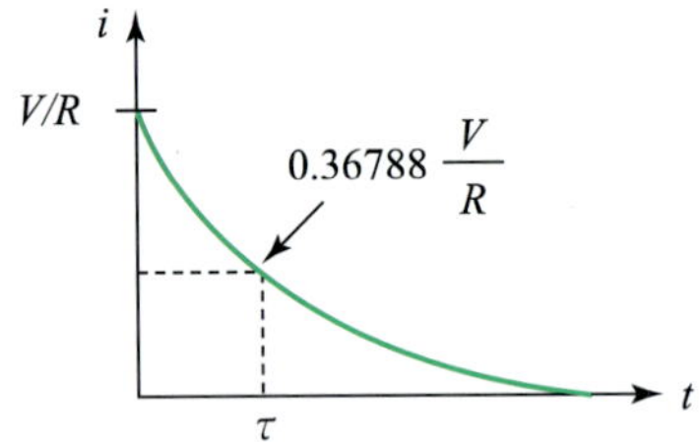

저항 및 인덕터에 걸리는 전압의 식은 아래와 같고

$$v_R = iR = Ve^{-(R/L)t} [\mathrm{V}], \quad v_L = -Ve^{-(R/L)t} [\mathrm{V}]$$

S_1이 열린 동안 저항에서 방출되는 에너지 w는 아래와 같다.

$$w = \frac{1}{2} LI^2 [\mathrm{J}]$$

(3) $R-L$ 미분 및 적분회로

아래의 $R-L$ 직렬회로에서 L에서 출력전압을 취하면 입력전압의 미분형태, R에서 출력전압을 취하면 입력전압의 적분형태가 된다.

$$v_i \fallingdotseq L\frac{di}{dt}, \quad v_o = Ri = \frac{R}{L}\int_0^t v_i dt$$

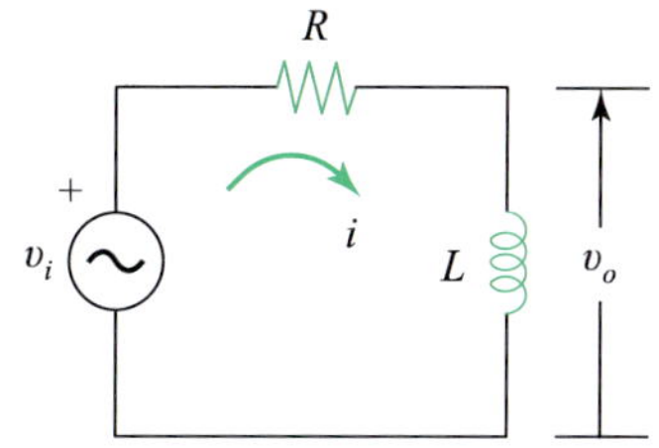

2. R-C 회로

(1) 전압 인가 시

아래의 $R-C$ 회로에서 순간적으로 스위치 S를 닫은 과도상태일 때 저항 R에 걸리는 전압을 v_R, 커패시터 C에 걸리는 전압을 v_C라 하면 그 결과 식은 아래와 같다.

$$v_R = Ri = Ve^{-(1/RC)t}[\mathrm{V}], \quad v_C = \frac{q}{C} = V\{1-e^{-(1/RC)t}\}[\mathrm{V}]$$

$R-C$ 회로에서의 시정수 $\tau = RC$이다.

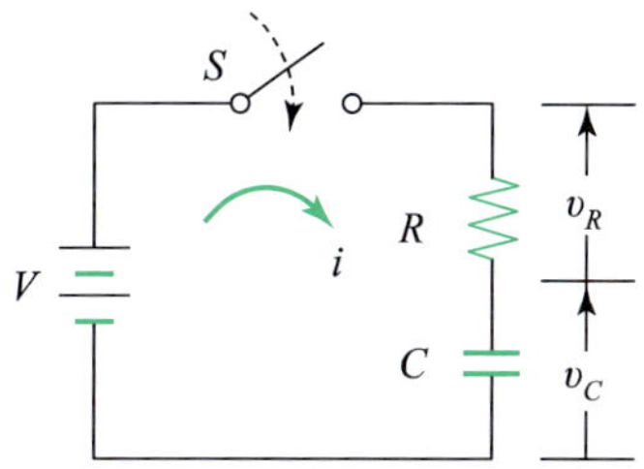

아래의 그림은 위의 식에 대한 특성곡선으로 v_C는 $t=\tau$에서 0.63212[V]가 된다.

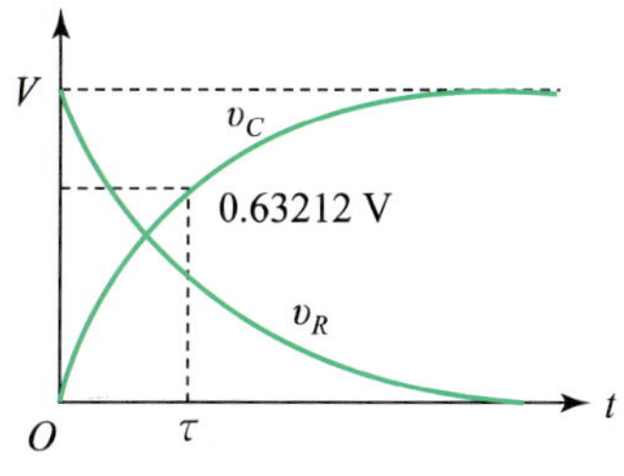

또한 저항 R에서 방출하는 전력과 전체 에너지는 아래와 같다.

$$w = \frac{1}{2}CV^2[\mathrm{J}]$$

(2) 전압 제거 시

아래의 그림과 같이 평소 전압 V가 연결되었다가 순간적으로 끊기면서 $R-C$ 폐회로로 바뀌는 순간 커패시터 C에 축적되어 있던 에너지는 저항 R로 방출된다. 커패시터의 방전현상이 일어난다. 방전전압의 식은 아래와 같다.

$$v = Ve^{-(1/RC)t} = Ve^{-t/\tau}[\mathrm{V}], \quad t \geq 0$$

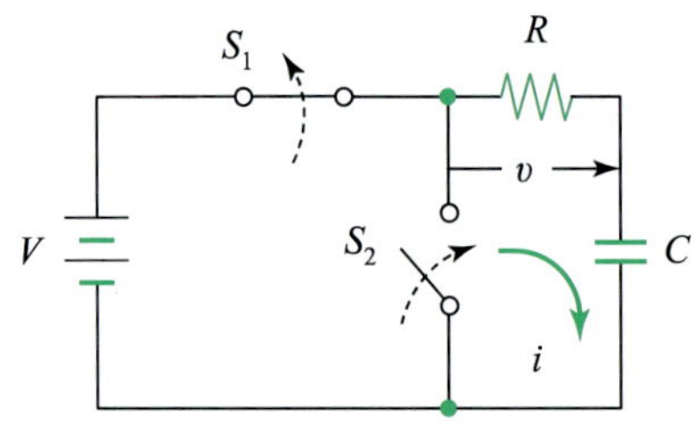

시정수 $\tau = RC[\mathrm{s}]$이며 $t = \tau$에서 전압의 크기는 0.36788[V]로 감소한다.

(3) $R-C$ 미분 및 적분회로

아래의 그림(a)와 같이 $R-C$ 회로의 R에서 출력전압을 취하면 → $v_o = RC\dfrac{dv_i}{dt}$, 그림(b)와 같이 C에서 출력전압을 취하면 → $v_o = \dfrac{1}{RC}\displaystyle\int_0^t v_i dt$가 되므로 (a)는 미분회로, (b)는 적분회로가 된다.

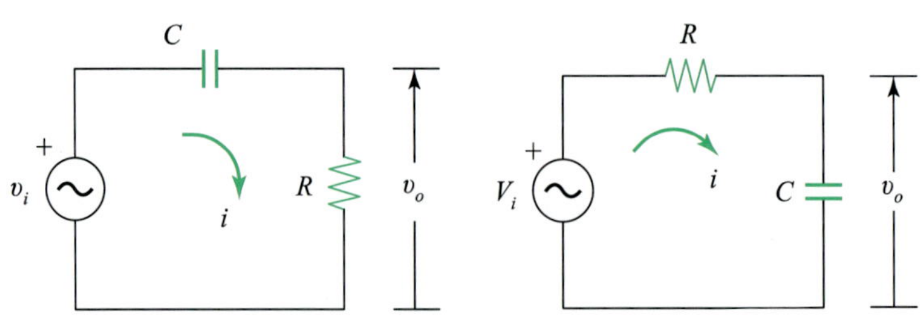

(a) 미분회로 (b) 적분회로

3. *L*−*C* 회로

(1) 전압 인가 시

아래 그림의 $L-C$ 직렬회로에서 스위치를 닫으면 커패시터 C에 전압이 충전되기 시작하며 충전전류 i와 전압 v_C는 아래와 같다.

$$i = \omega_o CV\sin\omega_o t$$

$$v_C = \frac{q}{C} = \frac{CV(1-\cos\omega_o t)}{C} = V(1-\cos\omega_o t),\quad \omega_o = \frac{1}{\sqrt{LC}}$$

$L-C$ 충전회로의 i, v_L, v_C의 파형은 아래와 같다.

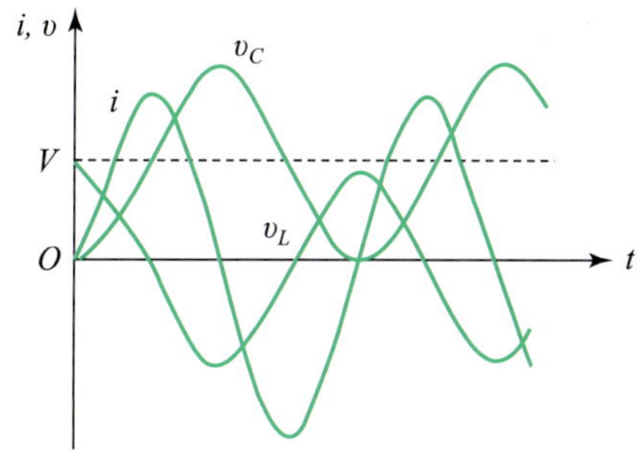

(2) 전압 제거 시

아래의 $L-C$ 회로에서 a위치에 있던 스위치를 b위치로 바꾸면 C에 충전되어 있던 전압이 R을 통해 방전이 되며 방전전류 i는 아래와 같다.

$$i = -\omega_o CV\sin\omega_o t[\mathrm{A}],\quad \omega_o = \frac{1}{\sqrt{LC}}$$

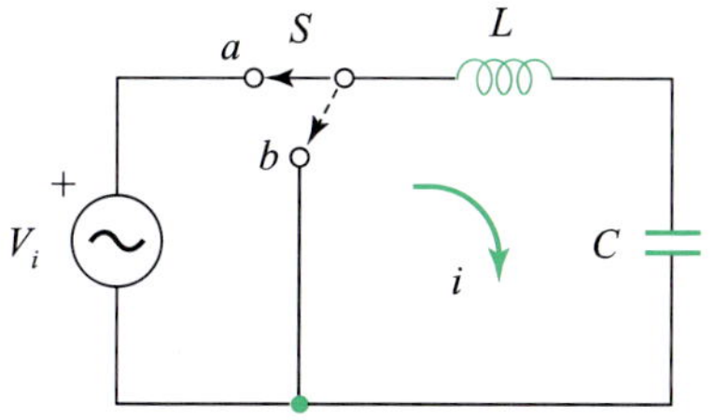

연습문제

1. 그림 8.24에서 S를 닫았을 때 시정수 $\tau = 4$[s]가 되기 위한 R값을 구하라.

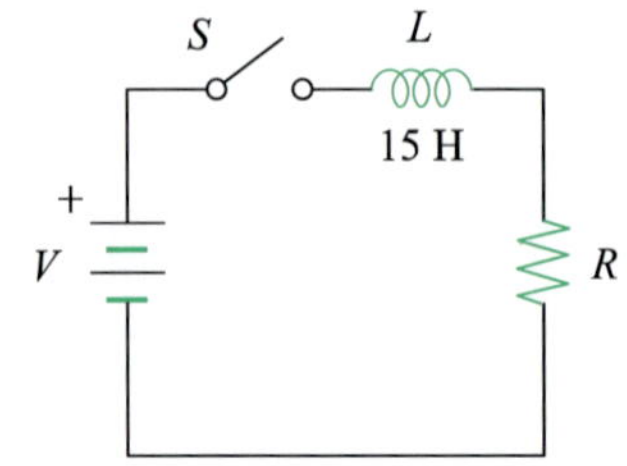

그림 8.24

2. 그림 8.24에서 S를 닫는 순간 $t=0$에서 $v_L = -20$[V], $\frac{di}{dt} = -10$[A/s]라면 L은 얼마인가?

3. 그림 8.25에서 S를 닫았을 때 전류 i의 식을 구하고 $t=1$[s]에서의 i값을 구하라. 단, $e \fallingdotseq 2.718$이다.

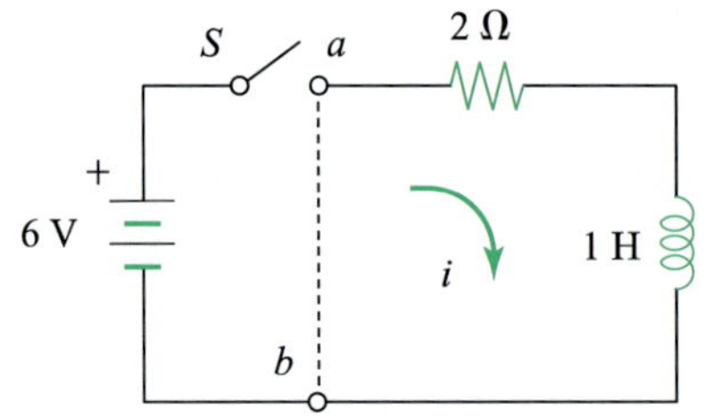

그림 8.25

4. 문제 2에서 S가 닫히고 한참 지난 뒤 a와 b를 단락(short)시켰을 때 저항 R에 걸리는 전압의 식을 구하라.

5. 그림 8.26에서 $t=0$에서 스위치 S를 닫았다. R은 얼마이며 시정수가 2[s]일 때 $t=2$[s]에서 저항 R에 걸리는 전압을 구하라.

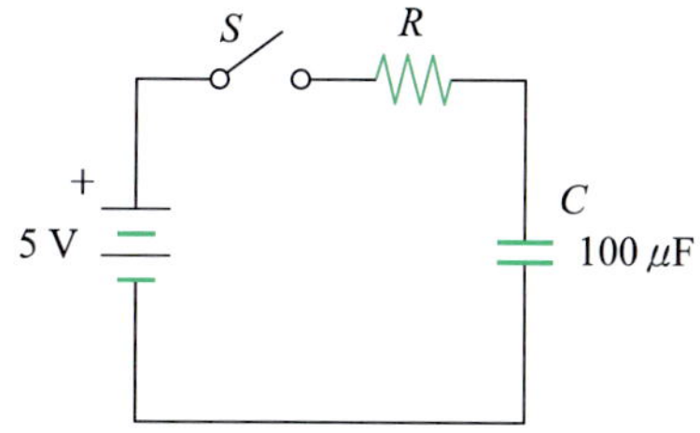

그림 8.26

6. 그림 8.27 $R-C$ 회로에서 1위치에 있던 스위치 S를 $t=0$에서 2위치로 옮겼다. $t=2$[s]에서 저항에 걸리는 전압이 5.4[V]라면 전압원 V는 몇 [V]인가?

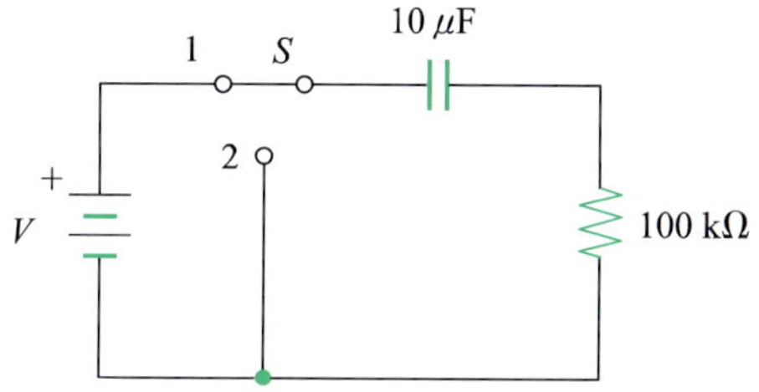

그림 8.27

7. 그림 8.28에서 $t=0$일 때 스위치 S를 닫았을 때 $t=\infty$에서의 전류 i와 R_2[Ω]에서의 전력을 구하라.

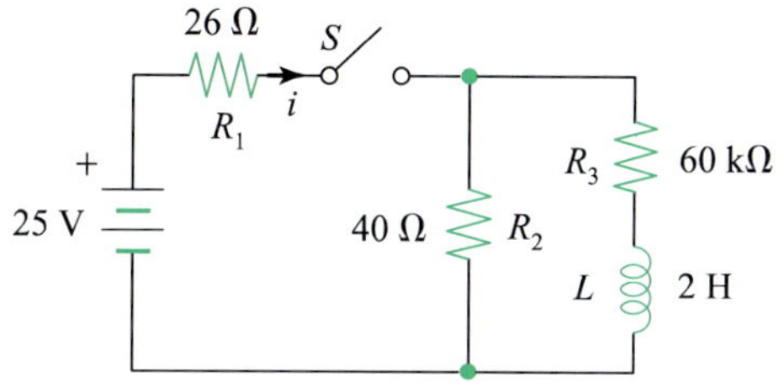

그림 8.28

8. 그림 8.29의 C에 충전된 최대 전압이 200[V]인 상태에서 스위치를 열었다. 2[s]가 지난 뒤의 저항에서의 방출 에너지량은 얼마인가?

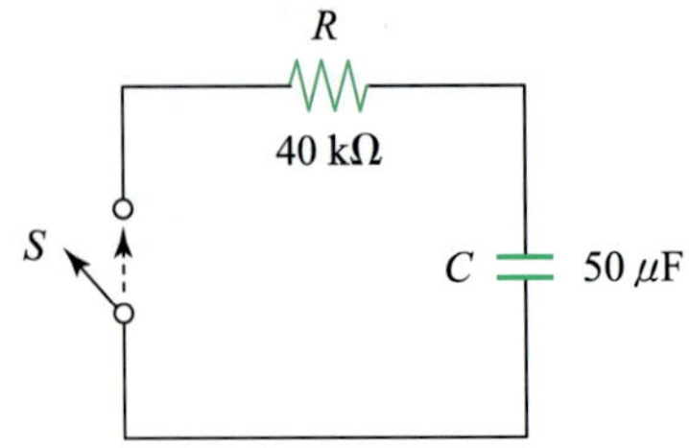

그림 8.29

9. 그림 8.30 회로에서 오랫동안 닫혀 있던 스위치 S를 $t=0$에서 열었다. 아래의 질문에 답하라.

① 초기전류 I는?

② 초기의 인덕터에 축적되어 있던 에너지는?

③ 시정수는?

④ i의 식은?

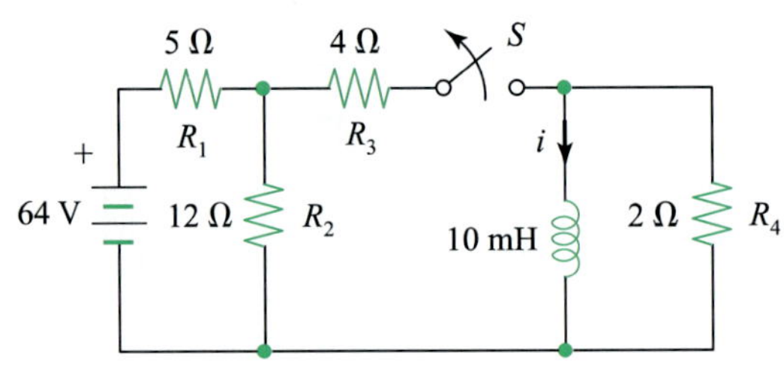

그림 8.30

10. 그림 8.31에서 C_1, C_2에 축적된 전압이 각각 $-3[\text{V}]$, $15[\text{V}]$이다. $t=0$에서 스위치를 넣었을 때 아래 사항에 답하라.

① $t \geq 0^+$에서 i, v_R과 $t \geq 0$에서 v_1, v_2는?

② C_1, C_2에 축적되어 있던 초기 에너지는?

③ $t=\infty$에서 커패시터 전체에 축적된 에너지는?

④ 저항에 공급된 에너지는 ②와 ③에서 구한 에너지와 같음을 증명하라.

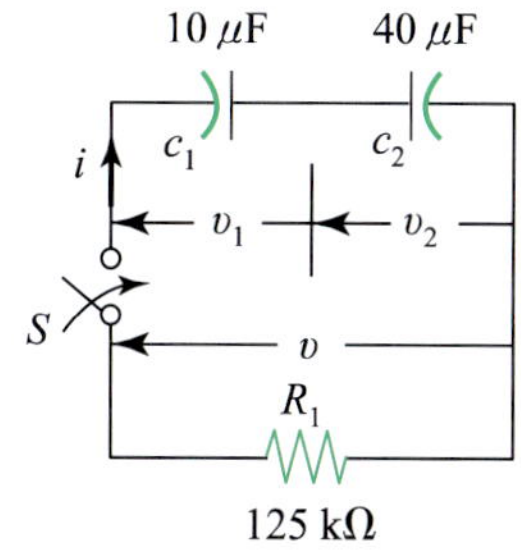

그림 8.31

11. 그림 8.32의 $L-C$ 회로에서 $I_0=5[\mathrm{A}]$의 전류를 흘릴 때 C에 걸리는 최대 전압은 얼마인가?

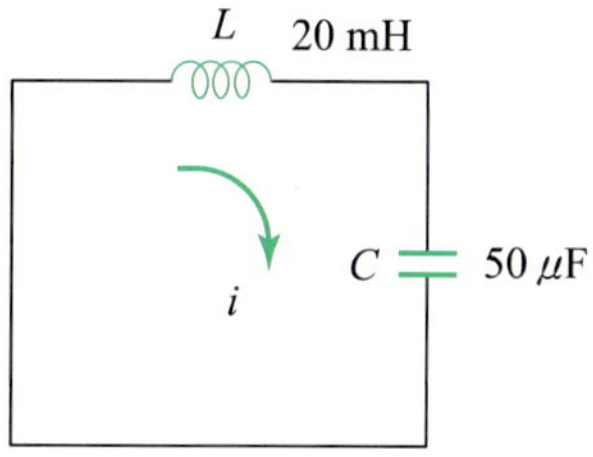

그림 8.32

Chapter 09

평형 3상 교류회로

이 장에서는 무엇을 배우는가?

3상 교류 전압, 전류의 특성과 그 결선 및 교류전력에 대해서 공부한다.

학습효과

3상 교류의 결선법에 따른 상전압, 상전류와 선간전압, 선간전류의 상호 관계를 이해하고 3상 교류의 사용법에 대한 지식을 습득할 수 있다.

전력을 전송할 때 전송선로에 의한 손실을 줄일 수 있는 이점 때문에 발전, 송전, 변전 등의 대규모 전력 시스템에서는 3상 교류전력을 이용한다. 이 장에서는 주로 3상 평형형을 다루겠으나 부분적으로 필요한 부분은 불평형에 대해서 설명하기로 한다. 일반적으로 여러 가지 면에서, 특히 경제적인 측면에서 이점이 있는 것이 단상보다 3상을, 불평형보다 평형형을 사용하는 이유라고 볼 수 있다.

9.1 3상 교류의 발생

그림 9.1(a)와 같이 자계 속에 있는 3개의 코일이 화살표 방향으로 회전할 때 코일에는 정현파 교류가 발생한다. 코일이 3개이므로 3상 교류 발전기라 한다. 각 코일이 360°(2π)의 1/3인 120°$(2\pi/3)$ 간격으로 위치해 있기 때문에 각 코일에 발생하는 교류의 위상은 그림 9.1(b)와 같이 $2\pi/3$[rad]의 위상차를 갖는다. 각 도체 사이에 $2\pi/3$ 위상이 차이가 나기 때문에 도체 a를 기준으로 해서 발전기에서 발생하는 각 도체의 전압을 식으로 표시하면 아래와 같다. 도체 b는 a에 비해 위상이 $2\pi/3$ 늦고, 도체 c는 그 2배인 $4\pi/3$가 늦음을 알 수 있다.

$$v_a = V_m \sin\omega t \text{[V]} \tag{9.1}$$

$$v_b = V_m \sin(\omega t - 2\pi/3) \text{[V]} \tag{9.2}$$

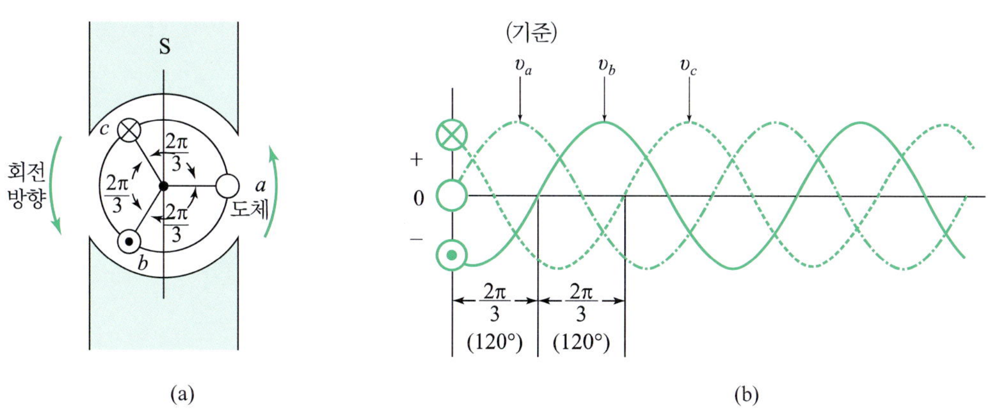

그림 9.1 3상 교류의 발생

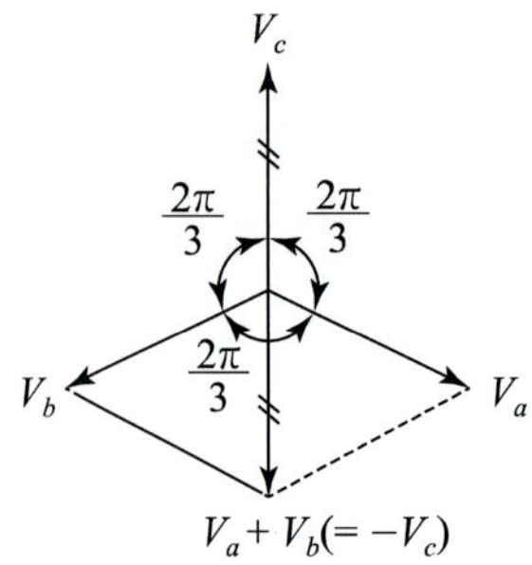

그림 9.2 대칭 3상 교류의 페이저

$$v_c = V_m \sin(\omega t - 4\pi/3)[\text{V}] \tag{9.3}$$

각 도체의 임피던스는 모두 같으므로 3개의 도체에 흐르는 전류의 크기가 같고, 이웃하고 있는 도체끼리 위상만 $2\pi/3$씩 차이가 날뿐이다. 그림 9.2는 3상 전압의 페이저도이다.

$\boldsymbol{V}_a$와 $\boldsymbol{V}_b$의 페이저 합은 그림에서와 같이 $\boldsymbol{V}_a$와 $\boldsymbol{V}_b$로 이루어지는 평행사변형의 대각선으로 V_c와 방향이 180°가 다른 $-V_c$가 되므로 아래와 같은 식이 성립한다.

$$\boldsymbol{V}_a + \boldsymbol{V}_b = -\boldsymbol{V}_c, \text{ 즉 } \boldsymbol{V}_a + \boldsymbol{V}_b + \boldsymbol{V}_c = 0 \tag{9.4}$$

3상 기전력의 합 또는 페이저의 합은 0임을 알 수 있다. 식 (9.1), 식 (9.2), 식 (9.3)를 모두 더해도 같은 결과가 나온다. 그림 9.1에서 도체의 회전방향은 $\boldsymbol{V}_a$, $\boldsymbol{V}_b$, $\boldsymbol{V}_c$순으로 반시계방향이었으나 그림 9.2의 페이저도에서는 위상이 $\boldsymbol{V}_a$, $\boldsymbol{V}_b$, $\boldsymbol{V}_c$순으로, 즉 시계방향으로 늦어지고 있으며, 이를 상순(phase sequence)이라 하고, a상, b상, c상이라 부르기로 한다. 여기서 코일의 회전방향과 전압의 페이저방향은 서로 반대이다. 아래의 그림 9.3은 단상일 때와 3상일 때 3개의 전등을 켜기 위한 배선을 나타낸다. 단상인 경우에는 도선이 6개,

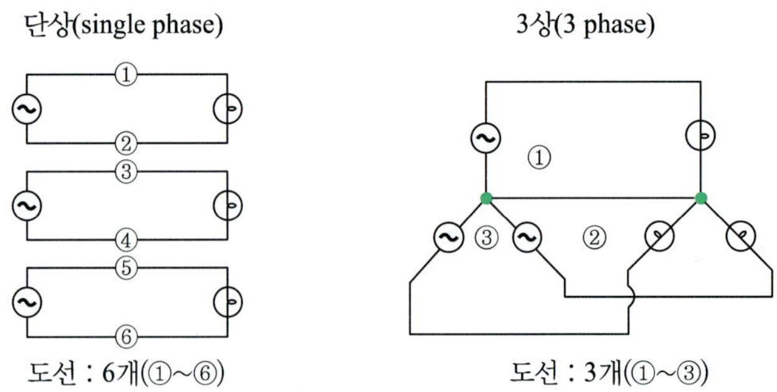

그림 9.3 단상과 3상의 송전선 비교

3상인 경우에는 도선이 3개만으로 송전이 가능하다. 일반적으로 원거리 송전선인 경우에는 송전선의 길이가 대폭 절약되므로 3상을 사용하는 것이 경제적임을 알 수 있다.

9.2 3상 교류의 결선법

그림 9.4는 3상 전압 코일의 결선을 설명하는 그림으로 그림 9.4(a)는 코일 a, b, c의 $(-)$를 공통으로 묶어 연결한 Y결선을 나타낸다. 그림 9.4(b)는 코일 a의 $-$를 코일 b의 $+$로, 코일 b의 $-$를 코일 c의 $+$로, 코일 c의 $-$를 코일 a의 $+$로 연결한 Δ결선을 나타낸다.

3상 교류전압 부하를 연결할 때의 결선법에는 표 9.1과 같이 4개의 결선법이 있다.

> 일반적으로 공장의 동력용으로 3상 380[V]를 많이 이용한다.

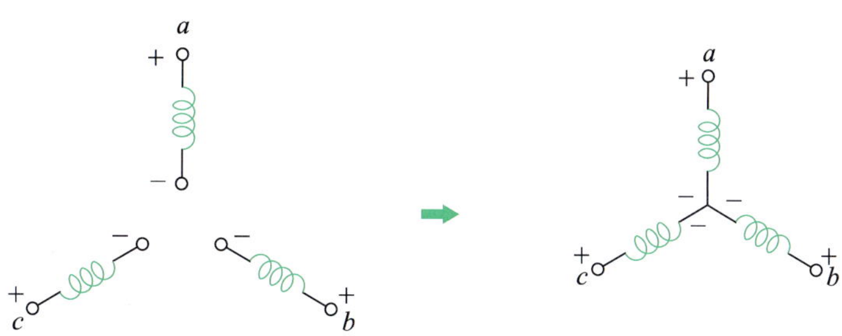

(a) Y결선

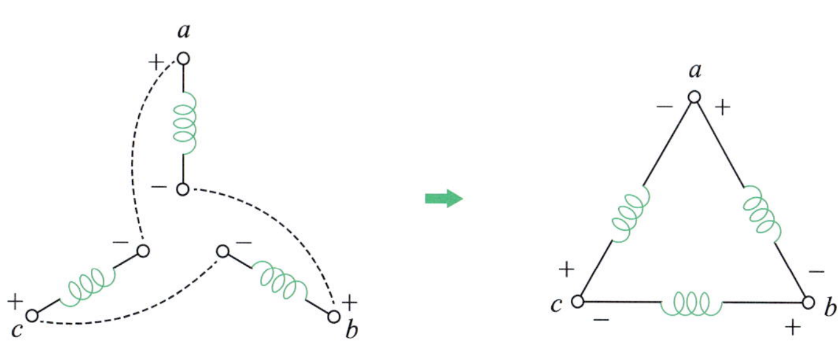

(b) Δ결선

그림 9.4 3상 교류의 결선법 설명

표 9.1 3상 결선법

전압원	부하
Y	Y
Y	Δ
Δ	Y
Δ	Δ

그림 9.5(a)는 전압원 및 부하의 Y결선을 나타내고, 그림 9.4(b)는 Δ(delta) 결선을 나타낸다. 3상에서 3개의 기전력이 같고 인접한 각 상의 기전력 위상이 $2\pi/3$[rad]씩 차이가 날 때 이를 대칭 3상식이라 한다. 또한 3개의 부하 임피던스가 같을 때 3상 평형부하라 한다. 본 장에서는 설명의 편의상 대칭 3상식 3상 평형부하를 다루기로 한다.

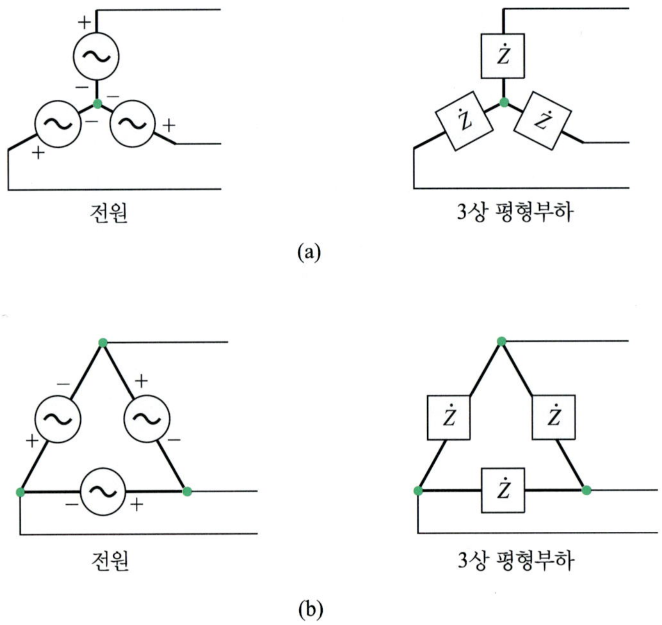

그림 9.5 3상 교류의 전원, 부하 결선법

9.3 Y결선

(1) 상전압과 선간전압

그림 9.6은 3상 교류전원의 Y결선이다. 전압 a, 전압 b, 전압 c의 공통점을 중성점(中性点)이라 하고, 이 점이 0전위가 된다. 전압 a를 a상(相 : phase), 전압 b를 b상, 전압 b를 b상이라 하고, 이들 각 상의 코일에 발생하는 전압을 상전압(phase voltage) $\boldsymbol{V}_a$, 상전압 $\boldsymbol{V}_b$, 상전압 $\boldsymbol{V}_c$라 칭한다. 또한 b를 기준으로 본 a점의 전압 $\boldsymbol{V}_{ab}$, c를 기준으로 본 b점의 전압 $\boldsymbol{V}_{ab}$, a를 기준으로 본 c점의 전압 $\boldsymbol{V}_{ca}$를 선간전압(line voltage)이라 한다.

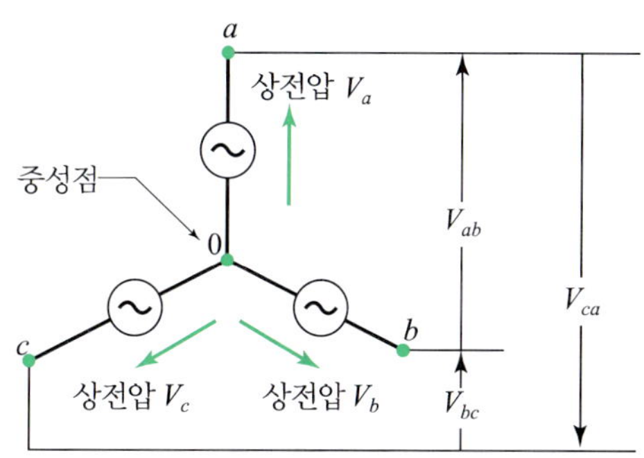

그림 9.6 Y결선의 상전압과 선간전압

선간전압과 상전압의 관계식은 아래와 같다.

$$\boldsymbol{V}_{ab} = \boldsymbol{V}_a - \boldsymbol{V}_b \tag{9.5}$$

$$\boldsymbol{V}_{bc} = \boldsymbol{V}_b - \boldsymbol{V}_c \tag{9.6}$$

$$\boldsymbol{V}_{ca} = \boldsymbol{V}_c - \boldsymbol{V}_a \tag{9.7}$$

그림 9.7은 페이저 개념으로 상전압과 선간전압 간의 관계를 설명하는 그림이다. 선간전압에서 아래 첨자의 처음 글자 쪽이 화살표로 되어 있다.

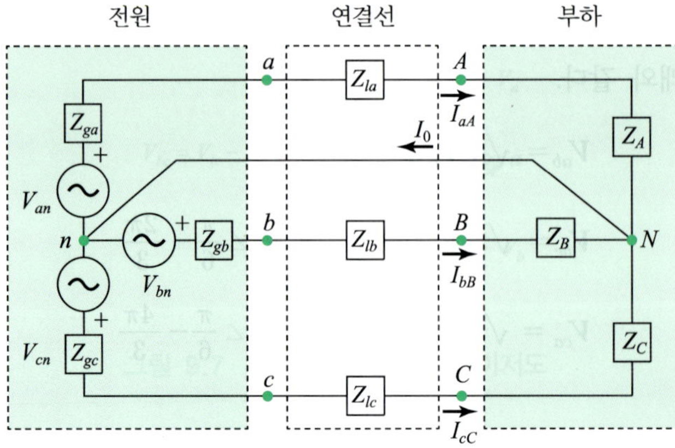

그림 9.10 $Y-Y$ 결선회로(B)

연결선까지 포함하여 (1) 전원, (2) 연결선, (3) 부하 이 세 가지와 전원측의 내부 임피던스까지 넣어서 좀 더 자세히 이해하기 쉽게 펼쳐서 그리면 그림 9.10과 같다. 여기서 $\boldsymbol{Z}_g$, $\boldsymbol{Z}_l$, $\boldsymbol{Z}_A$는 전원, 연결선, 부하의 임피던스를 각각 나타낸다. $\boldsymbol{Z}_0$는 중성선 연결 임피던스이고, $\boldsymbol{V}_N$은 중성점 N과 n 사이의 전위차이다. 이 회로에 KCL을 적용하면 아래의 식을 얻는다.

중성점은 0전위로 전압의 기준 전위점이 된다.

$$\frac{\boldsymbol{V}_N}{\boldsymbol{Z}_0}+\frac{\boldsymbol{V}_N-\boldsymbol{V}_{an}}{\boldsymbol{Z}_A+\boldsymbol{Z}_{la}+\boldsymbol{Z}_{ga}}+\frac{\boldsymbol{V}_N-\boldsymbol{V}_{bn}}{\boldsymbol{Z}_B+\boldsymbol{Z}_{lb}+\boldsymbol{Z}_{gb}}+\frac{\boldsymbol{V}_N-\boldsymbol{V}_{bn}}{\boldsymbol{Z}_C+\boldsymbol{Z}_{lc}+\boldsymbol{Z}_{gc}}=0 \tag{9.14}$$

$\boldsymbol{V}_{an}$, $\boldsymbol{V}_{bn}$, $\boldsymbol{V}_{cn}$은 평형 전원 전압이며 부하가 평형형이라면 $\boldsymbol{Z}_A=\boldsymbol{Z}_B=\boldsymbol{Z}_C$, 각 상의 연결선 임피던스 $\boldsymbol{Z}_{la}=\boldsymbol{Z}_{lb}=\boldsymbol{Z}_{lc}$이다. 따라서 중성 연결선 임피던스가 0이고, 회로 시스템이 평형형이라면 식 (9.14)는 아래와 같이 간략화가 된다.

$$\frac{\boldsymbol{V}_{a'n}+\boldsymbol{V}_{b'n}+\boldsymbol{V}_{c'n}}{\boldsymbol{Z}_\phi}=0 \tag{9.15}$$

단, 위의 식에서 $\boldsymbol{Z}_\phi=\boldsymbol{Z}_{ga}+\boldsymbol{Z}_{la}+\boldsymbol{Z}_A=\boldsymbol{Z}_{gb}+\boldsymbol{Z}_{lb}+\boldsymbol{Z}_B=\boldsymbol{Z}_{gc}+\boldsymbol{Z}_{lc}+\boldsymbol{Z}_c$이다. 평형형이면 $\boldsymbol{V}_N=0$으로 간주한다. 즉 중성점 연결선 컨덕턴스가 0이므로 $\boldsymbol{I}_0=0$이라는 뜻이다. 따라서 일반적으로 $Y-Y$결선에서는 $\boldsymbol{V}_N=0$으로 해석한다. 간략화 식 (9.15)로부터 선전류 $\boldsymbol{I}_{aA}$, $\boldsymbol{I}_{bB}$, $\boldsymbol{I}_{cC}$는 아래와 같다.

$$I_{aA} = \frac{V_{a'n}}{Z_\phi} \tag{9.16}$$

$$I_{bB} = \frac{V_{b'n}}{Z_\phi} \tag{9.17}$$

$$I_{cC} = \frac{V_{c'n}}{Z_\phi} \tag{9.18}$$

위의 식에서 3상 평형형이므로 각 상전류의 진폭과 주파수는 같으며 위상각만 120° $(2\pi/3)$씩 차이가 난다. 그림 9.11은 3상 $Y-Y$결선에서 $\boldsymbol{I}_{bB}$, $\boldsymbol{I}_{cC}$의 연결선을 끊은 상태에서 3상 중 $\boldsymbol{I}_{aA}$ 1상만을 독립적으로 나타낸 등가회로이다.

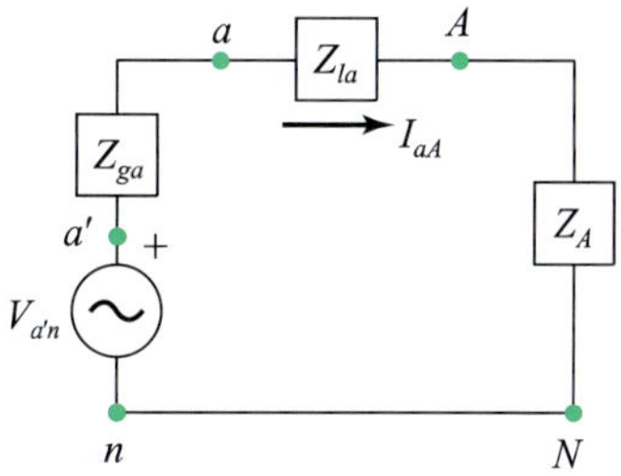

그림 9.11 1상 등가회로

위의 등가회로에서 고려해야 할 사항은 여기서 $\boldsymbol{I}_{aA}$가 중성점 연결도선을 통해서 흐르므로 이 전류가 중성점 전류($\boldsymbol{I}_0$)와 같지 않은가 하는 생각을 할 수도 있다. 하지만 이미 전압 페이저 식 (9.4)에서 각 상전압의 합은 0이라는 점을 생각하면 아래의 식에서 힌트를 얻을 수 있다.

$$\boldsymbol{I}_{aA} + \boldsymbol{I}_{bB} + \boldsymbol{I}_{cC} = \boldsymbol{I}_0 = 0 \tag{9.19}$$

그림 9.12는 그림 9.11을 근거로 중성점 연결도선이 단락(short)되었을 때 각 상의 선간전압을 나타낸 등가회로이다. 구성될 수 있는 세 가지 폐회로에 KVL을 적용하면 아래와 같은 관계식이 얻어진다.

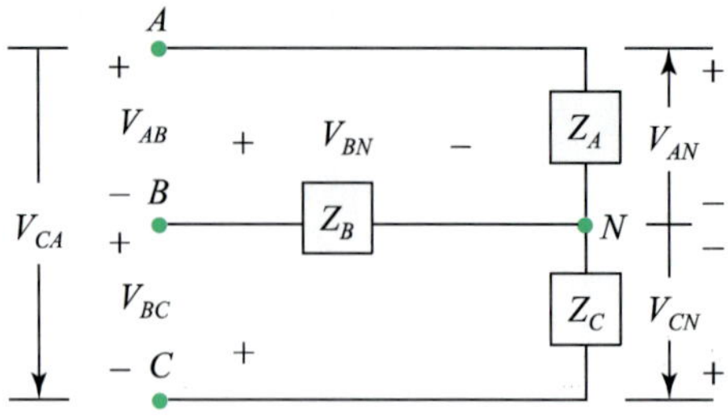

그림 9.12 선간전압 및 중성전 간 전압

$$\boldsymbol{V}_{AB} = \boldsymbol{V}_{AN} - \boldsymbol{V}_{BN} \tag{9.20}$$

$$\boldsymbol{V}_{BC} = \boldsymbol{V}_{BN} - \boldsymbol{V}_{CN} \tag{9.21}$$

$$\boldsymbol{V}_{CA} = \boldsymbol{V}_{CN} - \boldsymbol{V}_{AN} \tag{9.22}$$

각 상에 대한 선-중성점 간의 전압을 페이저로 나타내면 아래의 식처럼 그 크기는 같고 위상각만 120°씩 차이를 갖는다.

$$\boldsymbol{V}_{AN} = V_p \angle 0° \tag{9.23}$$

$$\boldsymbol{V}_{BN} = V_p \angle -120° \tag{9.24}$$

$$\boldsymbol{V}_{CN} = V_p \angle -240° \tag{9.25}$$

단, 위의 식에서 V_p는 선-중성점 간의 전압 크기로 상전압을 뜻한다.

따라서 이들 식을 식 (9.20)~식 (9.22)에 대입하여 그림 9.13(a), (b)의 벡터도로 계산하면 아래의 결과가 나온다.

$$\boldsymbol{V}_{AB} = V_p \angle 0° - V_p \angle -120° = \sqrt{3}\, V_p \angle 30° \tag{9.26}$$

$$\boldsymbol{V}_{BC} = V_p \angle -120° - V_p \angle +120° = \sqrt{3}\, V_p \angle -90° \tag{9.27}$$

$$\boldsymbol{V}_{CA} = V_p \angle -240° - V_p \angle 0° = \sqrt{3}\, V_p \angle -210° \tag{9.28}$$

이상으로 Y−Y 결선의 결과를 정리하면 아래와 같다. $\boldsymbol{V}_l$은 선간전압, $\boldsymbol{I}_l$, $\boldsymbol{I}_p$는 선전류 및 상전류이다.

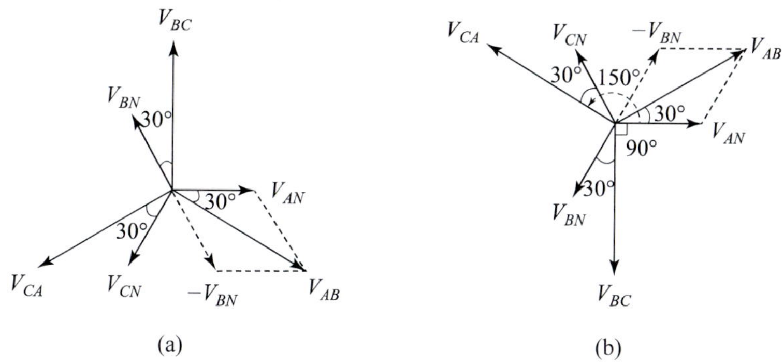

그림 9.13 선간전압 계산 벡터도

$Y-Y$ 결선 요점 정리

- 선간전압의 크기는 상전압 크기의 $\sqrt{3}$ 배이다. → $\boldsymbol{V}_l = \sqrt{3}\,\boldsymbol{V}_p$
- 선간전압은 상전압보다 위상이 $30°(\pi/6)$씩 앞선다. → $\boldsymbol{V}_l = \boldsymbol{V}_p \angle -30°$
- 선전류와 상전류는 같다. → $\boldsymbol{I}_l = \boldsymbol{I}_p$

중성점이 연결되어 있을 때 그림 9.11, 그림 9.12와 같이 전원과 부하가 단독으로 동작하는 개별 회로로 분리해서 $Y-Y$결선회로를 해석하는 것이 이해하기 쉽다. 또한 각 선전류의 합은 아래와 같다. 편의상 그림 9.10의 전압, 전류의 표기 시 아래 첨자 중 뒤에 있는 문자와 임피던스 표기의 아래 첨자를 생략하기로 한다.

$$\boldsymbol{I}_a + \boldsymbol{I}_b + \boldsymbol{I}_c = \frac{\boldsymbol{V}_a}{\boldsymbol{Z}} + \frac{\boldsymbol{V}_b}{\boldsymbol{Z}} + \frac{\boldsymbol{V}_c}{\boldsymbol{Z}} = \frac{1}{\boldsymbol{Z}}(\boldsymbol{V}_a + \boldsymbol{V}_b + \boldsymbol{V}_c)$$

식 (9.4)로부터 $\boldsymbol{V}_a + \boldsymbol{V}_b + \boldsymbol{V}_c = 0$이므로

$$\boldsymbol{I}_a + \boldsymbol{I}_b + \boldsymbol{I}_c = 0 \tag{9.29}$$

이 식은 부하의 중성점 N으로 흘러 들어오는 전류의 합은 0이라는 뜻이고, 한편 전원의 중심점(n)에서 생각하면 이점에서 흘러 나가는 전류의 합이 0이라는 뜻도 된다. 각 상의 임피던스 $\boldsymbol{Z} = R + jX$라 하고, 그 위상각 $\theta = \tan^{-1}(X/R)$이므로 식 (9.16)~(9.18)을 페이저로 나타내면 아래의 식과 같다.

$$I_a = \frac{V_a}{Z\angle\theta} = \frac{V_a}{Z}\angle -\theta [A] \tag{9.30}$$

$$I_b = \frac{V_b\angle -2\pi/3}{Z\angle\theta} = \frac{V_b}{Z}\angle -\theta - \frac{2\pi}{3} [A] \tag{9.31}$$

$$I_c = \frac{V_c\angle -4\pi/3}{Z\angle\theta} = \frac{V_c}{Z} = \angle -\theta - \frac{4\pi}{3} [A] \tag{9.32}$$

익힘 문제 9.1

3상 Y결선에서 각 상전압이 220[V]라면 각 선간전압은 얼마인가?

풀이 선간전압 V_l은 선간전압 V_p의 $\sqrt{3}$ 배이므로 $V_l = \sqrt{3}\, V_p \fallingdotseq 1.732 \times 220 = 381[V]$

익힘 문제 9.2

3상 $Y-Y$결선에서 상 a의 전압의 크기가 200[V]이고 평형 3상부하의 임피던스가 $Z = 6 + j8$일 때 상 a의 전류를 페이저로 구하라.

풀이 $Z = \sqrt{6^2 + 8^2} = 10[\Omega]$, 임피던스각 $\theta = \tan^{-1}\frac{8}{6} \fallingdotseq 53.1°$이므로

$$I_a = V_a/Z \fallingdotseq \frac{200}{10\angle 53.1} = 20\angle -53.1°$$

9.4 Δ결선

(1) 상전압과 선간전압

그림 9.14(a)는 대칭 3상 전압원의 Δ결선이다. 그림에서 보는 바와 같이 상전압과 선간전압은 모두 같다.

$$V_a = V_{ab},\ V_b = V_{bc},\ V_c = V_{ca} \tag{9.33}$$

(2) 상전류와 선전류

앞서 그림 9.8에서 Y결선의 선간전압 페이저도에서와 같은 방법으로 Δ결선의 전류 페이저도를 작성한 것이 그림 9.14(b)이다.

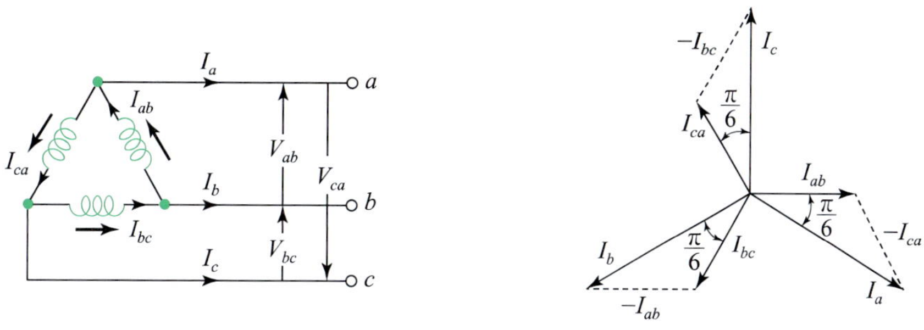

그림 9.14 Δ결선의 상전류와 선간전류

여기서도 이웃하는 상전류 페이저의 합으로 구한 페이저가 선전류 페이저이며 상전류가 선전류보다 위상이 $\pi/6(30°)$만큼 앞선다. 다시 말하면 선전류가 상전류보다 위상이 $\pi/6(30°)$만큼 늦다. 선전류 $\boldsymbol{I}_a$, $\boldsymbol{I}_b$, $\boldsymbol{I}_c$는 아래의 식과 같다.

$$\boldsymbol{I}_a = \boldsymbol{I}_{ab} - \boldsymbol{I}_{ca},\ \boldsymbol{I}_b = \boldsymbol{I}_{bc} - \boldsymbol{I}_{ab},\ \boldsymbol{I}_c = \boldsymbol{I}_{ca} - \boldsymbol{I}_{bc} \tag{9.34}$$

그림 9.14(b)의 페이저도에서 그림 9.8과 같은 원리로 등변 평행사변형의 대각선으로 이루어지는 직각 삼각형에서 $2\cos(\pi/6)$으로 선전류를 구하면 그 크기는 상전류의 $\sqrt{3}$배가 된다. 따라서 선전류를 $\boldsymbol{I}_l$, 상전류를 $\boldsymbol{I}_p$라 하면 선전류를 상전류의 페이저로 나타내면 아래와 같다.

$$\boldsymbol{I}_l = \sqrt{3}\,\boldsymbol{I}_p = \sqrt{3}\,I_P < -\frac{\pi}{6} \tag{9.35}$$

선간전압이란 어느 한 쌍의 선양단에 걸리는 전압이고, 상전압이란 어느 한 쌍에 걸리는 전압을 말하므로 Δ결선에서는 그림 9.14(a)에서 보는 바와 같이 선간전압이 바로 상전압이 됨을 알 수 있다. 이상까지의 결과를 정리하면 Δ결선의 전류, 전압의 특성은 아래와 같다.

Δ 결선의 특성

- 선전류의 크기는 상전류보다 $\sqrt{3}$ 배가 크다. → $\boldsymbol{I}_l = \sqrt{3}\,\boldsymbol{I}_p$
- 선전류가 상전류보다 위상이 $30°(\pi/6)$ 늦다. → $\boldsymbol{I}_l = \boldsymbol{I}_p \angle -30°$
- 선간전압과 상전압은 같다. → $\boldsymbol{V}_l = \boldsymbol{V}_p$

3상 결선에서는 일반적으로 전압정격은 선간전압을 사용한다. 따라서 송전선에서 345[kV]란 통칭 실효치 선간전압이며 345,000[V]를 뜻한다.

(3) Δ−Δ 결선

그림 9.15는 전압원과 부하 임피던스 둘 다 Δ 결선인 $\Delta-\Delta$ 결선회로이다. 부하 임피던스 $\boldsymbol{Z} = R + jX$일 때 $Z = \sqrt{R^2 + X^2}$, $\theta = \tan^{-1}(X/R)$이므로 부하에서의 상전류는 아래와 같다.

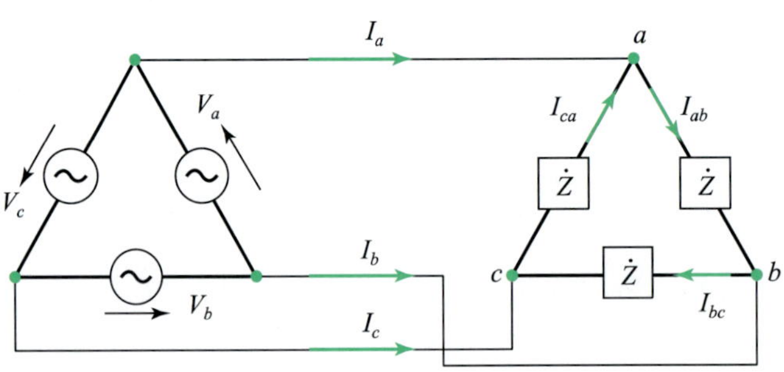

그림 9.15 $\Delta-\Delta$ 결선회로

$$\boldsymbol{I}_{ab} = \boldsymbol{V}_a / \boldsymbol{Z} = \frac{V_a}{Z} \angle -\theta \tag{9.36}$$

$$\boldsymbol{I}_{bc} = \boldsymbol{V}_b / \boldsymbol{Z} = \frac{V_b}{Z} \angle -\theta - \frac{2\pi}{3} \tag{9.37}$$

$$\boldsymbol{I}_{ca} = \boldsymbol{V}_c / \boldsymbol{Z} = \frac{V_0}{Z} \angle -\theta - \frac{4\pi}{3} \tag{9.38}$$

만일 선전류로 나타낼 경우에는 아래와 같은 식이 된다.

$$I_a = \sqrt{3}\,\frac{V_a}{Z}\angle -\theta \tag{9.39}$$

$$I_b = \sqrt{3}\,\frac{V_b}{Z}\angle -\theta - \frac{2\pi}{3} \tag{9.40}$$

$$I_c = \sqrt{3}\,\frac{V_c}{Z}\angle -\theta - \frac{4\pi}{3} \tag{9.41}$$

$\Delta-\Delta$ 결선의 특성

- 선전류는 상전류의 $\sqrt{3}$ 배이다. → $I_l = \sqrt{3}\,I_p$
- 각 상전류 간에는 $120°(2\pi/3)$씩의 위상차가 있다.
- 선간전압과 상전압은 같다. → $V_l = V_p$

익힘 문제 9.3

3상 Δ 결선에서 각 상전압이 $200\sqrt{3}$[V]이고, 평형 부하 임피던스가 $6+j2\sqrt{3}$[Ω]일 때 각 상전류를 구하라.

풀이 $Z = \sqrt{6^2 + (2\sqrt{3})^2} = 4\sqrt{3}\,[\Omega]$, $\theta = \tan^{-1}\left(\frac{2\sqrt{3}}{6}\right) = 30°$ 이므로

$I_{ab} = \frac{V_a}{Z}\angle -\theta = \frac{200\sqrt{3}}{4\sqrt{3}}\angle -30° = 50\angle -30°$, $I_{bc} = \frac{V_b}{Z}\angle -\theta - \frac{2\pi}{3} = \frac{200\sqrt{3}}{4\sqrt{3}}$ $\angle -30° - 120° = 50\angle -150°$, $I_{ca} = \frac{V_c}{Z}\angle -\theta - \frac{4\pi}{3} = \frac{200\sqrt{3}}{4\sqrt{3}}\angle -30° - 240° =$ $50\angle -270°$

9.5 $Y-\Delta$ 결선

그림 9.16(a)는 전원이 Y결선, 부하가 Δ결선인 3상 교류회로이다. 즉 $Y-\Delta$결선회로이다. 이와 같이 부하가 Δ결선인 경우에는 Δ결선을 Y결선으로 변환하여 회로를 앞서 다

룬 $Y-Y$결선회로로 해석하는 것이 훨씬 편리하다. 따라서 $\Delta-Y$변환 후 $Y-Y$결선으로 변환한 그림 9.16(b)로 해석해보기로 한다. 그림 9.17은 부하측 결선만 분리해서 해석하기 위한 그림이다. $\Delta-Y$로 고치기 위해 좌측의 Δ회로를 등가인 우측의 2소자 Y그림으로 변환한 것이다. 먼저 그림 9.17(a)에서 $b-a$ 간의 합성 임피던스를 고려해 보자. $Y-\Delta$결선과 등가인 $Y-Y$결선이 되기 위해서는 단간 임피던스가 서로 같아야 되므로 아래의 관계식이 성립한다.

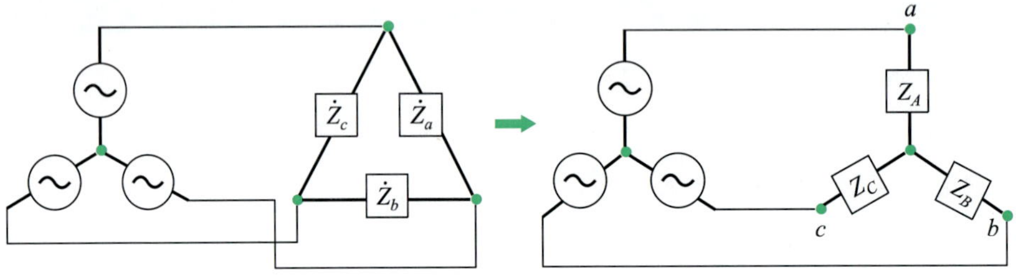

(a) $Y-\Delta$결선 (b) $Y-Y$결선

그림 9.16 $Y-\Delta$의 $Y-Y$변환

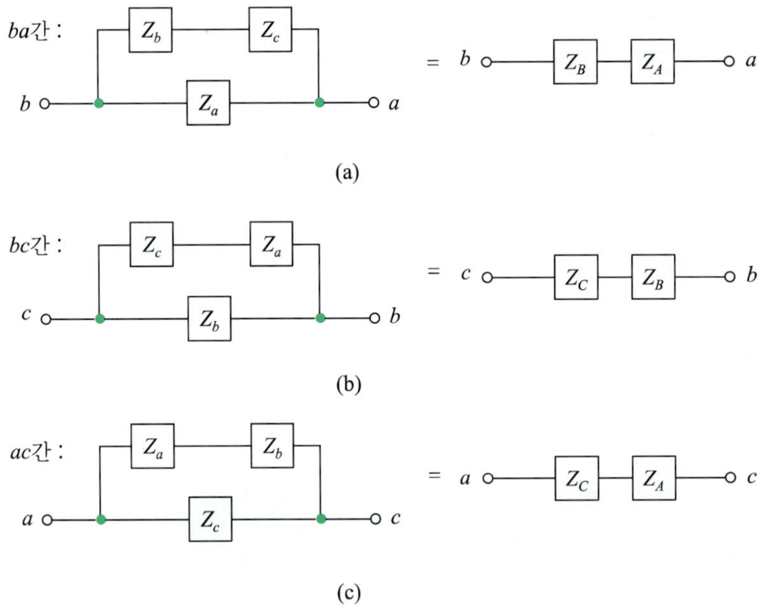

그림 9.17 $\Delta-Y$결선 등가 임피던스

$$\frac{Z_a(Z_b+Z_c)}{Z_a+Z_b+Z_c}=Z_A+Z_B \tag{9.42}$$

마찬가지로 그림 9.17(b) ~ 그림 9.17(c)에 대해서도 관계식을 구하면 아래와 같다.

$$\frac{Z_b(Z_c+Z_a)}{Z_a+Z_b+Z_c}=Z_B+Z_C \tag{9.43}$$

$$\frac{Z_c(Z_a+Z_b)}{Z_a+Z_b+Z_c}=Z_A+Z_C \tag{9.44}$$

식 (9.42) ~ 식 (9.44)를 모두 더하면 아래와 같다.

$$\frac{Z_a(Z_b+Z_c)}{Z_a+Z_b+Z_c}+\frac{Z_b(Z_c+Z_a)}{Z_a+Z_b+Z_c}+\frac{Z_c(Z_a+Z_b)}{Z_a+Z_b+Z_c}=Z_A+Z_B+Z_B+Z_C+Z_A+Z_C \tag{9.45}$$

식 (9.45)의 좌·우변 항을 계산하여 정리하면

$$\frac{2(Z_aZ_b+Z_bZ_c+Z_aZ_c)}{Z_a+Z_b+Z_c}=2(Z_A+Z_B+Z_C)$$

$$\therefore\ Z_A+Z_B+Z_C=\frac{Z_aZ_b+Z_bZ_c+Z_aZ_c}{Z_a+Z_b+Z_c} \tag{9.46}$$

가 된다. 식 (9.46)에서 식 (9.42) ~ 식(9.44)를 빼면 아래와 같이 Z_A, Z_B, Z_C가 구해진다.

$$Z_A=\frac{Z_aZ_c}{Z_a+Z_b+Z_c} \tag{9.47}$$

$$Z_B=\frac{Z_aZ_b}{Z_a+Z_b+Z_c} \tag{9.48}$$

$$Z_C=\frac{Z_bZ_c}{Z_a+Z_b+Z_c} \tag{9.49}$$

위의 식은 불평형 부하 임피던스에 적용되지만 평형형인 경우에는 $Z_a=Z_b=Z_c$이므로

$$Z_A=\frac{1}{3}Z_a \tag{9.50}$$

$$Z_B=\frac{1}{3}Z_b \tag{9.51}$$

$$Z_C=\frac{1}{3}Z_c \tag{9.52}$$

위의 식으로부터 평형 부하 임피던스에서 Δ결선을 Y결선으로 변환하려면 Y결선의 임피던스가 Δ결선 임피던스의 1/3이 되어야 함을 알 수 있다.

$$Z_Y = \frac{1}{3} Z_\Delta \tag{9.53}$$

9.6 $\Delta - Y$ 결선

전원이 Δ결선, 부하가 Y결선인 3상 교류회로인 경우에는 Y결선을 Δ결선으로 변환하여 회로를 앞서 다룬 $\Delta - \Delta$결선회로로 해석하는 것이 훨씬 편리하다. $\Delta - Y$결선을 $\Delta - \Delta$결선회로로 변환하자면 그림 9.18과 같이 Y결선을 Δ결선으로 변환해야 한다. 식 (9.47)을 Z_c로 분모, 분자를 나누어주면 아래와 같다.

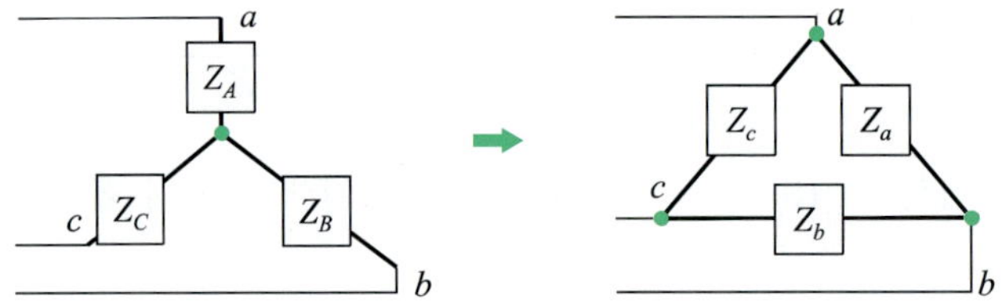

그림 9.18 $Y - \Delta$ 변환

$$Z_A = \frac{Z_a}{\dfrac{Z_a}{Z_c} + \dfrac{Z_b}{Z_c} + 1} \tag{9.54}$$

식 (5.47)~식 (9.49)로부터 $Z_B / Z_C = Z_a / Z_c$, $Z_B / Z_A = Z_b / Z_c$이므로 이를 식 (9.54)에 대입하면

$$Z_A = \frac{Z_a}{\dfrac{Z_B}{Z_C} + \dfrac{Z_B}{Z_A} + 1} = \frac{Z_a}{\dfrac{Z_A Z_B + Z_B Z_C + Z_C Z_A}{Z_C Z_A}} = \frac{Z_a (Z_A Z_C)}{Z_A Z_B + Z_B Z_C + Z_A Z_C} \tag{9.55}$$

양변에 Z_A로 나눈 뒤 Z_a에 관해서 풀면 아래의 결과를 얻는다.

$$Z_a = \frac{Z_A Z_B + Z_B Z_C + Z_A Z_C}{Z_C} \tag{9.56}$$

같은 방법으로 Z_b, Z_c를 구하면 아래와 같다.

$$Z_b = \frac{Z_A Z_B + Z_B Z_C + Z_A Z_C}{Z_A} \tag{9.57}$$

$$Z_c = \frac{Z_A Z_B + Z_B Z_C + Z_A Z_C}{Z_B} \tag{9.58}$$

평형 부하 임피던스인 경우에는 $Z_A = Z_B = Z_C$이므로 이를 식 (9.56)~식 (9.58)에 대입하면

$$Z_a = \frac{3Z_C Z_C}{Z_C} = 3Z_A \tag{9.59}$$

$$Z_b = \frac{3Z_A Z_A}{Z_A} = 3Z_B \tag{9.60}$$

$$Z_c = \frac{3Z_B Z_B}{Z_B} = 3Z_C \tag{9.61}$$

위의 결과 식으로부터 평형 부하 임피던스인 경우에 Y결선을 Δ결선으로 변환하려면 Δ결선의 임피던스가 Y결선 임피던스의 3배가 되어야 함을 알 수 있다.

$$Z_\triangle = 3Z_Y \tag{9.62}$$

익힘 문제 9.4

대칭 3상 Δ결선에서 평형 부하 임피던스가 $Z_\Delta = 6 + j3$일 때 Y결선으로 변환할 때의 부하 임피던스 Z_Y를 구하라.

풀이 $Z_Y = \frac{1}{3} Z_\Delta = \frac{1}{3}(6 + j3) = 2 + j$

익힘 문제 9.5

3상 Y결선에서 $Z_A = 2[\Omega]$, $Z_B = 4[\Omega]$, $Z_C = 8[\Omega]$일 때 Δ결선으로 변환할 때의 Z_a, Z_b, Z_c를 각각 구하라.

풀이 $Z_a = \frac{(2\times4)+(4\times8)+(8\times2)}{8} = \frac{56}{8} = 7[\Omega]$, $Z_b = \frac{(2\times4)+(4\times8)+(8\times2)}{2} = \frac{56}{2}$
$= 28[\Omega]$, $Z_c = \frac{(2\times4)+(4\times8)+(8\times2)}{4} = \frac{56}{4} = 16[\Omega]$

9.7 3상 교류의 전력

3상 교류회로의 전력은 Y, Δ결선 또는 평형, 불평형에 관계없이 각 상에 대한 전력의 합을 구하면 된다. 편의상 Y결선에 대한 표기로 설명을 하기로 한다. 부하에서의 상전압이 V_a, V_b, V_c이고, 상전류가 I_a, I_b, I_c일 때 상전압(V_p)과 상전류(I_p) 사이에 θ의 위상차가 있으므로 그 위상차를 θ_a, θ_b, θ_c라 하면 유효전력 P는 아래의 식으로 표시된다.

$$P = V_a I_a \cos\theta_a + V_b I_b \cos\theta_b + V_c I_c \cos\theta_c [\mathrm{W}] \tag{9.63}$$

평형형인 경우에는 전압, 전류, 위상각이 각상마다 같으므로 $V_a = V_b = V_c = V_p$, $I_a = I_b = I_c = I_p$, $\theta_a = \theta_b = \theta_c = \theta_p$라고 할 때 아래와 같이 표시할 수 있다.

$$P = 3V_p I_p \cos\theta_p [\mathrm{W}] \tag{9.64}$$

한편 선간전압의 실효치 및 선전류의 실효치를 V_l, I_l이라고 하면

$$Y\text{결선} : I_p = I_l,\ V_p = \frac{1}{\sqrt{3}} V_l$$

$$\Delta\text{결선} : I_p = \frac{1}{\sqrt{3}} I_l,\ V_p = V_l$$

이므로 이들을 식 (9.64)에 대입하면 아래의 식을 얻는다.

$$P = \sqrt{3} V_l I_l \cos\theta_l [\mathrm{W}] \tag{9.65}$$

무효전력 P_q와 피상전력 P_S는 아래와 같다.

$$P_q = \sqrt{3} V_l I_l \sin\theta_l [\mathrm{VA}] \tag{9.66}$$

$$P_S = \sqrt{3}\ V_l I_l [\mathrm{var}] \tag{9.67}$$

(1) 진상(進相) 커패시터

공장 등에서 사용하고 있는 대형 3상 교류 전동기에는 커패시터가 붙어있다. 이것은 역률을 개선하기 위한 용도이다. 식 (9.65)에서 알 수 있듯이 교류전력은 $\cos\theta$의 크기에 좌우되며, 이 값은 θ가 작을수록 $\cos\theta$의 값이 커지므로 유효전력도 증가한다. 다시 말해서 역률($\cos\theta$)을 높이면 교류전력도 커진다. 그림 9.19(a)는 커패시터만 있을 때의 전압과 전류의 페이저도이다. 그림 9.19(b)는 전동기의 전압과 전류의 페이저도이고, I_m은 전동기의 전류이다. 여기에 커패시터를 추가하면 전류의 페이저는 그림 9.19(a)와 그림 9.19(b)의 합성 페이저가 그림 9.19(c)와 같이 되고 위상각 θ는 θ'로 줄어든다. 따라서 역률은 개선되므로 $P = 3V_p I_p \cos\theta_p$값 또한 증가한다. 이와 같이 전동기의 역률을 개선하기 위하여 붙인 커패시터는 전류의 위상을 앞선 쪽으로 변화시켜 전력손실을 감소시키므로 이때의 콘덴서를 진상용 커패시터라고 부른다.

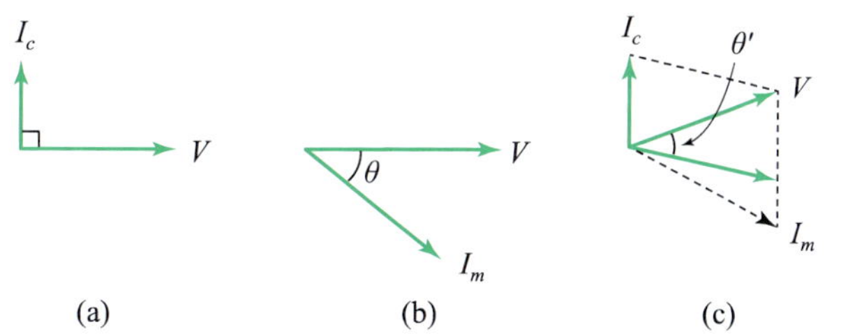

그림 9.19 진상 커패시터의 벡터도

익힘 문제 9.6

3상 평형 Y결선의 부하 임피던스가 $Z = 8 + j6[\Omega]$에 대칭 3상 선간전압 300[V]가 가해졌을 때 유효전력, 무효전력, 피상전력을 구하라.

풀이 $R = 8$, $X = 6$이므로 $Z = \sqrt{8^2 + 6^2} = 10$, $\cos\theta = R/Z = 8/10 = 0.8$, $\sin\theta = X/Z = 6/10 = 0.6$이다. 따라서 아래와 같다.

$$\boldsymbol{V}_p = \frac{\boldsymbol{V}_l}{\sqrt{3}} = \frac{300}{\sqrt{3}} = 100\sqrt{3}[\mathrm{V}],\ \boldsymbol{I}_p = \boldsymbol{I}_l = \frac{\boldsymbol{V}_p}{Z} = \frac{100\sqrt{3}}{10} = 10\sqrt{3},$$

$$P = 3V_pI_p\cos\theta = 3\times 100\sqrt{3}\times 10\sqrt{3}\times 0.8 = 7,200[\mathrm{W}]$$

$$P_q = 3V_pI_p\sin\theta = 3\times 100\sqrt{3}\times 10\sqrt{3}\times 0.6 = 5,400[\mathrm{var}]$$

$$P_a = 3V_pI_p = 3\times 100\sqrt{3}\times 10\sqrt{3} = 9,000[\mathrm{VA}]$$

9.8 3상 교류전력의 측정법

3상 교류전력의 측정법에는 2전력계법과 3전력계법이 있으나 일반적으로 2전력계법이 널리 사용되고 있다. 그림 9.20은 교류 전력계의 구조와 코일 연결도이다. 전류코일(c.c. : current coil)에는 부하전류에 비례하여 전류가 흐르고 전위코일(p.c. : potential coil)에는 부하전압에 비례한 전류가 흐른다. c.c.의 임피던스는 비교적 작고 p.c.의 임피던스는 아주 크므로 p.c.쪽으로 흐르는 전류는 무시할 정도이다. 그림 9.20(a)와 같이 전류코일(c.c.) 단자와 전위코일(p.c.) 단자에 극성 표시가 있으며, 지침의 회전방향은 코일의 전류, 전압의 극성에 달려있다. 간혹 양극성 표시(±)의 제품도 있다. 지침의 편위는 코일에 흐르는 전류, 전압의 실효값과 두 전류 사이의 위상각이 θ인 $\cos\theta$의 곱에 비례한다. 그림 9.21(a)는 단상 전력계 2개를 사용한 2전력계법의 회로연결도 및 그 페이저도를 나타낸다. 그림 9.21(a)와 같이 $a-b$에 전력계 P_1, $c-b$에 전력계 P_2가 연결되어 있으며 각각의 전력에 관한 식은 아래와 같다.

$$P_1 = |V_{AB}||I_a|\cos\theta_1[\mathrm{W}] \tag{9.68}$$

$$P_2 = |V_{CB}||I_c|\cos\theta_2[\mathrm{W}] \tag{9.69}$$

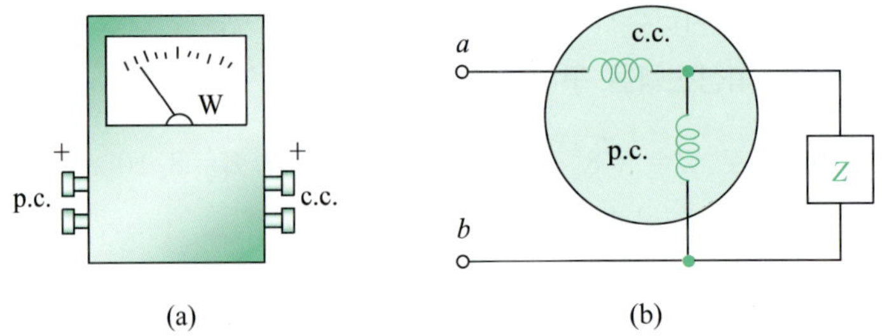

그림 9.20 단상 교류전력계

위의 식에서 θ_1은 $\boldsymbol{V}_{AB}$와 $\boldsymbol{I}_a$의 위상차, θ_2는 $\boldsymbol{V}_{CB}$와 $\boldsymbol{I}_c$의 위상차이다. 또한 그림 9.21(a)에서 부하는 평형형으로 그 임피던스의 페이저는 $\boldsymbol{Z} = Z\angle\theta$이라 할 때 θ_1, θ_2는 그림 9.21(b)로부터 아래와 같다.

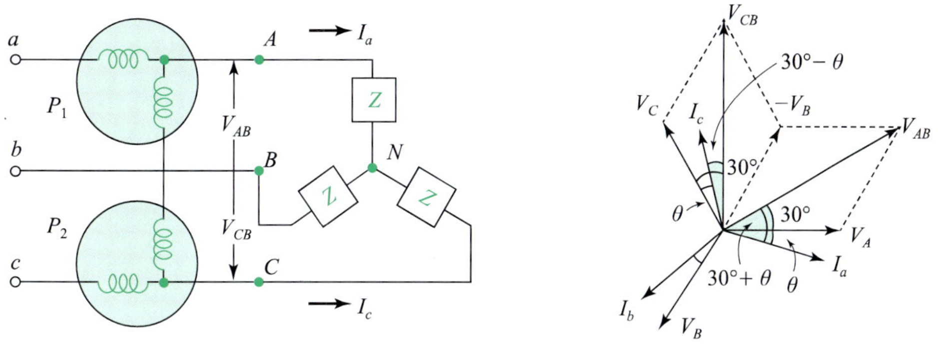

(a) 연결도 (b) 페이저도

그림 9.21 2전력계법

$$\theta_1 = 30° + \theta \tag{9.70}$$

$$\theta_2 = 30° - \theta \tag{9.71}$$

$|V_{AB}||I_a|\cos\theta_1 = V_l I_l \cos\theta_1$, $|V_{CB}||I_c|\cos\theta_2 = V_l I_l \cos\theta_2$이므로 위의 식 (9.68), 식 (9.69)를 식 (9.68), 식 (9.69)에 대입하면

$$P_1 = V_l I_l \cos(30° + \theta) \tag{9.72}$$

$$P_2 = V_l I_l \cos(30° - \theta) \tag{9.73}$$

따라서 총 전력은 $P_1 + P_2$이므로 $P = V_l I_l \cos(30° + \theta) + V_l I_l \cos(30° - \theta)$에서 삼각함수의 공식 $\cos(\alpha \pm \beta) = \cos\alpha\cos\beta \mp \sin\alpha\sin\beta$를 적용하면 아래의 결과 식을 얻는다.

$$P = \sqrt{3}\, V_l I_l \cos\theta \tag{9.74}$$

앞서 3상 전력을 구한 식 (9.65)와 일치한다. 참고로 3개의 전력계를 사용하는 3전력계법의 연결도를 나타내면 그림 9.22와 같다.

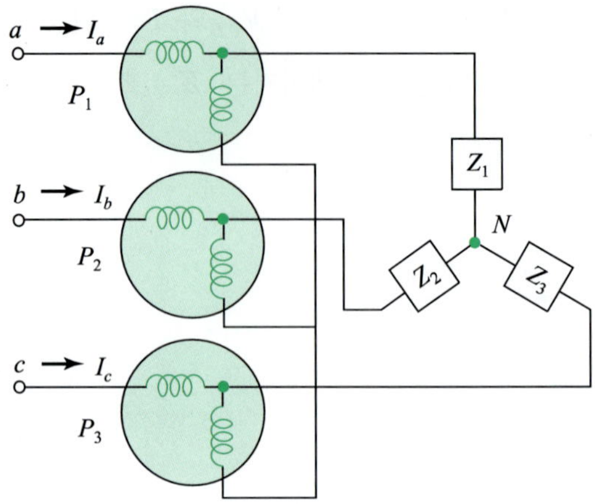

그림 9.22 3전력계법의 연결도

1. 3상 교류의 발생

교류 발전기의 코일은 3개이고 각 코일을 각기 120°(2π/3) 간격으로 위치해 놓으면 각 코일에 발생하는 교류의 위상 역시 360°(2π)의 1/3인 120°(2π/3)의 위상차를 갖는 3상 정현파 교류전압이 발생하며 그 식은 아래와 같다.

$$v_a = V_m \sin \omega t [\mathrm{V}]$$

$$v_b = V_m \sin(\omega t - 2\pi/3)[\mathrm{V}]$$

$$v_c = V_m \sin(\omega t - 4\pi/3)[\mathrm{V}]$$

3상 전압의 페이저도는 아래와 같다.

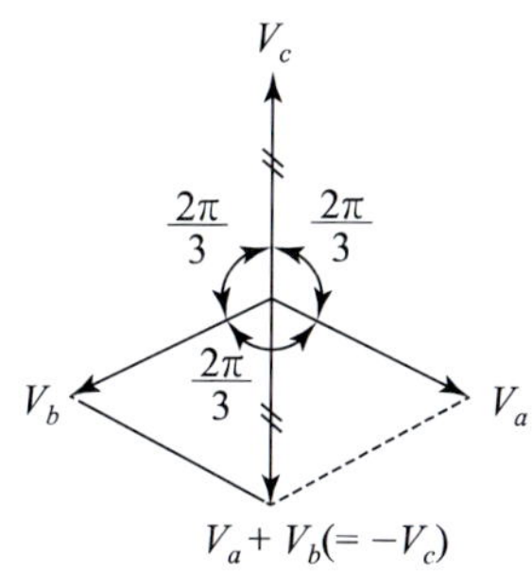

$\boldsymbol{V}_a$와 $\boldsymbol{V}_b$의 페이저 합은 그림에서와 같이 $\boldsymbol{V}_a$와 $\boldsymbol{V}_b$로 이루어지는 평행사변형의 대각선으로 $\boldsymbol{V}_c$와 방향이 180°가 다른 $-\boldsymbol{V}_c$가 되므로 $\boldsymbol{V}_a + \boldsymbol{V}_b = -\boldsymbol{V}_c$이다.

2. 3상 교류의 결선법

3상 전압 코일의 결선은 그림(a)의 Δ결선, 그림(b)의 Y결선이 있다.

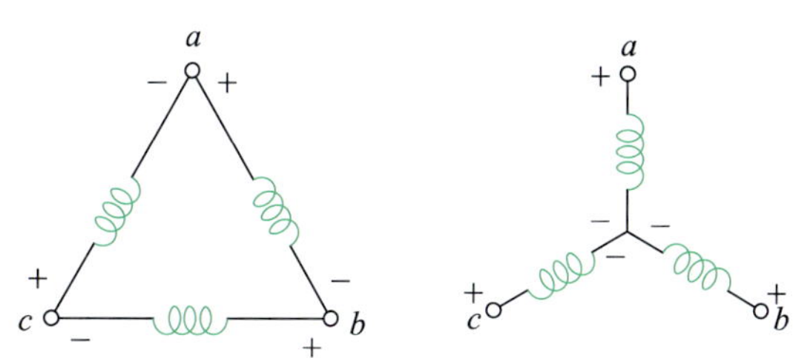

(a) (b)

3상 교류전압 부하를 연결할 때의 결선법에는 아래의 4개의 결선법이 가능하다.

$$Y-Y\text{결선},\ Y-\Delta\text{결선},\ \Delta-Y\text{결선},\ \Delta-\Delta\text{결선}$$

3. Y결선

(1) 상전압과 선간전압

아래 그림에서 각 코일에 발생하는 전압을 상전압(phase voltage : $\boldsymbol{V}_p$) $\boldsymbol{V}_a$, 상전압 $\boldsymbol{V}_b$, 상전압 $\boldsymbol{V}_c$라 한다. 또한 b를 기준으로 본 a점의 전압 $\boldsymbol{V}_{ab}$, c를 기준으로 본 b점의 전압 $\boldsymbol{V}_{bc}$, a를 기준으로 본 c점의 전압 $\boldsymbol{V}_{ca}$를 선간전압(line voltage : $\boldsymbol{V}_l$)이라 한다.

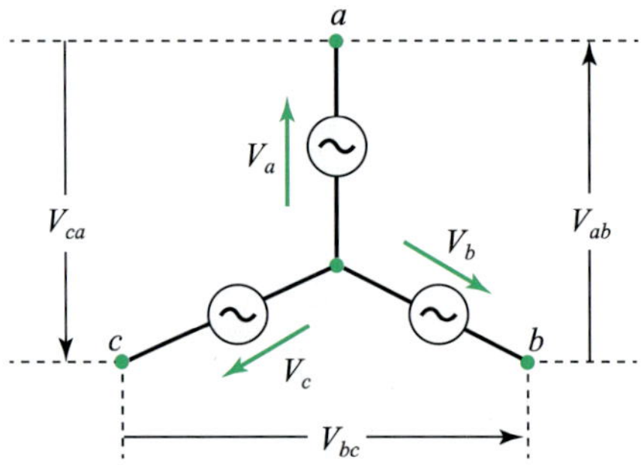

선간전압의 페이저도는 그림과 같고 여기서 상전압과 선간전압의 관계식이 아래와 같이 구해진다. 선간전압이 상전압보다 각각 위상이 $\pi/6(30°)$만큼 앞선다.

$$\boldsymbol{V}_{ab}=\sqrt{3}\,V_a\angle\frac{\pi}{6},\quad \boldsymbol{V}_{bc}=V_a\angle\frac{\pi}{6}-\frac{2\pi}{3},\quad \boldsymbol{V}_{ca}=\sqrt{3}\,V_a\angle\frac{\pi}{6}-\frac{4\pi}{3}$$

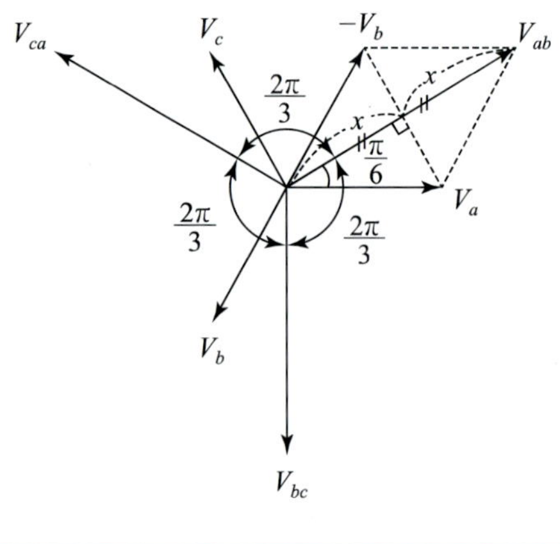

Y결선의 특성을 요약하면 아래와 같다.

- 선간전압 $=\sqrt{3}$ 상전압
- 선간전압은 상전압보다 위상이 $30°(\pi/6)$ 빠르다.

(2) $Y-Y$ 결선

아래의 그림은 3상 전원과 부하를 모두 Y결선으로 연결한 $Y-Y$ 결선이다. Y결선에서는 상전류가 바로 선전류가 된다. 전원의 중성점 n과 부하의 중성점 N을 연결한 선을 중성선이라고 한다. 중성점은 0전위로 전압의 기준 전위점이 된다.

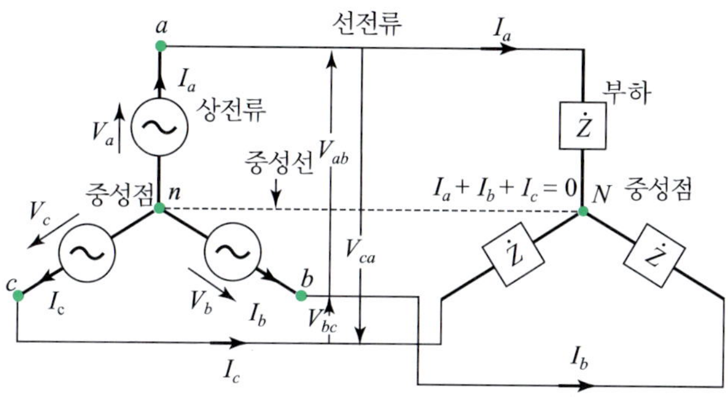

각 상에 대한 선-중성점 간의 전압을 페이저로 나타내면 아래의 식처럼 그 크기는 같고 위상각만 120°씩 차이를 갖는다.

$$V_{AN}=V_p\angle 0°$$

$$V_{BN}=V_p\angle -120°$$

$$V_{CN}=V_p\angle -240°$$

단, 위의 식에서 V_p는 선-중성점 간의 전압 크기로 상전압을 뜻한다.

위의 식들을 위에서의 벡터도로 계산하면 아래와 같은 결과 식이 얻어진다.

$$V_{AB}=V_p\angle 0° - V_p\angle -120° = \sqrt{3}\,V_p\angle 30°$$

$$V_{BC}=V_p\angle -120° - V_p\angle +120° = \sqrt{3}\,V_p\angle -90°$$

$$V_{CA}=V_p\angle -240° - V_p\angle 0° = \sqrt{3}\,V_p\angle -210°$$

$Y-Y$결선의 결과를 정리하면 아래와 같다. V_l은 선간전압, I_l, I_p는 선전류 및 상전류이다.

- 선간전압의 크기는 상전압 크기의 $\sqrt{3}$ 배이다. → $V_l = \sqrt{3}\,V_p$
- 선간전압은 상전압보다 위상이 30°씩 앞선다. → $V_l = V_p \angle -30°$
- 선전류와 상전류는 같다. → $I_l = I_p$

4. Δ 결선

(1) 상전압과 선간전압

아래의 대칭 3상 전압원의 Δ 결선에서 상전압과 선간전압은 모두 같다.

$$\boldsymbol{V}_a = \boldsymbol{V}_{ab},\quad \boldsymbol{V}_b = \boldsymbol{V}_{bc},\quad \boldsymbol{V}_c = \boldsymbol{V}_{ca}$$

(2) 상전류와 선전류

아래의 Δ 결선의 전류 페이저도에서 상전류가 선전류보다 위상이 30°(π/6)만큼 앞선다. 바꿔 말하면 선전류가 상전류보다 위상이 30°(π/6)만큼 늦다.

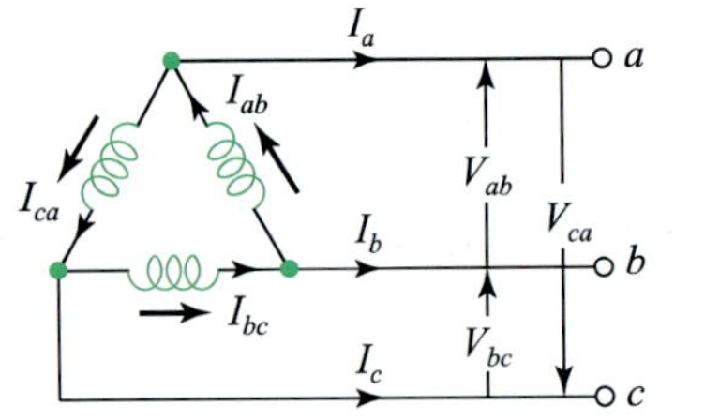

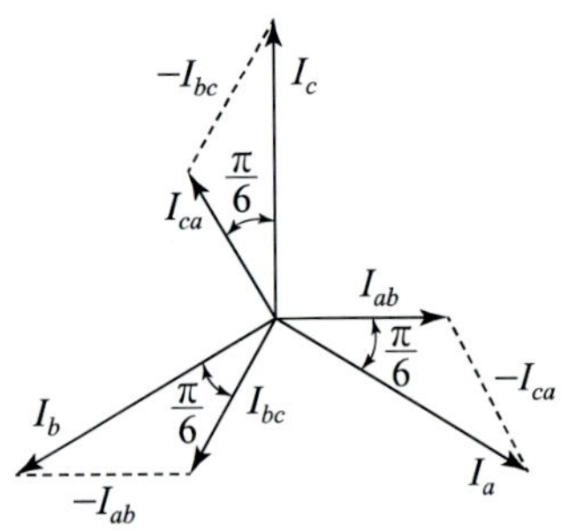

페이저도에서 각각 등변 평행사변형의 대각선으로 이루어지는 직각 삼각형에서 2 cos(π/6)으로 구하면 선전류의 크기는 상전류의 $\sqrt{3}$ 배가 된다. 따라서 선전류를 $\boldsymbol{I}_l$, 상전류를 $\boldsymbol{I}_p$라 하면 선전류를 상전류의 페이저로 나타내면 아래와 같다.

$$\boldsymbol{I}_l = \sqrt{3}\,\boldsymbol{I}_p = \sqrt{3}\,\boldsymbol{I}_p \angle -\frac{\pi}{6}$$

Δ 결선의 전류, 전압의 특성을 정리하면 아래와 같다.

- 선전류의 크기는 상전류보다 $\sqrt{3}$ 배가 크다. → $I_l = \sqrt{3}\,I_p$
- 선전류가 상전류보다 위상이 30°(π/6) 늦다. → $I_l = I_p \angle -30°$
- 선간전압과 상전압은 같다. → $V_l = V_p$

(3) $\Delta-\Delta$ 결선

아래의 그림은 전원과 부하 둘 다 Δ 결선인 $\Delta-\Delta$ 결선회로이다. 부하 임피던스 $\boldsymbol{Z}=R+jX$일 때 $Z=\sqrt{R^2+X^2}$, $\theta=\tan^{-1}(X/R)$이므로 부하에서의 상전류는 아래와 같다.

$$\boldsymbol{I}_{ab}=\boldsymbol{V}_a/\boldsymbol{Z}=\frac{V_a}{Z}\angle-\theta,\ \boldsymbol{I}_{bc}=\boldsymbol{V}_b/\boldsymbol{Z}=\frac{V_b}{Z}\angle-\theta-\frac{2\pi}{3},\ \boldsymbol{I}_{ca}=\boldsymbol{V}_c/\boldsymbol{Z}=\frac{V_c}{Z}\angle-\theta-\frac{4\pi}{3}$$

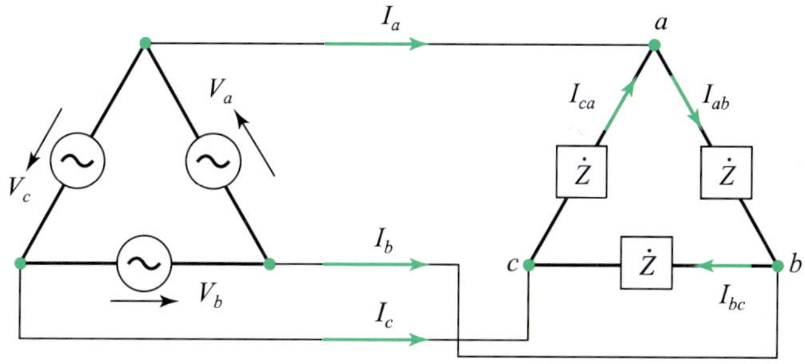

$\Delta-\Delta$ 결선의 특성을 요약하면 아래와 같다.

- 선전류는 상전류의 $\sqrt{3}$ 배이다. → $I_l=\sqrt{3}\,I_p$
- 각 상전류 간에는 $120°(2\pi/3)$씩의 위상차가 있다.
- 선간전압과 상전압은 같다. → $V_l=V_p$

5. $Y-\Delta$ 결선

아래의 그림은 전원이 Y결선, 부하가 Δ 결선인 3상 $Y-\Delta$ 결선회로이다. Δ 결선을 Y 결선으로 변환하여 $Y-Y$결선회로로 해석하면 변환 임피던스는

$$Z_A=\frac{Z_aZ_c}{Z_a+Z_b+Z_c},\quad Z_B=\frac{Z_aZ_b}{Z_a+Z_b+Z_c},\quad Z_C=\frac{Z_bZ_c}{Z_a+Z_b+Z_c}$$

이 되고 평형형인 경우에는 $Z_a=Z_b=Z_c$이므로 아래와 같게 된다.

$$Z_A=\frac{1}{3}Z_a,\ Z_B=\frac{1}{3}Z_b,\ Z_C=\frac{1}{3}Z_c$$

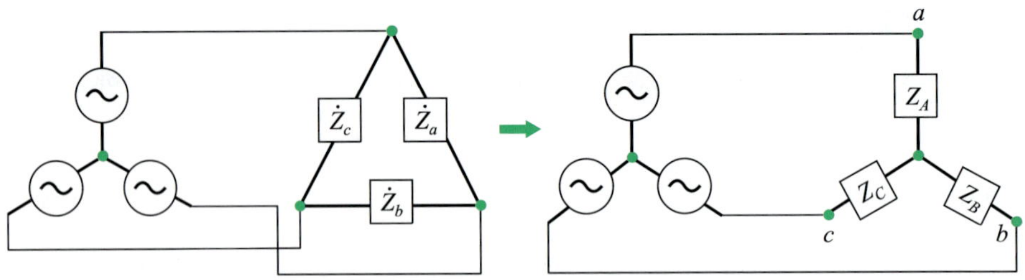

(a) $Y-\Delta$결선　　　(b) $Y-Y$결선

6. $\Delta-Y$ 결선

전원이 Δ결선, 부하가 Y결선인 3상 교류회로인 경우에는 Y결선을 Δ결선으로 변환하여 회로를 앞서 다룬 $\Delta-\Delta$결선회로로 해석한다. Δ결선 변환 임피던스는 평형형이면 $Z_A = Z_B = Z_C$이므로 아래와 같게 된다.

$$Z_a = 3Z_C, \quad Z_c = 3Z_B, \quad Z_b = 3Z_A$$

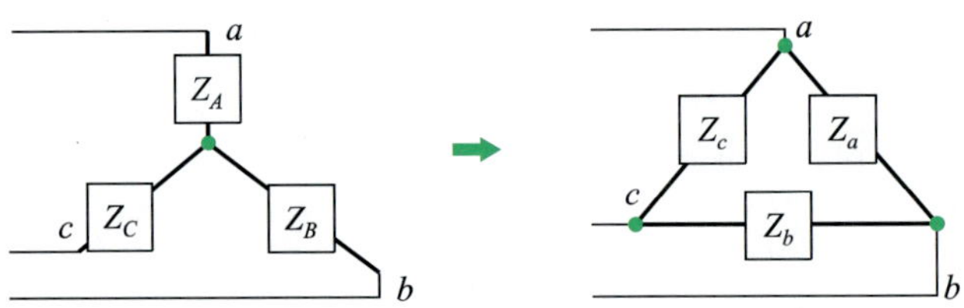

7. 3상 교류의 전력

3상 교류회로의 전력은 Y, Δ결선 또는 평형, 불평형에 관계없이 각 상에 대한 전력의 합을 구하면 된다. 평형형인 경우에는 유효전력 P, 무효전력 P_q, 피상전력 P_S는 아래와 같다.

$$P = \sqrt{3}\, V_l I_l \cos\theta_l [\mathrm{W}]$$

$$P_q = \sqrt{3}\, V_l I_l \sin\theta_l [\mathrm{VA}]$$

$$P_S = \sqrt{3}\, V_l I_l [\mathrm{var}]$$

8. 3상 교류전력의 측정법

3상 교류전력의 측정법에는 2전력계법과 3전력계법이 있으나 일반적으로 2전력계법이 널리 사용되고 있으며 그 결선법은 아래와 같다.

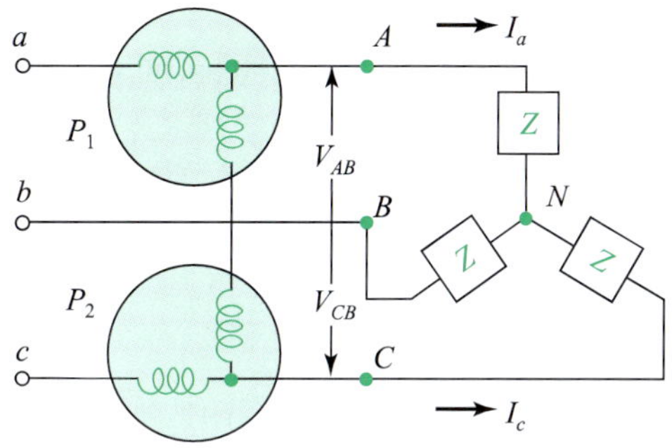

1. 3상 Y결선에서 선간전압이 866[V]일 때 상전압을 구하라.

2. 3상 Y결선에서 상전압이 200[V]인 대칭 3상 교류의 선간전압을 구하라.

3. 3상 대칭 Y결선에서 a상의 상전압이 $V_a = 100[\mathrm{V}]$라면 b상의 선간전압은 얼마인가?

4. 3상 $Y-Y$결선에서 선전류 $I_a = 10[\mathrm{A}]$이고 평형 부하 임피던스가 $5+j5[\Omega]$일 때, V_a를 구하라.

5. 그림 9.23의 대칭 3상 $Y-Y$결선에서 상전압 $\boldsymbol{V}_{aN}$과 선전류 $\boldsymbol{I}_a$, $\boldsymbol{I}_b$, $\boldsymbol{I}_c$를 페이저로 구하라.

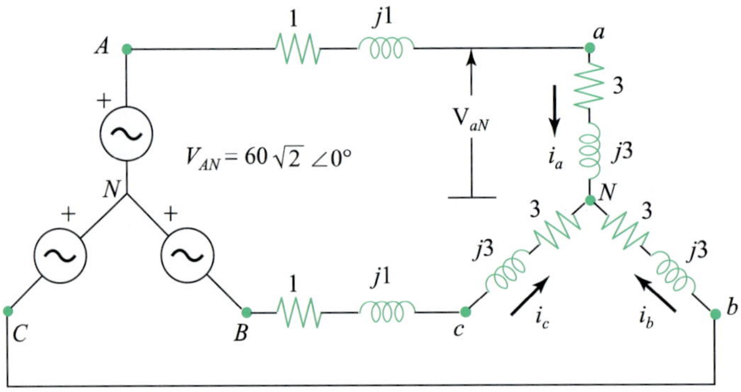

그림 9.23 $Y-Y$결선

6. 평형 3상 $Y-Y$결선회로에서 전압원의 임피던스가 $0.3+j0.4[\Omega]$, 상전압 $\boldsymbol{V}_a = 100[\mathrm{V}]$, 전원과 부하 간의 연결선 임피던스가 $0.7+j1.6[\Omega]$, 부하 임피던스가 $29+j38[\Omega]$일 때 아래 사항을 구하라.

① $Y-Y$결선의 1상에 대한 등가회로

② 상전류 I_a

③ 부하 양단에 걸리는 전압

7. 대칭 3상 Δ결선에서 선전류가 35[A]일 때 상전류는 얼마인가?

8. 대칭 3상 Δ결선회로의 상전류가 15[A]라면 선전류는 얼마인가?

9. 그림 9.24의 대칭 3상 회로에서 $r = 4[\Omega]$, $1/\omega C = X_C = 2[\Omega]$일 때 I_l의 크기를 구하라.

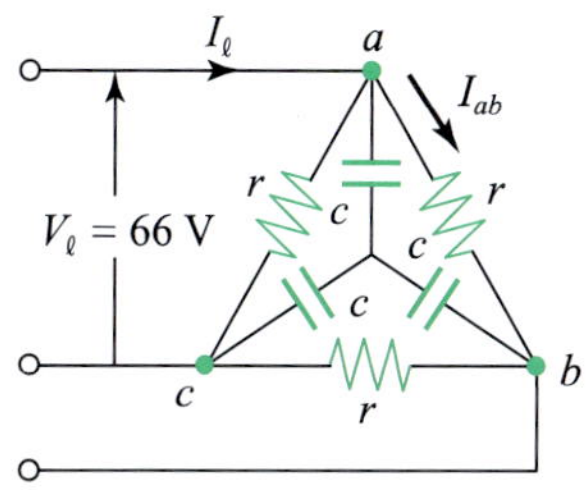

그림 9.24 Δ결선회로(A)

10. 그림 9.25는 a, b, c 간에 98[V]의 전압을 인가할 때의 Δ결선부하 회로이다. $\boldsymbol{Z} = 4.5 + j6$일 때 선전류의 크기를 구하라. 단, 전압원 쪽은 Y결선이고 $R = X = 0$이다.

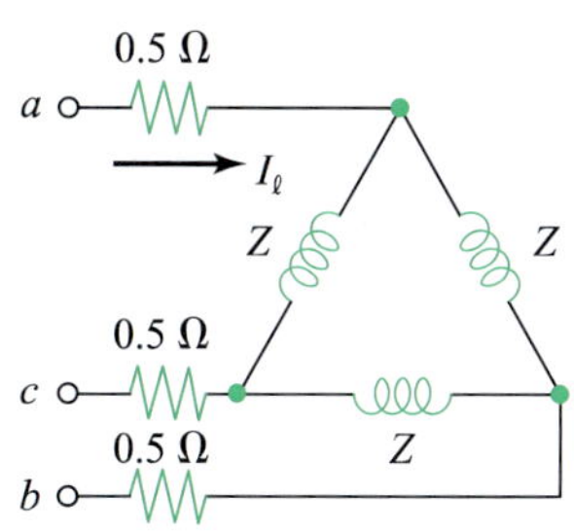

그림 9.25 Δ결선회로(B)

11. 그림 9.26의 $\Delta - \Delta$결선회로에서 $\boldsymbol{V}_b$, $\boldsymbol{V}_c$와 $\boldsymbol{I}_a$, $\boldsymbol{I}_b$, $\boldsymbol{I}_c$를 구하라.

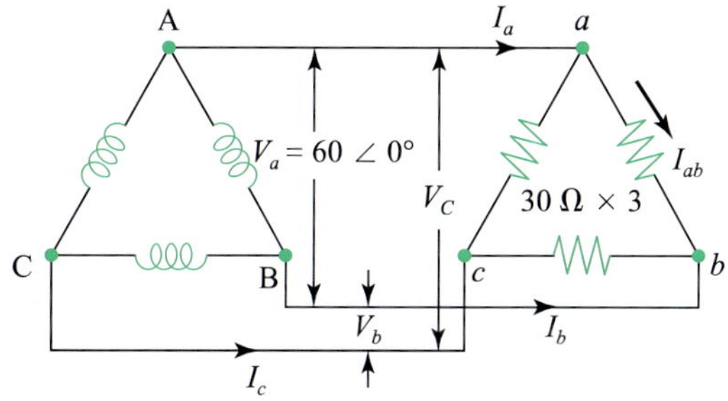

그림 9.26

12. 그림 9.27의 $\Delta-\Delta$ 결선회로에서 $V_{ab}=100\sqrt{6}$[V]일 때 I_a와 부하 선전류의 크기를 구하라.

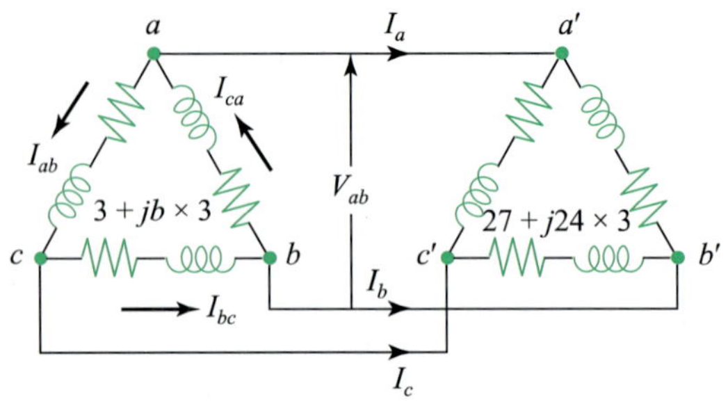

그림 9.27 $\Delta-\Delta$ 결선회로

13. 피상전력이 2,000[VA]인 3,300[V]의 3상 교류 발전기의 역율($\cos\theta$)이 0.8이라면 발전기의 유효출력(전력)과 선전류는 얼마인가? 단, 출력코일은 Y결선이라고 간주한다.

14. 그림 9.28의 평형 Y 부하에 3상 교류전압이 가해질 때 회로의 유효전력, 무효전력, 피상전력을 구하라.

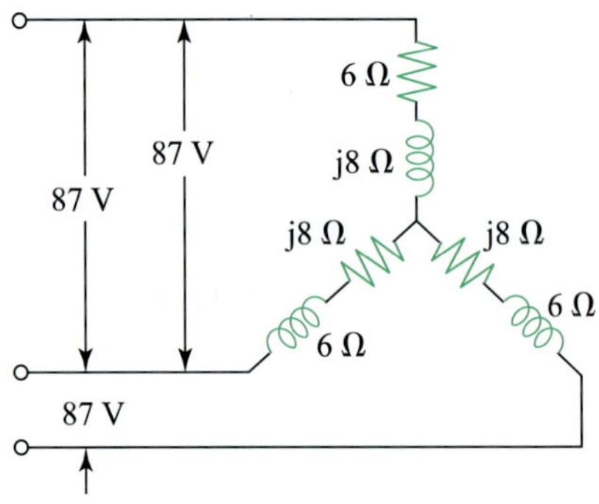

그림 9.28

15. 그림 9.29의 불평형형 3상 Y결선 부하의 각 상전류, 전압의 크기와 전체 피상전력, 유효전력, 무효전력을 구하라.

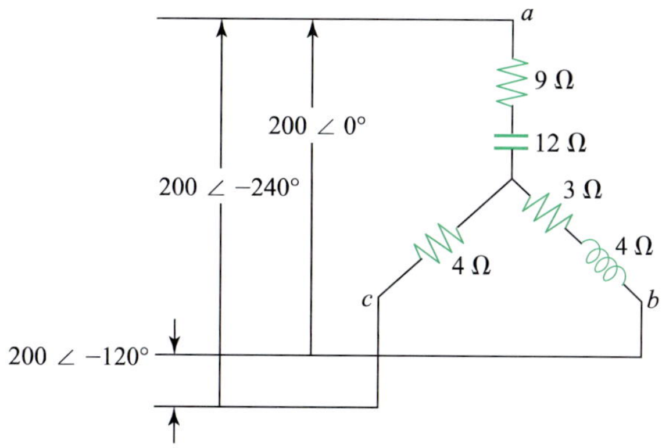

그림 9.29

Chapter

10

라플라스 변환

이 장에서는 무엇을 배우는가?

라플라스 변환의 필요성과 그 정의, 변환방법, 연산 및 그 응용 등을 익히고 전달함수의 정의 및 그 필요성을 이해한다.

학습효과

복잡한 정현파 교류회로 시스템을 주파수 영역으로 해석하는 데 필요한 기법을 습득하게 된다.

지금까지 교류회로의 해석에 정현파로의 변환이나 회로 수치의 연산 등에 복소수나 페이저를 활용하여 왔다. 즉, 이들을 사용하여 각종 정현파 신호에 대한 전압, 임피던스, 전류 등의 페이저 값을 구함으로써 시간 영역 해석이 가능했다. 그러나 회로 해석 시 회로방정식이 복잡한 미적분방정식일 경우에는 많은 시간이 요구되므로 시간 영역에서 주파수 영역으로 변환해주는 라플라스 변환을 이용하면 매우 편리하다. 회로의 전달함수나 응답함수는 라플라스 변환 또는 그 역변환에 의해 다시 시간 영역에서의 회로 해석이 쉽게 이루어질 수 있기 때문이다. 라플라스 변환표를 활용하면 방정식으로 된 여러 시간함수에 대한 해를 직접 계산을 하지 않고 그 해를 쉽게 구할 수 있는 특징을 갖고 있다. 이 장에서는 라플라스 변환의 정의, 계단함수와 임펄스함수의 특징을 다루어 보고 이들을 활용하여 각종 시간함수의 라플라스 변환을 구해보기로 한다.

10.1 라플라스 변환의 정의

시간함수를 주파수함수로 바꾸는 데에는 반드시 지수함수의 개입이 필요하다. 이미 제6장 및 제7장에서 정현파 교류전압의 표현을 $v = V_m \cos(\omega t + \theta)$로 설명한 바가 있다. 이 식에 지수함수 $e^{j\omega t}$를 곱하면 $v(t) = V_m e^{j\omega t} \cos(\omega t + \theta)$이고 $j\omega$를 실수 σ로 놓는다면 감쇠정현파가 된다. 이 식에서 $j\omega = \sigma = 0$이라면 $V_m \cos\theta = V_0$으로 상수가 되어 직류이다. $\sigma = 0$으로 놓으면 $V_m \cos(\omega t + \theta)$의 일반 정현파$(= V_m \sin(\omega t + \theta + 90°))$가 된다. $\theta = 0$이면 $V_0 e^{j\omega t}$의 지수함수가 된다. 즉, $V_m e^{j\omega t} \cos(\omega t + \theta)$는 $j\omega$, ω, θ의 값에 따라 직류, 정현파 교류, 지수함수가 될 수 있으므로 회로 해석 시 직류, 정현파 교류뿐만 아니라 과도현상까지 설명하는 데에 도움이 된다. 앞서 제7장의 7.1에서 인덕터에 걸리는 전압은 $L di/dt$와 같이 전류의 미분으로 $v_L = (j\omega L)i$, 커패시터 전류는 $C dv/dt$로 전압의 미분으로 $i_C = (j\omega C)v$가 되었으며 $e^{j\omega t}$의 미분은 $d(e^{j\omega t})/dt = (j\omega)e^{j\omega t}$로 미분결과에 모두 $j\omega$ 계수가 포함되어 있는 점에 주목할 필요가 있다. 만일 반대로 커패시터의 전압은 전류의 적분의 형태인 $v_C = \frac{1}{C}\int i\,dt = \frac{1}{j\omega C} i$, $e^{j\omega t}$의 적분은 $\int e^{j\omega t} dt = \frac{1}{j\omega} e^{j\omega t} + C$로 둘 다 $\frac{1}{j\omega}$ 계수가 포함되어 있다. 여기서 $j\omega = s$로 놓는다면 t변수의 시간 영역 함수는 함수의 미분과 적분에 의해 s변수의 주파수 영역 함수로 바뀔 수 있다. 바로 이 과정이 라플라스 변환과 역

라플라스 변환의 원리이다. 시간함수 $f(t)$에 대한 라플라스 변환의 정의식은 아래와 같다.

$$\mathcal{L}\{f(t)\} = \int_0^\infty f(t)e^{-st}dt \tag{10.1}$$

여기서 심벌 $\mathcal{L}\{f(t)\}$는 '$f(t)$의 라플라스 변환'을 의미한다. 또한 $f(t)$의 라플라스 변환은 $F(s)$로 표기하기도 한다.

$$F(s) = \mathcal{L}\{f(t)\} \tag{10.2}$$

이 표기는 식 (10.1)에서 적분값이 구해졌을 때 그 결과를 s로 표현할 때 쓰인다. t는 시간 영역을 표현하지만 식 (10.1)의 적분에서 e는 단위가 없으므로 s의 단위는 시간 또는 주파수의 역수이다. 따라서 라플라스 변환에 의해 함수는 시간 영역에서 주파수 영역으로 변환된다. 주파수 영역의 함수를 다시 역으로 라플라스 변환하면 시간 영역으로 되돌아 올 수 있다.

> 라플라스(Pierre Simson Laplace : 1749~1827) : 프랑스의 수학 및 천문학자. 행열론, 확률론, 수리론을 태양계의 천체운동에 적용하여 태양계의 안정성을 공표, '천체역학'의 저서를 남김.

10.2 계단함수

시간의 원점에서 불연속 또는 갑작스런 점프변화를 하는 함수가 있다. 이러한 과도상태의 전압이나 전류의 불연속점의 수식 표현은 계단함수나 임펄스의 이해가 필요하다. 예컨대 직류 전원의 스위칭(switching) 시 전류나 전압은 그림 10.1과 같이 순간적으로 변한다. 이를 계단함수(step function)라 하며 계단함수의 심벌은 $Ku(t)$이다. 구간 표현식은 아래와 같다.

$$\begin{aligned} Ku(t) &= 0, \quad t < 0 \\ Ku(t) &= K, \quad t > 0 \end{aligned} \tag{10.3}$$

만일 $K=1$이면 단위 계단함수(unit step function)라 부르며 $u(t)=1$이다. 계단함수

그림 10.1 계단함수

는 $t=0$에서 정의가 되지 않는다. 그러나 그림 10.2와 같이 0^-와 0^+ 사이에 변화의 정의가 필요 시 선형이라는 가정 하에 아래와 같은 식이 된다.

$$Ku(0) = 0.5K \tag{10.4}$$

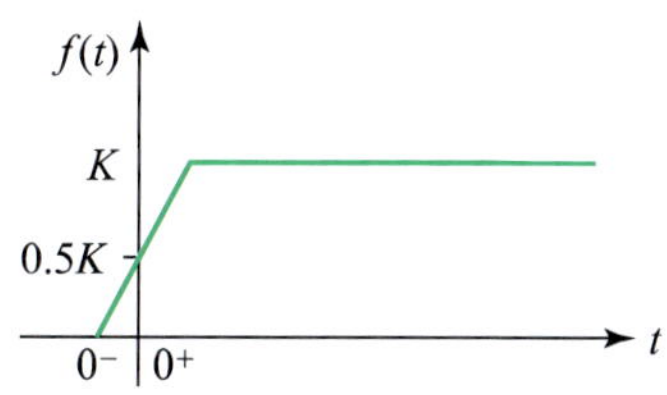

그림 10.2 $0^- \sim 0^+$에서의 선형변화

만일 $t=a$에서의 계단함수의 표현식은

$$\begin{aligned} Ku(t-a) &= 0, \quad t < a \\ Ku(t-a) &= K, \quad t > a \end{aligned} \tag{10.5}$$

이 되며 기준점 오른쪽에서 계단이 발생했다면$(a>0)$ 그림 10.3과 같다.

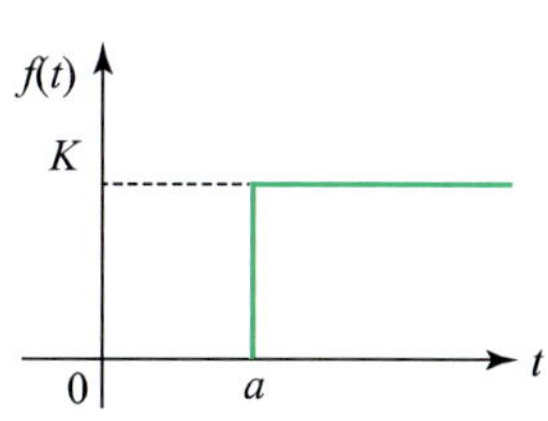

그림 10.3 a에서 불연속$(a>0)$

> 0^-와 0^+의 표현 : 0^-는 시간의 원점 0에서 미소한 왼쪽 0, 0^+는 시간의 원점 0에서 미소한 오른쪽 0을 말한다.

만일 $t-a$가 $-$인 경우에는 아래와 같고

$$Ku(a-t)=K, \quad t<a$$
$$Ku(a-t)=0, \quad t>a \tag{10.6}$$

그 파형은 그림 10.4와 같다.

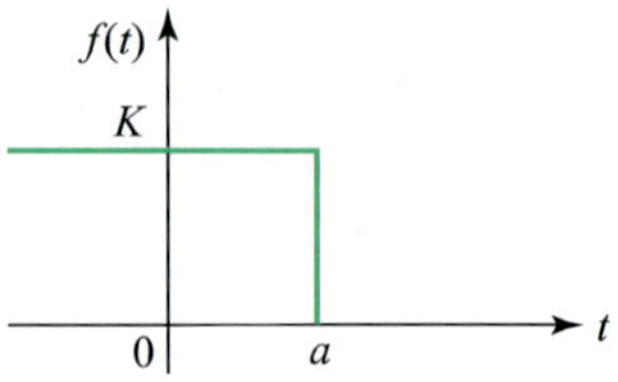

그림 10.4 a에서 불연속$(t-a<0)$

회로 해석 시 일정폭을 갖는 펄스(pulse)는 2개의 계단함수를 조합하여 만들 수 있다. 예컨대 그림 10.5와 같이 $1<t<3$에서 $K=5$인 경우는 아래와 같다.

$$K[u(t-1)-u(t-3)]=0, \quad t<1, \quad t>3$$
$$K[u(t-1)-u(t-3)]=5, \quad 1<t<3 \tag{10.7}$$

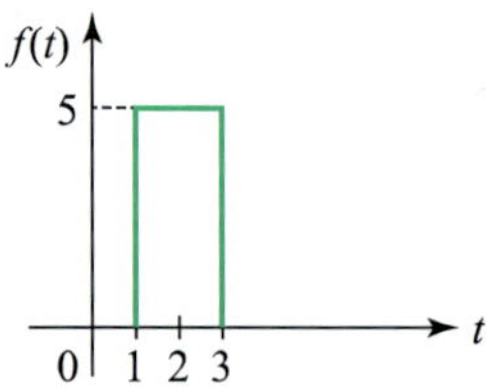

그림 10.5 $1<t<3$에서 5인 계단함수

10.3 임펄스함수

임펄스함수를 통해서 불연속 미분을 정의할 수 있으며, 또한 미분의 라플라스 변환을 정의할 수 있다. 임펄스(impulse)는 무한진폭과 0에 가까운 지속시간(duration)을 갖는다. 이러한 신호는 실제로 존재하지 않지만 어떤 회로에서는 이와 아주 근접한 신호가 존재하

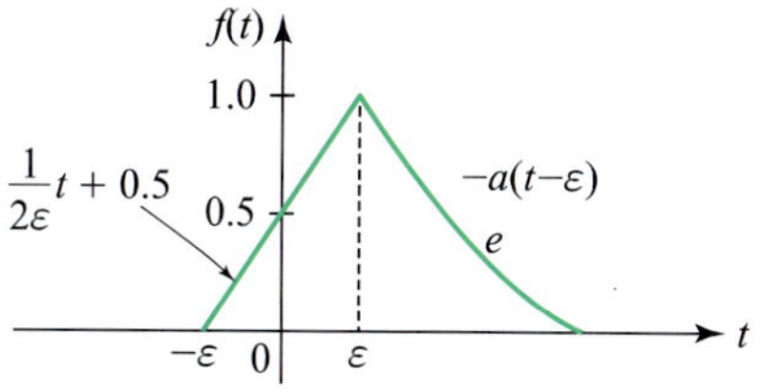

그림 10.6 임펄스

기 때문에 임펄스의 수학적 모델이 필요한 이유이다. 임펄스성 전압이나 전류는 스위칭 동작이나 회로가 임펄스성 전원에 의해 구동될 때 발생한다. 불연속점에서 함수의 미분을 정의하기 위해 그림 10.6과 같이 함수가 불연속점을 통과하여 선형적으로 변한다고 가정한다. 여기서 ϵ이 0에 가까워짐에 따라 시작점에서 급격한 불연속이 발생한다. $-\epsilon < t < +\epsilon$에서와 $t > \epsilon$에서의 함수식은 아래와 같다.

$$\frac{1}{2\epsilon}t + 0.5, \quad -\epsilon < t < +\epsilon \tag{10.8}$$

$$-e^{-a(t-\epsilon)}, \quad t > \epsilon \tag{10.9}$$

$t > \epsilon$에서의 미분은 $-ae^{-a(t-\epsilon)}$이므로 그 파형은 그림 10.7과 같다. ϵ이 0에 가까워질수록 $\pm\epsilon$ 사이의 미분값, 즉 $f'(t)$는 무한대에 접근하며 무한대의 지속시간은 0이다. 또한 $\pm\epsilon$ 사이의 $f'(t)$ 밑면적은 ϵ이 0에 가까워짐에 따라 일정하게 된다. 이때의 면적은 1이다. 즉, ϵ이 0에 가까워질수록 $\pm\epsilon$ 사이에서 함수는 $\delta(t)$로 표시되는 단위 임펄스함수가 된다. 이와 같이 $f(t)$의 미분은 시작점에서 $\epsilon \to 0$이면 단위 임펄스함수 $\delta(t)$에 접근한다.

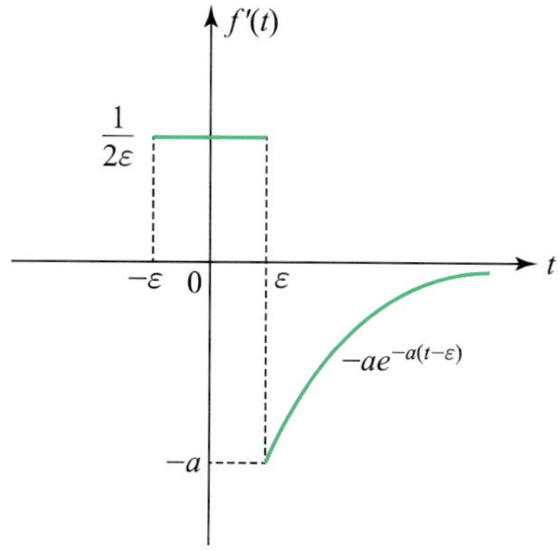

그림 10.7 그림 10.6의 미분파형

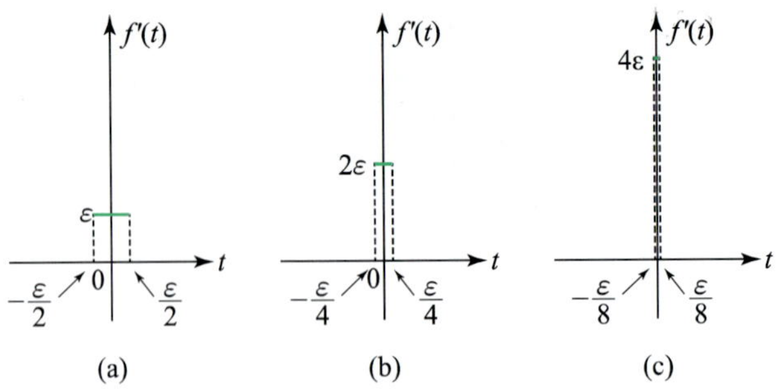

그림 10.8

$$\epsilon \rightarrow 0 \quad \Rightarrow \quad f'(0) \rightarrow \delta(t)$$

이해를 돕기 위해 $-\epsilon \leq t \leq \epsilon$에서 ϵ이 1/2, 1/4, 1/8로 0에 점점 가까워질 때의 $f'(t)$를 그림 10.8에 나타내었다. ϵ이 작아질수록 직선에 가까워진다. 이상적인 단위 임펄스함수 $\delta(t)$는 무한대 높이의 가는 직선이 됨을 예상할 수 있다. 임펄스함수 밑면적이 1이 아닌 경우에는 $K\delta(t)$로 표시하며, 이때의 면적은 K가 된다. K를 임펄스함수의 강도(strength)라 한다. 요약하자면 임펄스함수는 그 매개변수가 0에 가까워지는 변수함수로부터 만들어졌으며, 이 변수함수가 0에 가까워질수록 아래와 같은 세 가지 특징이 나타난다.

1. 진폭은 무한대에 근접한다.
2. 함수의 지속시간은 0에 근접한다.
3. 변수함수 밑면적은 매개변수가 변해도 일정하다.

수학적으로 임펄스함수 $K\delta(t)$는 아래와 같이 정의할 수 있다.

$$\int_{-\infty}^{\infty} K\delta(t)dt = K \tag{10.10}$$

$$\delta(t) = 0, \quad t \neq 0 \tag{10.11}$$

식 (10.10)은 임펄스함수 밑면적이 일정하다는 것을 말하며 이 면적이 임펄스의 강도(K)를 나타낸다. 식 (10.11)은 $t=0$을 제외한 어느 지점에서도 0이라는 것을 말한다. $t=a$에서 일어나는 임펄스는 $K\delta(t-a)$로 나타낸다. 임펄스의 심벌은 화살표이며 그림 10.9는 $K\delta(t)$와 $K\delta(t-a)$를 나타낸다. 임펄스함수의 중요한 특징은 아래와 같은 천이성(shift property)이다.

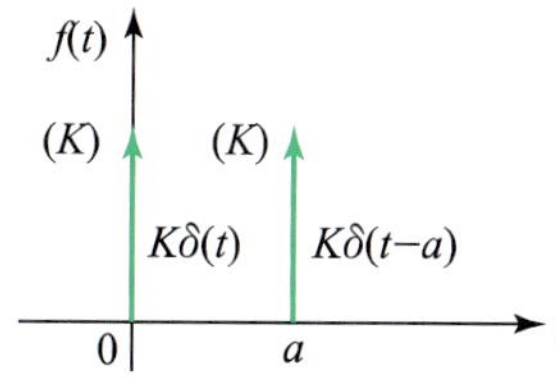

그림 10.9

$$\int_{-\infty}^{\infty} f(t)\delta(t-a) = f(a) \tag{10.12}$$

여기서 함수 $f(t)$는 $t=a$에서, 즉 임펄스의 위치에서 연속적이라는 가정하에서이다. 식 (10.12)는 임펄스함수가 $t=a$에서 $f(t)$의 값을 제외하고 모두 천이했다는 것을 의미한다. 즉, 함수의 a만큼의 시간지연을 뜻한다. 식 (10.12)의 유효성은 $t=a$에서만 제외하고 $\delta(t-a)$가 어느 점에서도 0이라는 것에서부터 나오며 이 때문에 적분은 아래와 같이 바꿔 쓸 수 있다.

$$I= \int_{-\infty}^{\infty} f(t)\delta(t-a)= \int_{a-\epsilon}^{a+\epsilon} f(t)\delta(t-a)dt \tag{10.13}$$

그러나 a에서 $f(t)$는 연속이기 때문에(식 10.13)에서 $t \rightarrow a$이면 아래와 같이 된다.

$$I= \int_{a-\epsilon}^{a+\epsilon} f(t)\delta(t-a)dt= f(a)\int_{a-\epsilon}^{a+\epsilon} \delta(t-a)dt= f(a) \tag{10.14}$$

이러한 임펄스의 천이성은 아래와 같은 라플라스 변환 시 이용되는 식을 얻을 수 있다.

$$\mathcal{L}\{\delta(t)\}= \int_{0^-}^{\infty} \delta(t)e^{-st}dt= \int_{0^-}^{\infty} \delta(t)dt= 1 \tag{10.15}$$

식 (10.12), 식 (10.15)는 회로 해석을 유용하게 하는 중요한 라플라스 변환식들이다.

10.4 함수의 라플라스 변환

이 절에서는 여러 함수에 대한 라플라스 변환을 구해보기로 한다. 라플라스 변환의 전제 조건으로 $t<0^-$에서 모든 함수는 0이라 한다.

(1) 계단함수

이미 앞서의 식 (10.15)에서 단위 임펄스함수에 대한 라플라스 변환은 1임을 알고 있으므로 $t \geq 0$에서 $u(t)=1$인 계단함수에 대한 라플라스 변환은

$$\mathcal{L}\{u(t)\} = \int_{0^-}^{\infty} f(t)e^{-st}dt = \int_{0^+}^{\infty} 1e^{-st}dt$$

$$= \left.\frac{e^{-st}}{-s}\right|_{0^+}^{\infty} = \frac{1}{s}$$

$$\mathcal{L}\{u(t)\} = \frac{1}{s} \tag{10.16}$$

이 된다. 따라서 단위 계단함수의 라플라스 변환은 $1/s$이다.

(2) 임펄스

이상적인 임펄스함수라면 그 식은 아래와 같다.

$$\delta(t) = \infty 0 \ : \ t=0$$

$$\delta(t) = 0 \quad : \ t \neq 0$$

그림 10.10에서 라플라스 변환을 취하여 풀면

$$\mathcal{L}[\delta(t)] = \lim_{\epsilon \to 0} \int_{0}^{\infty} \delta(t)e^{-st}dt$$

$$= \lim_{\epsilon \to 0} \frac{1}{s}\left[\int_{0}^{\infty} \{u(t) - u(t-\epsilon)e^{-st}dt\}\right]$$

$$= \lim_{\epsilon \to 0} \frac{1}{\epsilon} \frac{1-e^{-s\epsilon}}{s}$$

위의 식은 부정형(0/0)이므로 분자, 분모를 미분하여 풀면 아래와 같다.

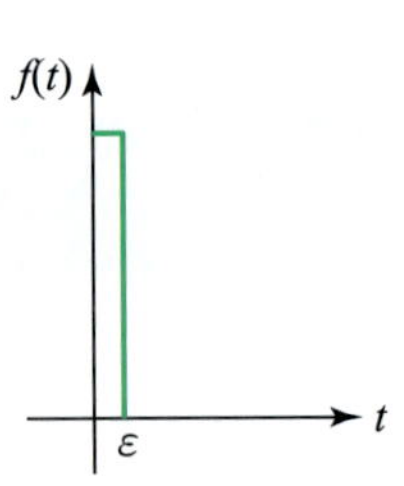

그림 10.10 임펄스

$$\mathcal{L}\,[\delta'(t)]\lim_{\epsilon\to 0}\frac{se^{-s\epsilon}}{s}=1 \tag{10.17}$$

(3) 지수함수

그림 10.11과 같은 일반 지수함수(e^{at}) 및 감쇠 지수함수(e^{-at})의 라플라스 변환은

$$\mathcal{L}\{e^{\pm at}\}=\int_{0^+}^{\infty}(e^{\pm at})e^{-st}dt=\int_{0^+}^{\infty}e^{-(s\pm a)t}dt=\frac{1}{s\mp a}$$

$$\mathcal{L}\{e^{\pm at}\}=\frac{1}{s\mp a} \tag{10.18}$$

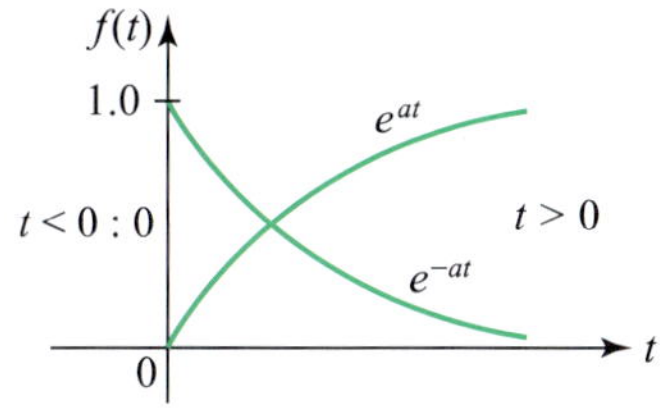

그림 10.11 $e^{\pm at}$함수

(4) sine 및 cosine 함수

그림 10.12와 같은 sine 및 cosine 함수에 대한 라플라스 변환을 구해보기로 한다. 먼저 $f(t)$를 $\sin\omega t$로 하고, 시작점을 0^-로 한다.

$$\begin{aligned}\mathcal{L}\{\sin\omega t\}&=\int_{0^-}^{\infty}(\sin\omega t)e^{-st}dt\\&=\int_{0^-}^{\infty}\left(\frac{e^{j\omega t}-e^{-j\omega t}}{2j}\right)e^{-st}dt\\&=\int_{0^-}^{\infty}\frac{e^{-(s-j\omega)t}-e^{-(s+j\omega)t}}{2j}\\&=\frac{1}{2j}\left(\frac{1}{s-j\omega}-\frac{1}{s+j\omega}\right)\\&=\frac{\omega}{s^2+\omega^2}\end{aligned}$$

$$\therefore\ \mathcal{L}\{\sin\omega t\}=\frac{\omega}{s^2+\omega^2} \tag{10.19}$$

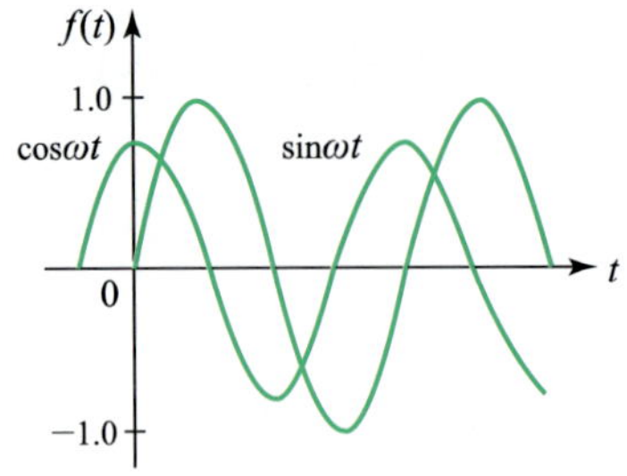

그림 10.12 sine 및 cosine 함수

$$\mathcal{L}\{\cos\omega t\} = \int_{0^-}^{\infty} \cos\omega t\, e^{-st} dt = \int_{0^-}^{\infty} \frac{e^{j\omega t} + e^{-j\omega t}}{2} e^{-st} dt$$

$$= \frac{1}{2}\left[\frac{1}{s-j\omega} + \frac{1}{s+j\omega}\right] = \frac{s}{s^2+\omega^2}$$

$$\therefore \mathcal{L}\{\cos\omega t\} = \frac{s}{s^2+\omega^2} \tag{10.20}$$

표 10.1은 회로 해석에 비교적 많이 사용되는 함수들에 대한 라플라스 변환표이다.

표 10.1 여러 함수의 라플라스 변환표

함수 형태	$f(t) : t > 0^-$	$F(s)$
임펄스	$\delta(t)$	1
계단	$u(t)$	$\frac{1}{s}$
램프	$t \cdot u(t)$	$\frac{1}{s^2}$
지수(감쇠)	$e^{\pm at} u(t)$	$\frac{1}{s \mp a}$
sine	$\sin\omega t \cdot u(t)$	$\frac{\omega}{s^2+\omega^2}$
cosine	$\cos\omega t \cdot u(t)$	$\frac{s}{s^2+\omega^2}$
감쇠 램프	$te^{-at} u(t)$	$\frac{1}{(s+a)^2}$
감쇠 sine	$e^{-at}\sin\omega t \cdot u(t)$	$\frac{\omega}{(s+a)^2+\omega^2}$
감쇠 cosine	$e^{-at}\cos\omega t \cdot u(t)$	$\frac{s+a}{(s+a)^2+\omega^2}$

10.5 라플라스 변환의 연산

(1) 정수 곱하기

설명의 편의상 $\mathcal{L}\{f(t)\}=F(s)$이므로 양변에 K를 곱한 경우에는

$$\mathcal{L}\{Kf(t)\}=KF(s) \tag{10.21}$$

가 되어 정수 K만 곱해진다.

(2) 가산과 감산

시간 영역에서의 가감산을 주파수 영역의 함수는

$$\mathcal{L}\{f_1(t)\}=F_1(s)$$
$$\mathcal{L}\{f_2(t)\}=F_2(s)$$
$$\mathcal{L}\{f_3(t)\}=F_3(s)$$

이므로 이들의 가감산을 행하면

$$\mathcal{L}\{f_1(t)\}+\mathcal{L}\{f_2(t)\}-\mathcal{L}\{f_3(t)\}=F_1(s)+F_2(s)-F_3(s) \tag{10.22}$$

이 되어 시간 영역의 개별 함수의 가감산이 주파수 영역의 개별 함수의 가감산으로 변한다.

(3) 미분

시간 영역에서의 $f(t)$에 대한 미분은

$$\mathcal{L}\left(\frac{df(t)}{dt}\right)=\int_{0^-}^{\infty}\frac{df(t)}{dt}e^{-st}dt$$

$$\left| f(t)e^{-st}\right|_{0^-}^{\infty}-\int_{0^-}^{\infty}f(t)(-se^{-st})dt$$

에서 부분 적분법을 위해 $u=\int_{0^-}^{\infty}f(t)dt,\ dv=e^{-st}dt$로 놓으면

$$du=f(t)dt,\ v=-\frac{1}{s}e^{-st}\text{이므로}$$

$$\mathcal{L}\left(\frac{df(t)}{dt}\right) = \left| f(t)e^{-st} \right|_{0^-}^{\infty} - \int_{0^-}^{\infty} f(t)(-se^{-st})dt$$

$$= -f(0^-) + s\int_{0^-}^{\infty} f(t)e^{-st}dt$$

$$= sF(s) - f(0^-)$$

$$\mathcal{L}\left(\frac{df(t)}{dt}\right) = sF(s) - f(0^-) \tag{10.23}$$

이 된다. 결과는 $F(s)$에 s를 곱한 값에서 $f(t)$의 초기값, 즉 $f(0^-)$를 뺀 값이 된다. 이 식은 시간 영역에서의 미분이 주파수 영역에서의 산술연산으로 간략화가 되므로 매우 유용한 식이다. 위의 과정을 지속적으로 전개하면 n차 미분의 결과를 아래와 같이 얻을 수 있다.

$$\mathcal{L}\left(\frac{d^n f(t)}{dt}\right) = s^n F(s) - s^{n-1}f(0^-) - s^{n-2}\frac{df(0^-)}{dt} - s^{n-3}\frac{d^2 f(0^-)}{dt^2} - \cdots - \frac{d^{n-1}f(0^-)}{dt^{n-1}} \tag{10.24}$$

(4) 적분

라플라스 변환 정의식에 근거하여 달리 쓰면 아래와 같다.

$$\mathcal{L}\left[\int_{0^-}^{\infty} f(x)dx\right] = \int_{0^-}^{\infty}\left[\int_{0^-}^{\infty} f(x)dx\right]e^{-st}dt \tag{10.25}$$

식 (10.25)의 우변의 적분 시 부분 적분법을 적용하기 위해

$u = \int_{0^-}^{\infty} f(x)dx$, $v = e^{-st}$로 놓으면 $du = f(t)dt$, $v = -\dfrac{e^{-st}}{s}$이므로

$$\mathcal{L}\left[\int_{0^-}^{\infty} f(x)dx\right] = -\frac{e^{-st}}{s}\left|\int_{0^-}^{\infty} f(x)dx\right|_{0^-}^{\infty} + \int_{0^-}^{\infty}\frac{e^{-st}}{s}f(t)dt \tag{10.26}$$

식 (10.26)의 우변의 첫 번째 항은 하한점에서 분명히 0이고, 상한점에서 $f(t)$가 라플라스 변환을 갖기 때문에 역시 0이므로 첫 번째 항은 0이다. 우변의 두 번째 항은 $\dfrac{F(s)}{s}$이므로 식 (10.26)은 아래와 같은 결과식을 얻는다.

$$\mathcal{L}\left[\int_{0^-}^{\infty} f(t)dt\right] = \frac{F(s)}{s} \tag{10.27}$$

시간 영역에서의 적분은 주파수 영역에서 s로 나눈 값으로 된다. 일반적으로 n차 적분은 라플라스 변환에서 모든 초기값이 0이라면 아래와 같다.

$$\mathcal{L}\left[\int_{0^-}^{\infty}\int_{0^-}^{\infty}\cdots\int_{0^-}^{\infty} f(t)dt^n\right]=\frac{1}{s^n}F(s) \tag{10.28}$$

(5) 시간 천이

시간 영역 함수 $f(t)$에서 a만큼 지연은 $f(t-a)$가 된다. $f(t)u(t)$에서 $f(t-a)u(t-a)$로 변할 때의 라플라스 변환은

$$\begin{aligned}\mathcal{L}\left[f(t-a)u(t-a)\right] &= \int_{0^-}^{\infty} f(t-a)u(t-a)e^{-st}dt \\ &= \int_{0^-}^{\infty} f(t-a)e^{-st}dt\end{aligned}$$

$$\mathcal{L}\left[f(t-a)u(t-a)\right]=\int_{0^-}^{\infty} f(t-a)e^{-st}dt \tag{10.29}$$

식 (10.29)에서 $t-a=x$로 놓으면

$$\begin{aligned}\mathcal{L}\left[f(t-a)u(t-a)\right] &= \int_{0^-}^{\infty} f(x)e^{-s(x+a)}dx \\ &= e^{-as}\int_{0^-}^{\infty} f(x)e^{-as}dx \\ &= e^{-as}F(s)\end{aligned}$$

$$\therefore\ \mathcal{L}\left[f(t-a)u(t-a)\right]=e^{-as}F(s) \tag{10.30}$$

(6) 주파수 천이

$s>a$일 때 $\mathcal{L}\left[f(t)\right]=F(s)$이면 $e^{-st}f(t)$의 변환은

$$\begin{aligned}\mathcal{L}\left[e^{-st}f(t)\right] &= \int_{0^-}^{\infty} e^{-at}f(t)e^{-st}dt \\ &= \int_{0^-}^{\infty} f(t)e^{-(s+a)}dt\end{aligned}$$

$$= F(s+a)$$

$$\therefore \mathcal{L}\left[e^{-st}f(t)\right] = F(s+a) \tag{10.31}$$

이 되어 s에 a만큼 주파수 천이가 일어난다.

(7) 척도 변경

시간에 정(+)의 정수 a가 곱해질 경우의 라플라스 변환은

$$\mathcal{L}\left[f(at)\right] = \int_{0^-}^{\infty} f(at)e^{-st}dt \tag{10.32}$$

위의 식에서 $at = x$로 놓으면

$$\begin{aligned}\mathcal{L}\left[f(at)\right] &= \int_{0^-}^{\infty} f(x)e^{-(sx)/a}dx/a \\ &= \frac{1}{a}\int_{0^-}^{\infty} f(x)e^{-(sx)/a}dx \\ &= \frac{1}{a}F\left(\frac{s}{a}\right)\end{aligned}$$

$$\therefore \mathcal{L}\left[f(at)\right] = \frac{1}{a}F\left(\frac{s}{a}\right) \tag{10.33}$$

이 된다. 시간 영역에서 a배가 주파수 영역에서 $\frac{1}{a}$로 된다. 지금까지 다루어 온 라플라스 연산을 정리하면 표 10.2와 같다.

표 10.2 라플라스 연산

연산	$f(t) : t > 0^-$	$F(s)$
정수 곱	$Kf(t)$	$KF(s)$
가감산	$f_1(t) + f_2(t) - f_3(t)$	$F_1(s) + F_2(s) - F_3(s)$
1차 미분(t)	$\dfrac{df(t)}{dt}$	$sF(s) - f(0^-)$

표 10.2 라플라스 연산(계속)

연산	$f(t): t>0^-$	$F(s)$
n차 미분(t)	$\dfrac{d^n f(t)}{dt^n}$	$s^n F(s) - s^{n-1} f(0^-) - s^{n-2}\dfrac{df(0^-)}{dt} - s^{n-3}\dfrac{d^2 f(0^-)}{dt^2} - \cdots - \dfrac{d^{n-1}f(0^-)}{dt^{n-1}}$
시간 적분	$\int_{0^-}^{\infty} f(t)dt$	$\dfrac{F(s)}{s}$
시간 천이	$f(t-a)u(t-a)$	$e^{-as}F(s)$
주파수 천이	$e^{-at}f(t)$	$F(s+a)$
척도 변경	$f(at),\ t>0$	$\dfrac{1}{a}F\left(\dfrac{1}{a}\right)$
1차 미분(s)	$tf(t)$	$-\dfrac{dF(s)}{ds}$
1차 적분(s)	$\dfrac{f(t)}{t}$	$\int_s^{\infty} F(u)du$

10.6 초기값 및 최종값의 정리

$f(t)$에서 t가 0이나 ∞에 가까워질 때 $f(t)$의 극한값 $f(0)$, $f(\infty)$을 각각 초기값, 최종값이라 한다. 이들 값은 직접 $f(t)$를 계산하지 않고서도 $F(s)$를 이용하여 $f(0)$를 구할 수 있다. $f(t)$의 미분함수에 대한 라플라스 변환은

$$\mathcal{L}[f'(t)] = \int_{0^+}^{\infty} \frac{df(t)}{dt} e^{-st}dt = sF(s) - f(0^+) \tag{10.34}$$

위의 식에서 양변에 $s \to \infty$를 취하면 적분항의 값이 0에 가까워지므로

$$0 = \lim_{s\to\infty}[sF(s) - f(0^+)]$$

따라서 아래의 식이 유도된다.

$$f(0^+) = \lim_{s\to\infty} sF(s) \tag{10.35}$$

이것이 초기값 정리이다. 마찬가지로 최종값에 대해서도 아래의 식이 성립하며 이를 최종값 정리라 한다.

$$f(\infty) = \lim_{t\to\infty} f(t) = \lim_{s\to 0} sF(s) \tag{10.36}$$

10.7 라플라스 변환의 응용

그림 10.13과 같은 병렬 RLC 회로에서 평소 직류전원과 단락되어 있던 스위치가 열릴 때 회로에는 초기 축적된 에너지가 없다고 가정한다. $t \geq 0$일 때 $v(t)$의 시간 영역 함수는 아래와 같이 나타낼 수 있다.

$$\frac{v(t)}{R} + \frac{1}{L}\int_0^t v(t)dt + C\frac{dv(t)}{dt} = I_{dc}u(t) \tag{10.37}$$

위의 식에 대한 라플라스 변환은 아래와 같다.

$$\frac{V(s)}{R} + \frac{1}{L}\frac{V(s)}{s} + C[sV(s) - v(0^-)] = I_{dc}\left(\frac{1}{s}\right) \tag{10.38}$$

초기에 축적된 에너지가 없으므로 $v(0^-) = 0$이다. 따라서 식 (10.41)을 고쳐 쓰면

$$V(s)\left(\frac{1}{R} + \frac{1}{sL}\right) + s(C) = \frac{I_{dc}}{s}$$

$$\therefore\ V(s) = \frac{I_{dc}/C}{s^2 + (1/RC)s + (1/LC)} \tag{10.39}$$

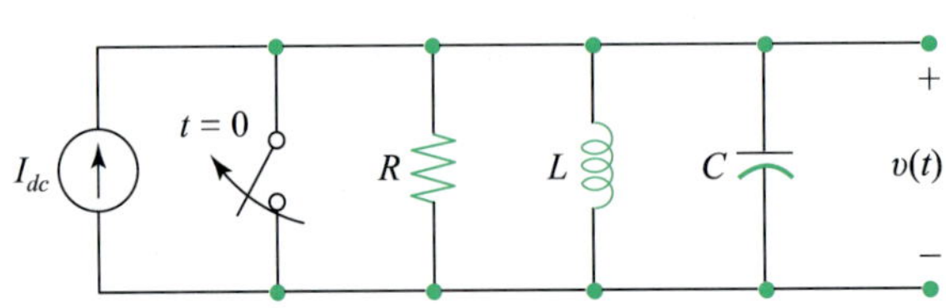

그림 10.13 병렬 RLC회로

$v(t)$를 구하자면 $V(s)$를 역 라플라스 변환해야 하며 그 표현은 아래와 같다.

$$v(t) = \mathcal{L}^{-1}[V(s)] \tag{10.40}$$

바로 다음 절에서 언급하겠지만 라플라스의 역변환을 통해 주파수 해석에서 시간 해석으로의 변환이 가능하다.

> 라플라스 변환 시 시간 영역에서의 $j\omega$는 주파수 영역에서 s가 된다.
>
> $$j\omega L \rightarrow sL,\ 1/j\omega C \rightarrow 1/sC$$

10.8 라플라스 역변환

앞서의 식 (10.39)에서와 같이 회로 해석 시 미지의 전압, 전류의 식은 s의 유리함수로 표현된다. 따라서 전압이나 전류를 시간 영역으로 표현하자면 s의 유리함수를 시간 영역의 t함수로 변환해야 한다. 즉, 라플라스의 역변환이 필요하다. 일반적으로 $F(s)$를 아래와 같은 분수 다항식으로 표시해 보기로 한다.

$$F(s) = \frac{a_m s^m + a_{m-1}s^{m-1} + \cdots + a_1 s + a_0}{b_n s^n + b_{n-1}s^{n-1} + \cdots + b_1 s + b_0} \tag{10.41}$$

a, b는 실수이고, m, n은 정(+)의 정수이며 일반적으로 $m \le n$이다. 라플라스 역변환을 위해서는 식 (10.41)을 아래와 같이 $D(s)$의 인수분해를 통해 부분분수로 전개한다.

$$F(s) = \frac{N(s)}{D(s)} = \frac{a_m s^m + a_{m-1}s^{m-1} + \cdots + a_1 s + a_0}{(s - s_{10})(s - s_2)\cdots(s - s_{n-1})(s - s_n)}$$

$$\frac{N(s)}{D(s)} = \frac{K_1}{s - s_1} + \frac{K_2}{s - s_2} + \cdots + \frac{K_i}{s - s_i} + \cdots + \frac{K_n}{s - s_n} \tag{10.42}$$

위의 식에서 s_1, s_2, $\cdots$, s_n은 $D(s) = 0$의 근(root)들로서 실수, 허수, 복소수들이다. 이와 같이 $D(s) = 0$의 근은 아래와 같이 세 가지로 구분된다.

1. 서로 다른 단일 근으로 실수인 경우
2. 복소수 근인 경우
3. 중근인 경우

(1) 단일 근인 경우

계수 K_1, K_2, … K_n을 구하는 방법은 식 (11.42)의 양변에 $(s-s_i)$를 곱하면

$$\frac{N(s)(s-s_i)}{D(s)} = K_1\frac{s-s_i}{s-s_1} + K_2\frac{s-s_i}{s-s_2} + \cdots + K_i + \cdots + K_n\frac{s-s_i}{s-s_n} \tag{10.43}$$

분모 $D(s)$에도 인수 $(s-s_i)$가 들어있으므로 좌변에는 인수 $(s-s_i)$가 없어진다. 따라서 아래와 같이 $s=s_i$이면 K_i가 아래와 같이 구해진다.

$$\left[\frac{N(s)(s-s_i)}{D(s)}\right]_{s=s_i} = K_i \tag{10.44}$$

위의 식으로 모든 항의 계수를 구할 수 있으며 일반화식으로 고쳐 쓰면 아래와 같다.

$$K_i = \lim_{s\to s_i}\frac{N(s)}{D(s)} = \lim_{s\to s_i}(s-s_i)F(s) \tag{10.45}$$

익힘 문제 10.1

$F(s) = \dfrac{6s^2+14s+6}{s^3+4s^2+3s}$에 대한 $f(t)$를 구하라.

풀이 분모를 인수분해하면 $F(s) = \dfrac{6s^2+14s+6}{s(s+1)(s+3)} = \dfrac{K_1}{s} + \dfrac{K_2}{s+1} + \dfrac{K_3}{s+3}$

$K_1 = \left[\dfrac{6s^2+14s+6}{(s+1)(s+3)}\right]_{s=0} = \dfrac{6}{3} = 2$, $K_2 = \left[\dfrac{6s^2+14s+6}{s(s+3)}\right]_{s=-1} = \dfrac{-2}{-2} = 1$,

$K_3 = \left[\dfrac{6s^2+14s+6}{s(s+1)}\right]_{s=-3} = \dfrac{18}{6} = 3$ $\therefore F(s) = \dfrac{2}{s} + \dfrac{1}{s+1} + \dfrac{3}{s+3}$

표 10.1에서 $\dfrac{1}{s} = u(t)$, $\dfrac{1}{s+a} = e^{-at}$이므로

$f(t) = \mathcal{L}^{-1}[F(s)] = [2u(t) + e^{-t} + + 3e^{-3t}]u(t)$

(2) 복소수 근인 경우

단일 근과 마찬가지로 식 (10.43), 식 (10.44)를 이용하여 계수 K_1, K_2, ⋯, K_n을 구한다. $D(s)$의 인수분해가 공액 복소수 형태인 $(s+\alpha-j\beta)(s+\alpha-j\beta)$이면 부분분수 형식은

$$\frac{K}{s+\alpha-j\beta}+\frac{K^*}{s+\alpha+j\beta} \tag{10.46}$$

이 되며 계수 K의 극좌표 형식은

$$K=|K|e^{j\theta}=|K|\angle\theta° \tag{10.47}$$

$$K^*=|K|e^{-j\theta}=|K|\angle-\theta° \tag{10.48}$$

가 된다. 따라서 식 (10.46)의 라플라스 역변환은 아래와 같다.

$$\mathcal{L}^{-1}\left[\frac{K}{s+\alpha-j\beta}+\frac{K^*}{s+\alpha+j\beta}\right]=2|K|e^{-\alpha t}\cos(\beta t+\theta) \tag{10.49}$$

익힘 문제 10.2

$F(s)=\dfrac{100(s+3)}{(s+6)(s^2+6s+25)}$에 대한 $f(t)$를 구하라.

풀이 $F(s)$의 분모 중 $s^2+6s+25$를 인수분해하면 $(s+3-j4)(S+3-j4)$가 된다.

따라서 $\dfrac{100(s+3)}{(s+6)(s^2+6s+25)}=\dfrac{K_1}{s+6}+\dfrac{K_2}{s+3-j4}+\dfrac{K_3}{s+3+j4}$에서 K_1, K_2, K_3을

구하면 $K_1=\left[\dfrac{100(s+3)}{s^2+6s+25}\right]_{s=-6}=\dfrac{100(-3)}{25}=-12$

$$K_2=\left[\frac{100(s+3)}{(s+6)(s+3+j4)}\right]_{s=-3+j4}=\frac{100(j4)}{(3+j4)(j8)}=\frac{50(3-j4)}{25}=6-j8=10e^{-j53.13°}$$

$$K_3=\left[\frac{100(s+3)}{(s+6)(s+3-j4)}\right]_{s=-3-j4}=\frac{100(-j4)}{(3-j4)(-j8)}=\frac{50(3+j4)}{25}=6+j8=10e^{j53.13°}$$

$$\therefore\ \frac{100(s+3)}{(s+6)(s^2+6s+25)}=\frac{-12}{s+6}+\frac{10\angle-53.13°}{s+3-j4}+\frac{10\angle 53.13°}{s+3+j4}$$

$$f(t)=\mathcal{L}^{-1}\left[\frac{100(s+3)}{(s+6)(s^2+6s+25)}\right]=(-12e^{-6t}+10e^{-j53.13°}e^{-(3-j4)t}$$

$$+10e^{j53.13°}e^{-(3+j4)t})u(t)=[-12e^{-6t}+20e^{-3t}\cos(4t-53.13°)]u(t)$$

(3) 실수 중근인 경우

$D(s)=0$의 근이 중복되는 중근인 경우, 예컨대 3중근인 경우 부분분수의 분모는

$$(s-s_1)^3,\ (s-s_1)^2,\ (s-s_1)$$

이 되며 $F(s)$를 부분분수로 전개하면 아래와 같다.

$$F(s)=\frac{N(s)}{D(s)}=\frac{K_1}{(s-s_1)^3}+\frac{K_2}{(s-s_1)^2}+\frac{K_3}{(s-s_1)} \tag{10.50}$$

식 (10.50)에 $(s-s_1)^3$을 곱해주면

$$\frac{N(s)}{D(s)}(s-s_1)^3=K_1+K_2(s-s_1)+K_3(s-s_1)^2 \tag{10.51}$$

가 되며 여기서 $s=s_1$으로 놓으면 아래와 같이 K_1이 구해진다.

$$\left[\frac{N(s)}{D(s)}(s-s_1)^3\right]_{s=s_1}=K_1 \tag{10.52}$$

다음에 식 (10.51)을 s에 대해 미분하면

$$\frac{d}{ds}\left[\frac{N(s)}{D(s)}(s-s_1)^3\right]=K_2+K_3\cdot 2(s-s_1) \tag{10.53}$$

위의 식에서 $s=s_1$으로 놓으면 아래와 같이 K_2가 구해진다.

$$\frac{d}{ds}\left[\frac{N(s)}{D(s)}(s-s_1)^3\right]_{s=s_i}=K_2 \tag{10.54}$$

다시 식 (10.53)을 미분하면

$$\frac{d^2}{ds^2}\left[\frac{N(s)}{D(s)}(s-s_1)^3\right]=2K_3 \tag{10.55}$$

식 (10.55)에서 $s=s_1$으로 놓으면 아래와 같이 K_3가 구해진다.

$$\frac{d^2}{ds^2}\left[\frac{N(s)}{D(s)}(s-s_1)^3\right]_{s=s_i}=K_3 \tag{10.56}$$

익힘 문제 10.3

$F(s)=\dfrac{s+3}{(s+1)(s+2)^2}$에 대한 $f(t)$를 구하라.

풀이 $F(s)$를 부분분수로 전개하면 $\dfrac{N(s)}{D(s)}=\dfrac{K_1}{s+1}+\dfrac{K_2}{s+2}+\dfrac{K_3}{(s+2)^2}$

$$K_1=\left[\frac{s+3}{(s+1)(s+2)^2}(s+1)\right]_{s=-1}=\left[\frac{s+3}{(s+2)^2}\right]_{s=-1}=\frac{2}{1}=2$$

$$K_2=\left[\frac{s+3}{(s+1)(s+2)^2}(s+2)^2\right]_{s=-2}=\left[\frac{s+3}{s+1}\right]_{s=-2}=\frac{1}{-1}=-1$$

$$K_3=\frac{d}{ds}\left[\frac{s+3}{(s+1)(s+2)^2}(s+2)^2\right]_{s=-2}=\frac{d}{ds}\left[\frac{s+3}{s+1}\right]_{s=-2}=\frac{d}{ds}\left[1+\frac{2}{s+1}\right]_{s=-2}$$

$$=\left[2(-1)(s+1)^{-2}\right]_{s=-2}=\left[-\frac{2}{(s+1)^2}\right]_{s=-2}=-\frac{2}{1}=-2$$

$$\therefore\ F(s)=\frac{2}{s+1}-\frac{1}{s+2}-\frac{2}{(s+2)^2}$$

따라서 $f(t)=\mathcal{L}^{-1}[F(s)]=(2e^{-t}-e^{-2t}-2te^{-2t})u(t)$이다.

(4) 복소수 중근인 경우

$D(s)=0$의 근이 복소수 중근인 경우도 실수 대신 공액 복소수로 바뀌었을 뿐 실수 중근인 경우와 마찬가지로 구하면 된다. $F(s)$가 아래와 같은 예를 들어 설명해 보기로 한다.

$$F(s)=\frac{320}{(s^2+6s+25)^2} \tag{10.57}$$

분모를 인수분해하여 부분분수로 고치면 아래와 같다.

$$F(s)=\frac{320}{(s+3-j4)^2(s+3+j4)^2}$$
$$=\frac{K_1}{(s+3-j4)^2}+\frac{K_2}{s+3-j4}+\frac{K_1^*}{(s+3+j4)^2}+\frac{K_2^*}{s+3+j4}$$

$$F(s) = \frac{K_1}{(s+3-j4)^2} + \frac{K_2}{s+3-j4} + \frac{K_1^*}{(s+3+j4)^2} + \frac{K_2^*}{s+3+j4} \tag{10.58}$$

계수 K_1^*, K_2^*는 공액이기 때문에 계수 K_1, K_2만 먼저 구해보면

$$K_1 = \left[\frac{320}{(s+3+j4)^2}\right]_{s=-3+j4} = \frac{320}{(j8)^2} = -5 \tag{10.59}$$

$$\begin{aligned} K_2 &= \frac{d}{ds}\left[\frac{320}{(s+3+j4)^2}\right]_{s=-3+j4} \\ &= \left[\frac{2(320)}{(s+3+j4)^3}\right]_{s=-3+j4} \\ &= -j1.25 = 1.25\angle-90^\circ \end{aligned}$$

$$K_2 = -j1.25 = 1.25\angle-90^\circ \tag{10.60}$$

가 된다. 계수 K_1^*, K_2^*는 계수 K_1, K_2와 공액이기 때문에

$$K_1^* = -5,\ K_2^* = j1.25 = 1.25\angle 90^\circ \tag{10.61}$$

따라서 $F(s)$는 아래와 같다.

$$F(s) = \left[\frac{-5}{(s+3-j4)^2} + \frac{-5}{(s+3+j4)^2}\right] + \left(\frac{1.25\angle-90^\circ}{s+3-j4} + \frac{1.25\angle 90^\circ}{s+3+j4}\right) \tag{10.62}$$

$$\therefore F(s) = \frac{-10(s+3)}{(s+3)^2+4^2}$$

$F(s)$에 대한 역변환 $f(t)$는 아래와 같이 정리할 수 있다.

$$f(t) = \left[-10te^{-3t}\cos 4t + 2.5e^{-3t}\cos(4t-90^\circ)\right]u(t) \tag{10.63}$$

만일 $F(s)$의 분모가 아래와 같이 r차의 다중 형식이라면

$$\frac{K}{(s+a)^r} \tag{10.64}$$

이 부분분수 항의 라플라스 역변환은 아래와 같고

$$\mathcal{L}^{-1}\left[\frac{K}{(s+a)^r}\right] = \frac{Kt^{r-1}e^{-at}}{(r-1)!}u(t) \tag{10.65}$$

식 (10.65)에서 분모가 아래와 같이 복소수 형식이라면

$$\frac{K}{(s+\alpha-j\beta)^2}+\frac{K^*}{(s+\alpha+j\beta)^r} \tag{10.66}$$

라플라스 역변환 결과는 아래와 같다.

$$\mathcal{L}^{-1}\left[\frac{K}{(s+\alpha-j\beta)^2}+\frac{K^*}{(s+\alpha+j\beta)^r}\right]=\left[\frac{2|K|t^{r-1}}{(r-1)!}e^{-\alpha t}\cos(\beta t+\theta)\right]u(t) \tag{10.67}$$

지금까지 설명한 유리함수에 대한 라플라스 역변환을 정리하면 표 10.3과 같다.

표 10.3 라플라스 역변환 쌍

근의 형태	$F(s)$	$f(t)$
실수 단일 근	$\frac{K}{s+a}$	$Ke^{-at}u(t)$
중근	$\frac{K}{(s+a)^2}$	$Kte^{-at}u(t)$
복소수 단일 근	$\frac{K}{s+\alpha-j\beta}+\frac{K^*}{s+\alpha+j\beta}$	$2\|K\|e^{-\alpha t}\cos(\beta t+\theta)u(t)$
복소수 중근	$\frac{K}{(s+\alpha-j\beta)^2}+\frac{K^*}{(s+\alpha+j\beta)^2}$	$2t\|K\|e^{-\alpha t}\cos(\beta t+\theta)u(t)$

10.9 전달함수

전달함수는 선형 제어 시스템에서 입력신호가 어떤 출력신호 형태로 나타나는가를 알아보는 데 사용되며, 입력함수에 대한 출력함수의 라플라스 변환 비를 말하고 전달함수의 $H(s)$ 일반 식은 아래와 같다.

$$H(s)=\frac{Y(s)}{X(s)} \tag{10.68}$$

여기서 $X(s)$는 입력함수의 라플라스 변환, $Y(s)$는 출력함수의 라플라스 변환이며 입력 및 출력함수에는 이득(증폭도), 임피던스, 어드미턴스 등이 포함된다.

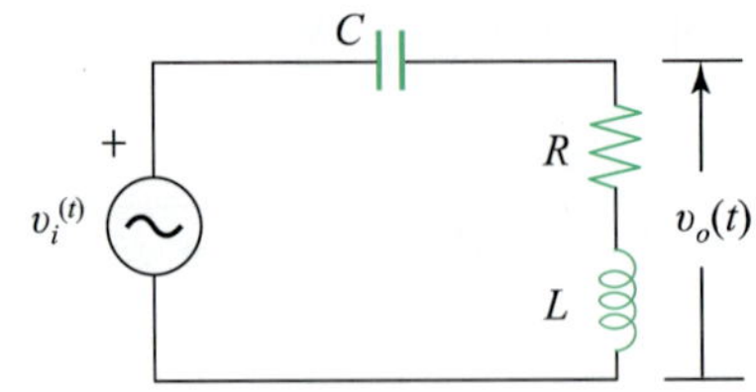

그림 10.14 RLC 교류 직렬회로

그림 10.14와 같은 R, L, C 교류 직렬회로에서 출력전압은 아래와 같다.

$$v_o(t) = \frac{R + j\omega L}{1/(j\omega C) + R + j\omega L} v_i(t) \tag{10.69}$$

그림 10.14 회로에 대한 전달함수(입력전압에 대한 출력전압)는 아래와 같고

$$\frac{v_o(t)}{v_i(t)} = \frac{j\omega L + R}{j\omega(L + 1/C) + R} \tag{10.70}$$

식 (10.70)의 라플라스 변환식이 전달함수가 되며 달리 쓰면 아래와 같다.

$$\frac{C(s)}{R(s)} = \frac{V_o(s)}{V_i(s)} = \frac{Ls + R}{(L + 1/C)s + R} \tag{10.71}$$

10.10 극점과 영점

앞에서 다룬 $F(s)$의 다항식 (10.41)이 아래와 같이 분자도 인수분해가 되는 경우에 식은

$$F(s) = \frac{K(s + z_1)(s + z_2) \cdots (s + z_n)}{(s + p_1)(s + p_2) \cdots (s + p_n)} \tag{10.72}$$

가 되며, 위의 식에서 분자 항이 0이 되는 값을 영점(zero), 분모 항이 0이 되는 값을 극점(pole)이라 한다. 따라서 식 (10.72)에서 영점은 $-z_1$, $-z_2$, $\cdots$, $-z_n$이고, 극점은 $-p_1$, $-p_2$, $-p_n$이다. 예컨대 $F(s)$가 아래와 같은 식일 때

$$F(s)=\frac{2s^2-18s+40}{s^3-6s^2+11s-6}$$

이 식의 분자, 분모를 모두 인수분해하면

$$F(s)=\frac{2(s-4)(s-5)}{(s-1)(s-2)(s-3)} \tag{10.73}$$

이 되므로 영점은 4, 5이고, 극점은 1, 2, 3이 된다. 만일 아래와 같이 복소수 식일 경우에는

$$F(s)=\frac{5(s+2)(s-3-j4)(s-3+j4)}{(s-1)(s+2-j3)(s+2+j3)} \tag{10.74}$$

이 되므로 영점은 -2, $3+j4$, $3-j4$가 되고, 극점은 1, $-2+j3$, $-2-j3$이 된다. 그림 10.15는 이들 영점과 극점들을 s 평면(s plane)에 나타낸 것이다.

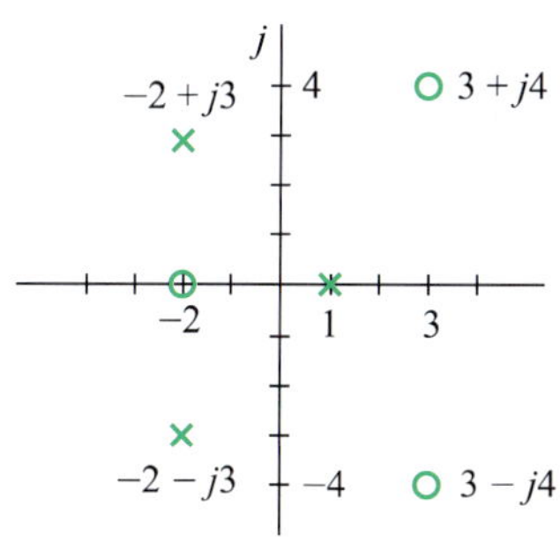

그림 10.15 s 평면상의 영점과 극점들

익힘 문제 10.4

$F(s)=\dfrac{s^2-5s+6}{s^3+6s^2+13s+10}$ 의 영점과 극점을 구하라.

풀이 분모, 분자를 인수분해하면

$F(s)=\dfrac{(s-2)(s-3)}{(s+2)(s+2-j)(s+2+j)}$ 이므로

영점 : 2, 3

극점 : -2, $-2+j$, $-2-j$

Chapter 10 간추림

1. 라플라스 변환의 정의

라플라스 변환의 정의식은 아래와 같다.

$$\mathcal{L}\{f(t)\}=\int_0^{\infty} f(t)e^{-st}dt$$

2. 계단함수

아래의 좌측 그림은 단위 계단함수, 우측은 $t=a$에서 발생한 계단함수이다.

$Ku(t)=0, \quad t<0$

$Ku(t)=K, \quad t>0$

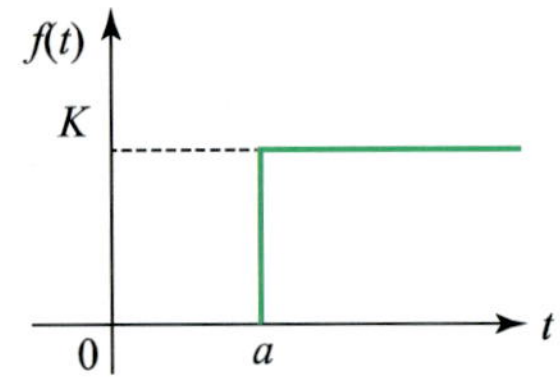

$Ku(t-a)=0, \quad t<a$

$Ku(t-a)=K, \quad t>a$

3. 임펄스함수

임펄스함수의 특징은 아래와 같다.

(a) 진폭은 무한대에 근접한다.

(b) 함수의 지속시간은 0에 근접한다.

(c) 변수함수 밑면적은 매개변수가 변해도 일정하다.

강도가 K인 임펄스함수를 $K\delta(t)$, 강도가 K이고 $t=a$에서 일어나는 임펄스는 $K\delta(t-a)$로 나타내며 아래의 그림과 같다.

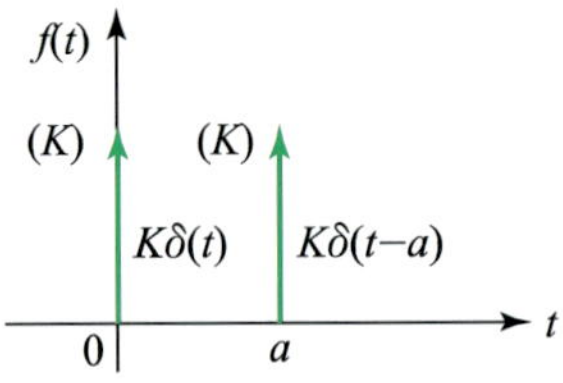

임펄스함수의 중요한 특징은 아래와 같은 천이성(shift property)이다.

$$\int_{-\infty}^{\infty} f(t)\delta(t-a)=f(a)$$

4. 함수의 라플라스 변환

여러 함수에 대한 라플라스 변환 표는 아래와 같다.

(1) 단위 계단함수

$$\mathcal{L}\{u(t)\} = \int_0^\infty u(t)e^{-st}dt = \int_0^\infty 1e^{-st}dt = \left.\frac{e^{-st}}{-s}\right|_0^\infty = \frac{1}{s}$$

(2) 지수함수

$$\mathcal{L}\{e^{\pm at}\} = \int_0^\infty e^{\pm at}e^{-st}dt = \int_0^\infty e^{-(s\pm a)t}dt = \frac{1}{s\mp a}$$

기타 여러 함수에 대한 라플라스 변환 $F(s)$는 아래의 표와 같다.

함수 형태	$f(t)$: $t>0^-$	$F(s)$
임펄스	$\delta(t)$	1
계단	$u(t)$	$\frac{1}{s}$
램프	$t \cdot u(t)$	$\frac{1}{s^2}$
지수(감쇠)	$e^{\pm at}u(t)$	$\frac{1}{s\mp a}$
sine	$\sin\omega t \cdot u(t)$	$\frac{\omega}{s^2+\omega^2}$
cosine	$\cos\omega t \cdot u(t)$	$\frac{s}{s^2+\omega^2}$
감쇠 램프	$te^{-at}u(t)$	$\frac{1}{(s+a)^2}$
감쇠 sine	$e^{-at}\sin\omega t \cdot u(t)$	$\frac{\omega}{(s+a)^2+\omega^2}$
감쇠 cosine	$e^{-at}\cos\omega t \cdot u(t)$	$\frac{s+a}{(s+a)^2+\omega^2}$

5. 라플라스 변환의 연산

(1) 정수 곱하기 : $\mathcal{L}\{Kf(t)\} = KF(s)$

(2) 가산과 감산 : $\mathcal{L}\{f_1(t)\} + \mathcal{L}\{f_2(t)\} - \mathcal{L}\{f_3(t)\} = F_1(s) + F_2(s) - F_3(s)$

(3) 미분 : $\mathcal{L}\left(\frac{df(t)}{dt}\right) = sF(s) - f(0^-)$

(4) 적분 : $\mathcal{L}\left[\int_{0^-}^{\infty} f(t)dt\right] = \frac{F(s)}{s}$

(5) 시간 천이 : $\mathcal{L}[f(t-a)u(t-a)] = e^{-as}F(s)$

(6) 주파수 천이 : $\mathcal{L}\left[e^{-st}f(t)\right] = F(s+a)$

(7) 척도 변경 : $\mathcal{L}[f(at)] = \frac{1}{a}F\left(\frac{s}{a}\right)$

6. 초기값 및 최종값의 정리

$f(t)$에서 t가 0이나 ∞에 가까워질 때 $f(t)$의 극한값 $f(0)$, $f(\infty)$을 각각 초기값, 최종값이라 하며 그 정의식은 아래와 같다.

$$\text{최종값 정리 : } f(0^+) = \lim_{s\to\infty} sF(s)$$

$$\text{초기값 정리 : } f(\infty) = \lim_{t\to\infty} f(t) = \lim_{s\to 0} sF(s)$$

7. 라플라스 변환의 응용

아래의 병렬 RLC 회로에서 평소 직류전원과 단락되어 있던 스위치가 열릴 때 회로에는 초기 축적된 에너지가 없다고 가정하고, $t \geq 0$일 때 $v(t)$의 시간 영역 함수는 아래와 같이 나타낼 수 있으므로

$$\frac{v(t)}{R} + \frac{1}{L}\int_0^t v(t)dt + C\frac{dv(t)}{dt} = I_{dc}u(t)$$

이를 라플라스 변환 후 풀면 아래와 같은 $\boldsymbol{V}(s)$를 구할 수 있다.

$$V(s) = \frac{I_{dc}/C}{s^2 + (1/RC)s + (1/LC)}$$

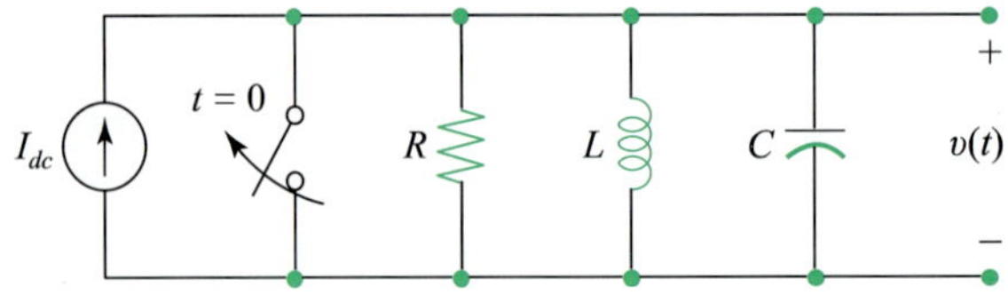

8. 라플라스 역변환

s함수를 시간 영역의 t함수로 변환하는 것이 라플라스의 역변환이다. 역변환을 위해서는 $F(S)$ 분수 다항식으로 만들고, 이를 인수분해로 부분분수로 전개해서 근을 구해야 된다. 근의 형태에 따른 변환 표에 의해 해를 구한다. 아래의 표는 라플라스 역변환 쌍을 정리한 것이다.

라플라스 역변환 표

근의 형태	$F(s)$	$f(t)$
실수 단일 근	$\dfrac{K}{s+a}$	$Ke^{-at}u(t)$
중근	$\dfrac{K}{(s+a)^2}$	$Kte^{-at}u(t)$
복소수 단일 근	$\dfrac{K}{s+\alpha-j\beta}+\dfrac{K^*}{s+\alpha+j\beta}$	$2\|K\|e^{-\alpha t}\cos(\beta t+\theta)u(t)$
복소수 중근	$\dfrac{K}{(s+\alpha-j\beta)^2}+\dfrac{K^*}{(s+\alpha+j\beta)^2}$	$2t\|K\|e^{-\alpha t}\cos(\beta t+\theta)u(t)$

9. 전달함수

전달함수의 $H(s)$ 일반식은 $H(s)=\dfrac{Y(s)}{X(s)}$이며, 증폭기의 예에서는 $X(s)$는 입력전압 또는 전류이고, $Y(s)$는 출력전압 또는 전류이므로 이 경우에서의 전달함수는 전압 및 전류 증폭도가 된다.

10. 극점(poles)과 영점(zeros)

$F(s)$의 다항식을 인수분해한 식이 아래와 같을 때

$$F(s)=\frac{K(s+z_1)(s+z_2)\cdots(s+z_n)}{(s+p_1)(s+p_2)\cdots(s+p_n)}$$

분자 항이 0이 되는 값을 영점(zero), 분모 항이 0이 되는 값을 극점(pole)이라 한다. 즉, 위의 식에서 영점은 $-z_1$, $-z_2$, $\cdots$, z_n이고, 극점은 $-p_1$, p_2, p_n이다.

연습문제

1. 그림 10.16의 함수를 계단함수와 단위함수를 사용하여 나타내어라.

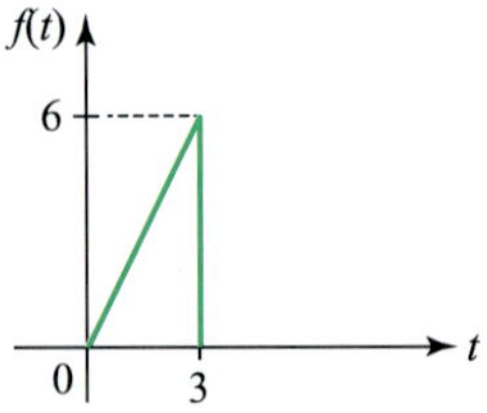

그림 10.16

2. 그림 10.17의 함수를 계단함수와 단위함수를 사용하여 나타내어라.

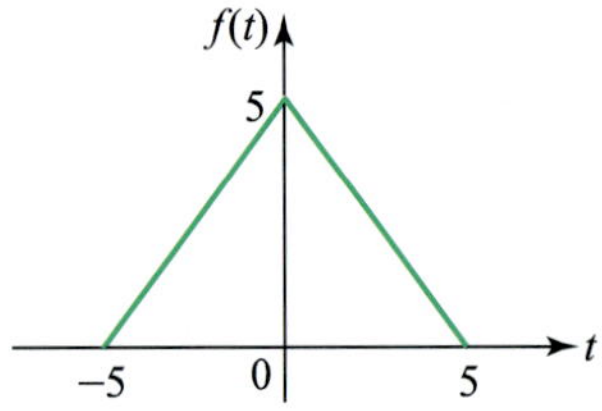

그림 10.17

3. $F(s) = \mathcal{L}[f(t)]$일 때 $-\dfrac{dF(s)}{ds} = \mathcal{L}[tf(t)]$임을 증명하라.

4. 그림 10.18에서 전압 $v(t)$를 라플라스 변환식으로 구하라.

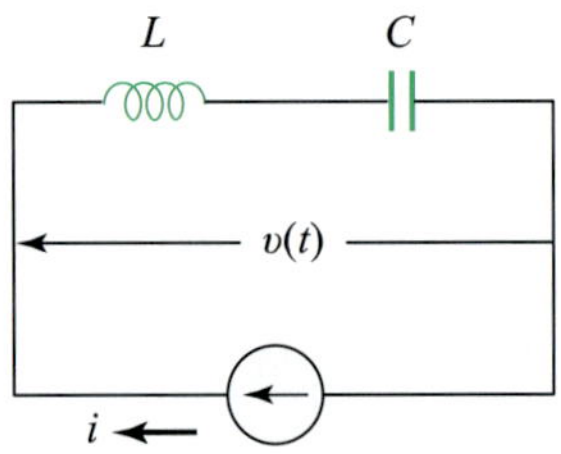

그림 10.18

5. 그림 10.19에서 $V_1(s)$, $V_2(s)$를 구하라.

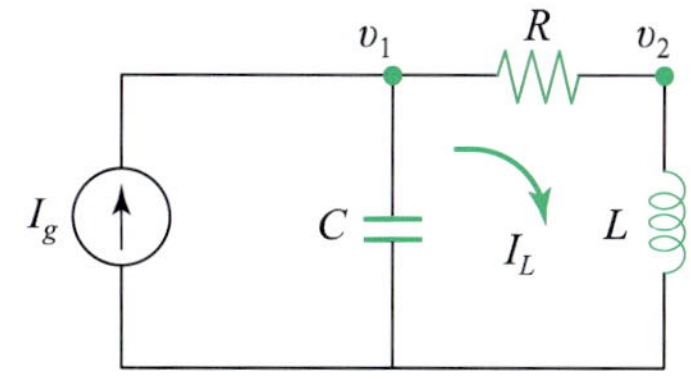

그림 10.19

6. 그림 10.20에서 $i = 2\cos t$, $R = 1[\Omega]$, $L = 0.5[\mathrm{H}]$, $C = 200[\mathrm{mF}]$일 때 $V(s)$를 구하라. 단, $v(0) = 0$이다.

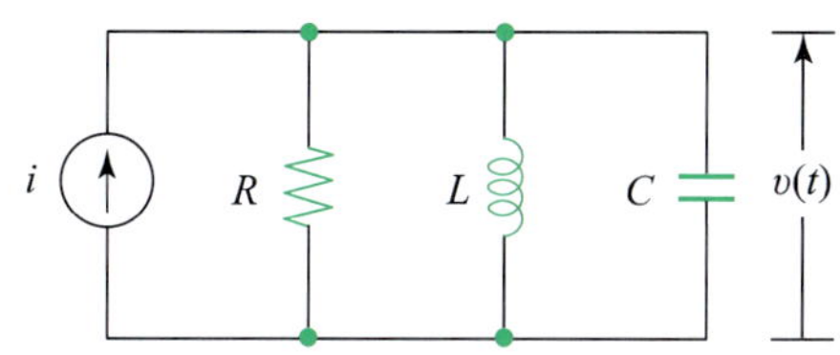

그림 10.20

7. $f(t) = 2t + e^{-t}$의 라플라스 변환식을 구하라.

8. $F(s) = \dfrac{5s+2}{s^3+3s^2+s}$의 초기값과 최종값을 구하라.

9. 아래 함수의 대한 라플라스 변환 함수를 구하라.

① $\sin t + 5\cos 2t$

② $t + te^{-at}$

10. 그림 10.21에 나타낸 함수의 라플라스 변환식을 구하라.

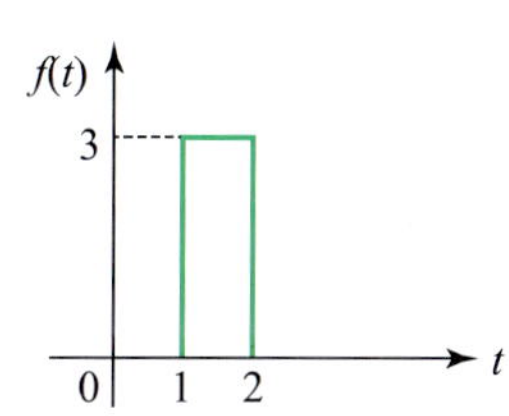

그림 10.21

11. 그림 10.22에서 v_2/v_1를 라플라스 변환에 의해 구하라.

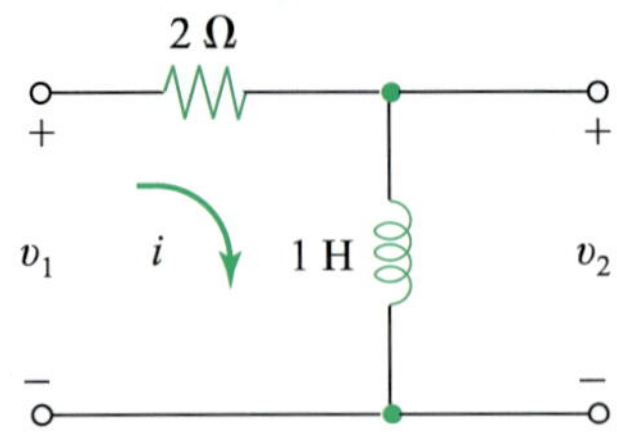

그림 10.22

12. $F(s)=\dfrac{8s^2+37s+32}{(s+1)(s+2)(s+4)}$ 일 때 $f(t)$를 구하라.

13. $F(s)=\dfrac{100}{s^2(s+5)}$ 일 때 $f(t)$를 구하라.

14. $F(s)=\dfrac{22s^2+60s+58}{(s+1)(s^2+4s+5)}$ 일 때 $f(t)$를 구하라.

Chapter 11

필터회로

이 장에서는 무엇을 배우는가?

각종 필터회로의 원리와 연산 증폭기 필터회로를 익힌다.

학습효과

직류 정류회로, 오디오 톤 컨트롤회로 및 이퀄라이저, 각종 통신용 필터 등에 활용할 수 있다.

필터(filter)회로는 일정 주파수 대역만 통과시키고 나머지 대역의 주파수는 저지되는 회로를 말한다. 필터회로는 오디오 앰프 및 통신회로에서 다양한 용도로 비교적 많이 이용되고 있다. 용도에 따라 크게 저역통과 필터, 고역통과 필터, 대역통과 필터, 대역저지 필터로 구분된다. 이 장에서는 각 필터회로의 특성과 실제적인 측면에서 OP앰프를 사용한 필터회로에 대해서 설명하기로 한다. 필터회로의 특성을 알아보기 위해서는 그림 11.1과 같은 필터회로 입력전압이 주파수에 대해 어떤 특성의 출력전압으로 나타나는가를 그래프로 보는 것이다. 이것은 필터회로의 전달함수 $H(j\omega)$를 사용해서 그 크기와 위상각을 그래프로 그리면 실현될 수 있다. 그림 11.1에서 $H(j\omega) = H(s) = V_o(s)/V_i(s)$이다. 그래프는 실수축에 ω, 허수축에 그 크기 $|H(j\omega)|$ 및 $\theta(j\omega)$를 그린다. 필터회로의 특성 그래프에서 중요한 것은 차단 각주파수 ω_c이다. $|H(j\omega)|$는 일반적으로 필터회로에서 감쇠가 있기 때문에 1 이하이며, 이 값이 $1/\sqrt{2}$ (≒ 0.707)이 되는 각주파수가 ω_c이다. 이 ω_c의 값에 따라 필터회로의 감쇠 특성이 결정되기 때문에 매우 중요하다. 이상적인 주파수 특성일 때의 저역통과, 고역통과, 대역통과 및 대역저지 필터회로의 특성을 나타낸 그래프가 그림 11.2이다.

전달함수 $H(j\omega)$ s는 주파수 영역에서의 상대적 전압이득(증폭도)을 말한다.

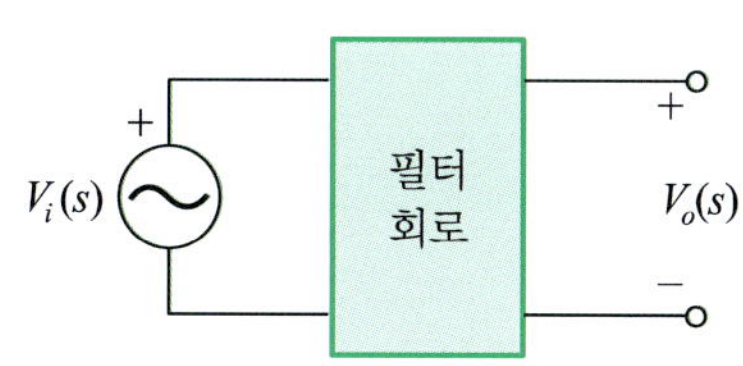

그림 11.1 필터회로

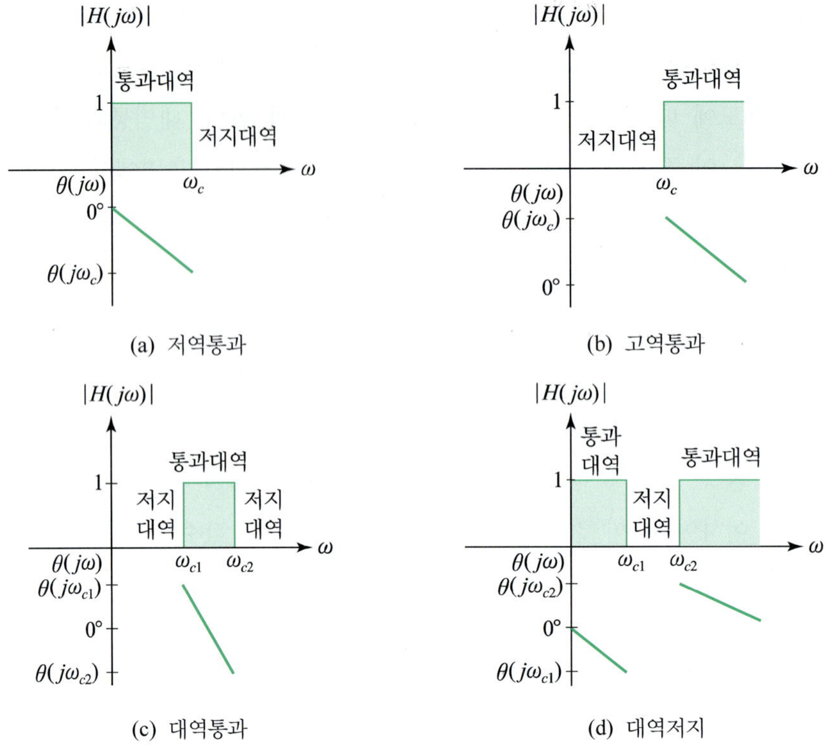

그림 11.2 이상적 각종 필터회로의 특성

11.1 저역통과 필터

필터회로의 해석에는 일반적으로 교류 정현파를 이용한다. 인덕터나 커패시터는 주파수가 변함에 따라 그 임피던스가 변하기 때문에 이들을 저항과 직렬로 연결한 $R-L$회로를 구성하여 양단에 주파수가 변하는 교류전압을 인가하면 L에서의 임피던스 $\omega L(=2\pi fL)$은 주파수가 올라가면 임피던스가 증가하므로 상대적인 전압분할은 높은 주파수에서 $v_L \gg$ 이지만 낮은 주파수에서는 $v_L \ll v_R$이 되므로 공급전압 대부분이 R 양단에 나타나게 된다. 따라서 $R-L$ 직렬회로의 R에서 출력전압을 취하면 저역통과 필터회로가 된다. 만일 $R-C$ 직렬회로 구성인 경우에는 C의 임피던스 $1\omega C(=1/2\pi fC)$가 낮은 주파수에서 상대적으로 R보다 커지므로 C 양단에 공급전압에 가까운 전압이 나타나기 때문에, 이를 출력전압으로 취하면 저역통과 필터회로로 사용할 수 있다. 따라서 이 절에서는 $R-L$,

$R-C$ 저역통과 회로에 대해서 설명하기로 한다.

(1) $R-L$ 저역통과 필터

$R-L$ 저역통과 필터(Low-Pass Filter : L.P.F.)는 그림 11.3과 같이 $R-L$ 직렬회로의 R양단에서 출력전압을 취하는 회로이다. 다시 언급해 보면 그림 11.3에서 주파수가 아주 높아지면 $sL(j\omega L)$이 무한대(∞)에 가깝게 되므로 $V_o(s) \ll V_i(s)$이 되면서 출력전압은 거의 나타나지 못하게 된다. 그러나 주파수가 아주 낮아져서 $sL \fallingdotseq 0$이라면 단락상태와 같은 상태가 되어 입력전압 $V_i(s)$가 거의 $V_o(s)$로 나타나게 되므로 입력통과 상태가 된다.

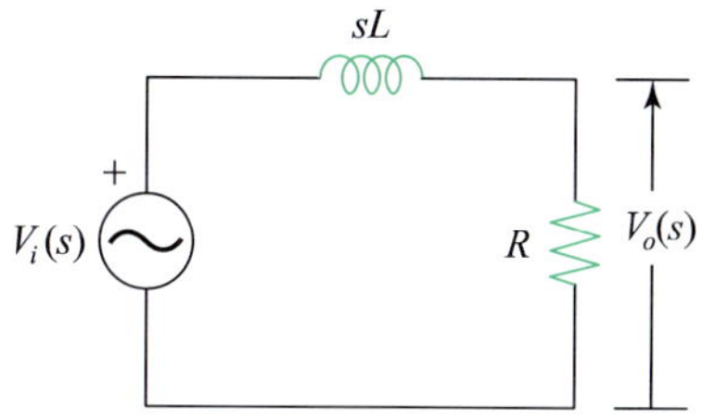

그림 11.3 L.P.F. 회로

주파수의 변화에 따른 입력전압에 대한 출력전압의 응답 특성을 보기 위해 전달함수 $H(j\omega)$의 특성 그래프를 그려보면 그림 11.4와 같다. 이상적인 특성 그래프(그림 11.2(a))와 달리 완만한 감쇠가 이루어지고 있다. 이상적 특성에 가깝게 되자면 회로소자의 선택이나 회로의 종속접속 등으로 가능하지만 필터회로 설계 시 무엇보다 중요한 것은 ω_c의 값이

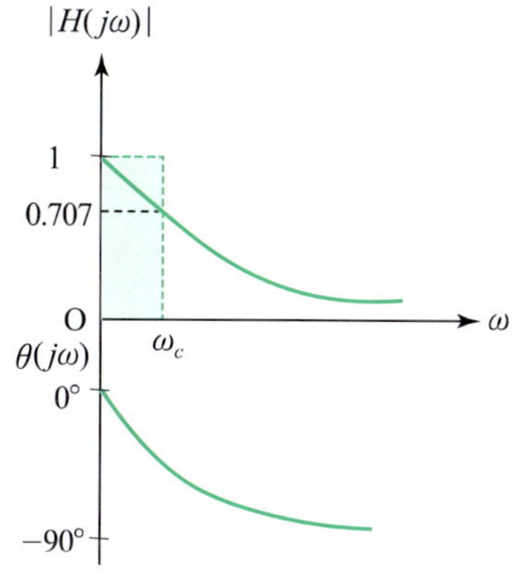

그림 11.4 $R-L$ 회로의 L.P.F.의 특성

다. $\omega_c = 2\pi f_c$에서 $f_c = \omega_c/2\pi$가 된다. f_c를 차단 주파수라고 하지만 앞으로 편의상 ω_c도 같이 차단 주파수라 칭한다. 그림 11.4의 상부는 전달함수의 크기인 $|H(j\omega)|$ 그래프이고, 하부는 그 위상각 $\theta(j\omega)$ 그래프를 나타낸다. 상부 그래프의 $|H(j\omega)|$축의 1에서 $|H(j\omega)|$가 최대가 되는데 이를 $H_{\max}$라 할 때 $|H(j\omega)|$는 ω_c에서 $H_{\max}$의 $1/\sqrt{2}$이 된다.

$$|H(j\omega_c)| = \frac{1}{\sqrt{2}} H_{\max} \tag{11.1}$$

하부의 $\theta(j\omega)$ 그래프에서 주파수가 0인 시작점에서는 위상각이 0°이므로 입력전압과 출력전압은 위상차가 없지만 주파수가 올라갈수록 위상차가 $-90°$에 도달해 출력전압은 입력전압보다 위상이 90° 늦게 된다. 이와 같이 $H(j\omega)$ 그래프가 필터회로의 특성을 이해하는 데 중요하므로 그림 11.3 회로에 대한 $H(j\omega)$를 구해보기로 한다.

$$H(j\omega) = \frac{R}{R + j\omega L} = \frac{R/L}{j\omega + R/L} \tag{11.2}$$

식 (11.2)로부터 주파수 특성식을 얻기 위해 그 크기와 위상각을 구하면 아래와 같다.

$$|H(j\omega)| = \frac{R/L}{\sqrt{\omega^2 + (R/L)^2}} \tag{11.3}$$

$$\theta(j\omega) = -\tan^{-1}\left(\frac{\omega L}{R}\right)[°] \tag{11.4}$$

식 (11.3)에서 주파수가 0 즉, $\omega = 0$일 때 $|H(j0)| = 1$이 되며 이 값이 $H_{\max}$이다. 한편 식 (11.4)에서 $\omega = 0$일 때 $\theta(j0) = 0°$가 되어 입력전압과 출력전압 간의 위상각 차이는 없다. 그러나 $\omega = \infty$가 되면 $|H(j\infty)| \simeq 0$, $\theta(j\infty) \simeq -90°$임을 식을 통해서 알 수 있다. 그렇다면 차단 주파수에서 즉, 식 (11.1)에서와의 관계를 알아보기 위해

$$|H(j\omega_c)| = \frac{1}{\sqrt{2}}|1| = \frac{R/L}{\sqrt{\omega_c^2 + (R/L)^2}} \tag{11.5}$$

를 풀면 아래의 관계식을 얻게 된다.

$$\omega_c = 2\pi f_c = \frac{R}{L}[\mathrm{rad/s}] \tag{11.6}$$

$$f_c = \frac{R}{2\pi L}[\mathrm{Hz}] \tag{11.7}$$

만일 그림 11.3의 $R-L$ 저역통과 필터회로에서 $R=10[\Omega]$일 때 차단 주파수를 10[Hz]로 선택하고 싶다면 L값을 얼마로 정해야 되는가를 식 (11.7)로 구해보면

$$L=\frac{R}{2\pi f_c}\fallingdotseq\frac{10}{2\times 3.14\times 10}\fallingdotseq 0.159=159[\mathrm{mH}]$$

가 된다. 표 11.1은 $L=100[\mathrm{mH}]$일 때 차단 주파수 별 R값을 나타낸다.

표 11.1 f_c에 따른 $R(L=0.1[\mathrm{H}]$일 때)

$f_c[\mathrm{Hz}]$	$R[\Omega]$
1	0.628
5	3.14
10	6.28
50	31.40

출력전압 V_o의 크기는 $|V_o(j\omega)|=|H(j\omega)|\cdot|V_i(j\omega)|$로부터 아래의 관계식을 얻는다.

$$|V_o(j\omega)|=\frac{R/L}{\sqrt{\omega^2+(R/L)^2}}|V_i(j\omega)| \tag{11.8}$$

예컨대 $L=100[\mathrm{mH}]$일 때 표 11.1에서와 같이 $R=6.28[\Omega]$이면 $f_c=10[\mathrm{Hz}]$이므로 이 때의 그래프를 만들기 위한 $|H(j\omega)|$와 $\theta(j\omega)$의 값을 식 (11.3)과 식 (11.4)로 계산하여 표를 만들면 표 11.2와 같고, 그 그래프는 그림 11.5와 같다.

표 11.2

$f[\mathrm{Hz}]$	$\|H(j\omega)\|$	$\theta(j\omega)$
5	0.995	63.5°
10	0.707	45°
20	0.447	26°
40	0.243	14°
60	0.164	9.5°
80	0.124	7°

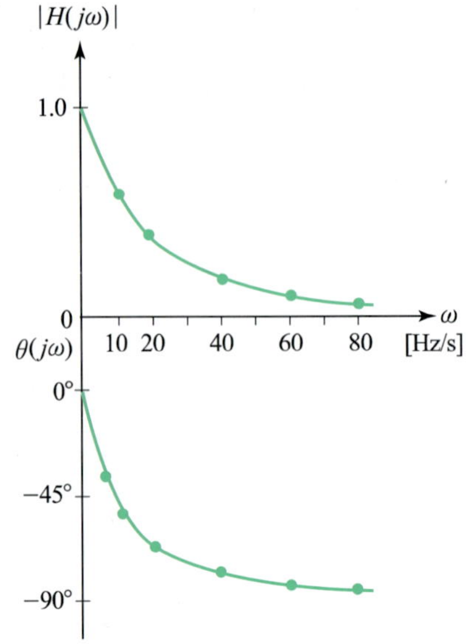

그림 11.5 $H(j\omega)$ 그래프

익힘 문제 11.1

$R-L$ 저역통과 필터회로에서 $f_c = 5[\mathrm{kHz}]$가 되기 위한 L값과 $|H(j\omega)|$ 및 $\theta(j\omega)$를 구하라. 단, $R = 20[\mathrm{k\Omega}]$이다.

풀이 식 (11.7)로부터 $L = \dfrac{R}{2\pi f_c} = \dfrac{20\times10^3}{2\times3.14\times5\times10^3} \fallingdotseq 0.64[\mathrm{H}]$,

$\omega_c = 2\pi f_c = 2\times3.14\times5\times10^3$이므로 식 (11.3), 식 (11.4)로부터

$$|H(j\omega)| = \frac{(20\times10^3)/0.64}{\sqrt{(2\times3.14\times5\times10^3)^2+[(20\times10^3/0.64)]^2}} \fallingdotseq \frac{31.25}{44.3} \fallingdotseq 0.7$$

$$\theta(j\omega) = \tan^{-1}\left(\frac{6.28\times5\times0.64}{20}\right) \fallingdotseq \tan^{-1}1.005 \fallingdotseq 45.1°$$

(2) $R-C$ 저역통과 필터

그림 11.6은 $R-C$ 저역통과 필터회로이다. $R-C$ 직렬회로의 C에서 출력을 취한다. C의 리액턴스 $1/\omega C = 1/(2\pi f C)$은 아주 낮은 주파수($\omega=0$)에서 무한대($\infty$)에 가까우므로

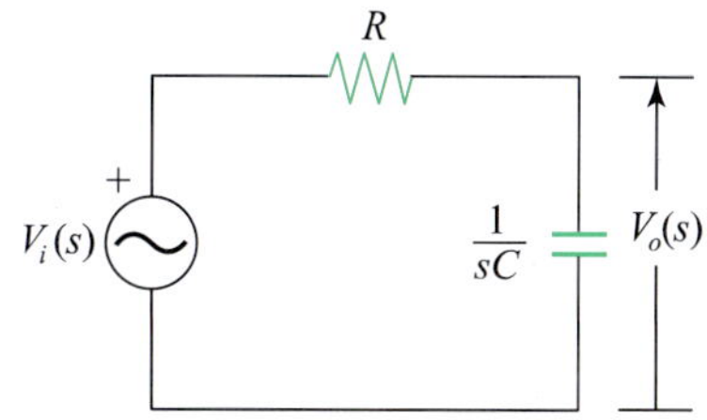

그림 11.6 $R-C$ L.P.F. 회로

입력단의 공급전압이 거의 그대로 C의 출력단에 나타난다. 그러나 주파수가 증가하면 리액턴스가 R에 비해 상대적으로 떨어져 출력전압도 감쇠하다가 아주 높은 주파수에 이르면 리액턴스가 거의 0에 가까워지므로 C의 출력전압은 0[V]가 된다. 결론적으로 이 회로는 저역통과 필터 특성을 갖는다. $R-L$ 저역통과 필터회로에서와 마찬가지로 필터회로의 특성에 중요한 역할을 하는 전달함수 $H(j\omega)$와 차단 주파수 ω_c를 구해보기로 한다. 그림 11.6에서 $H(j\omega)=H(s)=V_o(s)/V_i(s)$이므로 아래와 같은 식이 된다.

$$H(s)=\frac{1/(sC)}{R+1/(sC)}=\frac{1/(RC)}{s+1/(RC)} \tag{11.9}$$

회로 해석의 편의상 $s=j\omega$로 바꿔 식 (11.9)에 대입하면 아래의 식을 얻는다.

$$H(j\omega)=\frac{1/(j\omega C)}{R+1/(j\omega C)} \tag{11.10}$$

식 (11.10)에서 그 크기와 위상각을 구하면 아래와 같다.

$$|H(j\omega)|=\frac{1/(RC)}{\sqrt{\omega^2+(1/RC)^2}} \tag{11.11}$$

$$\theta(j\omega)=\tan^{-1}\left(\frac{1}{\omega RC}\right)[^\circ] \tag{11.12}$$

한편 차단 주파수 ω_c는 $|H(j\omega)|$가 $1/\sqrt{2}$이 되는 값이므로 대입하여 식 (11.11)을 풀면

$$\omega_c=\frac{1}{RC},\ f_c=\frac{1}{2\pi RC}[\text{Hz}] \tag{11.13}$$

가 된다. 예컨대 $R=10[\text{k}\Omega]$일 때 $f_c=3[\text{kHz}]$가 되기 위한 C의 값은 식 (11.13)으로부터

$$C=\frac{1}{2\pi Rf}\fallingdotseq\frac{1}{2\times3.14\times10\times10^3\times3\times10^3}\fallingdotseq0.005\times10^{-6}=0.005[\mu\text{F}]$$

가 된다.

익힘 문제 11.2

그림 11.6에서 $R=2[\mathrm{k\Omega}]$일 때 $f_c=5[\mathrm{kHz}]$, $\theta(j\omega)=45°$가 되기 위한 C 값을 구하라.

풀이 $\tan^{-1}\left(\frac{1}{\omega RC}\right)=45°$가 되어야 하므로 $\frac{1}{\omega RC}=\frac{1}{2\pi f_c RC}=1$,

$$C=\frac{1}{2\times 3.14\times 5\times 10^3\times 2\times 10^3}=\frac{1}{62.8}\times 10^{-6}\fallingdotseq 0.016[\mu\mathrm{F}]$$

(3) OP앰프 저역통과 필터

그림 11.7은 OP앰프를 사용한 저역통과 필터회로이다. 반전 증폭기의 귀환저항에 병렬로 C가 연결된 일종의 $R-C$ 저역통과 필터회로이다.

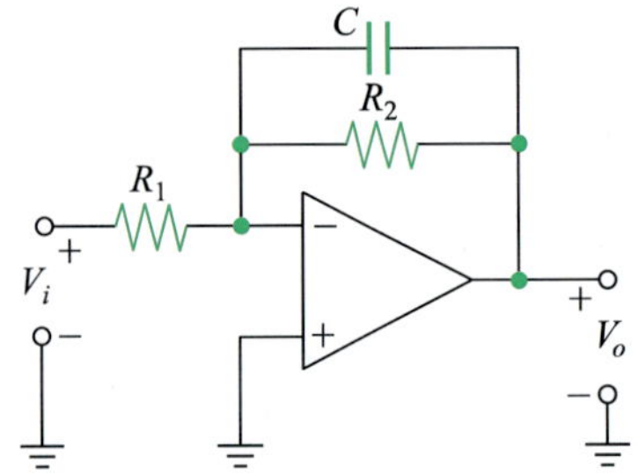

그림 11.7 OP앰프 L.P.F. 회로

그림 11.7 회로에 대한 전달함수와 차단 주파수를 구하면 아래와 같다.

$$H(s)=-\frac{\dfrac{R_2(1/sC)}{R_2+(1/sC)}}{R_1}=-\frac{1}{R_1}\cdot\frac{R_2(1/sC)}{R_2+(1/sC)}=-\frac{R_2}{R_1}\cdot\frac{1/sC}{\dfrac{sCR_2+1}{sC}}$$

$$=-\frac{R_2}{R_1}\cdot\frac{1}{sC}\cdot\frac{sC}{sCR_2+1}=-\frac{R_2}{R_1}\cdot\frac{1}{sCR_2+1}=-\frac{R_2}{R_1}\cdot\frac{1/R_2C}{s+1/R_2C}$$

$$H(s)=-\frac{R_2}{R_1}\cdot\frac{1/R_2C}{s+1/R_2C} \tag{11.14}$$

$s=j\omega$를 대입하여 바꿔 쓰면

$$H(j\omega) = -\frac{R_2}{R_1} \cdot \frac{1/R_2C}{j\omega + 1/R_2C} \tag{11.15}$$

식 (11.15)에서 $|H(j\omega)| = \frac{1}{\sqrt{2}}$이 되는 ω_c를 풀면

$$\omega_c = \frac{1}{R_2C} \tag{11.16}$$

가 된다. 따라서 이를 식 (11.15)에 대입하여 바꿔 쓰면 아래와 같다.

$$H(j\omega) = -\frac{R_2}{R_1} \cdot \frac{\omega_c}{j\omega + \omega_c} \tag{11.17}$$

익힘 문제 11.3

그림 11.7에서 $R_1 = R_2 = 1[\text{k}\Omega]$일 때 $f_c = 10[\text{kHz}]$가 되기 위한 C 값을 구하라.

풀이 식 (11.16)으로부터 $C = \frac{1}{2 \times 3.14 \times 10 \times 10^3 \times 1 \times 10^3} = \frac{1}{62.8} \times 10^{-6} \fallingdotseq 0.016[\mu\text{F}]$

11.2 고역통과 필터

고역통과 필터는 앞서의 $R-L$, $R-C$ 회로에서 출력소자의 위치만 바뀐다. $R-L$ 회로에서는 L, $R-C$ 회로에서는 R에서 출력전압을 취한다. 이들 소자의 리액턴스는 높은 주파수에서 상대적으로 높아지므로 입력전압이 거의 다 출력전압으로 취해진다. 역시 전달함수와 차단 주파수가 중요한 요소이므로 저역통과 필터에서와 같은 방법으로 이들을 유도하는 과정을 밟기로 한다.

(1) $R-C$ 고역통과 필터

그림 11.8은 $R-C$ 고역통과 필터(High-Pass Filter : H.P.F.)이다. $\omega = 0$에서 C의 리액턴스가 커지므로 R에는 전압이 거의 걸리지 않고 ω가 점점 증가하면 C의 리액턴스가

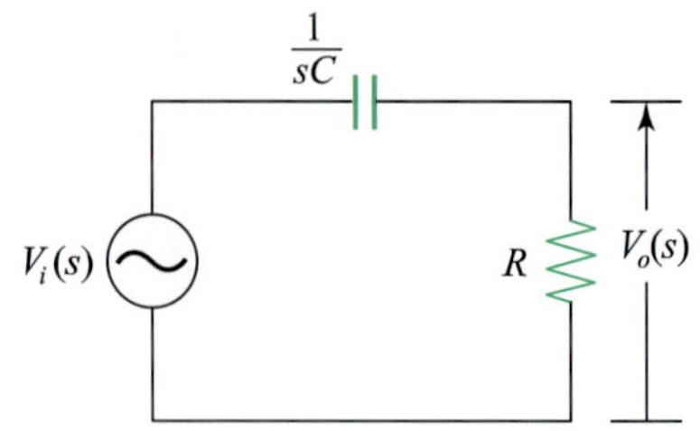

그림 11.8 $R-C$ 고역통과 필터

작아지기 시작하므로 상대적으로 R의 전압이 커지지만 $\omega=\infty$이면 C의 리액턴스가 0이 되면서 마치 C가 단락된 거와 마찬가지로 입력전압이 그대로 R에 출력전압으로 나타나게 된다. 그림 11.9에서 보는 바와 같이 주파수의 감소에 따라서 출력전압은 감소하기 시작하고, 입력전압과 출력전압의 위상각 차이는 증가한다. 전달함수의 위상각 $\theta(j\omega)$는 $\omega=0$에서 90°이지만 주파수 증가에 따라 감소하기 시작해서 $\omega=\infty$에서 0°가 된다. 그림 11.8의 전달함수는 아래의 식과 같이 구해진다.

$$H(s)=\frac{R}{\frac{1}{sC}+R}=\frac{R}{\frac{1+sRC}{sC}}=R\cdot\frac{sC}{1+sRC}=\frac{s}{s+1/RC} \tag{11.18}$$

식 (11.18)에서 $s=j\omega$로 바꿔 쓰면

$$H(j\omega)=\frac{j\omega}{j\omega+1/RC} \tag{11.19}$$

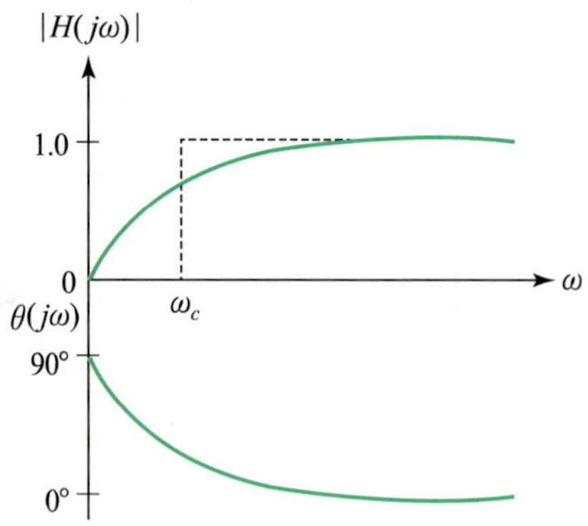

그림 11.9 $R-C$ 고역통과 필터의 특성

식 (11.19)의 크기 $|H(j\omega)|$와 위상각 $\theta(j\omega)$를 구하면 아래와 같다.

$$|H(j\omega)| = \frac{\omega}{\sqrt{\omega^2 + (1/RC)^2}} \tag{11.20}$$

$$\theta(j\omega) = 90° - \tan^{-1}(\omega RC)[°] \tag{11.21}$$

식 (11.20)에서 $|H(j\omega)| = \dfrac{1}{\sqrt{2}}$로 놓고 ω_c, f_c를 구하면 아래와 같다.

$$\omega_c = \frac{1}{RC},\ f_c = \frac{1}{2\pi RC} \tag{11.22}$$

익힘 문제 11.4

그림 11.8의 $R-C$ 고역통과 필터에서 $R=50[\Omega]$, $C=0.5[\mu\text{F}]$일 때 f_c를 구하라.

풀이 $f_c = \dfrac{1}{2\pi RC} = \dfrac{1}{2\times 3.14\times 50\times 0.5\times 10^{-6}} \fallingdotseq \dfrac{1000}{157}\times 10^3 \fallingdotseq 6.4[\text{kHz}]$

(2) OP앰프 고역통과 필터

그림 11.10은 OP앰프로 구성한 고역통과 필터회로이다. 전달함수와 차단 주파수를 구해 보기로 한다. OP앰프 회로는 반전 증폭기로 동작한다. 반전 증폭기이므로 $V_o/V_i = -Z_f/Z_i$이고 그림 11.10 회로에서는 $Z_i = R + 1/j\omega C$, $Z_f = R_2$이다.

$$H(s) = -\frac{R_2}{R_1 + \dfrac{1}{sC}} = -\frac{R_2}{\dfrac{sR_1C+1}{sC}} = -\frac{sR_2C}{sR_1C+1} = -\frac{R_2}{R_1}\cdot\frac{s}{s+\dfrac{1}{R_1C}} \tag{11.23}$$

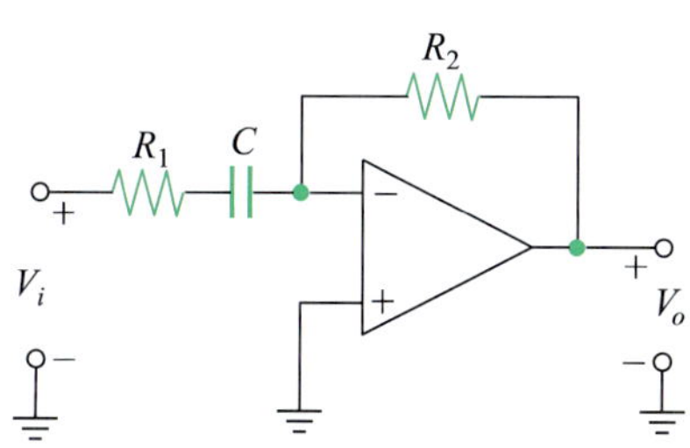

그림 11.10 OP앰프 $R-C$ H.P.F.

식 (11.23)에서 $|H(s)| = 1/\sqrt{2}$ 을 만족시키는 ω_c를 구하면 아래와 같다.

$$\omega_c = 2\pi f_c = \frac{1}{R_1 C} \tag{11.24}$$

식 (11.24)를 식 (11.23)에 대입하여 다시 고쳐 쓰면 아래의 식과 같다.

$$H(s) = -\frac{R_2}{R_1} \cdot \frac{s}{s+\omega_c} \tag{11.25}$$

익힘 문제 11.5

그림 11.10에서 $R_1 = 1[\text{k}\Omega]$, $R_2 = 2[\text{k}\Omega]$, $f_c = 3.2[\text{kHz}]$일 때 C 값을 구하라.

풀이 식 (11.24)로부터 $C = \dfrac{1}{2\pi f_c R_1} = \dfrac{1}{2 \times 3.14 \times 3.2 \times 10^3 \times 1 \times 10^3} \fallingdotseq 0.05[\mu\text{F}]$

(3) $R-L$ 고역통과 필터

그림 11.11은 $R-L$ 고역통과 필터회로이다. 주파수가 아주 높아지면 L의 리액턴스가 상대적으로 R보다 훨씬 커지므로 입력전압은 거의 그대로 L에 나타나게 된다.

전달함수를 구해보면 아래와 같다.

$$H(s) = \frac{sL}{R+sL} = \frac{s}{s+R/L} \tag{11.26}$$

$$H(j\omega) = \frac{j\omega}{j\omega + R/L} \tag{11.27}$$

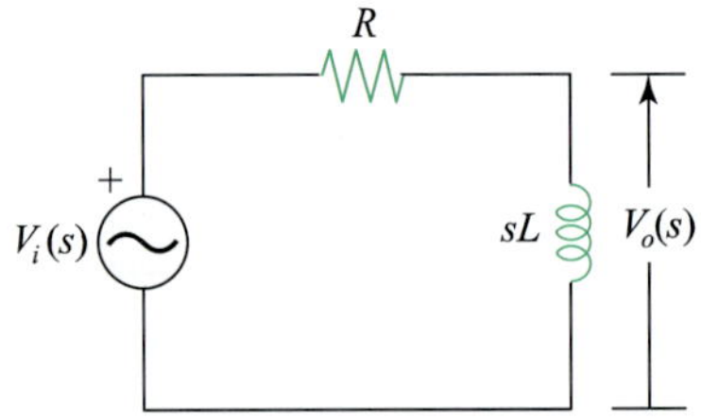

그림 11.11 $R-L$ 고역통과 필터

$H(j\omega)$의 크기와 $\theta(j\omega)$는 아래와 같이 구해진다.

$$|H(j\omega)| = \frac{\omega}{\sqrt{\omega^2 + (R/L)^2}} \tag{11.28}$$

$$\theta = 90° - \tan^{-1}\left(\frac{\omega L}{R}\right)[°] \tag{11.29}$$

차단 주파수 ω_c는 식 (11.28)의 좌변을 $1/\sqrt{2}$로 놓고 구하면 아래와 같다.

$$\omega_c = \frac{R}{L},\ f_c = \frac{R}{2\pi L} \tag{11.30}$$

익힘 문제 11.6

그림 11.11에서 $L = 50[\mathrm{mH}]$일 때 $f_c = 3[\mathrm{kHz}]$가 되기 위한 R값을 구하라.

풀이 식 (11.30)으로부터 $R = 2\pi f_c L \fallingdotseq 2 \times 3.14 \times 3 \times 10^3 \times 50 \times 10^{-3} = 942[\Omega]$

익힘 문제 11.7

예제 11.6에서 구한 R값일 때 $L = 50[\mathrm{mH}]$에 $R_L = 2[\mathrm{k\Omega}]$ 부하가 병렬로 연결되었을 때 차단 주파수는 얼마로 바뀌는가를 계산하라.

풀이 sL과 R_L을 병렬로 계산해서 $H(s)$를 구하면 $H(s) = \frac{R_L}{R + R_L} \cdot \frac{s}{s + \omega_c}$,

$\omega_c = \frac{RR_L}{(R + R_L)L}$이 되므로

$$f_c = \frac{RR_L}{2\pi(R + R_L)L} = \frac{2 \times 10^3 \times 0.942}{2 \times 3.14 \times (0.942 + 2) \times 10^3 \times 50 \times 10^{-3}} \fallingdotseq 2.04[\mathrm{kHz}]$$

여기서 참고로 필터회로의 감쇠도를 나타내는 그래프에 대해서 언급하기로 한다. 그림 11.12는 가로축은 ω_c이지만 세로축을 dB(데시벨)로 표시한 $|H(j\omega)|$로 나타내고 있다. 이러한 그래프를 보드선도(bode plots)라 한다. 단, ω_c축은 대수(log)눈금으로 매겨져 있다.

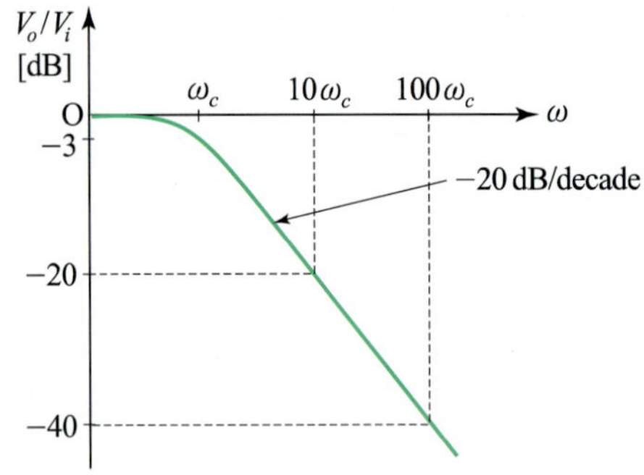

그림 11.12 보드선도

dB에 관한 관계식은 아래와 같이 입력전압과 출력전압의 비를 상용대수로 나타낸다.

$$20\log\frac{V_o}{V_i}[\text{dB}] \tag{11.31}$$

V_o/V_i가 $\frac{1}{\sqrt{2}}$, $\frac{1}{10}$, $\frac{1}{100}$, $\frac{1}{1000}$인 경우의 계산된 dB값은 표 11.3과 같다.

표 11.3

V_o/V_i	$\frac{1}{\sqrt{2}}$	$\frac{1}{10}$	$\frac{1}{100}$	$\frac{1}{1000}$
dB	−3	−20	−40	−60

따라서 그림 11.12에서 보듯이 주파수의 10배 증가에 따라 V_o/V_i는 20dB씩 감쇠하고 있다. 이때 −20dB/decade라는 표현을 사용한다. /decade는 10배당이라는 표현이다.

필터의 특성 그래프에 **보드선도**를 사용하는 이유는 주파수 눈금을 decade당 일정 간격으로 나타내면 주파수의 상대적 변화가 10배일 때의 전압이득이나 위상 변화를 쉽게 알 수 있다는 점이 있다.

11.3 대역통과 필터

(1) 직렬 $R-L-C$ 대역통과 필터

그림 11.13은 $R-L-C$ 대역통과 필터(Band-Pass Filter : B.P.F.)회로이다. L이나 C는 둘 다 주파수가 변함에 따라 그 리액턴스가 변한다. $\omega=0$에서 C는 그 리액턴스가 ∞이므로 개방상태이고, L은 그 리액턴스가 0이므로 단락상태가 된다. 따라서 R에는 전압이 나타나지 않는다. $\omega=\infty$에서 C의 리액턴스가 0이므로 C는 단락상태이고, L은 그 리액턴스가 ∞이므로 여기에서 입력전압의 대부분이 전압강하로 손실된다. 따라서 이때도 R에는 입력전압이 거의 나타나지 않는다. 그러나 여기서 L의 리액턴스가 $j\omega L$, C의 리액턴스가 $-j(1/\omega C)$이므로 둘의 절댓값이 같으면 이 둘의 합성 임피던스는 0이 되므로 입력전압이 모두 R에 나타나게 된다. 이때의 주파수를 중심 주파수(center frequency) 또는 공진 주파수(resonant frequency)라 한다. 그러나 이 주파수에 가까우면 합성 임피던스가 작은 편이지만 조금씩 커지면 임피던스가 커지면서 R에 걸리는 전압이 감쇠하기 시작한다. 즉 중심 주파수를 전후한 주파수대역이 통과대역이 되므로 대역통과 필터 기능이 생긴다. 중심 주파수에서 $|H(s)|$가 최대이지만 이 주파수 전후에서 $1/\sqrt{2}$로 떨어지는 주파수를 각각 ω_{c1}, ω_{c2}라 하면 중심 주파수는 아래와 같이 ω_{c1}, ω_{c2}의 곱에 제곱근을 취한 값이다.

$$\omega_o=\sqrt{\omega_{c1}\omega_{c2}}\,,\quad f_o=\sqrt{f_{c1}f_{c2}} \tag{11.32}$$

또한 대역통과 필터에서 중요한 요소가 대역폭(Bandwidth : BW)이며

$$\mathrm{BW}=f_{c2}-f_{c1} \tag{11.33}$$

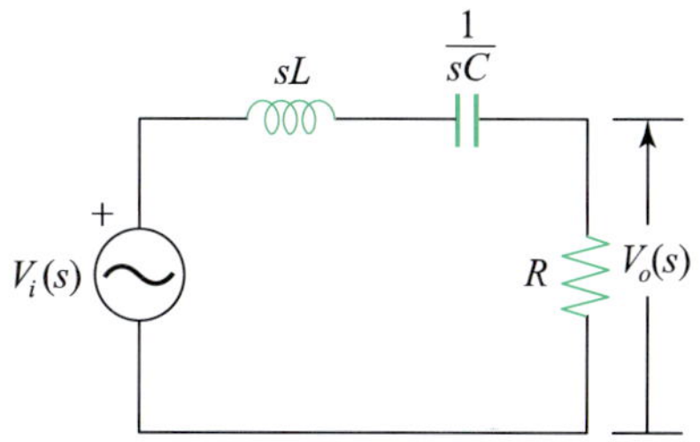

그림 11.13 B.P.F. 회로

을 BW로 정의한다. 대역폭이 작을수록 그림 11.2(c)의 이상적인 특성에 가깝게 된다. 그림 11.14는 대역폭이 작을 때 (a)와 다소 클 때 (b)의 비교 특성을 나타낸다.

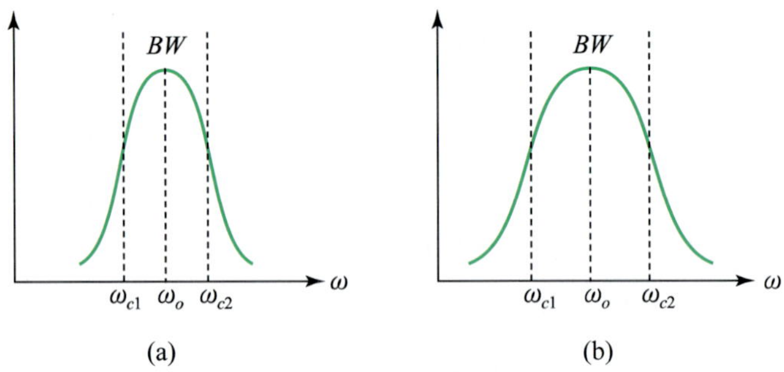

그림 11.14 BW 특성 비교

> 그림 11.14에서 $\omega_{c2}-\omega_{c1}=2\pi(f_{c2}-f_{c1})=\text{BW}$ 이므로 $\text{BW}=(f_{c2}-f_{c1})/2\pi$으로 표현할 수도 있다.

그림 11.13 회로에 대한 전달함수를 구하면 아래와 같다.

$$H(s)=\frac{R}{sL+1/sC+R}=\frac{R}{\dfrac{s^2LC+1+sRC}{sC}}=\frac{sRC}{s^2LC+sRC+1}=\frac{(R/L)s}{s^2+(R/L)s+(1/LC)}$$

위의 식에서 $s \rightarrow j\omega$하면

$$H(j\omega)=\frac{(R/L)j\omega}{(j\omega)^2+(R/L)j\omega+(1/LC)} \tag{11.34}$$

$(j\omega)^2=-\omega^2$이므로 식 (11.34)을 고쳐 쓰면 $H(j\omega)=\dfrac{j\omega(R/L)}{(1/LC-\omega^2)+j\omega(R/L)}$이므로 $|H(j\omega)|$와 $\theta(j\omega)$을 구하면 아래와 같다.

$$|H(j\omega)|=\frac{\omega(R/L)}{\sqrt{[(1/LC-\omega^2]^2+[\omega(R/L)]^2}} \tag{11.35}$$

$$\theta(j\omega)=90°-\tan^{-1}\left(\frac{\omega RC}{1-\omega^2LC}\right) \tag{11.36}$$

그림 11.15는 식 (11.35), 식 (11.36)에 의한 그림 11.13 회로에 대한 특성곡선이다. 사각 점선으로 표시된 이상형과는 차이가 나지만 중심 주파수 f_o에서 전달함수가 최대이며

입력과 출력의 위상각은 같다(0°). ω_o보다 낮아지면 C의 리액턴스가 커지므로 위상각은 $+90°$쪽으로 증가하는 반면 ω_o보다 커지면 L의 리액턴스가 더 증가하므로 $-90°$쪽으로 감소해간다.

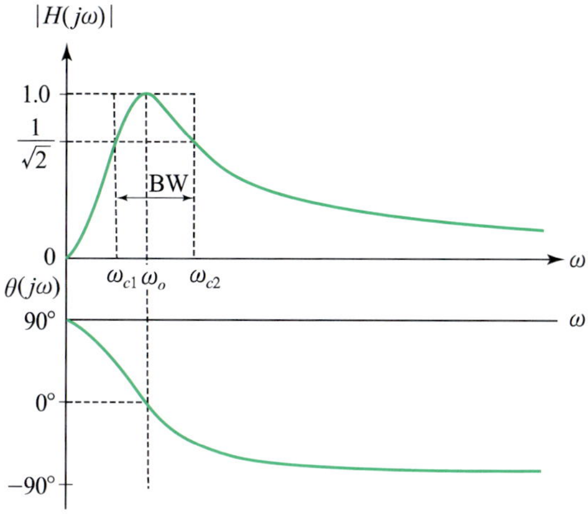

그림 11.15 B.P.F.의 특성곡선

중심 주파수 ω_o는 C의 리액턴스와 L의 리액턴스의 합이 0이 되는 주파수이므로 아래의 식으로부터 구할 수 있다.

$$j\omega L + \frac{1}{j\omega C} = 0 \tag{11.37}$$

식 (11.37)에서 ω를 ω_o로 놓고 풀면 다음과 같다.

$$\omega_o = \frac{1}{\sqrt{LC}} \tag{11.38}$$

ω_{c1}, ω_{c2}를 구하기 위해 식 (11.35)에 ω 대신 $\omega_o = 1/\sqrt{LC}$을 넣고 풀면 $|H(j\omega)|$의 최댓값 $H_{\max}$를 아래와 같이 얻을 수 있다.

$$H_{\max} = \frac{(1/\sqrt{LC})(R/L)}{\sqrt{[(1/LC) - (1/LC)]^2 + [(1/\sqrt{LC})(R/L)]^2}} \tag{11.39}$$

식 (11.35)의 좌변에 $1/\sqrt{2}\,H_{\max}$을 놓고 우변의 ω 대신 ω_c를 넣고 풀면

$$\frac{1}{\sqrt{2}} = \frac{1}{\sqrt{[(\omega_c L/R) - (1/\omega_c RC)]^2 + 1}} \tag{11.40}$$

에서 근호 속의 제곱 항이 ±1이 되어야 식을 만족시키므로

$$\frac{\omega_c L}{R} - \frac{1}{\omega_c RC} = \pm 1,\ \omega_c^2 \pm \omega_c R - 1/C = 0 \tag{11.41}$$

ω_c의 2차방정식 (11.41)을 풀면 아래와 같이 2개의 해 ω_{c1}, ω_{c2}가 얻어진다.

$$\omega_{c1} = -\frac{R}{2L} + \sqrt{\left(\frac{R}{2L}\right)^2 + \frac{1}{LC}} \tag{11.42}$$

$$\omega_{c2} = \frac{R}{2L} + \sqrt{\left(\frac{R}{2L}\right)^2 + \frac{1}{LC}} \tag{11.43}$$

또한 대역폭 $\mathrm{BW} = (\omega_{c2} - \omega_{c1})/2\pi$이므로 식 (11.43)−식 (11.42)하여 2π로 나누면 아래와 같이 구해진다.

$$\mathrm{BW} = \frac{R}{L} \times \frac{1}{2\pi} = \frac{R}{2\pi L} \tag{11.44}$$

선택도(양호) 지수 Q는 중심 주파수와 차단 주파수로 정의하면 아래와 같이 구해진다.

$$Q = \frac{\omega_o}{\omega_{c2} - \omega_{c1}} = \frac{1/\sqrt{LC}}{R/L} = \sqrt{\frac{L}{R^2 C}} \tag{11.45}$$

익힘 문제 11.8

그림 11.13의 대역통과 필터회로에서 $R = 50[\Omega]$, $L = 20[\mathrm{mH}]$, $C = 0.2[\mu\mathrm{F}]$일 때 대역폭 주파수와 Q를 구하라.

풀이 $\mathrm{BW} = \frac{R}{2\pi L} = \frac{50}{2 \times 3.14 \times 20 \times 10^{-3}} \fallingdotseq 398[\mathrm{Hz}]$,

$$Q = \sqrt{\frac{L}{R^2 C}} = \sqrt{\frac{20 \times 10^{-3}}{50^2 \times 0.2 \times 10^{-6}}} = \sqrt{\frac{20}{0.5}} \fallingdotseq 6.3$$

(2) 병렬 $R-L-C$ 대역통과 필터

그림 11.16은 병렬 $R-L-C$ 대역통과 필터회로이다. 기본 동작원리는 앞서의 $R-L-C$ 대역통과 필터와 같으므로 전달함수, 차단 주파수, 대역폭, Q 등을 구해보기로 한다.

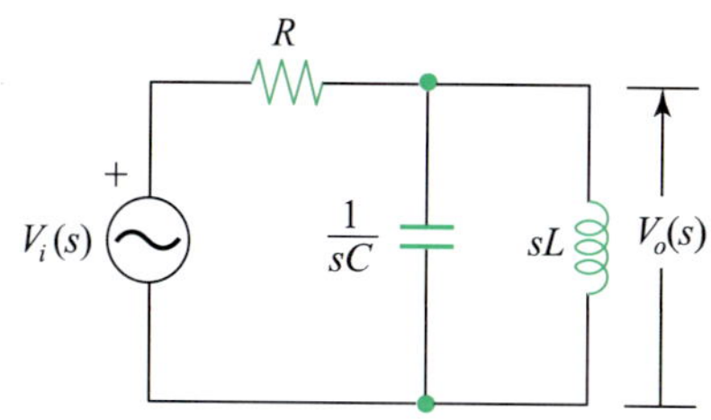

그림 11.16 병렬 $R-L-C$ B.P.F. 회로

먼저 그림 11.16 회로에 대한 전달함수를 구하면

$$\frac{\dfrac{L/C}{sL+1/sC}}{R+\dfrac{L/C}{sL+1/sC}}=\frac{\dfrac{Ls}{LCs^2+1}}{\dfrac{RLCs^2+Ls+R}{LCs^2+1}}=\frac{Ls}{LCs^2+1}\cdot\frac{LCs^2+1}{RLCs^2+Ls+R}$$

$$=\frac{Ls}{RLCs^2+Ls+R}=\frac{(1/RC)s}{s^2+(1/RC)s+1/LC}$$

$$H(s)=\frac{(1/RC)s}{s^2+(1/RC)s+1/LC} \tag{11.46}$$

식 (11.46)에 $s \to j\omega$ 하면

$$H(j\omega)=\frac{(1/RC)j\omega}{(j\omega)^2+(1/RC)j\omega+(1/LC)} \tag{11.47}$$

식 (11.47)로부터 $|H(j\omega)|$를 구하면

$$|H(j\omega)|=\frac{(1/RC)\omega}{\sqrt{(\dfrac{1}{LC}-\omega^2)^2+(\dfrac{\omega}{RC})^2}} \tag{11.48a}$$

$$=\frac{1}{\sqrt{1+(\omega RC-\dfrac{1}{\omega(L/R)})^2}} \tag{11.48b}$$

$$\theta=90°-\tan^{-1}\left(\frac{\omega}{R/L-\omega^2RC}\right) \tag{11.49}$$

식 (11.48a)에서 $\left(\dfrac{1}{LC}-\omega^2\right)^2$이 0이 될 때 $|H(j\omega)|$는 최대가 되고, 이때의 ω_o는

$$\frac{1}{LC}-\omega_o^2=0,\quad \omega_o=\frac{1}{\sqrt{LC}} \tag{11.50}$$

로 구해지며 식 (11.48b)에서 $|H(j\omega)|$를 $1/\sqrt{2}$로 놓고 구한 차단 주파수는 $\omega RC - \dfrac{1}{\omega(L/R)} = \pm 1$로 놓고 풀었을 때의 값이므로 ω_{c1}, ω_{c2}는 아래와 같이 구해진다.

$$\omega_{c1} = -\frac{1}{2RC} + \sqrt{\left(\frac{1}{2RC}\right)^2 + \frac{1}{LC}} \tag{11.51}$$

$$\omega_{c2} = \frac{1}{2RC} + \sqrt{\left(\frac{1}{2RC}\right)^2 + \frac{1}{LC}} \tag{11.52}$$

$$\text{BW} = \omega_{c2} - \omega_{c1} = \frac{1}{RC} \tag{11.53}$$

$$Q = \omega_o/\text{BW} = \frac{1/\sqrt{LC}}{1/RC} = \sqrt{\frac{R^2 C}{L}} \tag{11.54}$$

익힘 문제 11.9

그림 11.16의 대역통과 필터회로에서 $C = 2[\mu\text{F}]$, $\omega_c = 2{,}000[\text{rad/s}]$, $\text{BW} = 250$일 때 R과 L의 값을 구하라.

풀이 $\text{BW} = \dfrac{1}{RC}$로부터 $R = \dfrac{1}{\text{BW} \cdot C} = \dfrac{1}{250 \times 2 \times 10^{-6}} = \dfrac{10}{5} \times 10^3 = 2{,}000[\Omega]$,

$\omega_o = \dfrac{1}{\sqrt{LC}}$로부터 $L = \dfrac{1}{\omega_o^2 C} = \dfrac{1}{(2 \times 10^3)^2 \times 2 \times 10^{-6}} = \dfrac{1}{8} = 0.125[\text{H}]$

(3) OP앰프 대역통과 필터

기본적으로 대역통과 필터는 그림 11.17처럼 고역통과 필터와 저역통과 필터를 조합하여 만든다. 그림 11.17(a)의 고역통과 필터의 차단 주파수와 그림 11.17(b)의 차단 주파수

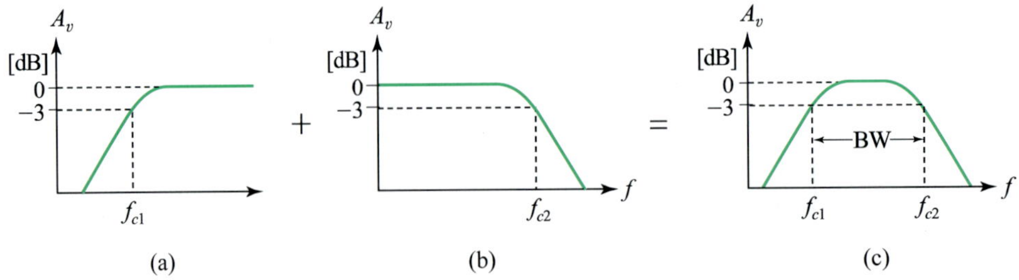

그림 11.17 B.P.F. 회로의 구성원리

가 전체 대역통과 주파수의 차단 주파수 f_{c1}, f_{c2}가 된다.

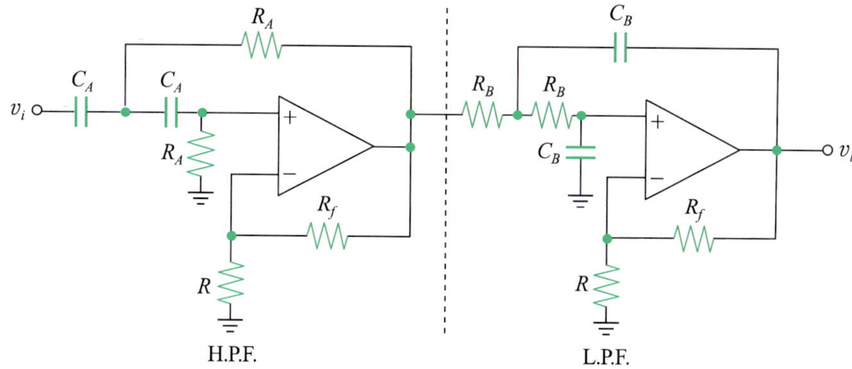

그림 11.18 OP앰프 B.P.F. 회로

그림 11.18에서 차단 주파수 f_{c1}, f_{c2}의 식은 아래와 같다.

$$f_{c1} = \frac{1}{2\pi R_A C_A}, \quad f_{c2} = \frac{1}{2\pi R_B C_B} \tag{11.55}$$

또한 중심 주파수 f_o와 Q는 아래의 식과 같다.

$$f_o = \sqrt{f_{c1} f_{c2}} \tag{11.56}$$

$$Q = \frac{f_o}{f_{c2} - f_{c1}} \tag{11.57}$$

일반적으로 $Q \leq 0.5$이면 광대역통과 필터, $Q > 0.5$이면 협대역통과(narrowband pass) 필터로 구분되며 그림 11.19는 보편적인 협대역통과 필터의 전압이득 특성곡선이다.

그림 11.20은 OP앰프 협대역통과 필터회로이며 귀환저항이 입력저항 R의 2배로 되어 있다. BW, Q, R_r, f_o에 대한 관계식은 아래와 같다. R_r은 중심 주파수 f_o를 조절하는 용도로 삽입된 저항이다.

$$\mathrm{BW} = \frac{0.1591}{RC} \tag{11.58}$$

$$R_r = \frac{R}{2Q^2 - 1} \tag{11.59}$$

$$f_o = \frac{0.1125}{RC} \sqrt{1 + \frac{R}{R_r}} \tag{11.60}$$

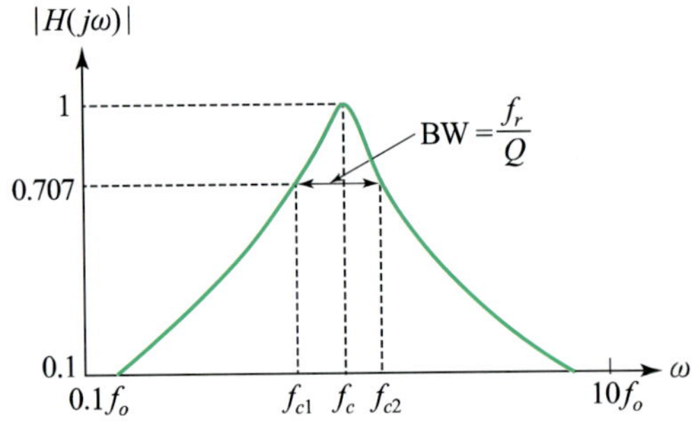

그림 11.19 협대역통과 필터의 특성 곡선

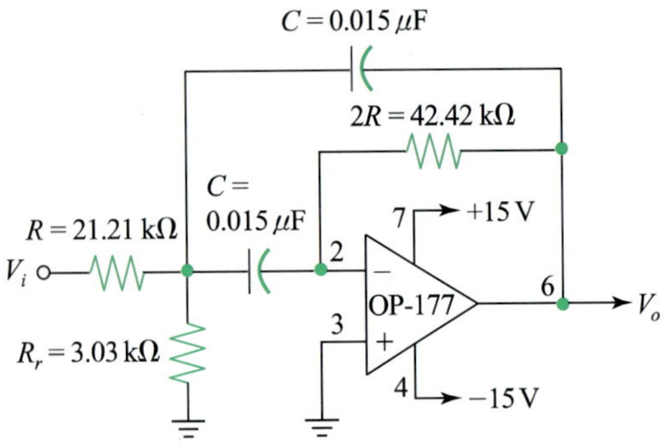

그림 11.20 OP앰프 협대역통과 필터회로

$$Q = \frac{f_o}{\text{BW}} \tag{11.61}$$

그림 11.20 회로에서의 $f_o = 1{,}000[\text{Hz}]$, $\text{BW} = 500[\text{Hz}]$, $Q = 2$, $f_{c1} = 780[\text{Hz}]$, $f_{c2} = 1{,}280[\text{Hz}]$이다.

11.4 대역저지 필터

(1) $R-L-C$ 대역저지 필터

대역저지 필터(Band reject Filter : B.R.F.)는 2개의 차단 주파수 아래, 위 주파수만 통과시키고 두 차단 주파수 사이에서는 신호를 저지하는 필터회로이다. 그림 11.21과 같이 주파수에 따라 리액턴스가 상반되게 변하는 L과 C의 직렬회로 양단에서 출력전압을 취한다.

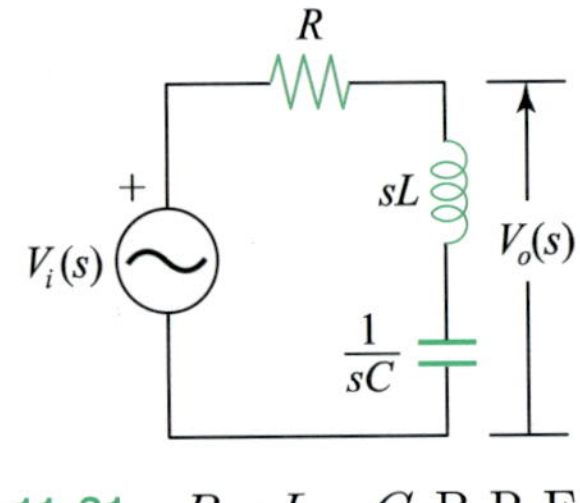

그림 11.21 $R-L-C$ B.R.F. 회로

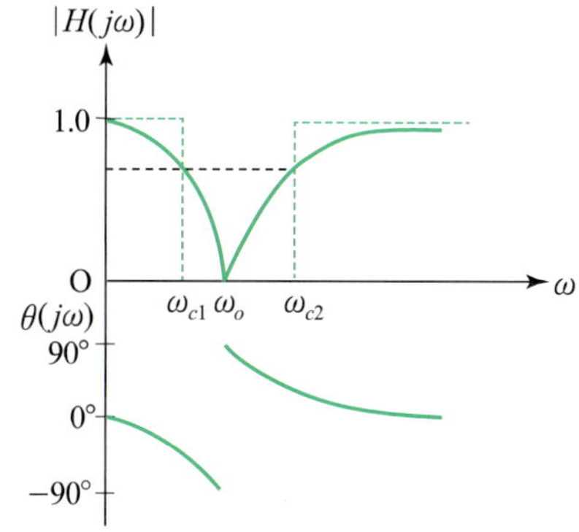

그림 11.22 $R-L-C$ B.R.F. 회로 특성

$\omega=0$에서 L의 리액턴스는 0이지만 C의 리액턴스가 ∞가 된다. 또한 $\omega=\infty$에서는 C의 리액턴스는 0이지만 L의 리액턴스가 ∞가 된다. 두 경우 모두 출력단의 임피던스는 R에 비해 상대적으로 훨씬 크므로 입력전압이 그대로 출력단에 나타나게 된다. 그림 11.22는 출력전압의 크기와 위상차를 알아볼 수 있는 전달함수 그래프이다. 차단 주파수 ω_{c1}과 차단 주파수 ω_{c2} 사이에 L의 임피던스와 C의 임피던스가 같아지는 공진 주파수가 있다. ω_o에서는 두 임피던스의 합성 임피던스가 0이 될 때이므로 출력단은 단락상태와 같게 된다. 즉, 출력전압은 0이 된다. 다시 말해서 입력전압이 전혀 출력단에 나타나지 않게 되는 신호정지 상태이다. $0\sim\omega_o$에서는 C의 임피던스가 ∞에서 점점 감소하므로 출력전압 또한 떨어지면서 위상차가 $-90°$쪽으로 증가한다. ω_o에 도달하면 위상각이 $-90°$에서 순간적으로 $+90°$로 점프하여 L의 임피던스가 C의 임피던스를 추월하는 영역 $\omega_o\sim\infty$로 진입하면 출력전압은 다시 증가하기 시작하고 위상각이 $+90°$에서 $0°$쪽으로 감소한다. 결국 그림에서 보듯이 중심 주파수 ω_o를 전후로 한 차단 주파수 ω_{c1}와 ω_{c2} 사이에서 출력전압의 감소가 이루어지는 출력저지 대역임을 알 수 있다. 그림 11.21 회로의 전달함수는 아래와 같다.

$$H(s)=\frac{sL+(1/sC)}{R+sL+(1/sC)}=\frac{s^2+(1/LC)}{s^2+(R/L)s+(1/LC)} \tag{11.62}$$

$$H(j\omega)=\frac{(j\omega)^2+(1/LC)}{(j\omega)^2+(R/L)j\omega+(1/LC)} \tag{11.63}$$

$$|H(j\omega)|=\frac{|(1/LC)-\omega^2|}{\sqrt{(1/LC-\omega^2)^2+(\omega R/L)^2}} \tag{11.64}$$

$$\theta(j\omega) = \tan^{-1}\left(\frac{\omega R/L}{1/LC - \omega^2}\right) \tag{11.65}$$

$$\omega_o = \frac{1}{\sqrt{LC}} \tag{11.66}$$

$$\omega_{c1} = -\frac{R}{2L} + \sqrt{\left(\frac{R}{2L}\right)^2 + \frac{1}{LC}} \tag{11.67}$$

$$\omega_{c2} = \frac{R}{2L} + \sqrt{\left(\frac{R}{2L}\right)^2 + \frac{1}{LC}} \tag{11.68}$$

$$\mathrm{BW} = \omega_{c2} - \omega_{c1} = \frac{R}{L} \tag{11.69}$$

$$Q = \sqrt{\frac{L}{R^2 C}} \tag{11.70}$$

또 다른 대역저지 필터회로를 소개하면 그림 11.23과 병·직렬 $L-C-R$ 회로이다. 병렬공진 회로가 공진 주파수에서 합성 임피던스가 ∞가 되므로 R에 걸리는 출력전압은 거의 0이 된다. 그러나 공진 주파수를 벗어나면 임피던스가 증가하기 시작하므로 출력전압은 증가한다. 간략히 전달함수와 중심 차단 주파수, 대역폭의 결과만을 아래에 소개한다.

$$H(s) = \frac{s^2 + 1/LC}{s^2 + (1/RC)s + 1/LC} \tag{11.71}$$

$$\omega_o = \frac{1}{\sqrt{LC}} \tag{11.72}$$

$$\omega_{c1} = -\frac{1}{2RC} + \sqrt{\left(\frac{1}{2RC}\right)^2 + \frac{1}{LC}} \tag{11.73}$$

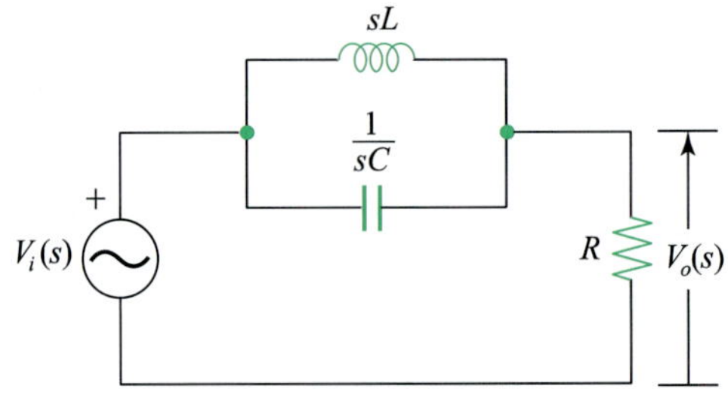

그림 11.23 $R-L-C$ B.R.F. 회로

$$\omega_{c2} = \frac{1}{2RC} + \sqrt{\left(\frac{1}{2RC}\right)^2 + \frac{1}{LC}} \tag{11.74}$$

$$\text{BW} = \frac{1}{RC} \tag{11.75}$$

$$Q = \sqrt{\frac{R^2 C}{L}} \tag{11.76}$$

(2) OP앰프 대역저지 필터

그림 11.24는 OP앰프 대역저지 필터회로이다. 병렬로 연결한 저역통과 필터와 고역통과 필터에 가산 증폭기를 종속 연결한 구성이다. $\omega_{c2} \gg \omega_{c1}$으로 비교적 넓은 대역폭을 갖는다. 저역통과 필터와 고역통과 필터가 병렬로 설계되어 있으므로 서로 독립적인 소자선정으로 차단 주파수를 결정할 수 있는 이점이 있다. 전달함수 각자의 전달함수를 더한 뒤 가산기의 증폭도만 곱하면 쉽게 구해진다.

$$H(s) = \left(-\frac{R_f}{R_i}\right)\left[\frac{-1/R_L C_L}{s+(1/R_L C_L)} + \frac{-s}{s+(1/R_H C_H)}\right]$$

$$= \frac{R_f}{R_i}\left[\frac{(1/R_L C_L)(s+R_H C_H)+s(s+R_L C_L)}{(s+1/R_L C_L)(s+1/R_H C_H)}\right]$$

$$= \frac{R_f}{R_i}\left[\frac{s^2+2(1/R_L C_L)s+(1/R_L C_L)(1/R_H C_H)}{(s+1/R_L C_L)(s+1/R_H C_H)}\right]$$

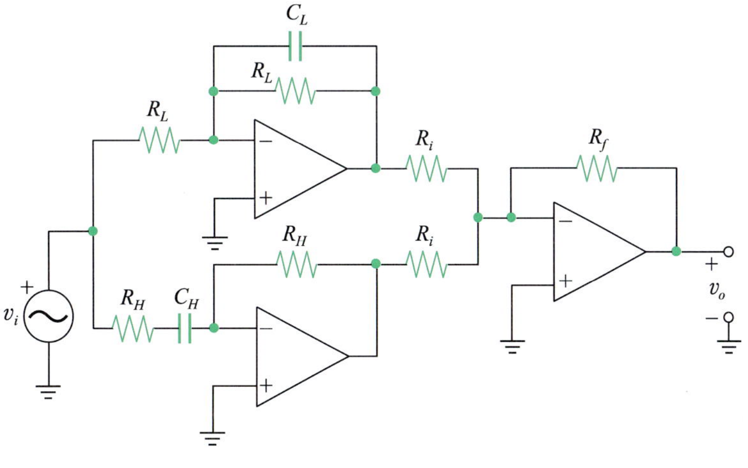

그림 11.24 OP앰프 B.R.F. 회로

$$H(s) = \frac{R_f}{R_i}\left[\frac{s^2 + 2(1/R_L C_L)s + (1/R_L C_L)(1/R_H C_H)}{(s+1/R_L C_L)(s+1/R_H C_H)}\right] \tag{11.77}$$

식 (11.73), 식 (11.74)로부터 2개의 차단 주파수를 구하면 아래와 같다.

$$\omega_{c1} = \frac{1}{R_L C_L} \tag{11.78}$$

$$\omega_{c2} = \frac{1}{R_H C_H} \tag{11.79}$$

중심 차단 주파수 $\omega_o = \sqrt{\omega_{c1}\omega_{c2}}$ 로 구할 수 있으며 전달함수의 크기는 아래와 같다.

$$|H(j\omega)| = \left|\frac{R_f}{R_i}\left[\frac{(j\omega_o)^2 + 2\omega_{c1}(j\omega_o) + \omega_{c1}\omega_{c2}}{(j\omega_o)^2 + (\omega_{c1}+\omega_{c2})(j\omega_o) + \omega_{c1}\omega_{c2}}\right]\right|$$

$$= \frac{R_f}{R_i}\cdot\frac{2\omega_{c1}}{\omega_{c1}+\omega_{c2}} \approx \frac{2R_f}{R_i}\cdot\frac{\omega_{c1}}{\omega_{c2}}$$

$$|H(j\omega)| = \frac{R_f}{R_i}\cdot\frac{2\omega_{c1}}{\omega_{c1}+\omega_{c2}} \approx \frac{2R_f}{R_i}\cdot\frac{\omega_{c1}}{\omega_{c2}} \tag{11.80}$$

$\omega_{c2} \gg \omega_{c1}$ 이면 $|H(j\omega)| \ll \frac{2R_f}{R_i}$ 이 되므로 전달함수의 크기가 통과대역에서보다 중심 주파수에서 훨씬 작아지게 된다. 이것은 저역통과와 고역통과 필터의 병렬연결 구성회로는 중심 주파수에서 광대역저지 효과가 잘 이루어진다는 것을 의미한다. 그림 11.24에서 $R_L = 20[\text{k}\Omega]$, $R_H = 1[\text{k}\Omega]$, $C_L = 0.5[\mu\text{F}]$, $C_H = 0.5[\mu\text{F}]$일 때의 보드선도가 그림 11.25이다.

단, $\omega_{c1} = 100[\text{rad/s}]$, $\omega_{c2} = 2{,}000[\text{rad/s}]$이므로 $\omega_{c2} = 20\omega_{c1}$이고, $\omega_o = \sqrt{\omega_{c1}\omega_{c2}} \fallingdotseq$ 447[rad/s]이다. 지금까지 설명한 모든 필터의 주요 항목을 정리하면 표 11.4와 같다.

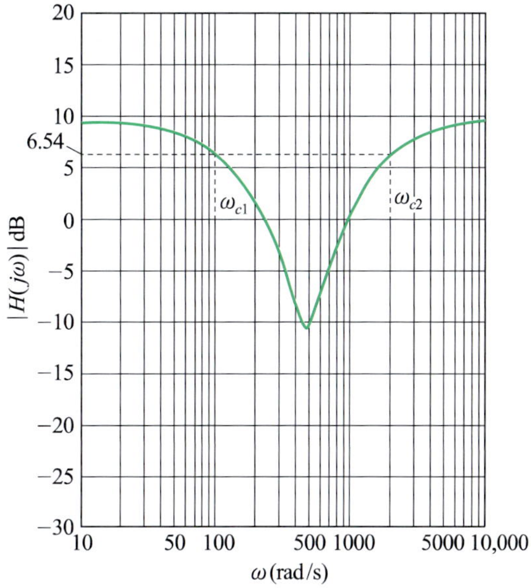

그림 11.25 OP앰프 B.R.F.의 보드선도

표 11.4 각종 필터의 주요 항목

		$\lvert H(j\omega)\rvert$	θ	ω_c, ω_o	BW	Q
저역통과	$R-L$	$\dfrac{R/L}{\sqrt{\omega^2+(R/L)^2}}$	$-\tan^{-1}\left(\dfrac{\omega L}{R}\right)$	$\dfrac{R}{L}$	·	·
	$R-C$	$\dfrac{1/RC}{\sqrt{\omega^2+(1/RC)^2}}$	$\tan^{-1}\left(\dfrac{1}{\omega RC}\right)$	$\dfrac{1}{RC}$	·	·
고역통과	$R-C$	$\dfrac{\omega}{\sqrt{\omega^2+(1/RC)^2}}$	$90°-\tan^{-1}(\omega RC)$	$\dfrac{1}{RC}$	·	·
	$R-L$	$\dfrac{\omega}{\sqrt{\omega^2+(R/L)^2}}$	$90°-\tan^{-1}\left(\dfrac{\omega L}{R}\right)$	$\dfrac{R}{L}$	·	·
대역통과	직렬 $R-L-C$	$\dfrac{\omega(R/L)}{\sqrt{[1/LC-\omega^2]^2+[\omega(R/L)]^2}}$	$90°-\tan^{-1}\left(\dfrac{\omega RC}{1-\omega^2 LC}\right)$	$\dfrac{1}{\sqrt{LC}}$	$\dfrac{R}{2\pi L}$	$\sqrt{\dfrac{L}{R^2C}}$
	병렬 $R-L-C$	$\dfrac{(1/RC)\omega}{\sqrt{[(1/LC)-\omega^2]^2+(\omega/RC)^2}}$	$\tan^{-1}\left(\dfrac{\omega}{R/L-\omega^2 RC}\right)$	$\dfrac{1}{\sqrt{LC}}$	$\dfrac{1}{RC}$	$\sqrt{\dfrac{R^2C}{L}}$
대역저지	$R-L-C$	$\dfrac{\lvert(1/LC)-\omega^2\rvert}{\sqrt{(1/LC-\omega^2)^2+(\omega R/L)^2}}$	$\tan^{-1}\left(\dfrac{\omega R/L}{1/LC-\omega^2}\right)$	$\dfrac{1}{\sqrt{LC}}$	$\dfrac{R}{L}$	$\sqrt{\dfrac{L}{R^2C}}$

1. 저역통과 필터

(1) R-L 저역통과 필터

$R-L$ 저역통과 필터(L.P.F.) 회로는 아래의 좌측 그림처럼 R 양단에서 출력전압을 취하는 회로이다. 주파수(ω)가 낮으면 L에서의 임피던스(ωL)도 낮으므로 입력신호가 전달되지만 높아지면 R에 비해 상대적으로 커지므로 신호가 저지된다.

- 저역 주파수 : $X_L \fallingdotseq 0$ → 저역통과, - 고역 주파수 : $X_L \gg R$ → 저역저지

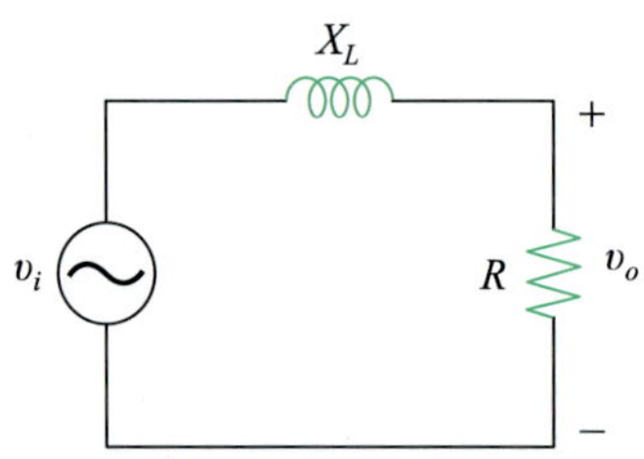

<$R-L$ L.P.F. 회로>

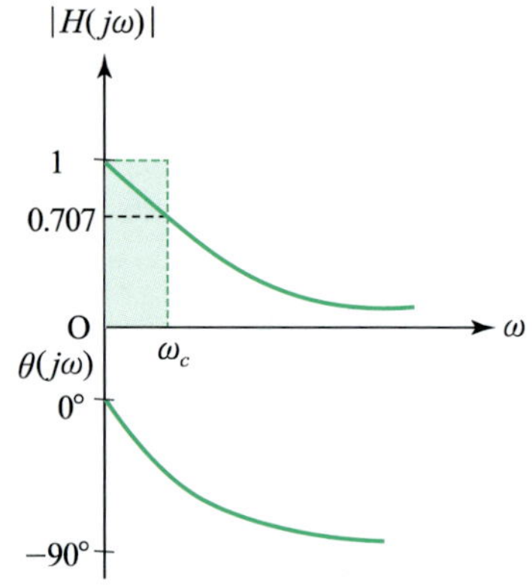

그 전달함수는 아래의 식과 같고 전달함수의 크기와 위상각을 나타내는 그 특성 그래프는 우측 그림과 같다.

$$H(j\omega) = \frac{R}{R + j\omega L} = \frac{R/L}{j\omega + R/L}$$

특성 그래프의 ω_c에서 그 크기가 $1/\sqrt{2}$로 떨어지는 주파수를 차단 주파수라 한다.

$\omega_c = 2\pi f_c$에서 $f_c = \omega_c/2\pi$가 되며 f_c를 차단 주파수라 하지만 때로는 ω_c도 같이 차단 주파수라고 한다.

(2) R-C 저역통과 필터

아래의 그림은 $R-C$ 저역통과 필터회로이고 출력전압을 C에서 출력을 취한다. C의 임피던스 $1/j\omega C(=1/sC)$가 낮은 주파수에서 아주 크고 높은 주파수에서 작으므로 저역통과 필터가 된다. 그 전달함수는 아래와 같다.

$$H(j\omega)=\frac{1/(j\omega C)}{R+1/(j\omega C)}$$

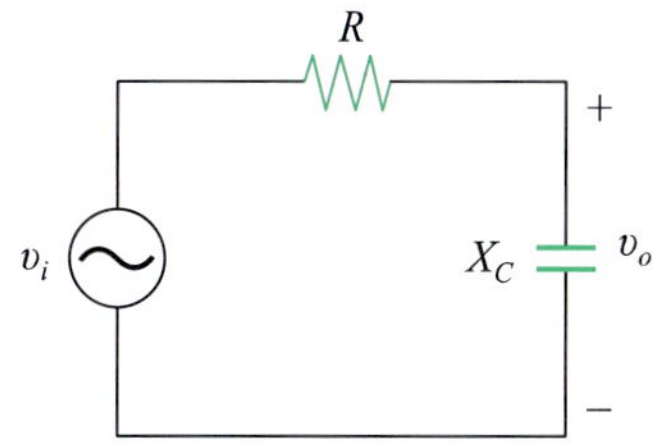

(3) OP앰프 저역통과 필터

아래의 회로는 OP앰프를 사용한 저역통과 필터회로이다. 반전 증폭기의 귀환저항에 병렬로 C가 연결된 일종의 $R-C$ 저역통과 필터회로이다.

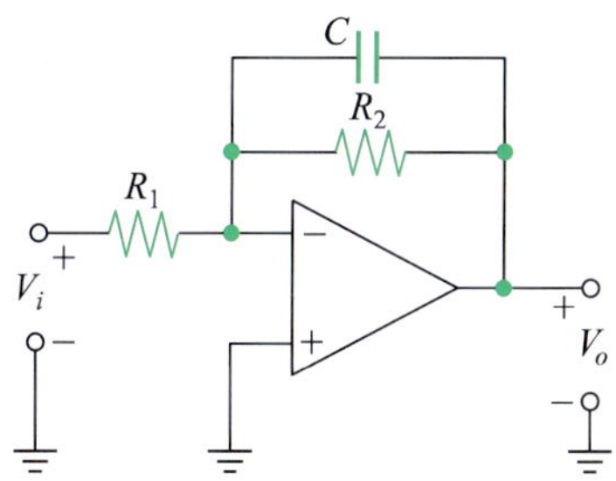

2. 고역통과 필터

고역통과 필터는 앞서의 $R-L$, $R-C$ 회로에서 출력소자의 위치만 바뀐다.

(1) $R-C$ 고역통과 필터

아래의 그림은 $R-C$ 고역통과 필터(H.P.F.) 회로와 그 특성 그래프이다.

- 저역 주파수 : $X_C \gg R$ → 입력신호 저지

- 고역 주파수 : $X_C \ll R$ → 입력신호 통과

$R-C$ 고역통과 필터의 전달함수는 아래와 같다

$$H(j\omega)=\frac{j\omega}{j\omega+1/RC}$$

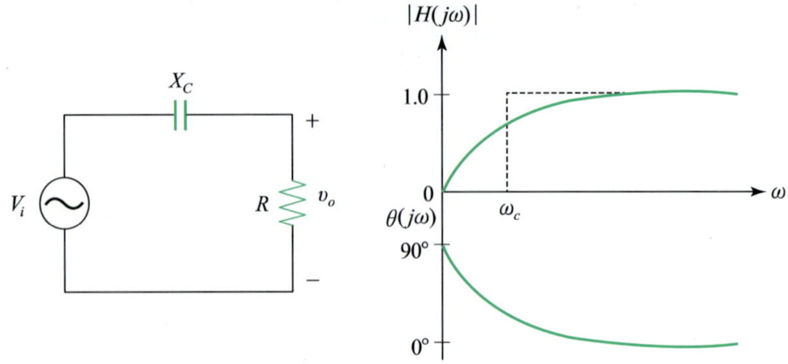

(2) OP앰프 고역통과 필터

아래의 회로는 OP앰프로 구성한 고역통과 필터회로이다.

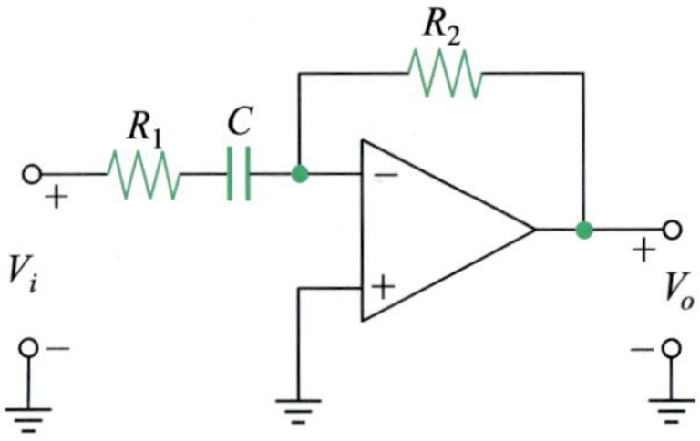

(3) *R–L* 고역통과 필터

아래의 그림은 $R-L$ 고역통과 필터회로이다. 주파수가 아주 높아지면 L의 리액턴스가 상대적으로 R보다 훨씬 커지므로 입력전압은 거의 그대로 L에 나타나게 된다. 그 전달함수는 아래와 같다.

$$H(j\omega) = \frac{j\omega}{j\omega + R/L}$$

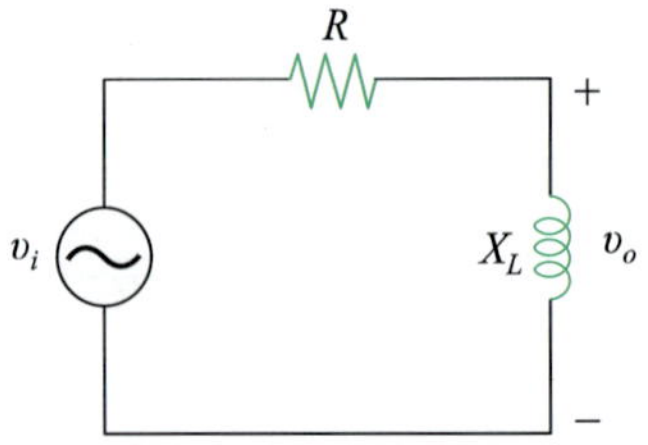

(4) **보드선도** : 가로축이 ω, 세로축이 dB(데시벨)로 표시한 $|H(j\omega)|$의 그래프이다.
단, ω축은 대수(log)눈금으로 매겨져 있다.

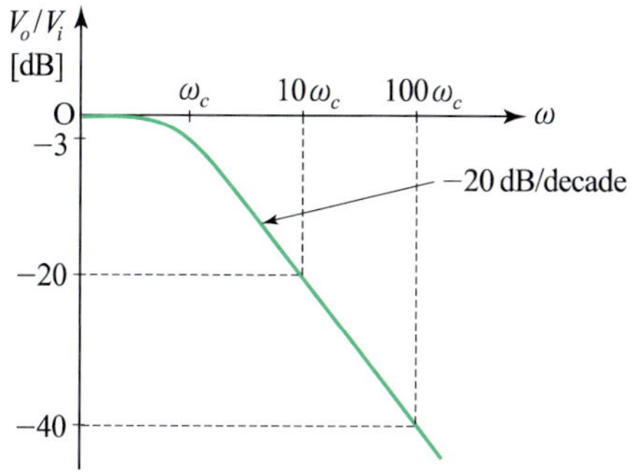

3. 대역통과 필터

(1) 직렬 R-L-C 대역통과 필터

아래의 좌측 그림은 $R-L-C$ 대역통과 필터(B.P.F.)회로이다. L이나 C는 둘 다 주파수가 변함에 따라 그 리액턴스가 변한다. 우측 전달함수의 그래프는 $\omega_{c1} \le \omega \le \omega_{c2}$에서 입력 신호가 통과하는 필터회로의 특성을 나타낸다. 특성지수인 대역폭 $\mathrm{BW} = (\omega_{c2} - \omega_{c1})/2\pi = f_{c2} - f_{c1}$이며, $X_L = X_C$가 되는 주파수를 중심 주파수 ω_0 또는 f_o라 하며 아래와 같다.

$$\omega_o = \sqrt{\omega_{c1}\omega_{c2}}, \quad f_o = \sqrt{f_{c1} f_{c2}}$$

$R-L-C$ 대역통과 필터의 전달함수는 아래와 같다.

$$H(j\omega) = \frac{(R/L)j\omega}{(j\omega)^2 + (R/L)j\omega + (1/LC)}$$

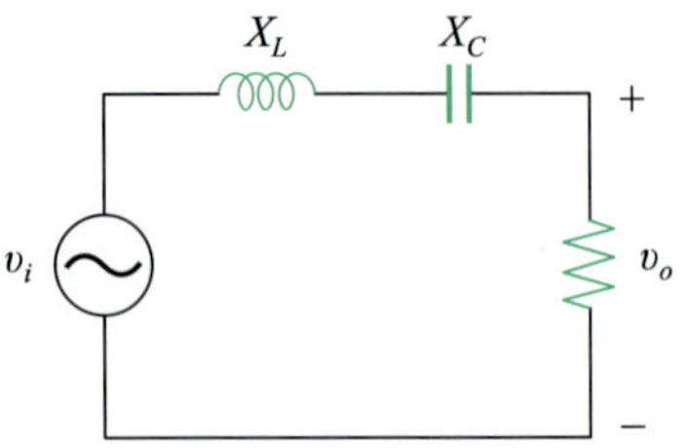

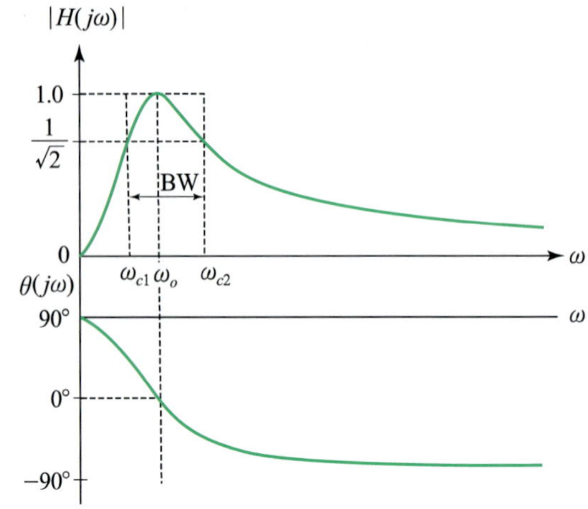

(2) 병렬 R–L–C 대역통과 필터

아래의 그림은 $R-L-C$ 병렬 대역통과 필터회로이다. 기본동작 원리는 앞서의 $R-L-C$ 대역통과 필터와 같으며 그 전달함수는 아래와 같다.

$$H(j\omega)=\frac{(1/RC)j\omega}{(j\omega)^2+(1/RC)j\omega+(1/LC)}$$

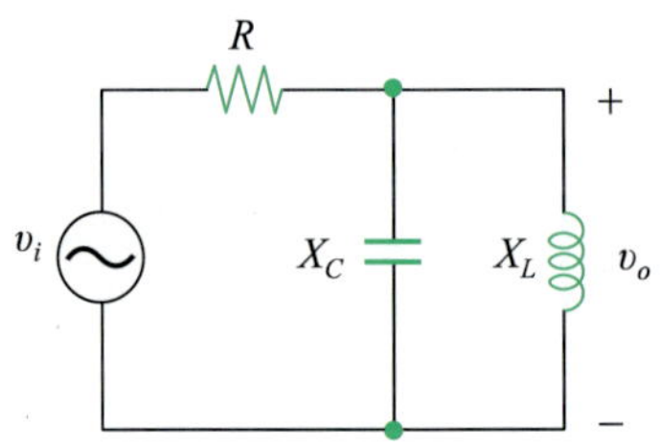

(3) OP앰프 대역통과 필터

OP앰프 대역통과 필터는 아래의 그림과 같이 앞단의 L.P.F.와 뒷단의 H.P.F.로 구성되어 있다. 전체 대역통과 주파수는 L.P.F.의 차단수가 f_{c1}, H.P.F.의 차단 주파수가 f_{c2}가 된다. $f_{c1}=\frac{1}{2\pi R_A C_A}$, $f_{c2}=\frac{1}{2\pi R_B C_B}$

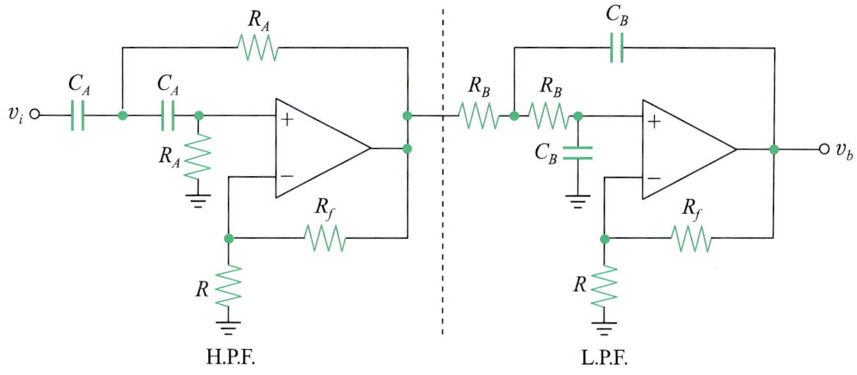

4. 대역저지 필터

(1) $R-L-C$ 대역저지 필터

대역저지 필터(B.R.F.)는 2개의 차단 주파수 위, 아래 주파수만 통과시키고 두 차단 주파수 사이의 신호를 저지하는 필터회로이다. 아래의 그 회로와 특성 그래프는 다음과 같고 그 전달함수 역시 다음과 같다.

$$H(j\omega) = \frac{(j\omega)^2 + (1/LC)}{(j\omega)^2 + (R/L)j\omega + (1/LC)}$$

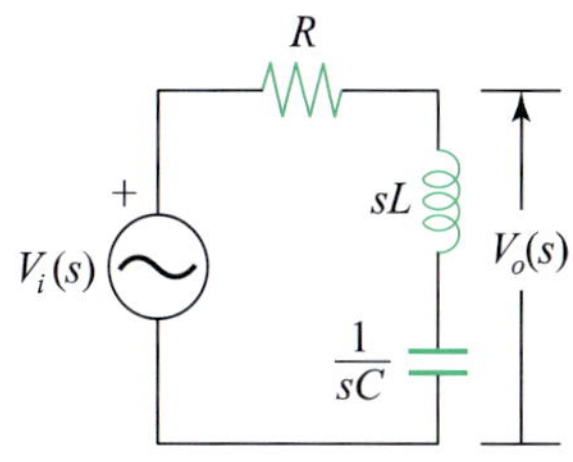

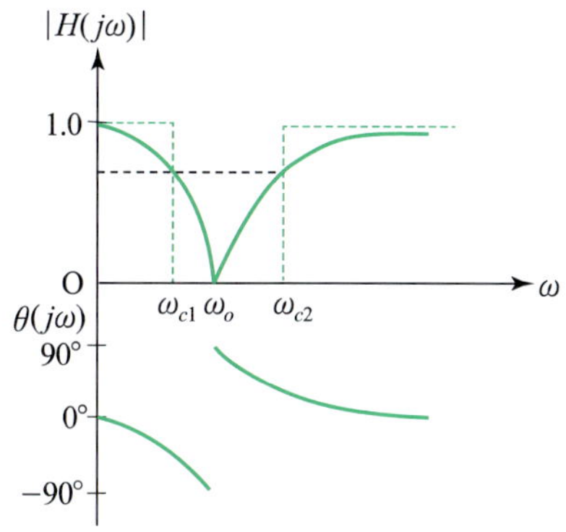

(2) OP앰프 대역저지 필터

아래의 회로는 OP앰프 대역저지 필터회로이다. 병렬로 연결한 저역통과 필터와 고역통과 필터에 가산 증폭기를 종속 연결한 구성이다. $\omega_{c2} \gg \omega_{c1}$으로 비교적 넓은 대역폭을 갖는다.

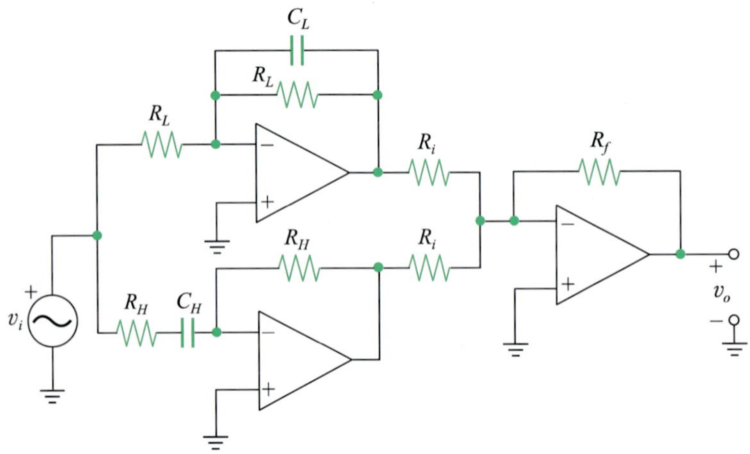

각종 필터의 주요 항목 정리 표

		$\lvert H(j\omega)\rvert$	θ	$\omega_c,\ \omega_o$	BW	Q
저역통과	$R-L$	$\dfrac{R/L}{\sqrt{\omega^2+(R/L)^2}}$	$-\tan^{-1}\left(\dfrac{\omega L}{R}\right)$	$\dfrac{R}{L}$	·	·
	$R-C$	$\dfrac{1/RC}{\sqrt{\omega^2+(1/RC)^2}}$	$\tan^{-1}\left(\dfrac{1}{\omega RC}\right)$	$\dfrac{1}{RC}$	·	·
고역통과	$R-C$	$\dfrac{\omega}{\sqrt{\omega^2+(1/RC)^2}}$	$90^\circ-\tan^{-1}(\omega RC)$	$\dfrac{1}{RC}$	·	·
	$R-L$	$\dfrac{\omega}{\sqrt{\omega^2+(R/L)^2}}$	$90^\circ-\tan^{-1}\left(\dfrac{\omega L}{R}\right)$	$\dfrac{R}{L}$	·	·
대역통과	직렬 $R-L-C$	$\dfrac{\omega(R/L)}{\sqrt{[1/LC-\omega^2]^2+[\omega(R/L)]^2}}$	$90^\circ-\tan^{-1}\left(\dfrac{\omega RC}{1-\omega^2 LC}\right)$	$\dfrac{1}{\sqrt{LC}}$	$\dfrac{R}{2\pi L}$	$\sqrt{\dfrac{L}{R^2C}}$
	병렬 $R-L-C$	$\dfrac{(1/RC)\omega}{\sqrt{[(1/LC)-\omega^2]^2+(\omega/RC)^2}}$	$\tan^{-1}\left(\dfrac{\omega}{R/L-\omega^2 RC}\right)$	$\dfrac{1}{\sqrt{LC}}$	$\dfrac{1}{RC}$	$\sqrt{\dfrac{R^2C}{L}}$
대역저지	$R-L-C$	$\dfrac{\lvert(1/LC)-\omega^2\rvert}{\sqrt{(1/LC-\omega^2)^2+(\omega R/L)^2}}$	$\tan^{-1}\left(\dfrac{\omega R/L}{1/LC-\omega^2}\right)$	$\dfrac{1}{\sqrt{LC}}$	$\dfrac{R}{L}$	$\sqrt{\dfrac{L}{R^2C}}$

연습문제

1. 그림 11.26과 같은 L.P.F.에서 f_c를 구하라.

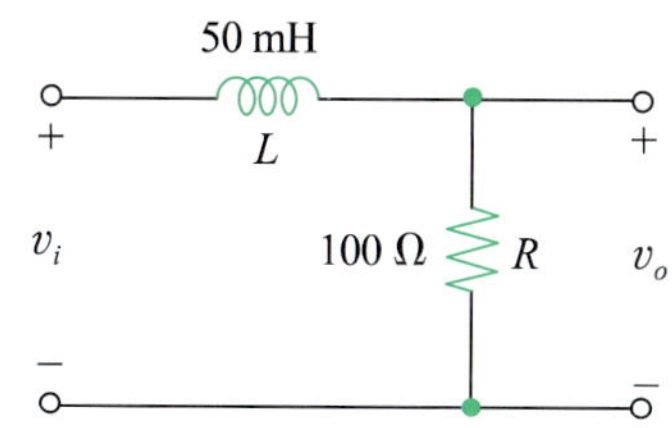

그림 11.26 $L-R$ L.P.F. 회로

2. 문제 1의 회로에서 R에 병렬로 부하저항 R_L을 연결할 때 $\omega_c = 800$[rad/s]이 되기 위한 R_L값을 구하라.

3. 그림 11.27의 L.P.F.에서 $v_i = 10\sqrt{2}\cos\omega t$일 때 ω_c를 구하고 $\omega = \omega_c$에서의 v_o를 구하라.

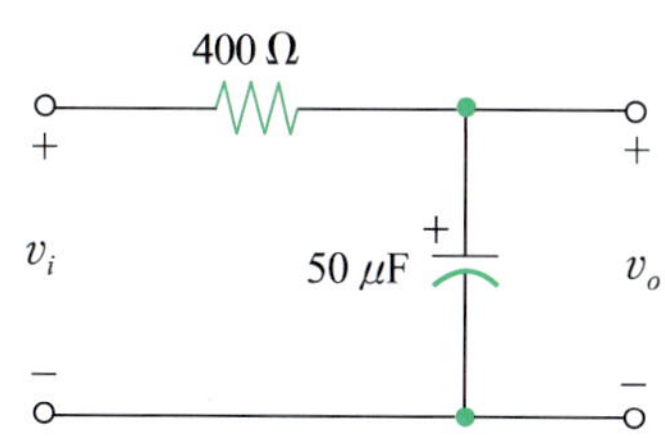

그림 11.27 $R-C$ L.P.F. 회로

4. 그림 11.28과 같이 C에 R_L이 연결될 때 $H(j\omega)$를 구하라.

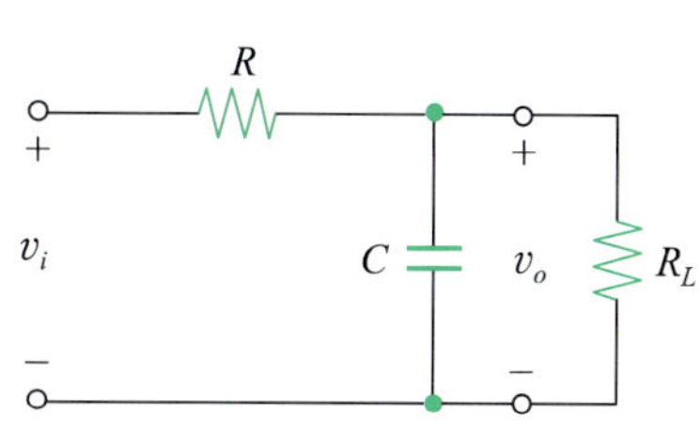

그림 11.28 R_L연결 L.P.F. 회로

5. 그림 11.29에서 $R=1[\text{k}\Omega]$일 때 $\omega_c=500[\text{rad/s}]$이 되려면 C값을 얼마로 정해야 되는가?

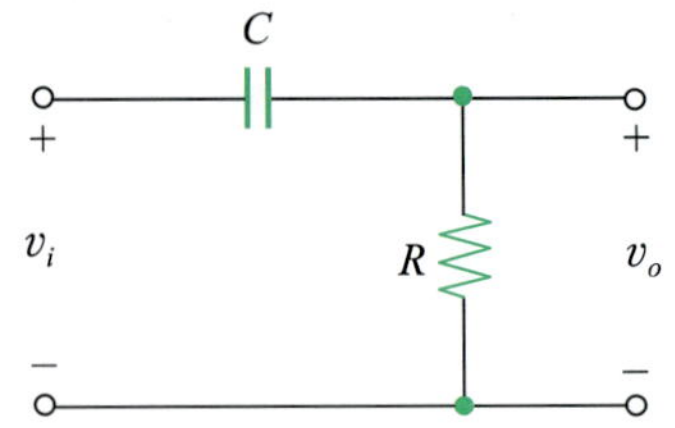

그림 11.29 $R-C$ H.P.F. 회로

6. 그림 11.30과 같이 입력단에 직렬로 R_i가 연결된 H.P.F.의 $H(j\omega)$와 ω_c를 구하라.

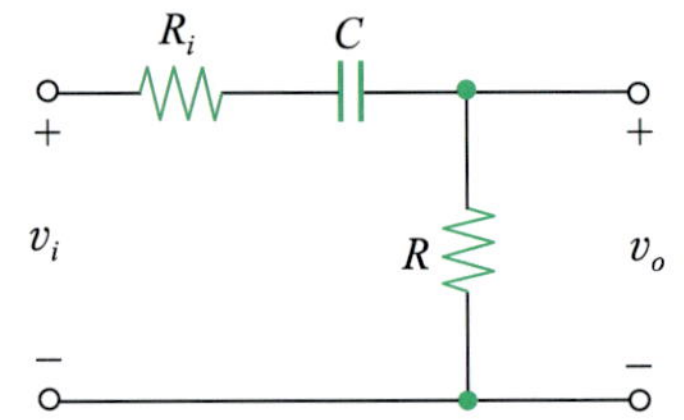

그림 11.30 R_i연결 H.P.F. 회로

7. 그림 11.30에서 $R_i=500[\Omega]$, $R=1500[\Omega]$, $C=5[\mu\text{F}]$일 때 문제 6에서 구한 $H(j\omega)$를 이용하여 $\omega=250[\text{rad/s}]$에서의 $|H(j\omega)|$와 $\theta(j\omega)$를 구하라.

8. $R-C$ 고역통과 필터에서 $f_c=1.5[\text{kHz}]$이다. $C=100[\mu\text{F}]$일 때 R값은 얼마인가? 만일 R 양단에 $3[\Omega]$의 부하저항을 연결하면 차단 주파수는 얼마로 변하는가?

9. 그림 11.11의 H.P.F.회로에서 $\omega_c=1,000[\text{rad/s}]$이다. $L=250[\text{mH}]$일 때 R값은 얼마이며, 만일 $\omega=0.5\omega_c$일 때와 $\omega=2\omega_c$일 때의 위상각 차이는 얼마인가?

10. 그림 11.31의 B.P.F. 회로에서 ω_o, BW, Q를 구하라.

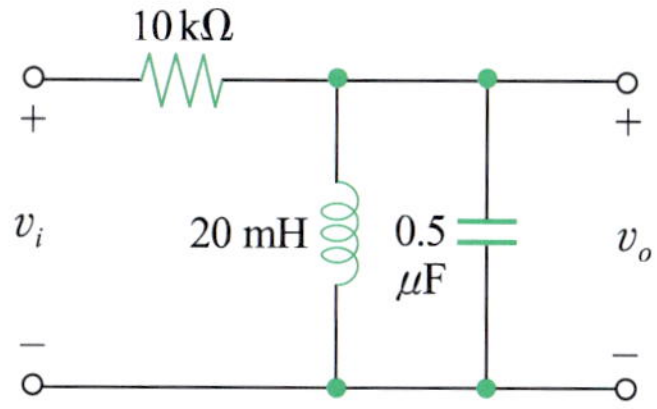

그림 11.31 B.P.F. 회로

11. 그림 11.32의 B.P.F. 회로에서 $\omega_o = 50$[krad/s]이다. $Q = 10$을 얻기 위한 L, R의 값과 BW값을 구하라. 단, $C = 0.01[\mu\text{F}]$이다.

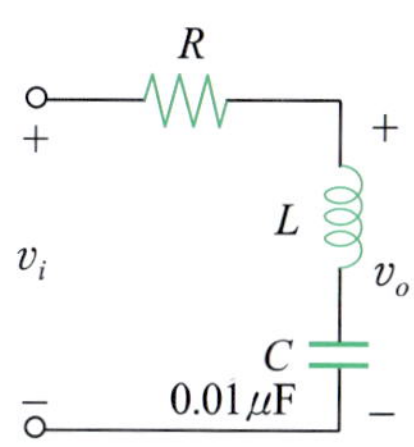

그림 11.32 B.P.F. 회로

12. 그림 11.33의 B.R.F.에서 $\omega = 10{,}000$[rad/s]에서의 $|H(j\omega)|$와 Q를 구하라.

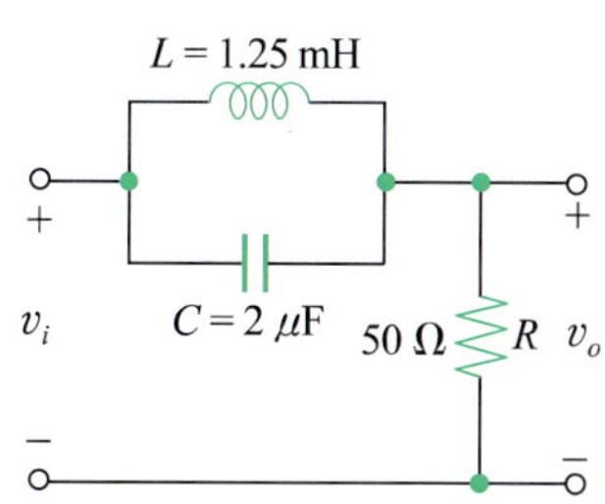

그림 11.33 B.R.F. 회로

13. 그림 11.24의 OP앰프 광대역저지 필터회로에서 $R_L = 5[\text{k}\Omega]$, $C_L = 0.2[\mu\text{F}]$, $R_H = 1[\text{k}\Omega]$, $C_H = 0.1[\mu\text{F}]$, $R_f / R_i = 5$로 했을 때 ω_{c1}, ω_{c2}, ω_o 및 $|H(j\omega_o)|$를 구하라.

Chapter 12

2포트 회로망

이 장에서는 무엇을 배우는가?

2포트 회로망의 개념을 익히고 2포트에서 전압, 전류의 단자방정식 쌍과 그 계수의 정의, 2포트 회로망의 연결 방식 등을 공부한다.

학습효과

각종 회로망에서 전압, 전류 방정식의 작성능력과 복잡한 회로망의 해석능력을 키울 수 있다.

일반적으로 회로망(network)이란 수동소자나 능동소자로 구성된 전기회로를 말한다. 회로망에는 신호가 들어가거나 나오는 단자가 있으며 이들을 포트(port)라 한다. 단자 1쌍을 갖고 있는 회로를 1포트 회로, 둘 이상의 단자 쌍을 갖고 있는 회로를 다 포트 회로망이라고 부르지만 이 장에서는 주로 2포트 회로망에 대해서 다루기로 한다.

12.1 2포트 회로망

이 장에서 다룰 2포트 회로망은 각기 한 쌍의 단자로 된 1개의 입력포트($a-b$)와 1개의 출력포트($c-d$)를 갖고 있으며, 포트로 들어가는 전류와 나오는 전류는 같다. 또한 회로망 해석을 위해서는 각 단자에서의 전압과 전류가 중요할 뿐이지 내부의 전류나 전압은 큰 의미가 없다. 그림 12.1은 일반적인 2포트 회로망의 표시이다. 편의상 차후는 단자표시 • 을 생략하기로 한다.

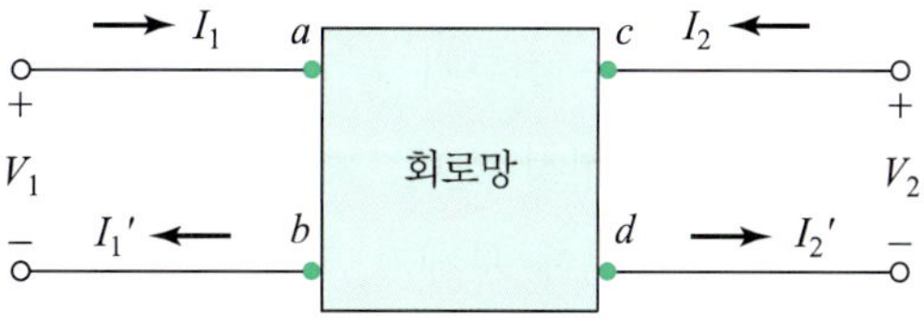

그림 12.1 2단자망의 구성도

그림 12.1에서 $a-b$ 또는 $c-d$쌍 어느 쪽도 입력포트나 출력포트가 될 수 있다. 그러나 이 장에서는 일관성을 갖도록 좌측포트를 입력, 우측포트를 출력포트로 설명하기로 한다. 또한 내부 상자(block box)는 임의의 회로망을 의미한다. 그림 12.2(a)와 같이 1차 코일과 2차 코일을 입력 단자와 출력 단자로 갖고 있는 변압기가 비근한 예이며 그림 12.2(b)와 같이 외부의 교류전원(v)과 부하저항(R_L)이 연결된 $R-L$ 회로도 내부 상자의 내용이 될 수 있다.

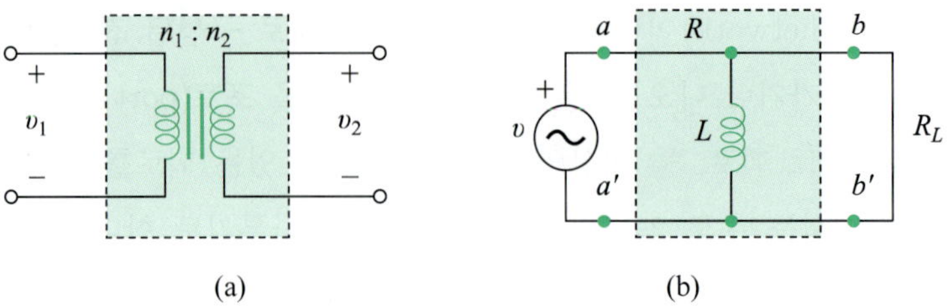

그림 12.2 2단자망의 예 회로망

'Port'란 원래 화물을 싣거나 내리는 '항구' 또는 '항만'의 단어지만 전기회로에서는 신호가 들고나는 단자를 뜻한다.

12.2 단자방정식

그림 12.1에서 A포트에서 볼 때 I_1이 들어가는 전류라면 I_1'는 나가는 전류이고, B포트에서 볼 때 들어가는 전류가 I_2, 나가는 전류가 I_2'라면 $I_1 = I_1'$, $I_2 = I_2'$이다. 즉 각 포트에서 들어가는 전류와 나가는 전류는 항상 같다. 저항만의 단순회로에서는 직류에서나 교류에서 주파수에 영향을 받지 않기 때문에 문제가 되지 않지만 L이나 C가 포함된 회로에서는 정현파 교류 해석 시 복잡하기 때문에 2단자 회로망 해석에서는 주파수(s) 영역 변수인 I_1, V_1, I_2, V_2를 사용하기로 한다. 4개의 변수 가운데 2개를 독립변수로 잡으면 회로망에서 나머지 2개의 변수는 이들의 종속변수가 되므로 선형방정식을 만들어 이들 종속변수의 값을 구할 수 있다. 그림 12.1에서 입력포트에서 들어가는 전류가 I_1이고 입력단자에서의 전압이 V_1, 회로망을 통해서 출력측에 흐르는 전류가 I_2이고 출력단자의 전압이 V_2라면 I_1, V_1이 독립변수이고 I_2, V_2가 종속변수가 된다. 이들 4개 변수의 결합 형태는 아래와 같이 z, y, h, g, t, t' 계수가 붙는 여섯 가지가 있다.

$$V_1 = z_{11}I_1 + z_{12}I_2 \tag{12.1}$$

$$V_2 = z_{21}I_1 + z_{22}I_2 \tag{12.2}$$

$$I_1 = y_{11}V_1 + y_{12}V_2 \tag{12.3}$$

$$I_2 = y_{21} V_1 + y_{22} V_2 \tag{12.4}$$

$$V_1 = h_{11} I_1 + h_{12} V_2 \tag{12.5}$$

$$I_2 = h_{21} I_1 + h_{22} V_2 \tag{12.6}$$

$$I_1 = g_{11} V_1 + g_{12} I_2 \tag{12.7}$$

$$V_2 = g_{21} V_1 + g_{22} I_2 \tag{12.8}$$

$$V_1 = t_{11} V_2 + t_{12} I_2 \tag{12.9}$$

$$I_1 = t_{21} V_2 + t_{22} I_2 \tag{12.10}$$

$$I_1 = t'_{11} I_2 + t'_{12} V_2 \tag{12.11}$$

$$V_1 = t'_{21} I_2 + t'_{22} V_2 \tag{12.12}$$

만일 x가 독립변수, y가 종속변수라 하고 매개변수(계수)가 a라 할 때의 선형방정식은 아래와 같다.

$$y = ax \tag{12.13}$$

이들 변수와 계수를 행렬로 나타내면 아래와 같고

$$y = \begin{vmatrix} y_1 \\ y_2 \end{vmatrix}, \quad x = \begin{vmatrix} x_1 \\ x_2 \end{vmatrix}, \quad a = \begin{vmatrix} a_{11} & a_{12} \\ a_{21} & a_{22} \end{vmatrix} \tag{12.14}$$

식 (12.14)를 식 (12.13)에 대입하면

$$\begin{vmatrix} y_1 \\ y_2 \end{vmatrix} = \begin{vmatrix} a_{11} & a_{12} \\ a_{21} & a_{22} \end{vmatrix} \begin{vmatrix} x_1 \\ x_2 \end{vmatrix} \tag{12.15}$$

와 같고 식 (12.15)는 식 (12.1)~식 (12.12)의 일반식이라 할 수 있다.

12.3 단자방정식 계수

앞서의 식 (12.1), 식 (12.2)와 식 (12.3), 식 (12.4)를 살펴보면 전자는 입·출력 전압이 입·출력 전류의 함수로 되어 있으나 후자는 입·출력 전류의 함수로 되어 있으므로 서로 역 관계이다. 마찬가지로 식 (12.5), 식 (12.6)과 식 (12.7), 식 (12.8) 및 식 (12.9), 식 (12.10)과 식 (12.11), 식 (12.12)도 서로 역 관계이므로 큰 카테고리로 보면 세 그룹으로 분류된다. 식 (12.1)~식 (12.12)의 우변 항에서 전류나 전압에 붙어 있는 계수를 2단자 포트 회로의 매개변수라 한다. 식 (12.1)~식 (12.4)에 사용한 계수를 임피던스 계수(z) 및 어드미턴스 계수(y), 식(13.5)~식 (12.8)의 경우를 하이브리드 계수(h) 및 역하이브리드 계수(g), 식 (12.9)~식 (12.12)의 경우를 전송 계수(t) 및 역전송 계수(t')라 한다. z와 y, h와 g, t와 t' 각의 세 쌍은 서로 역관계이므로 매개변수(parameter)는 크게 세 부류로 나눌 수 있다. 따라서 입력포트의 V_1, I_1과 출력포트 V_2, I_2 간의 상호관계는 이들 매개변수에 의해 결정되므로 이 장에서는 이들 계수에 대한 특성과 관련회로의 해석 및 연결 방법에 중점을 두기로 한다.

(1) 임피던스 계수

회로망의 특성을 결정하는 매개변수 가운데 가장 많이 만나는 계수가 임피던스이다. 임피던스 계수를 매개로 한 전압방정식을 다시 한 번 적어 보기로 같다.

$$V_1 = z_{11}I_1 + z_{12}I_2 \tag{12.16a}$$

$$V_2 = z_{21}I_1 + z_{22}I_2 \tag{12.16b}$$

여기서 임피던스 계수를 개별적으로 정의하면 아래의 식과 같다.

$$z_{11} = \left.\frac{V_1}{I_1}\right|_{I_2=0} \tag{12.17a}$$

$$z_{12} = \left.\frac{V_1}{I_2}\right|_{I_1=0} \tag{12.17b}$$

$$z_{21} = \left.\frac{V_2}{I_1}\right|_{I_2=0} \tag{12.17c}$$

$$z_{22} = \left.\frac{V_2}{I_2}\right|_{I_1=0} \tag{12.17d}$$

- z_{11} : 출력포트의 개방 시 입력포트에서 본 임피던스 → 입력 임피던스
- z_{12} : 입력포트 개방 시 출력포트의 전류에 대한 입력포트의 전압비 → 역방향 전달 임피던스

- z_{21} : 출력포트 개방 시 입력포트의 전류에 대한 출력포트의 전압비 → 순방향 전달 임피던스
- z_{22} : 입력포트 개방 시 출력포트에서 본 임피던스 → 출력 임피던스

전압, 전류의 관계식은 $V = zI$이므로 행렬식으로 나타내면 아래와 같다.

$$\begin{bmatrix} V_1 \\ V_2 \end{bmatrix} = \begin{bmatrix} z_{11} & z_{12} \\ z_{21} & z_{22} \end{bmatrix} \begin{bmatrix} I_1 \\ I_2 \end{bmatrix} \tag{12.18}$$

익힘 문제 12.1

그림 12.1에서 z계수 값을 구하라.

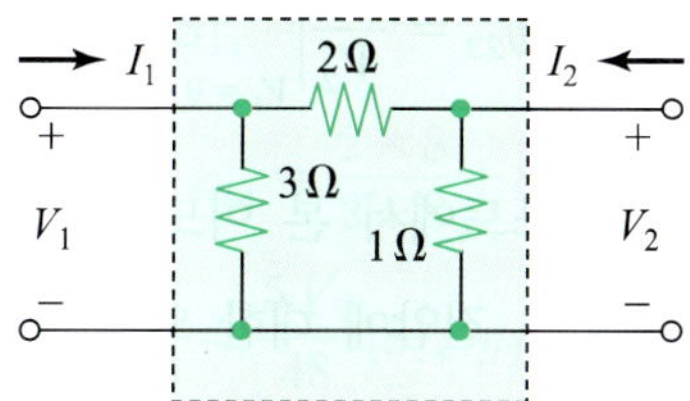

그림 12.3

풀이 출력포트 개방 시의 입력 임피던스는 $\dfrac{3\times(2+1)}{3+(2+1)} = \dfrac{3}{2}[\Omega]$이므로 $z_{11} = \dfrac{3}{2}[\Omega]$,

출력 개방 시의 $V_2 = \dfrac{1}{2+1}\times V_1 = \dfrac{V_1}{3}$, $I_1 = \dfrac{V_1}{z_{11}} = \dfrac{2V_1}{3}$

$\therefore\ z_{21} = \dfrac{V_2}{I_1} = \dfrac{V_1/3}{2V_1/3} = \dfrac{1}{2}[\Omega]$

입력 개방 시의 출력 임피던스는 $\dfrac{(3+2)\times 1}{(3+2)+1} = \dfrac{5}{6}[\Omega]$이므로 $z_{22} = \dfrac{5}{6}[\Omega]$,

입력 개방시의 $V_1 = \dfrac{2}{3+2}\times V_2 = \dfrac{2V_2}{5}$, $I_2 = \dfrac{V_2}{z_{22}} = \dfrac{6V_2}{5}$

$\therefore\ z_{12} = \dfrac{V_1}{I_2} = \dfrac{2V_2/5}{6V_2/5} = \dfrac{1}{3}[\Omega]$

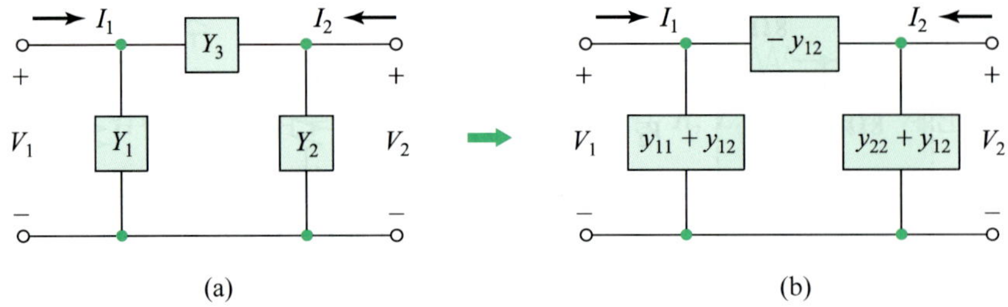

그림 12.5

$I_1 \rightarrow ● \leftarrow I_2$: 마디(●)에서 볼 때 I_1 기준이면 I_2의 부호는 $-$, I_2 기준이면 I_1의 부호는 $-$이다.

익힘 문제 12.3

그림 12.6(a) 회로를 그림 12.6(b) 회로로 변환할 때의 Z_1, Z_2, Z_3을 y계수값으로 구하라.

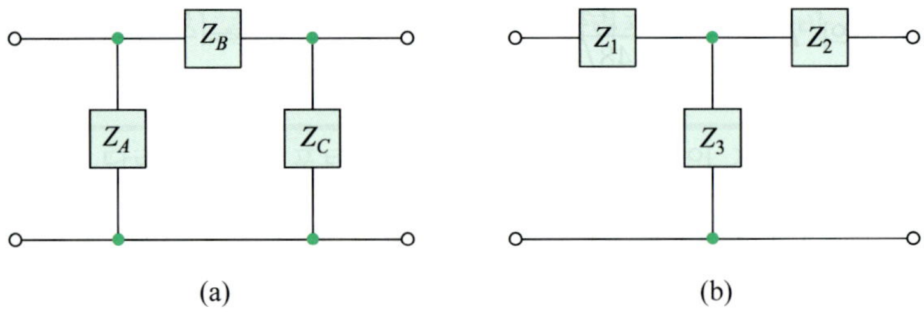

그림 12.6

풀이 그림 12.5로부터 $Z_A = y_{11} + y_{12}$, $Z_B = -y_{12}$, $Z_C = y_{22} + y_{12}$이므로

$\Delta - Y$변환식에 의해

$$Z_1 = \frac{Z_A Z_B}{Z_A + Z_B + Z_C} = \frac{(y_{11} + y_{12})(-y_{12})}{y_{11} + y_{12} - y_{12} + y_{22} + y_{12}} = \frac{-y_{12}(y_{11} + y_{12})}{y_{11} + y_{12} + y_{22}}$$

$$Z_2 = \frac{Z_B Z_C}{Z_A + Z_B + Z_C} = \frac{-y_{12}(y_{22} + y_{12})}{y_{11} + y_{12} + y_{22}}$$

$$Z_3 = \frac{Z_C Z_A}{Z_A + Z_B + Z_C} = \frac{(y_{11} + y_{12})(y_{22} + y_{12})}{y_{11} + y_{12} + y_{22}}$$

익힘 문제 12.4

그림 12.7의 $R-L-C$ 회로망에서 주파수 영역에서의 임피던스와 어드미턴스 계수를 구하라.

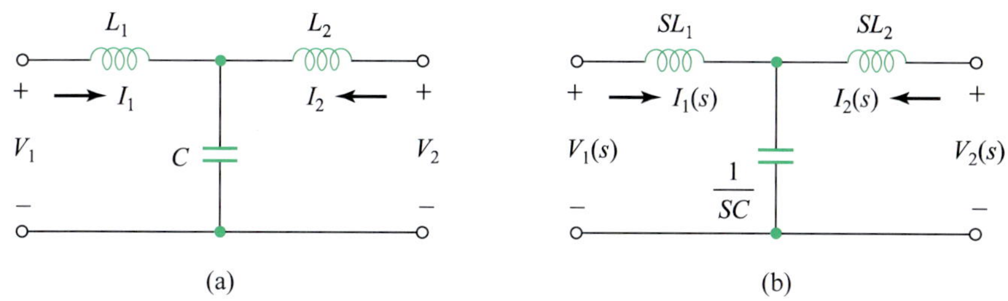

그림 12.7

풀이

$$z_{11}=\left.\frac{V_1(s)}{I_1(s)}\right|_{I_2=0}=\frac{V_1}{V_1/(sL_1+1/sC)}=sL_1+\frac{1}{sC}[\Omega]$$

$$z_{12}=\left.\frac{V_1(s)}{I_2(s)}\right|_{I_1=0}=\frac{(1/sC)/(sL_2+1/sC)V_2}{V_2/(sL_2+1/sC)}=\frac{1}{sC}[\Omega]$$

$$z_{21}=\left.\frac{V_2(s)}{I_1(s)}\right|_{I_2=0}=\frac{(1/sC)I_1}{I_1}=\frac{1}{sC}[\Omega]$$

$$z_{22}=\left.\frac{V_2(s)}{I_2(s)}\right|_{I_1=0}=\frac{I_2(sL_2)}{I_2}=sL_2+\frac{1}{sC}[\Omega]$$

$$y_{11}=\left.\frac{I_1}{V_1}\right|_{V_2=0}=\frac{V_1}{V_1/[sL_1+(sL_2\times 1/sC)/(sL_2+1/sC)]}=\frac{s^2L_2C+1}{s^3L_1L_2C+sL_2}[\mathrm{S}]$$

$$y_{12}=\left.\frac{I_1}{V_2}\right|_{V_1=0}=\frac{-I_2[1/sC/(sL_1+1/sC)]}{I_2[(sL_1\times 1/sC)/(sL_1+1/sC)]}=-\frac{1}{s^3L_1L_2C+1}[\mathrm{S}]$$

$$y_{21}=\left.\frac{I_2}{V_1}\right|_{V_2=0}=\frac{-I_1[(1/sC)/(sL_2+1/sC)]}{I_1[(sL_2\times 1/sC)/(sL_2+1/sC)]}=-\frac{1}{s^3L_1L_2C+1}[\mathrm{S}]$$

$$y_{22}=\left.\frac{I_2}{V_2}\right|_{V_1=0}=\frac{I_2}{I_2[sL_2+(sL_1\times 1/sC)/(sL_1+1/sC)]}=\frac{s^3L_1L_2C+sL_1}{s^2L_1C+1}[\mathrm{S}]$$

(3) 하이브리드 계수

아래의 식과 같이 하이브리드 계수는 임피던스 계수와 어드미턴스 계수와 달리 독립변수와 종속변수에 전압과 전류가 혼합된 형태이다. '혼합 계수'라 부르기도 한다.

$$V_1 = h_{11}I_1 + h_{12}V_2 \quad (12.23a)$$

$$I_2 = h_{21}I_1 + h_{22}V_2 \quad (12.23b)$$

각 계수에 대한 정의는 아래의 식과 같다.

$$h_{11} = \left.\frac{V_1}{I_1}\right|_{V_2=0} [\Omega] \quad (12.24a)$$

$$h_{12} = \left.\frac{V_1}{V_2}\right|_{I_1=0} \quad (12.24b)$$

$$h_{21} = \left.\frac{I_2}{I_1}\right|_{V_2=0} \quad (12.24c)$$

$$h_{22} = \left.\frac{I_2}{V_2}\right|_{I_1=0} [\mathrm{S}] \quad (12.24d)$$

- h_{11} : 출력포트 단락 시의 입력 임피던스
- h_{12} : 입력포트 개방 시의 역방향 전압이득
- h_{21} : 출력포트 단락 시의 순방향 전류이득
- h_{22} : 입력포트 개방 시의 출력 어드미턴스

하이브리드(h) 계수는 트랜지스터의 등가회로 해석에 유리하다. 참고로 접합형 일반 트랜지스터의 h 계수 등가회로를 소개하면 그림 12.8과 같다.

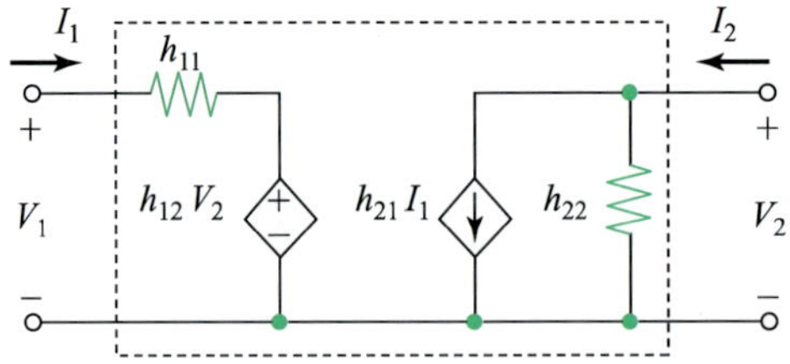

그림 12.8 트랜지스터 h 계수 등가회로

하이브리드(hybrid)란 '혼합'이라는 뜻이다.

하이브리드 계수에서 아래와 같이 전압과 전류를 바꾸어 정의한 것을 역 하이브리드 계수 g라 한다. 자주 사용되지 않는 계수이므로 자세한 설명은 생략한다.

$$I_1 = g_{11}V_1 + g_{12}I_2 \tag{12.25a}$$

$$V_2 = g_{21}V_1 + g_{22}I_2 \tag{12.25b}$$

익힘 문제 12.5

그림 12.9 회로에서의 h 계수값을 구하라.

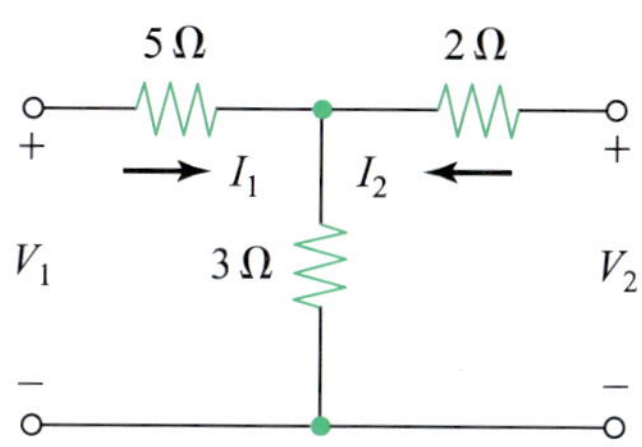

그림 12.9

풀이

$$h_{11} = \left.\frac{V_1}{I_1}\right|_{V_2=0} = \frac{5+(3\times 2)/(3+2)I_1}{I_1} = \frac{11}{5} = 2.2[\Omega]$$

$$h_{12} = \left.\frac{V_1}{V_2}\right|_{I_1=0} = \frac{3/(3+2)V_2}{V_2} = \frac{3}{5} = 0.6$$

$$h_{21} = \left.\frac{I_2}{I_1}\right|_{V_2=0} = \frac{-3/(3+2)I_1}{I_1} = -\frac{3}{5} = -0.6$$

$$h_{22} = \left.\frac{I_2}{V_2}\right|_{I_1=0} = \frac{V_2/5}{V_2} = \frac{1}{5} = 0.2[\mathrm{S}]$$

(4) 전송 계수

전송 계수(transmission parameter) t는 ABCD 계수라 부르기도 하며 전송선로의 해석이나 종속 접속 회로망의 연결에 주로 이용된다. 그 전압, 전류 관계식은 아래와 같다.

$$V_1 = t_{11}V_2 + t_{12}I_2 \tag{12.26a}$$

$$I_1 = t_{21} V_2 + t_{22} I_2 \tag{12.26b}$$

각 계수의 정의식은 아래와 같이 입력단에 대한 출력단의 비례 관계를 나타내는 계수이다.

$$t_{11} = \left. \frac{V_1}{V_2} \right|_{I_2 = 0} \quad : \text{출력 개방 시의 역방향 전압이득} \tag{12.27a}$$

$$t_{12} = \left. \frac{V_1}{I_2} \right|_{V_2 = 0} \quad : \text{출력 단락 시의 역방향 전달 임피던스} \tag{12.27b}$$

$$t_{21} = \left. \frac{I_1}{V_2} \right|_{I_2 = 0} \quad : \text{출력 개방 시의 역방향 전달 어드미턴스} \tag{12.27c}$$

$$t_{22} = \left. \frac{I_1}{I_2} \right|_{V_2 = 0} \quad : \text{출력 단락 시의 역방향 전류이득} \tag{12.27d}$$

역방향 전송 계수 t'는 아래의 관계식과 같으며 설명을 생략하기로 한다.

$$I_1 = t_{11}' I_2 + t_{12}' V_2 \tag{12.28a}$$

$$V_1 = t_{21}' I_2 + t_{22}' V_2 \tag{12.28b}$$

익힘 문제 12.6

그림 12.10 회로에서의 t계수 값을 구하라.

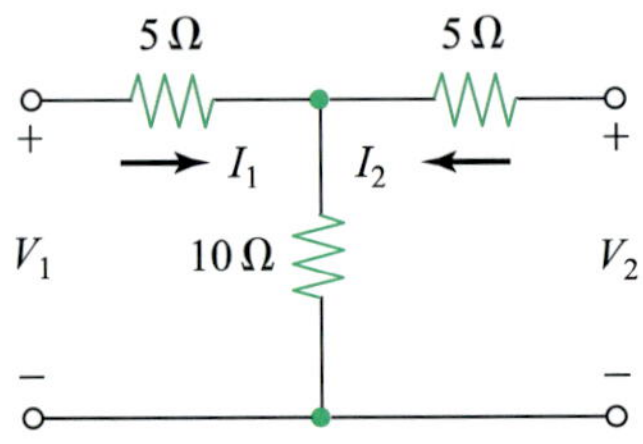

그림 12.10

풀이 $t_{11} = \left. \frac{V_1}{V_2} \right|_{I_2 = 0} = \frac{V_1}{(10/15) V_1} = \frac{15}{10} = 1.5$

$$t_{12} = \left. \frac{V_1}{I_2} \right|_{V_2 = 0} = \frac{[5 + (10 \times 5)/(10 + 5)] I_1}{-(10/15) I_1} = \frac{125}{15} \times \frac{15}{10} = 12.5[\Omega]$$

$$t_{21} = \left.\frac{I_1}{V_2}\right|_{I_2=0} = \frac{V_1/15}{V_1 \times (10/15)} = \frac{1}{10} = 0.1[\mathrm{S}]$$

$$t_{22} = \left.\frac{I_1}{I_2}\right|_{V_2=0} = \frac{I_1}{-(10/15)I_1} = -\frac{15}{10} = -1.5$$

표 12.1은 지금까지 설명한 계수 중 비교적 중요한 y, z, h, t끼리의 상호 변환표이다.

표 12.1 계수 변환표

계수	y		z		h		t	
y	y_{11}	y_{12}	$\frac{z_{22}}{\Delta z}$	$\frac{-z_{12}}{\Delta z}$	$\frac{1}{h_{11}}$	$\frac{-h_{12}}{h_{11}}$	$\frac{t_{22}}{t_{12}}$	$\frac{-\Delta t}{t_{12}}$
	y_{21}	y_{22}	$\frac{-z_{21}}{\Delta z}$	$\frac{z_{11}}{\Delta z}$	$\frac{h_{21}}{h_{11}}$	$\frac{\Delta h}{h_{11}}$	$\frac{-1}{t_{12}}$	$\frac{t_{11}}{t_{12}}$
z	$\frac{y_{22}}{\Delta y}$	$\frac{-y_{12}}{\Delta y}$	z_{11}	z_{12}	$\frac{\Delta h}{h_{22}}$	$\frac{h_{12}}{h_{22}}$	$\frac{t_{11}}{t_{21}}$	$\frac{\Delta t}{t_{21}}$
	$\frac{-y_{21}}{\Delta y}$	$\frac{y_{11}}{\Delta y}$	z_{21}	z_{22}	$\frac{-h_{21}}{h_{22}}$	$\frac{1}{h_{22}}$	$\frac{1}{t_{21}}$	$\frac{t_{22}}{t_{21}}$
h	$\frac{1}{y_{11}}$	$\frac{-y_{12}}{y_{11}}$	$\frac{\Delta z}{z_{22}}$	$\frac{z_{12}}{z_{22}}$	h_{11}	h_{12}	$\frac{t_{12}}{t_{22}}$	$\frac{\Delta t}{t_{22}}$
	$\frac{y_{21}}{y_{11}}$	$\frac{\Delta y}{y_{11}}$	$\frac{-z_{21}}{z_{22}}$	$\frac{1}{z_{22}}$	h_{21}	h_{22}	$\frac{-1}{t_{22}}$	$\frac{t_{21}}{t_{22}}$
t	$\frac{-y_{22}}{y_{21}}$	$\frac{-1}{y_{21}}$	$\frac{z_{11}}{z_{21}}$	$\frac{\Delta z}{z_{21}}$	$\frac{-\Delta h}{h_{21}}$	$\frac{-h_{11}}{h_{21}}$	t_{11}	t_{12}
	$\frac{-\Delta y}{y_{21}}$	$\frac{-y_{11}}{y_{21}}$	$\frac{1}{z_{21}}$	$\frac{z_{22}}{z_{21}}$	$\frac{-h_{22}}{h_{21}}$	$\frac{-1}{h_{21}}$	t_{21}	t_{22}

* $\Delta z = \begin{bmatrix} z_{11} & z_{12} \\ z_{21} & z_{22} \end{bmatrix} = z_{11}z_{22} - z_{12}z_{21}$, 나머지 Δy, Δh, Δt도 같은 형태.

12.4 2포트 회로 해석

그림 12.11은 포트 1에서 전압원 구동이고 포트 2에 부하가 연결된 보편적인 회로망 형태이다. Z_g는 전압원 V_g의 내부저항, Z_L은 부하 임피던스를 나타낸다. 이와 같이 종단된 2포트 회로망의 해석 시 임피던스나 어드미턴스, 전압 또는 전류의 이득은 아래와 같다.

- 입력 임피던스 : $Z_{\text{in}} = \dfrac{V_1}{I_1}$
- 어드미턴스 : $Y_{\text{in}} = \dfrac{I_1}{V_1}$
- 전압이득 : $G_V = \dfrac{V_2}{V_1}$
- 전류이득 : $G_I = \dfrac{I_2}{I_1}$

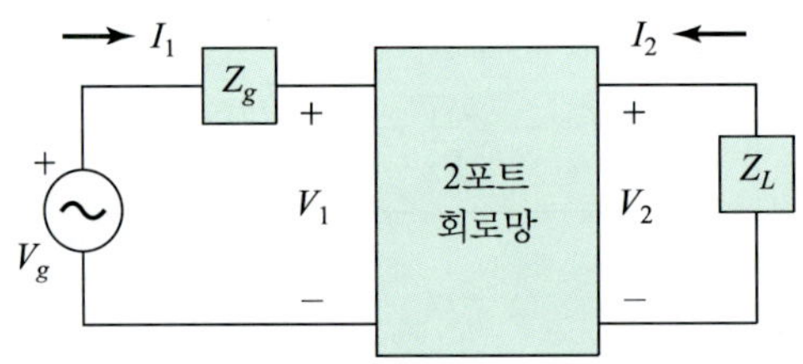

그림 12.11 전원, 부하연결 2포트 회로망

표 12.2는 그림 12.11의 회로 해석 시 구해야 할 주요사항에 대한 z, y, h 계수 표현식이다.

표 12.2

항목 / 계수	Z_{in}	V_{TH}	Z_{TH}	G_I	G_V
z	$z_{11} - \dfrac{z_{12}z_{21}}{z_{22}+Z_L}$	$\dfrac{z_{21}V_g}{z_{11}+Z_g}$	$z_{22} - \dfrac{z_{12}z_{21}}{z_{11}+Z_g}$	$\dfrac{-z_{21}}{z_{22}+Z_L}$	$\dfrac{z_{21}Z_L}{z_{11}Z_L+\Delta z}$
y	$y_{11} - \dfrac{y_{12}y_{21}Z_L}{1+y_{22}Z_L}$	$\dfrac{-y_{21}V_g}{y_{22}+\Delta y Z_g}$	$\dfrac{1+y_{11}Z_g}{y_{22}+\Delta y Z_g}$	$\dfrac{y_{21}}{y_{11}+\Delta y Z_L}$	$\dfrac{-y_{21}Z_L}{1+y_{22}Z_L}$
h	$h_{11} - \dfrac{h_{12}h_{21}Z_L}{1+h_{22}Z_L}$	$\dfrac{-h_{21}V_g}{h_{22}Z_g+\Delta h}$	$\dfrac{Z_g+h_{11}}{h_{22}Z_g+\Delta h}$	$\dfrac{h_{21}}{1+h_{22}Z_L}$	$\dfrac{-h_{21}Z_L}{\Delta h Z_L+h_{11}}$

익힘 문제 12.7

그림 12.11 2포트 회로에서 h 계수의 값이 아래와 같을 때 Z_{in}, G_I를 구하라. 단, $Z_L = 50$ $[\text{k}\Omega]$이다.

$$h_{11} = 1{,}200\,[\Omega]$$
$$h_{12} = 3.5 \times 10^{-4}$$
$$h_{21} = 50$$
$$h_{22} = 50 \times 10^{-6}\,[\text{S}]$$

풀이 $Z_{\text{in}} = h_{11} - \dfrac{h_{12}h_{21}Z_L}{1 + h_{22}Z_L} = 1{,}200 - \dfrac{3.5 \times 10^{-4} \times 50 \times 50 \times 10^3}{1 + 50 \times 10^{-6} \times 50 \times 10^3} = 1{,}200 - 250 = 950\,[\Omega]$

$$G_I = \frac{h_{21}}{1 + h_{22}Z_L} = \frac{50}{3.5} = 14.3$$

12.5 2포트 단자망의 연결

회로 시스템은 단순하게 하나의 2포트 회로망이 아닌 2개 이상이 연결된 경우가 대부분이다. 그 연결법은 여러 가지가 있으나 이 절에서는 비교적 많이 활용되는 (1) 직렬연결, (2) 병렬연결, (3) 종속연결에 대해서 설명하기로 한다.

(1) 직렬연결

그림 12.12는 2포트 회로망 (1)과 (2)를 직렬로 연결한 회로이다. 각각의 z 계수 회로망 방정식을 행렬식으로 나타내면 아래와 같다.

$$\begin{bmatrix} V_1' \\ V_2' \end{bmatrix} = \begin{bmatrix} z_{11}' & z_{12}' \\ z_{21}' & z_{22}' \end{bmatrix} \begin{bmatrix} I_1' \\ I_2' \end{bmatrix} \tag{12.29a}$$

$$\begin{bmatrix} I_1 \\ I_2 \end{bmatrix} = \begin{bmatrix} z_{11}'' & z_{12}'' \\ z_{21}'' & z_{22}'' \end{bmatrix} \begin{bmatrix} I_1'' \\ I_2'' \end{bmatrix} \tag{12.29b}$$

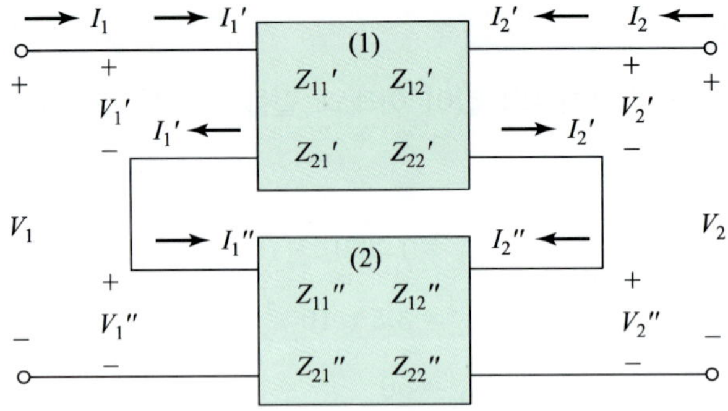

그림 12.12 2포트 회로망의 직렬연결

그림 12.12로부터 직렬연결 시의 전압 및 전류는 아래의 식과 같다.

$$V_1 = V_1' + V_2',\ \ V_2 = V_2' + V_2'' \tag{12.30a}$$

$$I_1 = I_1' = I_1'',\ \ I_2 = I_2' = I_2'' \tag{12.30b}$$

따라서 아래의 관계식이 성립한다.

$$\begin{aligned}\begin{bmatrix} V_1 \\ V_2 \end{bmatrix} &= \begin{bmatrix} V_1' \\ V_2' \end{bmatrix} + \begin{bmatrix} V_1'' \\ V_2'' \end{bmatrix} \\ &= \left(\begin{bmatrix} z_{11}' & z_{12}' \\ z_{21}' & z_{22}' \end{bmatrix} + \begin{bmatrix} z_{11}'' & z_{12}'' \\ z_{21}'' & z_{22}'' \end{bmatrix} \right) \begin{bmatrix} I_1 \\ I_2 \end{bmatrix} \\ &= \begin{bmatrix} z_{11}' + z_{11}'' & z_{12}' + z_{12}'' \\ z_{21}' + z_{21}'' & z_{22}' + z_{22}'' \end{bmatrix} \begin{bmatrix} I_1 \\ I_2 \end{bmatrix} \end{aligned} \tag{12.31}$$

가 되므로 합성 z계수는 개별 z계수의 합과 같다. 이 결과는 z계수 이외의 다른 계수에게도 적용된다.

(2) 병렬연결

그림 12.13은 2포트 회로망 두 개를 병렬로 연결한 연결도이다. 그림으로부터 전압, 전류 관계식은 아래와 같다.

$$I_1 = I_1' + I_1'',\quad I_2 = I_2' + I_2'' \tag{12.32a}$$

$$V_1 = V_1' + V_1'',\ \ V_2 = V_2' + V_2'' \tag{12.32b}$$

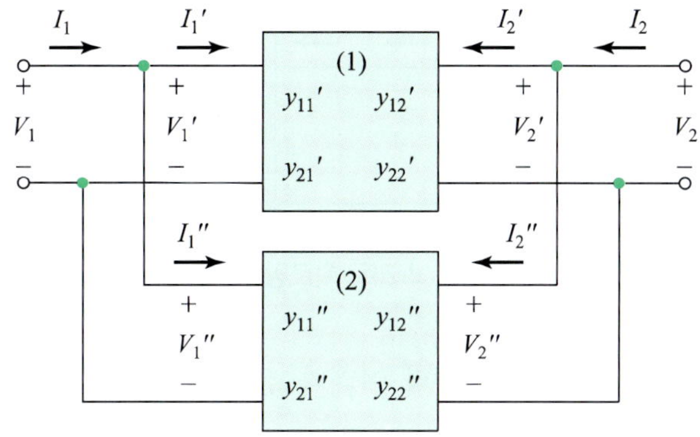

그림 12.13 2포트 회로망의 병렬연결

회로망 (1)과 (2)의 y계수 행렬방정식은 아래와 같다.

$$\begin{bmatrix} I_1' \\ I_2' \end{bmatrix} = \begin{bmatrix} y_{11}' & y_{21}' \\ y_{21}' & y_{22}' \end{bmatrix} \begin{bmatrix} V_1' \\ V_2' \end{bmatrix} \tag{12.33a}$$

$$\begin{bmatrix} I_1'' \\ I_2'' \end{bmatrix} = \begin{bmatrix} y_{11}'' & y_{12}'' \\ y_{21}'' & y_{22}'' \end{bmatrix} \begin{bmatrix} V_1'' \\ V_2'' \end{bmatrix} \tag{12.33b}$$

위의 식을 식 (12.32)에 대입하여 정리하면 아래와 같다.

$$\begin{aligned} \begin{bmatrix} I_1 \\ I_2 \end{bmatrix} &= \begin{bmatrix} I_1' \\ I_2' \end{bmatrix} + \begin{bmatrix} I_1'' \\ I_2'' \end{bmatrix} \\ &= \left(\begin{bmatrix} y_{11}' & y_{12}' \\ y_{21}' & y_{22}' \end{bmatrix} + \begin{bmatrix} y_{11}'' & y_{12}'' \\ y_{21}'' & y_{22}'' \end{bmatrix} \right) \begin{bmatrix} V_1 \\ V_2 \end{bmatrix} \\ &= \begin{bmatrix} y_{11}' + y_{11}'' & y_{12}' + y_{12}'' \\ y_{21}' + y_{21}'' & y_{22}' + y_{22}'' \end{bmatrix} \begin{bmatrix} V_1 \\ V_2 \end{bmatrix} \end{aligned} \tag{12.34}$$

따라서 전체 y계수는 개별 y계수의 합과 같다.

(3) 종속 연결

종속 연결은 오디오 앰프 회로나 전송 시스템 등에 비교적 많이 사용되는 접속법이다. 종속 연결법은 첫 회로망의 출력단이 다음 단 회로망의 입력단에 연결되는 경우에 편리하다. 그림 12.14는 2포트 회로망의 2단 연결회로를 나타낸다.

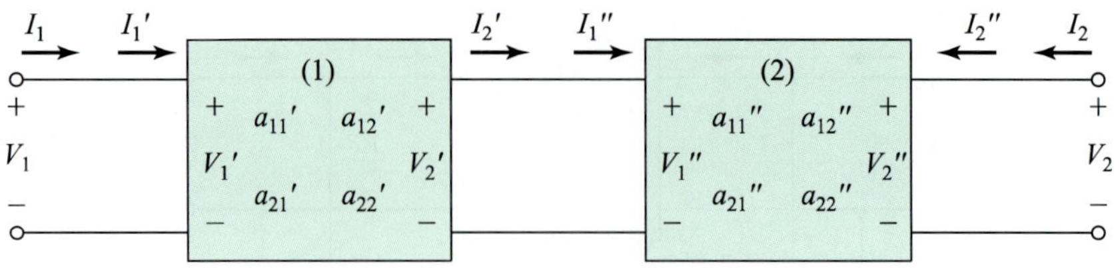

그림 12.14 2포트 회로망의 종속연결

전압, 전류 관계식은 그림 12.14로부터 아래와 같다.

$$V_1 = V_1', \; V_2' = V_1'', \; V_2'' = V_2 \tag{12.35a}$$

$$I_1 = I_1', \; I_2' = I_1'', \; I_2'' = I_2 \tag{12.35b}$$

회로망 (1), (2)의 t계수 행렬방정식은

$$\begin{bmatrix} V_1' \\ I_1' \end{bmatrix} = \begin{bmatrix} t_{11}' & t_{12}' \\ t_{21}' & t_{22}' \end{bmatrix} \begin{bmatrix} V_2' \\ I_2' \end{bmatrix}$$

$$\begin{bmatrix} V_1'' \\ I_1'' \end{bmatrix} = \begin{bmatrix} t_{11}'' & t_{12}'' \\ t_{21}'' & t_{22}'' \end{bmatrix} \begin{bmatrix} V_2'' \\ I_2'' \end{bmatrix} \tag{12.36}$$

이므로 이를 식 (12.35)에 대입하면 아래의 결과를 얻는다.

$$\begin{aligned} \begin{bmatrix} V_1 \\ I_1 \end{bmatrix} = \begin{bmatrix} V_1' \\ I_1' \end{bmatrix} &= \begin{bmatrix} t_{11}' & t_{12}' \\ t_{21}' & t_{22}' \end{bmatrix} \begin{bmatrix} V_2' \\ I_2' \end{bmatrix} \\ &= \begin{bmatrix} t_{11}' & t_{12}' \\ t_{21}' & t_{22}' \end{bmatrix} \begin{bmatrix} t_{11}'' & t_{12}'' \\ t_{21}'' & t_{22}'' \end{bmatrix} \begin{bmatrix} V_2 \\ I_2 \end{bmatrix} \\ &= \begin{bmatrix} t_{11}'t_{11}'' + t_{12}'t_{21}'' & t_{11}'t_{12}'' + t_{12}'t_{22}'' \\ t_{21}'t_{11}'' + t_{22}'t_{21}'' & t_{21}'t_{12}'' + t_{22}'t_2'' \end{bmatrix} \begin{bmatrix} V_2 \\ I_2 \end{bmatrix} \end{aligned} \tag{12.37}$$

1. 2포트 회로망

아래와 같은 2포트 회로망은 각기 한 쌍의 단자로 된 1개의 입력포트($a-b$)와 1개의 출력포트($c-d$)를 갖고 있으며 포트로 들어가는 전류와 나오는 전류는 같다.

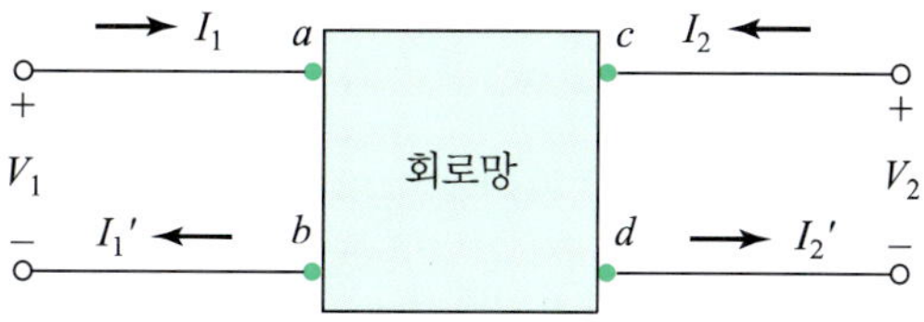

2. 단자방정식

앞의 그림에서 입력포트에서 들어가는 전류가 I_1이고 입력단자에서의 전압이 V_1, 회로망을 통해서 출력측에 흐르는 전류가 I_2이고 출력단자의 전압이 V_2일 때 I_1, V_2가 독립변수이고 I_2, V_1이 종속변수라면 2포트 회로망의 단자방정식은 아래와 같은 형태의 식이 된다.

$$V_1 = AI_1 + BV_2$$
$$I_2 = CI_1 + DV_2$$

3. 단자방정식 계수

앞에서의 식에서 독립변수 I_1, V_2 앞에 붙어있는 매개 계수 A, B, C, D를 단자방정식 계수라 하며 임피던스 계수(z), 어드미턴스 계수(y), 하이브리드 계수(h), 전송 계수(t) 등이 많이 사용된다.

(1) 임피던스 계수 : z_{11}, z_{12}, z_{21}, z_{22}

가장 많이 사용하는 계수가 임피던스이다. V_1, V_2를 종속변수로 하는 방정식의 계수이다.

$$V_1 = z_{11}I_1 + z_{12}I_2$$
$$V_2 = z_{21}I_1 + z_{22}I_2$$

임피던스 계수의 개별적 정의식은 아래와 같다.

$$z_{11} = \left.\frac{V_1}{I_1}\right|_{I_2=0} \,[\Omega] : \text{입력 임피던스}, \qquad z_{12} = \left.\frac{V_1}{I_2}\right|_{I_1=0} \,[\Omega] : \text{역방향 전달 임피던스}$$

$$z_{21} = \left.\frac{V_2}{I_1}\right|_{I_2=0} \,[\Omega] : \text{순방향 전달 임피던스}, \qquad z_{22} = \left.\frac{V_2}{I_2}\right|_{I_1=0} \,[\Omega] : \text{출력 임피던스}$$

(2) 어드미턴스 계수 : y_{11}, y_{12}, y_{21}, y_{22}

단자방정식은 아래와 같다.

$$I_1 = y_{11}V_1 + y_{12}V_2$$

$$I_2 = y_{21}V_1 + y_{22}V_2$$

각 어드미턴스 계수의 정의식은 아래와 같다.

$$y_{11} = \left.\frac{I_1}{V_1}\right|_{V_2=0} \,[\mathrm{S}] : \text{입력 어드미턴스}, \quad y_{12} = \left.\frac{I_1}{V_2}\right|_{V_1=0} \,[\mathrm{S}] : \text{역방향 전달 어드미턴스}$$

$$y_{21} = \left.\frac{I_2}{V_1}\right|_{V_2=0} \,[\mathrm{S}] : \text{순방향 전달 어드미턴스}, \quad y_{22} = \left.\frac{I_2}{V_2}\right|_{V_1=0} \,[\mathrm{S}] : \text{출력 어드미턴스}$$

(3) 하이브리드 계수 : h_{11}, h_{12}, h_{21}, h_{22}

방정식과 하이브리드 계수에 대한 정의식은 아래와 같다.

$$V_1 = h_{11}I_1 + h_{12}V_2$$

$$I_2 = h_{21}I_1 + h_{22}V_2$$

$$h_{11} = \left.\frac{V_1}{I_1}\right|_{V_2=0} \,[\Omega] : \text{입력 임피던스}, \qquad h_{12} = \left.\frac{V_1}{V_2}\right|_{I_1=0} : \text{역방향 전압이득}$$

$$h_{21} = \left.\frac{I_2}{I_1}\right|_{V_2=0} : \text{순방향 전류이득}, \quad h_{22} = \left.\frac{I_2}{V_2}\right|_{I_1=0} \,[\mathrm{S}] : \text{출력 어드미턴스}$$

(4) 전송 계수 : t_{11}, t_{12}, t_{21}, t_{22}

전송 계수의 방정식과 각 계수의 정의식은 아래와 같다.

$$V_1 = t_{11}V_2 + t_{12}I_2$$

$$I_1 = t_{21}V_2 + t_{22}I_2$$

$$t_{11} = \left.\frac{V_1}{V_2}\right|_{I_2=0} \text{ : 역방향 전압이득,} \qquad t_{12} = \left.\frac{V_1}{I_2}\right|_{V_2=0} [\Omega] \text{ : 역방향 전달 임피던스}$$

$$t_{21} = \left.\frac{I_1}{V_2}\right|_{I_2=0} [\mathrm{S}] \text{ : 역방향 전달 어드미턴스,} \qquad t_{22} = \left.\frac{I_1}{I_2}\right|_{V_2=0} \text{ : 역방향 전류이득}$$

4. 포트 회로 해석

아래의 2포트 회로망에 구동 전압원과 부하가 연결될 경우의 입력 임피던스, 어드미턴스, 전압이득은 아래와 같다. 단, Z_g는 전압원 V_g의 내부저항, Z_L은 부하 임피던스이다.

$$Z_{\text{in}} = \frac{V_1}{I_1}, \quad Y_{\text{in}} = \frac{I_1}{V_1}, \quad G_V = \frac{V_2}{V_1}, \quad G_I = \frac{I_2}{I_1}$$

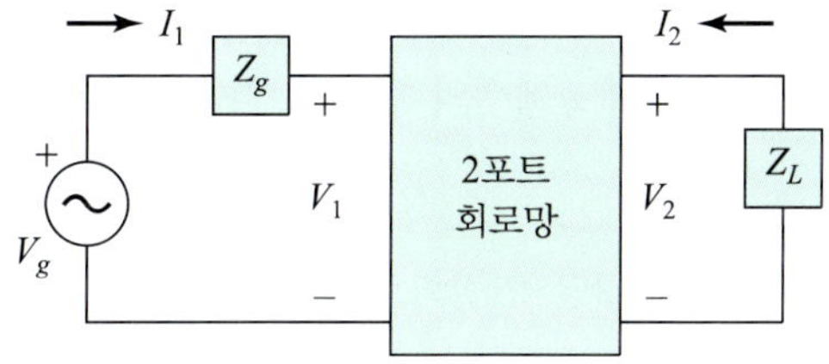

5. 2포트 단자망의 연결

(1) 직렬연결

아래의 그림은 2포트 회로망 (1)과 (2)를 직렬로 연결한 회로이다. 직렬연결 시의 합성 계수의 값은 개별 계수의 합과 같다.

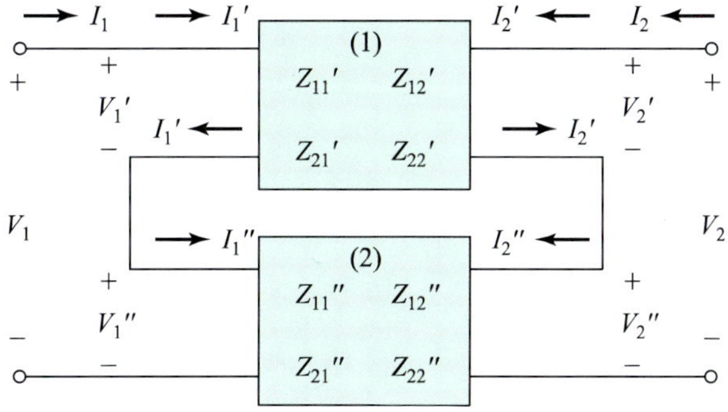

(2) 병렬연결

아래의 그림은 2포트 회로망 두 개를 병렬로 연결한 연결도이다.

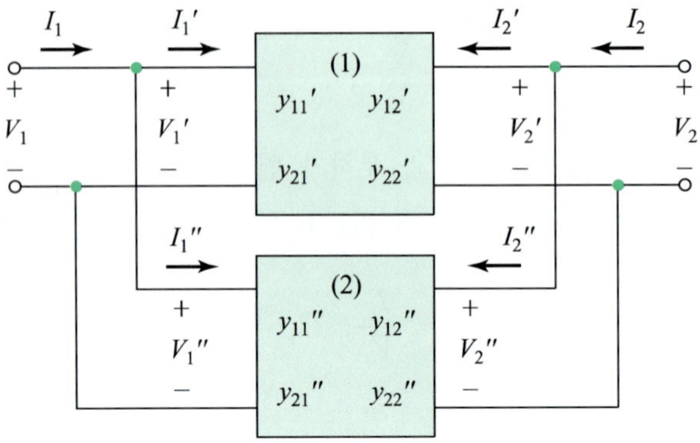

병렬연결 시 전체 y계수는 개별 y계수의 합과 같다.

(3) 종속연결

아래의 그림은 2포트 회로망의 2단 연결회로이다. 첫 회로망의 출력단이 다음 단의 입력단에 연결되며 t 계수를 사용하는 것이 해석 시 편리하다. 전체 합성 행렬 계수는 개별 행렬 계수의 곱이다.

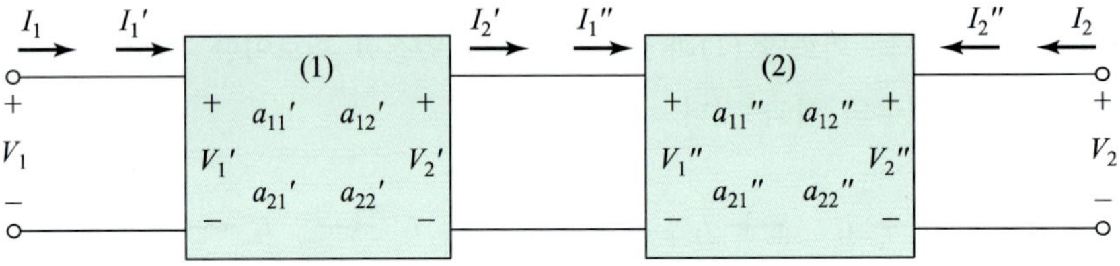

연습문제

1. 2포트 회로망에서 $z_{11} = 10^3$, $z_{12} = 5$, $z_{21} = -5$, $z_{22} = 1.2 \times 10^3$이고, $I_1 = 0.6[\mathrm{mA}]$, $I_2 = 15[\mathrm{mA}]$일 때 V_1, V_2를 구하라.

2. 그림 12.15 회로의 z계수를 구하라.

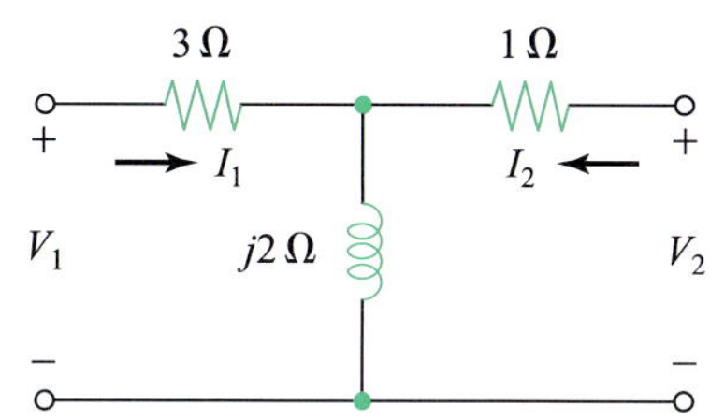

그림 12.15

3. 그림 12.15 회로에서 y_{11}, y_{22}를 구하라.

4. 그림 12.16 회로에서 $z_{11} = 6[\Omega]$이 되기 위한 z_{11} 값을 구한 뒤 z_{12}, z_{21}, z_{22}을 구하라.

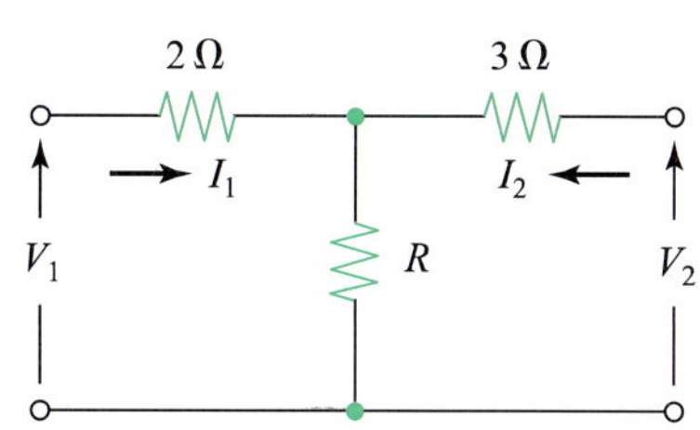

그림 12.16

5. 그림 12.17 회로에서 y계수를 구하라.

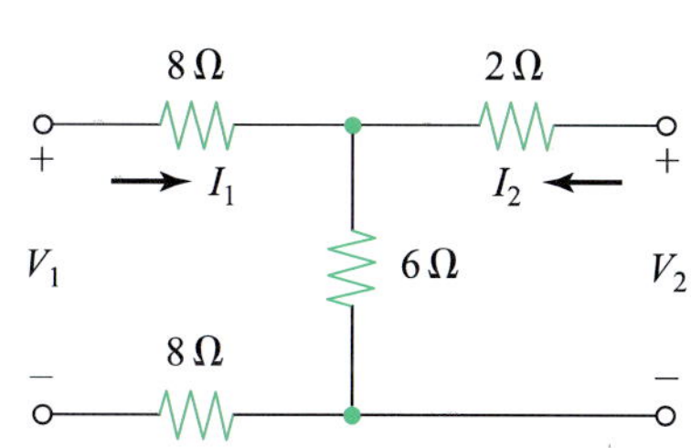

그림 12.17

6. 그림 12.18(a) 회로의 y계수를 구한 뒤 이를 이용하여 그림 12.18(b) 회로의 R_1, R_2, R_3의 값을 구하라.

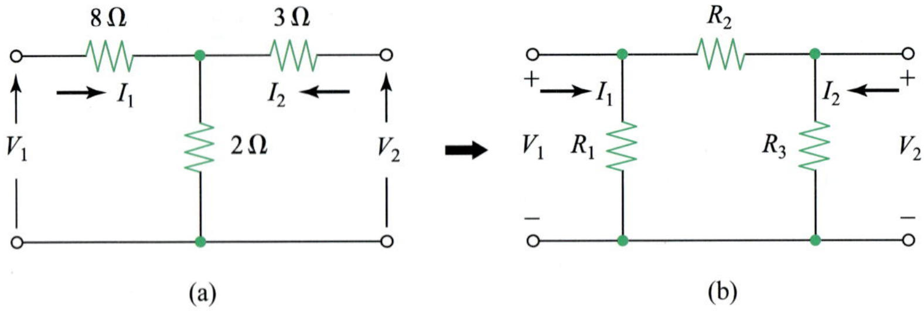

그림 12.18

7. 그림 12.19 회로에서 h 계수를 구하라.

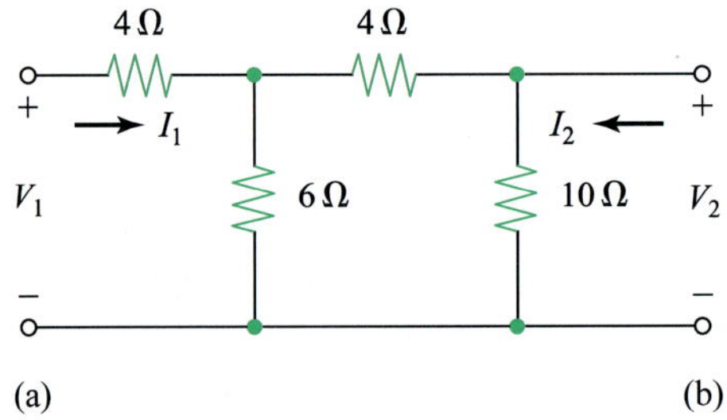

그림 12.19

8. $5V_1 = -12V_2 + 4I_2$, $-20I_1 = 6V_2 - 10I_2$일 때 전송 계수 t를 구하라.

9. 그림 12.20 회로에서 z계수를 구한 뒤 표 12.2를 이용하여 전류 및 전압이득 G_I, G_V를 구하라.

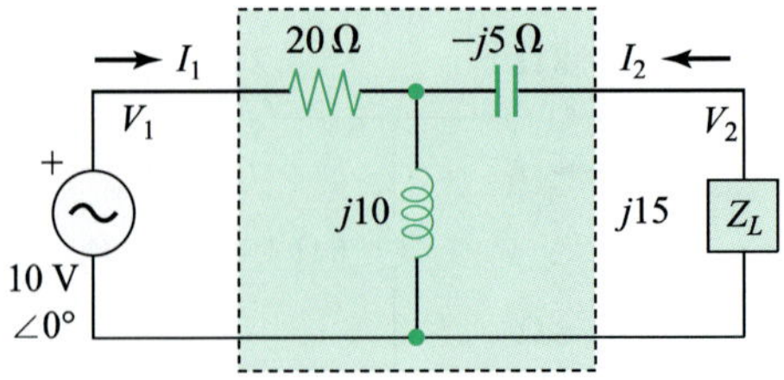

그림 12.20

10. 그림 12.21 회로의 h 계수를 구하라.

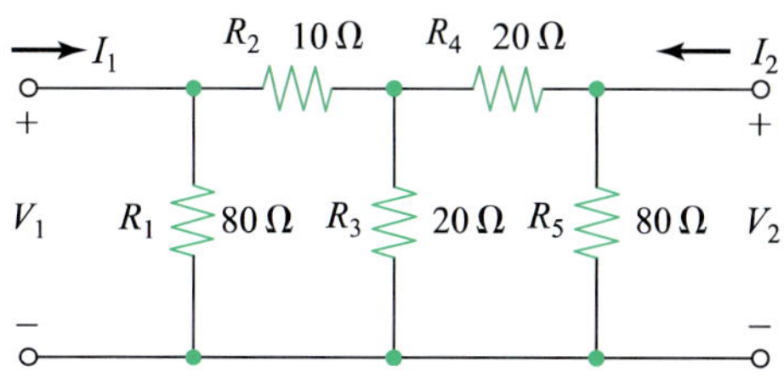

그림 12.21

11. 그림 12.22 회로에서 $h_{11} = 4[\Omega]$, $h_{12} = 0.2$, $h_{21} = -0.2$, $h_{22} = 0.08[\mathrm{S}]$일 때 R_3의 값을 구하라.

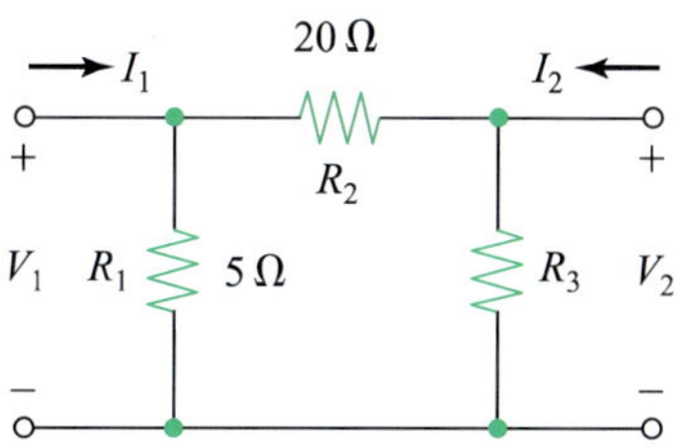

그림 12.22

12. 그림 12.23은 전압원과 부하저항이 연결된 종속 연결 2단 회로망이다. 합성 h 계수가 아래와 같을 때 표 12.2를 이용하여 출력전압 v_o를 구하라. 단, $v_g = 3 \times 10^{-3}[\mathrm{V}]$, $h_{11} = 900[\Omega]$, $h_{12} = 2 \times 10^{-4}$, $h_{21} = 50$, $h_{22} = 40 \times 10^{-6}[\mathrm{S}]$이다.

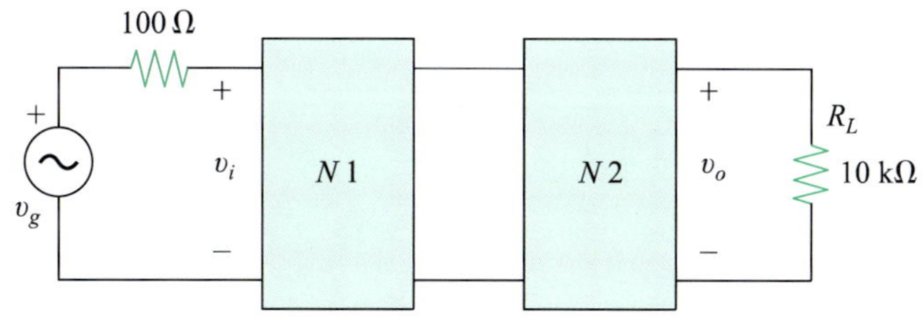

그림 12.23

부록 I

A. 그리스 문자

심벌	철자	읽기	심벌	철자	읽기
$A \quad \alpha$	Alpha	알파	$N \quad \nu$	Nu	뉴
$B \quad \beta$	Beta	베타	$\Xi \quad \xi$	Xi	크사이
$\Gamma \quad \gamma$	Gamma	감마	$O \quad o$	Omicron	오미크론
$\Delta \quad \delta$	Delta	델타	$\Pi \quad \pi$	Pi	파이
$E \quad \epsilon$	Epsilon	입실론	$P \quad \rho$	Rho	로
$Z \quad \zeta$	Zeta	제타	$\Sigma \quad \sigma$	Sigma	시그마
$H \quad \eta$	Eta	에타	$T \quad \tau$	Tau	타우
$\Theta \quad \theta$	Theta	세타	$Y \quad \upsilon$	Upsilon	읍시론
$I \quad \iota$	Iota	이오타	$\Phi \quad \phi$	Phi	프아이
$K \quad \kappa$	Kappa	카파	$X \quad \chi$	Chi	카이
$\Lambda \quad \lambda$	Lambda	람다	$\Psi \quad \psi$	Psi	프사이
$M \quad \mu$	Mu	뮤	$\Omega \quad \omega$	Omega	오메가

B. 주요 물리량의 국제단위(*SI*)

량	심벌	영문	읽기
길이	m	meter	미터
무게	kg	kilogram	킬로그램
시간	s	second	초
전류	A	ampere	암페어
전압	V	volt	볼트
저항	Ω	ohm	옴
전력	W	watt	와트
주파수	Hz	Hertz	헬츠
전하	C	coulomb	쿨롬
정전용량	F	farad	패러드
유도용량	H	henry	헨리
온도	°C	degree centigrade	섭씨 ( )도
광도	cd	candle	캔들

부록 II

삼각함수 항등식

$$\sin(\alpha \pm \beta) = \sin\alpha\cos\beta \pm \cos\alpha\sin\beta$$

$$\cos(\alpha \pm \beta) = \cos\alpha\cos\beta \mp \sin\alpha\sin\beta$$

$$\tan(\alpha \pm \beta) = \frac{\tan\alpha \pm \tan\beta}{1 \mp \tan\alpha\tan\beta}$$

$$\sin(\alpha \pm 90°) = \pm\cos\alpha$$

$$\cos(\alpha \pm 90°) = \mp\sin\alpha$$

$$\sin\alpha\cos\beta = \frac{1}{2}\sin(\alpha+\beta) + \frac{1}{2}\sin(\alpha-\beta)$$

$$\cos\alpha\cos\beta = \frac{1}{2}\cos(\alpha+\beta) + \frac{1}{2}\cos(\alpha-\beta)$$

$$\sin\alpha\sin\beta = \frac{1}{2}\cos(\alpha-\beta) - \frac{1}{2}\cos(\alpha+\beta)$$

$$\sin\alpha + \sin\beta = 2\sin\frac{\alpha+\beta}{2}\cos\frac{\alpha-\beta}{2}$$

$$\sin\alpha - \sin\beta = 2\cos\frac{\alpha+\beta}{2}\sin\frac{\alpha-\beta}{2}$$

$$\cos\alpha + \cos\beta = 2\cos\frac{\alpha+\beta}{2}\cos\frac{\alpha-\beta}{2}$$

$$\cos\alpha - \cos\beta = -2\sin\frac{\alpha+\beta}{2}\sin\frac{\alpha-\beta}{2}$$

$$2\sin\alpha\sin\beta = \cos(\alpha-\beta) - \cos(\alpha+\beta)$$

$$2\cos\alpha\cos\beta = \cos(\alpha-\beta) + \cos(\alpha+\beta)$$

$$2\sin\alpha\sin\beta = \sin(\alpha+\beta) + \sin(\alpha-\beta)$$

$$\sin 2\alpha = 2\sin\alpha\cos\alpha$$

$$\cos 2\alpha = 2\cos^2\alpha - 1 = 1 - \sin^2\alpha = \cos^2\alpha - \sin^2\alpha$$

$$\tan 2\alpha = \frac{2\tan\alpha}{1-\tan^2\alpha}$$

$$\sin^2\alpha = \frac{1}{2}(1-\cos 2\alpha)$$

$$\cos^2\alpha = \frac{1}{2}(1+\cos 2\alpha)$$

$$\sin^2\alpha + \cos^2\alpha = 1$$

$$\sin\alpha = \frac{e^{j\alpha} - e^{-j\alpha}}{2}$$

$$\cos\alpha = \frac{e^{j\alpha} + e^{-j\alpha}}{2}$$

$$e^{\pm j\alpha} = \cos\alpha \pm j\sin\alpha$$

$$A\cos\alpha + B\sin\alpha = \sqrt{A^2+B^2}\cos\left(\alpha + \tan^{-1}\frac{-B}{A}\right)$$

부록 III

미분 및 부정적분 공식

A. 미분

1. $y = C$(상수) : $y' = 0$
2. $y = x^n$: $y' = nx^{n-1}$
3. $y = \frac{1}{x}$: $y' = \frac{1}{x^2}$
4. $y = e^x$: $y' = e^x$
5. $y = e^{mx}$: $y' = me^{mx}$
6. $y = \sin x$: $y' = \cos x$
7. $y = \sin ax$: $y' = a\sin ax$
8. $y = \cos x$: $y' = -\sin x$
9. $y = \cos bx$: $y' = -b\sin bx$
10. $y = \tan x$: $y' = 1/\cos^2 x = \sec^2 x$
11. $y = \cot x$: $y' = -1/\sin^2 x - \mathrm{cosec}^2 x$

B. 부정적분

1. $x^n (n \neq 1)$: $\int x^n dx = \frac{1}{n+1} x^{n+1}$
2. 1 : $\int 1 dx = x$
3. $\frac{1}{x^2}$: $\int e^{ax} dx = \frac{1}{a} e^{ax}$
4. a^x : $\int a^x dx = \frac{a^x}{\log a}$
5. $\log x$: $\int \log x dx = x(\log x - 1)$
6. $\sin x$: $\int \sin x dx = -\cos x$

7. $\sin ax$: $\int \sin x dx = -\frac{1}{a}\cos ax$

8. $\cos x$: $\int \cos x dx = \sin x$

9. $\cos ax$: $\int \cos ax dx = \frac{1}{a}\sin ax$

10. $\tan x$: $\int \tan x dx = -\log|\cos x|$

11. xe^{ax} : $\int xe^{ax}dx = \frac{e^{ax}}{a^2}(ax-1)$

12. x^2e^{ax} : $\int x^2e^{ax}dx = \frac{e^{ax}}{a^3}(a^2x^2-2ax+2)$

부록 IV

A. tan 표 : 0°~45°

도수	0′	10′	20′	30′	40′	50′	60′
1	0.0000	0.0029	0.0058	0.0087	0.0116	0.0145	0.0175
2	0.0175	0.0204	0.0233	0.0262	0.0291	0.0320	0.0349
3	0.0349	0.0378	0.0403	0.0437	0.0466	0.0495	0.0524
4	0.0524	0.0553	0.0582	0.0612	0.0641	0.0670	0.0699
5	**0.0699**	**0.0729**	**0.0758**	**0.0787**	**0.0816**	**0.0846**	**0.0875**
6	0.0875	0.0904	0.0934	0.0963	0.0992	0.1022	0.1051
7	0.1051	0.1080	0.1110	0.1139	0.1169	0.1198	0.1228
8	0.1228	0.1257	0.1287	0.1317	0.1346	0.1376	0.1405
9	0.1584	0.1614	0.1644	0.1673	0.1703	0.1733	0.1763
10	**0.1763**	**0.1793**	**0.1823**	**0.1853**	**0.1883**	**0.1914**	**0.1944**
11	0.1944	0.1974	0.2004	0.2035	0.2065	0.2095	0.2126
12	0.2126	0.2156	0,2186	0.2217	0.2247	0.2278	0.2309
13	0.2309	0.2339	0.2370	0.2401	0.2432	0.2462	0.2493
14	0.2493	0.2524	0.2555	0.2586	0.2617	0.2648	0.2679
15	**0.2679**	**0.2711**	**0.2742**	**0.2773**	**0.2805**	**0.2836**	**0.2867**
16	0.2867	0.2899	0.2931	0.2962	0.2994	0.3026	0.3057
17	0.3057	0.3089	0.3121	0.3153	0.3185	0.3217	0.3249
18	0.3249	0.3281	0.3314	0.3346	0.3378	0.3411	0.3443
19	0.3443	0.3476	0.3508	0.3541	0.3574	0.3607	0.3640
20	**0.3640**	**0.3673**	**0.3706**	**0.3739**	**0.3772**	**0.3805**	**0.3839**
21	0.3839	0.3872	0.3906	0.3939	0.3973	0.4006	0.4040
22	0.4040	0.4074	0.4108	0.4142	0.4176	0.4210	0.4245
23	0.4245	0.4279	0.4314	0.4348	0.4383	0.4417	0.4452
24	0.4452	0.4487	0.4522	0.4557	0.4592	0.4628	0.4663
25	**0.4663**	**0.4699**	**0.4734**	**0.4770**	**0.4806**	**0.4841**	**0.4877**
26	0.4877	0.4913	0.4950	0.4986	0.5022	0.5059	0.5095
27	0.5095	0.5132	0.5169	0.5206	0.5243	0.5280	0.5317
28	0.5317	0.5354	0.5392	0.5430	0.5467	0.5505	0.5543
29	0.5543	0.5581	0.5619	0.5658	0.5696	0.5735	0.5774
30	**0.5774**	**0.5812**	**0.5851**	**0.5890**	**0,5930**	**0.5969**	**0.6009**
31	0.6009	0.6048	0.6088	0.6128	0.6168	0.6208	0.6249
32	0.6249	0.6289	0.6330	0.6371	0.6412	0.6453	0.6494
33	0.6494	0.6536	0.6577	0.6619	0.6661	0.6703	0.6745
34	0.6745	0.6787	0.6830	0.6873	0.6916	0.6959	0.7002
35	**0.7002**	**0.7046**	**0.7089**	**0.7133**	**0.7177**	**0.7221**	**0.7265**
36	0.7265	0.7310	0.7355	0.7400	0.7445	0.7490	0.7536
37	0.7536	0.7581	0.7627	0.7673	0.7720	0.7766	0.7813
38	0.7813	0.7860	0.7907	0.7954	0.8002	0.8050	0.8098
39	0.8098	0.8146	0.8195	0.8243	0.8292	0.8342	0.8391
40	**0.8391**	**0.8441**	**0.8491**	**0.8541**	**0.8591**	**0.8642**	**0.8693**
41	0.8693	0.8744	0.8796	0.8847	0.8899	0.8952	0.9004
42	0.9004	0.9057	0.9110	0.9163	0.9217	0.9271	0.9325
43	0.9325	0.9380	0.9435	0.9490	0.9545	0.9601	0.9657
44	0.9657	0.9713	0.9770	0.9827	0.9884	0.9942	1.0000
45	**1.0000**						

B. tan 표: 45°~89°

도수	0′	10′	20′	30′	40′	50′	60′
45	1.000	1.006	1.012	1.018	1.024	1.030	1.036
46	1.036	1.042	1.048	1.054	1.060	1.066	1.072
47	1.072	1.079	1.085	1.091	1.098	1.104	1.111
48	1.111	1.117	1.124	1.130	1.137	1.144	1.150
49	1.150	1.157	1.164	1.171	1.178	1.185	1.192
50	**1.192**	**1.199**	**1.206**	**1.213**	**1.220**	**1.228**	**1.235**
51	1.235	1.242	1.250	1.257	1.265	1.272	1.280
52	1.280	1.288	1.295	1.303	1.311	1.319	1.327
53	1.327	1.335	1.343	1.351	1.360	1.368	1.376
54	1.376	1.385	1.393	1.402	1.411	1.419	1.428
55	**1.428**	**1.437**	**1.446**	**1.455**	**1.464**	**1.473**	**1.483**
56	1.483	1.492	1.501	1.511	1.520	1.530	1.540
57	1.540	1.550	1.560	1.570	1.580	1.590	1.600
58	1.600	1.611	1.621	1.632	1.643	1.653	1.664
59	1.664	1.675	1.686	1.698	1.709	1.720	1.732
60	**1.732**	**1.744**	**1.756**	**1.767**	**1.780**	**1.792**	**1.804**
61	1.804	1.816	1.829	1.842	1.855	1.868	1.881
62	1.881	1.894	1.907	1.921	1.935	1.949	1.963
63	1.963	1.977	1.991	2.006	2.020	2.035	2.050
64	2.050	2.066	2.081	2.097	2.112	2.128	2.145
65	**2.145**	**2.161**	**2.177**	**2.191**	**2.211**	**2.229**	**2.246**
66	2.246	2.264	2.282	2.300	2.318	2.337	2.356
67	2.356	2.375	2.394	2.414	2.434	2.455	2.475
68	2.475	2.496	2.517	2.539	2.560	2.583	2.605
69	2.605	2.628	2.651	2.675	2.699	2.723	2.747
70	**2.747**	**2.773**	**2.798**	**2.824**	**2.850**	**2.877**	**2.904**
71	2.904	2.932	2.960	2.989	3.018	3.047	3.078
72	3.078	3.108	3.140	3.172	3.204	3.237	3.271
73	3.271	3.305	3.340	3.376	3.412	3.450	3.487
74	3.487	3.526	3.566	3.606	3.647	3.689	3.732
75	**3.732**	**3.776**	**3.821**	**3.857**	**3.914**	**3.962**	**4.011**
76	4.011	4.061	4.113	4.165	4.219	4.275	4.331
77	4.331	4.390	4.449	4.511	4.574	4.638	4.705
78	4.705	4.773	4.843	4.915	4.989	5.066	5.145
79	5.145	5.226	5.309	5.396	5.435	5.576	5.671
80	**5.671**	**5.769**	**5.871**	**5.976**	**6.034**	**6.197**	**6.314**
81	6.314	6.435	6.561	6.691	6.827	6.968	7.115
82	7.115	7.269	7.429	7.596	7.770	7.953	8.144
83	8.144	8.345	8.556	8.777	9.010	9.255	9.514
84	9.514	9.788	10.078	10.385	10.712	11.059	11.430
85	**11.430**	**11.826**	**12.251**	**12.706**	**13.197**	**13.727**	**14.301**
86	14.301	14.924	15.605	16.350	17.169	18.075	19.081
87	19.081	20.206	21.470	22.904	24.542	26.432	28.636
88	28.636	31.242	34.368	38.188	42.964	49.104	57.290
89	57.290	68.750	85.940	114.59	171.89	343.77	
90							

연습문제 풀이

제1장

1. $t=\frac{Q}{I}=\frac{1.5\times10^{-3}}{3\times10^{-3}}=0.5[\mathrm{s}]$

2. 단면적 $0.04[\mathrm{cm}^2]$, 길이 $1[\mathrm{m}]$에 존재하는 전하량은 $0.04\times10^{-4}\times2.5\times10^{22}\times1.6\times10^{-19}=1.6\times10^{-2}[\mathrm{C}]$, 따라서 $t=\frac{Q}{I}=\frac{1.6\times10^{-2}}{4}=4\times10^{-3}=4[\mathrm{ms}]$

3. $Q=It=0.4[\mathrm{A}]\times60[\mathrm{s}]=24[\mathrm{C}]$, 전자 1개의 전하량은 $1.6\times10^{-19}[\mathrm{C}]$이므로 전자의 수는 $\frac{24}{1.6\times10^{-19}}=1.5\times10^{20}$[개]

4. 전자 1개의 전하량의 크기는 $1.6\times10^{-19}[\mathrm{C}]$이므로 에너지 $W=qV=1.6\times10^{-19}\times1.5=2.4\times10^{-19}[\mathrm{J}]$

5. $V=\frac{W}{q}=\frac{1.5}{0.2}=7.5[\mathrm{V}]$

6. 1시간 $[3600\mathrm{s}]$에 $50[\mathrm{mA}]$의 전류를 흘릴 때 통과하는 전하량 $q=It=50\times10^{-3}\times3600=180[\mathrm{C}]$이므로 $W=qV=180\times1.5\times2=540[\mathrm{J}]$

7. $Q=\frac{W}{V}=\frac{18}{12}=1.5[\mathrm{C}]$

8. ① $p=10\times40=400[\mathrm{W}]$, $A\rightarrow B$

② $p=-30\times20=-600[\mathrm{W}]$, $A\leftarrow B$

③ $p=15\times-60=-900[\mathrm{W}]$, $A\leftarrow B$

④ $p=-20\times-50=1{,}000[\mathrm{W}]$, $A\rightarrow B$

9. ① 차 B가 방전된 차

② $W=VIt=12\times45\times2\times60=64{,}800[\mathrm{J}]$

10. $p=22\times0.5=11[\mathrm{W}]$

제2장

1. 사용시간 $= \dfrac{Ah}{I} = \dfrac{60}{1.2} = 50$[시간]

2. Ah $=$ 사용시간 × 전류 $= 48 \times 0.5 = 24[\mathrm{Ah}]$

3. 건전지 1개를 연결한 경우의 전압강하는 $1.5 - 1.475 = 0.025[\mathrm{V}]$이므로

   $(1.5 \times 2) - (0.025 \times 2) = 3 - 0.05 = 2.95[\mathrm{V}]$

4. $S = (1 \times 10^{-3}) \times (5 \times 10^{-3}) = 5 \times 10^{-6}[\mathrm{m}^2]$, $l = 20 \times 10^{-2}[\mathrm{m}]$이므로

   $$R = \rho\frac{l}{S} = 10.6 \times 10^{-8} \times \frac{20 \times 10^{-2}}{5 \times 10^{-6}} = 4.24 \times 10^{-3}[\Omega]$$

5. $R_T = R_t[1 + \alpha(T - t)]$ 로부터

   $$T = \frac{1}{\alpha}\left[\frac{R_T}{R_t} - 1\right] + t = \frac{1}{4 \times 10^{-3}} \times \left[\frac{12}{10} - 1\right] + 20 = 50 + 20 = 70[°\mathrm{C}]$$

6. (1) $82 \times 10000 = 820[\mathrm{k\Omega}] \pm 5\%$, (2) $10 \times 1 = 10[\Omega] \pm 10\%$

제3장

1. $R = \dfrac{v}{i} = \dfrac{5}{200 \times 10^{-3}} = \dfrac{5000}{200} = 25[\Omega]$

   ① : $v = iR = 300 \times 10^{-3} \times 25 = 0.3 \times 25 = 7.5$

   ② : $i = \dfrac{v}{R} = \dfrac{2.5}{25} = 0.1[\mathrm{A}] = 100[\mathrm{mA}]$

2. $p = iv$로부터 $v = \dfrac{p}{i} = \dfrac{20}{0.2} = 100[\mathrm{V}]$, $R = \dfrac{v}{i} = \dfrac{100}{0.2} = 500[\Omega]$

3. ① $I = \dfrac{V}{R} = \dfrac{12}{100} = 0.12[\mathrm{A}]$

   ② $\dfrac{R_1}{100} \times 12 = 4.8[\mathrm{V}]$로부터 $R_1 = \dfrac{100 \times 4.8}{12} = 40[\Omega]$

   ③ R_1과 R_L의 합성저항의 값 $R_{1L} = \dfrac{40 \times 60}{40 + 60} = 24[\Omega]$,

   따라서 회로의 전체저항의 값은 $(100 - 40) + 24 = 84[\Omega]$이므로 $I' = \dfrac{12}{84} = \dfrac{1}{7}[\mathrm{A}]$

④ $V_o = \frac{24}{60+24} \times 12 = \frac{2}{7} \times 12 = \frac{24}{7} \fallingdotseq 3.43[\text{V}]$

⑤ $I_L = \frac{40}{40+60} \times \frac{1}{7} = \frac{2}{5} \times \frac{1}{7} \fallingdotseq 0.057[\text{A}]$

4. $10[\Omega]$ 양단에 걸리는 전압은

$2 \times 10 = 20[\text{V}]$, $i_2 = \frac{20}{6+14} = 1[\text{A}]$, $i_g = i_1 + i_2 = 2 + 1 = 3[\text{A}]$

5. 병렬저항 R_1, R_2의 합성저항은 $R_{12} = \frac{2 \times 3}{2+3} = \frac{6}{5} = 1.2[\Omega]$이므로 $i_{12} = \frac{4.8}{1.2+4.8} \times 15$ $= 12[\text{A}]$.

따라서 $i_1 = \frac{3}{2+3} \times 12 = 7.2[\text{A}]$, $i_2 = i_{12} - i_1 = 12 - 7.2 = 4.8[\text{A}]$,

$i_3 = i - i_{12} = 15 - 12 = 3[\text{A}]$

6. $V_{ab} = \frac{5+4}{2+5+4+3} \times 21 = \frac{9}{14} \times 21 = 13.5[\text{V}]$

7. $i_2 = i_1 + 12$, $v_1 = 30i_1$, $v_2 = 5i_2$이므로 폐회로 $a-b-c-a$에 KVL을 적용하면 $130 - 30i_1 - 5i_2 = 0$, $130 - 30i_1 - 5(i_1 + 12) = 130 - 30i_1 - 5i_1 - 60 = 70 - 35i_1 = 0$으로부터 $35i_1 = 70$ $\therefore i_1 = \frac{70}{35} = 2[\text{A}]$, $i_2 = i_1 + 12 = 2 + 12 = 14[\text{A}]$, $30[\Omega]$에서의 소모전력 $P_{30} = i_1^2 \times 30 = 2^2 \times 30 = 120[\text{W}]$, $5[\Omega]$에서의 $P_5 = i_2^2 \times 5 = 14^2 \times 5 = 196 \times 5 = 980[\text{W}]$

8. $V_{cd} = i_5 R_5 = 0.4 \times 10 = 4[\text{V}]$, $V_{ac} = V_{ad} - V_{cd} = 16 - 4 = 12[\text{V}]$ $\therefore i_1 = \frac{V_{ac}}{R_2} = \frac{12}{2}$ $= 6[\text{A}]$ KCL에 의하여 $i_4 + i_2 - i_5 = 0$ $\therefore i_4 = i_5 - i_2 = 0.4 - 6 = -5.6[\text{A}]$.

따라서 $V_{bc} = i_4 R_4 = (-5.6) \times 2 = -11.2[\text{V}]$, $V_{bd} = V_{cd} + V_{bc} = 4 - 11.2 = -7.2[\text{V}]$,

$\therefore i_3 = \frac{V_{bd}}{R_3} = \frac{-7.2}{2} = -3.6[\text{A}]$, $V_{ab} = 16 - V_{bd} = 16 - (-7.2) = 23.2[\text{V}]$, $\therefore i_2 =$ $= \frac{23.2}{5.8} = 4[\text{A}]$, $\therefore i = i_1 + i_2 = 6 + 4 = 10[\text{A}]$

9. $V_{R5} = V_{R3} + V_{R4} = i_3 R_3 + i_4 R_4 = 10 \times 10 + 5 \times 12 = 160[\text{V}]$

$\therefore i_5 = \frac{V_{R5}}{R_5} = \frac{160}{32} = 5[\text{A}]$, $i_1 = i_3 + i_5 = 10 + 5 = 15[\text{A}]$,

$i_6 = i_4 + i_5 = 5 + 5 = 10[\text{A}]$

$\therefore p_1 = i_1 \times (-180) = 15 \times (-180) = -2700[\text{W}]$, $p_2 = i_6 \times 220 = 10 \times 220 = 2200[\text{W}]$

10. 외곽 폐회로에 KVL을 적용하면 $200-(5\times20)-(i_b\times40)+(3\times20)=0$에서

$i_b=\dfrac{200-100+60}{40}=\dfrac{160}{40}=4[\text{A}]$, $i_1=i_a+i_b$, $5=i_a+4$, $\therefore i_a=5-4=1[\text{A}]$,

$v_{cd}=i_b\times40=4\times40=160[\text{V}]$, $v_{bc}=i_a\times20=1\times20=20[\text{V}]$,

$v_g=v_{cd}-v_{bc}=160-20=140[\text{V}]$

절점 b에 KCL을 적용하면 $i_a+i_b-i_g=4+3-i_g=0 \quad \therefore i_g=3+4=7[\text{A}]$

11. $v_{ac}=i_a\times45=2\times45=90[\text{V}]$, $i_c=\dfrac{v_{ab}-v_{ac}}{10}=\dfrac{120-90}{10}=3[\text{A}]$,

$\therefore i_d=i_c-i_a=3-2=1[\text{A}]$, $v_{cd}=i_d\times30=1\times30=30[\text{V}]$,

$v_{ad}=v_{ac}-v_{cd}=90-30=60[\text{V}]$, $v_{bd}=v_{ab}-v_{ad}=30-60=-30[\text{V}]$

$i_b=\dfrac{v_{ad}}{40}=\dfrac{60}{40}=1.5[\text{A}]$, $i_b=i_d+i_e$로부터 $i_e=1.5-1=0.5[\text{A}]$,

$\therefore R=\dfrac{60}{0.5}=120[\Omega]$

12. $V_{bc}=I_4\times4=1\times4=4[\text{V}]$, $V_{cd}=I_5\times5=2\times5=10[\text{V}]$,

$V_{bd}=V_{bc}+V_{cd}=4+10=14[\text{V}]$, $I_6=\dfrac{V_{bd}}{6}=\dfrac{14}{6}=\dfrac{7}{3}[\text{A}]$

$\therefore I_3=I_5+I_6=2+\dfrac{7}{3}=\dfrac{13}{3}[\text{A}]$, $I_1=I_4+I_6=1+\dfrac{7}{3}=\dfrac{10}{3}[\text{A}]$

$P_1=I_1V_1=\dfrac{10}{3}\times12=40[\text{W}]$, $P_2=I_3V_2=\dfrac{13}{3}\times6=26[\text{W}]$

13. $v_1=\dfrac{2}{2+5}\times140=\dfrac{2\times140}{7}=40[\text{V}]$, $140-2i\times10^{-3}-5i\times10^{-3}=0$, $7i=\dfrac{140}{10^3}$,

$i=\dfrac{140}{7}\times10^{-3}=20[\text{mA}]$, $i_1=\dfrac{4}{12+4}\times6i=\dfrac{1}{4}\times6\times20=30[\text{mA}]$,

$i_2=6i-i_1=6\times20-30=90[\text{mA}]$

14. ① 내부 합성저항은 $\dfrac{r}{2}$이므로 $\dfrac{r}{2}+7.96=\dfrac{1.2}{0.15}=8$, $\dfrac{r}{2}=8-7.96=0.04$

$\therefore r=2\times0.04=0.08[\Omega]$

② $0.08+R_L=\dfrac{1.2}{0.08}=15 \quad \therefore R_L=15-0.08=14.92[\Omega]$

15. ① 전류-전압 그래프는 아래와 같다.

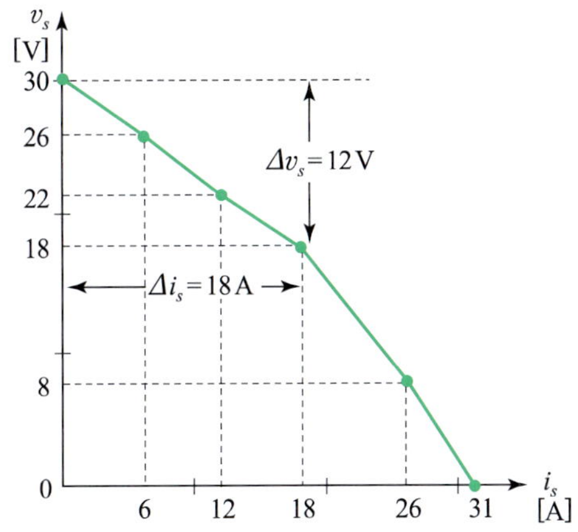

그림 3.53T

② 등가 내부저항 $= \dfrac{\Delta v_s}{\Delta i_s} = \dfrac{30-18}{18-0} = \dfrac{12}{18} = \dfrac{2}{3}[\Omega]$

③ $i_s = \dfrac{30}{2/3+1} = \dfrac{30\times3}{5} = 18[\text{A}]$

④ 단락전류 $= \dfrac{30}{2/3} = \dfrac{30\times3}{2} = 45[\text{A}]$

⑤ 전류가 18[A] 이상에서는 전류-전압의 특성이 비선형 관계이므로 선형관계로 계산한 ④의 값과 차이가 날 수 있다.

제4장

1. $n = \dfrac{30[\text{mA}]}{1[\text{mA}]} = 30$이므로 $r_s = \dfrac{r}{n-1} = \dfrac{145}{30-1} = \dfrac{145}{29} = 5[\Omega]$

2. 미터계기 양단에서의 전압강하는 $50\times10^{-6}\times1\times10^3 = 0.05[\text{V}]$이므로 배율 $m = \dfrac{10}{0.05} =$ 200이다. 따라서 $r_m = (m-1)r = (200-1)\times1 = 199[\text{k}\Omega]$

3. 미터계기의 전압강하는 $50\times10^{-6}\times2\times10^3 = 0.1[\text{V}]$이므로 1[V], 10[V], 30[V]의 배율 m_1, m_2, m_3은 각각 10, 100, 300이다.

$R_1 = (m_1-1)r = (10-1)\times2 = 18[\text{k}\Omega]$

$R_2 = (m_2-1)r - 18 = (100-1)\times2 - 18 = 180[\text{k}\Omega]$

$R_3 = (m_3 - 1)r - 198 = (300-1)\times 2 - 198 = 400[\text{k}\Omega]$

4. 각 폐회로의 전류를 i_1, i_2, i_3이라하고 KVL을 적용하면

$4(i_2 - i_1) + 2i_2 + 10(i_2 - i_3) = 0$, $i_1 = 3$을 대입하여 정리하면 $16i_2 - 10i_3 = 12$ ······· (1)

$1(i_3 - i_1) + 10(i_3 - i_2) + 8i_3 = 0$, $i_1 = 3$을 대입하여 정리하면 $-10i_2 + 19i_3 = 3$ ····· (2)

식 (1)×10, 식 (2)×16한 뒤 서로 더하면 $204i_3 = 168 \quad \therefore i_3 = \dfrac{168}{204} = \dfrac{14}{17}[\text{A}]$

식 (2)에 i_3를 대입하면 $10i_2 = 19 \times \dfrac{14}{17} - 3 = \dfrac{215}{17} \quad \therefore i_2 = \dfrac{215}{170}[\text{A}]$

따라서 $i_2 - i_3 = \dfrac{215}{170} - \dfrac{140}{170} = \dfrac{75}{170} \fallingdotseq 0.44[\text{A}]$이다.

5. $R_1 R_x = R_2 R_3$로부터 $R_x = \dfrac{R_2}{R_1} \cdot R_3 = \dfrac{330}{100} \times 500 = 1{,}650[\Omega]$

6. ① $|v_o| = \left| -\dfrac{R_f}{R_1} \right| = \left| \dfrac{-R_f}{1} \right| = R_f[\text{V}]$이고, $-15 \le v_o \le 15$이므로 $R_f = 15[\text{k}\Omega]$

② $v_o = -\dfrac{R_f}{R_1} \times v_i = -\dfrac{15}{1} \times 4[\text{mV}] = -60[\text{mV}]$

7. ① 가상단락에 의해 $v_- = v_+ = v_2$, $i_1 = i_2$이므로 $\dfrac{v_1 - v_-}{R_1} = \dfrac{v_1 - v_2}{R_1} = \dfrac{v_2 - v_o}{R_2}$에서

$\dfrac{0.45 - 0.3}{10} = \dfrac{0.3 - v_o}{100}$, $4.5 - 3 = 0.3 - v_o \quad \therefore v_o = 0.3 - 1.5 = -1.2[\text{V}]$

$A = \dfrac{v_o}{v_2 - v_1} = \dfrac{-1.2}{0.3 - 0.45} = \dfrac{1.2}{0.15} = 8$

② 포화되지 않는 관계식은 $-15 \le A(v_2 - v_1) \le 15$이므로 $A = 8$,
$v_2 = 1$을 대입하여 v_1의 범위를 구하면 $-15 \le 8 \times (1 - v_1) \le 15$, $-23 \le -8v_1 \le 7$,
$-\dfrac{7}{8}[\text{V}] \le v_1 \le \dfrac{23}{8}[\text{V}]$

8. $v_o = -\dfrac{R_3}{R_1} \cdot v_1 + \left(-\dfrac{R_3}{R_2}\right) \cdot v_2 = -\dfrac{20}{5} \times 2 + \left(-\dfrac{20}{10}\right) \times 1 = -8 - 2 = -10[\text{V}]$

9. 입력단은 가상단락이므로 $i_i = -i_a = \dfrac{v_i}{5 \times 10^3} = \dfrac{50 \times 10^{-3}}{5 \times 10^3} = 10 \times 10^{-6} = 10[\mu\text{A}]$

$v_a = -i_a \times 20 \times 10^3 = 10 \times 10^{-6} \times 20 \times 10^3 = 2 \times 10^{-1} = 0.2[\text{V}]$

$i_{40k} = \dfrac{v_a}{40 \times 10^3} = \dfrac{0.2}{40 \times 10^3} = 5 \times 10^{-6} = 5[\mu\text{A}]$

$i_{80k} = i_a - i_{40k} = (10 - 5) \times 10^{-6} = 5[\mu\text{A}]$

$v_{80k} = -i_{80k} \times 80 \times 10^3 = -(5 \times 10^{-6}) \times (80 \times 10^3) = -0.4[\text{V}]$

$$v_o = v_a + v_{80k} = 0.2 - 0.4 = -0.2[\mathrm{V}]$$

$$i_{25k} = \frac{-v_o}{25 \times 10^3} = \frac{0.2}{25 \times 10^3} = 8 \times 10^{-6} = 8[\mu\mathrm{A}]$$

$$i_o = i_{80k} + i_{25k} = \{5+8\} \times 10^{-6} = 11 \times 10^{-6}[\mathrm{A}] = 11[\mu\mathrm{A}]$$

$$A = \frac{v_o}{v_i} = \frac{-0.2}{0.05} = -4$$

10. $v_a = \dfrac{6.4}{1.6+6.4} \times 0.5 = 0.4[\mathrm{V}]$이고 $0.5[\mathrm{V}]$와 연결된 저항의 등가저항은 $\dfrac{1.6 \times 6.4}{1.6+6.4} =$ $1.28[\mathrm{k}\Omega]$, 포화되지 않는 $|v_o|$의 경계 값은 $|\pm V_{cc}| = |\pm 8| = 8[\mathrm{V}]$이어야 $\left|\dfrac{v_o}{v_a}\right| = \dfrac{8}{0.4}$ $= \dfrac{R}{1.28}$로부터 R을 구하면 $R = \dfrac{8 \times 1.28}{0.4} = 25.6[\mathrm{k}\Omega]$, $i_R = \dfrac{0.4-(-8)}{25.6 \times 10^3} \fallingdotseq 0.328[\mathrm{mA}]$,

$$i_{10k} = \frac{8}{10 \times 10^3} = 0.8[\mathrm{mA}]$$

$$\therefore\ i_o = i_R + i_{10k} = 0.328 + 0.8 = 1.128[\mathrm{mA}]$$

11. ① $v_o = \left(1 + \dfrac{R_2}{R_1}\right)v_i = \left(1 + \dfrac{47}{1}\right) \times 10 \times 10^{-3} = 0.48[\mathrm{V}]$

② $v_o = \left(1 + \dfrac{R_2}{R_1}\right)v_i$에 $R_1 = \infty[\mathrm{k}\Omega]$, $R_2 = 0[\mathrm{k}\Omega]$을 대입하면 $v_o = \left(1 + \dfrac{0}{\infty}\right)v_i = (1+0)v_i$ $= v_i$

12. ① $v_i = \dfrac{R_4}{R_3 + R_4} \cdot v_s = \dfrac{20}{10+20} \times 30 \times 10^{-3} = 20[\mathrm{mV}]$, $v_o = \left(1 + \dfrac{120}{15}\right) \times 20 \times 10^{-3}$ $= 180[\mathrm{mV}]$

② $\dfrac{R_1 + R_2}{R_1} < \left|\dfrac{V_{cc}}{v_i}\right|$에 의해 $\dfrac{15+120}{15} < \left|\dfrac{9}{v_i}\right|$, $9v_i < 9$, $v_i < 1[\mathrm{V}]$

$v_i = \dfrac{20}{10+20}v_s = \dfrac{2}{3}v_s$이므로 이를 대입하면 $\dfrac{2}{3}v_s < 1$, $\quad\therefore\ v_s < 1.5[\mathrm{V}]$

13. $v_o = \dfrac{15}{1} \times (30 - 10) = 300[\mathrm{mV}] = 0.3[\mathrm{V}]$

14. $i = \dfrac{120-100}{2 \times 10^3} = 10[\mathrm{mA}]$, $v_{o1} = \left(1 + \dfrac{5}{2}\right) \times 120 - \dfrac{5}{2} \times 100 = 420 - 250 = 170[\mathrm{mV}]$

$$v_{o2} = \left(1 + \frac{5}{2}\right) \times 100 - \frac{5}{2} \times 120 = 350 - 300 = 50[\mathrm{mV}]$$

15. $A = \dfrac{R_4}{R_3}\left(1 + \dfrac{2R_2}{R_1}\right)$로부터 $50 = \dfrac{100}{10}\left(1 + \dfrac{2 \times 2}{R_1}\right)$, $10R_1 + 40 = 50R_1$, $40R = 40$,

$\therefore\ R_1 = 1[\mathrm{k\Omega}]$

16. ① $v_o = \dfrac{2R_f}{R} \cdot \dfrac{\Delta R}{R} \cdot v_r$ 에서 $4 = \dfrac{2R_f}{150} \times \dfrac{1}{100} \times 12,\ 4 = \dfrac{24R_f}{15 \times 10^3},\ R_f = \dfrac{60 \times 10^3}{24}$

$= 2.5[\mathrm{k\Omega}]$

② $v_o = \dfrac{2R_f}{R} \cdot \dfrac{\Delta R}{R} \cdot v_r$ 에서 $40 \times 10^{-3} = \dfrac{2 \times 2.5 \times 10^3}{150} \times \dfrac{\Delta R}{150} \times 12,\ 40 \times 10^{-3}$

$= \dfrac{2\Delta R}{750},\ 2\Delta R = 750 \times 40 \times 10^{-3} = 30 \quad \therefore\ \Delta R = \dfrac{30}{2} = 15[\Omega]$

제5장

1. KCL을 적용하면 $i_2 = i_1 + 2{,}4[\mathrm{V}],\ 4[\Omega],\ 8[\Omega]$ 폐회로에 KVL을 적용하면 $4i_1 + 8i_2 = 4$, $4i_1 + 8(i_1 + 2) = 4,\ 12i_1 = -12$를 풀면 $i_1 = -1[\mathrm{A}],\quad i_2 = i_1 + 2 = -1 + 2 = 1[\mathrm{A}]$

2. $2i_1 + (i_1 - i_3) + (i_1 - i_2) = 6 \rightarrow 4i_1 - i_2 - i_3 = 6$ .... (1)

$(i_2 - i_1) + 2(i_2 - i_3) + 2i_2 = 1 \rightarrow -i_1 + 5i_2 - 2i_3 = 1$ .... (2)

$(i_3 - i_1) + i_3 + 2(i_3 - i_2) = 0 \rightarrow -i_1 - 2i_2 + 4i_3 = 0$ .... (3)

(1)에서 $i_3 = 4i_1 - i_2 - 6$ .... (4)

(4) → (2) : $-i_1 + 5i_2 - 2(4i_1 - i_2 - 6) = 1 \rightarrow -9i_1 + 7i_2 = -11$ .... (5)

(4) → (3) : $-i_1 - 2i_2 + 4(4i_1 - i_2 - 6) = 0 \rightarrow 15i_1 - 6i_2 = 24$ .... (6)

(5), (6)을 연립해서 풀면 $i_1 = 2[\mathrm{A}],\ i_2 = 1[\mathrm{A}]$, 이를 (4)에 대입하면 $i_3 = 1[\mathrm{A}]$

$v_1 = i_3 \times 1 = 1 \times 1 = 1[\mathrm{V}],\ v_2 = (i_2 - i_3) \times 2 = (1 - 1) \times 2 = 0[\mathrm{V}]$

3. v_2에서 KCL을 적용하면 $5 = i + 1 \quad \therefore\ i = 5 - 1 = 4[\mathrm{A}],\ v_2 = i \times 3 = 4 \times 3 = 12[\mathrm{V}]$,
$v_1 = v_2 + (5 \times 2) = 12 + 10 = 22[\mathrm{V}]$

4. KCL에 의해 $5 = i_2 + i_8 + 2,\ i_2 = \dfrac{v}{2},\ i_8 = \dfrac{v}{8}$ 이므로

$5 = \dfrac{v}{2} + \dfrac{v}{8} + 2 \rightarrow 40 = 4v + v + 16 \rightarrow 5v = 24 \ \therefore\ v = 4.8[\mathrm{V}]$

$i_2 = \dfrac{v}{2} = \dfrac{4.8}{2} = 2.4[\mathrm{A}],\ i_8 = \dfrac{v}{8} = \dfrac{4.8}{8} = 0.6[\mathrm{A}]$

$p_2 = i_2 v = 2.4 \times 4.8 = 11.52[\mathrm{W}],\ p_8 = i_8 v = 0.6 \times 4.8 = 2.88[\mathrm{W}]$

5. 폐회로 ① : $-8 - I_1 - 2(I_1 - I_2) + 3 = 0 \rightarrow -3I_1 + 2I_2 = 5$ .... (1)

폐회로 ② : $-3 - 2(I_2 - I_1) - (3 + 2)I_2 - 5 = 0 \rightarrow 2I_1 - 7I_2 = 8$ .... (2)

$(1)\times 7-(2)\times 2$하여 풀면 $-17I_1=51$ $\therefore I_1=-3[\mathrm{A}]$, 이를 (1)에 대입하여 풀면 $I_2=-2[\mathrm{A}]$

6. 마디 a : $\dfrac{v_1}{2}+\dfrac{v_1-v_2}{4}+8=10 \rightarrow 3v_1-v_2=8$ .... (1)

마디 b : $\dfrac{v_1-v_2}{4}+8=\dfrac{v_2}{4} \rightarrow v_1-2v_2=-32$ .... (2)

$(1)\times 2-(2)$하면 $5v_1=48$ $\therefore v_1=9.6[\mathrm{V}]$, $v_2=3v_1-8=28.8-8=20.8[\mathrm{V}]$

따라서 $2[\Omega]$에서의 소모전력 $=\dfrac{v_1}{2}\times v_1=\dfrac{9.6}{2}\times 9.6=46.08[\mathrm{W}]$

7. $v=2[\mathrm{A}]\times 4[\Omega]=8[\mathrm{V}]$이므로 $6[\Omega]$과 $5[\Omega]$이 만나는 마디에 KCL을 적용하면

$i_1+i_3-i_2=0$, $\dfrac{8-v'}{6}+\dfrac{5-v'}{5}-\dfrac{v'}{10}=0$, $40-5v'+30-6v'-3v'=0$, $14v'=70$

$\therefore v'=5[\mathrm{V}]$

8. $i_d=\dfrac{v}{40}$ ··· (1) KVL을 이용한 마디 해석법에 의해 $\dfrac{50-v}{10}=\dfrac{v}{40}+\dfrac{v-20i_d}{10}$ ··· (2)

$v-20i_d=v-20\times\dfrac{v}{40}=\dfrac{v}{2}$ 이므로 $i_3=\dfrac{v-20i_d}{10}=\dfrac{v/2}{10}=\dfrac{v}{20}$ ··· (3), (3)을 (2)을 대입하여 정리하면 $7v=200$ $\therefore v=\dfrac{200}{7}[\mathrm{V}]$ ··· (4), $i_3=\dfrac{v-v/2}{10}=\dfrac{v}{20}=\dfrac{1}{20}\times\dfrac{200}{7}=\dfrac{10}{7}[\mathrm{A}]$, $v-20i_d=\dfrac{v}{2}$ 로부터 $20i_d=\dfrac{v}{2}=\dfrac{1}{2}\times\dfrac{200}{7}=\dfrac{100}{7}[\mathrm{V}]$, 따라서 $20i_d$에서의 전력은 $p_{20i_d}=i_3\times 20i_d=\dfrac{10}{7}\times\dfrac{100}{7}=\dfrac{1,000}{49}\fallingdotseq 20.4[\mathrm{W}]$

9. $i_1-i_2+\dfrac{1}{2}(i_1-i_3)=3 \rightarrow 3i_1-2i_2-i_3=6$ .... (1)

$(i_2-i_1)+2i_2+3(i_2-i_3)=0 \rightarrow -i_1+6i_2-3i_3=0$ .... (2)

$\dfrac{1}{2}(i_3-i_1)+3(i_3-i_2)+i_3=0 \rightarrow -i_1-6i_2+9i_3=0$ .... (3)

식 (2)+식 (3)하면 $-2i_1+6i_3=0 \rightarrow -i_1+3i_3=0$ .... (4)

식 (1)에서 $i_3=3i_1-2i_2-6$ ··· (5) 식 (5)를 식 (4)에 대입하면

$-i_1+3(3i_1-2i_2-6)=0$, $8i_1-6i_2-18=0$ .... (5)

식 (5)를 식 (3)에 대입하면 $-i_1-6i_2+9(3i_1-2i_2-6)=0$, $26i_1-24i_2-54=0$ ·· (6)

식 (5)와 식 (6)의 연립방정식을 풀면 $i_1=-3[\mathrm{A}]$, 따라서 전압원 $3[\mathrm{V}]$의 공급전력 $p=-3\times 3=-9[\mathrm{W}]$

10. 먼저 i_2폐회로를 $\Delta - Y$로 고치면 그림 5.10T(a)와 같고 이를 병렬·직렬 계산하면 그림 5.46(b)와 같이 고칠 수가 있다.

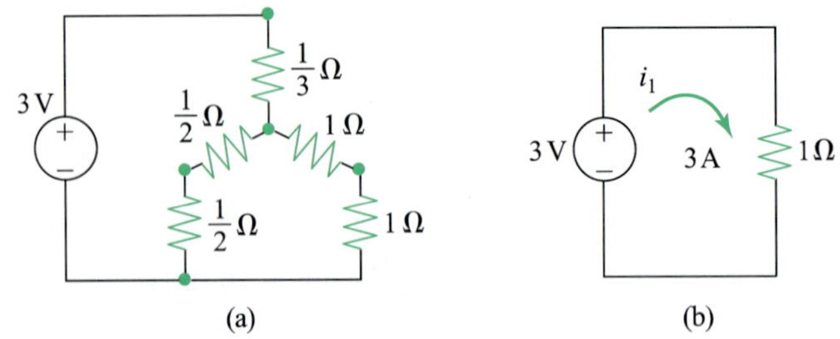

그림 5.10T

이를 옴의 법칙에 의해 i_1를 구하면 $i_1 = \dfrac{3}{1} = 3[\mathrm{A}]$이므로 공급전력 $p = 3 \times 3 = 9[\mathrm{W}]$가 된다.

11. 전류원을 개방, 전압원을 단락시킨 그림 5.11T로부터

그림 (a) : $i_1^{'} = i_2^{'} = \dfrac{12}{4+6} = 1.2[\mathrm{A}]$

그림 (b) : $i_1^{''} = -\dfrac{6}{4+6} \times 6 = -3.6[\mathrm{A}]$ *전류방향이 반대이므로 부호는 −

$$i_2^{''} = \frac{4}{4+6} \times 6 = 2.4[\mathrm{A}]$$

$$\therefore\ i_1 = i_1^{'} + i_1^{''} = 1.2 - 3.6 = -2.4[\mathrm{A}],\ i_2 = i_2^{'} + i_2^{''} = 1.2 + 2.4 = 3.6[\mathrm{A}]$$

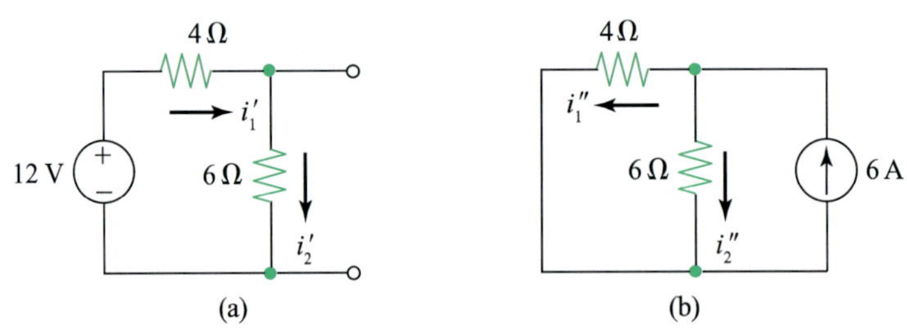

그림 5.11T

12. 그림 5.12T에서와 같이 변환된 전류원의 값은 $\dfrac{6[\mathrm{V}]}{2[\Omega]} = 3[\mathrm{A}]$이므로 $10[\Omega]$에 흐르는 전류는 $\dfrac{2}{2+10} \times 3 = 0.5[\mathrm{A}]$

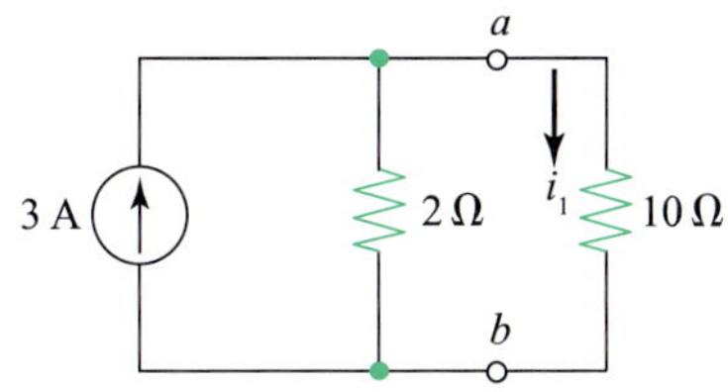

그림 5.12T

13. 전압원의 값은 $1 \times 2 = 2[\mathrm{V}]$가 되므로 그림 5.13T와 같이 전압원 변환회로에서 $5[\Omega]$에 걸리는 전압은 전압분배에 의해 $\dfrac{5}{3+5} \times 2 = 1.25[\mathrm{V}]$

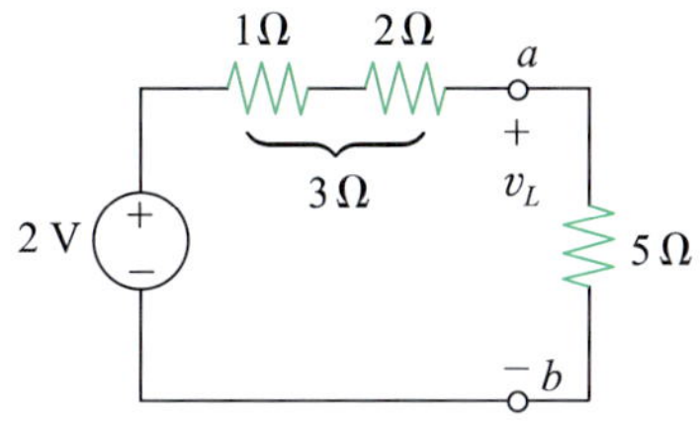

그림 5.13T

14. 전류원을 전압원으로 변환하면 전압은 그림 5.14T와 같이 $3 \times 2 = 6[\mathrm{V}]$가 되므로 1개의 전압원으로 환산하면 $12 - 6 = 6[\mathrm{V}]$이고, 1개의 저항은 $1 + 2 + 3 = 6[\Omega]$이 된다.

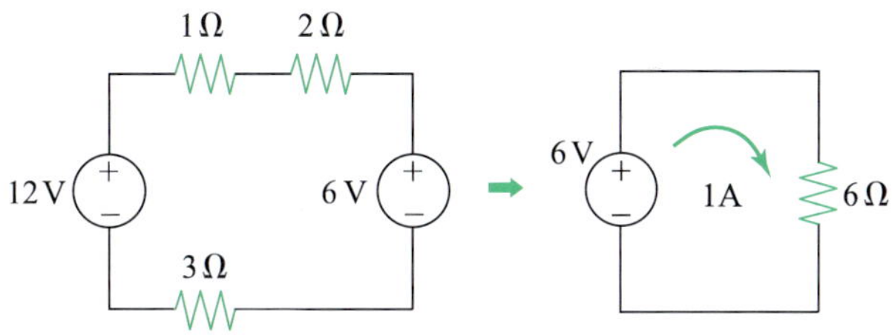

그림 5.14T

15. 전류원을 전압원으로 변환하면 전압은 $2 \times 10^3 \times 5 \times 10^{-3} = 10[\mathrm{V}]$, $5 \times 10^3 \times 1 \times 10^{-3} \times 5 = 5[\mathrm{V}]$가 되고, 직렬저항의 합은 $10[\mathrm{k\Omega}]$이 되므로 $i = \dfrac{5}{10 \times 10^3} = 0.5 \times 10^{-3} = 0.5[\mathrm{mA}]$.

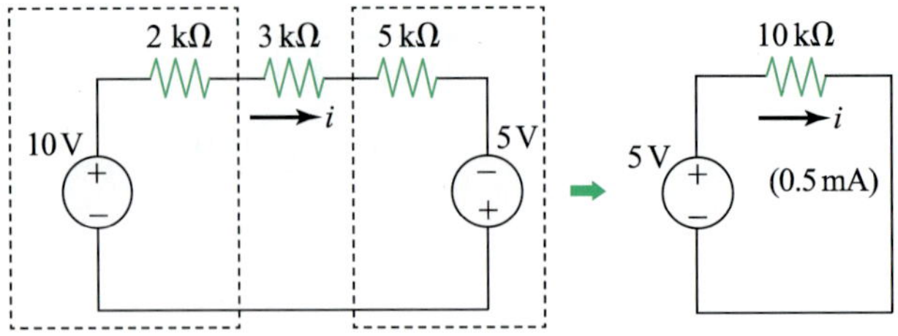

그림 5.15T

16. 테브난의 등가전압은 $\frac{30}{20+30}\times 25 = 15[\mathrm{V}]$, 등가저항은 $\frac{20\times 30}{20+30} = 12[\Omega]$이므로 직렬저항과 합하면 그림 5.16T(a)와 같이 $20[\Omega]$이므로 $10[\Omega]$의 부하저항을 연결한 전압은 $\frac{10}{20+10}\times 15 = 5[\mathrm{V}]$이다.

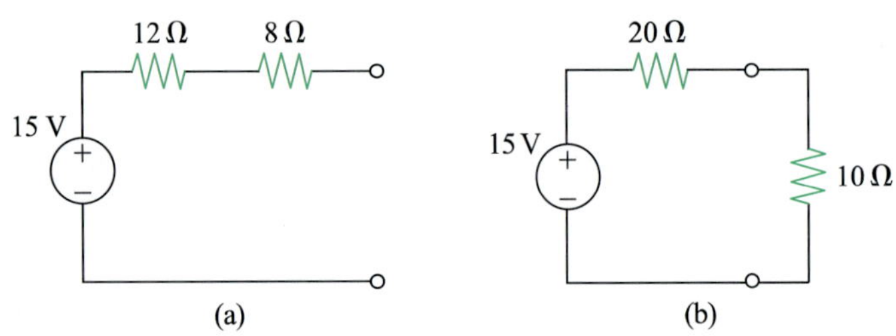

그림 5.16T

17. 그림 5.17T(a)는 전압원을 테브난의 정리로 변환한 회로이고, 전류원을 전압원으로 변환한 회로에 $40[\Omega]$의 부하저항을 연결한 회로가 그림 5.17T(b)이다.

따라서 부하전류는 $\frac{44}{10+40} = 0.88[\mathrm{A}]$이다.

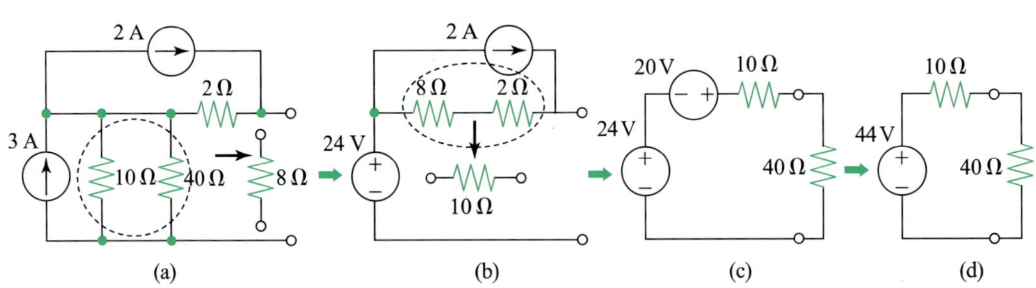

그림 5.17T

18. 개방 시: $\frac{15-v_1}{6}-\frac{v_1}{60}-0.3=0$, $150-10v_1+v_1+18=0 \rightarrow 11v_1=132$,

$\therefore v_1=12[\text{V}]$, $\frac{15-v_2}{5}+0.3-\frac{v_2}{6}=0 \rightarrow 9+90-6v_2-5v_2=0$,

$11v_2=99$, $\therefore v_2=V_{TH}=\frac{99}{11}=9[\text{V}]$

단락 시: 60/11과 30/11의 병렬저항 $R_{TH}=\frac{10}{11}\fallingdotseq 0.91[\Omega]$

19. 그림 5.19T와 같이 전압원-전류원, 전류원-전압원, 전류원-전압원으로 변환하면 $V_{TH}=12.5$ $[\text{V}]$, $R_{TH}=5[\Omega]$이다.

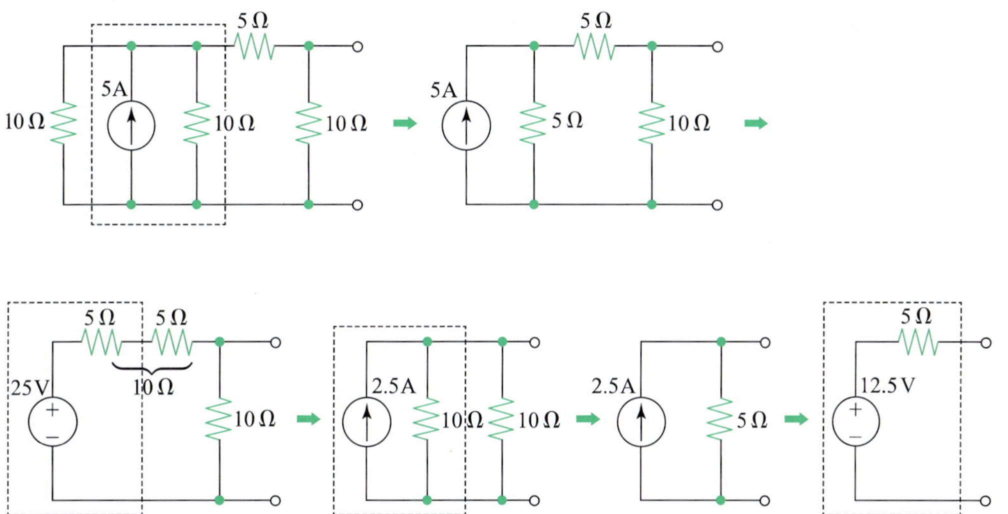

그림 5.19T

20. $\frac{v_1}{25}\times v_1=225$, $v_1^2=5625$ $\therefore v_1=\pm 75[\text{V}]$, $v_1=75[\text{V}]$로 잡으면 $i_5=\frac{100-75}{5}=$ $5[\text{A}]$이고, $i_{25}=\frac{75}{25}=3[\text{A}]$이므로 $i=5-3=2[\text{A}]$, 따라서 $2=\frac{75-v_2}{15}$로부터 $v_2=$ $45[\text{V}]$, $20i=202\times 2=40[\text{V}]$이므로 v_2에서 $5[\Omega]$으로 흐르는 전류 $=\frac{45-40}{5}=1[\text{A}]$,

$\therefore R_o=\frac{45}{2-1}=45[\Omega]$

21. $v=-40i\times 50=2000i \rightarrow i=-\frac{v}{2000}$ $\cdots$ (1) 그림 5.21T(a)와 같이 전류원을 전압원으로 변환하여 i를 구하면 $i=-\frac{v}{2000}=\frac{30-5v}{2000}$ $\cdots$ (2) $\rightarrow -v=30-5v$, $4v=30$, $v=v_{TH}=\frac{30}{4}=7.5[\text{V}]\,a$, b간을 단락 시는 그림 5.21T(b)와 같이 단락전류 $i_{sc}=40i$가 되고,

종속전원 $5v$가 단락되므로 $i = \dfrac{30}{2000} = 15[\text{mA}]$

$\therefore\ i_{sc} = 40i = 40 \times 15 = 600[\text{mA}] = 0.6[\text{A}],\ R_{TH} = \dfrac{V_{TH}}{i_{sc}} = \dfrac{7.5}{0.6} = 12.5[\Omega]$이다.

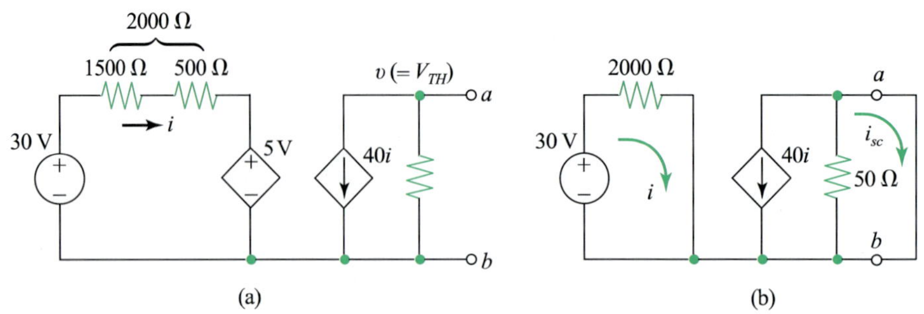

그림 5.21T

22. 전압원을 전류원으로 고치면 그림 5.22T(a)와 같고 a, b단자의 개방전압은 $2 \times 15 = 30[\text{V}]$이다. a, b단자가 단락 시의 전류는 $50/10 = 5[\text{mA}]$이고, 병렬 등가저항은 $\dfrac{10 \times 15}{10+15} = 6[\text{k}\Omega]$이다.

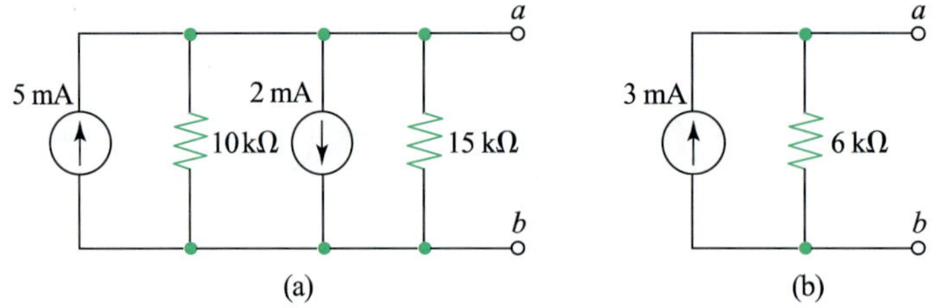

그림 5.22T

23. 전압원을 전류원으로 변환하면 그림 5.23T(a)와 같고 이를 다시 환산해서 고치면 그림 5.23T(b), (c)가 된다.

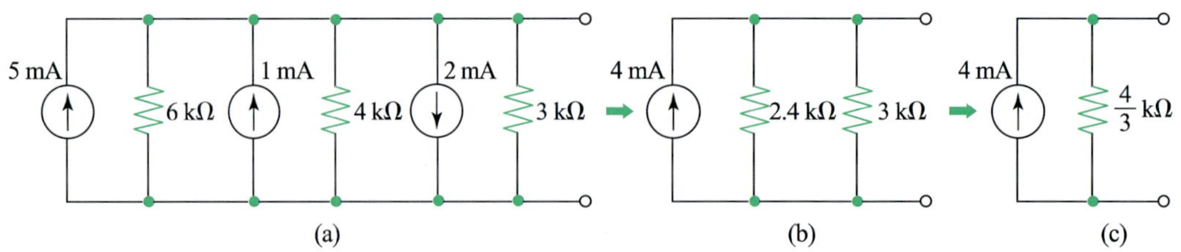

그림 5.23T

24. 그림 5.24T와 같이 전류원을 전압원으로 바꿔 놓은 뒤에 먼저 폐회로 해석법을 적용하면 $-20-10i_1-5(i_1-i_2)-50=0$ ⋯ (1), $50-5(i_2-i_1)-12i_2=0$ ⋯ (2) 두 연립방정식을 풀면 $i_2 \fallingdotseq 1.74[\mathrm{mA}]$이다. 따라서 $10[\mathrm{k\Omega}]$에 걸리는 전압은 $i_2 \times 10 = 1.74 \times 10 = 17.4[\mathrm{V}]$, 다음에 볼트미터를 연결하면 $10[\mathrm{k\Omega}]$과 병렬연결 $40[\mathrm{k\Omega}]$의 합성저항이 $8[\mathrm{k\Omega}]$이므로 식 (2)의 $12i_2(=2+10)$ 대신에 $10i_2(=2+8)$를 치환하여 풀면 $i_2=2[\mathrm{mA}]$이고, 따라서 측정전압은 $i_2 \times 8 = 2[\mathrm{mA}] \times 8[\mathrm{k\Omega}] = 16[\mathrm{V}]$이다. 그러므로 차이전압은 $17.4-16=1.4[\mathrm{V}]$이다.

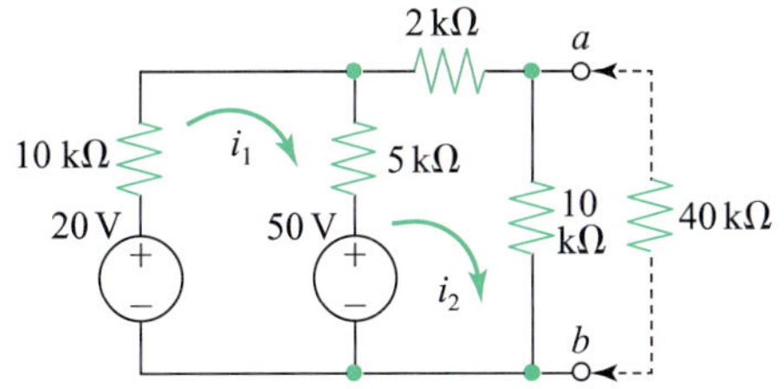

그림 5.24T

25. 볼트미터의 내부저항을 r이라 할 때 $b-d$에 r이 병렬로 연결되어 있으므로 전류원을 전압원으로 변환 시의 등가회로는 그림 5.25T와 같고 $2[\mathrm{k\Omega}]$과 r의 합성저항은 $\dfrac{2r}{2+r}$이므로 i_1, i_2, i_3을 구하면 $i_1 = \dfrac{10-3}{2[\mathrm{k\Omega}]} = 3.5[\mathrm{mA}]$, $i_3 = \dfrac{3-(-3)}{4[\mathrm{k\Omega}]} = 1.5[\mathrm{mA}]$

$\therefore\ i_2 = 3.5-1.5 = 2[\mathrm{mA}]$, $i_2 = \dfrac{3}{(2r/2+r)} = 2$를 풀면 $6+3r=4r$ $\quad \therefore\ r = 6[\mathrm{k\Omega}]$

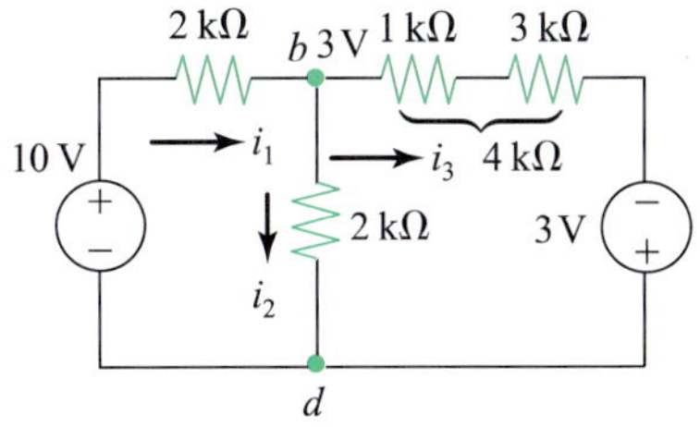

그림 5.25T

26. 그림 5.26T(a)와 같이 전류원을 전압원으로, 전압원을 전류원으로 바꾼 뒤 정리하고, 다시 그림 5.26T(b)와 같이 전압원을 전류원으로 바꿔서 2개의 전류원을 하나로, 3개의 병렬 합성저항을 구하여 나타내면 그림 5.26T(c)와 같다. 이를 다시 테브난의 정리를 이용하여 회로를 간단

히 하면 그림 5.26T(d)와 같이 5[V]의 전압원과 5.5[Ω]의 저항으로 구성된 회로가 된다. 최대 전력 전달을 위한 부하조건은 $R_L = 5.5[\Omega]$일 때이고, 이때의 전력은 다음과 같다.

$$p = \left(\frac{V_{TH}}{2R_L}\right)^2 \times R_L = \frac{V_{TH}^2}{4R_L} = \frac{5^2}{4 \times 5.5} = 1.14[\mathrm{W}]$$

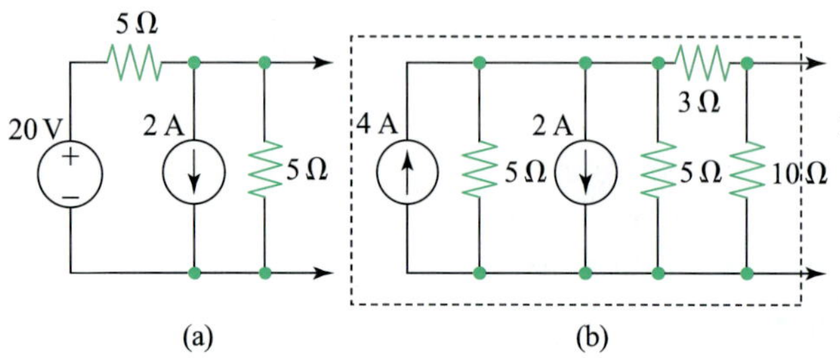

그림 5.26T

27. 2개의 전압원을 모두 전류원으로 바꾼 뒤 이를 정리하고 나서 다시 전압원으로 바꾸면 그림 5.27T(c)와 같으므로 최대 전력전달 저항은 $R_L = 2.4 + 3.6 = 6[\Omega]$이다.

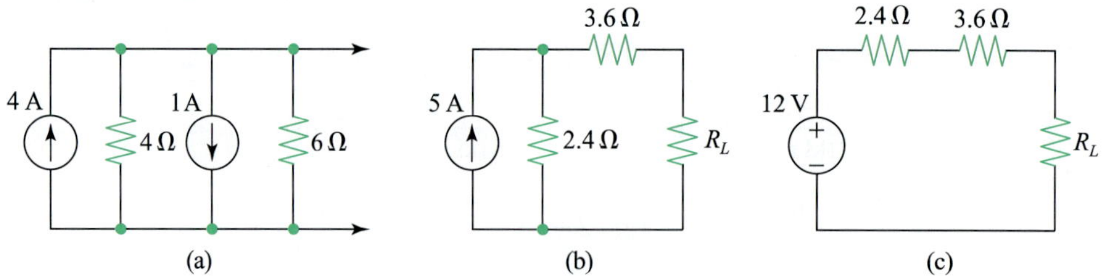

그림 5.27T

28. 점선부분을 $\Delta - Y$ 변환한 뒤 간단히 하면 그림 5.28T와 같다.

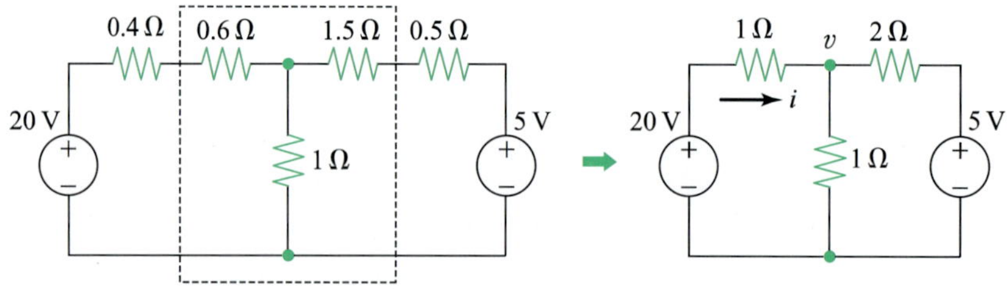

그림 5.28T

KCL을 적용하면 $\frac{20-v}{1}-\frac{v}{1}-\frac{v-5}{2}=0 \rightarrow 5v=45 \quad \therefore v=9[\mathrm{V}]$

$i=\frac{20-9}{1}=11[\mathrm{A}],\ p_{0.4}=11^2\times 0.4=48.4[\mathrm{W}]$

29. Y저항회로를 Δ저항회로로 바꾼 뒤 기존의 Δ저항회로와 병렬로 계산한 회로가 그림 5.29T(a)이고, Δ저항회로를 다시 하나의 저항으로 바꾸어 나타낸 그림 5.29T(b)이다.

따라서 $i=\frac{3/2}{2+(3/2)}\times 14=6[\mathrm{A}]$

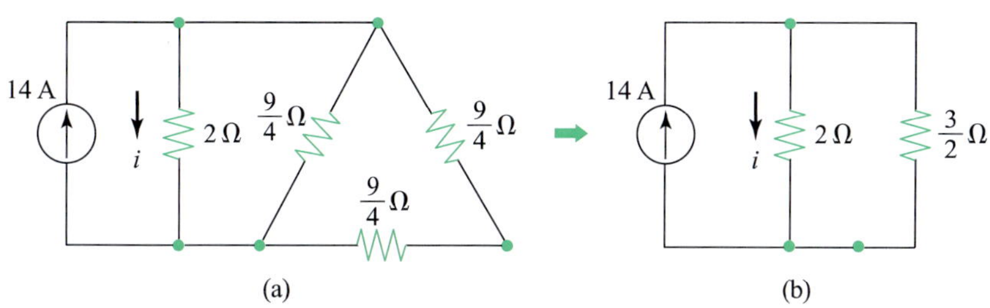

그림 5.29T

30. $\Delta-Y$변환회로가 그림 5.29T(a)이고, 그림 5.72(b)에서 합성저항의 값이 $9[\Omega]$이므로 회로전류 $i=\frac{18}{8.6}\fallingdotseq 2.1[\mathrm{A}]$

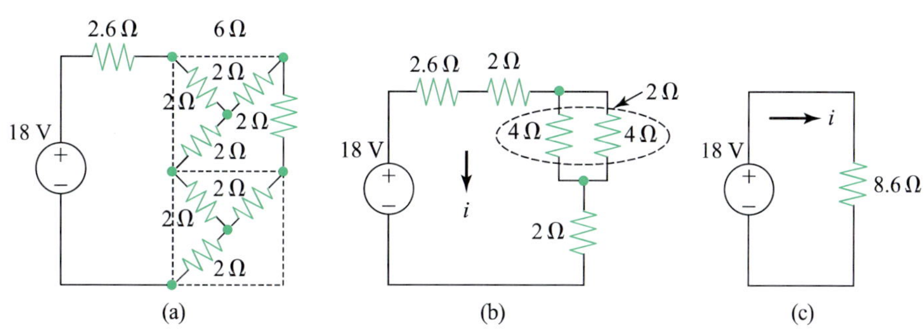

그림 5.29T

제6장

1. $\frac{75}{180}\times\pi=\frac{5\pi}{12}[\mathrm{rad}]$

2. $\frac{180}{\pi}\times\frac{\pi}{5}=36[°]$

3. $V_m \fallingdotseq 1.414\,V_{\text{rms}}=1.414\times 220=311.08[\text{V}]$,

$V_{av}\fallingdotseq 0.637\,V_m=0.637\times 311.08\fallingdotseq 198.16[\text{V}]$

4. $V_{av}\fallingdotseq 0.707\,V_m=0.707\times 6\times 10^{-3}=4.242[\text{mA}]$

5. 그림 6.5T로부터 전압의 실효치는 아래와 같이 계산된다.

$$\sqrt{\frac{4^2\times 2+(-2)^2\times 2}{4}}=\sqrt{\frac{16\times 2+4\times 2}{4}}=\sqrt{\frac{40}{4}}=\sqrt{10}\fallingdotseq 3.16[\text{V}]$$

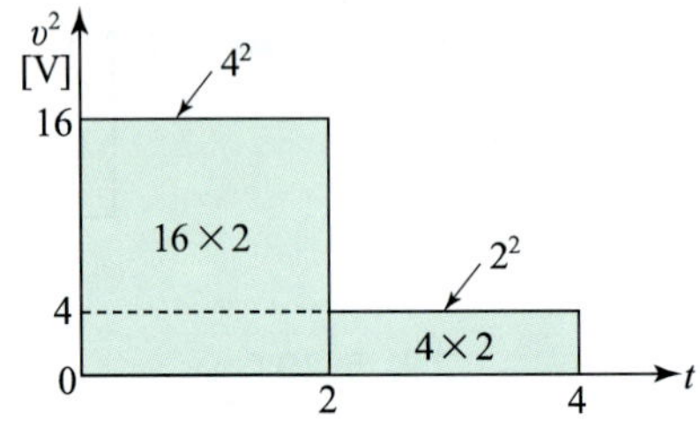

그림 6.5T 펄스 전압파형

6. $V_m=V_{pp}/2=50/2=25[\text{V}]$, $V_{\text{rms}}\fallingdotseq 0.707\,V_m=17.675[\text{V}]$,

$V_{av}=0.637\,V_m=0.637\times 25=15.925[\text{V}]$

7. 1사이클의 주기 T는 $\frac{2}{3.5}=\frac{4}{7}[\text{ms}]$이므로 주파수 $f=\frac{1}{T}=\frac{1}{4/7\times 10^{-3}}=1.75\times 10^3=$ $1.75[\text{kHz}]$

8. 주기 T는 $1/60$이므로 주파수 $f=1/T=60[\text{Hz}]$, $\omega=2\pi f=2\pi\times 60=120\pi$이다. 따라서 전압 v는 $v=V_m\sin\omega t=220\sin 120\pi t$이다.

9. 식 (6.16)에 의해 $v=-n\frac{d\phi}{dt}$, $-40=-n\times\frac{2}{1}$ $\quad\therefore n=\frac{40}{2}=20$[회]

10. 식 (6.17)에 의해 $v=-L\frac{\Delta i}{\Delta t}=-(50\times 10^{-3})\times\frac{8}{2}=-200\times 10^{-3}=-0.2[\text{V}]$

11. ① $L_E=\frac{60\times 240}{60+240}=\frac{144}{3}=48[\text{H}]$

② $i_1+i_2=3-5=-2[\text{A}]$

③ $i(t)=\frac{1\times 10^{-3}}{48\times 10^{-3}}\int_0^t(-30e^{-5t})dt+i(0)$

$$= \frac{-30}{48} \times \left(-\frac{1}{5}e^{-5t}\right) - \left(\frac{-30}{48} \times \frac{1}{-5} \times 1\right) - 2$$

$$= 0.125e^{-5t} - 0.125 - 2 = 0.125e^{-5t} - 2.125[\text{A}]$$

④ $i_1(t) = \frac{1}{60}\int_0^t (-30e^{-5t})dt - \left(\frac{-30}{60} \times \frac{1}{-5} \times 1\right) + 3 = 0.1e^{-5t} - 0.1 + 3$

$$= 0.1e^{-5t} + 2.9[\text{A}]$$

$$i_2(t) = \frac{1}{240}\int_0^t (-30e^{-5t})dt - \left(\frac{-30}{240} \times \frac{1}{-5} \times 1\right) - 5 = 0.025e^{-5t} - 0.025 - 5$$

$$= 0.025e^{-5t} - 5.025[\text{A}]$$

12. 식 (6.17)에 의해 $-1 \le t$에서 $v_1 = -4 \times \frac{1}{(-1)} = 4[\text{mV}]$, $0 \le t \le 2$에서 $v_2 = -4 \times \frac{1}{2} = -2[\text{mV}]$이므로 전압파형은 그림 6.12T와 같다.

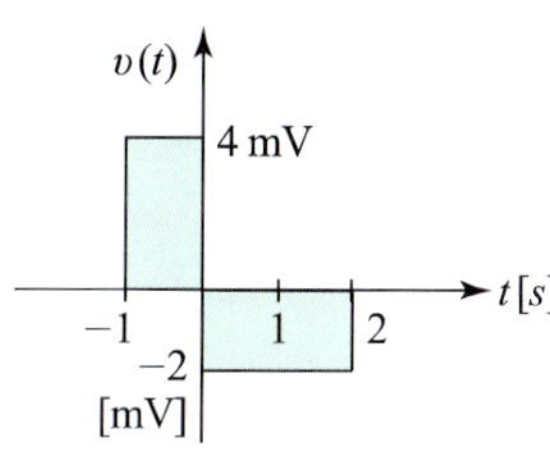

그림 6.12T

13. $L_3 = 25 - (12 + 5) = 8[\text{H}]$

14. 개별 인덕턴스를 L이라 하면

$$2 = \frac{1}{\frac{1}{L} + \frac{1}{L} + \frac{1}{L} + \frac{1}{L}} = \frac{1}{\frac{4}{L}} = \frac{L}{4} \quad \therefore L = 2 \times 4 = 8[\text{mH}]$$

15. 등가 인덕턴스 $L = 3 + \frac{6 \times 4}{6 + 4} = 3 + 2.4 = 5.4[\text{mH}]$

$t \ge 0$에서 $v = 6t[\text{V}]$이므로

$$i = \frac{1}{5.4 \times 10^{-3}}\int_0^3 6t\,dt = \frac{1}{5.4}\left| 6 \times \frac{t^2}{2}\right|_0^3 \times 10^3 = \frac{24}{5.4} \times 10^3 \fallingdotseq 4.4[\text{kA}]$$

16. $v = -2 \times 10^{-3} \times \frac{d(50\sin 100\pi t)}{dt} = -(2 \times 10^{-3}) \times 50 \times 100\pi \cos 100\pi t$

$$= -10\pi \cos 100\pi t$$

17. $i(t)=4t,\ i(5)=4\times5=20[\mathrm{A}]\quad \therefore\ w(5)=\dfrac{1}{2}\times4\times20^2=800[\mathrm{J}]$

18. $C_p=14+16=30[\mu\mathrm{F}],\ C_s=\dfrac{14\times16}{14+16}=\dfrac{224}{30}=7.47[\mu\mathrm{F}]$

19. $v_2=\dfrac{C_1}{C_1+C_2}v,\ 8=\dfrac{5}{5+C_2}\times12,\ 40+8C_2=60,\ 8C_2=60-40=20$

$\therefore\ C_2=\dfrac{20}{8}=2.5[\mu\mathrm{F}]$

20. $v(t)=\dfrac{2}{5}t=0.4t,\ i(t)=C\dfrac{dv(t)}{dt}=100\times10^{-6}\times\dfrac{d(0.4t)}{dt}=100\times10^{-6}\times0.4$

$=4\times10^{-5}[\mathrm{A}]$

$\therefore\ p(t)=v(t)i(t)=0.4t\times4\times10^{-5}=1.6\times10^{-5}t[\mathrm{W}]$

$w(t)=\displaystyle\int_0^3 1.6\times10^{-5}t\,d\tau=\frac{1.6\times10^{-5}}{2}t^2,\ \frac{1.6\times10^{-5}}{2}t^2\bigg|_{t=3}=7.2\times10^{-5}[\mathrm{J}]$

21. $v_2=2.5\times4=10[\mathrm{V}]$

22. $M=\dfrac{n_2\phi}{i_1}=\dfrac{20\times6}{10}=12[\mathrm{H}]$

23. $v_2=-M\dfrac{di_1}{dt},\ -24=-12\times\dfrac{di_1}{dt}\quad \therefore\ \dfrac{di_1}{dt}=\dfrac{24}{12}=2[\mathrm{A/s}]$

24. $v_1=i_1R_1+L_1\dfrac{di_1}{dt}+M\dfrac{di_2}{dt}$

25. $\phi=\dfrac{Li}{n}=\dfrac{20\times10^{-3}\times15}{60}=5\times10^{-3}[\mathrm{wb}]$

26. $\phi_1=\phi_{11}+\phi_{21}=2+1=3[\mathrm{wb}],\ \phi_2=\phi_{22}+\phi_{12}=5+3=8[\mathrm{wb}],$

$\therefore\ L_1=\dfrac{n_1\phi_1}{i_1}=\dfrac{40\times3}{10}=12[\mathrm{H}],\ L_2=\dfrac{n_2\phi_2}{i_2}=\dfrac{60\times8}{20}=24[\mathrm{H}],$

$M_{12}=\dfrac{n_1\phi_{12}}{i_2}=\dfrac{40\times3}{20}=6[\mathrm{H}],\ M_{21}=\dfrac{n_2\phi_{21}}{i_2}=\dfrac{60\times1}{10}=6[\mathrm{H}]$

27. $v_1=L_1\dfrac{di_1}{dt}-M_{12}\dfrac{di_2}{dt}=(12\times2)-(6\times5)=24-30=-6[\mathrm{mV}]$

$v_2=L_2\dfrac{di_2}{dt}-M_{21}\dfrac{di_1}{dt}=(24\times5)-(6\times2)=120-12=108[\mathrm{mV}]$

28. ① $16\dfrac{di_2}{dt}+32i_2+2\dfrac{di_1}{dt}=0$

② ①에서 구한 식에 $i_1=8-8e^{-t}$와 $i_2=e^{-t}-e^{-2t}$를 대입하여 같은 결과$(=0)$임을 증명

하면 된다.

$$16\frac{d(e^{-t}-e^{-2t})}{dt}+32(e^{-t}-e^{-2t})-2\frac{d(8-8e^{-t})}{dt}=16(-e^{-t}+2e^{-2t})+32e^{-t}$$

$$-32e^{-2t}-2(0+8e^{-t})=-16e^{-t}+32e^{-2t}+32e^{-t}-32e^{-2t}-16e^{-t}=0$$

③ $v_1=4\frac{d(8-8e^{-t})}{dt}-2\frac{d(e^{-t}-e^{-2t})}{dt}=4(0+8e^{-t})-2(-e^{-t}+2e^{-2t})$

$$=34e^{-t}-4e^{-2t}$$

④ 위의 구한 식에서 $t=0$을 대입하면 $34-4=30[\mathrm{V}]$

29. $M=k\sqrt{L_1L_2}=0.6\times\sqrt{20\times 80}=0.6\times 40=24[\mathrm{mH}]$

30. $M=k\sqrt{L_1L_2}=0.8\times\sqrt{20\times 5}=0.8\times 10=8[\mathrm{mH}]$,

$L_E=L_1+L_2+2M=20+5+16=41[\mathrm{mH}]$,

$w=\frac{1}{2}Li^2=\frac{1}{2}\times 41\times 10^{-3}\times 12^2=5.904[\mathrm{J}]$

31. $n_2=\frac{v_2}{v_1}n_1=\frac{16}{220}\times 110=8$[회]

32. $\frac{i_2}{i_1}=\frac{v_1}{v_2}=\frac{n_1}{n_2}=\frac{6}{1}$ 로부터 $i_1=\frac{i_2}{6}=\frac{150}{6}=25[\mathrm{mA}]$

33. $\omega=2{,}000$이므로 $X_{L1}=\omega L_1=2{,}000\times 2\times 10^{-3}=4[\Omega]$,

$X_{L2}=2{,}000\times 0.2\times 10^{-3}=0.4[\Omega]$,

1차측 폐회로와 2차측 폐회로에 KVL을 적용하면

$$(0.5+j4)i_1+V_1=100 \quad \cdots\cdots ⓐ$$

$$(0.095+j0.4)i_2=V_2 \quad \cdots\cdots ⓑ$$

이 되고, 권수비가 10 : 1이므로 $V_1=10V_2,\ i_2=10i_1$ ⋯⋯ ⓒ

ⓑ → ⓒ $V_1=10V_2=10(0.095+j0.4)i_2=(0.95+j4)\times 10i_1=(9.5+j40)i_1$ ⋯⋯ ⓓ

ⓓ → ⓐ $(0.5+j4)i_1+(9.5+j40)i_1=100,\ (10+j44)i_1=100$

$\therefore\ i_1=\frac{100}{10+j44}=\frac{100(10-j44)}{10^2+44^2}=\frac{1000-j4400}{2036}\fallingdotseq 0.49-j2.16\fallingdotseq 2.23\angle-77.2°$,

$i_2=10i_1=22.2\angle-77.2°$

34. $M=k\sqrt{L_1L_2}=0.5\sqrt{0.5\times 0.125}=0.25[\mathrm{H}]$, $j\omega L_1=j800\times 0.5=j400[\Omega]$, $j\omega L_2=j800\times 0.125=j100[\Omega]$, $j\omega M=j800\times 0.25=j200[\Omega]$, $X_L=j800\times 0.25=j200[\Omega]$,

먼저 반사 임피던스 Z_r을 구하기 위해 식 (6.68)을 적고 해당 수치를 대입해 본다.

$$Z_r = \frac{\omega^2 M^2[(R_2+R_L)-j(\omega L_2+X_L)]}{(R_2+R_L)^2+(\omega L_2+X_L)^2} = \frac{(800)^2(0.25)^2[(40+360)-j(100+200)]}{(40+360)^2+(100+200)^2}$$

$$= \frac{(800\times 0.25)^2(400-j300)}{400^2+300^2} = \frac{200^2\times 100(4-j3)}{100^2(4^2+3^2)} = 16(4-j3) = 64-j48$$

$$= 80\angle -36.9°$$

1차 코일회로와 2차 코일회로에 KVL을 적용하면 아래의 식이 구해진다.

$$250 = (184+100+j400)i_1 - j200i_2,\quad 250 = (284+j400)i_1 - j100i_2 \cdots\cdots ⓐ$$

$$0 = -j200i_1 + (j100+40+360+j200)i_2,\ 0 = -j200i_1 + (400+j300)i_2 \cdots\cdots ⓑ$$

ⓑ로부터 $(400+j300)i_2 = j200i_1$, $(4+j3)i_2 = j2i_1$,

$$i_2 = \frac{j2}{4+3j}i_1 = \frac{j2(4-j3)}{4^2+3^2}i_1 = \frac{6+j8}{25}i_1 \cdots\cdots ⓒ$$

ⓒ를 ⓐ에 대입하면

$$250 = (284+j400)i_1 - j100\times\frac{6+j8}{25}i_1 = 284i_1 + j400i_1 - j24i_1 + 32i_1 = (316+j376)i_1$$

$$\therefore\ i_1 = \frac{250}{316+j376} = \frac{125}{158+j188} = \frac{125(158-j188)}{158^2+188^2} = \frac{19750-j47000}{60308}$$

$$\fallingdotseq 0.33 - j0.78[\text{A}] \cdots\cdots ⓓ$$

$$I = \sqrt{0.33^2+0.78^2} \fallingdotseq 0.85,\ \theta = \tan^{-1}\frac{0.78}{0.33} = 67.1° \quad \therefore\ i_1 = 0.85\angle -67.1°$$

ⓓ를 ⓒ에 대입하면 $i_2 = \dfrac{6+j8}{25}\times(0.33-j0.78) \fallingdotseq 0.33 - j0.08[\text{A}]$

35. $3-j5+2+j = 3+2+j(-5+1) = 5-j4,\ 3-j5-(2+j) = 3-2-j5-j = 1-j6$

$(3-j5)(2+j) = 6+j3-j10-j^2 5 = 6+5-j7 = 11-j7$,

$$\frac{3-j5}{2+j} = \frac{(3-j5)(2-j)}{(2+j)(2-j)} = \frac{6-j3-j10-5}{5} = \frac{1-j13}{5} = 0.2-j2.6$$

36. $\sqrt{12^2+5^2} = 13,\ \tan^{-1}\dfrac{-5}{12} = \tan^{-1}(-0.4167) \fallingdotseq 22.62°,\quad \therefore\ 13\angle -22.62°$

37. $\tan^{-1}\theta = 45°$로부터 $\theta = 45°$, $\cos 45° = 1/\sqrt{2}$, $\sin 45° = 1/\sqrt{2}$이므로

$$3\sqrt{2}(\cos 45° + j\sin 45°) = 3\sqrt{2}\left(\frac{1}{\sqrt{2}} + j\frac{1}{\sqrt{2}}\right) = 3+j3$$

38. $Z = \sqrt{3^2+4^2} = 5,\ \tan^{-1}\dfrac{4}{3} \fallingdotseq 53.13°,\ \boldsymbol{Z} = 5\angle 53.13°[\Omega]$,

$$\boldsymbol{I} = \boldsymbol{V}/\boldsymbol{Z} = \frac{100\angle 0°}{5\angle 53.13°} = 20\angle -53.13°$$

39. $\tan^{-1}\sqrt{3} = 60°$, $\tan^{-1}(1/\sqrt{3}) = 30°$이므로,

$$\boldsymbol{I}_1 = 60(\cos 60° + j\sin 60°) = 30 + j30\sqrt{3}\,,\ \boldsymbol{I}_2 = 20(\cos 30° + j\sin 30°) = 10\sqrt{3} + j10$$

$$\therefore\ \boldsymbol{I}_1 - \boldsymbol{I}_2 = (30 - 10\sqrt{3}) + j(30\sqrt{3} - 10) \fallingdotseq 12.68 + j41.96\ \ \therefore\ 43.8\angle 73.2°$$

40. $\boldsymbol{Z} = \dfrac{20\angle 0°}{2\angle 30°} = 10\angle -30°[\Omega]$, $X_C = \dfrac{1}{\omega C} = \dfrac{1}{1000C} = Z\sin 30°$,

$$C = \frac{1}{1000Z\sin 30°} = \frac{1}{1000\times 10\times 1/2} = 2\times 10^{-4} = 200\times 10^{-6} = 200[\mu\text{F}]$$

제7장

1. $X_L = 2\pi fL = 2\times 3.14\times 1{,}000\times 5\times 10^{-3} = 31.4[\Omega]$

2. $X_C = \dfrac{1}{2\pi fC} = \dfrac{1}{2\times 3.14\times 200\times 5\times 10^{-6}} \fallingdotseq 159[\Omega]$

3. $X_L = \omega L = 100\pi\times 50\times 10^{-3} = 15.7[\Omega]$이므로 $I = \dfrac{314\times 1.732}{15.7} \fallingdotseq 34.64$

4. $X_C = \dfrac{1}{2\times 3.14\times 500\times 50\times 10^{-6}} \fallingdotseq 6.37[\Omega]$, $I_m = \dfrac{63.7}{6.37} = 10[\text{A}]$

5. $\boldsymbol{Z} = R + jX_L = 40 + j47.68$, $Z = \sqrt{40^2 + 47.68^2} \fallingdotseq 62.2[\Omega]$, $\tan^{-1}\dfrac{47.68}{40} \fallingdotseq 50°$

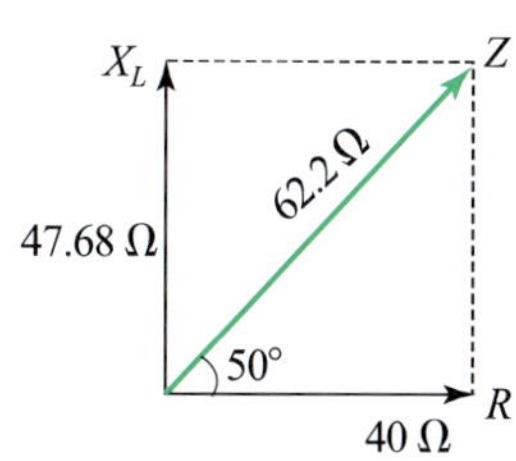

그림 7.5T

6. $X_C = \dfrac{1}{2\times 3.14\times 500\times 4\times 10^{-6}} \fallingdotseq 79.6[\Omega]$, $Z = \sqrt{100^2 + (-79.6)^2} \fallingdotseq 127.8[\Omega]$,

$$\tan^{-1}\left(-\frac{79.6}{100}\right) \fallingdotseq -38.5°$$

7. $V_m = \sqrt{10^2 + 9^2} = \sqrt{181} \fallingdotseq 13.45[\text{V}]$, $\theta = \tan^{-1}\dfrac{10}{9} \fallingdotseq \tan^{-1}1.111 = 48°$

$V = \dfrac{V_m}{\sqrt{2}} = \dfrac{13.45}{1.414} \fallingdotseq 9.5[\text{V}]$

8. $X_L = 2\pi f L = 2 \times 3.14 \times 50 \times 9.55 \times 10^{-3} \fallingdotseq 3[\Omega]$, $Z = \sqrt{9^2 + 3^2} = \sqrt{90} = 9.5[\Omega]$,

$V_m = 47.5[\text{V}]$이므로 $I_m = \dfrac{V_m}{Z} = \dfrac{47.5}{9.5} = 5[\text{A}]$, $\theta = \tan^{-1}\dfrac{X_L}{R} = \tan^{-1}\dfrac{3}{9}$

$\fallingdotseq \tan^{-1}0.33 \fallingdotseq 18.4°$ $\quad \therefore\ i = 5\sin(\omega t - 18.4°)$

9. $X_C = \dfrac{1}{2 \times 3.14 \times 10 \times 10^3 \times 0.5 \times 10^{-6}} \fallingdotseq 31.85[\Omega]$, $\boldsymbol{Z} = 25 - j31.85$,

$Z = \sqrt{25^2 + 31.85^2} \fallingdotseq 40.5[\Omega]$,

10. $X_C = \dfrac{1}{2 \times 3.14 \times 100 \times 240 \times 10^{-6}} \fallingdotseq 6.64[\Omega]$,

$Z = \sqrt{R^2 + X_C^2} = \sqrt{10^2 + 6.64^2} \fallingdotseq 12[\Omega]$, $I = \dfrac{V}{Z} = \dfrac{60}{12} = 5[\text{A}]$

11. $G = \dfrac{1}{0.2} = 5[\text{S}]$, $B_L = \dfrac{1}{2 \times 3.14 \times 50 \times 2.5 \times 10^{-3}} \fallingdotseq 1.3[\text{S}]$, $\boldsymbol{Y} = 5 + j1.3$,

$Y = \sqrt{5^2 + (-1.3)^2} \fallingdotseq 5.17[\text{S}]$, $\tan^{-1}\left(-\dfrac{1.3}{5}\right) \fallingdotseq -14.6°$

12. $\boldsymbol{Y} = 6 + jB_C$, $\tan^{-1}\dfrac{B_C}{6} = 60°$에서 $\dfrac{B_C}{6} = 1.732$ $\ \therefore\ B_C = 6 \times 1.732 \fallingdotseq 10.4[\text{S}]$

13. $\boldsymbol{Y} = \dfrac{1}{1} - j\dfrac{1}{0.5} + j\left(1/\dfrac{1}{3}\right) = 1 - j2 + j3 = 1 + j$, $Y = \sqrt{1^2 + 1^2} = \sqrt{2}$, $\tan^{-1}\dfrac{1}{1} = 45°$

14. $Z = \sqrt{50^2 + 23.3^2} \fallingdotseq 55.16[\Omega]$, $\theta = \tan^{-1}\dfrac{23.3}{50} = \tan^{-1}0.466 \fallingdotseq 25°$

15. $\boldsymbol{X} = 250 - 150 = 100[\Omega]$, $Z = \sqrt{100^2 + 100^2} = 141.4[\Omega]$, $\theta = \tan^{-1}\dfrac{100}{100} = 45°$,

$V = \dfrac{282.8}{\sqrt{2}} = 200[\text{V}]$, $I = \dfrac{V}{Z} = \dfrac{200}{141.4} \fallingdotseq 1.4[\text{A}]$, $I_m = \dfrac{V_m}{Z} = \dfrac{282.8}{141.4} = 2[\text{A}]$,

$i = 2\sin(314t + 30° - 45°) = 2\sin(314t - 15°)$

16. ① $\boldsymbol{Z} = R + j(X_L - X_C) = 30 + j(40 - 80) = 30 - j40$, $Z = \sqrt{30^2 + (-40)^2} = 50[\Omega]$,

$\theta = \tan^{-1}\left(-\dfrac{4}{3}\right) \fallingdotseq -53.1°$

② $I = \dfrac{159\angle 0°}{50\angle -53.1°} = 3\angle 53.1°[\text{A}]$, $i = 3\sin(\omega t + 53.1°)$

③ 전압과 전류의 벡터도는 아래의 그림 7.16T와 같다.

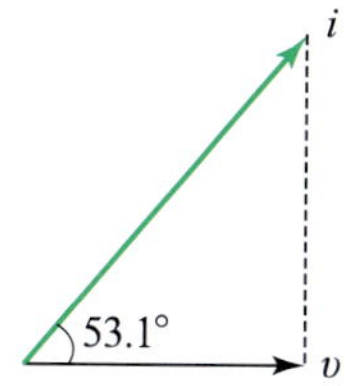

그림 7.16T

17. $X = X_L - X_C = 25 - 30 = -5[\Omega]$ 이므로 $\boldsymbol{Z} = 15 - j5$, $Z = \sqrt{15^2 + (-5)^2} \fallingdotseq 15.8[\Omega]$,

$\theta = \tan^{-1}\left(\frac{-5}{15}\right) \fallingdotseq -18.4°$

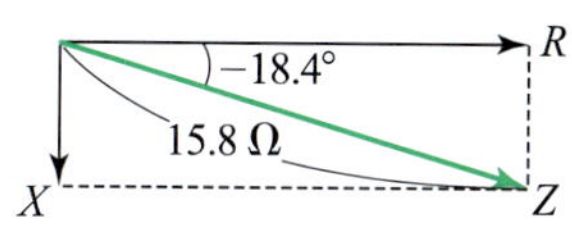

그림 7.17T

18. $G = \frac{1}{15} \fallingdotseq 0.07[\text{S}]$, $B_L = \frac{1}{2 \times 3.14 \times 50 \times 40 \times 10^{-3}} \fallingdotseq 0.08[\text{S}]$,

$B_C = 2 \times 3.14 \times 50 \times 160 \times 10^{-6} \fallingdotseq 0.05[\text{S}]$,

$\boldsymbol{Y} = 0.07 + j(0.05 - 0.08) = 0.07 - j0.03$,

$Y = \sqrt{0.07^2 + 0.03^2} \fallingdotseq 0.076[\text{S}]$, $\tan^{-1}\left(\frac{-0.03}{0.07}\right) \fallingdotseq -23.2°$

19. $R' = \frac{1}{5} = 0.2[\Omega]$, $jX' = \frac{j8 \times (-j3)}{j8 - j3} = \frac{24}{j5} = -\frac{24}{5} = -j4.8$

20. $X_L = 2 \times 3.14 \times 100 \times 5 \times 10^{-3} \fallingdotseq 3.14$, $X_C = \frac{1}{2 \times 3.14 \times 100 \times 100 \times 10^{-6}} \fallingdotseq 15.9$,

$G = 1/R = 1/4 = 0.25[\text{S}]$, $B_L = 1/X_L = 1/3.14 \fallingdotseq 0.32[\text{S}]$, $B_C = 1/X_C = 1/15.9 \fallingdotseq$ $0.06[\text{S}]$, $B = B_L - B_C = 0.32 - 0.06 = 0.26[\text{S}]$, $\boldsymbol{Y} = G + jB = 0.25 + j0.26[\text{S}]$

21. $R-L$ 직렬 복소 임피던스 $\boldsymbol{Z}_1 = 3 + j4$, $\boldsymbol{Y}_1 = 1/\boldsymbol{Z}_1 = \frac{1}{3+j4} = \frac{3-j4}{(3+j4)(3-j4)} = \frac{3}{25} - j\frac{4}{25}[\text{S}]$. $5[\Omega]$의 어드미턴스는 $\boldsymbol{Y}_2 = \frac{1}{5} = \frac{5}{25}[\text{S}]$이므로 $\boldsymbol{Y} = \boldsymbol{Y}_1 + \boldsymbol{Y}_2 = \frac{5}{25} + \frac{3}{25} - j\frac{4}{25}$ $= \frac{8}{25} - j\frac{4}{25}[\text{S}]$, $Y = \sqrt{(8/25)^2 + (4/25)^2} = \sqrt{80/625} \fallingdotseq 0.36[\text{S}]$, $\theta = \tan^{-1}\left(\frac{4/25}{8/25}\right)$ $= \tan^{-1}0.5 \fallingdotseq 26.6°$

22. $f=100$[Hz]이므로 $\omega=2\pi f=2\times3.14\times100=628$, 전류가 전압보다 위상이 늦으므로 유도성 교류회로인 $R-L$회로이다. $\theta=60°=\tan^{-1}\dfrac{X_L}{R}=\tan^{-1}\dfrac{X_L}{10}=\tan^{-1}\sqrt{3}$ 으로부터

$X_L=10\sqrt{3}$, $Z=\sqrt{R^2+X_L^2}=\sqrt{10^2+(10\sqrt{3})^2}=20[\Omega]$, $I_m=\dfrac{V_m}{Z}=\dfrac{60}{20}=3[\text{A}]$,

$\therefore\ i=3\sin(628t-60°)$

23. X_{L1}과 X_{L2}의 합성 리액턴스 $X=\dfrac{400\times600}{400+600}=240[\Omega]$, $\boldsymbol{Z}=100+j240$,

$Z=\sqrt{100^2+240^2}\fallingdotseq260[\Omega]$, $\theta=\tan^{-1}\dfrac{240}{100}=67.4°$, $I_m=\dfrac{V_m}{Z}=\dfrac{52}{260}=0.2[\text{A}]$

24. $\omega=200\pi$이므로 $\omega LX_L=\omega L=200\times3.14\times6\times10^{-3}\fallingdotseq3.77[\Omega]$,

$X_C=\dfrac{1}{\omega C}=\dfrac{1}{200\times3.14\times1{,}000\times10^{-6}}\fallingdotseq1.59[\Omega]$, $G=\dfrac{1}{4}=0.25[\text{S}]$,

$B_L=\dfrac{1}{3.77}\fallingdotseq0.27[\text{S}]$, $B_C=0.63[\text{S}]$, $B=0.63-0.27=0.36[\text{S}]$, $\boldsymbol{Y}=0.25+j0.36$,

$Y=\sqrt{0.25^2+0.36^2}\fallingdotseq0.44[\text{S}]$, $\theta=\tan^{-1}\dfrac{0.36}{0.25}\fallingdotseq55.2°$,

$I_m=YV_m=0.44\times91.2\fallingdotseq40[\text{A}]$ $\quad\therefore\ i=40\sin(200\pi t+55.2°)$

25. $\boldsymbol{Y}_1=\dfrac{1}{8+j6}=\dfrac{8-j6}{(8+j6)(8-j6)}=\dfrac{8}{100}-j\dfrac{6}{100}=\dfrac{4}{50}-j\dfrac{3}{50}$,

$\boldsymbol{Y}_2=\dfrac{1}{6-j8}=\dfrac{6+j8}{(6-j8)(6+j8)}=\dfrac{6}{100}+j\dfrac{8}{100}=\dfrac{3}{50}+j\dfrac{4}{50}$,

$\boldsymbol{Y}=Y_1+Y_2=\dfrac{4}{50}-j\dfrac{3}{50}+\dfrac{3}{50}+j\dfrac{4}{50}=\dfrac{7}{50}+j\dfrac{1}{50}$,

$Y=\sqrt{(7/50)^2+(1/50)^2}=\sqrt{\dfrac{50}{2500}}=\dfrac{\sqrt{2}}{10}$, $I=YV=\dfrac{\sqrt{2}}{10}\times50=5\sqrt{2}\fallingdotseq7.07[\text{A}]$

26. $f_o=\dfrac{1}{2\pi\sqrt{LC}}=\dfrac{1}{2\times3.14\sqrt{4\times10^{-3}\times12.1\times10^{-6}}}=\dfrac{1}{6.28\times22\times10^{-5}}\fallingdotseq723.8[\text{Hz}]$

27. $1{,}000=\dfrac{1}{2\pi\sqrt{LC}}$, $(1{,}000)^2=\dfrac{1}{4\pi^2LC}=\dfrac{1}{4\times3.14^2\times10\times10^{-3}\times C}$ 로부터

$C=\dfrac{1}{39.4384\times10^4}\fallingdotseq2.5\times10^{-6}=2.5[\mu\text{F}]$, $Q=\dfrac{\omega L}{R}=\dfrac{2\times3.14\times1{,}000\times10\times10^{-3}}{10}$

$=6.28$

28. $Z=\dfrac{L}{RC}=\dfrac{20\times10^{-3}}{10\times100\times10^{-6}}=20[\Omega]$,

$f_o=\dfrac{1}{2\pi\sqrt{LC}}=\dfrac{1}{2\times3.14\sqrt{20\times10^{-3}\times100\times10^{-6}}}\fallingdotseq113[\text{Hz}]$, $I=\dfrac{V}{Z}=\dfrac{20}{20}=1[\text{A}]$

29. 실효치 $V = \frac{V_m}{\sqrt{2}} = \frac{282.8}{1.414} = 200[\text{V}]$, $I = \frac{V}{R} = \frac{200}{20} = 10[\text{A}]$,

$P = VI\cos\theta$에서 R인 경우에는 $\cos\theta = 1$이므로 $P = VI = 200 \times 10 = 2{,}000[\text{W}]$

30. R_2, C의 합성 임피던스는 $\frac{5(-j10)}{5-j10} = \frac{-j50}{5-j10} = \frac{-j50(5+j10)}{(5-j10)(5+j10)} = \frac{500}{125} - j\frac{250}{125} =$

$4 - j2$, 전체 임피던스 $\boldsymbol{Z} = 2 + 4 - j2 = 6 - j2$, 여기서 $R = 6[\Omega]$, $X = 2[\Omega]$,

$Z = \sqrt{R^2 + X^2} = \sqrt{6^2 + 2^2} \fallingdotseq 6.325$.

(1) 역율 $\cos\theta = \frac{R}{Z} = \frac{6}{6.325} \fallingdotseq 0.949$,

(2) 회로전류 $I = \frac{V}{Z} = \frac{12.65}{6.325} = 2[\text{A}]$,

(3) 피상전력 $P_S = VI = 12.65 \times 2 = 25.3[\text{VA}]$,

(4) 유효전력 $P_h = VI\cos\theta = 25.3 \times 0.949 \fallingdotseq 24[\text{W}]$,

(5) 무효전력 $P_v = VI\sin\theta$에서 $\sin\theta = X/Z = 2/6.325 \fallingdotseq 0.316$이므로

$P_v = 25.3 \times 0.316 \fallingdotseq 8[\text{var}]$

31. $\boldsymbol{Z} = 30 + j52$, $Z = \sqrt{30^2 + 52^2} \fallingdotseq 60[\Omega]$, $\theta = \tan^{-1}\frac{52}{30} \fallingdotseq 60°$, $pf = \frac{30}{60} = \cos 60° =$

0.5, $I = V/Z = \frac{120}{60} = 2[\text{A}]$, $P = VI\cos 60° = 120 \times 2 \times 0.5 = 120[\text{W}]$

32. $\boldsymbol{Y} = 1 + \frac{1}{2+j3} + \frac{1}{-j} = \frac{5}{3-j2} = \frac{15+j10}{13}$,

$\boldsymbol{Z} = 1/\boldsymbol{Y} = \frac{13}{15+j10} = \frac{195-j130}{325} = 0.6 - j0.4$, $\boldsymbol{V} = \boldsymbol{IZ} = 10(0.6 - j0.4) = 6 - j4$,

$\boldsymbol{I}_1 = \boldsymbol{V}/1 = 6 - j4 = 7.2\angle -33.7°$,

$\boldsymbol{I}_2 = \frac{6-j4}{2+j3} = \frac{(6-j4)(2-j3)}{13} = -j2 = 2\angle -90°$,

$\boldsymbol{I}_3 = \frac{6-j4}{-j} = 4 + j6 \fallingdotseq 7.2\angle 56.3°$

33. $\triangle - Y$변환 : $\frac{50 \times 40}{50+10+40} = 20[\Omega]$, $\frac{50 \times 10}{40+50+10} = 5[\Omega]$, $\frac{40 \times 10}{50+10+40} = 4[\Omega]$,

따라서 그림 7.33T와 같이 되며,

병렬 임피던스는 $\frac{(20+j3)(5-j4)}{20+j3+5-j4} = \frac{112-j65}{25-j} = \frac{2865-j1513}{626} \fallingdotseq 4.58 - j2.42$이므로

전체 임피던스는 $\boldsymbol{Z} = 0.78 + 4.58 - j2.42 + 4 = 9.36 - j2.42$, $Z = \sqrt{9.36^2 + 2.42^2} \fallingdotseq 9.67$,

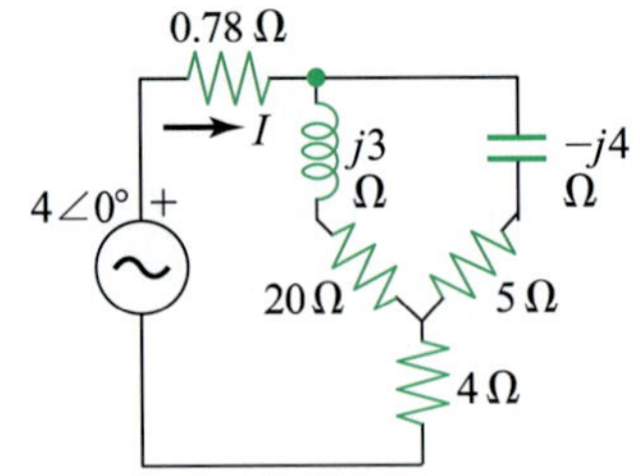

그림 7.33T $\Delta - Y$변환

$$\theta = \tan^{-1}\left(-\frac{2.42}{9.36}\right) \fallingdotseq -14.5°,\ I = \frac{V}{Z} = \frac{4\angle 0°}{9.67\angle -14.5°} \fallingdotseq 0.41\angle 14.5°$$

34. 변환 전압은 $2\angle 120° \times 6 = 12\angle 120°$이고 직렬 임피던스는 $6+j6$이므로

$$\boldsymbol{V} = \frac{j6}{6+j6} \times V = \frac{1}{2}(1+j)V = \frac{\sqrt{2}}{2}\angle 45° \times 12\angle 120° = 6\sqrt{2}\angle 165°$$

35. $\boldsymbol{Z}_{TH} = \dfrac{(j8)(-j2)}{j8-j2} = \dfrac{16}{j6} = \dfrac{j16}{-6} = -j\dfrac{8}{3} \fallingdotseq 2.67\angle -90°[\Omega]$,

$$\boldsymbol{V}_{TH} = \frac{-j2}{j8-j2} \times 10 = -\frac{10}{3} \fallingdotseq -3.33[\text{V}],$$

36. $\boldsymbol{Z}_{TH} = \dfrac{(6+j8)(3-j4)}{(6+j8)+(3-j4)} = \dfrac{50}{9+j4} = \dfrac{50(9-j4)}{9^2+4^2} = \dfrac{450}{97} - j\dfrac{200}{97} \fallingdotseq 4.64 - j2.06$,

$$Z_{TH} = \sqrt{4.64^2 + 2.06^2} \fallingdotseq 5.08,\ \theta = \tan^{-1}\frac{-2.06}{4.64} \fallingdotseq -23.8°,$$

$$\boldsymbol{V}_{TH} = \frac{(3-j4)}{(6+j8)+(3-j4)} \times 10 = \frac{10(3-j4)}{9+j4} = \frac{10(3-j4)(9-j4)}{9^2+4^2} = \frac{110-j480}{97}$$

$$\fallingdotseq 1.13 - j4.95,\ V_{TH} = \sqrt{1.13^2 + (-4.95)^2} \fallingdotseq 5.08,\ \theta = \left(-\frac{4.95}{1.13}\right) \fallingdotseq -77.14°$$

37. $4\boldsymbol{I}_1 + (\boldsymbol{I}_1 - \boldsymbol{I}_2) = 20 \rightarrow 5\boldsymbol{I}_1 - \boldsymbol{I}_2 = 20$ ············ ⓐ

$j2\boldsymbol{I}_2 + (\boldsymbol{I}_2 - \boldsymbol{I}_1) = 0 \rightarrow -\boldsymbol{I}_1 + (1+j2)\boldsymbol{I}_2 = 0$ ············ ⓑ

ⓐ + (5ⓑ) → $(4+j10)\boldsymbol{I}_2 = 20$ ··· ⓒ 풀면

$\boldsymbol{I}_2 = \dfrac{10}{2+j5} = \dfrac{20-j50}{29} \fallingdotseq 0.69 - j1.72$ ············ ⓓ

$\therefore\ \boldsymbol{I}_2 \fallingdotseq 1.85\angle -68.14°$

ⓓ를 ⓑ에 대입하여 풀면 $\boldsymbol{I}_1 = \dfrac{120-j10}{29} \fallingdotseq 4.14 - j0.35$,

$\therefore\ \boldsymbol{I}_1 \fallingdotseq 4.16\angle -4.8°$

38. $(5+j20)i_1 + (-j10)(i_1 - i_2) = 6 \rightarrow (5+j10)i_1 + j10i_2 = 6$ ············ ⓐ

$$10i_2+30+(-j10)(i_2-i_1)=0 \rightarrow j10i_1-j10(1+j)i_2=-30 \quad \cdots\cdots \text{ⓑ}$$

$$(\text{ⓐ}\times(1+j)+\text{ⓑ} \rightarrow (-5+j25)i_1=-24+j6$$

$$i_1=\frac{-24+j6}{-5+j25}=\frac{27+j57}{65}\fallingdotseq 0.42+j0.88 \quad \cdots\cdots \text{ⓒ}$$

ⓒ를 ⓐ에 대입하여 풀면 $j10i_2=6-\frac{(5+j10)(27+j57)}{65}=\frac{165-j111}{13}$

$$\therefore\ i_2=\frac{-595-j905}{650}=\frac{165-j111}{j130}\fallingdotseq -0.85-j1.27 \quad \cdots\cdots \text{ⓓ}$$

39. 회로의 간략화 해석을 위해 위쪽 폐회로의 병렬 임피던스를 구하면

$$\frac{(3+j4)6}{(3+j4)+6}=\frac{6(3+j4)}{9+j4}=\frac{6(3+j4)(9-j4)}{97}=\frac{6(43+j24)}{97}\fallingdotseq 2.66+j1.49[\Omega]$$

따라서 회로를 다시 그리면 그림 7.39T와 같다.

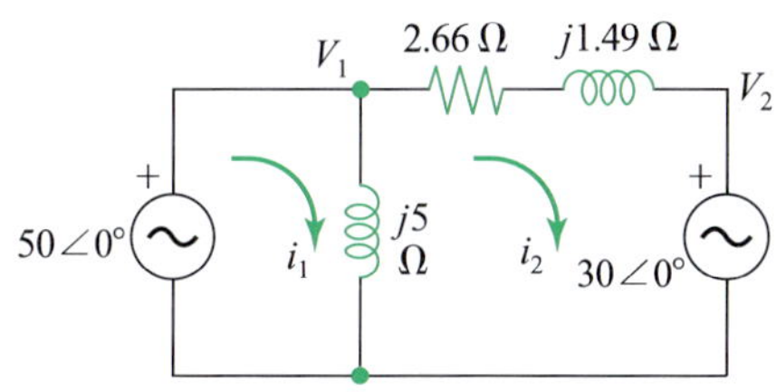

그림 7.39T

두 폐회로에 KVL을 적용하면

$$i_1=\frac{\boldsymbol{V}_1}{j5}=\frac{50}{j5}=-j10=10\angle-90°,\ i_2=\frac{\boldsymbol{V}_1-\boldsymbol{V}_2}{2.66+j1.49}=\frac{50-30}{2.66+j1.49}=$$

$$\frac{20}{2.66+j1.49}=\frac{53.2-j29.8}{9.296}\fallingdotseq 5.7-j3.2\fallingdotseq 6.5\angle-29.3°$$

제8장

1. $\tau=\frac{L}{R}$ 로부터 $R=\frac{L}{\tau}=\frac{15}{4}=3.75[\Omega]$

2. $v_L=L\frac{di}{dt}$ 로부터 $L=v_L/(di/dt)=\frac{-20}{-10}=2[\mathrm{H}]$ 하면 $5.4=V\times e^{-(1/1)\times 2}\fallingdotseq 0.135\mathrm{V}$

$\therefore \ V = \dfrac{5.4}{0.135}$

3. $\dfrac{V}{R} = \dfrac{6}{2} = 3[\mathrm{A}]$, $\dfrac{R}{L} = \dfrac{2}{1} = 2$이므로 $i = \dfrac{V}{R}(1 - e^{-(R/L)t}) = 3(1 - e^{-2t})[\mathrm{A}]$이므로

$t = 1$을 대입하면 $i = 3(1 - e^{-2}) \fallingdotseq 3(1 - 0.135) = 3 \times 0.865 = 2.595[\mathrm{A}]$

4. $v_R = Ve^{-(R/L)t} = 6e^{-2t}[\mathrm{V}]$

5. $\tau = 2 = R \times 100 \times 10^{-6}$으로부터 $R = \dfrac{2}{10^{-4}} = 20 \times 10^3 = 20[\mathrm{k}\Omega]$,

$v_R = Ve^{-(1/\tau)t} = 5e^{-(1/2)\times 2} = 5e^{-1} \fallingdotseq 5 \times 0.368 = 1.84[\mathrm{V}]$

6. $\tau = RC = 100 \times 10^3 \times 10 \times 10^{-6} = 1[\mathrm{s}]$이고 $v_R = Ve^{-(1/\tau)t}$이므로 $v_R = 5.4$, $\tau = 1$,

$t = 2$를 대입하면 $5.4 = V \times e^{-(1/1)\times 2} \fallingdotseq 0.368\mathrm{V}$ $\therefore \ V = \dfrac{5.4}{0.368} \fallingdotseq 14.7[\mathrm{V}]$

7. $t = \infty$에서 L은 단락상태이므로 그 등가회로는 아래의 그림과 같다.

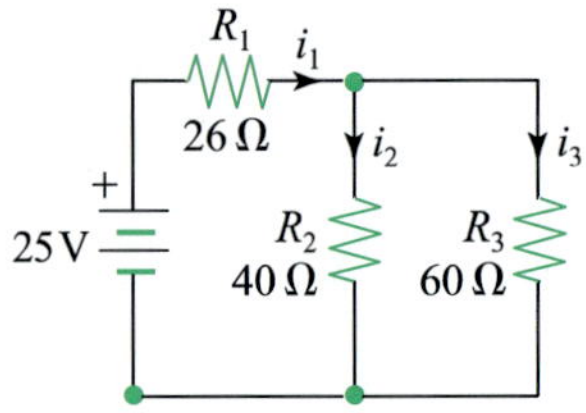

그림 8.7T

R_2, R_3의 병렬저항 $= \dfrac{40 \times 60}{40 + 60} = 24[\Omega]$이므로 전체저항 $R = 26 + 24 = 50[\Omega]$,

$i(\infty) = \dfrac{V}{R} = \dfrac{25}{50} = 0.5[\mathrm{A}]$, $i_2 = \dfrac{60}{40 + 60} \times 0.5 = 0.3[\mathrm{A}]$이고,

R_2의 전압 $= \dfrac{24}{26 + 24} \times 25 = 12[\mathrm{V}]$ $\therefore \ p_{R_2} = 12 \times 0.3 = 3.6[\mathrm{W}]$

8. $w_R = \dfrac{1}{2}CV^2(1 - e^{-2(1/RC)t} = \dfrac{1}{2} \times 50 \times 10^{-6} \times 200^2 \times 1 - e^{-2(1/2)\times 2} = 1 - e^{-2}$

$\fallingdotseq 1 - 0.135 = 0.865[\mathrm{J}]$

9. 스위치 넣기 전의 정상상태에서 인덕터는 단락상태이므로 전체저항 $R = 5 + \dfrac{12 \times 4}{12 + 4} = 8[\Omega]$

(1) $I = \dfrac{V}{R} = \dfrac{64}{8} = 8[\mathrm{A}]$, (2) $w_L = \dfrac{1}{2}LI^2 = \dfrac{1}{2} \times 10 \times 10^{-3} \times 8^2 = 320[\mathrm{mJ}]$

(3) $\tau = \dfrac{L}{R_4} = \dfrac{10 \times 10^{-3}}{2} = 5[\text{ms}]$, (4) $i = Ie^{-(1/\tau)t} = 8e^{-t/(5\times10^{-3})} = 8e^{-200t}[\text{A}]$

10. 합성 정전요량은 $C = \dfrac{10 \times 40}{10+40} \times 10^{-6} = 8[\mu\text{F}]$, $V = V_1 + V_2 = -3 + 15 = 12[\text{V}]$,

$\tau = RC = 125 \times 10^3 \times 8 \times 10^{-6} = 1[\text{s}]$이므로 그 등가회로는 아래의 그림과 같다.

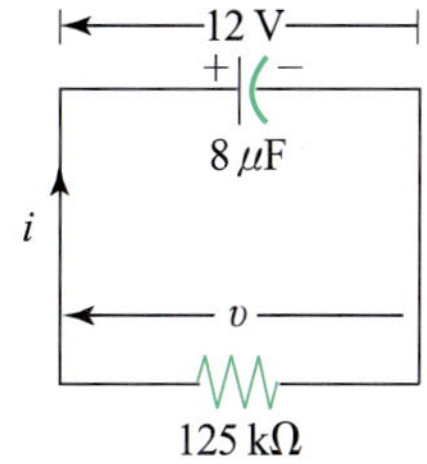

그림 8.10T

① $v = Ve^{-t/\tau} = 12e^{-t/1} = 12e^{-t}[\text{V}]$, $i = \dfrac{v}{R} = \dfrac{12}{125 \times 10^3} e^{-t} = 96 \times 10^{-6} e^{-t}[\text{A}]$,

$$v_1 = \frac{1}{C}\int_0^t i\,dt = \frac{1}{10\times10^{-6}}\int_0^t 96\times10^{-6}e^{-t}dt = 9.6e^{-t} - 9.6 - 3$$

$$= 9.6e^{-t} - 12.6[\mu\text{V}],$$

$$v_2 = \frac{1}{40\times10^{-6}}\int_0^t 96\times10^{-6}e^{-t}dt = 2.4e^{-t} - 2.4 + 15 = 2.4e^{-t} + 12.6[\mu\text{V}]$$

② $w_{C1} = \dfrac{1}{2}C_1V_1^2 = \dfrac{1}{2}\times 10 \times 10^{-6} \times (-3)^2 = 45 \times 10^{-6}[\text{J}]$,

$$w_{C2} = \frac{1}{2}\times 40 \times 10^{-6} \times (15)^2 = 4500 \times 10^{-6}[\text{J}]$$

$$w_{C1} + w_{C2} = (45 + 4500) \times 10^{-6} = 4545 \times 10^{-6} = 4.545[\text{mJ}]$$

③ $t = \infty$에서 $w_C = \dfrac{1}{2}\times(10+40)\times10^{-6}\times(\pm 12.6)^2 = 3969 \times 10^{-6} = 3.969[\text{mJ}]$

④ $w_R = \displaystyle\int_0^\infty p\,dt = \int_0^\infty i^2Re^{-t}dt = \int_0^\infty (96\times10^{-6})^2 \times 125 \times 10^3 \times e^{-2t}dt$

$$= -\frac{1}{2}\int_0^\infty 1.152\times10^{-3} = \frac{1}{2}[0 - (-1.152\times10^{-3})] = 0.576[\text{mJ}]$$

② - ③ $= 4.545[\text{mJ}] - 3.969[\text{mJ}] = 0.576[\text{mJ}]$이므로 ④와 동일하다.

11. $\omega_o = \dfrac{1}{\sqrt{LC}} = \dfrac{1}{\sqrt{20\times10^{-3}\times50\times10^{-6}}} = \dfrac{1}{10^{-3}} = 1.000$, $t = 0$에서 $q = 0$, $i = 5[\text{A}]$

이므로 이를 식 (8.72)에 대입하면 $5 = -\omega_o A_1 \times 0 + \omega_o B_1 \times 1 = \omega_o B_1$로부터

$B_1 = \frac{5}{\omega_o} = \frac{5}{1,000} = \frac{1}{200}$, 식 (8.71)에 $q(=CV)=0$, $B_1 = \frac{1}{200}$을 대입하면

$q = B_1 \sin\omega_o t = \frac{1}{200}\sin 1,000t$가 되므로 $v_c = \frac{q}{C} = \frac{1}{50\times 10^{-6}} \times \frac{1}{200}\sin 1,000t =$

$100\sin 1,000t$에서 v_C가 최대이기 위해서는 $\sin 1,000t = 1$인 경우이다.

따라서 $v_C = 100\times 1 = 100[\text{V}]$이다.

제9장

1. $\boldsymbol{V}_p = \frac{V_l}{\sqrt{3}} \fallingdotseq \frac{866}{1.732} = 500[\text{V}]$

2. $\boldsymbol{V}_l = \sqrt{3}\, V_p = \sqrt{3}\times 200 \fallingdotseq 346[\text{V}]$

3. $\boldsymbol{V}_{ab} = \sqrt{3}\, V_a \angle \frac{\pi}{6} = \sqrt{3}\times 100 \angle \frac{\pi}{6} \fallingdotseq 173\angle \frac{\pi}{6}[\text{V}]$,

$\boldsymbol{V}_{bc} = \sqrt{3}\, V_a \angle \frac{\pi}{6} - \frac{2\pi}{3} \fallingdotseq 173\angle - \frac{3\pi}{6}$

4. $Z = \sqrt{5^2+5^2} = 5\sqrt{2}$, $\theta = \tan^{-1}\frac{5}{5} = 45°$,

$\boldsymbol{V}_a = \boldsymbol{I}_a\boldsymbol{Z} = \boldsymbol{I}_a Z\angle\theta = (10\times 5\sqrt{2})\angle 45° = 50\sqrt{2}\angle 45°$

5. 전체 임피던스 $\boldsymbol{Z} = (1+3)+j(1+3) = 4+j4[\Omega]$, $Z = \sqrt{4^2+4^2} = 4\sqrt{2}[\Omega]$,

$\theta = \tan^{-1}\frac{4}{4} = 45°$, $\therefore\ Z = 4\sqrt{2}\angle 45°[\Omega]$, $\boldsymbol{I}_a = \frac{\boldsymbol{V}_{AN}}{\boldsymbol{Z}} = \frac{60\sqrt{2}\angle 0°}{4\sqrt{2}\angle 45°} = 15\angle -45°$,

$\boldsymbol{V}_{aN} = \boldsymbol{I}_a\boldsymbol{Z}_a = (15\angle -45°)\times(3+j3) = (15\angle -45°)\times 3\sqrt{2}\angle 45° = 45\sqrt{2}\angle 0°$,

$I_b = 15\sqrt{2}\angle -45° - 120° = 15\sqrt{2}\angle -165°$, $I_c = 15\angle -240°$ 또는 $15\angle 120°$

6. ① 등가회로는 아래의 그림과 같다.

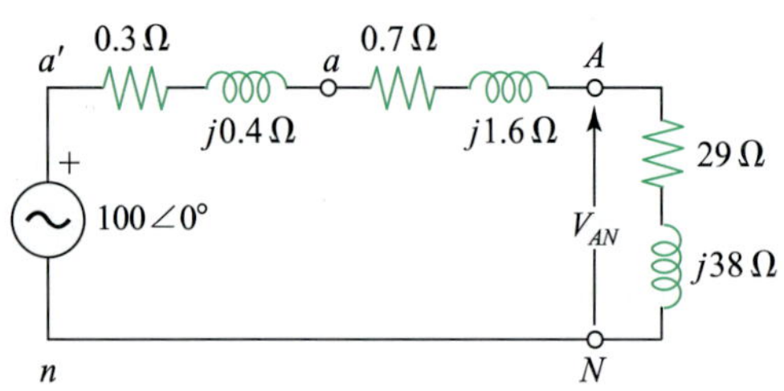

그림 9.6T

② 전체 임피던스 $\boldsymbol{Z} = 0.3 + 0.7 + 29 + j(0.4 + 1.6 + 38) = 30 + j40$, $Z = \sqrt{30^2 + 40^2} =$

$50[\Omega]$, $\theta = \tan^{-1}\dfrac{40}{30} \fallingdotseq 53°$, $\boldsymbol{I}_a = \dfrac{V_a \angle 0°}{Z \angle \theta} = \dfrac{V_a}{Z} \angle -\theta = \dfrac{100}{50} \angle -53° = 2 \angle -53°$

③ 부하 임피던스 $\boldsymbol{Z}_L = 29 + j38$, $Z_L = \sqrt{29^2 + 38^2} \fallingdotseq 47.8[\Omega]$, $\theta_L = \tan^{-1}\dfrac{38}{29} \fallingdotseq 52.7°$,

$\boldsymbol{V}_{AN} = \boldsymbol{I}_a \boldsymbol{Z}_L = (2 \angle -53°) \times (47.8 \angle 52.7°) = 95.6 \angle -0.3°$

7. $\boldsymbol{I}_p = \dfrac{\boldsymbol{I}_l}{\sqrt{3}} = \dfrac{35}{\sqrt{3}} \fallingdotseq 20[\mathrm{A}]$

8. $\boldsymbol{I}_l = \sqrt{3}\,\boldsymbol{I}_p = \sqrt{3} \times 15 \fallingdotseq 26[\mathrm{A}]$

9. Y형의 C회로를 Δ형으로 환산하면 $3X_C = 3 \times (-j2) = -j6[\Omega]$이고, r, C 병렬로 되므로

합성 임피던스 $Z = \dfrac{4(-j6)}{4 - j6} = \dfrac{-j24(4 + j6)}{(4 - j6)(4 + j6)} = \dfrac{144}{52} - j\dfrac{96}{52} \fallingdotseq 2.77 - j1.85$,

$Z = \sqrt{2.77^2 + 1.85^2} \fallingdotseq 3.33[\Omega]$, $I_p = \dfrac{66}{Z} = \dfrac{66}{3.33} \fallingdotseq 19.8[\mathrm{A}]$,

$\therefore\ I_l = \sqrt{3}\,I_p = \sqrt{3} \times 19.8 \fallingdotseq 34.3[\mathrm{A}]$

10. 부하의 Δ결선을 Y결선으로 고쳐서 임피던스를 환산하면 1/3이 되므로 $Z' = 1.5 + j2$이다. 따라서 선 저항 $0.5[\Omega]$을 합산하면 부하를 Y결선으로 고쳤을 때의 임피던스 $Z_L = 2 + j2$,

$Z_L = \sqrt{2^2 + 2^2} = 2\sqrt{2}[\Omega]$, $\boldsymbol{V}_p = \dfrac{\boldsymbol{V}_l}{\sqrt{3}} = \dfrac{98}{\sqrt{3}}$, $\boldsymbol{I}_l = \dfrac{\boldsymbol{V}_p}{\boldsymbol{Z}} = \dfrac{98/\sqrt{3}}{2\sqrt{2}} = \dfrac{49}{\sqrt{6}} \fallingdotseq 19.6[\mathrm{A}]$

11. $\boldsymbol{V}_b = 60 \angle -120°$, $\boldsymbol{V}_c = 60 \angle 120°$, $\boldsymbol{I}_a = \dfrac{V_a}{R} \angle 0° = \dfrac{60}{30} \angle 0° = 2 \angle 0°$,

$I_b = 2 \angle -120°$, $I_c = 2 \angle 120°$

12. 전원측과 부하측을 모두 Y결선으로 임피던스를 환산하면 각각 $1 + j2$, $9 + j8$이 되며 그 등가 회로는 아래의 그림과 같다. 또한 $\boldsymbol{V}_p = \dfrac{\boldsymbol{V}_l}{\sqrt{3}} = \dfrac{100\sqrt{6}}{\sqrt{3}} = 100\sqrt{2}$이며,

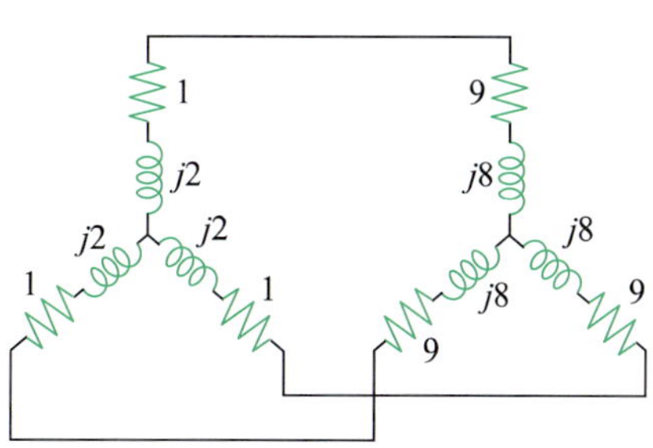

그림 9.12T

회로 전체 임피던스 $\boldsymbol{Z} = 10 + j10[\Omega]$, $Z = \sqrt{10^2 + 10^2} = 10\sqrt{2}[\Omega]$ 이므로

$$\boldsymbol{I}_a = \frac{100\sqrt{2}}{10\sqrt{2}} = 10[\text{A}],\ Z_L = \sqrt{9^2 + 8^2} \fallingdotseq 12[\Omega],\ \boldsymbol{I}_p = \frac{V_P}{Z_L} = \frac{100\sqrt{2}}{12} = \frac{25\sqrt{2}}{3}[\text{A}]$$

$$\therefore\ \boldsymbol{I}_l = \sqrt{3}\,\boldsymbol{I}_p = \frac{25\sqrt{6}}{3} \fallingdotseq 20.4[\text{A}]$$

13. $P = 2{,}000 \times 0.8 = 1{,}600[\text{W}]$, 선간전압 $\boldsymbol{V}_l = \sqrt{3} \times 3{,}300 \fallingdotseq 5{,}716[\text{V}]$

$$\boldsymbol{I}_l = \frac{2{,}000}{5{,}716} \fallingdotseq 0.35[\text{A}]$$

14. $Z = \sqrt{6^{20} + 8^2} = 10[\Omega]$, $\boldsymbol{V}_p = \dfrac{87}{\sqrt{3}} \fallingdotseq 50[\text{V}]$, $\boldsymbol{I}_p = \dfrac{\boldsymbol{V}_p}{Z} = \dfrac{50}{10} = 5[\text{A}]$, $\cos\theta = \dfrac{6}{10} = 0.6$,

$\sin\theta = \dfrac{8}{10} = 0.8$ 이므로 $P = 3V_pI_p\cos\theta = 3 \times 50 \times 5 \times 0.6 = 450[\text{W}]$,

$P_r = 3V_pI_p\sin\theta = 3 \times 50 \times 5 \times 0.8 = 600[\text{var}]$, $P_a = 3V_pI_p = 3 \times 50 \times 5 = 750[\text{VA}]$

15. $\boldsymbol{Z}_a = 9 - j12$, $\boldsymbol{Z}_b = 3 + j4$, $Z_c = 4$, $Z_a = \sqrt{9^2 + 12^2} = 15[\Omega]$, $Z_b = \sqrt{3^2 + 4^2} = 5[\Omega]$,

$Z_c = 4[\Omega]$, $\cos\theta_a = \dfrac{9}{15} = 0.6$. $\sin\theta_a = \dfrac{12}{15} = 0.8$, $\cos\theta_b = \dfrac{3}{5} = 0.6$, $\sin\theta_b = \dfrac{4}{5} = 0.8$,

$$V_{ap} = V_{bp} = V_{cp} = \frac{200}{\sqrt{3}}[\text{V}]$$

① $I_{ap} = \dfrac{200/\sqrt{3}}{15} = \dfrac{40\sqrt{3}}{9}[\text{A}]$, $I_{bp} = \dfrac{200/\sqrt{3}}{5} = \dfrac{40}{\sqrt{3}}\dfrac{40\sqrt{3}}{3}[\text{A}]$,

$I_{cp} = \dfrac{200/\sqrt{3}}{4} = \dfrac{50}{\sqrt{3}} = \dfrac{50\sqrt{3}}{3}[\text{A}]$

② $P_{sa} = \dfrac{200}{\sqrt{3}} \times \dfrac{40\sqrt{3}}{9} = \dfrac{8{,}000}{9} \fallingdotseq 888.9[\text{VA}]$, $P_{sb} = \dfrac{200}{\sqrt{3}} \times \dfrac{40\sqrt{3}}{3} = \dfrac{8{,}000}{3}$

$\fallingdotseq 2{,}666.7[\text{VA}]$, $P_{sc} = \dfrac{200}{\sqrt{3}} \times \dfrac{50}{4}\sqrt{3} = 2{,}500[\text{VA}]$,

$\therefore$ 피상전력 $P_s = 888.9 + 2{,}666.7 + 2{,}500 = 60{,}55.6[\text{VA}]$

③ $P_a = 888.9 \times 0.6 \fallingdotseq 533.3[\text{W}]$, $P_b = 266.7 \times 0.6 \fallingdotseq 1{,}600[\text{W}]$,

$P_c = 2{,}500 \times 1 = 2{,}500[\text{W}]$ $\therefore$ 유효전력 $P = 533.3 + 1{,}600 + 2{,}500 = 46{,}33.5[\text{W}]$

④ $P_{qa} = P_a = 888.9 \times 0.8 \fallingdotseq 711.1[\text{var}]$, $P_{qb} = 2{,}666.7 \times 0.8 \fallingdotseq 2{,}133.4[\text{var}]$,

$P_{qc} = 2{,}500 \times 0 = 0$ $\therefore$ 무효전력 $P_q = 711.1 + 2{,}133.4 = 2{,}844.5[\text{var}]$

제10장

1. 기울기가 2인 직선 $2t$이고, 구간 $t=0$과 $t=3$에서 on이므로 $2t[u(t)-u(t-3)]$

2. 좌직선(A) : 기울기 1인 직선 $t+5$, $t=0$에서 off이므로 $-tu(t)$ → $A=(t+5)u(t+5)-tu(t)$

우직선(B) : 기울기 -1인 직선 $-(t-5)$, $t=0$에서 off이므로 → $B=tu(t)-(t-5)u(t-5)$

따라서 함수 $=A-B=(t+5)u(t+5)t-tu(t)-\{tu(t)-(t-5)u(t-5)\}$

$=(t+5)u(t+5)-2tu(t)+(t-5)u(t-5)$

3. $$\frac{dF(s)}{ds}=\int_0^{\infty} f(t)e^{-st}dt=-\int_0^{\infty} tf(t)e^{-st}dt=-\mathcal{L}[tf(t)]$$

$$\therefore -\frac{dF(s)}{ds}=\mathcal{L}[tf(t)]$$

4. $$v(t)=\left(j\omega L+\frac{1}{j\omega C}\right)i(t),\quad \boldsymbol{V}(s)=\left(sL+\frac{1}{sC}\right)I(s)$$

5. $$\boldsymbol{I}_L=\frac{1/(j\omega C)}{R+j\omega L+1/(j\omega C)}\boldsymbol{I}_g,\quad \boldsymbol{I}_L(s)=\frac{1/Cs}{R+Ls+(1/Cs)}\boldsymbol{I}_g(s),\quad v_2=j\omega L\boldsymbol{I}_L,$$

$$\boldsymbol{V}_2(s)=LS\boldsymbol{I}_L(s),\quad \boldsymbol{V}_2(s)=Ls\times\frac{1/Cs}{R+Ls+(1/Cs)}\boldsymbol{I}_g(s)=\frac{s\boldsymbol{I}_g(s)}{C[s^2+(R/L)s+(1/LC)]}$$

6. 식 (10.39)의 $\boldsymbol{V}(s)=\dfrac{\boldsymbol{I}_{dc}/C}{s^2+(1/RC)s+(1/LC)}$에서 $\boldsymbol{I}_{dc}$에 $\mathcal{L}[2\cos t]=\dfrac{2s}{s^2+1}$을 대입하면

$$\boldsymbol{V}(s)=\frac{2s}{s^2+1}\times\frac{1/0.2}{s^2+[1/(1\times 0.2)]s+[1/(0.5\times 0.2)]}=\frac{2s}{s^2+1}\times\frac{5}{s^2+5s+10}$$

$$=\frac{10s}{(s^2+1)(s^2+5s+10)}$$

7. $$\mathcal{L}[t+e^{-t}]=\frac{2}{s^2}+\frac{1}{s+1}=\frac{s^2+2s+2}{s^2(s+1)}$$

8. $$f(0^+)=\lim_{s\to\infty}sF(s)=\lim_{s\to\infty}\frac{5s^2+2s}{s^3+3s^2+s}=\frac{\frac{5}{s}+\frac{2}{s^2}}{1+\frac{3}{s}+\frac{1}{s^2}}=\lim_{s\to\infty}=\frac{0}{1}=0$$

$$f(\infty)=\lim_{s\to 0}sF(s)=\lim_{s\to 0}\frac{5s^2+2s}{s^3+3s^2+s}=\lim_{s\to 0}\frac{5s+2}{s^2+3s+1}=\frac{2}{1}=2$$

9. ① $$\mathcal{L}[\sin t+5\cos t]=\frac{1}{s^2+1}+\frac{5s}{s^2+4}=\frac{5s^3+s^2+5s+4}{(s^2+1)(s^2+4)}$$

$|H(j\omega)| = \sqrt{0.65^2 + 0.26^2} \fallingdotseq 0.7$, $\theta(j250) = \tan^{-1}\dfrac{0.26}{0.65} \fallingdotseq 21.8°$

8. $R = \dfrac{1}{2 \times 3.14 \times 1.5 \times 10^3 \times 100 \times 10^{-6}} = \dfrac{1000}{942} \times 10^3 \fallingdotseq 1.06[\Omega]$, $\dfrac{1.06 \times 3}{1.06 + 3} = \dfrac{3.18}{4.06} \fallingdotseq$

$0.783[\Omega]$, $f_c = \dfrac{1}{2 \times 3.14 \times 0.78 \times 100 \times 10^{-6}} \fallingdotseq \dfrac{1{,}000}{489.8} \times 10^3 \fallingdotseq 2.04[\text{kHz}]$

9. $\omega_c = \dfrac{R}{L}$ 로부터 $R = \omega_c L = 1{,}000 \times 250 \times 10^{-3} = 250[\Omega]$, $\omega_1 = 0.5\omega_c = 0.5 \times 1{,}000$

$= 500[\text{rad/s}]$, $\omega_2 = 2\omega_c = 2 \times 1{,}000 = 2{,}000[\text{rad/s}]$, $\theta(j\omega) = \tan^{-1}\dfrac{R}{\omega L}$ 이므로

$\theta(j\omega_{c1}) = \tan^{-1}\left(\dfrac{250}{500 \times 250 \times 10^{-3}}\right) = \tan^{-1}2 \fallingdotseq 63.4°$,

$\theta(j\omega_{c2}) = \tan^{-1}\dfrac{250}{2{,}000 \times 250 \times 10^{-3}} = \tan^{-1}0.5 \fallingdotseq 26.6°$,

$\theta(j\omega_{c1}) - \theta(j\omega_{c2}) = 63.4° - 26.6° = 36.8°$

10. $\omega_o = \dfrac{1}{\sqrt{LC}} \dfrac{1}{\sqrt{20 \times 10^{-3} \times 0.5 \times 10^{-6}}} = \dfrac{1}{10^{-4}} = 10{,}000$,

$\text{BW} = \dfrac{1}{RC} = \dfrac{1}{10 \times 10^3 \times 0.5 \times 10^{-6}} = \dfrac{1{,}000}{5} = 200[\text{Hz}]$,

$Q = \sqrt{\dfrac{R^2 C}{L}} = \sqrt{\dfrac{(10 \times 10^3)^2 \times 0.5 \times 10^{-6}}{20 \times 10^{-3}}} = \sqrt{25 \times 10^2} = 50$

11. $\omega_o = \dfrac{1}{\sqrt{LC}} = 5 \times 10^4$ 로부터 $\dfrac{1}{LC} = 25 \times 10^8$,

$L = \dfrac{1}{25 \times 10^8 C} = \dfrac{1}{25 \times 10^8 \times 0.01 \times 10^{-6}} = 0.04[\text{H}]$,

$Q = \sqrt{\dfrac{L}{R^2 C}} = 10$ 으로부터 $\dfrac{L}{R^2 C} = 100$, $R^2 = \dfrac{L}{100C} = \dfrac{0.04}{100 \times 0.01 \times 10^{-6}} = 4 \times 10^4$,

$R = \sqrt{4 \times 10^4} = 200[\Omega]$, $Q = \dfrac{\omega_o}{\text{BW}}$ 로부터 $\text{BW} = \dfrac{\omega_o}{Q} = \dfrac{50{,}000}{10} = 5{,}000[\text{Hz}]$

12. $H(j\omega) = \dfrac{(j\omega)^2 + 1/LC}{(j\omega)^2 + (1/RC)(j\omega) + 1/LC}$, $\dfrac{1}{LC} = \dfrac{1}{1.25 \times 10^{-3} \times 2 \times 10^{-6}} = 4 \times 10^8$,

$\dfrac{1}{RC} = \dfrac{1}{50 \times 2 \times 10^{-6}} = 10^4$,

$H(j10^4) = \dfrac{(j10^4)^2 + 4 \times 10^8}{(j10^4)^2 + 10^4 \times (j10^4) + 4 \times 10^8} = \dfrac{-10^8 + 4 \times 10^8}{-10^8 + j10^8 + 4 \times 10^8} = \dfrac{3}{3 + j}$

$$= \frac{3(3-j)}{3^2+1^2} = \frac{9-j3}{10} = 0.9 - j0.3,\ \ Q = \sqrt{\frac{R^2C}{L}} = \sqrt{\frac{50^2 \times 2 \times 10^{-6}}{1.25 \times 10^{-3}}} = \sqrt{4} = 2$$

13. $\omega_{c1} = \frac{1}{R_L C_L} = \frac{1}{5 \times 10^3 \times 0.2 \times 10^{-6}} = 1{,}000[\text{rad/s}],$

$\omega_{c2} = \frac{1}{R_H C_H} = \frac{1}{1 \times 10^3 \times 0.1 \times 10^{-6}} = 10{,}000[\text{rad/s}],$

$\omega_o = \sqrt{1{,}000 \times 10{,}000} \fallingdotseq 3{,}162[\text{rad/s}],$

$|H(j\omega_o)| = \frac{R_f}{R_i} \cdot \frac{2\omega_{c1}}{\omega_{c1} + \omega_{c2}} = 5 \times \frac{2 \times 1{,}000}{1{,}000 + 10{,}000} = \frac{10{,}000}{11{,}000} \fallingdotseq 0.91$

제12장

1. $\boldsymbol{V}_1 = z_{11}\boldsymbol{I}_1 + z_{12}\boldsymbol{I}_2 = 10^3 \times 0.6 \times 10^{-3} + 5 \times 15 \times 10^{-3} = 0.6 + 0.075 = 0.675[\text{V}]$

$\boldsymbol{V}_2 = z_{21}\boldsymbol{I}_1 + z_{22}\boldsymbol{I}_2 = -5 \times 0.6 \times 10^{-3} + 1.2 \times 10^3 \times 15 \times 10^{-3} = -0.003 + 18$

$= 19.997[\text{V}]$

2. $z_{11} = \frac{\boldsymbol{V}_1}{\boldsymbol{I}_1} = \frac{(3+j2)\boldsymbol{I}_1}{\boldsymbol{I}_1} = 3 + j2[\Omega],\ z_{12} = \frac{\boldsymbol{V}_1}{\boldsymbol{I}_2} = \frac{j2/(1+j2)\boldsymbol{V}_2}{\boldsymbol{V}_2/(1+j2)} = j2[\Omega],$

$z_{21} = \frac{\boldsymbol{V}_2}{\boldsymbol{I}_1} = \frac{j2\boldsymbol{I}_1}{\boldsymbol{I}_1} = j2[\Omega],\ z_{22} = \frac{\boldsymbol{V}_2}{\boldsymbol{I}_2} = \frac{(1+j2)\boldsymbol{I}_2}{\boldsymbol{I}_2} = 1 + j2[\Omega]$

3. $y_{11} = \frac{\boldsymbol{I}_1}{\boldsymbol{V}_1} = \frac{\boldsymbol{I}_1}{[3 + j2/(1+j2)]\boldsymbol{I}_1} = \frac{1+j2}{3+j8} = \frac{19-j2}{73} \fallingdotseq 0.26 - j0.03[\text{S}],$

$y_{22} = \frac{\boldsymbol{I}_2}{\boldsymbol{V}_2} = \frac{\boldsymbol{I}_2}{[1 + j6/(3+j2)]\boldsymbol{I}_2} = \frac{3+j2}{3+j8} = \frac{25-j18}{73} \fallingdotseq 0.34 - j0.25[\text{S}]$

4. $z_{11} = 6 = 2 + R$로부터 $R = 6 - 2 = 4[\Omega]$, R에 이 값을 넣고 구하면 $\frac{4}{7}\boldsymbol{V}_2 = \frac{2}{4}\boldsymbol{V}_1,$

$\boldsymbol{V}_1 = \frac{8}{7}\boldsymbol{V}_2,\ z_{12} = \frac{\boldsymbol{V}_1}{\boldsymbol{I}_2} = \frac{(8/7)\boldsymbol{V}_2}{(1/7)\boldsymbol{V}_2} = 8[\Omega],\ z_{21} = \frac{\boldsymbol{V}_2}{\boldsymbol{I}_1} = \frac{(4/6)\boldsymbol{V}_1}{\boldsymbol{V}_1/6} = 4[\Omega],$

$z_{22} = \frac{\boldsymbol{V}_2}{\boldsymbol{I}_2} = \frac{7\boldsymbol{I}_2}{\boldsymbol{I}_2} = 7[\Omega]$

5. $y_{11} = \frac{\boldsymbol{I}_1}{\boldsymbol{V}_1} = \frac{\boldsymbol{I}_1}{\boldsymbol{I}_1(16 + 12/8)} = \frac{4}{70} \fallingdotseq 0.06[\text{S}],\ y_{12} = \frac{\boldsymbol{I}_1}{\boldsymbol{V}_2} = \frac{-(6/22)\boldsymbol{I}_1}{[2 + 96/22]\boldsymbol{I}_1} = -\frac{3}{70} \fallingdotseq$

$0.04[\mathrm{S}]$, $y_{21} = \dfrac{\boldsymbol{I}_2}{\boldsymbol{V}_1} = \dfrac{\boldsymbol{V}_1/18}{\boldsymbol{V}_1} = \dfrac{1}{18} \fallingdotseq 0.06[\mathrm{S}]$, $y_{22} = \dfrac{\boldsymbol{I}_2}{\boldsymbol{V}_2} = \dfrac{\boldsymbol{I}_2}{\boldsymbol{I}_2(2+96/22)} = \dfrac{11}{70} \fallingdotseq$

$0.16[\mathrm{S}]$

6. $y_{11} = \dfrac{1}{\left(8+\dfrac{2\times 3}{2+3}\right)} = \dfrac{5}{46}[\mathrm{S}]$, $y_{12} = \dfrac{-2/10}{(16/10)+3} = -\dfrac{1}{23}[\mathrm{S}]$,

$y_{21} = \dfrac{-2/5}{8+(6/5)} = -\dfrac{1}{23}[\mathrm{S}]$, $y_{22} = \dfrac{1}{3+16/10} = \dfrac{5}{23}[\mathrm{S}]$,

$R_1 = y_{11} + y_{12} = \dfrac{5}{46} - \dfrac{1}{23} = \dfrac{3}{46} \fallingdotseq 0.065[\Omega]$,

$R_2 = y_{22} + y_{12} = \dfrac{5}{23} - \dfrac{1}{23} = \dfrac{4}{25} \fallingdotseq 0.16$, $R_3 = -y_{12} = \dfrac{1}{23} \fallingdotseq 0.044[\Omega]$

7. $h_{11} = \dfrac{\boldsymbol{V}_1}{\boldsymbol{I}_1} = 4 + \dfrac{24}{10} = 6.4[\Omega]$, $h_{12} = \dfrac{\boldsymbol{V}_1}{\boldsymbol{V}_2} = \dfrac{3\boldsymbol{I}_2}{5\boldsymbol{I}_2} = \dfrac{3}{5} = 0.6$, $h_{21} = \dfrac{\boldsymbol{I}_2}{\boldsymbol{I}_1} = \dfrac{(3/32)\boldsymbol{V}_1}{(32/5)\boldsymbol{V}_1} = \dfrac{3}{5}$

$= 0.6$, $h_{22} = \dfrac{\boldsymbol{I}_2}{5\boldsymbol{I}_2} = \dfrac{1}{5} = 0.2[\mathrm{S}]$

8. 식을 정리하면 $\boldsymbol{V}_1 = -2.4\boldsymbol{V}_2 + 0.8\boldsymbol{I}_2$, $\boldsymbol{I}_1 = -0.3\boldsymbol{V}_2 + 0.5\boldsymbol{I}_2$이므로 $t_{11} = -2.4$,

$t_{12} = 0.8[\Omega]$, $t_{21} = -0.3[\mathrm{S}]$, $t_{22} = 0.5$

9. $z_{11} = \dfrac{\boldsymbol{V}_1}{\boldsymbol{I}_1} = 20 + j10$, $\dfrac{j10}{j10 - j5}\boldsymbol{V}_2 = \dfrac{j10}{20+j10}\boldsymbol{V}_1$으로부터 $\boldsymbol{V}_1 = (2-j4)\boldsymbol{V}_2$,

$z_{12} = \dfrac{\boldsymbol{V}_1}{\boldsymbol{I}_2} = \dfrac{(2-j4)\boldsymbol{V}_2}{\boldsymbol{V}_2/j5} = 20 - j10$, $\dfrac{j10}{20+j10}\boldsymbol{V}_1 = \dfrac{j10}{j10-j5}\boldsymbol{V}_2$로부터 $\boldsymbol{V}_2 = \dfrac{1+j2}{10}$,

$z_{21} = \dfrac{\boldsymbol{V}_2}{\boldsymbol{I}_1} = \dfrac{[(1+j2)/10]\boldsymbol{V}_1}{\boldsymbol{V}_1/(20+j10)} = j5$, $z_{22} = \dfrac{\boldsymbol{V}_2}{\boldsymbol{I}_2} = \dfrac{j5\boldsymbol{I}_2}{\boldsymbol{I}_2} = j5$,

$\boldsymbol{G}_I = \dfrac{-z_{21}}{z_{22} + Z_L} = \dfrac{-j5}{j5 + j15} = -0.2$, $\boldsymbol{G}_V = \dfrac{z_{21}Z_L}{z_{11}Z_L + \Delta z}$에서

$\Delta z = j5(20+j10) - j5(20+j10) = 0$, $\boldsymbol{G}_V = \dfrac{j5 \times j15}{(20+j10)j15} = 0.1 + j0.2$

10. 먼저 R_2, R_3, R_4 회로를 $\Delta - Y$변환하여 간소화하면 그림 12.10T(a), (b)와 같으며 이 회로로부터 h계수를 구한다.

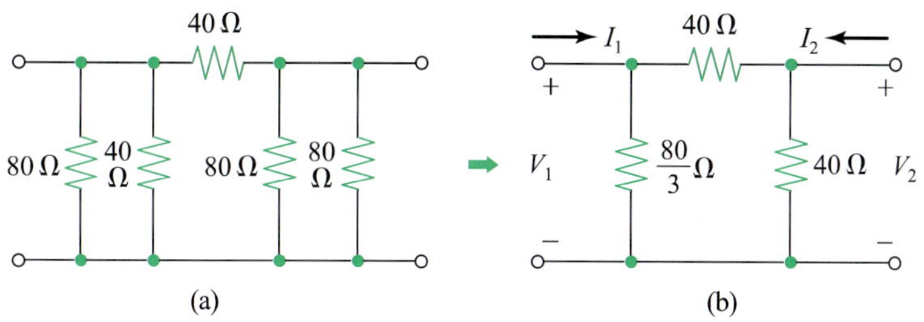

그림 12.10T

$$h_{11} = \frac{\boldsymbol{V}_1}{\boldsymbol{I}_1} = \frac{[(80/30)\times 40]/[(80/30)+40]\boldsymbol{I}_1}{\boldsymbol{I}_1} = 16[\Omega],\ h_{12} = \frac{\boldsymbol{V}_1}{\boldsymbol{V}_2} = \frac{20\boldsymbol{I}_1}{10\boldsymbol{I}_1} = 2,$$

$$h_{21} = \frac{\boldsymbol{I}_2}{\boldsymbol{I}_1} = \frac{-(2/5)\boldsymbol{I}_1}{\boldsymbol{I}_1} = -0.4,\ h_{22} = \frac{\boldsymbol{I}_2}{[(8000/3)/(320/3)]\boldsymbol{I}_2} = \frac{1}{25} = 0.04[\mathrm{S}]$$

11. $h_{22} = \dfrac{\boldsymbol{I}_2}{\boldsymbol{V}_2} = \dfrac{\boldsymbol{I}_2}{(25R_3/25+R_3)\boldsymbol{I}_2} = \dfrac{25+R_3}{25R_3} = 0.08$로부터 $2R_3 = R_3 + 25$

$\therefore\ R_3 = 25[\Omega]$

12. $\Delta h = \begin{vmatrix} 900 & 2\times 10^{-4} \\ 50 & 40\times 10^{-6} \end{vmatrix} = 3.6\times 10^{-2} - 1\times 10^{-2} = 2.6\times 10^{-2}$이고,

$v_i = \dfrac{900}{100+900}\times 10\times 10^{-3} = 9\times 10^{-3}$이므로

$$\boldsymbol{G}_V = \frac{v_o}{v_i} = \frac{-h_{21}R_L}{\Delta h R_L + h_{11}} = \frac{-50\times 10\times 10^3}{2.6\times 10^{-2}\times 10\times 10^3 + 900} = -\frac{500}{1.16} \fallingdotseq 431,$$

$$\boldsymbol{Z}_{\text{in}} = h_{11} - \frac{h_{12}h_{21}Z_L}{1+h_{22}Z_L} \fallingdotseq 900 - 71.4 \fallingdotseq 829[\Omega],$$

$$v_i = \frac{829}{100+829}v_g = \frac{829}{929}\times 3\times 10^{-3} \fallingdotseq 2.68\times 10^{-3}$$

$$\therefore\ v_o = 431 v_i = 431\times 2.68\times 10^{-3} \fallingdotseq 1.16[\mathrm{V}]$$

참고문헌

1. 최신 回路理論, 공병옥, 박영근, 복두출판사
2. 쉽게 배우는 회로이론, 박건작, (주)북스힐
3. 연산증폭기-OP앰프-, 박건작, (주)북스힐
4. Electric Circuits, 9th Edition, James W, Nilsson, Susan A, Riedel, PEARSON/Prentice-Hall.
5. Introductory Circuit Analysis, Lee Young No, published by D.W.S.
6. ENGINEERING CIRCUIT ANALYSIS, 7th Edition, William H, Hayt, Jr, Jack E. Kemmrerly, Steven M. Durbin, McGraw-Hill.
7. PRINCIPLES OF ELECTRIC CIRCUITS, Thomas L. Floycl, 8th. Edition, PEARSON/Prentice-Hall.
8. OPERATIONAL AMPLIFIERS with LINEAR INTEGRATED CIRCUITS, 4th EDITION, WILLIAM D. STANLEY, Prentice-Hall, INC.
9. Basic Operational Amplifiers and Linear Integrated Circuits, 2nd Edition, Prentice-Hall, INC.
10. Operational Amplifiers and Linear Integrated Circuits, 6th Edition, Robert F, Coughlin, Prentice-Hall, INC.
11. 絵ときで わかる 電気理論, 福田務, 栗原豊, 向坂榮夫, 星野達哉, Ohmsa
12. はじめての 電気回路, 大熊康弘, 技術評論社
13. 絵とき 電気・電子の 基礎知識 早ゎかり, 新電気編集部 編

찾아보기

ㅇ

ㅈ

기타

인지

알찬 회로이론

2016년 3월 1일 1판 1쇄 인쇄
2016년 3월 5일 1판 1쇄 발행

저 자 ◎ **박건작·강신출·고재원**
김선형·이채봉

발행자 ◎ **조승식**

발행처 ◎ (주) 도서출판 **북스힐**
서울시 강북구 한천로 153길 17

등 록 ◎ 제 22-457 호

TEL (02) 994-0071(代)

FAX (02) 994-0073

E-MAIL bookswin@unitel.co.kr
www.bookshill.com

값 26,000원

ISBN 978-89-5526-809-6